ERLEBTE PHYSIK

ERLEBTE

Das Physik-Experimentierbuch

Hans Backe
Rolf Backe
Helmut Giegengack

PHYSIK

Urania-Verlag
Leipzig · Jena · Berlin

»Erlebte Physik« stützt sich auf den bewährten Einführungskurs »Physik selbst erlebt« von Prof. Hans Backe (†). Die Herausgabe des überarbeiteten und erweiterten Buches übernahm Rolf Backe. Er fügte auch das Kapitel »Schall und Musik« bei.
Das Kapitel »Kristalle und Werkstoffe« wurde von Dr. Helmut Giegengack verfaßt.

Backe, Hans:

Erlebte Physik: d. Physik-Experimentierbuch / Hans Backe; Rolf Backe; Helmut Giegengack. [Fotos: Ulrich Häßler. Zeichn.: Karl-Heinz Barnekow] — 1. Aufl. — Leipzig; Jena; Berlin: Urania-Verlag, 1986. — 336 S. : 313 Ill. ISBN 3-332-00117-5
Best.-Nr.: 654 051 2

NE: 2. Verf.; 3. Verf.

ISBN 3-332-00117-5

1. Auflage 1987, 1.—20. Tausend

Verlag für populärwissenschaftliche Literatur
VLN 212-475/25/86 LSV 110 9
Lektoren: Inge Steinhäußer, Konrad Haase
Buchgestaltung: Wolfgang Lenck, Leipzig
Einbandfoto: Werner Reinhold, Leipzig
Fotos: Ulrich Häßler, Dresden
Zeichnungen: Karl-Heinz Barnekow, Leipzig
Printed in the German Democratic Republic
Reproduktion: Sachsendruck Plauen
Lichtsatz, Druck und buchbinderische Verarbeitung:
Karl-Marx-Werk Pößneck V 15/30
Best.-Nr.: 654 051 2
01800

nternationalen Einheitensystems

Temperatur T
K Kelvin

elsiustemperatur t
: Grad Celsius*
= 0 °C ≙ T = 273,15 K

emperatur-
fferenz Δt
°C = 1 K

ärmemenge
$= m \cdot c \cdot \Delta t$
Joule
= 1 Nm = 1 Ws

l Kalorie
cal = 4,19 J

ärme-
pazität $C = \frac{W}{\Delta t}$
K Joule je Kelvin*

ezifische
ärme $c = \frac{C}{m}$
kg · K Joule je Kilogramm* und Kelvin

ärme-
tfähigkeit $\lambda = \frac{P}{l \cdot \Delta t}$
/m · K Watt je Meter* und Kelvin

ngenaus-
hnungs-
hl $\alpha = \frac{\Delta l}{l \cdot \Delta t}$
K Eins je Kelvin*

ez.
hmelzwärme $q = \frac{W}{m}$
kg Joule je Kilogramm*

ez. Ver-
mpfungs-
ärme $r = \frac{W}{m}$
kg Joule je Kilogramm*

ärmestrom $I_W = \frac{W}{t}$

Watt
W = 1 J/s

El. Stromstärke I
A Ampere

Elektrizitätsmenge $Q = I \cdot t$
C Coulomb
1 C = 1 As

Elektrische Spannung $U = \frac{P}{I}$
V Volt
1 V = 1 W/A

Elektr. Widerstand $R = \frac{U}{I}$
Ω Ohm
1 Ω = 1 V/A

Elektr. Leitwert $G = \frac{1}{R}$
S Siemens
1 S = 1/Ω = 1 A/V

Elektr. Energie $W = U \cdot I \cdot t$
J Joule
1 J = 1 Ws

kWh Kilowattstunde*
1 kWh = 3,6 MJ

Elektr. Kapazität $C = \frac{Q}{U}$
F Farad
1 F = 1 C/V = 1 As/V

Elektr. Feldstärke $E = \frac{U}{l}$
V/m Volt je Meter*

Magnet. Fluß $\Phi = B \cdot A$
Wb Weber
1 Wb = 1 V · s

Magnet. Flußdichte $B = \frac{\Phi}{A}$
T Tesla
1 T = 1 Wb/m² = 1 Vs/m²

Induktivität $L = \frac{\Phi}{I}$
H Henry
1 H = 1 Wb/A = 1 Vs/A

Magnet. Feldstärke $H = \frac{N \cdot I}{l}$
A/m Ampere je Meter*

Stoffmenge n
mol Mol

Stoffmengen-Massenkonzentration $m_i = \frac{n}{m}$
mol/kg Mol je Kilogr.*

Stoffmengen-Volumenkonzentration $c_i = \frac{n}{V}$
mol/m³ Mol je Kubikmeter*

Stoffmengenbezogene Masse $M_m = \frac{m}{n}$
kg/mol Kilogr. je Mol*

Stoffmengenbezogenes Volumen $V_m = \frac{V}{n}$
m³/mol Kubikmeter je Mol*

Energiefluenz (Intensität) $F = \frac{W}{A}$
J/m² Joule je Quadratmeter*

Energiedosis D
Gy Gray
1 Gy = 1 J/kg

rd Rad
1 rd = 10 mGy

Lichtstärke I_v
cd Candela

Leuchtdichte $L_v = \frac{I_v}{A}$
cd/m² Candela je Quadratmeter*

sb Stilb
1 sb = 1 cd/cm² = 10^4 cd/m²

Lichtstrom $\Phi_v = I_v \cdot \Omega$
lm Lumen
1 lm = 1 cd · sr

Beleuchtungsstärke $E = \frac{\Phi_v}{A}$
lx Lux
1 lx = 1 lm/m² = 1 cd · sr/m²

Lichtmenge $W = \Phi \cdot t$
lm · s Lumensekunde*

Aktivität $A = \frac{N}{t}$
Bq Becquerel
1 Bq = 1/s

Exposition (Ionendosis) X
C/kg Coloumb je Kilogramm*

R Röntgen
1 R = 2,58 · 10^{-4} C/kg

In den weißen Feldern der Kopfzeile stehen die Basiseinheiten des Internationalen Einheitensystems (SI)

In den darunterliegenden weißen Feldern stehen die von den Basiseinheiten abgeleiteten SI-Einheiten

In den blauen Feldern stehen befristet und unbefristet gültige Einheiten

* Die Bildung von Vielfachen und Teilen mit den gesetzlichen Vorsätzen ist nicht zulässig

INHALT

Kräfte und Wirkungen

Moleküle und Bewegung

Ladungen und Felder

Ströme und Kräfte

Licht und Schatten

Schall und Musik

Kristalle und Werkstoffe

Anhang

1

KRÄFTE UND WIRKUNGEN

Was ist das Schwerste von allem?
Was dir das Leichteste dünkt:
Mit den Augen zu sehen,
Was vor den Augen dir liegt.

(Goethe, Xenien)

Vom törichten und vom klugen Menschen

Es sollte nicht schwierig sein, bei guter Beleuchtung etwas zu sehen, was einem vor den Augen liegt – aber sehen und sehen ist zweierlei. Ein Mensch kann eine Sache oder eine Bewegung zur Kenntnis nehmen, ohne daß seine Gedanken dadurch im geringsten bewegt werden; er registriert bestenfalls. Dieser Mensch steigt aus der noch nicht haltenden Straßenbahn gegen die Fahrtrichtung aus, fällt auf den Rücken und ärgert sich – über die Bahn. Er schaltet Heizofen, Bügeleisen und Elektrokocher zur gleichen Zeit ein – und ist über die durchbrennende Sicherung empört. Um sich abzulenken, schenkt er sich Kaffee aus einer Kanne mit luftdicht schließendem Deckel ein. Dem leichten Gerinnsel, das er vorsichtig in seine Tasse lenkt, folgt urplötzlich ein dicker Kaffeestrahl, der sich mit viel Schwung auf die Tischdecke ergießt. »Diese verflixte Kanne!« wird unser Freund zetern, aber er wird die Schuld niemals in seiner Denkfaulheit suchen.

Von solcher Gedankenlosigkeit, vom Leben ohne Denken, gibt es noch unendlich viele Beispiele. Denken setzt jedoch (unter anderem) Erfahrungen und Wissen voraus. In der Frühzeit fehlte es dem Menschen noch zwangsläufig daran; damals halfen ihm die Instinkte. Die Tiere, die ja nicht denken können, leben auch heute vor allem mit Hilfe der Instinkte. Der Mensch aber ist kein instinktsicheres Tier, sondern ein mit einem erstaunlich entwicklungsfähigen Denkvermögen begabtes Lebewesen. Freilich muß er sich aber auch die Mühe des Entwickelns machen!

Wir leben heute in einer Welt, die technisch so vielfältig ist, daß das jedem Menschen bewußt wird. Die Art, wie er nun reagiert, ist entsprechend den gesellschaftlichen Verhältnissen, unter denen er lebt und die seine Verhaltensweise entscheidend beeinflussen, sowie je nach seiner Bildung und seiner Weltanschauung freilich sehr verschieden. Der eine verzagt, lobt die »gute alte Zeit« (verlangt aber elektrisches Licht, Kraftwagen und WC), sieht in der Technik einen Dämon, der die Menschen versklavt – kurz, Lebensangst befällt ihn; er glaubt nicht an die Zukunft.

Der andere Mensch glaubt an die Zukunft, er sieht in der Technik das vom Menschen geschaffene Mittel, die Arbeit und das Leben zu erleichtern und in jeder Weise zu verbessern. Er steht dem Leben in all seinen Erscheinungsformen bejahend gegenüber und bemüht sich, es zu beherrschen, indem er es versteht.

Kein Mensch kann heute noch alles wissen. Niemand verlangt, daß wir ein wandelndes Lexikon sein sollen; das wäre auch auf die Dauer für alle Beteiligten langweilig. Verstehen – darum geht es uns – heißt vielmehr, einer ausreichenden Zahl von Naturgesetzen auf die Spur kommen und die Verbindung zwischen den Erscheinungen im täglichen Leben und diesen Naturgesetzen herstellen. Wir merken dann sehr bald, daß jedes dieser Gesetze in unzähligen Fällen wirksam ist; aus seinem scheinbaren Nebeneinander der zahllosen Einzelerscheinungen werden die Zusammenhänge sichtbar; Ähnlichkeiten, Beziehungen, Verflechtungen werden deutlich – es entsteht schließlich ein Gebäude von »Bauelementen des Wissens«.

Das Naturgesetz zeigt den in der Natur existierenden und wirksamen Zusammenhang zwischen Ursache und Wirkung der Erscheinungen und Kräfte. Jeder kennt eine Reihe solcher Naturgesetze: das Hebelgesetz zum Beispiel. Der Mensch, der die Naturgesetze kennt, weiß, warum die Dinge so sind und nicht anders sind und wirken; er kann voraussehen, was unter bestimmten Voraussetzungen geschehen wird.

Wichtig ist bei alledem eines: Wir müssen etwas wirklich wissen, nicht nur vermuten oder glauben; erst dann können wir damit etwas anfangen. Und da hat der Mensch glücklicherweise ein zuverlässiges Mittel zum Prüfen: das Experiment, den Versuch, manchmal auch »Frage an die Natur« genannt. Es ist ein bewährter Weg, den Naturgesetzen auf die Spur zu kommen.

Wenn wir ein Naturereignis, beispielsweise ein Gewitter oder einen Wasserfall, beobachten oder wenn wir zuschauen, wie ein

Kind mit einem Schlitten einen Hang hinabrodelt, so experimentieren wir noch nicht. Erst wenn wir die Naturerscheinung nachahmen, wenn wir die Fahrzeit und die Wegstrecke beim Rodeln messen, dann erst sind das Experimente. Beobachten wird dabei groß geschrieben; nicht weniger aber das Denken. Wir müssen aus dem körperlichen Geschehen von unseren Sinnen eine ganz unkörperliche, eine geistige Erkenntnis »herausdenken«. Abstrahieren nennt man diesen Vorgang — vom lateinischen abstráhere = wegziehen. Wir ziehen den Schleier von dem Geheimnis der Natur weg!

Keine Naturforschung kann ohne das Experiment auskommen; es ist das wichtigste Arbeitsverfahren — sei es, daß man durch das Experiment überhaupt erst auf die Zusammenhänge, auf Ursache und Wirkung kommt, sei es, daß man ein geistvoll erdachtes Naturgesetz mit Hilfe des Versuches auf seine Richtigkeit prüft. Beobachten und denken muß man in jedem Falle; am wertvollsten aber sind die Versuche, bei denen wir messen — die »quantitativen« Versuche (im Gegensatz zu den »qualitativen«, bei denen man einen Ablauf ohne Messung beobachtet). Nur die quantitativen Versuche führen zum Naturgesetz mit voller Aussagekraft: zur mathematischen Gleichung. Und so wie die Physik die »Schlüsselwissenschaft« für alle übrigen Naturwissenschaften ist, so wird sie selber immer mehr von der Mathematik durchdrungen. Vor allem da, wo unser Vorstellungsvermögen versagt, hilft uns dann die Mathematik weiter — ein sicherer Weg im Abstrakten.

Nicht ohne Grund hat das Experiment diese beherrschende Stellung erlangt. Es bietet gegenüber der bloßen Beobachtung außerordentliche Vorteile: Wir können einen Gesamtvorgang in Teilvorgänge zerlegen, diese einzeln viel genauer untersuchen und dann wieder zusammensetzen; wir können die Größenordnungen (Maßstäbe) verändern, das heißt die Dinge und die Zeit vergrößern oder verkleinern. Wir können den Zeitpunkt bestimmen, an dem alles ablaufen soll; wir können einen Versuch meist beliebig oft durchführen, um einen guten Mittelwert zu erhalten, und schließlich können wir mit allerlei bewährten Hilfsmitteln arbeiten: Mikroskop, Zeitlupenfilm, Zeitrafferfilm, sehr genauen Meßeinrichtungen für Größen jeder Art einschließlich der Zeit. Das ist eine Reihe der bedeutendsten Vorzüge des Experiments als eines Verfahrens, Erkenntnis zu gewinnen.

Auch wir wollen versuchen, mit einfachen Mitteln einige Experimente zu machen, die uns Vergessenes in Erinnerung bringen, die uns viel Neues geben und uns zeigen, warum dieser oder jener Vorgang so und nicht anders verläuft. Es macht Spaß, wenn man nicht nur die großen, sondern auch gerade die kleinen Ereignisse logisch erklären kann. Glücklicherweise macht das Experimentieren viel Vergnügen, auch für die Zuschauer. Wir müssen nur Geduld haben und stets sauber arbeiten, damit kein Kampf mit der »Tücke des Objekts« ausbricht.

Unsere Experimente sind im allgemeinen nicht gefährlich. Trotzdem wollen wir auf die Unfallwarnungen sehr sorgfältig achten.

Wir brauchen durchaus nicht alles der Reihe nach durchzunehmen. Naschen wir getrost einmal hier und einmal dort — mit der Zeit finden wir den Anschluß, wir bekommen die großartige Übersicht und merken: Die physikalischen Gesetze wirken in allen Bereichen unseres Lebens.

Und wer nun die Physik in einigen Teilen wirklich erleben will — der muß nicht nur mit dem Kopf, sondern auch mit seinen eigenen Händen seine Erkenntnisse erarbeiten. Wir wollen ja nicht etwas glauben, sondern es wissen; deshalb müssen wir uns durch eigene Anschauung der Dinge und der Geschehnisse selbst überzeugen.

Scherben bringen Glück

Patschklirr — da liegt die große Porzellanschüssel in Scherben auf dem Boden der Küche! Man steht mit nassen Händen erschrokken davor.

Ob Scherben wirklich Glück bringen? Oder sagt man das, um sein seelisches Gleichgewicht schneller wiederzufinden? Sicherlich! Einigen Leuten freilich bringen Scherben doch Vorteile: den Herstellern und Verkäufern der Dinge, die nun ersetzt werden müssen. Aber viel größere Vorteile kann ein solcher — an sich peinlicher — Vorfall, ein richtiger »Fall«, uns bescheren, wenn wir ihn mit den Augen des Physikers betrachten.

Wir wollen wissen, was da alles an Kräften tätig war, bis die Scherben am Boden lagen. Ein erster Überblick ergibt: Fallgesetz, Erdanziehung, Bewegung, Reibung (davon zuwenig), Trägheit, Festigkeit (an der es auch mangelte). Das ist vielleicht etwas viel für den Anfang — aber es ist um so reizvoller. Der freie Fall ist außerdem eines der häufigsten Ereignisse im täglichen Leben.

Einiges zum Fallgesetz

Der Vorgang, bei dem ein Gegenstand fällt, ist schon sehr früh beobachtet und auch untersucht worden; im Laufe der Zeit ändert sich die Betrachtungsweise dabei erheblich. Der griechische Naturphilosoph Aristoteles (384 bis 322 v. u. Z.) erledigte das beispielsweise durch Nachdenken, durch logisches Folgern (sogenannte Deduktion). Experimente im heutigen Sinne kannte er nicht. Er lebte in der Sklavenhalterzeit und gehörte zur herrschenden Klasse. Zu Experimenten mußte man seine Hände gebrauchen — das aber war Sache der Sklaven.

Selbstverständlich hat Aristoteles beobachtet, daß ein Stein schnell herabfiel, ein Blatt eines Baumes dagegen erheblich langsamer — vielleicht dabei hin- und herschaukelnd — zu Boden sank; er mag einem solchen Vorgang auch gelegentlich nachgeholfen haben. Aristoteles war einer der klügsten Menschen, die je gelebt haben, und er war infolgedessen sehr wissensdurstig. Er fragte sofort: *Warum* fällt ein Ding?

Das Ergebnis seines Nachdenkens war eine (jedenfalls für seine Zeitgenossen) bestechende Theorie: Es gibt zwei Arten von Bewegung; erstens die erzwungene, bei der eine Kraft von außen auf den Körper wirkt, und zweitens die »natürliche« Bewegung. Bei dieser wirkt, so meinte Aristoteles, ein Trieb, der im Gegenstand sitzt und ihn an seinen »natürlichen Ort« als Endziel bringt — die schweren Körper zur Erde, das leichte Element (das Feuer) aufwärts in die Mondsphäre. Die schweren Körper haben also nach dieser Hypothese einen Falltrieb.

Hypothese (aus dem Griechischen) heißt eigentlich »Untergeschobenes«. Jeder Forscher braucht solche Hypothesen bei seiner Arbeit. Er untersucht eine Erscheinung experimentell und deutet sie, das heißt, er spricht eine *Vermutung* aus, wie die Erklärung lauten könnte. Er übersetzt gewissermaßen das materielle Geschehen des Experiments, das vor ihm abläuft, ins Geistige — in der Form einer mathematischen Gleichung, einer Regel oder einer feststehenden Zahl (einer Konstanten, eines Koeffizienten). Man nennt diese sehr wichtige Arbeitsweise *induktives Verfahren*. Das Wort kommt vom lateinischen indúcere = hineinführen; man führt vom Einzelfall in das allgemeingültige Gesetz hinein.

Der umgekehrte Fall ist das deduktive Verfahren (dedúcere = wegziehen); man geht von dem Gesetz, der Regel usw., also dem Allgemeingültigen aus und wendet die darin steckende Erkenntnis auf einen Einzelfall an. Auf solche Weise prüft man zum Beispiel die Richtigkeit eines Gesetzes in verschiedenen Bereichen; man kann da gar nicht vorsichtig genug sein! Es gibt Gesetze, die in ihrem funktionalen (= in ihren einzelnen Teilen zusammenhängenden) Ablauf einen plötzlichen »Knick« zeigen; die »Anomalie« des Wassers, seine Ausdehnung bei Temperaturen unter 4 °C, ist dafür ein Beispiel.

Bei dem deduktiven Verfahren muß man also schon einigermaßen über das Naturgesetz im Bilde sein — am besten natürlich auf Grund vorhergegangener Versuche. Aristoteles hatte diese systematischen Versuche leider nicht gemacht, sondern »spekulierte« auf der Grundlage eines nicht geprüften Urteils. Dieses spekulative Verfahren führt leicht zu Fehlschlüssen.

Aristoteles schloß haarscharf, aber leider falsch: Je schwerer ein Körper ist, um so schneller fällt er. Er würde unendlich schnell fallen, wenn nicht die Reibung mit der Luft die Geschwindigkeit herabsetzte.

Rund 2000 Jahre hindurch haben sich diese und andere falsche Lehren dank der Autorität eines Aristoteles und anderer Philosophen gehalten. Sie wurden in den endlosen Debatten der Scholastiker lediglich hin- und hergewendet. Lange Zeit hindurch war es lebensgefährlich, diese Lehren anzuzweifeln; nicht einmal die experimentellen Beweise für neue, andere Meinungen wurden zur Kenntnis genommen. Eine Kritik an der alten Lehre war Ketzerei, und mancher — wie Giordano Bruno — mußte dafür sein Leben lassen. Das müssen wir auch bedenken, wenn wir die Leistung und das Verdienst derjenigen richtig einschätzen wollen, die uns die neue Lehre von der Natur brachten! Nicht nur Erfahrungen und Einrichtungen zum Experimentieren fehlten noch, sondern auch die Furcht vor konservativen Machthabern der Kirche mußte überwunden werden. Forscher wie Nikolaus Kopernikus (1473 bis 1543), Galileo Galilei (1564 bis 1642) und Johannes Kepler (1571 bis 1630) begründeten das System der echten Naturwissenschaft Physik; zu ihnen gehört auch ein überragender Denker wie Isaak Newton (1643 bis 1727), der 1687 die Dynamik – die Lehre von der Bewegung in der Mechanik – aufstellte.

Diese Männer lösten sich von den alten Ideen und brachen die Autorität des Aristoteles; sie beseitigten die Unantastbarkeit seiner Lehre und bahnten den Weg für eine vorurteilsfreie physikalische Forschung.

Auch unser Problem mit der fallenden Schüssel ist dabei; und wir wissen es heute: Die Weltkörper unseres Sonnensystems bewegen sich nach demselben Gesetz, nach dem unsere Schüssel zu Boden gefallen ist! Ist das nicht eine großartige Erkenntnis?

Galilei stellte die Frage nach dem Fall so: Wie bewegt sich ein fallender Körper? Wie ist der Zusammenhang (die Funktion) zwischen dem Fallweg und der Fallzeit? Galilei soll vom Schiefen Turm zu Pisa aus viele Fallversuche durchgeführt und dabei das Fallgesetz gefunden haben.

Ob das stimmt oder nicht – wir verbinden mit dem Namen Galilei den Beginn der experimentellen Forschung in der Physik und wissen, daß Galilei mit Hilfe des Pendels und der geneigten Ebene experimentierend das richtige Fallgesetz gefunden hat, wobei er die Zeit mit Hilfe eines tropfenden Wassereimers maß. Zunächst glaubte er, daß die Geschwindigkeit eines fallenden Körpers mit der Länge des zurückgelegten Weges wächst; durch unverdrossenes Experimentieren kam er schließlich dahinter, daß die Geschwindigkeit mit der Fallzeit ansteigt. Wir erinnern uns: Wir erhalten die Geschwindigkeit einer geradlinigen gleichförmigen Bewegung, wenn wir den zurückgelegten Weg durch die zugehörige Zeitspanne teilen. Ihre Dimension ist Länge durch Zeit, die Maßeinheit $\frac{m}{s}$.

Danach konnte Newton folgendes System aufstellen:

1. Es gibt keinen Fall- oder Steigtrieb und keinen Unterschied zwischen natürlicher und erzwungener Bewegung; die Ursache der Fallbewegung ist – ebenso wie die der Bewegung der Planeten im Weltall – die Anziehungskraft, die jede Materie auf eine andere ausübt.
2. Wirkt eine gleichbleibende Kraft dauernd auf einen Körper ein, so wird dessen Geschwindigkeit dauernd gleichmäßig beschleunigt.
3. Sobald diese Einwirkung aufhört, behält der Körper die zuletzt erreichte Geschwindigkeit – so lange, bis wieder eine Kraft auf ihn einwirkt. (Das kann beispielsweise die Reibung an einem anderen Körper sein.)

Galilei fand, daß alle Körper in gleicher Weise beschleunigt fallen. Genauer gesagt, sie haben am gleichen Ort die gleiche Fallbeschleunigung. Es ist nämlich nicht gleichgültig, ob wir unsere Schüssel in Berlin oder etwa auf dem 6310 m hohen Gipfel des Chimborazo fallen lassen – auf dem Berg fällt sie langsamer. Das hängt damit zusammen, daß die Entfernung der beiden Massen, der Erde und der Schüssel (immer von ihren Mittelpunkten gerechnet), eine große Rolle spielt. Außerdem ist die Größe der Anziehung zwischen zwei Massen von deren Größe abhängig. Die Erde zieht alle Dinge an; das ist unsere erste wichtige Erkenntnis. Und wer nun meint, die Dinge müßten auch die Erde anziehen, der hat tatsächlich recht. Aber die Masse der Dinge ist im Verhältnis zu der der Erde so gering, daß sie im wahrsten Sinne des Wortes nicht »ins Gewicht fällt«. Zum Vergleich einige Zahlen: Zwei nebeneinanderstehende mittelgroße Personen ziehen einander (physikalisch!) mit einer Kraft an, die etwa gleich dem fünfzigtausendsten Teil des Gewichts eines Pfennigstücks (ein Pfennigstück wiegt 7,5 mN ($\approx$ 0,75 p)) ist. Zwei nebeneinander im Hafen liegende große Fahrgastschiffe bringen es immerhin auf etwa 10 N ($\approx$ 1 kp) gegenseitiger Anziehungskraft; die große Gegenkraft der Wasserreibung verhindert aber eine nachweisbare Bewegung.

Wenn sich der Abstand zwischen den Schiffen trotzdem verringert, so sind Wasserströmungen die Ursache. Sehr groß ist die gegenseitige Massenanziehung zwischen

Erde und Mond: etwa 200 Billionen MN. Sie entspricht etwa der Zugfestigkeit eines Drahtseils von 600 km Durchmesser!

Ohne die Anziehungskraft würde die Fliehkraft (denn die Erde dreht sich ja sehr schnell) alles auf der Erde, auch uns, in den Weltraum schleudern. Nun – die Anziehungskraft ist da und wird auch bleiben. Wir sind an diese »Schwerkraft« gewöhnt und lesen, welche Riesenkräfte nötig sind, um ein Weltraumschiff aus dem Kraftfeld der Erde herauszubringen. Bei größeren Planeten ist die Anziehungskraft entsprechend stärker; auf dem Jupiter hätten wir Mühe, uns kriechend vorwärts zu bewegen. Umgekehrt ist es auf dem Mars, dem kleineren Planeten, oder gar auf dem Mond: Hier könnten wir leicht große Sprünge machen. Ein Mensch – auf der Erde 600 N ($\approx$ 60 kp) schwer – wiegt auf dem Mond nur noch etwa 100 N ($\approx$ 10 kp)!

Aber zurück zum Fall. Die Erdanziehung, nach dem lateinischen Wort gravitas für Schwere auch Gravitation genannt, wirkt als Kraft ständig und gleichmäßig auf einen fallenden Körper ein. Wie stark sie einwirkt, das hängt, wie wir wissen, nicht zuletzt von der Größe der anziehenden Masse ab; jede Masse hat also sozusagen ihre eigene (das heißt ihrer Größe entsprechende) ganz bestimmte Kraft, mit der sie die Dinge zu sich zieht und beim Fallen beschleunigt. Als man das begriffen hatte, ging man sofort daran, die Größe dieser Kraft für unsere Erde möglichst genau zu bestimmen; auch Galilei tat das. Diese Aufgabe ist reizvoll; wir wollen sehen, was wir durch Experimente erreichen können.

Die Reibung mit der Luft beeinflußt die Fallgeschwindigkeit

Dieser Versuch ist sehr einfach und trotzdem physikalisch sehr wichtig. Wir lassen ein Blatt Papier oder Aluminiumfolie sowie einen kleinen, schweren Gegenstand (Taschenmesser, Radiergummi oder dergleichen, nicht zerbrechlich!) zur selben Zeit fallen. Das Blatt schwebt, hin- und herschwingend, mit annähernd gleichbleibender Geschwindigkeit hinab; der schwere Gegenstand fällt – und zwar am Ende zweifellos schneller als am Anfang, also beschleunigt.

Hier scheint ein Widerspruch zu unserem Fallgesetz vorzuliegen, demzufolge alle Körper mit der gleichen Beschleunigung (hier am selben Ort) fallen. Wir untersuchen diesen Widerspruch mit einer Abwandlung des Versuches: Wir knüllen das Papier oder die Aluminiumfolie so klein wie möglich zusammen und lassen es mit unserem schweren Körper gleichzeitig fallen. Beide fallen jetzt mit der gleichen Beschleunigung und haben, miteinander verglichen, zu jedem Zeitpunkt die gleiche Geschwindigkeit; das Gesetz ist erfüllt. Der Unterschied der beiden Versuchsergebnisse kann nicht am Stoff Papier oder Aluminiumfolie liegen, denn der ist derselbe geblieben. Geändert wurde jedoch die Form des Blattes; da muß die Ursache stekken. Die Erde will das Blatt mit wachsender Geschwindigkeit an sich ziehen. Das ausgebreitete Blatt schwankte langsam und ziemlich gleichmäßig abwärts. Also muß gerade hierbei eine Kraft vorhanden sein, die der Erdanziehung entgegenwirkt und zum mindesten die erwartete Beschleunigung wettmacht. Es stimmt: Die Kraft der Reibung zwischen Blatt und Luft wirkt der Erdanziehung entgegen; wir werden sie später noch genauer betrachten, weil sie in unserem Leben eine große Rolle spielt.

Bei dem ausgebreiteten Blatt war die Reibungskraft entsprechend groß; denn eine große, gerade Fläche kam mit der Luft in Berührung, und das Blatt rutschte gewissermaßen mit List durch die Luft, einmal mit der einen, dann wieder mit der andern Kante in die Luft schräg hineinschneidend. In der Natur kommt es sogar vor, daß Dinge, die nach dem Fallgesetz herabfallen müßten, durch die Reibungskraft in der Luft gewissermaßen »hängenbleiben«, weil durch die starke (entgegengerichtete) Reibungskraft das Gewicht keine merkliche Wirkung hinterläßt. Ein Beispiel dafür ist die Wolke, am Himmel schwebend oder über der Erde als Nebel liegend. Die einzelnen Wassertröpfchen, aus denen die Wolke ja immer besteht, sind so leicht, daß ihr Gewicht die Luftreibung nicht überwinden kann. Sie fallen erst als Regen herab, wenn sie größer geworden sind. Die Schneeflocken fallen mit gleichbleibender Geschwindigkeit; hier hebt die Reibung gerade die Beschleunigung auf. Bei unserem zweiten Versuch fiel die Papier- oder Aluminiumkugel schnell und beschleunigt. Eine Kugel –

und erst recht ein Tropfen – schlüpft leicht zwischen den Luftteilchen hindurch; die Reibungskraft bleibt kleiner als das Gewicht. Eines ist dabei jedoch stets zu beachten (was schon Aristoteles gewußt hat): Etwas Reibung ist auch beim stromlinienförmigen Körper stets vorhanden, und sie wächst mit der Geschwindigkeit des sich bewegenden Körpers! Infolgedessen wird die Geschwindigkeit des fallenden Körpers niemals unendlich groß; früher oder später kommt der Augenblick, in dem die Geschwindigkeitszunahme aufhört (gleich Null wird) und der Körper mit seiner Endgeschwindigkeit gleichmäßig weitersaust. Das ist gewiß kein Trost für jemanden, der aus einer großen Höhe herabfällt; die Bremswirkung der Luftreibung läßt für ihn eine so große Endgeschwindigkeit zu, daß das Unheil nicht zu verhindern ist.

Wir wissen nun: Alle Körper fallen nach dem Gesetz der Massenanziehung. Bei jeder Bewegung in einem anderen Stoff (dem sogenannten Medium, bei unseren Versuchen in der Luft) entsteht eine Reibung, die der bewegenden Kraft entgegenwirkt. Wann der Körper seine Höchstgeschwindigkeit erreicht, hängt von seinem Gewicht ab, von seiner Form und Größe, von der Art des Stoffes, in dem sich der Körper bewegt. Es leuchtet ein, daß er in Wasser eine größere Reibung als in der Luft hervorruft.

Wir fragen uns nun, wie ein Körper im luftleeren Raum fällt? Hemmungslos wird er angezogen! Das macht den Weltraumfahrern Sorge, wenn sie auf einem Planeten ohne Lufthülle landen wollen; sie müssen ihren Fall mit eigener Kraft (Bremsraketen) bremsen.

Freier Fall im luftverdünnten Raum

Dieser Versuch ist etwas anspruchsvoller. Wir brauchen dazu eine einfache Wasserstrahl-Luftpumpe (an jeden Wasserhahn anzuschließen, auch für andere Versuche gut zu verwenden), ein kräftiges Glasrohr, etwa 75 cm lang und mit etwa 4 cm lichter Weite; dazu zwei passende Gummistopfen zum festen Verschließen beider Rohrenden. Der eine Stopfen wird durchbohrt (am einfachsten gleich in der Drogerie, in der die Sachen gekauft werden) und mit einer kurzen Glasröhre mit Hahn versehen.

Wir schließen die Röhre an einem Ende und legen eine Daunenfeder oder ein Stückchen Papier und ein Geldstück oder eine Holz- oder Metallkugel hinein. Dann wird das andere Ende ebenfalls fest verschlossen. Die an den Wasserhahn angeschlossene Wasserstrahl-Luftpumpe wird durch einen kurzen Gummischlauch mit der Glasröhre verbunden (Bild 1.1). Bei offenem Lufthahn lassen wir das Wasser möglichst stark einige Zeit laufen; meist sind einige Minuten nötig, bis das strömende Wasser genügend Luft aus der großen Röhre herausgerissen hat. Dann drehen wir beide Hähne (erst Luft, dann Wasser) zu und schwenken das Rohr schnell in die Senkrechte, so daß Metall (oder Holz) und Daunenfeder nach oben geschleudert werden. Beides fällt natürlich danach sofort im Rohr herab – jedoch fällt die Feder so schnell wie das Metall. Wenn noch wesentliche Unterschiede zu sehen sind, müssen wir die Luft weiter herauspumpen. Anschließend läßt man die Luft langsam wieder in das Rohr hinein und die Teilchen noch einmal fallen; jetzt sieht man deutlicher als je den Einfluß der Luftreibung.

Zwischendurch etwas zum Nachdenken, zunächst über die gleichförmige Bewegung

Unsere Begriffsbestimmung, daß die Geschwindigkeit gleich dem Quotienten aus Weg und Zeit ist, zeigt deutlich, daß es beim Betrachten der Bewegung in der Physik stets auf den Zusammenhang zwischen Weg und Zeit ankommt:

$$v = \frac{s}{t}$$

s: Weg in m
t: Zeit in s
v: Geschwindigkeit in m/s

Die – bei physikalischen Größen stets *kursiv* gedruckten – Symbole sind Abkürzungen der lateinischen Wörter velocitas, spatium und tempus. (Das nicht kursive s bezeichnet die Zeiteinheit Sekunde.)

Das *Weg-Zeit-Gesetz* $v = \frac{s}{t}$ gilt für die gleich-

1.1 So wird die Luft aus dem Glasrohr gepumpt

förmige Bewegung. Das Wort ist leicht zu verstehen, denn hier ist die Geschwindigkeit in jedem Zeitpunkt der Bewegung gleich.

Aus zwei gegebenen Größen der Gleichung läßt sich stets die dritte errechnen; notfalls stellt man vorher um, beispielsweise ist $s = v \cdot t$. Hiernach ist der Weg bei einer gleichförmigen Bewegung gleich dem Produkt aus der Geschwindigkeit und der Zeit. In der Praxis: Fahre ich mit einem Wagen 3 Stunden lang gleichmäßig mit 90 Kilometern je Stunde (so heißt es richtig, »Stundenkilometer« ist falsch!), dann habe ich schließlich 90 km · 3 = 270 km zurückgelegt. Aufmerksame Leser werden Einspruch erheben. »Niemand kann auch nur 30 Minuten lang mit unveränderter Geschwindigkeit fahren; es gibt immer wieder Hindernisse, die dazu zwingen, zeitweise langsamer zu fahren!« Sie haben recht. Aber der Naturwissenschaftler weiß stets einen Ausweg; im Notfall schafft er einen neuen, passenden Begriff, die *mittlere Geschwindigkeit*.

Man mißt mehrmals in bestimmten Abständen die Augenblicksgeschwindigkeit, zählt die gemessenen Werte zusammen und teilt das Ergebnis durch die Anzahl der Messungen. Dann hat man den Durchschnittswert für die gesamte Zeit. Je mehr Werte man in kürzeren Abständen aufnimmt, um so genauer ist der Durchschnittswert. Dieses Verfahren spielt auch bei unseren physikalischen Messungen eine Rolle. Zu unserem Wagenbeispiel: Wir lesen alle halben Stunden (also sechsmal) die Geschwindigkeit ab und erhalten

$v_1 = 90$ km/h, $v_2 = 84$ km/h, $v_3 = 96$ km/h,

$v_4 = 99$ km/h, $v_5 = 94$ km/h,

$v_6 = 77$ km/h; dann ist

$$v_D = \frac{(90 + 84 + 96 + 99 + 94 + 77)\ \text{km}}{6\ \text{h}}$$

$$= \frac{540\ \text{km}}{6\ \text{h}} = 90\ \frac{\text{km}}{\text{h}}.$$

Der zurückgelegte Weg ist genauso lang, als wären wir die Strecke mit genau 90 km/h gefahren. Man kann das Weg-Zeit-Gesetz verblüffend einfach aufzeichnen; Kenner sehen dann mit einem Blick, was los ist.

Dazu ist ein Koordinatensystem nötig. Das klingt schwierig, ist es aber nicht; im Gegenteil: Wir untersuchen ja immer den Zusammenhang von zwei physikalischen Größen. Wir tragen die eine auf einer waagerechten Geraden, der Abszissenachse, und die andere auf einer dazu senkrechten Geraden ab, die man Ordinatenachse nennt; natürlich müssen wir vorher die passenden Maßstäbe einsetzen. (Abszisse kommt vom lateinischen abscindere – abschneiden, Ordinate vom lateinischen ordináre – zuordnen.)

Ein Beispiel: Die Waagerechte soll die Zeit in Sekunden aufnehmen, die Senkrechte den Weg in Metern. Die zu jeder Messung gehörenden Werte der beiden Größen tragen wir auf, das heißt hier die Sekundenzahl auf der Waagerechten, die Meterzahl auf der Senkrechten. Jetzt gehen wir von dem Punkt auf der Waagerechten senkrecht nach oben und von dem Punkt auf der Senkrechten waagerecht nach rechts; wo beide Geraden einander schneiden, da liegt der Zusammenhang zwischen den Meßpunkten. Solch ein einziger Schnittpunkt sagt uns freilich noch nichts. Wir müssen noch mehr Werte eintragen und die Schnittpunkte miteinander verbinden, dann zeigt sich etwas Großartiges: der Zusammenhang zwischen zwei sich ändernden physikalischen Größen; ein physikalisches Gesetz liegt plötzlich als Kurve, als Diagramm (Bild 1.2), vor uns! Diagramm

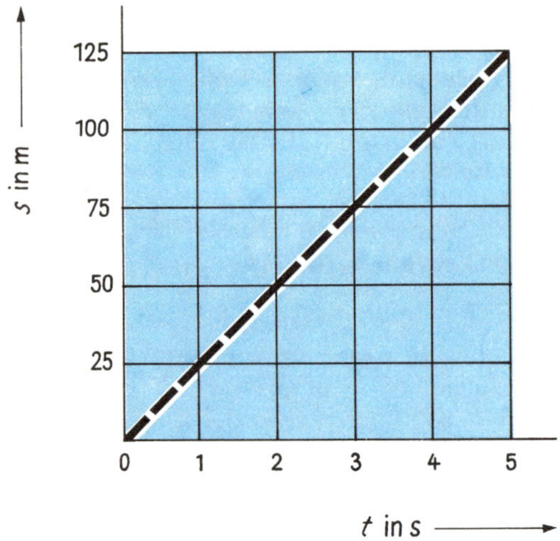

1.2 Das Weg-Zeit-Diagramm einer gleichförmigen Bewegung mit Geschwindigkeit v = 25 m/s

kommt aus dem Griechischen und bedeutet »das Hindurchgezeichnete«.

Wir nehmen wieder unser Beispiel: Ein Wagen fährt gleichmäßig 25 Meter je Sekunde. Wir nehmen Koordinatenpapier (Millimeterpapier) und zeichnen die Zeit 0 bis 5 Sekunden auf der Waagerechten, den Weg 0 bis 125 Meter auf der Senkrechten ein. Die Verbindungslinie unserer Schnittpunkte ergibt eine Gerade; der Geübte erkennt zweierlei: Die Gerade beweist, daß eine gleichförmige Bewegung dargestellt worden ist; je steiler aber die Gerade liegt, um so größer ist die Geschwindigkeit. – Wer hat übrigens gemerkt, daß es sich bei diesem Wagen um unseren handelt, mit dem wir mit 90 Sachen, nein: km/h auf der Autobahn gefahren sind? Das sind 25 m/s; und einige Sekunden haben wir die 90 km/h schon eingehalten.

Einiges über die Beschleunigung

Wer hier zweifelte, hat recht: Wo kommt diese schöne, gleichförmige Bewegung im Leben schon allein vor? Zumindest muß sie erst einmal den Wert Null haben, und dann hört sie sicherlich auch einmal wieder auf, geht also auf Null zurück. Unsere Schüssel, der Anlaß aller Überlegungen, fiel doch auch nicht mit gleicher Geschwindigkeit!

Nein, das tat sie nicht. Als sie sich, von der Masse der Erde liebevoll angezogen, aus der nassen Hand der Hausfrau löste, hatte sie zunächst – am Anfang der ersten Sekunde – die Geschwindigkeit $v_0 = 0$ m/s; am Ende der ersten Sekunde hätte sie $v_1 = 10$ (genau 9,8) m/s gehabt. Wir rechnen schnell: mittlere Geschwindigkeit also

$$\frac{0 + 10\ \text{m/s}}{2} = 5\ \text{m/s};$$

in der ersten Sekunde wäre die Schüssel also 5 m gefallen – wenn nicht der harte Fußboden den Fall so plötzlich unterbrochen hätte, daß die Scherben umherflogen. Das hat schon Galilei herausgefunden: Der fallende Körper durchläuft in jeder Sekunde eine größere Strecke, und zwar nach einem ganz bestimmten Gesetz. Die Ursache ist eine dauernd auf den Körper wirkende Kraft, die seine Bewegung entweder vergrößert oder (wenn sie entgegengesetzt ist) verringert. Die Folge dieser Kraft nennen wir *Beschleunigung*. Eine Verzögerung ist eine negative Beschleunigung – die gleiche Erscheinung, nur mit anderem Vorzeichen.

Werfen wir eine Kugel hoch in die Luft, so wird ihre große Anfangsgeschwindigkeit durch die Schwerkraft der Erde immer geringer, bis die Kugel in einer bestimmten Höhe einen winzigen Augenblick stillsteht; hier hat die Erdanziehungskraft gerade die von uns mitgegebene Schwungkraft aufgezehrt. Die Kugel beginnt nun zu fallen, und sie fällt in der gleichen Weise schneller, wie sie vorher langsamer stieg. Die Luftreibung lassen wir der Einfachheit halber aus der Überlegung heraus; wir machen dieses Gedankenexperiment im leeren Raum.

Die Beschleunigung *a* ist der Geschwindigkeitszuwachs je Sekunde. Als Gleichung sieht das etwas merkwürdig aus (*v* ist hier die Endgeschwindigkeit; siehe auch Tabelle 1.1)

$$a = \frac{v}{t}; \quad v = \frac{2s}{t};$$

$$a = \frac{\frac{2s}{t}}{t}; \quad a = \frac{2s}{t^2}.$$

Wohlgemerkt: Diese Gleichungen gelten für den freien Fall!

»Die Zeit im Quadrat« steht im Nenner. Vorstellen können wir uns das praktisch nicht. Trotzdem ist das keine Sache des Glaubens, sondern eine einwandfreie, wissenschaftlich begründete Ableitung. Die Tatsachen, von denen wir ausgehen, sind bewiesen, und die Regeln, nach denen wir ableiten, sind es ebenso. Was wir hier brauchen, sind die Einsicht in den notwendigen Zusammenhang zwischen Physik und Mathematik, ein gewisses Denkvermögen und die Fähigkeit, auch einmal mit unvorstellbaren, »abstrakten« Größen zu rechnen. Das Experiment wird uns das rechnerisch gefundene Ergebnis bestätigen.

Galilei, wie gesagt, fand das Gesetz des Falls, und viele andere Forscher nach ihm haben es bestätigt: Der freie Fall ist eine gleichmäßig beschleunigte Bewegung. Wir wollen sie später noch genauer untersuchen. Vorher wollen wir noch eines bedenken, was schon angedeutet wurde: Alle Körper, die durch ein »widerstehendes Medium« fallen, beginnen das mit der Geschwindigkeit Null (v_0); sie fallen dann wirklich und mit wachsender Geschwindigkeit, bis sie über kurz oder lang eine bestimmte Geschwindigkeit erreichen und beibehalten. Wir wollen das selber darstellen, müssen uns aber dazu noch über zwei verschiedene Begriffe klarwerden: *Masse* und *Gewicht*.

Jeder Körper hat eine Masse. Sie ist für den Physiker nicht dasselbe wie die Stoffmenge, sondern ein feststehender Begriff mit der Maßeinheit kg. Der Physiker nennt sie träge (das ist hier kein Tadel!), weil sie von sich aus immer in dem (ruhenden oder gleichförmig-geradlinig bewegten) Zustand bleiben will, in dem sie gerade ist. Das Musterstück (Urkilogramm) einer solchen Masse von 1 kg wird in Paris aufbewahrt – unter sicherem Verschluß, denn es ist nicht nur für die Forschung wichtig, sondern auch kostbar: Es besteht aus einem Platin-Iridium-Zylinder von 39 mm Höhe und 39 mm Durchmesser.

Jeder Körper hat eine bestimmte Masse, und die ändert sich nicht – ob wir damit am Äquator schwitzen, am Nordpol frieren oder schwerelos durch den Weltraum fliegen. (Für Weltraumfahrer wäre es ja auch höchst unerfreulich, wenn sich ihre Körper ebenso wie die Raumschiffkörper mit allem Drum und Dran allmählich in nichts auflösten, wenn sie immer weiter aus dem Schwerefeld der Erde herausfliegen!) Nein – Masse bleibt Masse, und Kilogramm bleibt Kilogramm, zumindest bei den Geschwindigkeiten, mit denen wir es hier zu tun haben.

Wir wägen (nicht wiegen!) die Masse eines Körpers stets auf einer Balkenwaage (Hebelwaage), beispielsweise einer Tafelwaage, Neigungswaage, Dezimalwaage oder auf einer Analysenwaage des Chemikers; dabei vergleichen wir den Körper mit geeichten Massestücken bestimmter Größen. Wieder ist es gleich, wo wir sind – wenn nur überhaupt noch irgendein Schwerefeld vorhanden ist; wir können unsere Massen genausogut auf dem Mond wie auf der Erde vergleichen.

Beide, das geeichte Vergleichsstück und unsere zu messende Masse, werden in gleichem Maße angezogen; sie haben das gleiche Gewicht (Gleichgewicht). Damit sind wir unversehens beim Gewicht angelangt. Freilich: Eine Masse hat auch ein Gewicht; das bleibt jedoch nicht überall gleich, sondern es ist von dem jeweiligen Schwerefeld abhängig. Selbst auf der Erde wiegt 1 kg Masse an den Polen etwas mehr als am Äquator! Das liegt daran, daß die Entfernung der Erdoberfläche vom Erdmittelpunkt an den Polen etwas kleiner als am Äquator ist; dort hat sich die Erde infolge ihrer schnellen Eigendrehung (Fliehkraft!) ein wenig »ausgebogen«. Die Erdanziehung aber nimmt mit dem Quadrat der Entfernung vom Erdmittelpunkt ab. Für 1 kg Masse sieht das so aus, wie die Abbildung 1.3 zeigt.

Masse und Gewicht sind also zwei ganz verschiedene Begriffe, die jedoch durch die Stärke des Schwerefeldes miteinander zusammenhängen: Das Gewicht (F_G) ist eine Kraft (Gewichtskraft); es ist gleich der Masse (m) mal der Beschleunigung (g), die ihr von der Erdanziehung erteilt wird:

$$F_G = m \cdot g.$$

Das Gewicht hat auch eine besondere Maßeinheit: das Newton (N), bisher das Kilopond (kp); es wird, da es mit der Erdanziehung zusammenhängt, stets mit der Federwaage gemessen. (Das Gewicht zieht eine Wendelfeder auseinander.)

Wir wollen auf der Erde bleiben: Die größ-

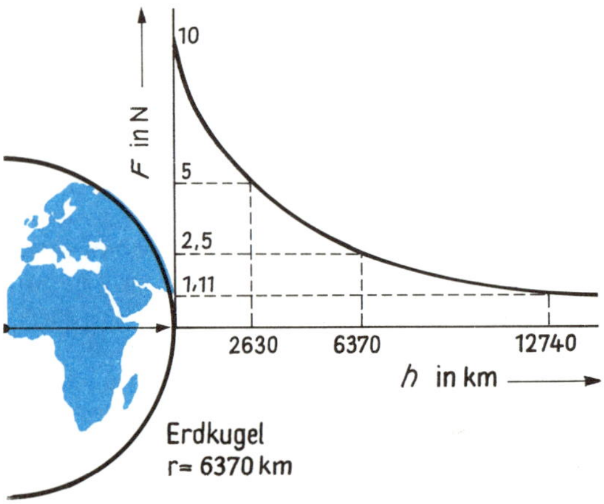

1.3 Die Erdanziehung nimmt mit dem Quadrat der Entfernung vom Erdmittelpunkt ab

ten Unterschiede, auf Normalhöhe der Oberfläche bezogen, liegen – wie gesagt – zwischen Pol und Äquator. Das sind 90 Breitengrade, wie jeder leicht auf dem Globus feststellen kann. Wenn wir den Mittelwert nehmen, erhalten wir 45 Grade; hier ist das Gewicht in kp gerade ebenso groß wie die Masse in kg. Der Unterschied ist auch in unseren Breitengraden nur gering; er macht sich erst in der dritten Stelle hinter dem Komma bemerkbar.

Nun wollen wir im Experiment untersuchen, wie der freie Fall verschieden großer Massen in der (widerstehenden) Luft vor sich geht. Wenn wir einigermaßen geschickt sind, können wir sogar quantitativ, das heißt messend, experimentieren.

Die kleinen Fallkegel

Wir bauen aus Seidenpapier, im Notfall aus dünnem Durchschlagpapier, einige ziemlich flache Kegel (Bild 1.4). Dazu schneiden wir aus dem Papier eine Kreisfläche mit etwa 6 cm Durchmesser, schneiden einen Quadranten (ein Viertel der Kreisfläche mit dem Zentriwinkel 90°) heraus und kleben die so entstandenen Radienkanten mit ein wenig Leim zusammen; der Kegel ist fertig. Er fällt mit der Spitze sehr bald nach dem Loslassen ruhig und gleichförmig schnell nach unten.

Die Masse eines Kegels betrage a; sie liegt vermutlich zwischen 0,1 und 0,2 g. Ferner sind Massestücke nötig von a, 2a, 3a und 4a g. Wir stellen sie am einfachsten dadurch her, daß wir die Mantelfläche des Kegels noch mehrmals aus dem gleichen Papier schneiden (übereinanderlegen!) und dann Kügelchen aus einem, aus zwei, drei und vier dieser Papierstücke formen.

Noch einfacher geht es mit ein wenig Mathematik: Die Fläche unseres Kegelmantels mit dem Kreisradius r = 3 cm ist

$$A_G = \frac{3}{4} A_0 = \frac{3}{4} \pi r^2 = \frac{3 \cdot 3{,}14 \cdot 9\ \text{cm}^2}{4} = 21{,}2\ \text{cm}^2.$$

Ziehen wir daraus die Quadratwurzel, so erhalten wir 4,6 cm. Jetzt brauchen wir nur noch Quadrate mit der Seitenlänge 4,6 cm auszuschneiden, um ein Papierstück zu erhalten, das in Masse und Gewicht unserem Dreiviertelkreis gleich ist.

Wenn man die kleinen Papierkegel aus größerer Höhe fallen lassen will, ohne auf eine Leiter oder einen Turmbau aus Tisch und Stühlen steigen zu müssen, dann benutzt man einen Drahtring (4 bis 5 cm Durchmesser) der an einer entsprechend langen Stange befestigt ist (nach Bild 1.4) – beispielsweise am Stiel eines Besens oder eines Obstpflückers. Wir können die Versuche im Zimmer, besser noch in einer hohen Halle oder im Treppenhaus durchführen. Zum Messen der Zeit nehmen wir eine Stoppuhr oder ein Metronom; wir können auch die Sekunden laut zählen: »ein – und – zwan – zig« usw. und damit die Sekunden und noch die Viertelsekunden mit ausreichender Genauigkeit messen. Das letztgenannte Verfahren müssen wir freilich erst mit Hilfe einer Uhr (Sekundenzeiger!) üben. Den Fallweg kennzeichnet man mit Kreide oder Papierstückchen an der Wand, oder man hängt einen unten beschwerten Bindfaden auf, an dem man Papierstückchen auf- und abschiebbar anbringt.

Zunächst lassen wir einen Kegel fallen. Er fällt eine kurze Zeit in beschleunigter, danach in gleichförmiger Bewegung; er hat also seine Endgeschwindigkeit bald erreicht.

Wir messen die gleichförmige Geschwindigkeit v des Kegels. Das erste Stück des Fallweges, etwa 20 cm, bleibt unberücksichtigt; hier ist die Bewegung noch beschleunigt. Bei einer Zimmerhöhe von beispielsweise 320 cm läßt man den Kegel von der Decke aus fallen; von der Marke 20 cm an messen wir die Fallzeit über alle drei Meter

1.4
Fallkegel und Halter

und wenn möglich auch über jedes einzelne Meter (um zu prüfen, ob die Geschwindigkeit überall gleich ist). Konkrete Werte von Tabelle 1.1: Für 3 m lassen sich 4,2 s berechnen, also: Der Kegel braucht beispielsweise gut 4 s, um die 3 m zu durchlaufen. Dann ist die Geschwindigkeit

$$v = \frac{s}{t} = \frac{3\text{ m}}{4\text{ s}} = 0{,}75\text{ m/s}.$$

Beim Durchlaufen *eines* Meters muß die Zeit etwa

$$\frac{4\text{ s}}{3} = 1{,}3\text{ s sein.}$$

Unsere Messungen sind infolge der einfachen Versuchsbedingungen nicht genau; es ist daher stets zu empfehlen, mehrere (mindestens fünf) gleiche Versuche zu machen und daraus den Mittelwert zu errechnen. Wie bei der mittleren Geschwindigkeit: alle Werte zusammenzählen und die Summe durch die Anzahl der Versuche teilen.

Die Geschwindigkeit des Fallkegels haben wir nun, und wir wissen auch, daß sie gleichförmig ist, weil die Gegenkraft der Luftreibung gerade die durch die Erdanziehung vorhandene Beschleunigung aufhebt. Jetzt wird es etwas schwieriger, aber um so reizvoller:

Die Fallkegel nehmen »Fracht« auf

Dieser Versuch verläuft wie der vorhergehende – mit dem Unterschied, daß wir der Reihe nach unsere Papier-Massestückchen vorher in den Kegel legen – zuerst das 1a-Stück, beim nächsten Versuch das 2a-Stück usw. Wer will, kann die Reihe dadurch fortsetzen, daß er die Stücke a und 4a oder 2a und 3a hineinlegt und so 5a Belastung erhält und so fort (bei zuviel Last kippt der Kegel).

Der Kegel fällt jedesmal etwas schneller; die Zeit läßt sich aber über mehrere Meter noch gut messen.

In Tabelle 1.1 sind die ermittelten Fallzeiten, die sich bei einer Fallhöhe von $s = 2$ m ergeben haben, eingetragen. Über $v = \frac{s}{t}$ berechnen wir die zugehörigen Geschwindigkeiten und tragen sie ebenfalls in die Tabelle ein. Für $t = 2{,}8$ s erhalten wir

$$v = \frac{2\text{ m}}{2{,}8\text{ s}} = 0{,}71\text{ m/s, für } t = 1{,}25\text{ s,}$$

$$\text{schließlich } v = \frac{2\text{ m}}{1{,}25\text{ s}} = 1{,}6\text{ m/s.}$$

Wir erkennen, daß sich die Geschwindigkeit des Fallkegels verdoppelt, wenn die vierfache Masse (4a) und damit das vierfache Gewicht vorhanden ist. Verdreifacht wird die Geschwindigkeit bei neunfachem Gewicht.

Diese Versuchsreihe ermöglicht uns eine Aussage über die Bremswirkung der Luft. Bei der doppelten Geschwindigkeit bremst die Luftreibung das vierfache (2^2), bei dreifacher Geschwindigkeit das neunfache (3^2) Gewicht – und wir kommen zu der Folgerung: Der Widerstand der Luft wächst mit dem Quadrat der Geschwindigkeit des bewegten Körpers.

K

m	*t*	*v*
a	2,8	0,71
a + a = 2a	2,0	1,0
a + 2a = 3a	1,6	1,25
a + 3a = 4a	1,4	1,43
a + 4a = 5a	1,25	1,6

Tabelle 1.1

1	2	3	4	5	6
Zeit t in s	Gesamtweg (Fallhöhe) s der Kugel in m	Mittlere Geschwindigkeit in m/s	Anfangsgeschwindigkeit in m/s	Endgeschwindigkeit v in m/s	Beschleunigung in m/s^2
1.	5	5	0	10	10
2.	20	15	10	20	10
3.	45	25	20	30	10
4.	80	35	30	40	10

Versuchswerte zum freien Fall
Tabelle 1.2

Der Fall im flüssigen Medium

Flüssigkeiten hemmen die Bewegung eines Körpers noch stärker, als die Luft das vermag; der Grund liegt in der größeren Dichte der Flüssigkeiten. Die Bewegung verläuft daher langsamer, und wir können sie besser beobachten und messen.

Der langsame und der schnelle Taucher

Wir brauchen ein möglichst hohes Standglas von einigen Zentimetern lichter Weite; wir können auch das Fallrohr vom Versuch auf Seite 17 verwenden, oben offen, unten verschlossen und gut befestigt. Den Taucher bauen wir uns so: Mit einem angewärmten alten Messer schneiden wir von einer gewöhnlichen Haushaltskerze (22 mm Durchmesser) unten ein Stück von 15 bis 30 mm Länge ab. Mitten durch das Kerzenstück bohren wir einen angewärmten Draht (gegebenenfalls den Docht herausziehen!). Das eine Drahtende biegen wir zu einer kleinen Öse um, das andere lassen wir lang an der anderen Seite des Kerzenstücks herausragen. Kupferdraht von 1,5 mm Durchmesser soll beispielsweise zunächst etwa 5 cm lang sein bei einer Länge des Kerzenstücks von 16 mm.

Jetzt füllen wir das Standgefäß mit Wasser und setzen (mit Drahthaken oder Pinzette) den Taucher hinein. Er geht, wenn wir den Draht nicht zu schwach oder zu kurz gewählt haben, zunächst einmal unter. Wir müssen ihn heraufholen, ein Stückchen Draht abschneiden und den Versuch wiederholen – so oft, bis der Taucher gerade noch im Wasser schwebt. Man kann auch für den feinen Ausgleich ein Stückchen vom Kerzenstück abschneiden. Beim Prüfen, ob er sinkt, müssen wir den Taucher vorsichtig ein wenig unter die Wasseroberfläche stoßen; andernfalls stören uns die erstaunlichen Wirkungen der Oberflächenspannung, die wir später noch experimentell untersuchen werden.

Schwebt unser Taucher also gerade im Wasser, dann biegen wir auch das zweite Drahtende zu einer Öse. Das Standglas versehen wir außen von oben bis unten mit einem schmalen Papierstreifen mit Maßstab, etwa Streifen aus Millimeterpapier (Koordinatenpapier). Zum Ankleben eignet sich jeder als Alleskleber bekannte Kunstleimstoff. Aus einer kleinen Büro-Heftmaschine holen wir uns neun Heftklammern und biegen sie ringförmig um. Diese Klammern sind meist 24 mm lang und haben einen rechteckigen Querschnitt (0,5 mm mal 1,0 mm). Selbstverständlich können wir auch entsprechende Stücke von einem dünnen Draht abschneiden; sie müssen nur alle genau gleich lang sein.

Jetzt beginnt der eigentliche Versuch: Wir hängen einen Ring an den Taucher und setzen ihn in das Wasser. Er sinkt langsam unter, und wir messen seine Geschwindigkeit in m/s – zur Sicherheit mehrmals, um einen guten Mittelwert zu erhalten. Der Taucher mit dem einen Ring entspricht dem Papierkegel im vorhergehenden Versuch. Die Zeit messen wir in der bekannten Weise.

Aufmerksame Leser wissen schon, was nun folgt: Wir hängen zu den weiteren Messungen 2, 3, 4 und schließlich 9 Ringe an den Taucher und messen immer wieder die Geschwindigkeit. Wieder ergibt sich das Gesetz des mit der Körpergeschwindigkeit quadratisch wachsenden Widerstandes im Medium. Bei vier Ringen ist die Geschwindigkeit erst zweimal so groß, bei neun dreimal so groß wie bei einem einzigen Ring.

Wir messen die gleichbleibende Geschwindigkeit

Dies ist (zur Belohnung) ein ganz einfacher Versuch, auch zum Üben geeignet. Wir füllen unser Glasgefäß vom vorhergehenden Versuch mit gewöhnlichem (leichtflüssigem, hellem) Maschinenöl. Mit Hilfe einer Tropfpipette, beispielsweise aus einem Medizinfläschchen, das Augen- oder Nasentropfen enthalten hat, lassen wir vorsichtig einen Tropfen Wasser aus kurzer Entfernung auf das Öl fallen. Der Tropfen sinkt langsam mit gleichförmiger Geschwindigkeit, die wir gut messen können, durch das Öl. Auch das Sinken von Kugeln aus kleinen Kugellagern im Öl läßt sich gut beobachten.

Bringt man mit Fuchsin gefärbtes Anilin ($C_6H_5NH_2$) tropfenweise in Wasser, kann man mehrere Einzeltropfen zu einem einzigen, großen Tropfen (bis 3 cm Durchmesser) vereinigen. Wir stellen auf diese Weise verschieden große Tropfen her und beobachten, wie sie sinken. Bei dieser Gelegenheit haben wir das Prinzip eines wichtigen technischen Meßverfahrens kennengelernt: die »Kugelfallmethode« zum Bestimmen der Zähigkeit von Flüssigkeiten. Je zäher die Flüssigkeit, um so langsamer sinkt darin der Körper nach unten.

Wer Paraffinöl im Hause hat, mag das Standglas damit füllen und eine gelbe, glatte Erbse hineinfallen lassen. Sie sinkt mit einer gleichbleibenden Geschwindigkeit von etwa 2 cm/s.

Freier Fall – jetzt mit Zahlen und Versuchen

Wer die vorhergehenden Abschnitte mit Verständnis gelesen hat, für den bietet dieses Kapitel keine Schwierigkeiten mehr. Wir wollen den freien Fall einmal allein, ohne Reibungswiderstände in der Luft, in Gedanken betrachten und dazu Versuche durchführen, bei denen wir den Luftwiderstand möglichst gering halten.

Der freie Fall ist eine beschleunigte Bewegung, das wissen wir. Die Beschleunigung wird durch die Erdanziehung (Schwere) hervorgerufen; man nennt die Fallbeschleunigung deshalb auch Schwerebeschleunigung oder Erdbeschleunigung. Von dem lateinischen Wort grávitas für Schwere ist das allgemein gebräuchliche Kurzzeichen g für die Fallbeschleunigung abgeleitet.

Wenn eine Stahlkugel 4 Sekunden lang frei fällt, legt sie in den einzelnen Sekunden die in Tabelle 1.2 aufgelisteten Strecken zurück.
Jeder kann diese Zahlen – etwa in einem Treppenhaus – mit der Stoppuhr nachprüfen, und zwar mit einer Stahlkugel, einer Holzkugel und anderen kleinen Gegenständen, bei denen sich die Luftreibung nicht wesentlich auswirkt. Er wird die Zahlen bestätigt finden, ganz gleich, welche Masse der fallende Gegenstand hat. Wir werden die Zahlen sehr bald in einfacherer Art praktisch prüfen.

In der Tabelle 1.2 fallen uns folgende Tatsachen auf: Verständlich ist zunächst, daß die Anfangsgeschwindigkeit der Kugel in jeder Sekunde gleich der Endgeschwindigkeit in der vorhergehenden Sekunde ist – in der ersten Sekunde entsprechend gleich Null, denn vorher bewegte sich die Kugel ja überhaupt nicht. Da die Kugel in der ersten Sekunde 5 m zurückgelegt hat, muß sie eine mittlere Geschwindigkeit von 5 m/s gehabt haben. In der zweiten Sekunde legte sie eine Wegdifferenz zwischen 5 m und 20 m, also von 15 m, in der dritten von 25 m und in der 4. von 35 m zurück. Die Weglängen innerhalb der einzelnen Sekunden verhalten sich also wie 1 : 3 : 5 : 7. Die mittlere Geschwindigkeit der Kugel stieg in der zweiten Sekunde auf 15 m/s, in der dritten auf 25 und in der vierten auf 35 m/s. Die Kugel ist zweifellos gleichmäßig beschleunigt worden, denn die Erdanziehung ändert sich nicht. Deshalb muß die Endgeschwindigkeit nach der ersten Sekunde 10 m/s sein, denn

$$\frac{0 + 10\ \text{m/s}}{2} = 5\ \text{m/s}.$$

Mit der gleichen Überlegung kommen wir auf eine Endgeschwindigkeit von 20 m/s nach der zweiten Sekunde, denn

$$\frac{10\ \text{m/s} + 20\ \text{m/s}}{2} = 15\ \text{m/s}.$$

Die Beschleunigung in Spalte 6 ergibt sich mit der schon erwähnten Beziehung

$$a = \frac{v}{t}.$$

Für die erste Sekunde berechnen wir

$$a = \frac{10\ \text{m/s}}{1\ \text{s}} = 10\ \text{m/s}^2,$$

ebenso für die zweite:

$$a = \frac{20\ \text{m/s}}{2\ \text{s}} = 10\ \text{m/s}^2$$

und so fort für die folgenden. Das ist der Wert der konstanten Erdbeschleunigung, die – zur Unterscheidung von anderen Beschleunigungen – das Formelzeichen g erhält. Ganz genaue Messungen ergeben

$g = 9{,}80665\ \text{m/s}^2$

für 45° geografische Breite und für Meereshöhe; dieser Wert ist uns jedoch zu umständlich zum Rechnen. Schauen wir uns nun den Weg-Zeit-Zusammenhang etwas genauer an. Wir lösen dazu die Zahlen der Fallhöhen in Faktoren auf und vergleichen diese mit den zugehörigen Fallzeiten:

$5 = 5 \cdot 1^2$
$20 = 5 \cdot 2^2$
$45 = 5 \cdot 3^2$
$80 = 5 \cdot 4^2$.

Die Zahl der Sekunden, die Fallzeit, taucht bei Fallweg im Quadrat auf oder (anders ausgedrückt): Der Gesamtweg wächst mit dem Quadrat der Fallzeit:

$s = 5 \cdot t^2$.

Und die 5 vor dem Quadrat der Zeit – ob sie mit der Beschleunigung zusammenhängt? Ja, sie ist die halbe Erdbeschleunigung. Damit lautet die Gleichung für den freien Fall

$$s = \frac{g}{2} \cdot t^2.$$

Setzen wir für die Erdbeschleunigung eine allgemeine Beschleunigung a ein, so erhalten wir das *Weg-Zeit-Gesetz der gleichmäßig beschleunigten Bewegung*

$$s = \frac{a}{2} \cdot t^2.$$

Es gibt den Zusammenhang zwischen Weg (s) und Zeit (t) an. Das *Geschwindigkeit-Zeit-Gesetz der gleichmäßig beschleunigten Bewegung* ist allgemein

$v = a \cdot t$.

Es gibt den Zusammenhang zwischen Geschwindigkeit (v) und Zeit (t) an. Angewendet wird der freie Fall in der Technik zum Beispiel bei der Ramme. Ihre Wirkung hängt von der Hubhöhe ab, das heißt vom gesamten Fallweg des »Bären«.

Und nun wollen wir uns überzeugen, daß die Zahlen der Tabelle 1.2 richtig sind. Zunächst ein einfacher Versuch für Leser, die gut hören können.

Es klappt am Schnürchen

Wir nehmen einen dünnen, festen Faden und knüpfen an einem Ende eine durchbohrte Holzkugel, Kastanie, Schraubenmutter oder ähnliches fest (Bild 1.5). Weitere gleiche Körper verknoten wir in der Schnur in Abständen, die sich wie die Fallwege in den aufeinanderfolgenden Sekunden (1 : 3 : 5 : 7 usw.) verhalten, beispielsweise 20 cm + 60 cm + 100 cm + 140 cm. Diese Fallschnur ist 320 cm lang. Hat man zum Experimentieren einen höheren Raum zur Verfügung, so soll man ihn mit einer längeren Fallschnur ausnutzen, etwa mit 25 cm + 75 cm + 125 cm + 175 cm = 400 cm oder in einem Treppenhaus: 80 cm + 240 cm + 400 cm + 560 cm + 720 cm = 20 m.

Lassen wir die von oben nach unten frei hängende Schnur fallen, so hören wir, daß die Kugeln in ganz gleichmäßigen Zeitabständen auf den Boden schlagen; bei kurzer Fallschnur wirkt es wie das Knattern einer Maschinenpistole. Die größeren Abstände werden durch die entsprechend größere Fallgeschwindigkeit wieder ausgeglichen; unsere Zahlen müssen stimmen.

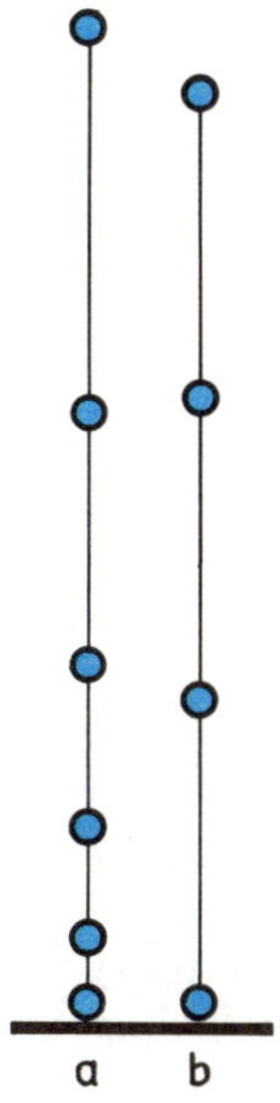

1.5
Fallschnüre mit gleichmäßigem (a) und ungleichmäßigem (b) Aufschlag

Dann müßte doch eine Fallschnur mit gleichen Abständen zwischen den eingeknüpften Fallkörpern ungleichmäßige Aufschläge ergeben? Versuchen wir es, und wir werden hören, daß die Aufschläge immer schneller aufeinanderfolgen.

Der fallende Ziegelstein

Um den Wert der Erdbeschleunigung g unmittelbar zu bestimmen, braucht man nur einen halben Ziegelstein (oder ähnliches) und eine Stoppuhr – dazu freilich noch ein Haus mit mehreren Stockwerken. Wir lassen beispielsweise aus 15 m Höhe (auf den Ruf: »Zwei–eins–null!«) den Stein fallen, messen die Fallzeit mehrmals und bilden den Mittelwert; er möge 1,72 s betragen. Zunächst stellen wir die Gleichung

$$s = \frac{g}{2} \cdot t^2 \text{ nach } g \text{ um,}$$

indem beide Seiten der Gleichung mit 2 multipliziert und durch t^2 dividiert werden, und erhalten

$$\frac{2s}{t^2} = g.$$

Seitenvertauschung und Einsetzen der gegebenen Werte
$s = 15$ m und $t = 1{,}72$ s ergeben schließlich

$$g = \frac{2{,}15 \text{ m}}{(1{,}72 \text{ s})^2} = 10{,}1 \text{ m/s}^2.$$

Wir haben demnach für g den Wert von 10,1 erhalten. Genauer dürfen wir den Wert nicht angeben, weil wir die 15 m Höhe sicherlich nicht auf den Zentimeter genau feststellen können.

Man hat in den letzten 100 Jahren eine ganze Reihe mehr oder weniger geistreicher Geräte ausgedacht und gebaut, um das Fallgesetz auch sichtbar darzustellen: Pendel und Fallmaschinen. Was da alles fällt! Brennende Glühlampen vor Filmen, tönende und zugleich schreibende Stimmgabeln, sich vor einem Tintenstrahl drehende Zylinder, Papierstreifen vor schreibenden Pendeln – und noch manches mehr; alles das ist für uns mit zuviel Aufwand verbunden und nach der einfachen Fallschnur auch nicht nötig. Außerdem gibt es noch ein sehr überzeugendes Verfahren, das auch für uns in Betracht kommt: der allgemeine Nachweis der Beschleunigung mit der geneigten Ebene. Auch Galilei hat, wie schon erwähnt, mit ihr experimentiert.

Wir beschleunigen auf der geneigten Ebene (Fallrinne)

Wir bilden zunächst etwas Ähnliches wie eine geneigte Ebene, indem wir unsere »richtige« Fallschnur (a) vom vorigen Versuch am Boden befestigen und straff gespannt schräg nach oben halten. Wenn wir sie fallenlassen, hören wir die Fallkörper wieder im gleichen Takt aufschlagen; nur ist diesmal die Zeitdauer zwischen zwei Aufschlägen kürzer.

Nun zur wirklichen geneigten Ebene! Sie ist, wie im Bild 1.6 gezeichnet, irgendeine schräggestellte Bahn, auf der etwas fährt oder rollt: ein leichtes Wägelchen, eine glatte Walze aus Holz oder eine Metallkugel (Stahlkugel). Die »Ebene« kann eine Fallrinne aus Hartholz oder Metall (für eine Kugel) oder ein gehobeltes Brett (für eine Walze) sein; man kann sie aus den Schienen einer Modelleisenbahn, aus Teilen des Metallbaukastens (Winkelbänder!), aus Metallstreifen und anderem bauen. Bewährt hat sich eine Hartholz-Vierkantleiste (etwa 4 cm mal 6 cm), in deren eine Schmalseite eine 15 mm breite, scharfkantige Rinne mit U- oder V-

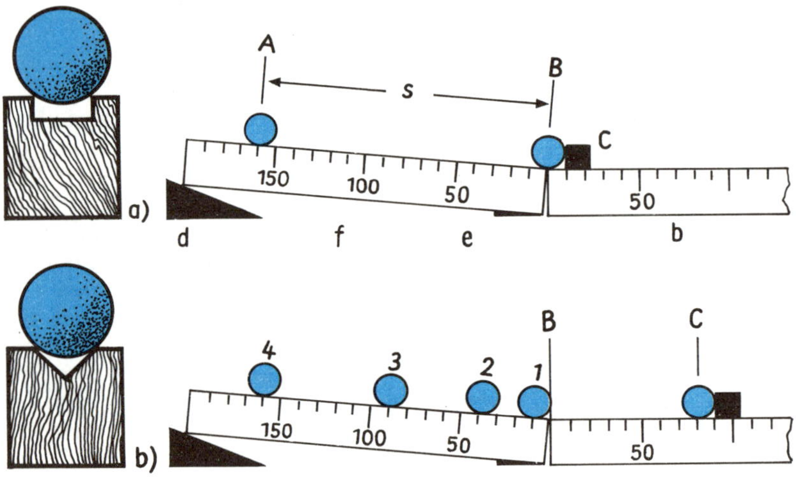

1.6
Geneigte Ebenen im Profil und in der Seitenansicht

Profil eingefräst ist, wie das die Abbildung 1.7 zeigt; auch eine Schiene für Schleudergardinen ist gut geeignet.

Wichtig ist zweierlei: Die Rinne ist uns einmal um so lieber, je länger sie ist. 180 bis 200 cm für die eigentliche Fallrinne und dazu 180 cm für die waagerechte Auslaufrinne (b) gestatten gute Messungen. Zum anderen muß die Reibung so klein wie möglich gehalten werden. (Eine Stahlkugel, die auf einer Metallschiene läuft, ist besonders günstig.)

Entlang der ganzen Länge wird eine Zentimeterskale angebracht, um die Weglänge messen zu können.

Die Zeit messen wir am besten mit einer Stoppuhr oder einem Metronom. Empfehlenswert ist noch ein Anschlagklötzchen (c). Die linke Seite heben wir am besten mit einem Holzkeil (d) an; dadurch können wir den Neigungswinkel sehr fein einstellen. Damit der Übergang von der geneigten zur waagerechten Ebene schlüssig ist, legen wir unter das rechte Ende der geneigten Ebene entsprechende Pappstücke (e).

Wir lassen nun die Kugel bei verschiedenen Neigungen und von verschiedenen Punkten von A aus auf B rollen. Vom Punkt B aus messen wir genau eine Sekunde und lesen ab, wie weit die Kugel auf b gelaufen ist. Diese Strecke gibt uns, weil sie gerade auf 1 s bezogen ist, die Endgeschwindigkeit (Augenblicksgeschwindigkeit) der Kugel an. Je größer die Neigung und je länger der Kugelweg auf f, um so größer ist die Endgeschwindigkeit der Kugel.

Wir machen jetzt vier Messungen hintereinander: Die Endgeschwindigkeit der Kugel wird auf der Auslaufrinne B–C gemessen, und zwar nachdem die Kugel auf der Fallrinne 1 s, 2 s, 3 s und 4 s gelaufen ist. Also die Endgeschwindigkeiten nach 1, 2, 3 und 4 Sekunden! (Bei kürzeren Fallrinnen, etwa von 1 m Länge, geht es um die Laufzeit nach 1, 2 und 3 Sekunden).

Dazu stellen wir die Rinne f zunächst so ein, daß die Kugel genau 4 s braucht, um von A nach B zu gelangen (Halteklotz in B!). Die Endgeschwindigkeit wird wieder von B an auf b gemessen; sie ist zahlenmäßig gleich dem Weg in einer Sekunde. Dabei gilt die Länge der Strecke immer von dem einen Auflagepunkt der Kugel zum anderen; man muß also stets die Unterseite der Kugel beobachten. Der Halteklotz muß entsprechend um die Länge des Kugelradius verschoben werden.

Damit die Kugel 1 s auf f läuft, muß A in 10 cm Entfernung von B liegen, für 2 s bei 40 cm, für 3 s bei 90 cm und für 4 s bei 160 cm. Die Versuche ergeben die Werte in der Tabelle 1.3.

Die Endgeschwindigkeit wächst also verhältnisgleich zur Zeit mit der gleichbleibenden Beschleunigung a von 20 cm/s^2 ($v = a \cdot t$); die Bewegung ist *gleichmäßig beschleunigt* (Spalten 1 bis 3). Die Weglängen fanden wir ebenfalls durch den Versuch (Spalte 4). Wir finden unsere Behauptungen vom freien Fall bestätigt: Im Weg der Kugel stecken die halbe Beschleunigung und das Quadrat der Zeit als Faktoren! Freilich haben wir es bei unserem Versuch (zum Glück) mit

Zentimetern zu tun; beim freien Fall geht es um Meter. Ein Beweis für eine Möglichkeit des Experiments: die Änderung der Maßstäbe! Vergrößern wir die Neigung der Fallrinne, so wird das Ablesen immer schwieriger für uns; die Beschleunigung steigt. Steht die Fallrinne schließlich senkrecht, so haben wir den Grenzfall erreicht: den freien Fall.

Wir behalten die Neigung der Fallrinne f bei, lassen die Kugel bei A ablaufen und messen die einzelnen Wege, die sie in der 1., 2., 3. und 4. Sekunde durcheilt (bei kürzerer Ebene wieder nur bis zur 3. Sekunde); anders ausgedrückt: Wir messen den Weg s, den die Kugel nach 1, 2, 3 und 4 Sekunden zurückgelegt hat. Das ist etwas schwieriger, aber durchaus noch gut meßbar.

Das Ergebnis sieht etwa so aus (Spalte 1 und 2):

Zeit t in s	Weg s in cm nach t Sekunden	Beschleunigung $a = 2\frac{s}{t^2}$ in $\frac{cm}{s^2}$
1	$10 = 10 \cdot 1^2$	$2\frac{10}{1} = 10 \cdot 2 = 20$
2	$40 = 10 \cdot 2^2$	$2\frac{40}{4} = 10 \cdot 2 = 20$
3	$90 = 10 \cdot 3^3$	$2\frac{90}{9} = 10 \cdot 2 = 20$
4	$160 = 10 \cdot 4^4$	$2\frac{160}{16} = 10 \cdot 2 = 20$

Der Gesamtweg der Kugel wird untersucht

Tabelle 1.4

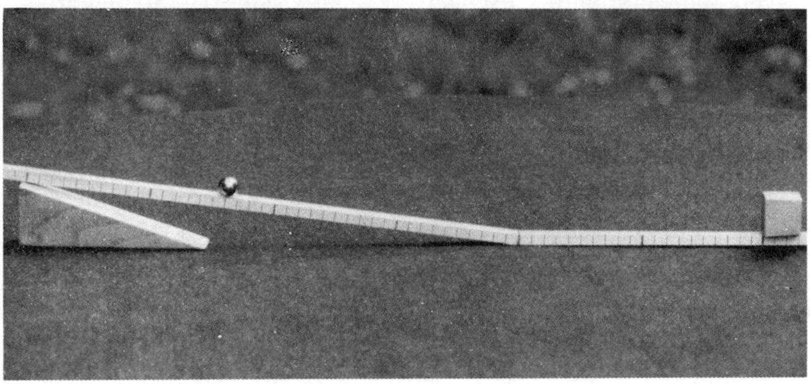

1.7
Geneigte Ebene im Versuch

1	2	3	4	5
Laufzeit t der Kugel auf f in s	Endgeschwindigkeit v in $\frac{cm}{s}$	Beschleunigung $a = \frac{v}{t}$ in $\frac{cm}{s^2}$	Weg der Kugel auf f in cm	Mittlere Geschwindigkeit der Kugel auf f in $\frac{cm}{s}$
1	20	$\frac{20}{1} = 20$	$10 = 10 \cdot 1^2$	10
2	40	$\frac{40}{2} = 20$	$40 = 10 \cdot 2^2$	20
3	60	$\frac{60}{3} = 20$	$90 = 10 \cdot 3^2$	30
4	80	$\frac{80}{4} = 20$	$160 = 10 \cdot 4^2$	40

Die Kugel läuft von vier verschiedenen Ausgangspunkten ab

Tabelle 1.3

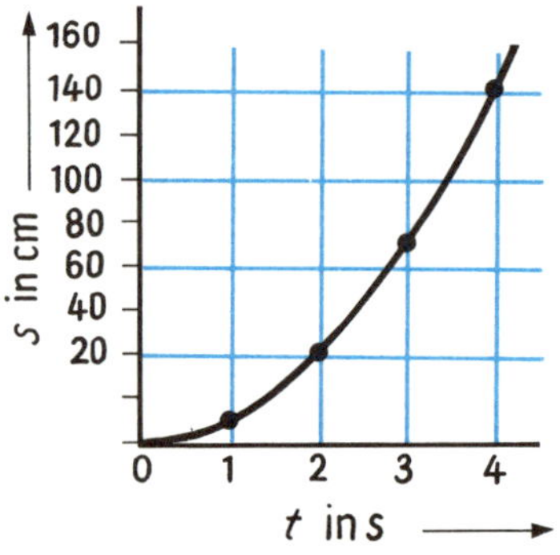

1.8 Weg-Zeit-Diagramm einer beschleunigten Bewegung

In der Spalte 2 mit der Weglänge finden wir wieder die Faktoren halbe Beschleunigung (konstant) und die Quadrate der Zeiten; *a* ist hier etwa gleich einem Fünfzigstel der Erdbeschleunigung. Auch dieser Versuch beweist die Richtigkeit unseres Fallgesetzes.

Entsprechend dem Weg-Zeit-Diagramm der gleichförmigen Bewegung können wir jetzt das Weg-Zeit-Diagramm der beschleunigten Bewegung zeichnen. Wir erhalten eine Parabel, weil die das Gesetz wiedergebende Gleichung quadratisch ist (die Zeit *t* tritt im Quadrat auf). Das Diagramm finden wir im Bild 1.8.

Noch etwas zum Nachdenken

Am Schluß dieses Kapitels sollen noch einige Experimente stehen, die wir zum Teil wieder nur in Gedanken durchführen. Die Antworten auf einige offengelassene Fragen stehen am Ende dieses Buches (Seite 295); dort kann jeder seine eigenen Erklärungen vergleichen und prüfen.

Wir experimentieren in Gedanken

Das ist besonders bequem – nicht nur, weil wir es im Ruhesessel ohne Geräte machen können, sondern vor allem, weil wir unangenehme Erscheinungen, beispielsweise die unerwünschte Reibung, kurzerhand hinwegdenken können. Obwohl diese Gedankenexperimente leicht den Eindruck des Spielerischen machen, üben sie das Denken und haben dadurch auch ihren Wert. Sie sind sogar oft genug notwendig – wenn man nämlich die nötigen materiellen Voraussetzungen aus zwingenden Gründen nicht schaffen kann; ihre Ergebnisse sind nicht weniger wichtig als die der »konkreten« Experimente. Wir lassen uns daher durch den scheinbaren Gegensatz im »Experimentieren nur in Gedanken« nicht stören und beginnen mit einigen Aufgaben.

Der Mensch im Aufzug

Ein frei fallender Körper hat kein Gewicht – ebensowenig ein Körper, der sich im Weltraum außerhalb der Schwerefelder bewegt. Versetzen wir uns in Gedanken in einen Aufzug!

Das Gewicht ist eine Kraft, mit der der Körper, bedingt durch die Erdanziehung (Schwerkraft), auf seine Unterlage drückt. Solange der Aufzug ganz gleichmäßig, ohne Beschleunigung oder Verzögerung, fährt, ist unser Gewicht unverändert das gleiche, wie wenn wir auf der Erde ständen; vom Einfluß der Höhe (Entfernung vom Erdmittelpunkt) wollen wir hier absehen. Es ist, als stände der Aufzug still. Fährt er aufwärts mit einer Beschleunigung *a*, so werden wir scheinbar schwerer; ist *a* groß genug, so gehen wir in die Knie. Mit dieser scheinbaren Gewichtszunahme haben die Astronauten erhebliche Mühe, wenn sie abfliegen. Später dürfen sie sich dann der Schwerelosigkeit »erfreuen« (eine reine Freude ist sie auch nicht), wenn sie der unmittelbaren Nähe der Erde entflohen sind.

Beim Aufwärts-Anfahren addieren sich die Beschleunigungen *a* und *g* (Erdbeschleunigung). Kraft ist Masse mal Beschleunigung, sagt der Physiker; $F = m \cdot a$. Unser Gewicht ist auf der Erde gleich diesem $F = m \cdot g$. Kommt die Beschleunigung *a* des Aufzugs hinzu, so ist unser Gewicht $F = m(g + a)$. (Das Symbol F für Kraft kommt vom englischen »force« = Kraft.)

Viel »schöner« ist das Gefühl, wenn der Aufzug nach unten anfährt. Dann gilt die Beschleunigung $g - a$. Dabei ist *a* verhältnismäßig klein gegenüber *g* – auch wenn unser Magen anderer Ansicht ist und uns ein merkwürdiges Gefühl verursacht. Was nun, wenn $a = g$ wird? Dann fallen wir frei und haben, wie gesagt, kein Gewicht mehr; $F = m(g - g)$ wird gleich Null, weil der Faktor

$g - g$ gleich Null ist. Wir schweben im Aufzug.

Und wenn mit technischer Nachhilfe, etwa mit Strahlantrieb nach unten, a größer als g wird? Dann werden wir gegen die Decke der Fahrkabine gedrückt. Wir können uns wieder aufrecht stellen – das heißt senkrecht zur normalen Lage, mit den Füßen nach »oben«, was wir in diesem Fall als »unten« empfinden. Diese Begriffe sind, wie wir sehen, relativ, abhängig vom Ort der wirkenden Anziehungskraft.

Der frei fallende Körper hat kein Gewicht

Das ist verhältnismäßig leicht zu beweisen. Wenn man einen Streifen Zeitungspapier zwischen zwei Ziegelsteine oder Metallklötze legt, so kann man ihn gewiß nicht herausziehen; er reißt. Läßt man aber das Ganze frei fallen, so hat man den unversehrten Papierstreifen in der Hand (Bild 1.9).

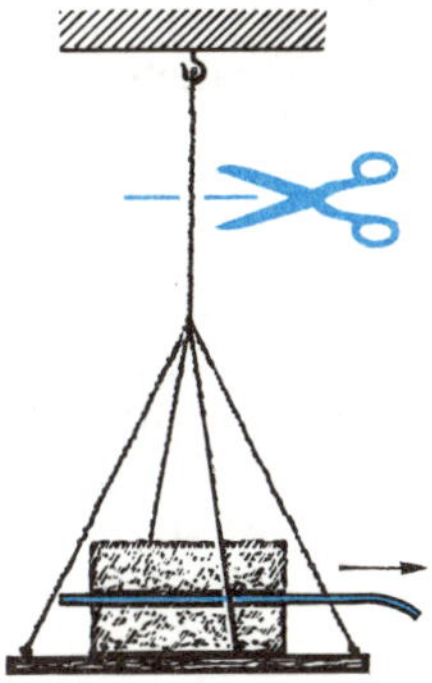

1.9
Zwischen den fallenden Ziegeln läßt sich das Papier leicht und unversehrt herausziehen

Die brennende Kerze im Aufzug

In einem stark beschleunigten Aufzug ändert sich eine Kerzenflamme: Sie wird zunächst etwa kugelförmig und erlischt dann. Warum?

Daß das tatsächlich so ist, läßt sich experimentell beweisen: Wir kleben am Boden eines weithalsigen Kochkolbens eine Kerze fest, entzünden sie und lassen den Kolben an einer Schnur (die ihn kurz über dem Boden fängt) schnell fallen. An Stelle des Kochkolbens kann natürlich auch eine oben offene Konservendose benutzt werden; man kann dann freilich nur das Ergebnis, nicht aber den Vorgang des Erlöschens beobachten.

Um zu beweisen, daß nicht Sauerstoffmangel die Kerze erlöschen läßt, lassen wir zum Vergleich die Kerze in ihrem Gefäß eine genügend lange Zeit brennen. Die Zugluft, die die Kerze ausblasen könnte, haben wir dadurch unschädlich gemacht, daß wir die Kerze in das Gefäß stecken.

Fällt Wasser im Gefäß ebenso schnell wie das Gefäß?

Ja, beide fallen gleich schnell, obwohl die Masse beider Körper verschieden sind. Aber die Masse (m) kommt in unseren Gleichungen vom Fallgesetz nirgends vor – also kann sie beim freien Fall auch keine Rolle spielen. So aussagekräftig sind Gleichungen! Selbstverständlich untersuchen wir die Sache:

Eine Konservendose ist für den Versuch gut geeignet; wir lassen sie, mit Wasser halb oder zu drei Vierteln gefüllt, an einer Schnur fallen. Das Wasser bleibt beim Fall im Gefäß. Das Ergebnis überrascht uns nicht. Das Gefäß nimmt seinen Inhalt sozusagen mit; wir wissen ja, alle Körper fallen gleich schnell.

Wir erweitern nun den Versuch, indem wir unten in das Gefäß ein kleines Loch bohren. Nach dem Füllen mit Wasser läuft (wir wissen, warum) ein Wasserstrahl heraus. Jetzt fällt das Gefäß mit Loch und Wasser: Während des Fallens bleibt das Wasser im Gefäß, und aus dem Loch kommt nichts mehr heraus! Wie erklärt sich diese Erscheinung?

Im Paddelboot durch den Tunnel?

Wir bohren in Gedanken einen geradlinigen, wasserdichten Tunnel in Form einer Kreissehne durch die Erde, 100 km lang. Man kann in seiner ganzen Länge durch ihn hindurchsehen. Dann füllen wir den Tunnel mit Wasser, so daß dieses an den beiden Tunnelenden etwa 50 cm hoch steht (Bild 1.10). Die Frage: Kann man mit einem Paddelboot durch diesen Tunnel fahren?

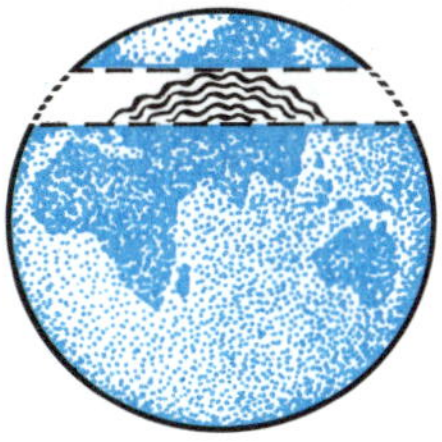

1.10
Tunnel durch die Erde

1.11
Die Täuschung der Waagerechten

Die Täuschung der Waagerechten

Als waagerecht (zum Beispiel eine Straße ohne Gefälle) empfinden wir das, was den gleichen Abstand vom Erdmittelpunkt hat. Das ist aber nicht geradlinig oder geradflächig, sondern wie die Erdoberfläche gebogen. Wir wissen das aus eigener Anschauung meist nur von einer sehr großen Wasserfläche, etwa der Ostsee, her. Von einem ankommenden Schiff sieht man zuerst die Mastspitzen; allmählich erhebt sich dann das ganze Schiff über dem Horizont, es kommt hinter der gewölbten Wasserfläche hervor.

Das alles ist bekannt. Unsere Frage lautet nun: Was empfindet ein Radfahrer, der auf einem geradlinigen Brett von 100 km Länge wie im Bild 1.11 fährt? Diese Frage hängt mit den beiden vorigen Gedankenexperimenten eng zusammen.

Die Täuschung der Parallelen

Allmählich wird die Sache peinlich – aber unsere Vorstellungen von waagerecht, senkrecht und parallel werden recht zweifelhaft, wenn wir einmal in größeren als unseren alltäglichen Maßstäben denken. Unser Leben wird trotzdem nicht schwieriger werden; wir werden wissen und die Wirklichkeit mit anderen Augen ansehen.

Senkrecht steht ein Turm, wenn seine Verlängerung »nach unten« zum Erdmittelpunkt führt. In Dresden steht ein senkrechter Turm, in Rostock ein anderer. Stehen sie parallel zueinander? Das ist die Frage. Rostock liegt um etwa 3 Breitengrade nördlicher als Dresden. Und wenn die Türme nicht parallel stehen – wie groß ist die Abweichung der Turmspitzen bei 100 m Turmhöhe?

Wenn die Erdanziehung verdoppelt würde . . .

. . . was geschähe dann? Es ist reizvoll und lehrreich, sich das auszumalen.

Würde sich die Leistungsfähigkeit von Wasserkraftanlagen und Windmotoren verändern?

Wie würden Pendeluhren und Armbanduhren reagieren?

Könnte man eine Ware noch mit einer Federwaage ebenso gut wie mit einer Hebelwaage wägen?

Wie würden sich die Antriebsmotoren von Wasserpumpen und Luftpumpen verhalten?

Wer zieht den Mond mehr an, die Erde oder die Sonne?

Wir wissen, daß sich die Massen gegenseitig anziehen. Newton drückte das in seinem Gravitationsgesetz so aus: Die Anziehungskraft zwischen zwei Körpern entspricht unmittelbar dem Produkt ihrer Massen m_1 und m_2 und umgekehrt dem Quadrat ihres Abstandes r voneinander, also

$$\frac{m_1 \cdot m_2}{r_2}.$$

Der Abstand zwischen Sonne und Mond ist 400mal so groß wie der Abstand Erde–Mond. Die Masse der Sonne ist rund 320000mal so groß wie die Masse der Erde. Zu wem fühlt sich der Mond mehr hingezogen?

Kann man die Erde auf der Erde wägen?

Doch, man kann – so unglaublich das auch erscheint, man muß nur in Zusammenhängen denken können! Hierher gehören nämlich unsere Schwerkraft-Kurve (Bild 1.3) und das Gravitationsgesetz von Newton. Wir experimentieren in Gedanken so:

1.12 Wir wägen die Erde

Entfernt sich eine Masse vom Erdmittelpunkt, so nimmt ihr Gewicht ab (und zwar mit dem Quadrat der Entfernung, wie Newton feststellte). Wir nehmen eine merkwürdige Balkenwaage: Sie hat auf der einen Seite zwei Waagschalen; die untere hängt an einem Draht 5 m tiefer als die obere (Bild 1.12). Ohne Belastung muß die Waage genau auf Null stehen; das Gewicht der zweiten Waagschale links wird durch das einer gleich großen zusätzlichen Masse an der rechten Schale ausgeglichen.

In die linke obere und in die rechte Waagschale wird je 1 kg Masse gelegt; die Waage bleibt in Nullstellung, denn beide Massen sind vom Erdmittelpunkt gleich weit entfernt. Jetzt legen wir die linke Masse in die 5 m tiefere Schale: Unsere höchstempfindliche Waage neigt sich. Die linke Masse ist um 1,5 mg (Milligramm, tausendstel Gramm) größer geworden, weil sie näher an den Erdmittelpunkt gerückt worden ist. Diese Messung, für uns natürlich undurchführbar, ist tatsächlich gemacht worden!

Aus der (durch die veränderte Schwerkraft verursachten) Gewichtsdifferenz der linken Masse (die ja mit 1 kg genau bekannt ist) kann man mit Hilfe der Gravitationsgleichung die Masse der Erde berechnen. Sie beträgt etwa $6 \cdot 10^{24}$ kg, das ist eine 6 mit 25 Nullen! Umgerechnet auf t (Tonne = 1 000 oder 10^3 kg) sind das immer noch $6 \cdot 10^{21}$ t; die Erde ist eben ein recht ansehnlicher Brocken.

Wieviel wiegen wohl . . .

. . . tausend Stahlkügelchen von je 1 mm Durchmesser? Wir verschätzen uns mit Sicherheit »nach oben«, wenn wir uns die Kügelchen nicht zu einem Würfel zusammengelegt denken. Dazu muß man wissen, daß ein Kubikzentimeter Stahl 0,075 N ($\approx$ 7,5 p) wiegt. Wieviel wiegt eine Million dieser Stahlkugeln? Zwei Kugeln aus gleichem Werkstoff (aus welchem, spielt keine Rolle) liegen vor uns; ihre Durchmesser verhalten sich wie 1 : 2. Wie verhalten sich die Gewichte der beiden Kugeln zueinander? Darf man sagen: »Die eine Kugel ist doppelt so groß wie die andere«?

Wie groß ist der Gewichtsunterschied einer Masse von 1 kg am Äquator und am Pol?

Wann wischt die kluge Hausfrau (mit feuchtem Lappen natürlich) im Wohnzimmer Staub: abends oder morgens? Das hängt auch mit Gewicht zusammen!

Was die Welt bewegt

Kraft war es, die unsere Schüssel herabfallen ließ – die Massenanziehung der Erde. Was ist das überhaupt, eine »Kraft«?

Kraft braucht man, um ein Stück Eisen zu biegen, einen wassergefüllten Eimer zu heben, einen Wagen zu bewegen; ohne Kraft kann man nicht arbeiten, nichts leisten. Ist Kraft also Voraussetzung? Sie ist mehr: *Sie ist Ursache jeder Bewegungs- oder Formänderung.* (Bild 1.13)

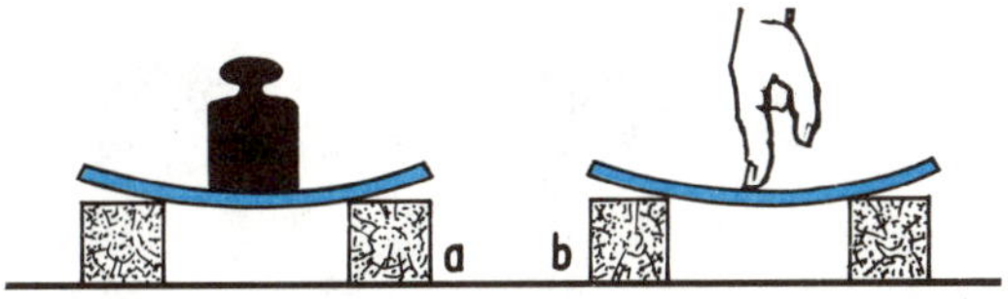

1.13 Verformung einer Holzleiste durch ein Wägestück (a) und Muskelkraft

Die Kraft steckt nicht in der Schüssel, im Eisen, im Eimer oder im Wagen; diese Dinge wollen – wie alle Körper – ihre derzeitige Form, Ruhe oder Bewegung, für alle Zeiten beibehalten – wie ein Mensch, der zu träge ist, sein weiches Bett zu verlassen. Trägheit (Beharrungsvermögen) nennt man auch diese Eigenschaft der Dinge – oder sagen wir physikalisch genauer: jeder Masse –, ihren augenblicklichen Zustand beibehalten zu wollen. Aber die Kräfte, die so oft von außen herankommen, lassen das nicht zu; sie formen die Masse oder bewegen sie.

Wir haben das ja selber versucht: eine Masse in der Luft losgelassen. Die Masse, etwa eine Kugel, hat (wie alle Massen) selber keine Kraft in sich, aber sie ist im Bereich der Erdanziehung, und die ist eine Kraft – eine sehr bedeutende sogar. Wenn eine Kraft aber auf einen beweglichen Körper einwirkt, dann bewegt dieser sich auch, und zwar immer schneller, also beschleunigt, solange die Kraft auf ihn einwirkt. Hört diese Einwirkung auf, dann bewährt sich die Trägheit der Masse wieder: Der Körper behält die letzte Geschwindigkeit bei – für immer, wenn nicht andere Kräfte dagegenarbeiten. Wir kennen das von der geneigten Ebene und den Luftreibungsversuchen her. Die *Reibung* ist allgegenwärtig, wo sich etwas bewegt; sie hebt immer einen Teil der antreibenden Kraft auf. Da aber eine Kraft nur von einer anderen Kraft beeinflußt werden kann, muß auch die Reibung eine Kraft sein.

Es gibt viele Arten von Kräften; deshalb ist es so wichtig zu begreifen, was eine Kraft grundsätzlich ist. Wir werden noch manche Arten selber untersuchen. Die *Trägheit* beispielsweise beeinflußt Bewegungen oft sehr erheblich; Bewegungsänderung ist stets Kraftwirkung – also wirkt die Trägheit auch als Kraft, ähnlich wie die Reibung. Die *Fliehkraft* ist Trägheitskraft eines Körpers, der im Kreise herumgeschleudert wird.

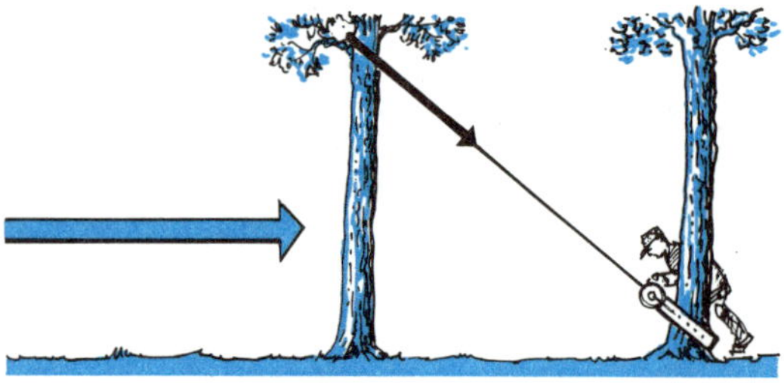

1.14 So wird eine Kraft gezeichnet und anschaulich gemacht

Dann gibt es Molekularkräfte, elektrische Kräfte und andere, Anziehung und Abstoßung – aber immer läßt sich das auf eine erfreulich einfache Tatsache zurückführen: Jede Kraft hat eine Größe, eine Richtung und Wirkungslinie sowie einen Angriffspunkt. Durch diese Merkmale ist eine Kraft eindeutig angegeben; sie kann jetzt als Pfeil gezeichnet werden: Die Richtung des Pfeiles gibt die der Kraft an; die Verlängerung (nach beiden Seiten) ist die Wirkungslinie (in der Abbildung 1.14 das Seil zum Baum rechts unten); die Länge des Pfeiles kennzeichnet die Größe der Kraft – dabei kann man den Maßstab zweckentsprechend wählen.

Von der Einheit der Kraft

Kräfte sind nicht sichtbar, sondern nur an ihren Wirkungen zu erkennen. Sie sind, solange wir richtig mit ihnen umgehen und ihren Gesetzen gehorchen, geduldig und hilfsbereit. Sie lassen sich übertragen, zerlegen, zusammensetzen und auch gut messen. Um Gewichte und Zugkräfte zu messen, haben wir die Maeysche Federwaage, die technische Federwaage und den Bügel-Kraftmesser. Mit ihnen kann man bequem Zugkräfte messen. Man nutzt dabei die Tatsache aus, daß jede Kraft eine gleich große Gegenkraft erzeugt: hier in der Feder, die auseinandergezogen wird und wieder in den alten Zustand zurück will. Hier wirkt diesmal keine Trägheit, sondern die Elastizität. Entsprechend drückt man eine Feder zusammen, wenn man eine Druckkraft messen will.

Wir bauen eine Federwaage

Die einfachste Bauart ist eine Zugfeder, die man an einem starken Stab vor einem senkrechten Brett oder zwischen zwei Auflagen aufhängt. Die Schraubenfeder wird an beiden Enden zu je einer Öse umgebogen; unten wird an drei Fäden eine Waagschale angehängt. Ein am unteren Ende der Feder angebrachter Zeiger aus Pappe oder Draht spielt über einer seitlich angebrachten Skale. Geeicht wird das Gerät mit Hilfe von Wägestücken mit ausreichender Genauigkeit. Zur Gewöhnung an den Umgang mit der SI-Einheit der Kraft Newton (SI: Système International d'Unités – Internationales Einheitensystem) wollen wir unsere Federwaagen mit zwei Skalen versehen. Die eine Skale ist in die alten Maßeinheiten p bzw. kp, die andere in die SI-Einheiten mN bzw. N eingeteilt.

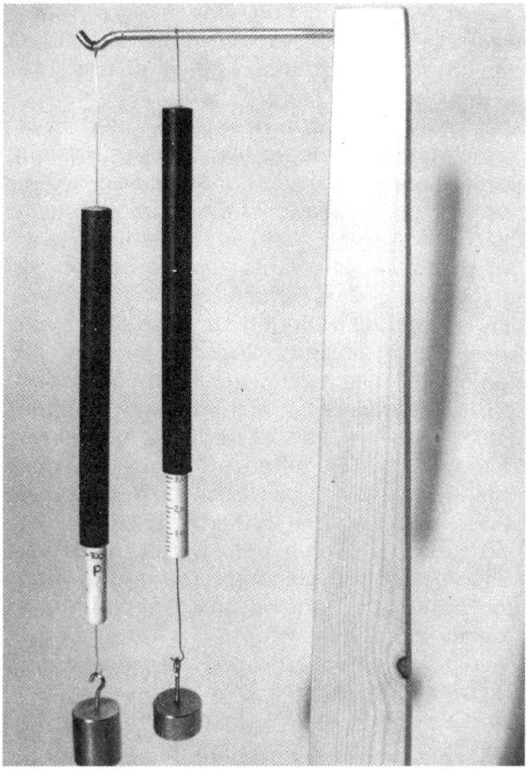

1.15 Unsere Federwaagen

Von den beweglichen Maeyschen Kraftmessern bauen wir zweckmäßigerweise gleich mehrere. Die Anordnung geht aus Abbildung 1.15 hervor: In einem Deckrohr aus festem dunklem Papier oder dünnem Karton bewegt sich die Skalenhülse (Innenhülse) aus festem weißem Papier. Die untere Öffnung der Skalenhülse und die obere des Deckrohrs werden durch je einen Kork verschlossen. Die Skalenhülse trägt, wie der Name schon sagt, eine Skale.

Die lichte Weite des Deckrohrs ist bei den üblichen Kraftmessern 10 mm, der äußere Durchmesser der Skalenhülse 8 mm, die Länge des Deckrohrs 160 mm. Die Hülsen kann man so herstellen: Man wickelt auf einen Stab aus Holz oder Glas von 10 mm Durchmesser schwarzes, auf einen Stab von 7 mm Durchmesser weißes Papier unter ständigem Verleimen der einzelnen Lagen auf, bis die Hülse etwa 1 mm stark ist. Die Skalenhülse darf bei Gebrauch nicht einknikken. Die beiden Korken, etwa 10 mm hoch, richtet man am besten mit Feile und Messer schwach konisch her, so daß sie etwa zur Hälfte in ihre entsprechende Hülse hineinragen. Als Federdraht ist harter Messingdraht oder Stahldraht geeignet; sein Durchmesser richtet sich nach dem Meßbereich, den wir haben wollen. Bei Stahldraht wird für 1000 mN ($\approx$ 100 p) ein Durchmesser von 0,5 mm, für 10 N ($\approx$ 1 kp) ein Durchmesser von 1 mm verwendet. Das obere Ende der Feder wird zum gedachten Mittelpunkt des Federquerschnitts und dort im rechten Winkel nach außen gebogen. Außerhalb des Korkens bildet es dann als Abschluß einen Ring zum Aufhängen. Das untere Ende läuft entsprechend in einen Haken aus. Bei dünnen Drähten empfiehlt es sich, den Federdraht nur fest in dem Korken zu verankern und Ring und Haken aus Eisendraht gesondert anzufertigen und in dem Korken zu befestigen. Am schwierigsten ist das Beschaffen der Schraubenfeder. Wenn man sie nicht in den passenden Abmessungen erhält und sich nicht mit Gummibändern (Schnipsgummi) als Ersatz behelfen will, dann kann man sie selber herstellen. Einige Sorten von Stahldraht lassen sich durch Glühen in der Gasflamme enthärten und nach dem Formen (Wickeln) wieder in Wasser oder Öl härten; der Stahl darf dabei nicht spröde werden. Für den Fall, daß sich der Draht nicht enthärten läßt (Naturhärte), seien hier zwei Möglichkeiten angegeben, den widerspenstigen Draht zu zähmen.

Wer eine Drehmaschine zur Verfügung hat, spannt einen Metallstab (dicken Draht) von etwa 4 mm Durchmesser ein. An einem Ende hat der Stab ein Loch; durch dieses wird der Federdraht etwa 5 cm lang hindurchgesteckt. Nun läßt man die Maschine (sehr langsam!) laufen und den Stahldraht aufwickeln – Windung dicht neben Windung. Mit den Händen zieht man den Draht zwischen zwei Hölzern sehr stramm; die Hände liegen auf dem Support, und der Vorschub ist auf die Dicke des Drahtes eingestellt. Auf diese Weise entsteht die Schraubenfeder für Zugkraftmesser. Will man einen Druckkraftmesser bauen, so legt man die einzelnen Windungen nicht aneinander, sondern einige mm auseinander; sie sollen sich ja zusammendrücken lassen.

Wer keine Drehmaschine hat, kann es (nach E. Krumm) mit Schraubstock und zwei Holzleisten so machen, wie die Abbil-

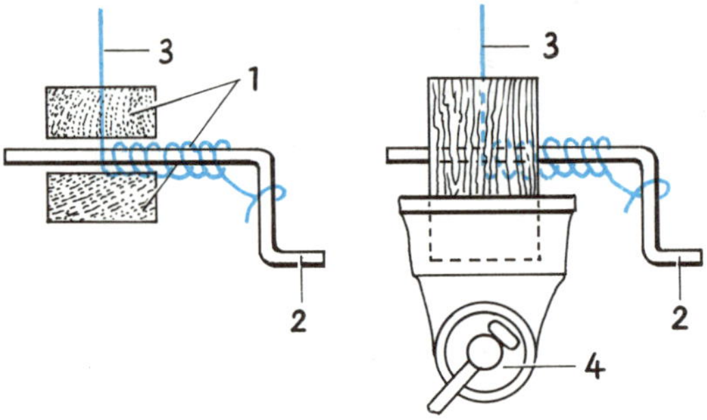

1.16 Federwickeln

dung 1.16 es zeigt: Jede Holzleiste (1) erhält eine Querrinne, winklig (mit Säge) oder fast halbrund (mit Rundraspel), mit einem Durchmesser von 5 mm, aber nur 2 mm tief. Der Stab, diesmal entsprechend länger, wird an einer Seite zu einer Kurbel (2) umgebogen. Den Anfang des Stahldrahtes stecken wir wie vorhin durch ein Loch im Stab, oder wir winden ihn um die Kurbel. Dann wickeln wir einige Windungen um den Stab und legen das Ganze so zwischen die Holzleisten, daß der noch aufzuwickelnde Draht etwa in der Mitte der Holzleisten eingeführt wird (3). Die Holzleisten werden – die Rinnen genau einander gegenüberliegend – fest in einen Schraubstock gespannt (4). Nun sitzt der Stab mit den ersten Windungen fest zwischen den Leisten in den Rinnen. Wenn wir die Kurbel drehen, so schraubt sich der Stab mit den Windungen aus seinem Lager heraus. Er ist zur Schraube geworden, und die Windungen haben sich so fest in das Holz gepreßt, daß dieses zur Schraubenmutter geworden ist. In jedem Fall müssen wir berücksichtigen, daß sich die Windungen beim Abnehmen etwas ausdehnen; der Stab muß also etwas dünner sein, als es die mathematische Rechnung verlangt.

Wir bestätigen das Hookesche Gesetz

Das Gesetz besagt: Die Schraubenfeder dehnt sich dank ihrer Elastizität verhältnisgleich zur Belastung aus (Bild 1.17)

Die Feder muß dazu gleichmäßig gewikkelt sein, und wir dürfen sie nicht gar zu lang ziehen – sie muß immer noch in ihre alte Lage zurückkehren, wenn die Belastung fortgenommen wird.

Zum Versuch eignet sich unsere Federwaage (siehe Bild 1.15) gut; nötig sind einige geeichte Wägestücke. Belasten wir mit 50 mN (≈ 5 p), so erhalten wir eine bestimmte Verlängerung der Feder mit der entsprechenden Zeigerstellung. Verdoppeln, verdreifachen usw. wir die Belastung, so verdoppelt, verdreifacht, vervierfacht sich auch die Verlängerung der Feder. Dadurch wird die Skale an dem Gerät so angenehm »linear«, das heißt gleichmäßig unterteilt. Welche Wägestücke wir nehmen, das hängt vom Meßbereich unseres Zugkraftmessers ab; den Meßbereich wollen wir nicht überschreiten, damit die Feder nicht zu sehr gedehnt wird. Alle diese Meßgeräte messen die Kraft in bestimmten Einheiten, in Newton (N) oder Millinewton (mN); nur noch befristet zugelassen sind die alten Einheiten Kilopond (kp) und Pond (p). Nach dem bereits im Jahre 1954 von der *10. Generalkonferenz für Maß und Gewicht* in Paris beschlossenen Internationalen Einheitensystem (SI) gibt es sieben *Basisgrößen* (Grundgrößen), denen je eine *Basiseinheit* (Grundeinheit) zugeordnet ist:
Für die Länge l das Meter (m)
die Masse m das Kilogramm (kg)
die Zeit t die Sekunde (s)
die Temperatur T das Kelvin (K)
die Stoffmenge n das Mol (mol)
die Lichtstärke I_v die Candela (cd).
Von diesen sieben Grundeinheiten brauchen wir hier zunächst nur die ersten drei; wir kennen sie auch längst. Wo bleibt aber jetzt die Kraft? Wir erinnern uns hier des bereits erwähnten Zusammenhangs Kraft = Masse mal Beschleunigung: $F = m \cdot a$. Das ist eine sehr sinnfällige Erklärung, vor allem für den Kraftfahrer. Die Masse ist eine Grundgröße, und die Beschleunigung hängt doch mit Länge und Zeit zusammen!

Früher wurde zwischen Masse und Gewicht praktisch kein Unterschied gemacht, und die Einheit für das Gewicht war – wie bei unseren Vorfahren – das Kilogramm. Aber die Wissenschaft kennt für sich selber keine Trägheit; sie geht in ihren Erkenntnissen voran, auch wenn man dabei umlernen muß. Der Gedanke, daß das Gewicht als Kraft von der Erdanziehung abhängig und diese auf der Erde an jedem Breitengrad verschieden ist, störte doch sehr; man mußte umständlich umrechnen. Die Lösung ist einfacher, als mancher denkt, und sie geht auf die eben er-

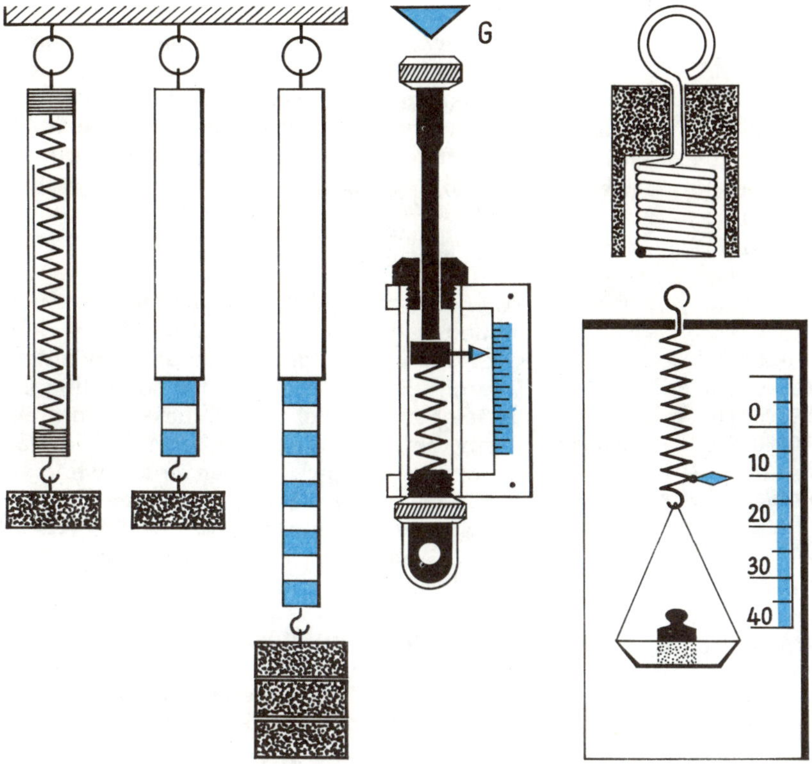

1.17 Schraubenfederwaage, Druckkraftmesser und feststehende Federwaage

wähnte Gleichung zurück: *Die Einheit der Kraft ist die Kraft, die der Masse* 1 kg *genau die Beschleunigung* 1 m/s² *erteilt.* Zu Ehren des (uns schon bekannten) englischen Physikers nennt man die Krafteinheit 1 Newton (N). Mit der Gleichung $F = m \cdot a$ können wir auch ganz exakt $F = 1\ \text{kg} \cdot 1\ \text{m/s}^2 = 1\ \text{kgm/s}^2 = 1\ \text{N}$ schreiben. Wollen wir weiterhin mit der nur noch befristet gültigen Krafteinheit Kilopond rechnen, so müssen wir erstens wissen, daß die Masse 1 kg unter Normalbedingungen auf der Erdoberfläche das Gewicht 1 kp hat. Zweitens müssen wir jederzeit umrechnen können; Grundlage dafür ist wieder die erwähnte Gleichung:

Die Einheit der Gewichtskraft ist die Kraft, die der Masse 1 kg *genau die Erdbeschleunigung* 9,80665 m/s² *erteilt.*

$F_G = m \cdot g = 1\ \text{kg} \cdot 9{,}80665\ \text{m/s}^2 = 9{,}80665\ \text{N}$.
Damit gilt also 1 kp = 9,80665 N.

Bei unseren weiteren Betrachtungen gehen wir von der Erdbeschleunigung $g \approx 10\ \text{m/s}^2$ aus, so daß stets mit der Näherung 1 kp ≈ 10 N bzw. 1 N ≈ 100 p gerechnet werden kann. Da das Gewicht nur unter dem unmittelbaren Einfluß der Erdanziehung existiert, können wir es auch nur mit einer Federwaage messen; bei Balkenwaagen vergleichen wir dagegen zwei Massen miteinander.

Mit g, kg, mN, N (p, kp) usw. kommt man auf die Dauer nicht aus; besonders die Technik braucht teils kleinere, teils größere Bereiche. Um die vielen Nullen vor oder nach dem Komma zu vermeiden, sind zu allen Einheiten (wie g oder N) »Vorsätze« mit Kurzzeichen vereinbart worden. Mit ihrer Hilfe kann man auch ausgefallene Größen leicht angeben; es handelt sich dabei stets um dezimale Vielfache und Teile, zunächst mit Zehner-Sprung, dann mit Tausender-Sprung. Die folgende Tafel gibt eine Übersicht. Der Vorsatz wird, wie der Name sagt, einfach der Einheit vorgesetzt; beispielsweise ist ein Megagramm (1 Mg) gleich 1 000 000 (10^6 g). Das sind zugleich 1 000 kg, auch eine Tonne (t) genannt. Geläufig sind uns längst Kilogramm und Milligramm; beim Einkauf wird noch oft das veraltete Pfund für ein halbes Kilogramm im Munde geführt. Man kauft übrigens stets Massen – auf einer Hebelwaage gewogen.

Vorsatz	Kurzzeichen	Bedeutung	
Tera	T	1 000 000 000 000 (10^{12})	Einheiten
Giga	G	1 000 000 000 (10^{9})	Einheiten
Mega	M	1 000 000 (10^{6})	Einheiten
Kilo	k	1 000 (10^{3})	Einheiten
Hekto	h	100 (10^{2})	Einheiten
Deka	da	10 (10^{1})	Einheiten
Dezi	d	0,1 (10^{-1})	Einheiten
Zenti	c	0,01 (10^{-2})	Einheiten
Milli	m	0,001 (10^{-3})	Einheiten
Mikro	μ	0,000 001 (10^{-6})	Einheiten
Nano	n	0,000 000 001 (10^{-9})	Einheiten
Pico	p	0,000 000 000 001 (10^{-12})	Einheiten

Bezeichnung der dezimalen Vielfachen und Teile von Einheiten

Tabelle 1.5

Druck braucht eine Fläche

Druckkraft und Zugkraft sind Kräfte — mit Größe, Richtung und Wirkungslinie; das sind klare physikalische Begriffe. Wir wollen aber nicht in der Physik stehenbleiben, sondern die Wirklichkeit unseres Lebens mit der Physik verbinden! Da zeigt sich sehr bald, daß es außerordentlich wichtig ist, wie groß die Fläche ist, auf die eine Druckkraft oder eine Zugkraft ausgeübt wird; und auf irgendeine Fläche müssen diese Kräfte wirken, um ihren Daseinszweck zu erfüllen. Wir sagen: Sie werden auf eine Fläche »bezogen«. Solche Beziehungen sind mathematisch ein Quotient; wir kennen das von der Geschwindigkeit her.

Zug ist $\frac{\text{Kraft}}{\text{Fläche}}$; allgemein gilt: $p = \frac{F}{A}$.

Daraus leitet sich auch die Einheit des Druckes ab:

$$\text{Druckeinheit} = \frac{\text{Krafteinheit}}{\text{Flächeneinheit}}$$

$$= \frac{1\ \text{N}}{1\ \text{m}^2} = 1\ \text{Pa (Pascal)}$$

(benannt zu Ehren des französischen Philosophen und Mathematikers Blaise *Pascal*, 1623—1662).

Die alten Druckeinheiten, wie kp/cm², Torr, Bar usw., sind wie das Kilopond als gesetzliche Einheit nur noch befristet zugelassen. Zum schnellen Umrechnen leiten wir den Zusammenhang zwischen der technischen Atmosphäre (1 at = 1 km/cm²) und Pascal her.

$$1\,\frac{\text{kp}}{\text{cm}^2} = \frac{9{,}80665\ \text{N}}{0{,}0001\ \text{m}^2} = 98066{,}5\ \text{N/m}^2$$
$$= 98{,}0665\ \text{kPa}.$$

Mit der schon mehrfach erwähnten Vereinfachung kann auch $1\ \text{kp/cm}^2 \approx 100\ \text{kPa}$ oder $1\ \text{kp/cm}^2 \approx 0{,}1\ \text{MPa}$ geschrieben werden. Warum die Größe der Fläche so wichtig ist, ist leicht begreiflich: Eine Druckkraft, die, auf 1 cm² bezogen, einen großen Druck ergibt, wird zu einem ganz kleinen Druck, wenn sie auf eine große Fläche wirkt; und eine unscheinbare Druckkraft erzeugt auf einer winzigen Fläche einen sehr großen Druck.

Wir untersuchen Druckkraft und Druck

Man kann sich den Unterschied zwischen der (ursprünglichen) Druckkraft und dem (auf eine Fläche bezogenen) Druck sehr leicht und schnell klarmachen. Wir nehmen ein Massestück von 10 kg und wägen sein Gewicht auf der Federwaage. Ergebnis: etwa 100 N (≈ 10 kp). Jetzt stellen wir das Wägestück auf den Kopf, das heißt auf den Griff. Angenommen, der Griff hat eine ebene Kreisfläche von 2 cm Durchmesser (sonst bliebe das Wägestück ja nicht auf dem Kopf stehen), dann wirkt die Druckkraft 100 N auf eine Fläche der Unterlage
$A = \pi \cdot r^2 = 3{,}14\ \text{cm}^2$; der Wert des Druckes ist dann

$$p = \frac{F}{A} = \frac{100\ \text{N}}{3{,}14\ \text{cm}^2} = \frac{100\ \text{N}}{3{,}14} \cdot 10^4/\text{m}^2$$

$$= \frac{100 \cdot 10^4}{3{,}14}\,\text{N/m}^2 = 0{,}318\ \text{MPa}.$$

Stellen wir das Wägestück »richtig« hin, das heißt auf seine Bodenfläche von beispielsweise 6 cm Durchmesser, dann ergibt sich eine gedrückte Fläche von
$A = \pi \cdot r^2 = 3{,}14 \cdot 9\ \text{cm}^2 = 28{,}3\ \text{cm}^2$;
das ergibt nur einen Druck von

$$p = \frac{F}{A} = \frac{100\ \text{N}}{28{,}3 \cdot 10^{-4}\ \text{m}^2} = 0{,}035\ \text{MPa};$$

also etwa ein Zehntel des Druckes beim »kopfstehenden« Wägestück!

Wir wollen hierzu wieder einige Gedankenexperimente anstellen:

Der Boden wird belastet

Was drückt den Boden stärker: wir selber, wenn wir auf einem unserer Absätze stehen, oder ein mittelgroßes Haus? Es genügt schon ein »richtiger« Absatz von 50 cm^2 bei einem Körpergewicht von 750 N ($\approx$ 75 kp). Es gab einmal »moderne« Absätze (bei Damenschuhen) mit 0,25 cm^2 Fläche!

Wir brauchen eine Versuchsperson

Wir verbinden jemandem die Augen und legen ihm ein Stück Holz oder einen Pappkarton auf die eine Hand und ein Stück Blei vom gleichen Gewicht auf die andere. Auf die Frage, welches schwerer sei, wird er das Bleistück nennen. Warum? Nun hängen wir insgeheim beide Gegenstände einzeln an gleichartigen Schnüren auf und geben dem Betreffenden in jede Hand eine der Schnüre (er darf wieder nichts sehen können, sondern soll nach dem Gefühl abschätzen). Was wird er jetzt sagen?

Das druckfeste Ei

Ein normales, heiles Hühnerei hält durch seine abgerundete Form so viel Druck aus, daß wir es in der Hand nicht zerdrücken können.

Der kluge Fakir

Wer kennt nicht die zahlreichen Witze mit einem indischen Fakir? Ein solcher Mensch legt sich auf lauter Nägel, die mit der Spitze nach oben aus einem Brett ragen, und er fühlt sich dabei offenbar so wohl wie unsereins auf einer guten Matratze. Dem Betrachter läuft es kalt den Rücken hinunter – mit Recht?

Die gewaltige Nadel

Näher liegt die Frage, welchen Druck man ausübt, um eine Nadel in einen Kork zu treiben. Die Druckkraft ist schnell gemessen: Einen Kork auf die Briefwaage (mit größerem Meßbereich) legen, die Nadel hineindrücken und die Kraft ablesen; Beispiel: 5 N (0,5 kp). Nehmen wir die Nadelspitze als Kreisfläche mit einem Durchmesser von 0,1 mm an, so erhalten wir nach der Gleichung $A = r^2 \cdot \pi$ eine Fläche von etwa 0,01 mm^2. Wie groß ist der Druck? Das Ergebnis verblüfft. Man versteht, daß solche Dinge in der Technik – nicht nur bei Nähmaschinen – sorgfältig berechnet werden müssen, wo solche Kräfte erzeugt und aufgefangen werden sollen; nicht ohne Grund bemüht sich die Technik um immer neue Werkstoffe mit noch besseren Festigkeitseigenschaften. Bei den Überlegungen zu dieser Aufgabe wird noch mehr deutlich: Damit beim Nähen das andere Ende der Nadel (mit der Öse) nicht mit einem ähnlich großen Druck in den Finger eindringt, benutzt man den Fingerhut, der die Druckkraft auf eine größere Fläche verteilt und dadurch den Druck auf den Finger sehr herabsetzt. Daß man eine Druckkraft so auf eine kleine Fläche zusammenballen und dadurch scheinbar verkleinern kann – das ist eine sehr wichtige Erkenntnis.

Dabei bleibt die Kraft unverändert. Die Natur verschenkt nichts auf unseren Wunsch; die Summe der gesamten Kräfte bleibt stets gleich – ebenso wie die Summe der Massen. Nicht der Physiker hat den Vorteil von solchen Kunstgriffen, sondern der Praktiker, der Techniker. Weshalb haben die Reißnägel breite Köpfe? Können wir kopflose Zierleistennägel mit der Hand eindrücken? Was würde der Turner sagen, wenn wir ihm zumuteten, seine Übungen an einem 3 mm dicken Stahldraht statt an der üblichen Reckstange zu machen?

Bei den spangebenden (stoffzerstörenden) Werkzeugen spielt das alles eine große Rolle: beim Schneiden und Scheren mit Meißel, Bohrer, Fräser, Gewindeschneider usw. an den entsprechenden Maschinen. Auch hier wird die Druckkraft zu großem Druck zusammengefaßt, in eine kleine Fläche gedrängt. Freilich erstreckt sich dann auch die Wirkung nur auf diese kleine Fläche; jeder Vorteil muß irgendwie bezahlt werden! Bei den Werkzeugmaschinen arbeitet man daher mit möglichst großen Geschwindigkeiten; dadurch gleicht man die kleine Augenblickswirkung wieder aus. Wenn wir einen Kraftwagen im Ganzen heben oder ein großes Metallstück pressen wollen, dann versagt unser Verfahren der kleinsten Fläche; hier brauchen wir großen Druck *und* große Fläche. Wir erinnern uns: Hier benutzt man Flüssigkeiten, vorwiegend Öl, in *hydraulischen Pressen*; man bezahlt den Gewinn an Kraft mit dem entsprechend längeren Weg des kraftaufnehmenden Kolbens. Der kraftabgebende Kolben, der den Wagen hebt, hat eine wesentlich größere Fläche als der andere; im Verhältnis dieser Flächen ändert sich der Druck, und im gleich großen, aber umgekehrten Verhältnis unterscheiden sich die Wege beider Kolben. Flüssigkeiten lassen sich hier gut verwenden, weil sie sich so gut wie nicht zusammendrücken lassen und den Druck gleichmäßig nach allen Seiten fortleiten. Wie steht es nun mit den zusammendrückbaren Gasen, beispielsweise mit der Luft? Kann man ein Kind von 300 bis 400 N (30 bis 40 kp) Gewicht mit vier Kinderluftballons emporheben, wenn man sie gleichmäßig und gleichzeitig aufbläst?

Der kluge Brückenwärter

Eines Tages fuhr ein vollbeladener Langholzwagen über eine ziemlich kurze und schwache Brücke; der Brückenwärter, der etwas von Physik verstand, hatte nichts dagegen. Etwas später kam ein Lastkraftwagen, beladen mit Maschinenteilen, die etwa gleich schwer wie die Langhölzer waren. Hier erhob der Wärter Einspruch, und der Fahrer mußte eine Umleitung über eine stärkere Brücke fahren. Warum?

»Leichte« Traktoren

Warum haben Traktoren so große und breite Hinterräder und oft sogar Laufketten?

Die anerkennenswerte Trägheit

Nachdem wir uns in den vorhergehenden Abschnitten so »kraftvoll« betätigt haben, dürfen wir uns getrost einmal der Trägheit hingeben. Bei dieser Gelegenheit wird die Trägheit einiges von ihrem schlechten Ruf verlieren – wir werden sie von einer durchaus brauchbaren, anerkennenswerten Seite kennenlernen.

Leonardo da Vinci (1452 bis 1519) war ein großer Maler, Bildhauer, Physiker und Techniker; er versuchte alles, was er beobachtete, auch zu verstehen. Besonders hatten es ihm die Erscheinungen angetan, die er als »Paradies der Mathematiker« bezeichnete und die wir heute in dem Begriff »Mechanik« zusammenfassen: die Lehre von den Kräften und Bewegungen. Dabei fiel ihm auch das Bestreben der Körper auf, ihren augenblicklichen Zustand der Ruhe oder Bewegung so lange beizubehalten, bis eine Kraft von außen sie dabei störte.

Wenn Leonardo in einem alten Wagen der Berliner S-Bahn führe, der noch mit Quecksilberdampf-Leuchtröhren beleuchtet wäre, so würde er beobachten, was ältere Berliner Leser noch erlebt haben: die rollende Quecksilberkugel in der Röhre. Fährt der Zug an, so rollt sie nach hinten (Richtung Zugende); bremst der Zug – manchmal so leicht, daß wir selber es gar nicht spüren –, so rollt das Kügelchen nach vorn. Wird die Fahrt schneller, so rollt die Kugel wieder zurück. Sie gibt ein getreues Abbild nicht der Geschwindigkeit, sondern jeder Änderung der Geschwindigkeit, also der Beschleunigung. (Wir wissen: Verzögerung ist negative Beschleunigung.)

Leonardo hat das Beharren des Zustandes schon als Naturgesetz erkannt: »Naturgemäß verlangt ein jedes Ding, sich in seinem Zustand zu erhalten.« Er hat auch schon den dadurch klassisch gewordenen Versuch mit den Damebrettsteinen gemacht: die Steine zu einem Turm aufeinandergelegt, einen Stein mit einem dünnen Brettchen schnell seitlich hinausgeschlagen – die übrigen blieben in Ruhe; die darüberliegenden fielen natürlich »ein Stockwerk tiefer«. Der Turm blieb stehen.

Die Trägheit in der Bewegung hingegen konnte Leonardo, in damaligen Gedankengängen befangen, noch nicht richtig erkennen und erklären; er glaubte, die Körper würden durch eine »ihnen eingeprägte Kraft« (vis infusa) bewegt, die im Laufe der Bewegung allmählich aufgebraucht wird oder sich selbst verzehrt. Nach dieser alten Auffassung ist es so: Die bewegende Kraft »entsteht zu kurzem Leben, eilt mit Ungestüm zu ihrem ersehnten Tode und stirbt durch Freiheit«. Danach war »keine Bewegung, welche die Kraft hervorruft, von Dauer«. Dieser grundlegende Irrtum ist erst durch Galilei um 1602 überwunden worden; dieser erkannte, daß die Kraft (vor allem die Schwerkraft der Erde) von außen auf die Körper wirkt.

Auch Kepler kannte die Trägheit; aber erst Newton hat erkannt, daß sie eine Eigenschaft aller Körper ist. Er sagte so: *Jeder Körper beharrt im Zustand der Ruhe oder der gleichförmigen Bewegung, solange die Resultierende* (die Gesamtwirkung) *aller einwirkenden Kräfte Null ist.* Dieses Trägheits- oder Beharrungsgesetz wird zu Ehren Newtons auch Erstes Newtonsches Prinzip genannt.

Experimente am laufenden Band

Die Größe der Trägheit ist von der Masse des Körpers abhängig; je größer die Masse, um so größer ist die Trägheit, und um so größer müssen die Kräfte sein, die die Trägheit überwinden sollen. Die Trägheit ist eine Kraft; deswegen beschäftigen wir uns hier mit ihr. Es ist noch manches dazu zu sagen; aber wir haben zunächst einige Versuche verdient.

Der Groschen fällt

Auf einem Wasserglas (Bild 1.18a) liegt ein Stück Karton, auf diesem ein Geldstück. Am Karton (dünne Pappe) ist ein Bindfaden befestigt. Ziehen wir den Karton langsam seitlich fort, so bleibt das Geldstück darauf liegen; ziehen wir schnell, mit einem Ruck, so macht sich die Trägheit bemerkbar, und das Geldstück fällt in das Glas, als hätte sich der Karton in Luft aufgelöst. Mancher wird auch die Pappe ohne Faden schnell genug fortziehen oder sie mit einem vorschnellenden Finger

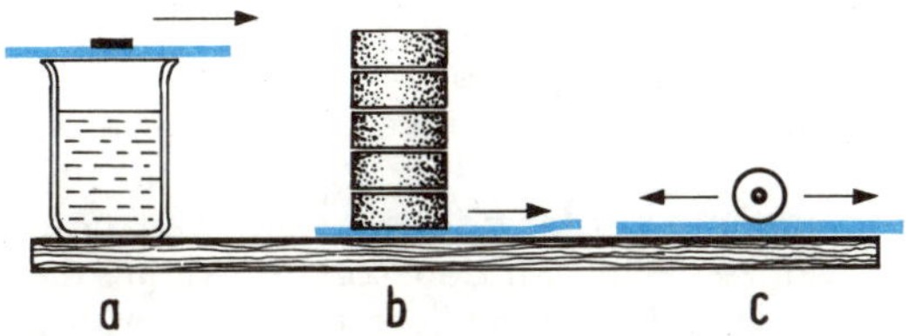

1.18 Versuche zur Trägheit

wegstoßen können. Den klassischen Versuch von Leonardo können wir leicht wiederholen: Wir bauen einen Turm aus Steinen eines Damebrettspiels oder aus Geldstücken auf dem einen Ende eines festen Papierstreifens auf (Bild 1.18b). Wird der Streifen schnell genug fortgezogen, so bleibt der Turm stehen. Mit einiger Geschicklichkeit kann man mit Hilfe eines Blechstreifens oder eines Bindfadens auch irgendwo aus dem Turm einen Stein oder ein Geldstück herausschlagen; die übrigen Teile gehen infolge ihrer Trägheit nicht mit.

Legen wir einen runden Bleistift auf ein Blatt Papier und bewegen wir dieses senkrecht zum Bleistift geschickt hin und her, so rollt der Stift, bleibt aber auf seinem alten Platz (im Verhältnis zum ruhenden Tisch, nicht zum bewegten Papier!) beharrlich liegen (Bild 1.18c).

Die Münze mit dem Loch

Was ist in der Physik zugleich schwierig und bewundernswert? Die Tatsache, daß die Naturgesetze so eng miteinander verflochten sind! Es ist deshalb schwierig, ein Naturgesetz ganz allein für sich zu behandeln; genaugenommen müßte man mehrere nebeneinander durchdenken. Das führt meist zu einem kleinen Durcheinander; daher bemüht man sich um ein sinnvolles Nacheinander, aus dem die Verflechtung dann allmählich sichtbar wird. Hier ist ein Versuch, der mit unserer Nähnadel und ihrer mächtigen »Spitzenkraft« und zugleich mit dem Beharrungsvermögen, also der Trägheitskraft, zu tun hat. Durch einen Korken steckt man eine etwas längere Nähnadel; die Spitze soll gerade sichtbar sein, aber nicht herausragen. Das auf der anderen Seite des Korkens herausragende Nadelstück mit der Öse brechen oder kneifen wir mit der Zange unmittelbar über der Korkfläche ab.

Nun legen wir auf eine feste Unterlage ein Brettchen aus weichem Holz, darauf die Münze, die durchbohrt werden soll – etwa ein 1-Pfennig-Stück; es darf auch eine Scheibe aus Kupfer oder Messing sein. Auf die Münze stellen wir den Korken, so daß die Nadelspitze das Metall gerade eben berührt. Nun ein senkrechter, harter Schlag mit einem nicht zu kleinen Hammer – und die Münze hat ein Loch. Die Trägheit hat (gemeinsam mit dem einhüllenden Korken) die Nadel vor dem Verbiegen und Abbrechen bewahrt; die Dauer des Hammerschlages (Krafteinwirkung!) war zu kurz, um die Trägheit zu überwinden. Im übrigen ist Nadelstahl auch wesentlich härter als Münzmetall.

Der mißbrauchte Bleistift

Er ist sicherlich nicht für diesen Versuch hergestellt; aber das, was übrigbleibt, läßt sich durchaus noch verwenden. Ein möglichst langer, neuer Bleistift soll es sein. Der eine Experimentator hält ihn an beiden Enden ganz fest; der andere schlägt mit der Handkante auf die freie Mitte des Bleistifts. Er muß kräftig, mit Schwung draufschlagen – dann zerbricht der Bleistift (Bild 1.19).

Ist es gleichgültig, wie groß die Hände sind? Wo tritt die Trägheitskraft auf?

Der zerschlagene Stab

Wenn wir einmal mit einem guten Wein Gäste erwarten, können wir den vorhergegangenen Versuch auch folgendermaßen durchführen: Wir stecken in die Enden eines dünnen, etwa 1 m langen Stabes, wie man ihn zum Anbinden von Blumen verwendet, in der Längsrichtung je eine Stecknadel. Den Stab legen wir auf zwei mit Wasser (oder auch schon mit Wein) gefüllte Weingläser, so daß er mit den Nadeln auf den Rändern der Gläser liegt. Jetzt schlagen wir hart und schnell auf die Mitte des Stabes. Er zerbricht; Nadeln und Gläser bleiben heil. Dieser Versuch zeigt es wieder: Die Kraft unseres Schlages überwindet die Trägheit nur an der Schlagstelle.

Die haltbaren Papierschlangen

Dies ist wieder ein ähnlicher Versuch. Wir hängen einen Glasstreifen, etwa 50 cm lang und 1 cm breit (aus der Abfallkiste des Glasers), an den Enden in je einer Schlaufe aus feinem Seidenfaden oder aus Papier auf, Papierschlangen vom Faschingsfest sind dafür gut brauchbar. Zum Aufhängen des ganzen Aufbaues – insbesondere also der beiden Schlaufen in etwa 45 cm Abstand – eignen sich die Beine eines auf die Seite gelegten Tisches oder Sessels (Bild 1.19). Ein scharfer, kräftiger Schlag mit einem schweren Stock zertrümmert den Glasstreifen, die Papierschlangen bleiben heil. Der Grund ist der gleiche wie beim vorigen Versuch.

Trägheit schützt vor Schaden

Den oberen Faden in der Abbildung 1.19 schützt die Trägheit vor dem Zerreißen. Eine

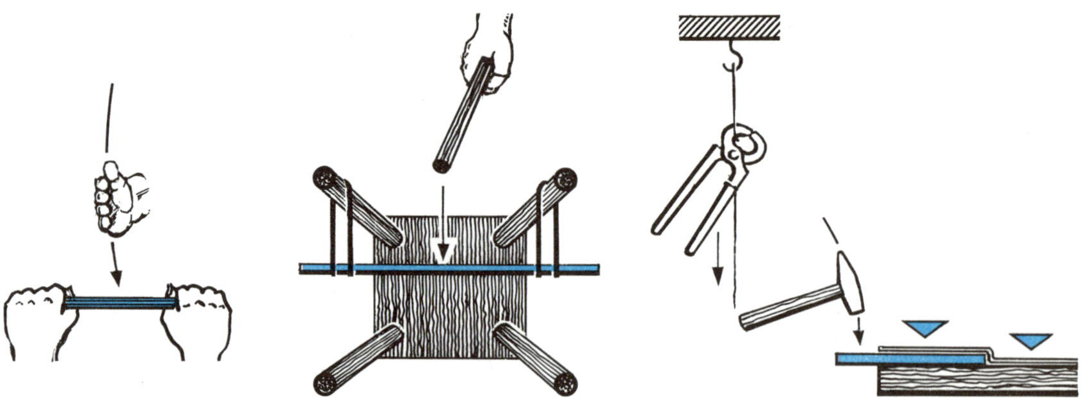

1.19 Weitere Trägheitsversuche

schwere Kneifzange oder eine ähnlich große Masse hängt hier an einem Faden, der sie gerade noch trägt (im Notfall genügt ein Brikett). An der Zange ist ein zweiter, gleicher Faden angeknüpft. Welcher Faden reißt, wenn wir den unteren Faden mit einem Ruck nach unten ziehen? Der obere ist durch schwere Masse schon bis dicht an die Reißgrenze belastet; er müßte doch zuerst reißen! Er tut es aber nicht, sondern der untere Faden reißt. Der Grund? Die große Masse schützt durch ihre Trägheit den oberen Faden. Ehe die Trägheit überwunden ist, ist der untere Faden bereits gerissen.

Wenn wir nun aber die Trägheit überlisten und langsam immer stärker nach unten ziehen? Dann reißt freilich der obere Faden, denn der hat außer unserer Zugkraft ja noch das Gewicht der Zange zu tragen. Und gleichgerichtete Kräfte auf derselben Wirkungslinie addieren sich (wie auf jeder Seite beim Tauziehen). Damit uns die Zange dabei nicht auf die Finger fällt, binden wir sie zusätzlich mit einem etwas längeren und stärkeren Faden fest.

Auch die Luft ist schwer und träge

Daß die Luft ein Gewicht hat, ist uns bekannt; wir werden später dazu noch einige reizvolle Versuche machen. Auch die Luft hat Masse und ist daher träge. Wie groß diese Trägheit ist, wird meist unterschätzt. Wir wollen das in zwei Versuchen beweisen. Zunächst eine besonders einfache Anordnung nicht nur für Zigarrenraucher: Wir legen einen hölzernen Zigarrenkistendeckel, etwa 13 cm mal 24 cm groß, so auf einen Tisch, daß ungefähr ein Viertel (etwa 6 cm) über die Kante hinausragt. Über die auf dem Tisch liegenden drei Viertel des Deckels legen wir einen möglichst großen Bogen Zeitungspapier. Das Papier muß dicht auf Deckel und Tisch aufliegen (Bild 1.19). Nun schlagen wir mit der flachen Kopfseite eines Hammers kurz und kräftig auf die herausragende Deckelfläche; der Deckel bricht durch, und die bedeckte Fläche bleibt liegen. Grund: Infolge der Trägheit kann die darüberliegende Luft das plötzlich entstehende Vakuum an der Unterseite des Deckels nicht ausgleichen. Um auch eine Vorstellung von der Größenordnung zu bekommen, wollen wir einmal die Kräfte vergleichen: Der Hammer übt eine Druckkraft von — roh geschätzt — höchstens 200 N aus. Die Luft lastet auf
$A = 40\ \text{cm} \cdot 60\ \text{cm} = 2400\ \text{cm}^2$ mit

$$F = p \cdot A = 0{,}1\ \text{MPa} \cdot 0{,}24\ \text{m}^2 = 0{,}1 \cdot 10^6 \frac{\text{N}}{\text{m}^2}\ 0{,}24\ \text{m}^2 = 24000\ \text{N}.$$

Selbst bei langsamem Hinabdrücken des Deckels merken wir einen starken Widerstand; der ist aber überwiegend auf den Luftdruck und weniger auf die Trägheit der Luft zurückzuführen. Man kann, wie gesagt, die einzelnen Kräftewirkungen nicht immer genau voneinander trennen. Das ist auch nicht nötig; wir müssen nur stets wissen, was wirkt und wie es wirkt.

Anspruchsvoller, aber auch noch wirkungsvoller ist die folgende Anordnung (nach H. H. Schulz): Eine sehr feste Platte (beispielsweise eine Hartfaserplatte), 4 mm stark, 40 cm × 40 cm groß, soll unter Zeitungspapier hochgerissen werden. Zu diesem Zweck müssen wir einen festen Griff in der Mitte anbringen. Hier sind der schöpferischen Phantasie des Lesers keine Grenzen gesetzt. Ein Vorschlag ist folgender: Wir bohren oder stemmen in die Plattenmitte ein Loch; es muß so groß sein, daß je ein Schenkel von zwei rechtwinklig gebogenen, kurzen Metallschienen hindurchpaßt. Der eine Schenkel der beiden flachen Winkelstücke schmiegt sich von unten gegen die Platte; diese Schenkel liegen in entgegengesetzten Richtungen. Die beiden anderen Schenkel ragen durch das Loch in der Platte nach oben. Hier erhalten sie eine Bohrung, groß genug, um einen kräftigen S-Haken aufzunehmen (gegegenenfalls aus einem starken Nagel zu biegen). Dann brauchen wir noch, wie die Abbildung 1.20 von der Gesamtanordnung zeigt, eine Schlaufe aus einer kräftigen Schnur und einen starken Knebel, um an der Schnur ziehen zu können. Das Ganze wird auf einem glatten Fußboden aufgebaut: Hartfaserplatte mit eingesteckten Winkelstükken, S-Haken einhängen, Schlaufe mit Halteknebel. Über die Platte (und sie auf allen Seiten um mindestens 20 cm überragend) werden zwei Zeitungen so gelegt, daß sie ein Quadrat von etwa 80 cm Seitenlänge bilden. Das Papier soll so gut wie möglich an Boden und Platte anliegen. Und nun muß der starke

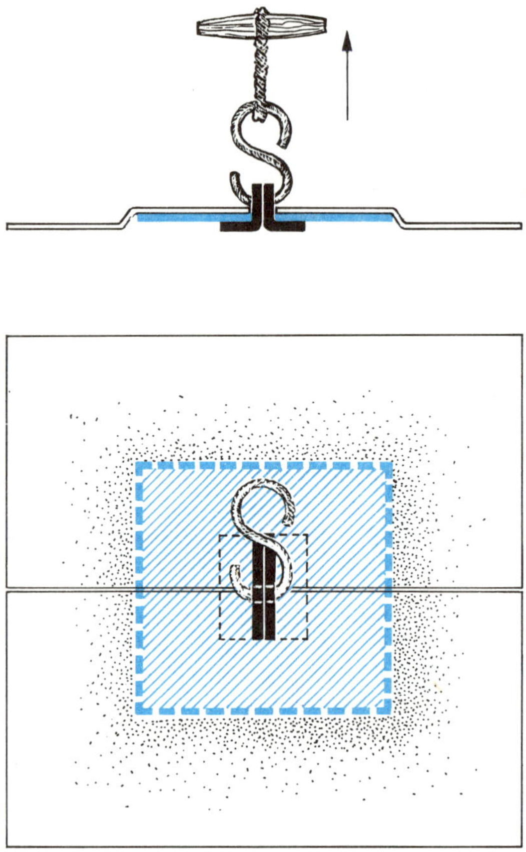

1.20 *Die Luftträgheit mit verblüffender Wirkung*

Mann her! Er stellt sich, am besten breitbeinig, gebückt über der Zeitung auf, faßt den Knebel mit beiden Händen und reißt beim Aufrichten den Knebel mit aller Kraft mit einem scharfen Ruck hoch. Die Schnur reißt! Papier und Platte bleiben ruhig liegen. Die Länge der Schnurschlaufe muß nach der Größe des Experimentators so bemessen sein, daß dieser seine größte Zuglast entfalten kann. Diesen Versuch kann man regelrecht üben; es wird von Experimentatoren berichtet, die auf diese Weise Schnüre bis Fingerstärke glatt durchgerissen haben! Sehr wichtig ist, daß die Zugkraft genau senkrecht zum Fußboden ausgeübt wird; daß das ganz plötzlich geschehen muß, ist schon gesagt worden. – Der Versuch eignet sich nur für kräftige Leser!

Das Trägheits-Orakel beim Ei

Etwas zum Verschnaufen nach den Anstrengungen des vorigen Versuches! Wer weiß, wie man schnell und leicht feststellen kann, ob ein Ei roh oder gekocht ist? Es kommt immerhin vor, daß beide Sorten einmal versehentlich durcheinandergeraten. Sehr einfach: Man legt das »verdächtige« Ei auf den glatten Tisch und versucht, es mit einem Anstoß in schnelle, erst langsam abklingende Drehung zu versetzen. Tut es uns den Gefallen, so ist es ein hartes, zumindest ein weichgekochtes Ei. Wenn das Ei sehr schnell wieder zur Ruhe kommt, so ist es noch ungekocht. Warum? Im ersten Fall sind Eiweiß und Eigelb mehr oder weniger fest geworden und mit der Schale verbunden. Sie werden beim Anstoßen sofort mitbewegt; ihre Massen übernehmen mit der Masse der Schale den Impuls, und die gesamte Masse erhält durch ihre Trägheit die Bewegung, bis die Reibungskraft zwischen Tisch und Schale die Bewegungskraft aufzehrt. Ganz anders beim rohen Ei! Hier können wir zwar der Eierschale einen Anstoß (Drehimpuls) geben; aber Eiweiß und Eigelb, flüssig und mit der Schale nicht verbunden, machen nicht mit. Die Trägheit der Schalenmasse überwindet unsere drehende Hand leicht; die Massen des Eiweißes und des Eigelbs bleiben jedoch infolge ihrer Trägheit in Ruhe. Das bedeutet aber, daß sich die Schale um sie dreht. Das gibt eine sehr erhebliche Reibung, denn das Eiweiß ist recht klebrig. Und da die Masse von Eiweiß und Eigelb (erfreulicherweise) wesentlich größer als die der Schale ist, kommt diese sehr schnell wieder zur Ruhe.

Das Ei als Kraftspeicher

Das gekochte Ei dürfen wir zur Belohnung für unser Nachdenken nunmehr aufessen. Mit dem rohen Ei machen wir noch einen hübschen Versuch. So leicht man ein hartgekochtes Ei in schnelle Drehung versetzen kann, so schwierig ist das beim rohen Ei; wir wissen, warum. Trotzdem müssen wir es versuchen. Es gelingt nach einiger Mühe, wenn man im richtigen Augenblick mehrere Male erneut anstößt – so oft, bis sich auch der flüssige Ei-Inhalt mitdreht. Wenn sich das rohe Ei dann lustig dreht, halten wir es einmal ganz kurz an und lassen es danach gleich wieder los. Und das Ei dreht sich munter weiter! Warum? Wir konnten nur die Schale anhalten. Der Inhalt drehte sich ständig weiter und nahm, nachdem wir die Schale wieder freigegeben hatten, diese dank der Reibung wieder mit.

Das ist der umgekehrte Vorgang wie beim vorigen Versuch. Die kleine Masse der Schale wird von der viel größeren des Inhalts schnell mitgerissen.

Wie verringere ich mein Gewicht am schnellsten?

Dazu brauchen wir uns nur auf eine Personen-Federwaage zu stellen, unser Gewicht abzulesen und dann eine Kniebeuge zu machen. Sofort geht der Zeiger zurück! Wir müssen uns erinnern: Ein fallender Körper verliert scheinbar an Gewicht; siehe den Versuch im Bild 1.9. Ein ähnlicher Fall liegt auch hier vor.

Wenn wir nach der Kniebeuge auf der Waage hocken bleiben, zeigt die Waage sofort wieder den tatsächlichen Masse- oder Gewichtswert an; dieses Verfahren nützt also auf die Dauer leider nichts.

Der umgekehrte Erfolg tritt ein, wenn wir auf der Waage plötzlich die Arme hochheben: Der Zeiger gibt während der Bewegung einen höheren Wert an. Je schneller wir uns bewegen, um so stärker ist der angezeigte Gewichtsunterschied. Je größer die Beschleunigung nach einer Seite ist, um so stärker wird die *Gegenkraft* Trägheit nach der entgegengesetzten Seite. Bei empfindlichen Waagen kann das schon durch Bewegung einer Faust oder eines Beines nachgewiesen werden. Wer genau beobachtet, wird bei der Kniebeuge folgendes bemerken: Zunächst geht der Zeiger zurück, während des letzten Teils der Kniebeuge jedoch wieder vor. Warum? Das liegt daran, daß wir den Körper während des Senkens nicht ständig gleichmäßig beschleunigen können; bevor wir unten ankommen, müssen wir die Abwärtsbewegung bremsen.

Wer noch eine alte Küchen-Federwaage mit oben aufgesetzter Schale hat, kann diesen Beschleunigungs-Trägheits-Versuch mit Hilfe eines Schraubenfederpendels machen. An einer Schraubenfeder, die in einem einfachen Holzrahmen hängt, schwingt ein Massestück auf und ab; es ersetzt hier den Menschen mit Kniebeuge und Armbewegungen. Das Ergebnis entspricht den Beobachtungen auf der Personenwaage.

Eine gleitende Schachtel fällt um

Eine Streichholzschachtel steht senkrecht auf einem Bogen Papier und wird mit diesem gleichmäßig schnell über den Tisch gezogen. Das Papier bleibt plötzlich still liegen — sofort fällt die Schachtel in der Fahrtrichtung um. Warum?

Wir haben meist einen ruhenden Gegenstand in Bewegung gesetzt; die dabei geweckte Trägheitskraft haben wir in ihren Wirkungen beobachtet. Ganz entsprechende Wirkungen erzielt man mit bewegten Körpern, wenn man deren Bewegung ändert — beschleunigt oder verzögert. Auch hier wird die Trägheitskraft wirksam — nur will sie diesmal nicht die Ruhe, sondern die Bewegung erhalten. Ein Beispiel dafür sind auch das gedrehte Hühnerei und die »Wackeltreppe« auf dem Jahrmarkt.

Beobachtungen in Straßenbahn und Aufzug

Manchen Schiebetüren in öffentlichen Verkehrsmitteln ergeht es wie der gleitenden Schachtel. Die Wagen sind verschiedenartig gebaut; bei einigen gleitet die Tür beim Öffnen nach hinten, bei anderen nach vorn. Wenn keine Druckluftleitung das besorgt, muß die Schaffnerin oder der Fahrgast die Tür öffnen und schließen. Bremst der Wagen an der Haltestelle in der üblichen Weise stark, so erfordert es viel Kraft, um die Tür, die sich gegen die Fahrtrichtung öffnet, während des Bremsens zurückzuziehen und dabei die Trägheitskraft zu überwinden. Läßt man sie zu früh los, so saust sie nach vorn und kann dabei allerlei Unheil anrichten. Man wartet daher am besten ab (auch wenn man es eilig hat), bis der Wagen steht. Beim Anfahren benimmt sich diese Tür wieder unangenehm, während sie doch nur dem Naturgesetz der Trägheit folgt: Sie sträubt sich gegen das Schließen. Mit der Tür am anderen Ende des Wagens ist es oft umgekehrt: Sie öffnet sich leicht beim Bremsen und schließt sich beim Anfahren. Fährt der Wagen, ohne zu wenden, seinen Weg zurück, haben beide Türen die Rollen vertauscht. Der Konstrukteur muß sich auch solche Wirkungen überlegen – auch um der Sicherheit der Fahrgäste willen. Eine zweiteilige Schiebe- oder Falltür, bei der die eine Hälfte nach der einen Seite und die andere nach der anderen Seite gleitet, ist beispielsweise eine gute Lösung, vom Physikalischen her gesehen. Ähnliche Gedanken haben die Konstrukteure der Kraftwagen veranlaßt, die Türen so zu bauen, daß sich die Türflügel nach vorn öffnen. Eine sich während der Fahrt versehentlich öffnende Tür wird jetzt durch den Fahrtwind nicht weiter aufgerissen, sondern zugedrückt.

Da wir gerade beim Kraftwagen sind: Hier spielt die Trägheitskraft ebenfalls eine sehr große Rolle. In der Garage steht der abgestellte Wagen still; darauf können wir uns dank der Trägheit verlassen. Wenn wir anfahren, kostet uns diese Kraft allerdings schon Geld: Der Motor muß sie überwinden, wenn sich der Kraftwagen bewegen soll. Ist er einmal in Bewegung, etwa mit 80 km/h auf der Autobahn, dann erweist sich die Trägheit als nützlich; nun könnten wir das Gas ganz fortnehmen, und der Wagen würde (auf ebener Straße) unentwegt mit dieser Geschwindigkeit weiterfahren – wenn nicht die Reibung wäre, die sich überall einmischt. Tatsächlich brauchen wir bei glatter, freier Fahrt nur noch so viel Antriebskraft, daß wir damit die Reibung gerade ausgleichen. Aber davon später (bei der Reibung) mehr!

Die Trägheit wird uns besonders peinlich, wenn wir unerwartet schnell anhalten müssen. Wir müssen mit Hilfe von Bremsen die Reibung als »Feindin« der Trägheit vergrößern; wir treten energisch auf das Bremspedal. Meist genügt das; gelegentlich aber rutscht der Wagen – oder er überschlägt sich gar; das Naturgesetz kennt kein Erbarmen, wenn man es nicht beachtet.

Nun zum Aufzug! Wenn wir senkrecht im Aufzug fahren, machen wir die gleichen Erfahrungen mit der Trägheit, nur daß die Kraft jetzt nach unten oder nach oben in uns wirkt. Bei dem Abschnitt über die Erdanziehung ist schon davon die Rede gewesen. Daß Trägheit und Erdanziehung zusammengehören (was gehört in der Natur nicht zusammen?), ist leicht einzusehen: Trägheit ist eine Eigenschaft der Masse; durch die Trägheit wird das Gewicht unseres Körpers beim Beschleunigen des Aufzugs scheinbar größer oder kleiner; Gewicht ist Masse mal Erdbeschleunigung.

Wir können die physikalischen Wirkungen beim Fahren im Aufzug zusammenfassen:

beim *Anfahren nach oben*: Erdbeschleunigung plus Fahrbeschleunigung. Gewicht wird größer;

bei *gleichmäßiger Fahrt*: nur gewohnte Erdbeschleunigung, Gewicht normal;

beim *Bremsen nach oben*: Erdbeschleunigung plus negative Fahrbeschleunigung, also physikalisch: Erdbeschleunigung minus Fahrbeschleunigung, Trägheit zieht Körper hoch, Gewicht wird kleiner;

beim *Anfahren nach unten*: wie oben, Gewicht wird kleiner;

beim *Bremsen nach unten*: Erdbeschleunigung plus Trägheit, Gewicht wird größer.

Reißt das Seil und versagen alle Sicherheitsbremsen (ein rein theoretischer Fall), dann saust der Aufzug im freien Fall abwärts, und die Insassen haben kein Gewicht mehr; der Aufzug läuft der Erdanziehung gewissermaßen weg. Wie ändert sich das Gewicht des Menschen, wenn der Aufzug mit Erdbeschleunigung nach oben saust?

Tiere nutzen die Trägheit vielfach aus – instinktiv. Ein Karpfen an der Angel wirft den Schwanz nach oben; dadurch vergrößert er sein Gewicht, und die Angelschnur kann reißen. Eine Katze fällt immer auf die Füße; das ist bekannt. Aber wie macht sie das? Angenommen, sie droht auf die linke Flanke zu fallen, dann muß sie ihren Körper um 90° nach rechts drehen. Sie erreicht das durch eine scharfe Drehung ihres aufgestellten Schwanzes linksherum! Die der wirkenden Kraft stets entgegengesetzte Trägheit dreht den Körper wunschgemäß rechtsherum. Die Eichhörnchen steuern ihre Sprünge in ähnlicher Weise. Bei den Bewegungen ihres buschigen Schwanzes mag auch der Luftwiderstand noch eine gewisse Rolle spielen. Zu bewundern ist der hakenschlagende Hase – er ist ein großer Künstler im Überwinden der Trägheit! Gut, daß die Trägheit der Geschosse des Jägers ebenfalls wirkt (wie bei allen Geschossen), sonst kämen die Liebhaber von Hasenbraten zu kurz.

Von der Trägheit zur Energie

Was eine Kraft ist, wissen wir ja: die Ursache von Zustands- oder Bewegungsänderungen; sie ist an ihren Wirkungen erkennbar und meßbar und ist keine »Macht an sich«, sondern mit der Materie verbunden. Die Kraftwirkung ist die Eigenschaft der Materie, Energie zu übertragen und die schon genannten Änderungen hervorzurufen. Dabei sagt der Satz von der Erhaltung der Energie aus, daß die Summe der Energien immer gleichbleibt, auch wenn sie sich anders verteilen oder andere Formen annehmen, wenn sich beispielsweise ein Teil der Bremsenergie in Wärmeenergie umsetzt. Robert Mayer (1814–1878) fand dieses Naturgesetz 1842 als erster.

Ein reizvolles Beispiel dafür ist folgende Frage: Salzsäure löst eine Uhrfeder aus Stahl auf. Wenn wir nun diese Feder vorher ganz »aufziehen«, also spannen und in diesem gespannten Zustand (etwa mit säurefestem Plastikband gespannt gehalten) in die Salzsäure legen, dann wird sie ebenfalls aufgelöst. Wo bleibt nun die Energie, die zum Spannen nötig war? Versuche haben diese Überlegungen bestätigt: Aus der mechanischen Energie wird Wärmeenergie! Die Salzsäure ist am Schluß etwas wärmer, als das bei dem Versuch mit nicht gespannter Feder der Fall ist.

Jetzt wird mancher vielleicht auf die Bremse treten und fragen: Wieso plötzlich »Energie«? Wenn eine bestimmte Kraft F über einen bestimmten Weg s wirkt, so sprechen wir von *Arbeit*, sie ist das Produkt aus Kraft und Weg: $W = F \cdot s$. Ihre Einheit ist das Produkt der Einheiten von Kraft und Weg; $1\,\mathrm{N} \cdot 1\,\mathrm{m} = 1\,\mathrm{Nm} = 1\,\mathrm{J}$ (Joule, gesprochen dschul, benannt nach dem englischen Physiker James Prescott *Joule*, 1818–1889). Verrichten wir an einem Körper, beispielsweise durch Heben, eine Arbeit, so erhält dadurch dieser Körper die Fähigkeit, selbst eine entsprechend große Arbeit zu verrichten. Diese Fähigkeit nennen wir *Energie*. Wenn also beispielsweise ein Rammbär mit 10 kN Gewicht 5 m hoch gehoben wird, ist eine Arbeit $W = 10\,\mathrm{kN} \cdot 5\,\mathrm{m} = 50 \cdot 10^3\,\mathrm{Nm} = 50\,\mathrm{kJ}$ zu verrichten. Die Fähigkeit, diese Arbeit nun selber wieder herzugeben, steckt jetzt als *Energie der Lage* oder *potentielle Energie* im Bären drin. Wenn wir für Gewichtskraft Masse mal Erdbeschleunigung $F_G = m \cdot g$ und für den allgemeinen Weg s die Hubhöhe h setzen, erhalten wir die Gleichung der *potentiellen Energie:* $W_{pot} = m \cdot g \cdot h$.

Auch ein Bauarbeiter verrichtet eine leicht zu berechnende Arbeit, wenn er Ziegel emporträgt; Lastenaufzüge, Transportbänder und Kräne tun ein Gleiches. Wir selber werden mit Energie »aufgeladen«, wenn wir in einer Achterbahn (die viele physikalische Gesetze offenbart, wenn man darauf achtet) hochfahren. Oben angekommen, wird die Energie der (Aufwärts-) Bewegung für ganz kurze Zeit zur Energie der Lage; sobald die Abwärtsbewegung begonnen hat, wird die Lage-Energie nach und nach zur Energie der Bewegung, und diese Energie vermittelt uns dann ratenweise allerlei Vergnügen. Trägheit: Man muß an der richtigen Seite des Partners sitzen! Abwärts-Beschleunigung: Die Luft bleibt einem weg. Wieder Trägheit: Es geht immer langsamer aufwärts; man kann wieder Luft holen. Reibung: Man kommt nicht wieder ganz so hoch, wie man abgefahren war. Und anderes mehr . . .

Wie schon gesagt: Jahrmärkte sind unerschöpfliche Gelegenheiten, Naturgesetze wiederzufinden. Man denke nur an das schräg nach oben laufende Band, auf das man sich (unten) stellt – wer das nicht genau mit Laufbandgeschwindigkeit tut, kippt zur großen Freude der Zuschauer um. Nehmen wir einmal unseren Kraftwagen als Beispiel. Wenn ein Wagen beim Bremsen schleudert, so haben wir seine Bewegungsenergie nicht genügend vernichten (besser: umformen) können; die überschüssige Energie, dank der Trägheit der Wagenmasse gut erhalten, läßt den Wagen schleudern oder gar umkippen – wenn nicht zu allem Unheil noch ein Zusammenstoß erfolgt. In diesem Fall dient die Energie zum höchst unerwünschten Verformen von Materie: von der Beule bis zum Schrotthaufen. Die Gleichung für die Bewegungsenergie (auch Wucht oder *kinetische Energie* genannt) erhalten wir, wenn für Kraft Masse mal Beschleunigung ($F = m \cdot a$) gesetzt wird:

$$W_{kin} = m \cdot a \cdot s.$$

Viel deutlicher als Beschleunigung und Weg kennzeichnet aber die Geschwindigkeit einen Bewegungsvorgang, und deshalb versuchen wir, mit dem Geschwindigkeits-Zeit-Gesetz $v = a \cdot t$ und dem Weg-Zeit-Gesetz

$s = \frac{a}{2} \cdot t^2$ die Abhängigkeit der kinetischen Energie von der Geschwindigkeit zu ermitteln:

Aus $v = s \cdot t$ folgen $t = \frac{v}{a}$ und $t^2 = \frac{v^2}{a^2}$,

was nun in

$s = \frac{a}{2} \cdot t^2$ einzusetzen ist:

$$s = \frac{a}{2} \cdot \frac{v^2}{a^2}.$$

Nach dem Kürzen von *a* erhalten wir

$$s = \frac{v^2}{2}$$

und setzen dies nun für *s* in die erste Fassung unserer Gleichung der Bewegungsenergie ein:

$$W_{\text{kin}} = m \cdot a \cdot \frac{v^2}{2a}.$$

Erneut läßt sich *a* kürzen, so daß die endgültige Gleichung der kinetischen Energie

$W_{\text{kin}} = \frac{m^2}{2^v}$ lautet.

m ist dabei hier die Masse unseres Wagens und *v* dessen Geschwindigkeit; ihr Quadrat sollte stets zu denken geben!

Unglücklicherweise hat der Mensch im fahrenden Wagen kein eigenes Gefühl für Geschwindigkeit; er muß daher als Kraftwagenfahrer seinen Geschwindigkeitsmesser ständig beobachten – nicht nur wegen der Verkehrsvorschriften, sondern auch wegen der Naturgesetze! Wäre es lästig, wenn der Mensch ein Gefühl für Geschwindigkeit hätte?

Trägheit überall

Kehren wir noch einmal zur Trägheit zurück. Sie wirkt »in Arbeitsgemeinschaft« mit der Elastizität des Werkstoffes sehr segensreich in der *Wagenfederung*. Die Federung allein (aus Blatt-, Schrauben- oder Kegelfedern) würde gar nichts nützen, wenn nicht die Trägheit die Wagenmasse gegen die Übernahme eines kurzen Stoßes schützte. So nimmt denn die Feder die Stoßkraft auf, indem sie ihre Form ändert, das heißt gebogen oder zusammengedrückt wird. Allerdings will sie die aufgenommene Energie infolge ihrer Elastizität schnellstens wieder loswerden. Sie dehnt sich also wieder nach unten aus, wenn eine kleine Erhöhung auf der Straße überfahren worden ist. Ist das Rad in ein Schlagloch geraten, so dehnt sich die Feder zunächst aus und geht dann wieder in den normalen Zustand zurück. Die luftgefüllten Reifen unterstützen in ähnlicher Weise die Trägheit und damit das ruhige Fahren. Die Luft läßt sich viel leichter zusammendrücken als eine Stahlfeder; eine auf diesem Grundsatz aufgebaute Luftfederung (mit Zylinder und Kolben) erlaubt daher ein besonders ruhiges Fahren. Die Räder springen schnell auf und ab, und der Wagen selbst liegt ruhig.

Das Pendel und seine Bedeutung (beispielsweise in Uhren) sind bekannt. Ob jeder weiß, daß es ohne Trägheit kein Pendel gäbe? Keine Schaukel? Hier befördert die Trägheit im Verein mit der Antriebskraft (meist der Erdanziehung) die Masse über den tiefsten Punkt hinaus. Dabei muß die Antriebskraft ständig um den Teil erneuert werden, der durch die Reibung im Lager und in der Luft verlorengeht; bei der Pendeluhr besorgt das eine – durch Aufziehen mit Energie geladene – Feder oder eine entsprechend »angereicherte« kleine Last, bei der Schaukel die Muskelkraft des Schaukelnden. Übrigens darf man hier nicht das »Gewicht« sagen; Gewicht ist als Kraft eine Eigenschaft des Stückes. Die Last ist ein Gewichtstück.

Das Pendel ist auch ein gutes Beispiel für den Übergang von der einen Energieart in die andere. Ein schwingendes Pendel hat an seiner tiefsten Stelle die größte Bewegungsenergie, den größten Schwung. Beim Aufwärtsbewegen geht diese allmählich in Lageenergie über; an der höchsten Stelle steht das Pendel einen Augenblick still – ganz und nur mit Lageenergie geladen. Abwärts wird die Geschwindigkeit (durch die Erdbeschleunigung) wieder größer; die Lageenergie verwandelt sich in Bewegungsenergie; das Pendel saust durch den tiefsten Punkt dank seiner Trägheit hindurch, und das Spiel beginnt von neuem. Wir sehen wieder: Kräfte verschiedener Art wirken zusammen; nur durch genaues Beobachten und Nachdenken (Analysieren) kommt man hinter das Geheimnis.

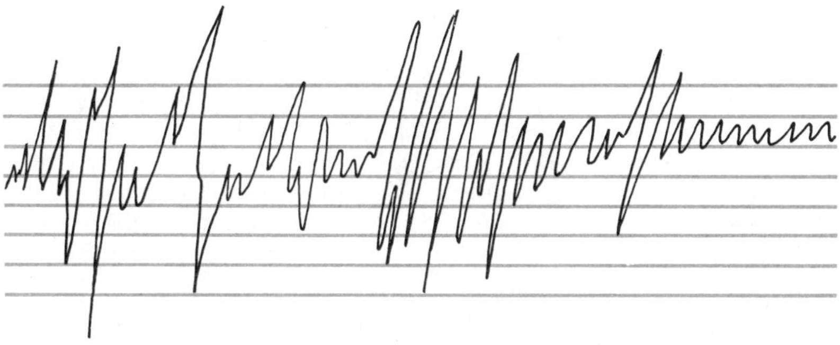

1.21
So zeichnet der Seismograph Erderschütterungen auf

Rangierer wissen, wie schwer es ist, einen Eisenbahnwagen aus dem Stand anzuschieben; seine Trägheit ist groß, und auch die Reibung in den Lagern ist größer als während des Fahrens. Sechs kräftige Männer sind dazu nötig. Ein einziger Mann kann dagegen den rollenden Wagen leicht in seiner Bewegung halten. Soll der Wagen anhalten, so muß eine Bremse benutzt werden. Wäre keine vorhanden, so wären die sechs kräftigen Männer wieder zum Anhalten nötig. Man könnte sich dabei fast vorstellen, sie hätten ihre Energie dem Wagen für eine kurze Fahrstrecke geliehen und dann zurückerhalten. Dieses Bild ist physikalisch durchaus richtig: Die Physik ist tatsächlich weitgehend die Lehre von der Übertragung und Umformung der Energie. Bei »Umformung« denken wir vielleicht an das früher erwähnte Prinzip der hydraulischen Presse, wo wir für einen längeren Weg eine größere Druckkraft erhalten. Ein weiteres Beispiel dafür ist der Flaschenzug; hier wird die Zugkraft mit dem Weg (wir ziehen entsprechend lange am Seil) vergrößert.

Wer im Berufsverkehr in der Straßenbahn oder im Autobus keinen Sitzplatz mehr erhält, liegt während der Fahrt ständig im Kampf mit der physikalischen Trägheit. Er muß nicht nur die Beschleunigung durch Neigen des Körpers nach vorn und die Verzögerung durch die entgegengesetzte Bewegung ausgleichen, sondern er ist in den Kurven auch noch der Fliehkraft ausgeliefert, die ihn zur Seite zieht. Dazu eine Frage: Fällt er beim Halten des Wagens (wenn er nicht aufpaßt) nach vorn oder nach hinten? Vorsicht – bitte erst prüfen! Ganz so einfach, wie mancher vielleicht denkt, ist die Sache nicht. Man macht solche Versuche am besten in Eisenbahn-Personenzügen. Sehr gut läßt sich die Trägheit auch an einem Pendel beobachten, das man im Abteil aufhängt; dabei ist es besonders reizvoll, sich die Gesichter der Mitreisenden anzusehen! Erzählen wir aber bitte nicht, wir pendelten aus, ob der Zug fahrplanmäßig einträfe oder nicht. Nachher glaubt's doch einer! Wenn wir die Bewegungen unseres Pendels auf irgendeine schreibende Einrichtung übertrügen, dann hätten wir einen *Beschleunigungsschreiber*. In den Eisenbahn-Meßwagen sind unter anderem Meßgeräte vorhanden, die nach diesem Prinzip arbeiten.

Jedes Erdbeben und jede starke Explosion im Erdinnern (beispielsweise durch Atomkernreaktion) verursacht eine oder mehrere Druckwellen, die sich nach allen Richtungen fortsetzen. Ordnet man eine träge Masse federnd an, so daß sie sich ziemlich frei bewegen kann, so wird sie ihre Lage zum ruhigen Erdboden nicht verändern. Zieht man unter der Masse einen Papierstreifen entlang, so wird ein an der Masse befestigter Schreibstift eine gerade Linie schreiben. Fängt die Erde an zu wackeln oder zu zittern, so bewegt sich das Papier mit. Die träge Masse bleibt aber an ihrer alten Stelle – und der Stift zeichnet jetzt die Erdschwingungen genau auf, auch sehr schwache (Bild 1.21). Das ist die Wirkungsweise des – im tiefen Keller aufgestellten – *Erdbebenmessers* (Seismographen).

Bei Kraftmaschinen mit Kolben und Zylindern tritt die Kraft mit regelmäßigen Unterbrechungen auf. Das *Schwungrad* überwindet dank der Trägheit seiner entsprechend großen Masse die »toten Punkte« im Kurbelgetriebe; die Kraft wird nun gleichmäßig geliefert, weil das Schwungrad sie ausgleichend speichert und abgibt.

Fliehkraft, Kettenkarussell und Todeskurve

Jeder von uns hat schon einen Stein, eine Kugel oder eine andere Masse an einem Seil oder in einer Schleuder im Kreise herumgeschleudert; Schleuderballspieler und Hammerwerfer wissen damit besonders gut Bescheid. Man spürt die Kraft ganz deutlich, mit der die Hand die Masse auf ihre Kreisbahn zwingt. Wir wissen: Ist die Masse erst einmal in Bewegung, so muß sie nach dem Grundgesetz der Mechanik dank ihrer Trägheit geradlinig (in unserem Fall tangential vom Kreise fort) weiterfliegen. Das kann sie aber nicht, weil sie am Seil angebunden ist.

Wir lernen neue Kräfte kennen

Die Trägheit zerrt am Seil, spannt es, weckt die Molekularkräfte, die das Seil zusammenhalten. Wir merken diese Vorgänge sofort als Zug in unserer Hand (Bild 1.22). Die Hand wirkt dem Zug entgegen und zieht die Masse zu sich als dem Mittelpunkt (Zentrum der Kreisbewegung). Diese Kraft hat verschiedene Namen erhalten. Am anschaulichsten ist *Ziehkraft*; man nennt sie auch Mittelpunkts-, Zentral- oder Radialkraft (weil sie längs des Radius zum Mittelpunkt des Kreises wirkt). Vom lateinischen »pétere« = anstreben bildete man »Zentripetalkraft« (das hat nichts mit Pedal zu tun!).

Ohne die Ziehkraft ist keine Kreisbewegung, ja überhaupt keine krummlinige Bewegung möglich. Sie muß dauernd gegen die Trägheit der bewegten Masse ankämpfen, die diese Masse in einer geradlinigen Bahn halten will. Die Hand empfindet diesen Trägheitswiderstand als eine Kraft, mit der die Masse vom Mittelpunkt zu fliehen sucht.

Der große Physiker Christian Huygens (1629 bis 1695), der sich mit dieser Kraft viel beschäftigt und auch über sie geschrieben hat, nennt sie daher Zentrifugalkraft – vom lateinischen fugáre = fliehen. Wir sagen heute besser *Fliehkraft*. Sie wirkt wie eine »Gegenkraft« zur Ziehkraft, weil sie gleich groß, aber entgegengesetzt ist.

Wenn wir in dunkler Nacht im Zuge fahren, können wir nicht sehen, daß wir in eine Kurve fahren; aber wir spüren die gekrümmte Be-

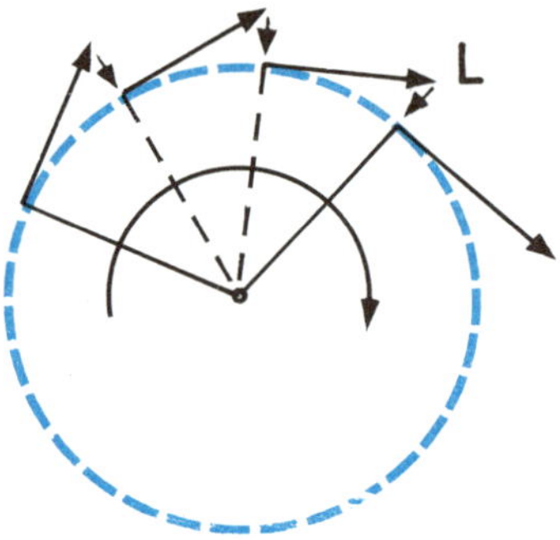

1.22
Fliehkraft

wegung dadurch, daß wir zur Seite gedrückt werden. Der Physiker sagt: »Hier greift eine Kraft an mir an. Da ich nichts von einer Kurve weiß, komme ich nicht auf den Gedanken, daß die Trägheit die Ursache ist; da mich die Kraft aus dem Wagen schleudern, mich gewissermaßen von meinem Platz fliehen lassen will, kann ich sie Fliehkraft nennen. Sobald ich an die Wagenwand komme, geht es nicht weiter. Die Wand übt eine gleich große Gegenkraft aus, die mich wieder nach innen drückt.«

Dem Nichtphysiker mögen solche Gedanken etwas spitzfindig vorkommen; aber die Wissenschaft muß auf strenge Logik halten. Im praktischen Leben spricht man unbeschwert immer von Fliehkraft (oder Zentrifugalkraft), wenn eine Masse bei kreisförmiger oder gekrümmter Bahn nach außen gedrückt wird.

Im Karussell wissen wir, daß wir eine kreisförmige Bahn fahren, und genießen die Fliehkraft – und wir freuen uns, daß die Schwerkraft, die Massenanziehung unserer alten Erde, die Fliehkraft in uns so weit übertrifft, daß wir auf dem Boden bleiben. Manchmal dürfte die Erdanziehung ja gern etwas weniger stark sein – wenn wir beispielsweise gerade die Treppe hinunterfallen; aber sie verhindert doch, daß wir in den Weltraum fliegen (daß das tangential vor sich ginge – wie bei den Funken an der Schleifscheibe –, wäre kein Trost). Wir bewegen uns – gemeinsam mit der Erdoberfläche – immerhin mit der etwa zwanzigfachen Geschwindigkeit eines Kraftwagens auf freier Strecke.

Das ist so: In 24 Stunden dreht sich die Erde einmal um sich selbst. Dabei legen wir auf dem Äquator eine 40000 km lange Strecke zurück, denn so lang etwa ist der Äquator; das sind mehr als 450 m/s. Wan-

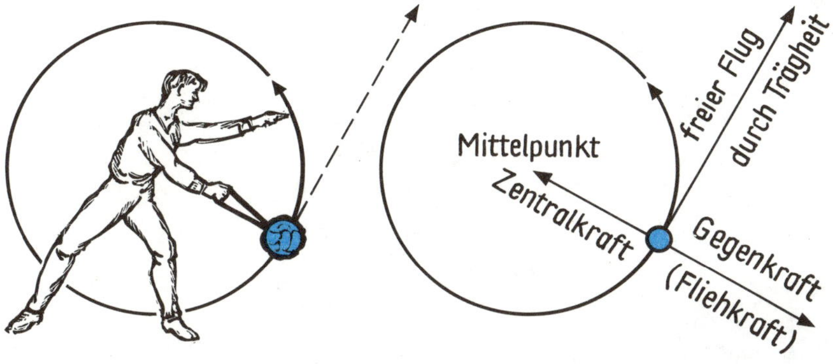

*1.23
Kräfteschema beim Schleuderball*

dern wir zu einem der Pole, so sinkt unsere Drehgeschwindigkeit; am Pol wird sie gleich Null. In diese beiden kühlen Gegenden müßte sich also die Menschheit zurückziehen, wenn die Massenanziehung der Erde nachließe . . . Aber dann fiele auch die Erde selber auseinander.

Die Größe der Fliehkraft ist abhängig von der umlaufenden Masse, von der Zahl der Umläufe in der Zeiteinheit (Drehzahl) und vom Radius, also der Länge der Schnur in unserem Beispiel (Bild 1.23). Je größer die Masse und je größer der Radius, um so größer ist die Fliehkraft. Die Drehzahl macht sich besonders bemerkbar; die Zentralkraft wächst mit dem Quadrat der Drehzahl. Die Erde brauchte sich nur 16mal so schnell wie jetzt zu drehen, dann würde der Mensch am Äquator kein Gewicht mehr haben und schweben. Die Naturgesetze sind erfreulicherweise dagegen.

Das Gegenstück: Ein Satellit muß eine Geschwindigkeit von 7,9 km/s haben, wenn er die Erde umkreisen soll, ohne herunterzufallen. Bei dieser »ersten kosmischen Geschwindigkeit« überwindet er, bedingt durch seine Trägheit, die Schwerkraft.

Fahren wir im Kraftwagen schnell durch eine Kurve, so drückt uns die Fliehkraft gegen die Wagentür; die Tür übt die Gegenkraft aus und drückt uns zurück.

Der Radfahrer, der Schlittschuhläufer, der Schnelläufer – jeder bewegt sich in der Kurve zum Mittelpunkt hin, um die Fliehkraft auszugleichen. Die Eisenbahn hat in jeder Kurve eine überhöhte Schiene, ein schrägliegendes Gleis, damit der Zug seine Geschwindigkeit beibehalten kann. Die Schwerkraft wird als Gegenkraft zu Hilfe geholt.

Diese Gegenkraft (später mehr davon) ist etwas sehr Alltägliches. Wenn wir in einem Sessel sitzen (etwa dieses Buch lesend), dann üben wir auf die Federn der Polsterung eine Druckkraft aus: unser Körpergewicht, die Beine meist abgerechnet. Die Federn werden zusammengedrückt und üben eine gleich große Gegenkraft aus. Das Gleichgewicht ist hergestellt, und wir »schweben« in einer bestimmten Höhe. Der Physiker sagt: »actio = reactio«, Kraft gleich Gegenkraft.

Unsere Kenntnisse von der Physik des Jahrmarktes sind – vor allem bei Karussell und Achterbahn – um die Fliehkraft erweitert worden. Wenn wir im Kreise oder in der Kurve fahren, dann merken wir sehr gut, daß uns die Fliehkraft radial, in Richtung des Radius vom Mittelpunkt fort, wegbefördern will. Der Fahrende beugt sich zum Mittelpunkt der Kreisbewegung hin, um die Fliehkraft auszugleichen. Von außen sieht das ganz anders aus, als für den, der auf festem Boden steht und sich das alles ruhevoll ansieht. Ein weiteres Beispiel für »angewandte Fliehkraft« auf dem Jahrmarkt ist der »Todesfahrer« – eine den Zuschauer unheimlich anmutende Angelegenheit (Bild 1.24). Da fährt ein Motorradfahrer im Kreise auf einer fast senkrechten Wand und fällt nicht herunter! Es sieht viel gefährlicher aus, als es tatsächlich ist. Grundsätzlich ist es nichts anderes, als wenn wir mit unverminderter Geschwindigkeit in eine überhöhte Kurve fahren. Die Überhöhung, stets an der Außenseite der Kurve, ist so stark, daß sie die Fliehkraft auffangen kann. Der Fahrer hat dabei das Gefühl, auf waagerechter Straße zu fahren. Rad und Fahrer üben auch wirklich ihre Druckkraft senkrecht auf die schräge Fahrbahn aus. Die Pfeile im Bild zeigen, wie einfach und geradezu listig der Physiker aus mehreren zusammengesetzten (gleichzeitig auf einen Punkt wirkenden) Kräften die daraus sich bildende Gesamtkraft entstehen läßt, die er »Resultierende« nennt (weil sie

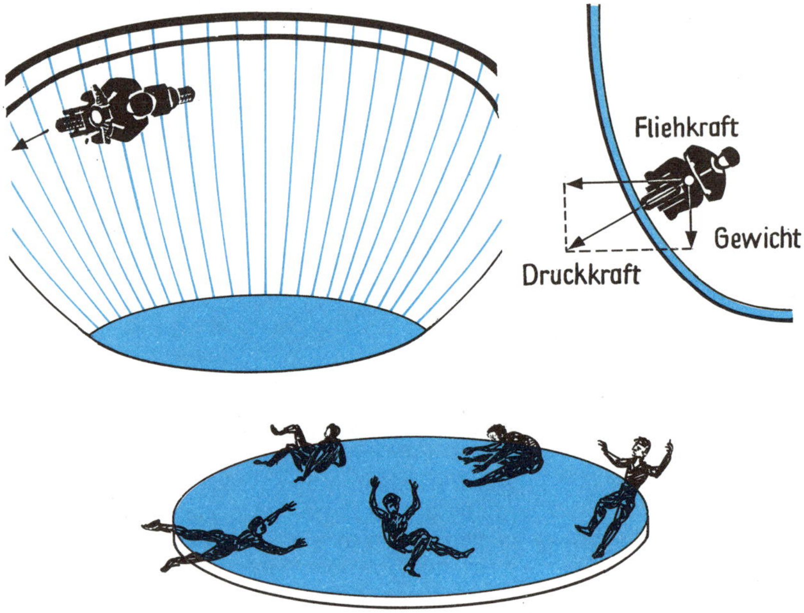

1.24
Trägheit auf dem Jahrmarkt: Todesfahrer und Teufelsrad

das Resultat ist). Richtung und Größe von Gewicht und Fliehkraft sind bekannt, denn sie können gemessen werden; wir können beispielsweise beim Kurvenfahren einen Druckkraftmesser zwischen uns und die Wagenwand legen und die Größe der Fliehkraft ablesen. Das Gewicht wirkt stets senkrecht – zum Erdmittelpunkt.

Nun ergänzt der Physiker die zwei bekannten Kräfte durch Einfügen der zwei Parallelen ganz einfach zu einem Parallelogramm, das durchaus nicht immer ein Rechteck sein muß. Dann zieht er vom Schnittpunkt der gegebenen Kräfte aus die Diagonale – und schon hat er die Resultierende; sie gibt Richtung und Größe der einen *tatsächlichen Kraft* an. Dieses geniale Verfahren nennt man das *Parallelogramm der Kräfte*. Das macht die Zeichnung deutlich: Die Fliehkraft stört den Fahrer nicht mehr; er empfindet sie nicht, weil sie durch das anders gelagerte Gewicht ausgeglichen wird. Das Parallelogramm der Kräfte spielt in der Technik eine große Rolle. Stellt man die Kräfte in Richtung und Größe verhältnisgleich dar, kann man die Resultierende in Größe und Richtung zeichnerisch ermitteln.

Es kommt auf den Standpunkt an

Ein letztes Beispiel vom Jahrmarkt zeigt uns besonders deutlich, daß es im Leben immer auf den Standpunkt ankommt: das »Teufelsrad«. Das ist eine große, leicht kegelförmige Scheibe mit erhöhtem, gepolstertem Rand. In der Pause klettern die Wagemutigen bis zum Mittelpunkt, und dann geht's los! Das Rad dreht sich immer schneller, einer nach dem anderen rutscht infolge der steigenden Fliehkraft zur Freude der Zuschauer an den Rand des Teufelsrades – radial.

Ja, radial – mit Fliehkraft – vom Mittelpunkt der Scheibe aus, nicht aber vom Zuschauer her gesehen. Wenn zufällig kein Teufelsrad in der Nähe ist, können wir uns das durch ein Gedankenexperiment erklären. Wir sitzen (in Gedanken) in der Mitte des Rades und drehen uns mit. Jetzt lassen wir einen Gegenstand von uns fortgleiten. Er rutscht vor unseren Augen auf dem kürzesten Wege von uns, dem Mittelpunkt, zum Rande der Scheibe, also radial (auf einem gedachten Radius). Flöge er über die Scheibe hinaus, so behielte er für uns die Richtung bei; die Reibung und die Wirkung der Erddrehung lassen wir bei alledem aus dem Spiel. Und wie sieht der Zuschauer draußen den ganzen Vorgang? Für ihn bewegt sich der Gegenstand tangential nach außen, und der Zuschauer, der die Trägheits-

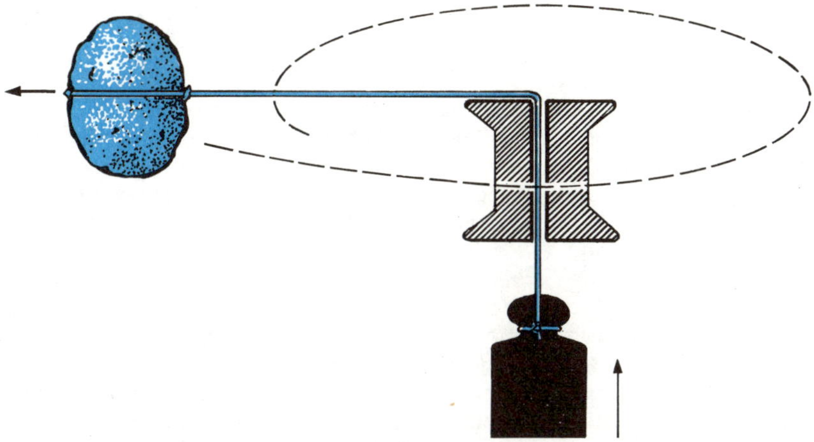

1.25
Die fliegende Kartoffel

kraft kennt, findet das auch vollkommen richtig. Es kommt tatsächlich auf den Standpunkt an! Eine Fliege, die auf einem Flugzeugpropeller während des Fluges von der Achse bis an das Ende krabbelt, ist überzeugt, einen geraden Weg auf einer Ebene zurückzulegen. Sie hat von ihrem Standpunkt aus recht. Der Flugzeugführer in seiner Kanzel hinter dem Propeller beobachtet die krabbelnde Fliege und findet, daß sie einen Weg in Form einer Spirale zurücklegt, und zwar einer ebenen Spirale (auf einer Fläche). Ein Zuschauer auf der Erde sieht, wie die Fliege eine Spirale im Raum zurücklegt, weil sich im Verhältnis zu ihm auch das Flugzeug bewegt.

Mit diesen Überlegungen sind wir ein wenig in das nicht einfache Gebiet der Relativität geraten. Wir wollen das nicht weiterverfolgen, sondern uns nur zum Schluß einer bekannten Erscheinung erinnern: Wir sitzen auf einem Bahnhof im haltenden Zug und warten auf die Abfahrt. Auf dem Nebengleis steht ein anderer Zug. Plötzlich sehen wir, wie sich etwas bewegt – unser Blick gleitet am Nachbarzug entlang nach vorn, in unsere Fahrtrichtung. Wir fahren also, stellen wir fest. Leider war der Wunsch der Vater dieser Folgerung. Nicht wir fahren, sondern der Nachbarzug; der fährt in der Gegenrichtung aus dem Bahnhof. Erst ein Blick durch das gegenüberliegende Fenster überzeugt uns, daß unser Zug noch stillsteht, und allmählich vermissen wir auch die bei wachsender Geschwindigkeit auftretenden Geräusche und Stöße. Wir stehen still – relativ zum Bahnhof; wir sind in Bewegung – relativ zum fahrenden Nachbarzug.

Die fliegende Kartoffel

Es müssen nicht unbedingt zwei Kartoffeln sein: Kugeln, Steine und andere Massen tun es auch. Wir ziehen durch eine Garnrolle oder ein Stück Rohr mit glatter Stirnfläche (bei Glasrohr: rund geglüht) einen Bindfaden von 60 bis 80 cm Länge. An dessen Enden wird je eine Masse angebunden. Die eine Masse lassen wir lose nach unten hängen; die andere schleudern wir, Garnrolle oder Rohr fest in der Hand haltend, im Kreise herum (Bild 1.25). Die herabhängende Masse wird sehr bald durch die Fliehkraft hochgezogen, und es zeigt sich, daß wir dort eine größere Masse anbringen müssen, um die Ziehkraft, das Gewicht der hängenden Masse, zu vergrößern. Wenn man an Stelle einer hängenden Masse einen Zugkraftmesser einbaut, kann man die starke Zunahme von Ziehkraft und Fliehkraft bei steigender Drehzahl sehr gut beobachten; man muß dafür sorgen, daß sich der Zugkraftmesser mitdrehen kann, am einfachsten durch einen festen, dünnen Bindfaden (zwischen Fußboden und Zugkraftmesser), der sich stark verdrillen läßt und nach jedem Versuch »entdrillt« wird. Die Ziehkraft wird vom Mittelpunkt des Drehkreises aus radial gerechnet, auch wenn hängende Masse oder Zugkraftmesser nach unten wirken; hier ist nur die Wirkungslinie umgelenkt und verlängert worden.

Experimente mit der Schwungmaschine

Der manchmal für diese Versuche empfohlene Plattenspieler genügt nach unserer Erfahrung nicht — auch nicht bei 78 Umdrehungen je Minute. Wir brauchen meist eine höhere Drehzahl; außerdem ist es gut, wenn man sie von Null bis zum Höchstwert einstellen kann. Glücklicherweise ist es nicht schwierig, eine Schwungmaschine selbst zu bauen. Die Hauptsache ist eine runde Holzscheibe von etwa 20 cm Durchmesser, die in rasche Umdrehungen versetzt werden kann. Wer eine mechanische (mit Kegelradübertragung und seitlichem Antrieb) oder elektrische Bohrmaschine hat, befestigt genau im Mittelpunkt der Scheibe eine Metallachse von 4 bis 5 mm Durchmesser, etwa 2 cm hervorstehend. Die Bohrmaschine wird mit Hilfe von Schraubzwingen, Riemen oder anderen Mitteln am Tisch senkrecht befestigt; die Scheibe wird eingespannt. Bei elektrischen Bohrmaschinen brauchen wir einen einstellbaren Widerstand, mit dem wir die Drehzahl regeln können. Rings um die Holzscheibe klemmen wir noch einen nach oben stehenden Pappring; er soll verhindern, daß Gegenstände unnötig fortgeschleudert werden. Er kann nach Belieben entfernt werden. Die Schwungmaschine ist nun betriebsbereit. Hat man keine Bohrmaschine, so lagert man die Scheibe drehbar; unterhalb wird ein kleines Transmissionsrad mit etwa 2 cm Durchmesser befestigt. Die Abbildung 1.26 zeigt die Anordnung auf der Grundplatte im Schnitt. Das Grundbrett kann etwa 30 cm mal 50 cm groß sein. Zwei im Grundbrett festsitzende Rundnägel bilden die Achsen für Schleuderscheibe mit Transmissionsrad und für die Antriebsscheibe (Antriebsrad) mit dem Handgriff. Beide Räder lassen sich aus Laubsägeholz sägen; die umlaufende Nut kann man dadurch erzielen, daß man eine etwas kleinere Scheibe zwischen zwei größere klebt (Faserrichtungen senkrecht zueinander!). Auch die Schleuderscheibe kann aus Laubsägeholz (Sperrholz) hergestellt werden. Unter die beiden Räder legen wir je eine Unterlegscheibe aus Metall, damit die Reibung zwischen Grundbrett und Rädern verringert wird. Die Räder müssen leicht auf den Achsen laufen. Zum Übertragen unserer Drehbewegung eignet sich am besten Gummiband. Offengeblieben ist die Frage, wie groß der Durchmesser der Antriebsscheibe sein soll. Das gibt ein wenig Rechnerei: Die Drehzahlen beider Scheiben verhalten sich umgekehrt wie ihre Durchmesser. Mache ich den Durchmesser der Antriebsscheibe zehnmal so groß wie den des angetriebenen Rades unter der Schleuderscheibe, so verzehnfache ich die Zahl meiner Umdrehungen an der Antriebsscheibe. 50 Umdrehungen je Minute können wir bequem gleichmäßig (das ist sehr wichtig!) schaffen; dann dreht sich die Schleuderscheibe 500mal je Minute. Das dürfte genügen. Man kann auch den Durchmesser des angetriebenen Transmissionsrades etwas verkleinern — aber dann wird die Berührungsfläche zwischen Rad und Gummiband vielleicht zu klein, und das Band rutscht. Im allgemeinen genügt es, wenn man den 7- bis 8fachen Durchmesser des kleinen Rades für die Antriebsscheibe nimmt. Maßgebend ist dabei stets der kleinere, innere Durchmesser in der Nut. Im übrigen ist der schöpferischen Phantasie des Lesers auch hier keine Grenze gesetzt. Kleine elektrische Antriebsmotoren und Metallbaukästen lassen sich ausgezeichnet verwenden. Wir beginnen nun mit den eigentlichen Versuchen.

Daß Gegenstände, auf die laufende Schleuderscheibe (bei diesem Versuch auch eines Plattenspielers) gelegt, hinuntergeschleudert werden, ist bekannt. Es ist aber reizvoll zu beobachten, wie unterschiedlich dies mit Dingen verschiedener Masse und bei anderen Geschwindigkeiten der Scheibe und verschiedenen Abständen vom Mittelpunkt geschieht!

Wir füllen eine runde, möglichst niedrige

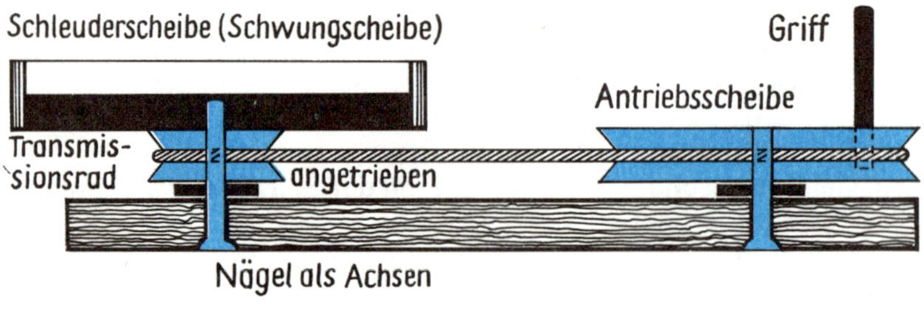

1.26 Selbstgebaute Schwungmaschine

1.27
Schwungmaschine mit Kugelpendel

und breite Glasflasche zu einem Viertel mit Wasser und färben dieses mit Kaliumpermanganat ($KMnO_4$) oder mit Tinte sehr dunkel. Auf das Wasser gießen wir ebensoviel Petroleum oder ein anderes helles Öl. Die Flasche ist nun zur Hälfte gefüllt; das Öl schwimmt auf dem Wasser, weil es die geringere Dichte hat und sich mit Wasser nicht mischt. Wir stellen die geschlossene Flasche mitten auf die Schwungscheibe (befestigen sie vielleicht mit etwas Kitt) und drehen zunächst langsam, damit die Flüssigkeit besser mitgenommen wird, dann allmählich schneller. Wenn sich die Flüssigkeiten mitdrehen, sammelt sich das schwere Wasser an der Flaschenwand; das Öl liegt neben ihm – nach der Flaschenmitte zu. Das ist die Wirkungsweise aller Zentrifugen, Schleudern und Kreiselpumpen; beim Milchschleudern sammelt sich die Sahne innen, die (schwerere) Magermilch außen. Bei der Wäsche-Trockenschleuder wird das Wasser aus der nassen Wäsche durch die Löcher in der Trommelwand hinausgedrückt; von hier fließt es nach unten ab.

Ist die Tatsache, daß unsere Erde am Äquator nach außen gewölbt und an den Polen abgeplattet ist, auch auf dieses Prinzip zurückzuführen?

Wir binden an einer Stange, etwa 20 cm lang, an zwei 10 cm langen Fäden je eine Metallkugel an. Die Stange stecken wir in eine recht schwere Garnrolle, und diese wird genau auf die Mitte der Schwungscheibe ge-

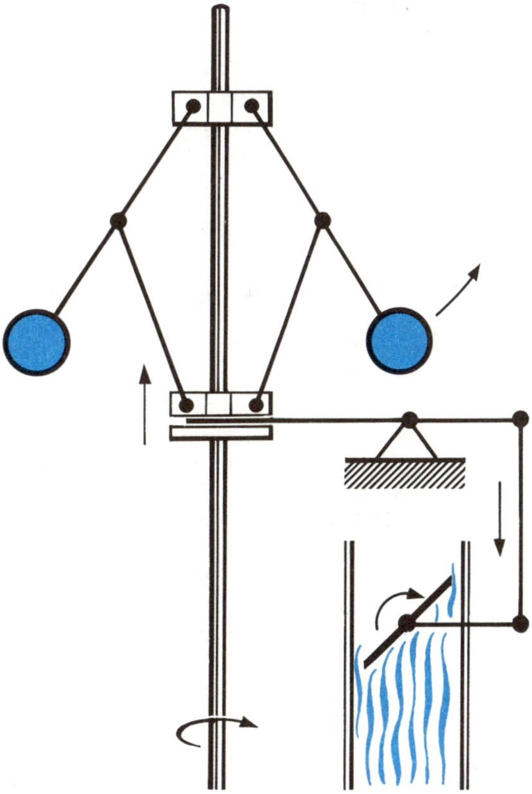

1.28 Strömungsregler

stellt. Beim Umlaufen heben sich die Kugeln entsprechend der Drehzahl (Bild 1.27). Verschieden schwere Kugeln verhalten sich ungleich. Das ist die Wirkungsweise der Fliehkraftregler (Zentrifugalregler). Wird die Drehzahl einer Dampfmaschine zu groß, dann heben sich die umlaufenden Massen entsprechend. Diese Bewegung überträgt ein Gestänge auf eine Drosselklappe in der Dampfzufuhr. Die Zufuhr wird gedrosselt, die Drehzahl der Maschine geht zurück, und die umlaufenden Kugeln am Regler sinken wieder ein Stück herab (Bild 1.28).

Wir können unsere Stange auch zu einem kleinen Versuch verwenden, der die Frage, warum unsere Erde an den Polen abgeplattet ist, beantwortet. Aus einer Uhrfeder (oder ähnlichem, sehr elastischem Stahlband) wird ein Ring gebildet, dessen Durchmesser so groß ist, wie die Stange lang ist. Unten muß der durchbohrte Ring am Fuß der Stange festsitzen; oben muß er frei an der Stange entlanggleiten können. Wie verhält sich der Ring bei schneller Umdrehung?

Wir stellen ein etwa zur Hälfte mit gefärbtem Wasser gefülltes Glas auf die Mitte der Schwungscheibe und lassen diese anlaufen (gegebenenfalls das Glas wieder mit etwas Plastilin oder ähnlichem befestigen!). Wir beobachten, daß das Wasser an den Wänden hochsteigt (Vorsicht, daß es nicht überläuft!) (Bild 1.29). Es möchte sich gern ganz gleichmäßig an die Glaswand anschmiegen; aber die Erdanziehung läßt das nicht zu. Aus Zentralkraft und Erdanziehung bildet sich eine Fläche heraus, die man als »Rotations-Paraboloid« bezeichnet; sie entsteht, wenn man eine Parabel um ihre Symmetrie-Achse dreht. Ein Querschnitt durch unser kletterndes Wasser ergäbe also eine Parabel. Man kann auf der schrägen Wasserfläche ein Schiffchen schwimmen lassen, aus einem Holzklötzchen als Rumpf, einem kleinen Nagel als Mast und einem Stück Blech unten als Kiel. Das Schiffchen klettert allmählich nach oben und hält sich da ähnlich wie der »Todesfahrer« an seiner senkrechten Wand.

Nimmt man statt des Wassers flüssiges Paraffin, Stearin oder Wachs im angewärmten Glas, so steigt es ebenfalls und bildet eine paraboloide Fläche. Läßt man die Schleudermaschine nun so lange mit gleichbleibender Geschwindigkeit laufen, bis die Masse erstarrt ist, dann kann man den so

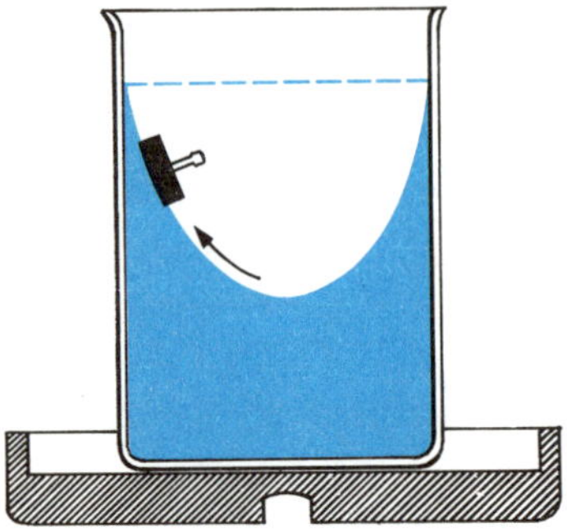

1.29 Rotations-Paraboloid

entstandenen mathematischen Körper aus dem (notfalls von außen etwas angewärmten) Glas herauslösen.

Die Technik nutzt diese Kraftwirkung beim *Schleuderguß* aus; man stellt auf diese Weise nahtlose Rohre und Buchsen her. Das flüssige Metall wird in eine waagerecht gelagerte, schnell umlaufende Trommel gegossen. Hier wird es an die (meist wassergekühlte) Trommelwand geschleudert und erstarrt schnell in der gewünschten Form.

Auch die *Schleudergrube* gehört hierher. Sie ist eine runde, tiefe Grube in der Erde, mit dicken Bohlen ausgekleidet. In ihr werden schwere umlaufende Maschinen, wie Turbinen und Motoren, auf ihre Festigkeit (Belastbarkeit) geprüft. Man läßt sie auch mit Überdrehzahl laufen und beobachtet ihr mechanisches Verhalten. Fliegt eine Maschine auseinander, so werden die Teile von der Bohlenwand aufgehalten; sie können keinen Schaden anrichten. Den Konstrukteuren umlaufender Maschinen macht die Fliehkraft viel Kopfzerbrechen. Die bewegten Teile streben mit erheblicher Kraft vom Drehpunkt (der Achse) fort, müssen aber – wie etwa die Wicklungen des Läufers eines Elektromotors oder eines Stromerzeugers – genau auf ihrem Platz gehalten werden. Beliebig kräftige Verstärkungen kann man da nicht überall anbringen, teils um die Masse (und damit die Fliehkraft) nicht noch mehr zu vergrößern, teils weil der Platz nicht ausreicht. Besonders stark werden Turbinenschaufeln beansprucht; sie müssen außer der Fliehkraft große Drücke und (bei Gas- und Dampfturbinen) hohe Temperaturen aushalten. Bei solchen Teilen spielt daher neben der Konstruktion auch der Werkstoff mit seinen Eigenschaften in besonderen Legierungen eine große Rolle.

Wer keine Schleudermaschine hat . . .

Wer keine Schleudermaschine hat, der macht die Fliehkraftversuche mit einer stark verdrillten doppelten Schnur. Ein Stab wird an zwei Bindfäden – jeder etwa 40 cm lang – aufgehängt und so lange gedreht, bis beide Fäden ganz miteinander verdrillt sind (Bild 1.30). In der Mitte des Holzstabes hängt ein Plastbeutel, zu einem Viertel mit gefärbtem Wasser, zu einem zweiten Viertel mit Petroleum gefüllt. Lassen wir den Stab los, so drehen sich die Fäden wieder zurück, und wir können die gleichen Beobachtungen wie auf der Schleudermaschine machen (Bild 1.29). In entsprechender Weise wird ein Becherglas (mit nach außen gewölbtem Rand) am Stab angebracht und in schnelle Drehung versetzt. Und wenn das Glas schon einmal so schön fest angebunden ist, können wir anschließend den klassischen Schleuderversuch machen: Wir fassen die freien Schnurenden fest an und schleudern das Glas (das jetzt ganz voll Wasser sein darf) im senkrechten Kreis herum. Das Wasser fließt nicht aus, auch nicht, wenn das Glas ganz oben kopfsteht. Schwindelfreie Experimentoren können das Glas auch, sich selber mitdrehend, im waagerechten Kreis schleudern. Durch Ändern der Schnurlänge kann man verschiedene Beobachtungen machen; die Fliehkraft vergrößert sich ja mit dem Radius des Kreises. Wer im übrigen nicht gern mit einem Glas arbeitet, mag eine Konservendose nehmen. Die parabolische Oberfläche des Wassers kann man auch dadurch zustande bringen, daß Wasser in einem Topf kräftig und gleichmäßig gerührt wird.

1.30 *Drill-Schleuder*

Der schwebende Schlüssel

Unsere Versuchsanordnung im Bild 1.31 eignet sich auch für diesen Versuch. Wir hängen an den Drehstab zunächst eine ziemlich schwere Masse, etwa einen halben Ziegelstein; er soll mit Hilfe seiner Trägheit die Drehbewegung gleichmäßig machen. Der Stein muß genau in der Mitte hängen, so daß er sich ohne seitliche Schwingungen um seine (gedachte) senkrechte Achse drehen kann. Unten am Stein, wieder genau in der Mitte, wird ein kleiner Schlüssel angehängt. Er stellt sich bei wachsender Drehzahl waagerecht ein – ein verblüffender Anblick! Der Grund ist folgender: Ring und Bart des Schlüssels sind die schwersten Teile (die massemäßig größten) des Schlüssels. Durch den nur nach einer Seite »wachsenden« Bart hängt der Schlüssel sofort etwas schief. Er gerät ins Schleudern, und nun wirkt das Naturgesetz: Je größer die Masse, um so größer die Fliehkraft.

Die Ring- und Bartmassen wollen möglichst weit fort; zwischen den Kräften stellt sich in waagerechter Lage des Schlüssels das Gleichgewicht ein. Der Schlüssel dreht sich waagerecht um seine *freie Achse*.

Schwebende Scheibe und Kette

An Stelle des Schlüssels im vorherigen Versuch kann man einen Stab, eine Kreisscheibe (oder einen Ring) oder eine Kette anbringen. Alle diese Körper verhalten sich wie der Schlüssel. Sie schlingern erst ein wenig, Fliehkräfte treten auf, der Haltefaden biegt sich birnenförmig seitlich fort, und der Körper legt sich waagerecht und dreht sich um seine freie Achse (Bild 1.31). Hier liegt ein Übergang zum Geheimnis der Kreiselbewegung vor – unser Schlüssel ist ein Kreisel!

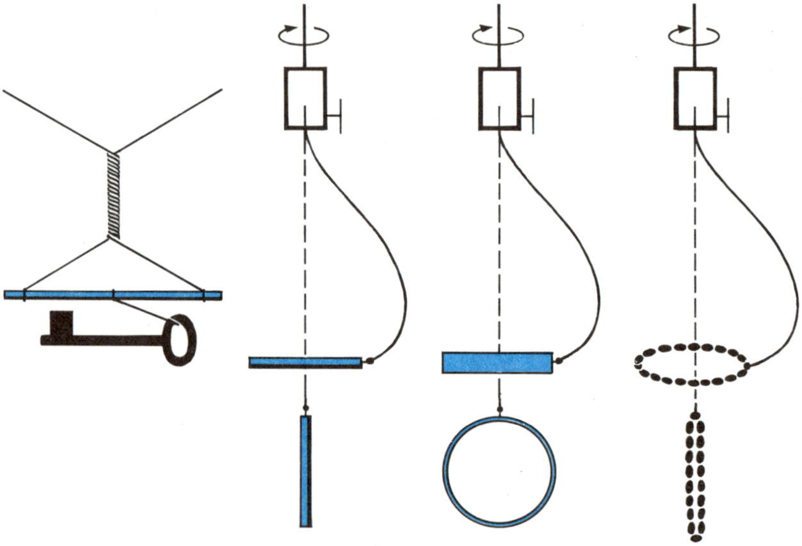

1.31
Schleuderversuche mit Schlüssel, Ring und Kette

Auch der Kreisel »lebt« von der Trägheit

Wer hat nicht als Kind Kreisel gespielt und seinen Reifen bewegt? Was weiß das Kind von Impuls und Trägheit – es schlägt seinen Kreisel und Reifen mit Peitsche und Stab, erreicht darin eine oft beachtliche Geschicklichkeit und freut sich über die gleichmäßige und langdauernde Bewegung.

Der kluge Erwachsene weiß inzwischen längst, daß die allgegenwärtige Trägheit auch beim Kreisel wirkt. Zunächst muß der Kreisel aus seiner Ruhe in Bewegung gebracht werden: durch Energiezufuhr mit der Hand, bei technischen Anwendungen (Kreiselkompaß) mit einem Elektromotor. Dann muß laufend die feindliche Reibung überwunden werden – im Spiel mit der Peitsche oder dem Stock. Warum fällt denn der Kreisel nicht um? Wir nennen den Schlüssel im vorhergegangenen Versuch ebenso wie Kreisel und Reifen einen frei beweglichen Körper, auch wenn er in einem Punkt hängt oder steht. Er dreht sich um seine »freie« Achse; sie heißt so, weil sie frei von Lagern und meist sogar nur in unseren Gedanken vorhanden ist. Sie muß allerdings durch den Schwerpunkt des kreisenden Körpers gehen und ringsherum von gleich großer Masse umgeben sein – mit anderen Worten: Die Trägheitskräfte müssen beim Drehen bei allen gegenüberliegenden Punkten im Gleichgewicht sein. Ganz einfach gesagt: Das Ding muß schön rund sein! Jeder Längsschnitt durch den Kreisel und seine Achse gibt eine symmetrische (auf beiden Seiten der Achse gleiche, aber seitenverkehrte) Figur.

Wenn wir dann eine richtige Achse, unten zugespitzt, durch die Mitte stecken und den Körper zwischen Daumen und Zeigefinger »andrehen«, dann ist der Kreisel fertig und in Betrieb. Die Schwerkraft sucht den etwas schrägstehenden Kreisel umzukippen; die Trägheit wehrt sich dagegen. Aus beiden Kräften ergibt sich wieder eine Resultierende. Das wirkt sich beim laufenden Kreisel so aus, daß die freie Achse mit ihrem oberen Endpunkt einen Kreis und mit ihrer ganzen Länge einen Kegelmantel beschreibt. Diese Erscheinung nennt man *Präzession* (vom lateinischen praecédere = vorrücken). Die Achse versucht immer, seitlich vor einer angreifenden Kraft auszuweichen. Das Einwirken einer zweiten Kraft auf einen Kreisel kann man sich leicht klarmachen. Wir nehmen einen gewöhnlichen Spielzeug-Kreisel (einer ohne Musik genügt) und versetzen ihn in schnelle Drehung. Nun denken wir uns einen Punkt A, gegen den drücken wir kurz nach rechts. Der Punkt B – genau gegenüber – wird sich abwärts bewegen, während A zunächst nach oben geht.

In der Abbildung 1.32 ist B ein Masseteilchen, das sich infolge seiner Trägheit am liebsten tangential in Richtung C bewegen möchte; es kann aber nicht so, wie es

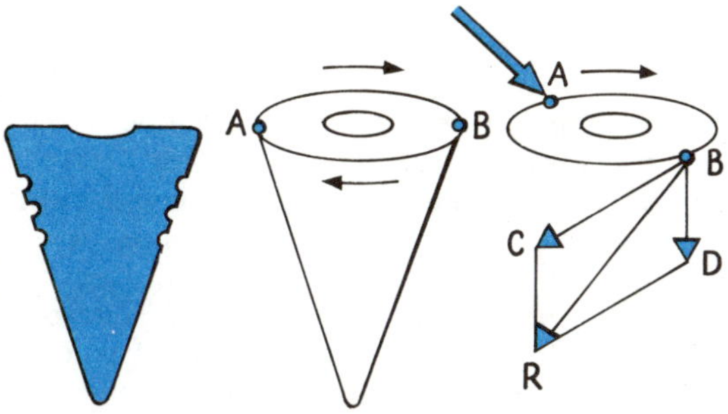

1.32 Kräfte am Kreisel

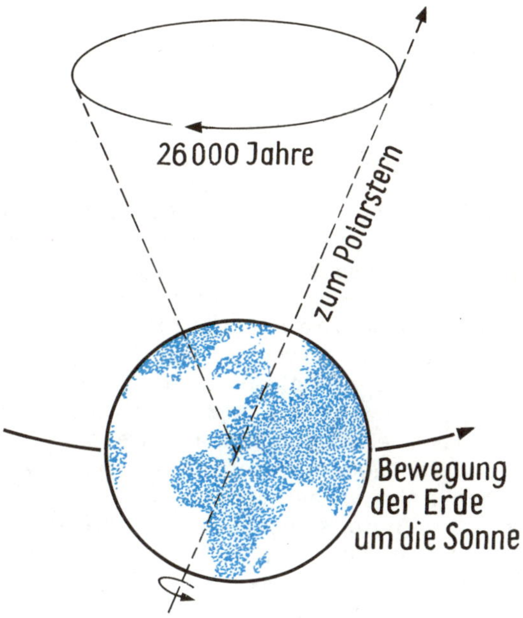

1.33 Die freie Achse unserer Erde beschreibt einen Kegelmantel

möchte. Jetzt kommt der Stoß nach abwärts, nach D. Das ist eine zusätzliche Bewegung; und da man Bewegungen ebenso schön wie Kräfte in einem Parallelogramm zusammensetzen kann, erhalten wir die neue tatsächliche Bewegungsrichtung nach R – durch die Diagonale des Rechtecks, die Resultierende. Das Masseteilchen B hat also eine neue Eigenbewegung bekommen. Wir müssen aber jetzt bedenken, daß die alte Eigenbewegung (nach C) bei dem sich rasch drehenden Kreisel sehr groß war im Verhältnis zu der kleinen zusätzlichen Abwärtsbewegung D, die wir verursacht haben; die Resultierende BR unterscheidet sich von der ursprünglichen Eigenbewegung BC nur sehr wenig. Der Kreisel ändert seine Bewegung nur sehr gering, und uns kommt es so vor, als wehre er sich gegen das Umkippen. Dieser Eindruck ist um so stärker, je größer die Masse des Kreisels ist und je schneller er sich dreht. Wenn die störenden Kräfte freilich groß genug sind, dann wird die Sache wacklig! Unserer alten Erde geht es so, obwohl sie sich sehr schnell dreht und ihre Masse wahrlich nicht klein ist; ihre Achse beschreibt ebenfalls einen Kegelmantel. Die Trägheit, die die Erde zusammen mit einer schrägliegenden Achse bei ihrer Geburt mitbekommen hat, liegt im Kampf mit den (freilich sehr großen) Anziehungskräften von Sonne und Mond. Aber wir merken davon nichts; es dauert fast 26000 Jahre, bis die Erdachse einen Umlauf gemacht hat. »Platonisches Jahr« heißt dieser lange Zeitraum (Bild 1.33). Jemand, der so lange lebt, würde die Präzession daran merken, daß die Verlängerung der Erdachse allmählich nicht mehr, wie heute, zum Polarstern führt – erst nach Ablauf des platonischen Jahres wäre dies wieder der Fall; eine etwas zeitraubende Beobachtung! Unser Kreisel hat nur eine einzige freie Achse; um sie dreht er sich. Wie viele freie Achsen kann eine Kugel haben? Die Kugel soll ganz aus einheitlichem Stoff bestehen, also »homogen« sein.

Eine besonders eindrucksvolle Anwendung der Kreisel-Trägheit ist der schwere Schiffskreisel, der durch seine Trägheitskraft ein großes Schiff bei Seegang weitgehend vor dem Schlingern und die Passagiere vor der Seekrankheit bewahrt. Freilich muß die Masse des Kreisels hier sehr groß sein – beispielsweise 200 t (200000 kg) bei etwa 4 m Durchmesser des Kreisels; außerdem sind mindestens zwei solcher Kreisel nötig, einer vorn und einer hinten im Schiff. Das ist schon etwas Besonderes. Ganz alltäglich dagegen und dadurch schon wieder meist unbemerkt ist der Kreisel im Verkehr: als Rad am Kraftwagen, am Motorrad, am Fahrrad. Beim Pferdewagen und häuslichen Handwagen gelten unsere Erkenntnisse zwar auch, aber diese Räder drehen sich zu langsam, als daß man die Trägheit spüren könnte.

Ganz anders an den schnellen Fahrzeugen! Das (verbotene) Freihandfahren auf dem Rade ist jetzt verständlich. Jedes sich schnell drehende Rad (die Drehzahl spielt eine große Rolle) will mit seiner Achse seine Richtung beibehalten, jeder seitlichen Kraft ausweichen. Im Zirkus werden gelegentlich erstaunliche Leistungen auf Fahrrädern und Motorrädern gezeigt; stets ist die Trägheit – Kreiselwirkung – Voraussetzung.

Und da wir gerade im Zirkus sind: Wer hat einmal gesehen, wie ein Clown aus mehreren Metern Entfernung seinem Kollegen einen hohen Hut auf den Kopf wirft? Mit etwas Übung durchschauen wir den physikalisch begründeten Trick: Der Hut wird in Drehungen um seine freie Achse versetzt; dadurch behält er seine aufrechte Lage und gelangt richtig auf den Kopf des Partners. Mancher hat auf diese Weise im wahren Sinne des Wortes »den Bogen heraus«, wenn er zur Verblüffung der Anwesenden seinen Hut (vor allem einen festen, ziemlich runden Strohhut, die »Butterblume«) oder seine Mütze mit elegantem Schwung auf den entfernten Kleiderhaken befördert.

Beim Jo-Jo-Spiel ist ein kleiner Doppelkegel an einem Ende eines Fadens befestigt; man läßt den Doppelkegel am Faden auf und ab laufen. Der Faden ist zunächst aufgewikkelt; der Körper rollt nach unten ab und bekommt dadurch eine ziemlich große Geschwindigkeit. Dank der Trägheit dreht er sich weiter und rollt sich am Faden wieder hoch – durch die Reibungsverluste freilich nicht bis zur alten Höhe. Man gleicht diesen Verlust dadurch aus, daß man dem ganzen »System« immer wieder einen neuen Schwung gibt.

Beim Diabolospiel wird ein etwas größerer Doppelkegel mit einer Schnur in schnelle Umdrehung versetzt; die Drehachse wehrt sich jetzt gegen jede Veränderung ihrer Lage, und das »Diabolo« kann leicht mit der Schnur in die Höhe geworfen und wieder aufgefangen werden. Dabei muß die Drehzahl, die durch die Luftreibung absinkt, immer wieder erhöht werden; das ist das ganze Geheimnis. Jeder Jongleur arbeitet auf diese Weise, er hält seine Teller und sonstigen (stets runden!) Gegenstände meist mit Stäbchen auf der nötigen Drehzahl.

Diese physikalische Erscheinung wird sehr viel ausgenutzt, auch im Sport beispielsweise. Man gibt einem Ball, einer Kugel oder einem Seil (Lasso) durch einen Schlag oder Stoß einen besonderen Drall (Drehimpuls); dadurch beeinflußt man den Lauf. Man nennt das Effet (französisch, ausgesprochen »effee«). Und fragen wir einmal eine Tänzerin oder einen Tänzer nach einer Pirouette! Auch die Eiskunstläufer wissen da Bescheid. Pirouette ist das französische Wort für Kreisel. Streckt der Kunstläufer seine Arme von sich, so sinkt seine Drehzahl; der Radius der kreisenden Masse ist größer geworden. Legt er die Arme wieder an, so dreht er sich sofort wieder so schnell wie vorher. Wir können das selber prüfen, wenn wir einen Drehstuhl haben. Den Zusammenhang zwischen Radius und Drehzahl merken wir schnell, wenn wir eine kleine Masse am Faden um unseren Zeigefinger kreisen und dabei den Faden sich um den Finger wickeln lassen.

Ein Kreisel ist schnell gebaut

Ein rundes Stückchen Pappe, ein zugespitztes Streichholz einen Zentimeter durch die Mitte hindurchgesteckt – und der Kreisel ist fertig und kann mit den Fingern angelassen werden (Bild 1.34). Er ist nicht so großartig und läuft auch nicht so lange wie die schweren Spielzeugkreisel aus Metall, die mit einer Wendel wie ein Drillbohrer »angelassen« werden. Aber unser Kreisel läuft auch, und das ist die Hauptsache. Vermutlich zeigt er gleich eine deutliche Präzession. Das kommt daher, daß wir das Stück Pappe nicht rund genug geschnitten oder beim Durchstecken des Streichholzes nicht genau den Mittelpunkt der Kreisfläche getroffen haben; da-

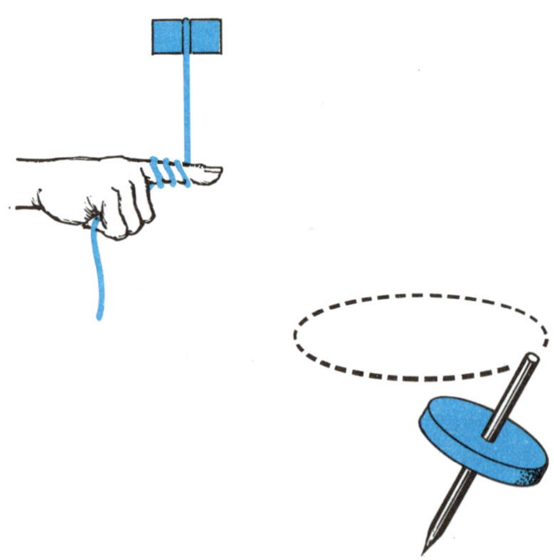

1.34 Grundversuch zur Pirouette und Kreisel mit Präzession

1.35 Das »aufrichtige« Ei und das gehorsame Fahrrad

durch wirkt eine zusätzliche Kraft. Welche? Ganz recht: ein Überschuß an Schwerkraft auf einer Seite. Läuft der Kreisel aber ganz senkrecht, so können wir den Ausschlag zur Seite dadurch hervorrufen, daß wir einen gespannten Faden leicht oben an die Achse drücken.

Das »aufrichtige« Ei

Wer hat noch das hartgekochte Ei von früheren Versuchen? Wer es aufgegessen hat, der kocht ein neues schön hart; es wird sich lohnen. Wir legen es auf einen glatten, möglichst großen Tisch flach hin und versetzen es (Übung hilft!) in sehr schnelle Drehung! Man kann den Versuch auch auf der Unterseite eines großen Tellers durchführen (Bild 1.35). Es dreht sich erst liegend, richtet sich dann aber nach wenigen Sekunden plötzlich — scheinbar der Schwerkraft trotzend — auf; ein verblüffender Anblick! In dieser senkrechten Stellung dreht es sich eine Weile, bis die Drehenergie durch die Reibung aufgezehrt wird. Warum? Beim Drehen im Liegen kann das Ei die freie Achse nicht finden, weil es da nicht symmetrisch, genauer: kein richtiger »Drehkörper« ist. Also sucht es die freie Achse und findet sie beim Drehen um die Längsachse — in der Senkrechten. So folgerichtig wirken die Naturgesetze! Daß sich das Ei dabei gleich auf die Spitze stellt, wollen wir nicht verlangen; dafür ist Kolumbus zuständig.

Das gehorsame Fahrrad

Nehmen wir einmal aus unserem Fahrrad das Vorderrad heraus. Wir fassen die Achse fest mit beiden Händen an und lassen einen Helfer das Rad in sehr schnelle Drehungen versetzen. Dann merken wir den erheblichen Widerstand der Achse, wenn wir sie aus ihrer alten Lage wegdrehen wollen. Er ist erstaunlich groß! Gegen paralleles Verschieben hat die Achse dagegen nichts einzuwenden. Jetzt werden wir noch besser verstehen, warum man die schon erwähnten schweren Kreisel in Schiffe einbaut, um das Schlingern zu verhindern; wir werden auch begreifen (das Wort kommt von »be«greifen, anfassen), wieso der Kreisel im Kreiselkompaß die einmal eingestellte Nord-Süd-Richtung so sicher beibehält. Die Windrose bewegt sich unter ihm. Wir können aber noch einen Schritt weitergehen und das kreisende Rad an einem Faden aufhängen: Die Achse behält ihre waagerechte Lage, dem Naturgesetz des Kreisels folgend, bei (Bild 1.35).

Die böse und die gute Reibung

Zumeist steht die Reibung in einem recht schlechten Ruf. Der Konstrukteur, der starke Kräfte von einer Achse auf ein Lager — oder umgekehrt — übertragen soll, denkt mit Sorge an die Gegenkraft Reibung; er weiß: Sie wird nicht nur einen Teil der zu übertragenden Kraft aufzehren, sondern obendrein diesen Teil nicht vernichten (das läßt das Naturgesetz nicht zu), sondern in höchst unerwünschte Reibungswärme umwandeln.

Sorgsam überlegt er deshalb die technischen Gegenmaßnahmen: reibungsarme Lagerarten, wie Kugellager, werden gegebenenfalls benötigt, gute Schmierung ist erforderlich, bei der ein Ölfilm zwischen Achse und Lager entsteht, der beide Teile gar nicht erst zusammenkommen läßt. Auch an eine gute Ableitung der trotzdem entstehenden Reibungswärme muß der Konstrukteur denken. Seine Überlegungen sind für das künftige einwandfreie Funktionieren aller Teile entscheidend.

Es gibt keine Bewegung ohne Reibung, und jede Reibung ist Gegenkraft – sie setzt stets einen mehr oder weniger großen Teil der in eine Maschine gesteckten mechanischen Energie in Wärmeenergie und Schallenergie (die Straßenbahn quietscht in der Kurve!) um. Wir bekommen entsprechend weniger aus der Maschine wieder heraus, das heißt: Der Wirkungsgrad, dieses Verhältnis von herausgeholter zu hineingesteckter Energie, ist stets unter 1 oder unter 100 %. Die Reibungsverluste sind nicht die einzige Quelle der Sorge. In Wärmekraftmaschinen geht durch unerwünschte Fortleitung und Abstrahlung von Wärme oft noch viel mehr verloren, beispielsweise bei Dampflokomotiven; der thermische Wirkungsgrad dampfbetriebener Schnellzuglokomotiven liegt zwischen 9,5 und 11,5 %.

Maschinen ohne mechanische Bewegungen haben keine Reibungsverluste; Beispiele sind die elektrischen Umspanner, die 90 % und mehr Wirkungsgrad erreichen. Bei den Umspannern entsteht der Verlust durch unerwünschte Wirbelströme, durch Wärmeentwicklung in den Wicklungen und andere Ursachen.

Jahrhunderte hindurch haben Erfinder an einer Maschine gebastelt, die – einmal in Gang gesetzt – immer weiterlaufen und dabei sogar noch Arbeit verrichten sollte: am perpetuum mobile (lateinisch: »ständig in Bewegung«). Kluge Köpfe waren dabei, beispielsweise der italienische Naturforscher, Ingenieur und Künstler Leonardo da Vinci (1452 bis 1519). In Paris wurde noch 1750 ein hoher Geldpreis für die Erfindung dieser Traummaschine ausgesetzt! Alles das war möglich, weil das Naturgesetz von der Reibung noch nicht erkannt war.

Die Welt ohne Reibung

Gewiß, manches wäre ohne Reibung angenehmer. Die Maschinen würden leichter laufen, aus der Achterbahn auf dem Jahrmarkt könnte man ein Perpetuum mobile machen; man müßte dann nach langer Fahrt oben am Turm aussteigen, wo die Abwärtsfahrt (und wie wir wissen, die Umsetzung der Energie der Lage in die der Bewegung) beginnt. Warum wir nicht bequemer unten aussteigen? Das ginge nicht, denn man müßte bremsen, und (mechanisch) bremsen kann man nur mit Reibung! So wunderschön der Gedanke ist, nach anfänglichem Gasgeben (um die Trägheit zu überwinden und die Masse zu beschleunigen) mit dem Kraftwagen mit der erreichten Geschwindigkeit beliebig weit ohne weiteren Benzinverbrauch fahren zu können – so wenig schön ist die Vorstellung, daß man nur anhalten kann, indem man mit Höchstgeschwindigkeit gegen einen Baum oder eine Mauer fährt. So viele Bäume und Mauern gäbe es gar nicht! Und elastische Auffangvorrichtungen – ähnlich den Puffern bei der Eisenbahn – würden nur bewirken, daß der Wagen mit gleicher Geschwindigkeit nunmehr rückwärts fährt; noch peinlicher. Alles übrige, was geschieht, wenn niemand mehr bremsen könnte, kann sich jeder leicht selber ausmalen. Nicht ohne Grund sind die Verkehrsvorschriften auch in bezug auf die Bremsen so streng.

Die gute Reibung! Sie ist also doch zu etwas nützlich – zu viel mehr sogar, als mancher zunächst denkt. In unserer schreckensvollen Vorstellung von bremsenlosen Wagen ist ein Fehler. Wer hat ihn gemerkt? (Falls nicht: Schadet nichts; um so aufmerksamer weiterlesen!) Ohne Reibung kann nämlich überhaupt kein Wagen fahren – mit Ausnahme der Zahnradbahn; das ist des Rätsels Lösung. Wir kennen es alle, dieses Mahlen der Räder auf glatter Schiene oder in Eis und Schnee: Die Reibung zwischen Rad und Fahrbahn reicht nicht aus. Dann kommen die Schneeketten dran, und Sand wird gestreut. Der Verkehr stünde ohne Reibung also still. Kein Treibriemen übertrüge mehr Kraft, kein Knoten hielte. Aber es kommt noch schlimmer: Kein Mensch könnte mehr gehen! Nicht einmal Eiskunstläufer würden es schaffen, denn sie haben hin und wieder die Reibung zwischen Schlittschuh und Eis zum Kraftumlenken sehr nötig; die Eisfläche ist nach dem Lauf stark zerkratzt.

Auch an Seile geklammert, könnten die Menschen sich nicht vorwärts bewegen, denn dazu gehört schon wieder die gute Reibung. Man könnte sich höchstens wie in der fahrenden Straßenbahn von einem Haltering zum anderen vorwärts ziehen, weil die herumgelegten Finger da nicht abrutschen kön-

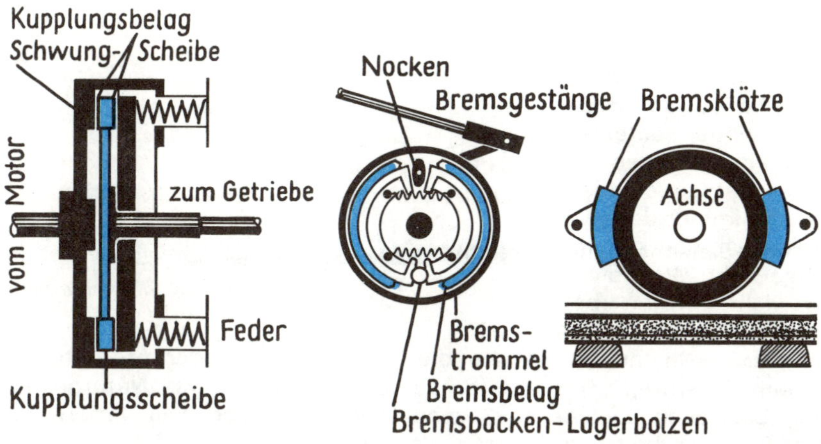

1.36
Beispiele der »guten« Reibung: Kupplung und Bremse

nen. Nägel würden aus der Wand fallen, Häuser einstürzen, weil beim Verbinden von Ziegeln, Platten, Balken und Trägern die Reibung wieder »eingeplant« ist. Die Zigarette, Zigarre oder Pfeife fiele aus dem Mund; anzünden könnten wir sie nur elektrisch, denn weder Feuerzeug noch Streichhölzer gäben Feuer. Unsere Kleidung würde sich in einzelne Fäden auflösen – alles zusammen je nach Temperament des Lesers ein Alptraum oder eine vergnügliche Vorstellung. Jedenfalls wäre ein Leben ohne Reibung nicht möglich; das ist sicher.

Folgerichtig bemüht sich der Mensch, die gute Reibung so groß zu machen, wie es nötig ist (Bild 1.36). Er baut Bremsen mit großer Wirkung, streut bei Glatteis Sand und stellt Sohlen her, deren Träger auch im Schnee »aufrechte Menschen« bleiben. Auch für Kupplungen, wie sie jeder Kraftfahrer kennt, nutzt er die Reibungskraft aus: Freilich: Ganz folgerichtig wird der Mensch wohl nie werden, denn er bohnert die Fußböden nicht nur blank, sondern auch glatt; und er baut Badewannen mit (im Wasser besonders) glattem Boden. Schon mancher ist da ausgerutscht und hat sich einen Arm oder ein Bein gebrochen; wenn man in der Badewanne bei der Fußpflege rutschend nur mit dem Kopf unter das Wasser gerät, ist das nicht weiter schlimm. Es gibt Bohnerwachs »mit Reibung«; man sollte nur diese Sorte noch herstellen und benutzen und die Böden der Badewanne rauh machen – wenn das Säubern für die Hausfrau dann auch etwas schwieriger wird. Wir wollen die Physik selbst erleben – aber schmerzlos. Daß unserer Hausfrau zu Beginn dieser ganzen Unterhaltung die Schüssel aus der Hand fiel, ist nicht zuletzt auf Mangel an Reibung zurückzuführen. Oder war die Trägheit der Masse, verbunden mit einer schwungvollen Bewegung, mit im Spiel? Wie dem auch sei – es ist an der Zeit, die Reibung ein wenig physikalisch zu betrachten.

Was ist überhaupt Reibung?

Wir wissen aus eigener Erfahrung, daß die Reibung einer bewegenden Kraft entgegenwirkt. Eine Kraft kann nur durch eine andere Kraft beeinflußt werden; also ist die Reibung eine Kraft. Wir sprechen daher auch von Reibungskraft oder – weil sie Widerstand leistet – von Reibungswiderstand. Am Rande ergibt sich die Erkenntnis, daß ein Widerstand eine Kraft ist. Die Reibungskraft tritt auf, wenn zwei in verschiedenen Richtungen bewegte Körper einander berühren – oder anders ausgedrückt: wenn zwei Körper einander berühren und sich dabei in verschiedenen Richtungen bewegen. Ganz einfach gesagt: Wenn zwei Körper aneinander gerieben werden, dann entsteht die Reibungskraft. Ob beide Körper oder nur einer dabei bewegt werden, das ist gleichgültig. Die Kraft »tritt auf« oder »entsteht«, sagt man.

Sprechen und Denken sind untrennbar miteinander verbunden. Unserem Sprechen kann der kluge Zuhörer entnehmen, ob wir richtig, ungenau oder falsch denken. So gesehen, »entsteht« keine Kraft aus dem Nichts, und keineswegs »tritt sie auf« wie ein

Schauspieler auf sein Stichwort hin. In Wirklichkeit wird stets umgewandelt! Nichts wird aus dem Nichts gewonnen, nichts geht verloren; die Summe der Kräfte bleibt. Wohin sollten sie verschwinden, und woher sollten sie urplötzlich kommen? Wir leben in einem riesigen System von Kräften der verschiedensten Art (Bild 1.37). Sie sind immer dagewesen und werden immer dasein, und sie sind grundsätzlich im Gleichgewicht. Wo sie einmal aus dem Gleichgewicht geraten (beispielsweise bei elektrischen Ladungen), da gleichen sie sich bald wieder aus, in unserem Beispiel etwa bei einem Gewitter. Der Mensch freilich in seinem Bestreben, die Naturkräfte zu erkennen und für sich arbeiten zu lassen, muß das Gleichgewicht hier und da stören, um den prompt folgenden natürlichen Ausgleich (wir sagen: das Wirken des Naturgesetzes) für sich auszunutzen. Er tut das im kleinen, wenn er den Hammer hebt, um einen Nagel einzuschlagen; er tut das im großen in riesigen Kraftwerken und ganz besonders beim Auslösen von Kernreaktionen. Hier werden die Kraftumsetzungen so riesig, daß der – kräftemäßig gesehen – winzige Mensch eine erhebliche moralische Größe einsetzen muß, um mit den Naturkräften fertig zu werden. Man muß wissen, wie man die Geister beherrschen kann, ehe man sie ruft. So großartig die Hilfsbereitschaft der Kernenergie im friedlichen Leben der Menschen ist – so unvorstellbar grausig, vernichtend

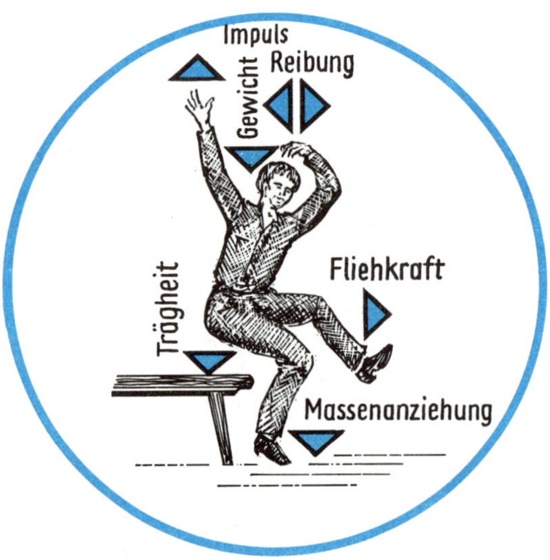

1.37 Kräfte

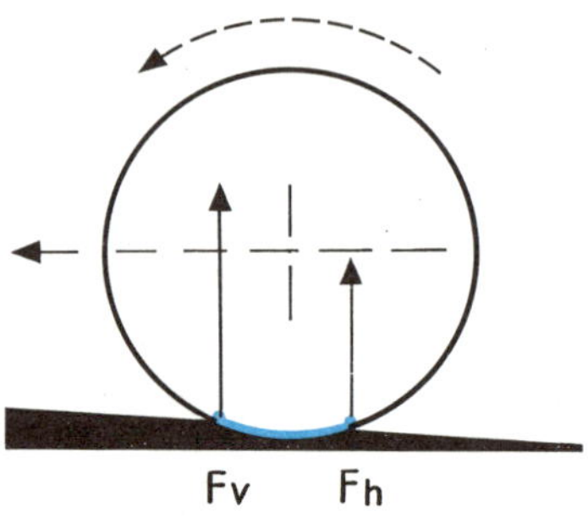

1.38 So entsteht die Rollreibung

wäre die Wirkung der in der Atombombe mißbrauchten Naturkraft. Das Naturgesetz hat keine Moral und kennt kein Erbarmen! Diese – nicht physikalische – Kraft muß der Mensch aufbringen.

Wir verstehen es jetzt ganz klar: Die Reibungskraft entsteht als neue Form einer gleich großen verschwindenden anderen Kraft; sie liegt nicht in irgendeinem Körper und wartet auf Abruf. Unsere Urahnen rieben einen Stab aus hartem Holz schnell in einem Stück weichen Holzes. Die Reibung entstand sofort aus einem Teil der Kraft, die den Stab drehte; sie zeigte sich programmgemäß als Gegenkraft. Die Reibungsarbeit setzte sich wiederum in Wärme um, in Reibungswärme; ein Feuerchen entstand. So geht ununterbrochen eine Kraft in die andere über, und die Physik lehrt, wie das zugeht.

Bisher haben wir nur Fälle betrachtet, in denen Körper aneinander entlanggleiten. Man nennt die dabei auftretende Reibung daher *Gleitreibung*. Den falschen Ausdruck »gleitende Reibung« wollen wir uns nicht angewöhnen! Lager, bei denen die Achse in den Lagerschalen gleitet, heißen entsprechend Gleitlager.

Das Gegenstück zur Gleitreibung ist die *Rollreibung*. Hier rollt ein Körper auf dem anderen ab; mindestens einer von beiden muß also rund (Kugel oder Walze) sein. Die Rollreibung ist erheblich kleiner als die Gleitreibung, weil jetzt nicht ganze Flächen mit ihren Unebenheiten aneinander entlangrutschen müssen, sondern immer nur ein kleiner Teil des Rollkörpers mit dem »Gegenkörper« zusammenkommt. Dabei rutscht der Rollkörper nicht, sondern er rollt. Wieso können wir dann von Reibung sprechen? Weil die Reibung trotzdem auftritt, wenn auch in ungewohnter Form: als (vorübergehende) *Verformung* der beiden aneinandergedrückten Körper. Die Abbildung 1.38 zeigt das deutlich. Walze und Unterlage sind etwas eingedrückt. Beim Weiterrollen muß die vordere Gegenkraft F_v überwunden werden, mit der sich der Körper gegen das Verformen wehrt. Mit der hinteren Gegenkraft F_h drückt der Körper dank seiner Elastizität wieder hoch und damit in die Bewegungsrichtung; aber F_h ist stets etwas kleiner als F_v. Der Unterschied bedingt die Rollreibung. Die Reibung entsteht beim Rollen nicht an der Oberfläche, sondern in den Körpern. Die Moleküle werden zusammengepreßt und wieder in die alte Lage entspannt. Auch Moleküle können sich aneinander reiben. Biegen wir einen alten Zinnteller oder ähnliches, hören wir die Teilchen knirschen, das »Zinnschreien«. Bei Gummirädern ist das Verformen bei der Rollreibung gut zu beobachten. Die Technik baut, um die Rollreibung auszunutzen, *Wälzlager* (Kugel-, Walzen-, Nadel- und Tonnenlager). Achse und Lagerschalen – oder was sonst gegeneinander bewegt werden soll – kommen nicht mehr zusammen, sondern nur mit den dazwischenliegenden Rollkörpern. Bei Gleitlagern muß das Schmiermittel diese Aufgabe übernehmen. Noch eine dritte Art von Reibung gibt es: die *Haftreibung*. Sie tritt auf, wenn man einen ruhenden Körper bewegen will; sie ist daher ein Bundesgenosse der Trägheit und in jedem Fall größer als die Gleitreibung. Das liegt daran, daß bei aufeinanderruhenden Flächen die Adhäsionskraft (lateinisch: Haftbestreben, Haftekraft) größer ist als bei bewegten Flächen. Gleitet also ein Körper erst einmal, so ist außer der Trägheit die stärkste Art der Reibung, die Haftreibung, überwunden.

Kann man mit der Reibung auch rechnen?

Ja, man muß in jeder Lebenslage mit ihr »rechnen«; aber man kann sie auch rechnerisch erfassen! Der Physiker muß die zahlenmäßigen Zusammenhänge – wie überall – herausfinden, damit der Techniker damit bequem und zuverlässig arbeiten kann. Die nächstliegende Frage lautet: Wie groß ist die Reibungskraft (der Reibungswiderstand) eines bestimmten Körpers, und wie findet man diesen Wert?

Wir messen einen Reibungswiderstand

Da es sich um eine Kraft (in N oder mN) handelt, können wir unseren Zugkraftmesser (10 N) verwenden. Außerdem brauchen wir einen Holzklotz, etwa 4 cm mal 9 cm mal 12 cm. Im Notfall tut es auch ein mit trockenem Sand gefülltes mittelgroßes Zigarrenkistchen; seine Wände müssen freilich alle aus dem gleichen Werkstoff (Pappe oder Holz) bestehen. Eine der beiden kleinsten Seiten des Holzklotzes erhält eine Öse oder einen Haken (Bild 1.39).

Den Klotz legen wir mit einer Breitseite auf

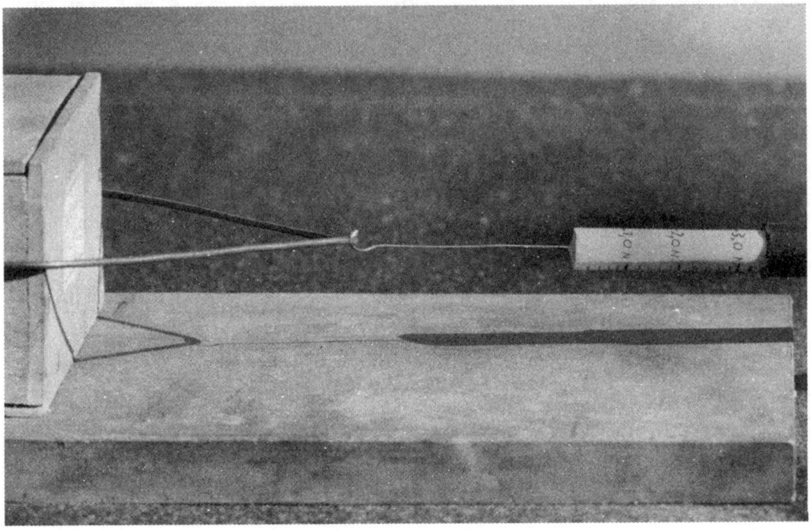

1.39
Messung des Reibungswiderstandes mit Federwaage

ein glattes Brett, etwa eine Tischplatte. In die Öse haken wir unseren Zugkraftmesser – und nun beginnen wir genau waagerecht zu ziehen, Klotz und Meßgerät gleichzeitig beobachtend. (Das ist gar nicht so leicht! Notfalls hilft jemand.)

Zunächst tut sich nichts am Klotz; er liegt weiterhin still da, durch die Haftreibung festgehalten. Der Zugkraftmesser dehnt sich mit steigender Zugkraft; wir beobachten, wieviel mN er in dem Augenblick anzeigt, wo sich der Klotz in Bewegung setzt. Unsere Zugkraft ist der Reibungskraft entgegengesetzt, aber sie sind beide gleich groß. Der abgelesene Wert ist daher zugleich die Größe der Haftreibungskraft.

Wer keinen Zugkraftmesser hat, kann sich den Versuch nach der Abbildung 1.40 mit Rolle, Waagschale und Wägestücken aufbauen. Er legt so lange vorsichtig immer mehr Wägestücke auf die Schale, bis der Klotz zu gleiten beginnt; die Kraft wird durch die Summe aus dem Gewicht der Wägestücke und dem Gewicht der Waagschale angegeben.

Vorsicht – der Klotz gleitet immer schneller weiter! Warum? Die Haftreibung ist überwunden; jetzt wirkt nur noch die Gleitreibung, und die ist stets kleiner.

Nun kommt der wichtigste Versuch: Wir bestimmen die Größe der *Gleitreibungskraft*. Der Klotz muß bei diesem Versuch so stark gezogen werden, daß er gerade mit gleichbleibender Geschwindigkeit gleitet. Das läßt sich mit der Federwaage, das heißt unserem Zugkraftmesser, ebenso wie mit Waagschale und Wägestücken durchführen. Wir lesen jetzt die Größe der Gleitreibung ab. Sie ist geringer als die Haftreibung. Zur Abwechslung machen wir den gleichen Versuch mit dem auf eine Schmalseite gestellten Holzklotz. Die reibende Fläche ist jetzt kleiner, das Gewicht gleich. Die Reibung ist genau die gleiche wie vorhin. Wir haben damit bewiesen: *Der Reibungswiderstand ist bei gleichem Gewicht von der Größe der sich berührenden Flächen unabhängig.* Auf das Gewicht kommt es also an – und selbstverständlich auf die Art des Stoffes und der Oberfläche der Flächen. Daß rauhe Oberflächen mehr Reibung als glatte ergeben, ist mit unserem Gerät schnell nachzuweisen; man kann die Flächen mit rauhem Stoff oder mit feinem Schmirgelleinen bekleben. Bei

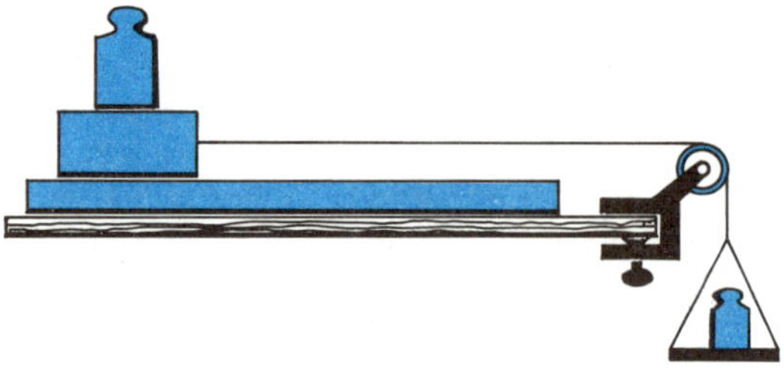

1.40 Messung des Reibungswiderstandes mit Waagschale

dieser Gelegenheit können wir schnell und unauffällig die Sache mit der Druckkraft und dem Druck wiederholen: Der Holzklotz übt stets die gleiche Druckkraft (physikalische Kraft) auf seine Unterlage aus, ganz gleich, auf welcher Seite er liegt oder steht – sein Gewicht nämlich. Aber die technische Größe »Druck« ändert sich, das heißt die Druckkraft je Flächeneinheit. Sie ist bei jeder Lage anders. Und die Folgerung für die Reibungsgröße: Liegt der Klotz auf der größten Seite, so haben wir zwar den kleinsten Druck, aber dafür die größte Fläche. Bei kleinerer Fläche ist der Druck entsprechend größer. Es hilft nichts: Das Gewicht des Klotzes bleibt unverändert, wie er auch liegt, und nur darauf spricht die Reibung an, nicht auf die Flächengröße.

Ganz anders wird die Sache, wenn wir auf den Klotz ein Wägestück legen. Wenn wir ein solches vom Gewicht des Klotzes drauflegen, so verdoppelt sich das Gewicht. Wir experimentieren in bekannter Weise damit und finden: Auch die Reibung hat sich verdoppelt. Es bleibt uns unbenommen, das gleiche mit dem dreifachen, vierfachen und so fort Gewicht zu tun; wir kommen zu der Erkenntnis: *Der Reibungswiderstand ist verhältnisgleich zum Gewicht des gleitenden Körpers.*

»Er ist der Normalkraft verhältnisgleich«, sagt der Physiker. Er will damit sagen, daß dieses alles nicht nur für das senkrecht nach unten wirkende Gewicht gilt, sondern für jede Kraft, die auf eine beliebige im Raum stehende Fläche *senkrecht* wirkt. Diese senkrechte Wirkung ist gewissermaßen »normal«; sie ist allein vollständig. Sobald eine Kraft schräg einwirkt, wird sie nicht voll wirksam; das wissen auch die Sportler, nicht zuletzt die Boxer. Man muß dann für die Rechnerei die Trigonometrie zu Hilfe nehmen.

Wir wollen einmal etwas anderes versuchen: das Brett, auf dem unser »Reibungskörper« gleitet, am Ende etwas anheben. Es kommt, wie es kommen mußte. Die Reibungskraft wird mit steigendem Anhebungswinkel immer geringer; bald rutscht der Körper von selber – die Schwerkraft hat gerade die Reibungskraft überwunden –, und schließlich (wenn das Brett senkrecht steht) fällt uns der Körper auf die Finger; von Reibung weit und breit nichts mehr zu merken.

Das kommt eben davon, wenn die Gewichtskraft nicht mehr senkrecht auf die Unterlage wirkt! Es erscheint selbstverständlich; aber diese Erkenntnisse sind auch wichtig für die Praxis. Laufbänder dürfen eine bestimmte Schräge nicht übersteigen, sonst rutscht das Transportgut zurück. Umgekehrt müssen Rutschbahnen jeder Art eine Mindeststeigung haben, damit niemand oder nichts unterwegs liegenbleibt.

Und der Werkstoff?

Daß die Reibungsgröße abhängig ist von der Art des Stoffes und seiner Oberfläche, wurde schon erwähnt. Aber wie viele Arten gibt es da! Nicht auszudenken. Der kluge Leser ahnt schon etwas: Das läuft auf eine Zahlentafel hinaus. Stimmt: auf eine Tafel, in der zu jedem Werkstoff eine Zahl gehört, die die Eigenarten des Stoffes (soweit sie die Reibung betreffen) erfaßt. Die Größe der Reibungskraft F_R ist der Normalkraft F_N verhältnisgleich (proportional), das ist erwiesen. Das heißt aber nicht »gleich«! Wir müssen unseren Verhältnissatz so schreiben:

$$F_R \sim F_N.$$

Anderer Werkstoff – andere Reibung

Die nötige Zugkraft ist bei jedem Stoff anders, wir können das leicht selber prüfen, indem wir in unserer Reibungs-Versuchsanordnung nach Bild 1.39 statt des Holzklotzes entsprechende Stücke aus Metall und Plast (Kunststoff) nehmen. Wir können ferner die Fläche auswechseln, auf der der Körper gleitet, und die verschiedensten Kombinationen bilden: Stahl auf Stahl, Stahl auf Bronze (wie es in der Praxis vorkommt), Metall auf Holz, Leder auf Holz usw. Dabei braucht der gleitende Körper nicht vollständig aus dem betreffenden Stoff zu bestehen; es genügt beispielsweise eine kleine Platte aus Stahl mit einem aufgesetzten Wägestück mit dem Gewicht von 10 N. Anschließend legen wir zwischen Unterlage und Gleitkörper einige Kugeln und danach einige Glasstäbe; die Zugkräfte werden wieder gemessen (aus der Ruhelage und während gleichbleibender Bewegung). Das ist das Prinzip der Rollenlager.

Zum Schluß benetzen wir die Unterlage mit etwas Schmieröl und lassen die Körper wieder auf die Fläche gleiten – ohne Kugeln und Stäbe. Das ist das Prinzip des geschmierten Gleitlagers.

Werkstoff oben und unten	Gewicht des bewegten Körpers N	Zugkraft bei trockenen Flächen N		Zugkraft bei Rollen oder Kugeln N		Zugkraft bei geschmierten Flächen N	
		I aus d. Ruhelage	II gleitend	III aus d. Ruhelage	IV rollend	V aus d. Ruhelage	VI gleitend
Stahl auf Stahl	3,5	1,15	1,05	0,21	0,05	0,6	0,58
Stahl auf Marmor	3,5	0,88	0,78	0,1	0,03	0,53	0,52
usw.							

Tabelle 1.6.

Um die Ergebnisse rechnerisch auswerten zu können, schreiben wir unsere Beobachtungen auf, am besten in Form einer Zahlentafel. Ein Beispiel dafür zeigt uns die Tabelle 1.6.

Wir wollen unbedingt auf eine richtige *physikalische Größengleichung* hinaus, mit der ein kluger Leser so gern arbeitet. Der mathematisch denkende Physiker kennt – wie stets, so auch hier – einen vortrefflichen Weg: Er setzt vor die rechte Seite unserer Verhältnisgleichung einfach einen Faktor; und weil dieser die unerwünschte Proportionalität (welch ein Wort!) gewissermaßen verschluckt und uns zu einer guten Gleichung verhilft, nennt er ihn »Proportionalitätsfaktor« (noch schlimmer; neun Silben). Glücklicherweise hat er für dieses Wortungeheuer ein Kurzzeichen, das μ; das ist der Buchstabe »mü« aus dem griechischen Alphabet, unserem m entsprechend. (Was machten die Wissenschaftler ohne Latein und Griechisch?)

Nun dürfen wir schreiben

$$F_R = \mu \cdot F_N;$$

daraus ergibt sich sofort die physikalische Bedeutung von μ, nämlich das Verhältnis $\frac{F_R}{F_N}$.

Wir brauchen nur die Reibungskraft (das heißt: unsere im Versuch gemessene Zugkraft) durch das Gewicht des Holzklotzes zu teilen, um μ – wir wollen es einfach *Reibungszahl* nennen – zu erhalten. Diese Reibungszahl kennzeichnet Stoff und Oberfläche. Sie ist ein bescheidener Faktor ohne Dimension, weil N in Zähler und Nenner des Quotienten weggehoben wird.

Wir nehmen unsere Werte aus den Versuchen her und teilen jeweils die Zugkraft durch das Gewicht. Das ergibt sechs weitere Spalten der Tabelle 1.7:

$\frac{\text{Zugkraft}}{\text{Gewicht}}$ = Reibungszahl

I	II	III	IV	V	VI
0,33	0,3	0,06	0,014	0,17	0,16
0,25	0,22	0,03	0,008	0,15	0,15

Tabelle 1.7

Die Spalten I, II und V mit der Zugkraft aus der Ruhelage ergeben die Haftreibungszahlen μ_0, die übrigen die Gleit- beziehungsweise Rollreibungszahlen μ.

Außer unseren Versuchen sind viele andere für alle wichtigen Werkstoffe gemacht worden. Wir finden ihre Ergebnisse in Tabellensammlungen.

Mit Hilfe dieser Zahlen kann man die Kraftverluste durch Reibung von Anfang an in die Rechnung einbeziehen, und man kann ebenso feststellen, ob eine nötige Reibung ausreichend groß ist. Ist die Reibungszahl beispielsweise gleich 0,1, so bedeutet dies, daß die Reibungskraft *R* ein Zehntel der Normalkraft (des Gewichtes des gleitenden Körpers) beträgt.

Der erste, der sich mit den Reibungsfragen experimentell und rechnerisch beschäftigte, war der französische Physiker und Ingenieur Charles Augustin de Coulomb (1736 bis 1806). Es war kein Zufall, daß jemand, der zugleich im physikalischen und im technischen Bereich arbeitete, im besonderen die Reibung untersuchte; die damit zusammenhängenden Fragen betreffen beide Bereiche. Sie sind geradezu ein Musterbeispiel für die Verflechtung von Naturwissenschaft und Technik. Besonders bekannt geworden ist Coulomb durch sein Gesetz aus der Elektrizitätslehre.

Übrigens hat die Geschwindigkeit der sich bewegenden Körper in den Bereichen, die wir betrachten, keinen wesentlichen Einfluß auf die Größe der Reibungskraft; das ändert sich erst bei sehr großen Geschwindigkeiten. Dort wird die Reibung erheblich stärker; die sehr schnell fliegenden Meteoriten verglühen beispielsweise durch die Reibung mit der Lufthülle der Erde. Wir dürfen die Geschwindigkeit aus unseren Überlegungen weglassen.

Einige weitere Versuche zur Reibung

Unbewußt getan

Wir reiben Daumen und Zeigefinger einer Hand aneinander, um die Rauheit der Haut zu prüfen. Wir prüfen zwischen den Fingern die Glätte der Oberfläche von Papier und Stoffen. Wir reiben in kalter Luft die Hände fest aneinander und erzeugen dadurch wohltuende Reibungswärme; zum gleichen

Zweck bewegen wir in der Kälte die Beine. Das alles sind physikalische Vorgänge, die wir unbewußt, aus eigener Erfahrung, auslösen; selbst erlebt – nur meist nicht gewußt, daß auch Physik darinsteckt.

Ein Stab hält sich selbst im Gleichgewicht

Nehmen wir einen Holzstab, etwa einen Besenstiel, einen Spazierstock, ein mindestens 50 cm langes Lineal, ein Billard-Queue (französisch: Holzstab) oder ähnliches, und legen wir ihn an den Enden waagerecht auf die Zeigefinger beider Hände. Nun führen wir beide Zeigefinger gleichzeitig langsam nach der Mitte des Stabes zu. Wir beobachten etwas Merkwürdiges (des Merkens Würdiges): Der Stab bleibt im Gleichgewicht! Einmal rutschen beide Finger gleichmäßig unter ihm; dann bleibt der Stab an einem Finger hängen und gleitet nur über den anderen – aber nur eine kurze Strecke. Die andere Seite holt schnell auf; der Ausgleich kommt immer mit Sicherheit, ehe der Stab fällt. Schließlich treffen die Finger einander unter dem Schwerpunkt des Stabes. Warum?

Bei einem ganz gleichmäßig geformten Stab liegt der Schwerpunkt genau in der Mitte. Ist (bei einem Spazierstock beispielsweise) an einem Ende eine zusätzliche Masse (Krücke oder Knauf), so verschiebt sich der Schwerpunkt ein wenig in diese Richtung; er liegt dort, wo man den Stab auf einem Finger im Gleichgewicht halten kann. Das ist leicht festzustellen. Bei der Auflage auf zwei Fingern verteilt sich die Last des Stabes. Sind beide Finger gleich weit von den Stabenden entfernt, so trägt jeder Finger die halbe Stablast, und beide müßten gleichmäßig nach innen rutschen, dabei immer die Hälfte der Last tragend. Aus irgendeinem Grunde – etwa durch eine rauhe Stelle am Stabe – bleibt der Stab jedoch gelegentlich über einem Finger stehen, und er gleitet nur über den zweiten weiter. Dadurch hat dieser zweite Finger sehr bald einen größeren Längenanteil des Stabes als der andere zu tragen, bei dem der Stab steckengeblieben war. Sofort vergrößert sich das Gewicht und damit die Reibungskraft, die auf den zweiten Finger wirkt; sie wird größer als die zufällige Reibung bei Finger Nr. 1 – und sofort rutscht dieser weiter, während zur Abwechslung der zweite Finger unter dem Stab stillsteht. Sind beide Finger gleich weit vom Mittelpunkt des Stabes entfernt, gleiten sie beide wieder gleichmäßig weiter zum Mittelpunkt. Ein Beweis für die Richtigkeit des Satzes, daß die Reibungskraft von der Größe des Gewichts abhängig ist.

Wer bei diesem Versuch sehr genau beobachtet, kann den Unterschied zwischen Haftreibung und Gleitreibung feststellen: Der gleitende Finger rutscht etwas weiter, als er genaugenommen dürfte. Er hat nur die Gleitreibung zu überwinden, während am anderen Finger die (größere) Haftreibung wirkt.

Vom Schüttwinkel zur Haftreibungszahl

Schon das kleine Kind erfreut sich daran, aus einer gewissen Höhe trockenen Sand immer auf dieselbe Stelle fallen zu lassen und ein hübsches Gebilde entstehen zu sehen – einen Kegel, wie es später in der Schule lernt. Wir haben die kindliche Freude an diesem Geschehen hoffentlich nicht verloren und wollen das Spiel, diesmal mit ernstem Hintergrund, wiederholen. Dazu brauchen wir eine kreisrunde Holzscheibe mit 10 cm Durchmesser, drei Füße dazu und einen dünnen, 10 cm langen Holzstab mit einer Millimetereinteilung. Den Stab befestigen wir senkrecht genau in der Mitte der Holzscheibe mit den drei Füßen (Bild 1.41). Das Ganze stellen wir auf einen großen Bogen Packpapier und beginnen den Versuch: Wir lassen trockenen Sand von oben am Stab entlang

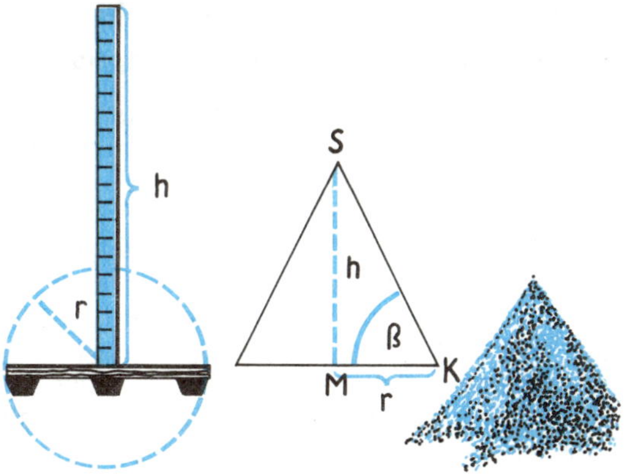

1.41 Der Schüttkegel

(aus einem Papiertrichter oder dergleichen) hinabfallen. Ein Kegel bildet sich, dessen Grundfläche der Kreisscheibe entspricht und dessen Spitze an dem senkrechten Stab liegt. Und wenn wir noch so viel Sand nachschütten – die Höhe h des Kegels, am Stab abzulesen, ändert sich nicht mehr. Der Mantel des Kegels bildet mit der Grundfläche einen bestimmten Winkel, hier β genannt (der griechische Buchstabe »beta«). Das ist der *Schüttwinkel*; er gehört zur Familie der *Reibungswinkel*.

Die Höhe h unseres Kegels steht für jeden körnigen Werkstoff in einem bestimmten (stoffeigenen) Verhältnis zum Radius r der Grundfläche, das heißt, dieses Verhältnis $\frac{h}{r}$ ist bei dem gleichen Werkstoff immer gleich. Es ist die *Haftreibungszahl* μ_0 für den verwendeten Sand! Wir können mit Hilfe der Trigonometrie und der obenstehenden Abbildung auch die Verbindung mit dem Schüttwinkel β herstellen.

Wir schneiden in Gedanken den Sandkegel senkrecht mittendurch und erhalten als Schnittbild ein gleichschenkliges Dreieck, das sich aus zwei rechtwinkligen Dreiecken zusammensetzt. Wir betrachten eines dieser beiden. Im Dreieck MKS ist MS die Schütthöhe h und MK der Radius r des Sandkegels. Der Schüttwinkel β liegt bei K.

Ein rechtwinkliges Dreieck hat außer seinem rechten Winkel (90°) stets noch zwei spitze Winkel (unter 90° groß); alle zusammen betragen 180°. Einer der spitzen Winkel ist unser Schüttwinkel β. Der rechte Winkel hat zwei Schenkel (h und r), die Katheten. Für β ist h die Gegenkathete (weil gegenüberliegend) und r die Ankathete (weil anliegend). Wir wissen, daß $\frac{h}{r}$ die konstante Haftreibungszahl ist; bei diesem Größenverhältnis bleiben die Körner stets gerade aneinander haften.

Der Mathematiker kann nun aus diesem Verhältnis die Größe des Winkels β berechnen. Um die Schreiberei zu vereinfachen, nennt er das Verhältnis von Gegenkathete zur Ankathete stets den Tangens, abgekürzt »tan«, des zugehörigen Winkels; in Zahlentafeln hat er zu jedem Winkel von 0 bis 90° den zugehörigen Tangens aufgeschrieben und in den Logarithmentafeln abgedruckt. Wir brauchen also nur h durch r zu teilen, das Ergebnis (die Haftreibungszahl) in der Tangens-Tafel zu suchen und den dazugehörigen Winkel in Grad abzulesen.

Wem das alles noch zuviel ist, der kann am sandgefüllten Gerät die Punkte S und K durch einen Faden verbinden, den Sand entfernen und den Schüttwinkel β mit einem Winkelmesser ablesen. Selbstverständlich kann man dann auf der Tangens-Tafel zu dem gemessenen Winkel den Tangens ablesen und auf diese Weise die Haftreibungszahl erhalten:

$$\mu_0 = \tan\beta = \frac{h}{r}.$$

Je gröber und kantiger der körnige Werkstoff ist, den wir untersuchen, um so größer ist der Schüttwinkel β beziehungsweise sein Tangens als Haftreibungszahl. Das ist für Baufacharbeiter wichtig.

Der widerspenstige Zug

Hier geht es um etwas, das auch im Zusammenhang mit der Trägheit sehr erwähnenswert ist: die Schwierigkeit, einen stehenden Zug zum Fahren zu bringen. Damals hatten wir der Trägheit die Schuld in die Schuhe geschoben. Sie hat das nicht weiter übelgenommen, weil sie tatsächlich hauptschuldig ist; wir müssen aber jetzt unser Wissen erweitern, verbessern, verfeinern.

Die Haftreibung ist der zweite Schuldige am Ärger des Lokomotivführers, wenn sich der vorher mit Bremsen angehaltene Zug – mit auseinandergezogenen Kupplungen also – nicht im ganzen wieder bewegen läßt. Wir haben den Ausweg aus dieser Schwierigkeit schon alle selbst erlebt: Die Lokomotive stößt den Zug zurück, bis alle Wagen eng aneinanderstehen und alle Kupplungen lokker hängen. Dann zieht sie an und setzt jeden Wagen einzeln, der Reihe nach, in Bewegung.

Das können wir im Versuch auf unserer bewährten Anordnung zum Messen der Reibungskraft nachahmen – jetzt am besten mit Rolle, Waagschale und Wägestücken. An Stelle des einen Holzklotzes legen wir als Symbol des Wagenzuges eine Reihe von mehreren kleinen Klötzen, insgesamt etwa 10 N schwer, auf die Gleitbahn – alle durch kurze Bindfäden miteinander verbunden.

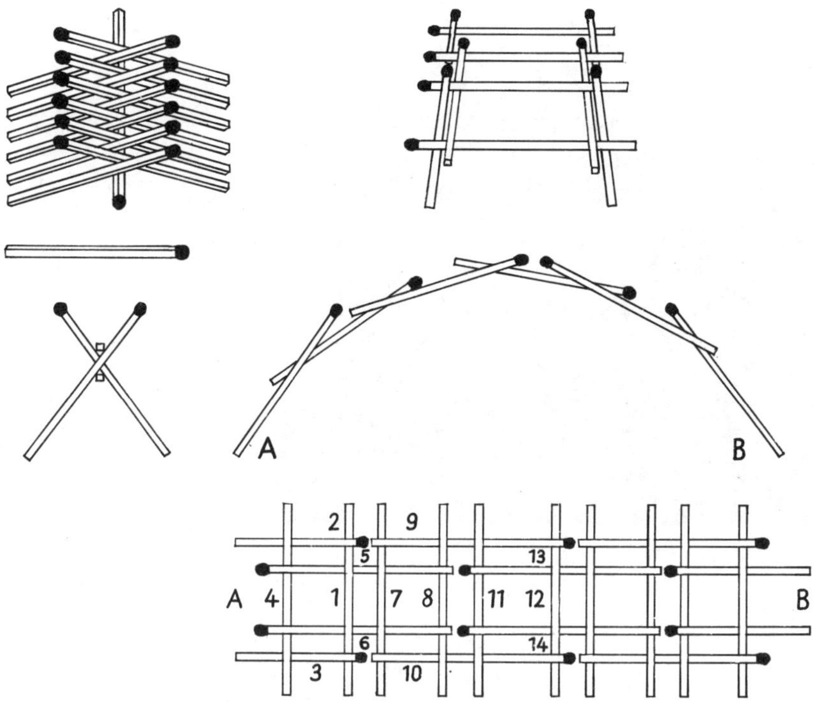

1.42
Haftende Streichhölzer und Streichholzbrücke

Vom vordersten »Wagen« läuft ein Faden über die Rolle zur Waagschale. Die »Wagen« werden so weit wie möglich auseinandergezogen; die Verbindungsfäden (die Kupplungen darstellend) müssen straff gespannt sein. Wir legen so viele Wägestücke auf die Schale, daß der Zug gerade eben nicht anfährt; die Zugkraft ist etwas kleiner als die Summe der Haftreibungskräfte bei allen Klötzchen. Wir heben die Waagschale etwas an und schieben die »Wagen« zusammen. Dann lassen wir die Schale vorsichtig wieder los – und der »Zug« fährt los, ein »Wagen« nach dem anderen setzt sich in Bewegung. Die Gleitreibung ist kleiner als die Haftreibung; die Zugkraft der »Lok« reicht jetzt aus.

Die haftenden Streichhölzer

Arthur Good berichtete 1890 in seinem vergnüglichen Experimentierbuch »La science amusante« von folgendem Versuch zur Haftreibung und zum Reibungswinkel: Über ein (möglichst vierkantiges) Streichholz legt man vierzehn weitere derart, daß die Köpfe abwechselnd nach links und rechts in die Höhe ragen und die leeren Enden auf dem Tisch liegen. Ein fünfzehntes Streichholz wird in die Furche gelegt, die die einander kreuzenden Hölzer oben bilden (Bild 1.42). Nun faßt man das zuerst hingelegte (unterste) Streichholz am Ende fest an und hebt es hoch. Die Haftreibung reicht aus, um alle Streichhölzer mit in die Höhe gehen zu lassen. Saubere, gerade Hölzer sind nötig – und eine ruhige Hand.

Die Streichholzbrücke

Derselbe Verfasser hat unter Ausnutzung der Reibung mit Streichhölzern sogar eine Brücke gebaut. Man legt das Streichholz 1 auf den Tisch, darauf die Enden von 2 und 3 und quer darüber 4, hebt mit Daumen und Zeigefinger der linken Hand 1 hoch und schiebt mit der rechten Hand 5 und 6 unter 1 hindurch auf 4. Das Ganze bildet einen kleinen Bock, der frei auf dem Tisch steht. Man legt nun 7 über 5 und 6, ferner 8 unter die Enden von 5 und 6. Nr. 8 hebt man vorsichtig an und schiebt 9 und 10 ein, deren linke Eckchen auf 7 ruhen. Auf diese Weise fährt man fort, bis die Brücke die gewünschte Länge erreicht hat. Im Bild 1.43 sehen wir eine Brük-

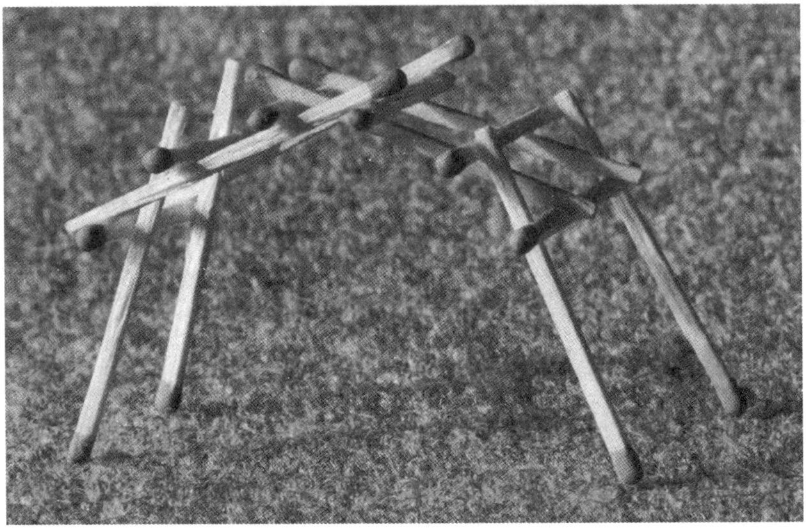

1.43
Streichholzbrücke

kenkonstruktion aus 14 Hölzern. Wer geschickt ist, baut weiter!

Der gleitende Schlüssel

Zum Abschluß ein sehr einfacher Versuch, der den erheblichen Unterschied zwischen Haftreibung und Gleitreibung zeigt. Wir schieben einen Schlüssel mit seinem Griff (Ring) über einen langen Bleistift. Der Bleistift wird ein klein wenig schräg gehalten, so daß der Schlüssel noch nicht gleitet. Sobald wir den Stift ein wenig drehen, rutscht der Schlüssel sofort nach unten.

Nachdenkliches zur Reibung

Von der quietschenden Straßenbahn in der Kurve war schon einmal die Rede. Wodurch entstehen diese scheußlichen Töne?

Zum Geigenspiel (oder zum Musizieren auf einem anderen Streichinstrument) gehören Haftreibung und Gleitreibung. Wieso? Der begeisterte Zuhörer wußte es nicht, als er in die bekannten Worte ausbrach: »Nein, welche Töne doch solch ein einfacher Darm hervorbringt!« Wer seinem Violinlehrer einmal einen Streich gespielt hat (in völliger Verkennung des Ausdruckes »Streichinstrument«), indem er ihm heimlich Fett auf den Bogen schmierte, beging freilich eine schlimme Tat; aber er hat dabei immerhin Verständnis für physikalische Zusammenhänge bewiesen.

Wir legen als Gleitkörper ein Tuch oder eine dünne Kette so auf einen Tisch, daß ein Stück des Tuches oder der Kette über die Tischkante hinweg senkrecht herabhängt. Dann schieben wir den Gleitkörper langsam weiter an die Kante – gerade bis zu dem Augenblick, wo er von selbst weiterrutschen will. Jetzt halten wir ihn schnell fest, messen die liegende und die hängende Strecke und berechnen daraus die Reibungszahl. Ein Tip dazu: an das rechtwinklige Dreieck beim Sandkegel denken und die Anordnung aufzeichnen.

Ein Körper gleitet eine geneigte Ebene (angehobene Gleitfläche) beschleunigt abwärts. Was tut sich da physikalisch? Beim Beantworten dieser schwierigen Frage denke man am besten an den abwärtsfahrenden Fahrstuhl und an die Normalkraft.

Wer mit einem Dampfer gefahren ist oder an der »Wasserkante« wohnt, der kennt das: Wenn das Schiff anlegen will, wirft der Matrose eine starke Leine über Bord auf den Kai. Hier fängt ein Mann sie geschickt auf und wickelt sie schnell mehrmals um einen Poller (eine zylindrische, niedrige Säule aus Stahl oder Holz). Manchmal sind auch zwei solcher Poller dicht nebeneinander angeordnet; dann wird das Ende der Leine in Form einer 8 um beide gelegt. Das Schiff hat, obwohl durch die rückwärts laufende Maschine abgebremst, noch ziemlich viel Bewegungsenergie (Trägheit). Muß der Mann am Poller wohl noch eine große Kraft aufwenden, um die Leine zu halten?

Wenn man mit dem Kraftwagen eine nicht überhöhte Kurve schnell durchfährt, darf man nicht bremsen. Warum nicht? Das hängt mit Fliehkraft und Reibung zusammen. Die Reibung zwischen Rädern und Straße hat genug zu tun, um die Wirkung der Fliehkraft auszugleichen, das heißt den Wagen vor dem Wegrutschen zu bewahren. Durch das Bremsen kommt eine weitere Kraft hinzu. Sie hat zwar eine andere Richtung als die Fliehkraft; aber die Resultierende aus beiden Kräften ist hier größer als jede Einzelkraft, und es ist durchaus möglich, daß der Wagen nunmehr fortgeschleudert wird.

Und damit genug der Reibung!

Gegenkraft und allerlei Stöße

Ach, diese ewigen Kräfte! Sie hören nicht auf, und immer wieder kommen neue hinzu . . . Nein, wir wollen lieber sagen: Wir entdecken gute alte Bekannte in neuen Gewändern; das hört sich nicht nur freundlicher an, sondern es ist auch so.

Die alte Bekannte

Daß jede Kraft eine Gegenkraft auslöst (actio = reactio) wissen wir, seit wir mit physikalischem Bewußtsein auf Sprungfedern sitzen oder liegen. Wer mit dem Kopf gegen die Wand knallt, tröstet sich (vielleicht auch nicht) mit dem Gedanken, daß die Gegenkraft der Wand an der Beule und am Schädelbrummen schuld ist. Die Trägheit, die immer so prompt auftritt, ist ein Muster einer Gegenkraft. Die gelegentlich auftretende Widerborstigkeit beim Menschen darf damit nicht ohne weiteres verglichen werden!

Wenn wir aber mit dem Daumen kräftig auf den Tisch drücken und trotz aller Mühe nicht in das Holz hineinkommen, dann bedeutet das: Die Gegenkraft im Holz ist ebenso groß wie unser Daumendruck, nur entgegengesetzt gerichtet; beide Kräfte heben einander auf. Drückt man den Daumen etwa in Plastilin, so ist die Daumenkraft stärker als die Gegenkraft; auf der Seite des Daumens bleibt ein Überschuß von Kraft, der den Daumen weiter eindringen läßt – bis die Gegenkraft gleich groß wird. Dann kommt der Daumen zur Ruhe.

Kraft und Gegenkraft an der Schraubenfeder

Der Vorgang ist nicht neu; neu ist nur die Art, wie wir ihn betrachten: Wir halten eine Schraubenfeder (Wendelfeder) am oberen Ende fest und hängen unten eine Masse an. Die Feder dehnt sich durch die Wirkung der Schwerkraft aus; unsere Hand leistet die Gegenkraft. Lassen wir Feder und Masse fallen, so wirkt nur noch die Schwerkraft auf beide; die Feder zieht sich sofort auf ihre ursprüngliche Länge zusammen und fällt gemeinsam mit der Masse zu Boden. Von der Masse her wirkt keine Kraft mehr auf die Feder ein.

Die Waage merkt nichts

Zwei Kinder stellen sich auf eine Personenwaage. Das eine Kind zieht das andere an den Haaren oder an der Jacke hoch – die Waage zeigt unverändert das Gesamtgewicht an. Warum?

Das eine Kind ist leichter geworden, weil das zweite einen Teil des Gewichtes trägt; aber das zweite Kind ist dadurch um diesen Gewichtsteil schwerer geworden. Eine Kraft ist verlagert worden; die Summe ist gleich geblieben; die Kraft hat die gleich große Gegenkraft gefunden.

Kräfte auf Rollschuhen

Die beiden Kinder – es dürfen jetzt auch Erwachsene sein – schnallen sich Rollschuhe an, stellen sich im Abstand von 1 bis 2 m gegenüber auf und ziehen zur selben Zeit an einer Schnur, von der jedes ein Ende in der Hand hat. (Man kann den Versuch auch mit zwei kleinen Rollwagen machen.)

Was wird geschehen? Beide Personen treffen einander genau in der Mitte des Abstandes, gleiche Reibung bei den Rollschuhen vorausgesetzt. Nun, das war vorauszudenken. Was tut sich aber, wenn nur eine Person zieht und die andere sich ziehen läßt? Erstaunlich: Beide treffen einander wieder in der Mitte! Die »gezogene« Person hat in

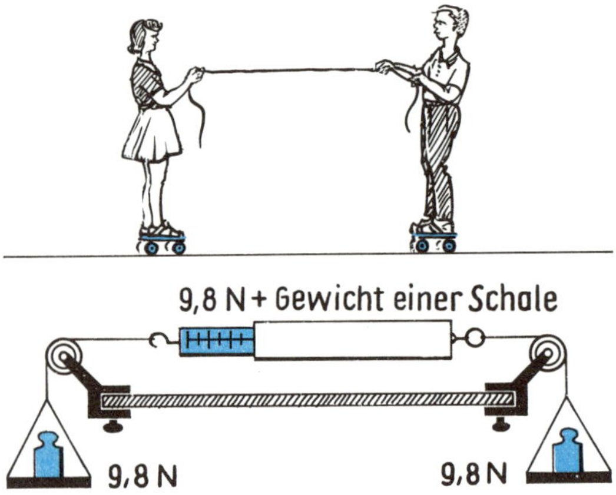

1.44 Kraft und Gegenkraft

ihrem Körper eine Gegenkraft hervorgebracht, genauso groß wie die Zugkraft des Mitspielers.

Wir können den Versuch abwandeln, indem wir nur eine Person mit Rollschuhen ausstatten und das Seil mit dem anderen Ende über einen Zugkraftmesser an einer Wand befestigen. Der Rollschuhläufer zieht sich an die Wand heran, und der Messer zeigt die Gegenkraft an, mit der jetzt die Wand reagiert. Dieses Wort kommt wie »reactio« vom lateinischen reágere = zurück-, entgegengesetzt wirken. Wer keine fahrbaren Untersätze hat, kann den Versuch auf »reinphysikalische Weise« machen. Dabei läßt sich die Größe der Zugkraft besonders gut feststellen. Wir führen eine Schnur, die in der Mitte durch einen Zugkraftmesser unterbrochen ist, über zwei Rollen; links und rechts befestigen wir an den Enden der Schnur je eine Waagschale (Bild 1.44). Der Messer mag einen Meßbereich von 10 N haben; dann legen wir auf jede Schale ein Wägestück mit dem Gewicht von 5 N. Ziehen die beiden Massen wohl den Messer auf 10 N auseinander (das Gewicht der Schalen nicht berücksichtigt)? Merkwürdig: Der Zugkraftmesser zeigt nur 5 N an! Warum? Die Sache wird uns sofort klar, wenn wir das eine Ende der Schnur einfach festhalten, vielleicht schon oben an der Rolle. Wie sollte da der Messer wohl mehr als das Gewicht des nun übriggebliebenen anderen Stückes anzeigen, nicht wahr? Das ausgeschaltete Gewicht hat nur die Gegenkraft aufgebracht, die gewissermaßen die Befestigung des einen Endes ersetzt hat.

Zwei Kräfte addieren sich sowieso nur, wenn sie auf derselben Wirkungslinie (die hier allerdings vorhanden ist) in derselben Richtung wirken – das ist hier aber nicht der Fall. Sie wirken einander entgegengesetzt und heben einander dadurch auf, daß sie auch noch gleich groß sind. Die trotzdem vorhandene, aber nach außen nicht mehr sichtbare Wirkung muß die Schnur aushalten. Das ganze »System« steht auf diese Weise still; es handelt sich um einen Fall aus der Statik (lateinisch: stare = stehen), in der solche ruhenden Sachverhalte behandelt werden. Ist keine Gegenkraft, wie im Versuch betrachtet, vorhanden, so bewirkt die Kraft eine Änderung des Zustandes, eine Bewegung oder die Änderung einer Bewegung. Das gehört dann in die Dynamik, die Lehre von den Bewegungen. Das Wort kommt aus dem Griechischen: dýnamis = Kraft. Kraft in Bewegung ist damit gemeint. Ganz richtig ist die Bezeichnung nicht, denn die Statik hat genausogut mit Kräften zu tun – aber die Wörter sind nun einmal eingeführt, und wir müssen uns die Bedeutung merken. Wir können jetzt auch die gern gestellte Prüfungsfrage beantworten: Otto von Guericke (1602 bis 1686) hat 1654 auf dem Reichstag in Regensburg seine berühmten Halbkugeln vorgeführt, die durch den Luftdruck zusammengepreßt wurden. An jeder Halbkugel zogen acht Pferde. Wieviel »Pferdestärken« muß die Kugel aushalten? Ja – nur acht. Guericke hätte die eine Halbkugel auch mit einem starken Seil an einer Mauer befestigen können; dann wäre sofort klar, daß die zweiten acht Pferde nur die Gegenkraft liefern.

Wenn die Kraft nun ein Loch findet?

Ein zusammengepreßtes Gas, beispielsweise in einem geschlossenen Gefäß, drückt gleichmäßig nach allen Seiten. Das Gas ist in Ruhe; die Gefäßwand muß an allen Stellen die gleich großen Gegenkräfte liefern. Alles ist im Gleichgewicht; die Druckkraft, die das Gefäß nach rechts bewegen möchte, wird durch die Kraft ausgeglichen, die das gleiche nach links schaffen möchte. Die arme Gefäßwand muß diesen allseitigen Ansturm allerdings aushalten – andernfalls explodiert die ganze Geschichte (entsprechend nach allen Seiten). Die Abbildung 1.45 zeigt das!

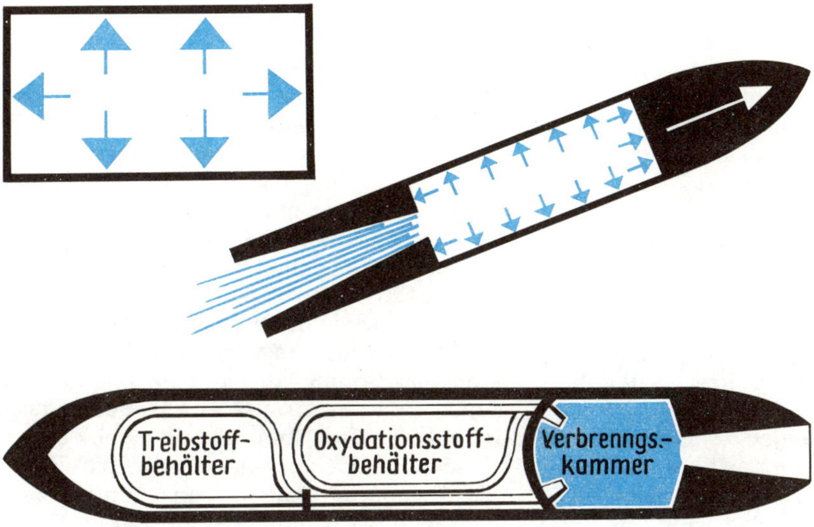

1.45
Prinzipien der Rakete

Was geschieht, wenn die Druckkraft an einer Stelle ein Loch vorfindet, beispielsweise links? Dann saust dort das Gas (in unserem Beispiel) hinaus; die Druckkraft des Gases wird an der Stelle Null. Die entsprechende Kraft auf der entgegengesetzten Seite wirkt aber weiter (weil dort die Gefäßwand dicht ist); sie drückt das Gefäß tatsächlich fort – in der dem ausströmenden Strahl entgegengesetzten Richtung. Das ist die *Rückstoßkraft und das physikalische Wirkungsprinzip aller Raketenantriebe!*

Man spricht vom Schub als Antriebskraft. Es handelt sich also nicht um eine Abstoßung an der Luft, sondern um die Wirkung eines Druckkraft-Überschusses an einer Stelle innerhalb des Gefäßes; diese Kraft wirkt auch im luftleeren Raum.

Wir merken uns also: Der Rückstoßantrieb braucht keine Luft wie ein Propellerantrieb und keine Reibung wie ein Fahrzeug mit Rädern. Die Wirkung der Rückstoßkraft ist besonders eindeutig sichtbar. Das (lateinische) Fremdwort für Rückstoß ist Repulsion; der Puls hängt damit zusammen, denn das Blut wird durch die Herztätigkeit stoßweise durch den Körper befördert.

Der Grundsatz des Rückstoßes gilt nicht nur für Gase, sondern auch für Flüssigkeiten. Wir wollen unseren ersten Versuch mit Wasser machen.

In ein möglichst leichtes, schmales und hohes Gefäß, beispielsweise eine längliche Konservendose, bohren wir am unteren Rand irgendwo ein Loch; das wird zunächst durch einen Korken verschlossen. Die Dose hängen wir an einem längeren Faden auf und füllen sie mit Wasser (Bild 1.46). Wir merken uns die Stellung des Gefäßes – etwa durch ein dahinter angebrachtes Lineal –, öffnen das Ausflußloch und lassen das Gefäß los. (Selbstverständlich haben wir vorher ein zweites Gefäß zum Auffangen des Wassers unter die ganze Anordnung gestellt.) Das Gefäß neigt sich merklich nach der dem Wasserstrahl abgewandten Seite. Auch der Druck des Wassers, der mit fallendem Wasserstand abnimmt, wirkt gleichmäßig nach allen Seiten, wie wir sehen. Wer sich nicht scheut, die Schienen seiner Spielzeug- oder

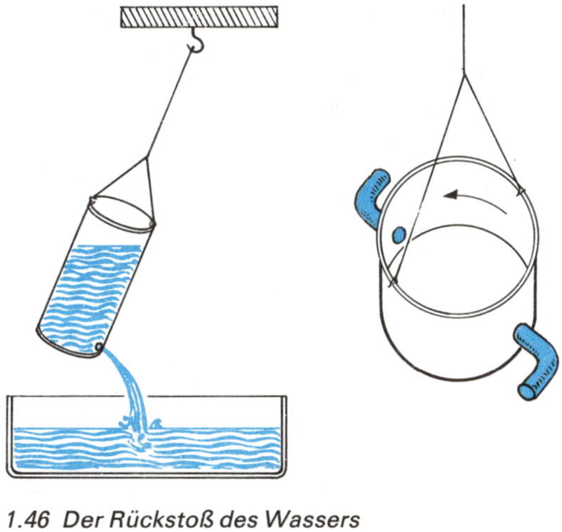

1.46 Der Rückstoß des Wassers

Modelleisenbahn einmal naß werden zu lassen, der setzt die Dose auf einen leicht laufenden Wagen — mit der Öffnung oberhalb des Gleises. Der Wagen fährt mit Rückstoß. Ob das einmal Wirklichkeit wird?

Ein Mann namens Segner kam auf den Gedanken, den Rückstoß so auszunutzen, daß eine umlaufende Bewegung entstand, und er baute sein Wasserrad. Wir können es leicht nachbauen. In der Konservendose bohren wir gegenüber dem ersten noch ein zweites Loch. In beide werden durchbohrte Korken gesteckt und in diese umgebogene kurze Glasröhren, die in eine Spitze auslaufen. Diese Spitzen müssen waagerecht nach entgegengesetzten Richtungen zeigen. Sobald das Wasser aus den Röhrchen herausspritzt, beginnt sich die Dose zu drehen. Nach diesem Grundsatz sind alle umlaufenden *Rasensprenger* gebaut.

Zwei Boote mit Rückstoßantrieb

Das erste ist sehr leicht zu bauen. Wir sägen oder schneiden aus Sperrholz oder Pappe das Boot in der Form aus, wie sie die Abbildung 1.47 zeigt. Es ist zweckmäßig, das Holz, vor allem aber die Pappe, wasserdicht zu machen, beispielsweise durch einen dünnen Anstrich mit Lack oder flüssigem Paraffin. Wir legen das Boot auf ruhiges Wasser und lassen einen Tropfen Öl in den ausgeschnittenen Kreis des Bootes fallen — schon fährt es ab. Das Öl will sich schnell ausbreiten, findet nur den kleinen Kanal frei, läuft durch diesen (der nicht zu breit sein darf) hinaus und drückt auf der entgegengesetzten Seite das Boot vorwärts. Das zweite Boot ist schwieriger zu bauen. Unsere Abbildung zeigt: Ein ausgeblasenes Ei, eine Eierschale, ruht auf vier entsprechend zurechtgebogenen Drahtstücken (etwa Büroklammern). Es ist halb mit Wasser gefüllt, und das vordere der beiden (zum Ausblasen nötigen) Löcher ist mit Siegellack oder Plastkleber verschlossen.

Unter dem Ei, das hier einen Dampfkessel darstellt, ist ein Kerzenrest oder ein Stück Watte, mit Brennspiritus getränkt, angebracht, groß genug, um mit seiner Flamme das Wasser im Ei zum Sieden zu bringen. Am Heck des Schiffchens können wir einen Blechstreifen als Ruder anbringen (die Landratten sagen »Steuer«, aber das ist falsch). Gute Fahrt!

Der Raketenwagen

Wer hat einen Heimsprudler? Auch wer keinen besitzt, kann die dazugehörenden Kohlendioxid-»Bömbchen« kaufen. Sie enthalten das Gas in sehr komprimierter Form; und wenn man mit einer Nadel das dünne Verschlußblech durchstoßen hat, kommt das Kohlendioxid (CO_2) unter großem Druck heraus. Wir merken schon in der Hand, daß das kleine Gefäß fortgedrückt wird. Diesen Rückstoß wollen wir in drei Versuchen ausnutzen. Zunächst also der Raketenwagen! Wir befestigen das Bömbchen auf dem leichtesten Wagen, den wir in unserem Modellwagenpark haben. Man kann das mit zwei kleinen Holzböcken machen, die eine halbkreisförmige Aussparung haben; von oben werden entsprechende Oberteile aufgeschraubt. Mit dem Wagen werden die Böcke durch Verschrauben oder Kleben oder durch umgelegte, mit den Böcken verschraubte Metallbänder verbunden (Bild 1.47). Man kann das Bömbchen auch einfach mit Draht festbinden — Hauptsache, es sitzt »bombenfest« und nimmt das Wägelchen mit. Der Raketenwagen wird »geladen« sorgfältig auf die Schienen gesetzt und sehr fest gehalten; ein Helfer drückt mit einer starken Stahlnadel vorsichtig ein Loch in das Verschlußblech. Wenn das Bömbchen nicht gerade ein Blindgänger war, dann braust der Raketenwagen los. Da er eine sehr hohe Geschwindigkeit erreichen kann, soll man nur gerade Schienen verwenden oder Kurven überhöhen und auf jeden Fall am Schienenende ein Kissen als Puffer aufbauen.

Das Öffnen der Bombe soll vorsichtig erfolgen. Der Gasstrahl, der sehr kräftig und mit niedriger Temperatur (warum?) ausströmt, darf auf keinen Fall auf die ungeschützte Haut treffen. Es kommt dabei leicht zu starken Erfrierungen. Die Augen schützen wir am besten durch eine Schutzbrille, die Hände durch Handschuhe. Wir dürfen die gefüllten Bomben keinesfalls auf die warme Heizung oder den warmen Ofen oder in die Sonne legen; der Druck des Kohlendioxids wird dann so groß, daß eine Explosion möglich ist. Also recht kühl lagern!

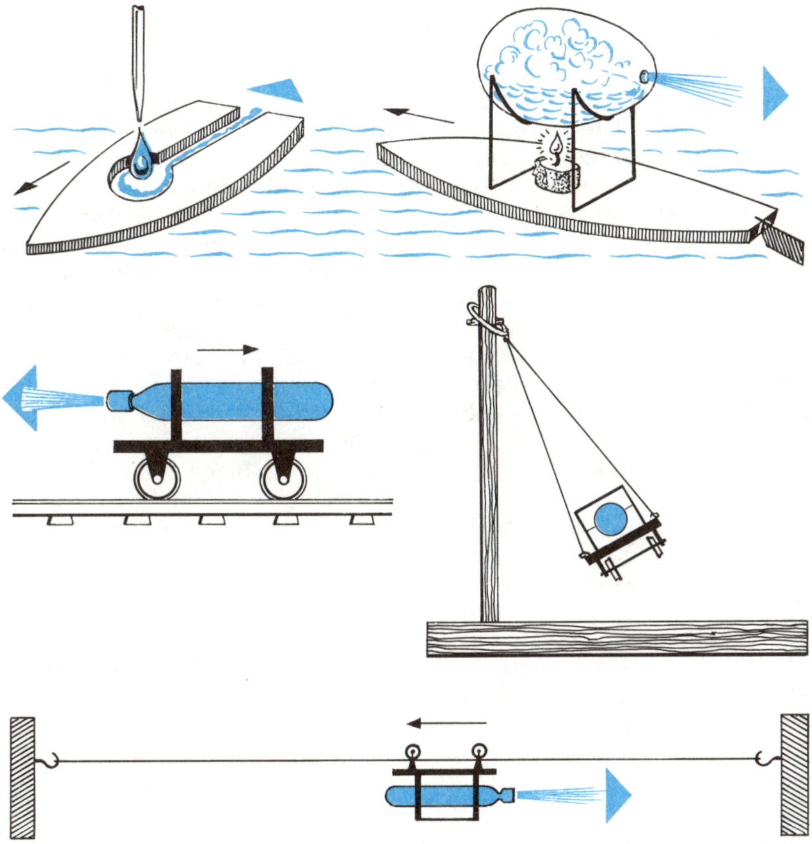

1.47
Raketenfahrzeuge

Der fliegende Raketenwagen

Ist der Wagen des vorigen Versuches leicht genug, so können wir ihn zum Fliegen bringen; dieser zweite Versuch zeigt außerdem sehr schön die Ziehkraft (Zentralkraft) und ihre Gegenkraft, die Fliehkraft. Ein kräftiger Holz- oder Metallstab, 30 bis 50 cm lang, wird sehr fest auf der Tischplatte befestigt; oben erhält er einen Metallstift (Nagel, Schraube). Um den Stift liegt locker ein Metallring; mit diesem Metallring werden alle vier Ecken des Wagens durch Bindfäden verbunden, die etwa 10 cm länger als die Stange sind. Der Metallring darf nicht so groß sein, daß er über die Stange hinunterrutschen kann; er soll die Bindfäden drehbar halten. Eine Scheibe auf dem Stab kann das Rutschen sicher verhindern. Wir öffnen das Bömbchen und lassen den Wagen los; das Fahrzeug hebt sich durch die Fliehkraft. Der Stab übernimmt die Zentralkraft; der Bindfaden wird durch die Kraftwirkung etwas gedehnt – das muß er aushalten. Und der Antrieb? Wieder der Rückstoß.

Die fliegende Rakete

Der letzte Versuch mit dem Kohlendioxid-Bömbchen ist ebenfalls recht eindrucksvoll. Wir müssen am Ende der Bahn sogar den bleibenden Eindruck – an der Wand nämlich – dadurch vermeiden, daß wir dort ein Kissen anbringen. Die Bahn ist eine durch den ganzen Raum (er kann getrost 10 m oder länger sein) fest gespannte Schnur oder ein Draht; sie muß ganz glatt sein. Das Bömbchen bekommt zwei Metallringe an den Enden, mit Draht sicher befestigt. An diesen Ringen gleitet es an der Schnur entlang. Es saust sogar mit erheblicher Geschwindigkeit; zu Beginn kann man die Beschleunigung gut beobachten.

Bei diesem Versuch können wir mit Hilfe einer Stoppuhr leicht die Geschwindigkeit der Rakete messen: den Weg (in m) durch die Zeit (in s) teilen und auf eine Sekunde umrechnen. Dabei erhalten wir die mittlere Geschwindigkeit, wenn wir die Fahrzeit über die ganze Strecke messen. Wer zusätzlich der Wissenschaft zwei Bömbchen opfern will, mag die Beschleunigung in den ersten zwei Metern und die Höchstgeschwindigkeit in der zweiten Hälfte des Weges messen.

Der Luftballon mit Rückstoßantrieb

Dieser Versuch ist ebenso ungefährlich wie einfach. Wir blasen einen Luftballon auf, halten ihn mit der Mündung nach unten und lassen los. Der Ballon saust mit Rückstoßantrieb an die Decke!

In dieser und ähnlicher Art lassen sich noch viele Versuche machen. Der schöpferischen Phantasie des Lesers seien aber hier Grenzen gesetzt: Er soll keinesfalls Sprengstoffe irgendwelcher Art, Schießpulver und dergleichen, verwenden! Das ist zu gefährlich, weil die Kräfte und ihre Größen dabei nicht genügend vorausgesehen werden können; die Reaktionen laufen viel zu schnell ab. Die Verbindung zwischen Physik und Chemie wird zwar immer enger, und wir werden die Chemie bei einigen elektrischen Versuchen noch sehr nötig haben; aber bei den Rückstoßversuchen bleiben wir bitte rein physikalisch!

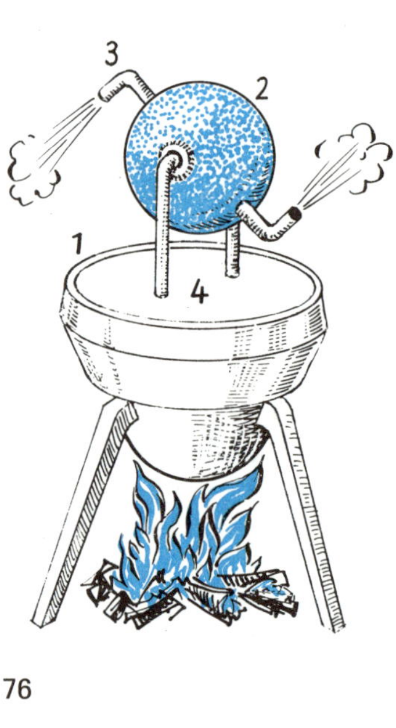

1.48 Herons Dampfmaschine

Es fing damit an, daß . . .

. . . der griechische Physiker Heron von Alexandria etwa 120 Jahre vor unserer Zeitrechnung die erste uns bekannte Maschine baute, die nach dem Prinzip des Rückstoßes arbeitete, eine Dampfmaschine, die unsere Abbildung 1.48 zeigt. Im Kessel (1) brachte er Wasser zum Sieden, leitete den Dampf durch zwei Röhren (4) in eine drehbar angeordnete Kugel (2), den Dampfkreisel oder »Aeolusball«. Die Kugel hatte zwei rechtwinklig gebogene Rohrstutzen (3); durch diese strömte der Dampf ins Freie und brachte dabei durch Rückstoß die Kugel zum Drehen (im Bilde rechtsherum). Der Rückstoß wirkte nur auf die Biegestelle der Stutzen, war also sehr klein. Der Wert dieses Maschinchens lag auch nicht darin, daß es Arbeit verrichtete, sondern daß es zum erstenmal das physikalische Prinzip des Rückstoßes anschaulich und überzeugend zeigte.

Newton hat vermutlich den Dampfkreisel gekannt, als er seinen Rückstoß-Kraftwagen mit Dampf entwarf. Im 13. Jahrhundert haben die Chinesen das Pulver erfunden. Es brannte zwar recht langsam ab, genügte jedoch zum Antrieb leichter Raketen. Durch diesen Raketenantrieb wurden die Chinesen bald Meister in der Feuerwerkerei. Sie haben diese Kunst bald auch für Kriegszwecke ausgenutzt; sie füllten hinten offene Papphülsen mit Pulver, banden sie an einen Pfeil und ließen diese feuerspeienden Raketen 1232 auf das anstürmende mongolische Reiterheer los. Auf diese Weise errangen sie den Sieg. Viele Armeen haben dann im Laufe der Jahrhunderte die Rakete als Waffe benutzt; heute gehören die Raketentruppen zu den wichtigsten Abteilungen einer Armee.

Anwendung der Physik für kriegerische Zwecke, für Vernichtung, Überfall, aber auch für die Verteidigung – immer wieder sind die physikalischen Erkenntnisse für diese Zwecke eingesetzt worden. Aber das Rückstoßprinzip hat auch friedliche Dinge gefördert – beispielsweise bei der Rettung von Menschen aus Seenot; Raketen schießen die rettende Leine über die Brandung.

Die neuzeitliche Entwicklung der Rakete wurde 1900 durch K. E. *Ziolkowski* (Rußland) theoretisch begründet und 1910 durch Hermann *Oberth* (Deutschland) und *Goddard* (USA) praktisch begonnen; am 4. Oktober

1957 startete die Sowjetunion den ersten von Menschenhand geschaffenen Erdtrabanten, den Sputnik I, dem inzwischen schon interplanetare Stationen, bemannte Raumschiffe und Planetensonden gefolgt sind. In der Luftfahrt sind Rückstoßantriebe selbstverständlich geworden — als reine Strahlturbinen und als Propellerturbinen. Welch eine Entwicklung in wenigen Jahrzehnten! Der Mensch arbeitet ernsthaft an der Aufgabe, andere Planeten zu besuchen. Und alle Pläne solcher Art benutzen die Rückstoßkraft; sie allein kann die hohen Geschwindigkeiten erzeugen, die nötig sind, um sich aus dem Schwerefeld der Erde zu lösen; und sie allein wirkt auch im luftleeren Raum.

Leider ist es schwierig (und kostspielig), die hohe Geschwindigkeit zu erreichen, denn der *Impulssatz* sagt aus: Das Produkt aus der Masse und der Geschwindigkeit der ausströmenden Gase ist ebenso groß wie das Produkt aus der Masse der Rakete und ihrer (durch den Rückstoß erhaltenen) Geschwindigkeit. Wer bedenkt, wie groß die Masse der Rakete gegenüber der Masse der leichten ausgestoßenen Gase ist, der kann sich leicht ausmalen, wie riesengroß deren Geschwindigkeit sein muß, um die schwere Rakete ausreichend schnell zu bewegen.

Von »Impuls« ist hier die Rede gewesen. Das Wort kommt vom lateinischen impéllere = antreiben. Im soeben genannten Satz bedeutet Impuls das Produkt aus Masse und Geschwindigkeit. Der Physiker versteht unter Impuls meist das Produkt aus Kraft und Zeit (Dauer der Kraftwirkung), außerdem einen kurzzeitigen, stoßartigen Vorgang.

Stafettenlauf mit der Energie

Lassen wir eine Kraft nur ganz kurze Zeit auf einen Körper wirken, so sprechen wir von einem Stoß. Der Physiker sagt dazu *Kraftstoß* oder *Impuls* und erklärt ihn als das Produkt aus einer Kraft und deren (sehr kurzer) Wirkungszeit. Newton hatte das schon erkannt. Wird ein beweglicher Körper kurz und heftig angestoßen, dann saust er so schnell los, daß wir seine Beschleunigung (sein »Anfahren«) überhaupt nicht beobachten können. Er hat die zugeführte Bewegungsenergie blitzartig dem stoßenden Körper abgenommen und trägt sie nun weiter.

Der Körper, der die Energie abgegeben hat, wird entsprechend ärmer an Energie. Haben beide Körper gleich große Massen, so übernimmt der gestoßene Körper alle Energie und bewegt sich mit der bisherigen Geschwindigkeit des stoßenden Körpers fort; dieser bleibt — nun ohne Bewegungsenergie — stehen. Ist die Masse des gestoßenen Körpers größer, so bewegt er sich ebenfalls, aber um so viel langsamer, wie seine Masse die des stoßenden Körpers überwiegt. Ist die gestoßene Masse kleiner als die stoßende, so wird sie sich schneller als diese bewegen. Das Produkt aus Masse und Geschwindigkeit bleibt bei jedem Stoß gleich, sagt der Impulssatz. (Die Reibung lassen wir bei diesen Gedankenexperimenten aus dem Spiel.)

Wir können diesen Impulssatz beweisen mit verschieden großen Stahlkugeln, die zwischen langen Linealen laufen, oder — besonders einfach — mit Hartgeld. Wir sparen daher eine Zeitlang unser Taschengeld und wechseln es in Stücke zu 1, 5 und 10 Pfennig und 1 Mark. Auf einer glatten Unterlage stoßen wir eine Mark auf eine zweite. Die zweite setzt den Lauf der ersten fort; die erste bleibt liegen. Die zweite rutscht übrigens so weit, wie die erste es getan hätte, wenn ihr die zweite nicht in die Quere gekommen wäre. Wer das genau feststellen will, kann sich aus einem Röhrchen, einem Kolben und einer Druck-Wendelfeder eine Art kleiner Kanone bauen, mit der er die Geldstücke »abschießt«, und womöglich noch eine eingeölte glatte Metallfläche verwenden.

Man kann die Beobachtungen freilich auch ohne Kanone deutlich genug machen, wenn man die Geldstücke mit einem Finger mit möglichst gleicher Kraft anstößt. Wir schikken zwei 1-Mark-Stücke gegen zwei andere (alle in einer Reihe!); das gleiche Ergebnis wie beim vorigen Versuch. Die beiden Massen, die stoßende und die gestoßene, sind gleich groß; daher gleitet die angestoßene mit der Geschwindigkeit der stoßenden weiter. Das kann man auch mit 3 und 3 Stücken und so fort bestätigen (Bild 1.49).

Jetzt legen wir drei oder vier Geldstücke in eine Reihe und lassen ein einziges (gleiches) Geldstück dagegenstoßen. Das Ergebnis verblüfft auch den klugen Menschen stets von neuem, weil es so zuverlässig auftritt: Das stoßende Stück (1) bleibt vor der Reihe liegen, und das äußerste (5) am anderen Ende

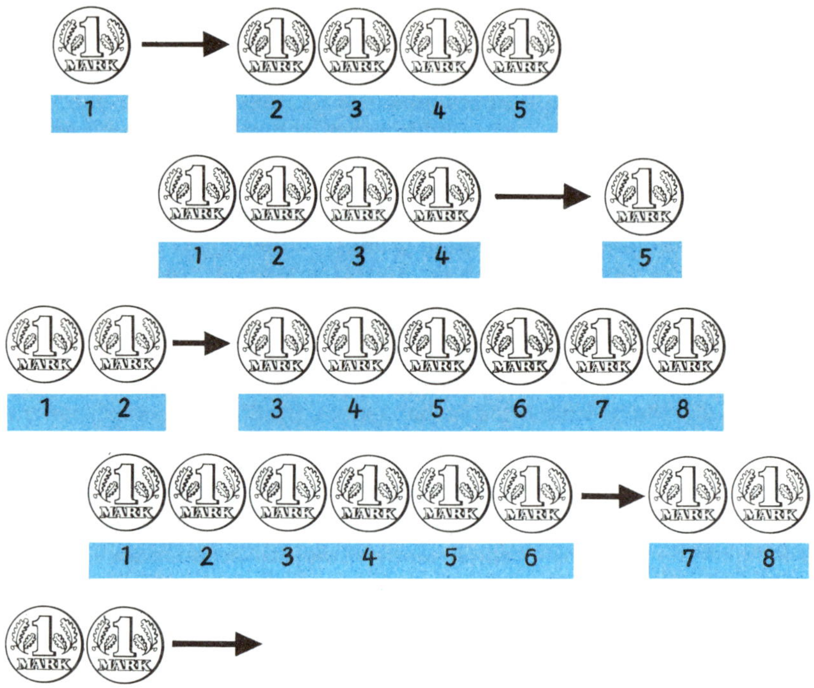

1.49
Der Impuls wandert

der Reihe gleitet fort – offensichtlich mit der übertragenen Bewegungsenergie des stoßenden Stückes (1). Die anderen, (2), (3) und (4), sind scheinbar unbeteiligt liegengeblieben. Nur scheinbar; in Wirklichkeit haben sie als Wirkungslinie die Energie weitergeleitet. Als die Energie die passende Masse – ebenso groß wie die stoßende – im Stück (5) gefunden hatte, fuhr sie in dieses gewissermaßen hinein, und das Stück (5) rutschte los. In Wirklichkeit wird die Energie mit Hilfe der Elastizität der Körper übertragen. Sehen kann man das nicht, aber es ist so: Durch den Stoß werden beide Geldstücke zunächst an der Stoßstelle zusammengedrückt; die Energie hat sich in eine Formänderung (Verformung) verwandelt. Bei weichen, unelastischen Körpern entstünde jetzt Wärme durch die innere Reibung (der Moleküle aneinander), und die Verformung bliebe bestehen. Wir können das mit Scheibchen aus weichem Blei prüfen. Unser Münzmetall ist aber elastisch; die eingedrückten Stellen schnellen sofort wieder vor, und das nächste Geldstück ist an der Reihe. Selbstverständlich geht dabei immer etwas Energie durch die Reibung verloren; das läßt sich nicht vermeiden, denn die Moleküle können wir nicht schmieren.

Wir legen nun sechs Geldstücke in eine Reihe und stoßen sie mit zwei gleichen Stükken an. Erfolg: Am anderen Ende gleiten die beiden letzten fort. Dieser Versuch läßt sich in beliebigen Variationen fortsetzen. Immer kommt so viel heraus, wie wir hineingesteckt haben – nicht mehr und (von den Reibungsverlusten abgesehen) nicht weniger.

Was geschieht, wenn wir verschieden große Massen aufeinanderstoßen lassen, beispielsweise ein 1-Mark-Stück auf ein 10-Pfennig-Stück? Das große Stück bleibt meist liegen, und das kleine gleitet mit sichtbar größerer Geschwindigkeit fort. Impulssatz! Der umgekehrte Vorgang ist auch zu beobachten.

Besonders schnell läuft ein 1-Pfennig-Stück vor dem 1-Mark-Stück davon. Wenn umgekehrt das kleine das große Stück anrempelt, dann bewegt sich das große nur wenig und langsam vorwärts, denn der Pfennig wird seine Energie nicht ganz los: Er springt meist mit einem Teil der Energie zurück. Die andere Masse ist im Verhältnis gar zu groß und zu träge. Das ist im Leben genauso – wenn ein laufendes Kind unachtsam auf einen großen Erwachsenen prallt. Lokomotivführer müssen beim Rangieren den Kraftstoß, das heißt Kraft und ihre Wirkungszeit

(Schubkraft und Schubzeit) danach bemessen, wie groß die Masse der Wagen ist und wie hoch deren Geschwindigkeit sein soll.

Die physikalische Modelleisenbahn

Wir stecken einige gerade Schienen zusammen und legen sie auf leichtfahrende Wagen, die auf einer glatten Fläche – oder ebenfalls auf Schienen, sozusagen ein Stockwerk tiefer, laufen. Die Lokomotive oder der Schienenbus wird auf das eine Ende der (oberen) Schiene gestellt (Bild 1.50). Er fährt jetzt zum anderen Schienenende, und die Schiene bewegt sich mit den Wagen

1.50 Versuch zum Reaktionsprinzip

nach der anderen Richtung. Wer dabei im Verhältnis zum ruhenden Tisch oder Fußboden die längere Strecke zurücklegt, hängt vom Verhältnis der Massen Lokomotive zu Schienen mit Wagen ab. Halten wir die Lokomotive fest, dann fahren nur die Schienen; verkehrte Welt!

Wir sehen und erleben, daß die Schiene einen Kraftstoß (Impuls) erhält. Und wenn wir die Schiene unmittelbar auf den festen Tisch oder Fußboden stellen – wer empfängt dann den Stoß? Die ganze Erde! Schwellen und Pflaster übertragen ihn im Verkehr der Fahrzeuge. Das muß man beim Bau der Gleise und Straßen sorgfältig beachten.

Wir haben an diesem Versuch das physikalische Prinzip der Fortbewegung der Fahrzeuge auf der Erde, im Wasser und in der Luft dargestellt.

Wasser hat eine Haut

Der Wasserhahn tropft! Das ist ärgerlich; wahrscheinlich hat wieder jemand den Hahn fester als unbedingt nötig mit roher Kraft zugedreht und dabei den Dichtungsring so stark zusammengedrückt, daß er seine Elastizität verloren hat und nun nicht mehr sauber abdichten kann. Halt – ehe wir einen neuen Ring einsetzen, wollen wir aus der Not eine Tugend machen und Physik erleben!

Es ist schon bemerkenswert: Zunächst bildet sich eine Art Sack, und in diesen fließt Wasser hinein. Man sieht, wie das Gewicht des Wassers so groß wird, daß der »Sack« sich einschnürt. In der Abbildung 1.51 hat er schon Kugelform angenommen.

Wir erinnern uns des auf Seite 23 beschriebenen Versuches, bei dem wir einen Wassertropfen durch Öl fallen ließen. Der Tropfen war ganz rund. Wir schließen daraus, daß der Tropfen eine richtige Haut – Grenzfläche, sagt der Physiker – hat, die das Wasser drinnen zusammendrückt. Da der Körper, der bei gegebenem Inhalt die kleinste Oberfläche hat, eine Kugel ist, versucht die Flüssigkeit sich stets (ganz oder teilweise, soweit wie möglich) als Kugel »einzuigeln«. Aus diesem Grunde können wir (vorsichtig) mehr Wasser in ein Gefäß tun, als dieses eigentlich fassen kann; das Wasser wölbt sich oberhalb des Gefäßrandes. Je näher die Flüssigkeit dem Erdmittelpunkt ist, um so stärker ist die Krümmung der Oberfläche; im Erdmittelpunkt würde sie eine Halbkugel bilden.

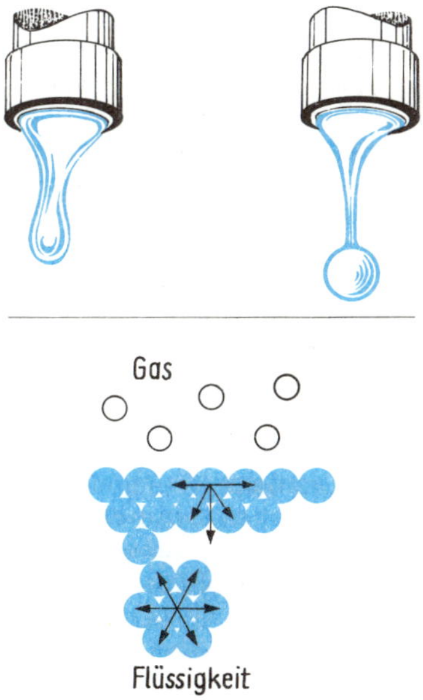

1.51 Ein Tropfen entsteht

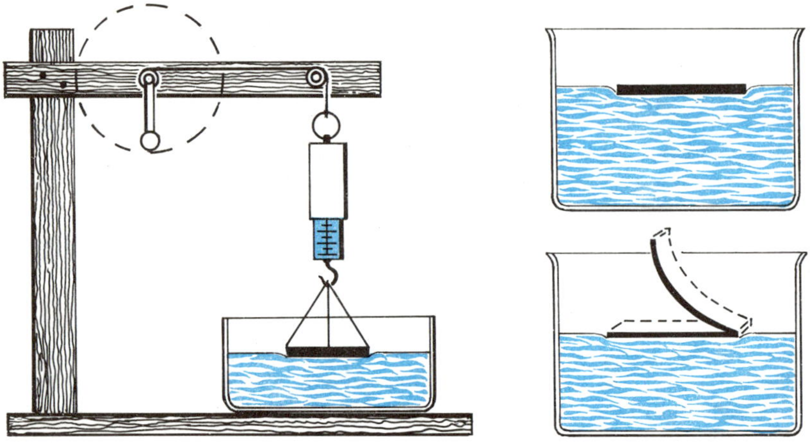

1.52
Versuche zur Oberflächenspannung

Aus demselben Grund versucht eine Seifenblase, die noch am Pusteröhrchen hängt, so klein wie möglich zu werden. Auch diese Haut drückt nach innen. Diese Drücke können beachtlich groß werden, in sehr kleinen Tropfen beispielsweise viele kPa. Eine seltsame Angelegenheit: innen Wasser, das unter Druck gesetzt wird, und außen eine äußerst dünne Schicht, ebenfalls aus Wasser – aber diese benimmt sich völlig anders; es drückt nach innen wie eine Gummimembran. Die Oberfläche des Wassers spannt sich; wir nennen diese Erscheinung daher *Oberflächenspannung*.

Von der Oberflächenspannung

Da wir die Massenanziehung und allerlei Kräfte kennen, läßt sich die Erscheinung leicht erklären. Jede Flüssigkeit besteht (wie jeder Körper) aus Molekülen; ein Wassermolekül setzt sich wiederum aus zwei Atomen Wasserstoff und einem Atom Sauerstoff zusammen (H_2O). Die Massenanziehung wirkt auch bei Molekülen; sie ziehen einander an.

Im unteren Teil der Abbildung 1.51 ist ein Normalfall gezeichnet: Jedes Molekül (als Kreis angedeutet) ist von anderen umgeben. Das Molekül in der Mitte wird also von allen Seiten gleichmäßig angezogen und bewegt sich bei niedriger Temperatur – anders als die frei umherschwirrenden Gasmoleküle – nur wenig. Alle Kräfte heben einander auf. So sieht es überall in der Flüssigkeit aus. Ganz anders an der Oberfläche, in der Grenzschicht! Sie ist nur »ein Molekül dick«, das heißt unvorstellbar dünn. Die Moleküle der Grenzschicht drängen scheinbar die inneren zurück wie Platzwarte, die ein Fußballstadion gegen eine andrängende Menge absperren. Sie werden ja nur von innen angezogen, nicht aber von außen. Außerhalb der Flüssigkeit ist das Gas, meist Luft, mit (im Verhältnis) so wenigen Gasmolekülen, daß sich die Grenzflächen-Moleküle nicht wesentlich davon angezogen fühlen. Insofern hinkt der Vergleich mit der Absperrung sehr. Schuld an der Bedrängnis der inneren Wassermoleküle sind diese selber oder besser: die Naturgesetze. *Die Oberflächenspannung bildet eine Grenzfläche (Haut); diese sorgt durch den »Druck nach innen« dafür, daß die umspannte Flüssigkeit soweit wie möglich Kugelgestalt annimmt.* Durch dieses Naturgesetz erklären sich die Form der Regen- und Nebeltropfen, das Aufsteigen von Flüssigkeiten in sehr engen Röhrchen (Kapillaren, von lateinisch capillus = Haar; Pflanzensäfte steigen so in den Pflanzen und Bäumen auf!); ferner die Wölbung (Meniskus) von Flüssigkeitsspiegeln, die Schmierwirkung von Ölen und Fetten in Lagern und anderes mehr. Auch daß das Wasser den Schmutz in Geweben und auf festen Flächen nicht so leicht löst, findet hier seine Ursache; das Wasser ist sozusagen nicht flüssig genug, um unter den Schmutz zu gelangen und ihn abzuheben. Die kleinen »Wasserläufer« laufen mit ihren behaarten Beinen vergnügt auf dem Wasser hin und her; man sieht, wie sich die Oberfläche unter den Füßchen ein wenig einbeult. Die Tiere haben auch an den Füßen Härchen, in denen sich ein Luftpolster hält; das verhindert zusätzlich eine Benetzung.

Wir messen die Oberflächenspannung

Die Oberflächenspannung äußert sich durch eine Kraft (schon wieder eine!), und wir können diese in mN messen. Die Einheit der Oberflächenspannung ist die Arbeit (oder Energie), die notwendig ist, um die Oberfläche um einen bestimmten Betrag zu vergrößern:

$$\frac{J}{m^2} = \frac{Nm}{m^2} = \frac{N}{m}.$$

Wir hängen einen sauberen, fettfreien glatten Metallring an einem Zugkraftmesser auf (Meßbereich 1000 mN) und lassen ihn gerade die Wasseroberfläche berühren (Bild 1.52). Hier haftet der Ring sofort durch die *Adhäsionskraft* (vom lateinischen adhaerére = aneinanderhängen). Wenn es diese Molekularkraft nicht gäbe, könnten wir nicht malen und schreiben und nichts benetzen! Jetzt ziehen wir das Meßgerät langsam hoch – in der Abbildung 1.52 mit Hilfe einer kleinen Haspel – und beobachten die Belastung. Wenn der Ring von der Wasseroberfläche abreißt, haben wir die gesuchte Kraft in mN. Die Haftkraft (Adhäsionskraft) zwischen Wasser und Metall ist größer als die Kraft zwischen den Wasserteilchen untereinander; wenn der Ring abreißt, so geschieht das also tatsächlich, weil hier die Grenze der Spannung, des Zusammenhanges zwischen den Oberflächenmolekülen (Kohäsionskraft), überschritten wurde.

Der Wert der Oberflächenspannung ist bei jeder Flüssigkeit anders, bei Äther nur 0,22, bei Alkohol 0,3, bei Olivenöl 0,5 des Wertes bei Wasser. Bei Glyzerin liegt er um etwa 10% niedriger. Das kann jeder selbst prüfen. Dabei können wir an Stelle des Metallringes einen Drahtring und statt des Zugkraftmessers auch eine Balkenwaage benutzen. Wichtig ist, daß der Ring beispielsweise mit Benzin entfettet ist. Andernfalls haftet er nicht am Wasser, weil er nicht benetzt wird.

Gewicht gegen Oberflächenspannung

Merkwürdig: Man kann Metall auf Wasser schwimmen lassen! Nähnadel, Rasierklinge, Drahtring, kleine Geldstücke – alles schwimmt, wenn man es vorher gut abtrocknet und dann durch Bestreichen mit dem Finger ein wenig anfettet. Man sieht die tiefe Einbeulung im Wasser; aber die Molekularkräfte halten dem Gewicht stand. Dabei ist nach dem Gesetz actio = reactio die Oberflächenspannung in jedem Fall gleich dem Gewicht des Schwimmers. Wir müssen dieses »Schwimmen« von dem eines Schiffes unterscheiden, das nach dem Archimedischen Prinzip des Auftriebs im Wasser »richtig« schwimmt. Die Rasierklinge kann man sogar noch mit einer Masse von etwa 0,5 g (Büroklammer oder Geldstück) beschweren; diese Tragkraft ist auf die verhältnismäßig große Fläche der Klinge zurückzuführen. Auch dünnes Aluminiumblech schwimmt gut, ebenso ein engmaschiges paraffiniertes Drahtnetz; man muß nur alle diese Teile genau waagerecht und langsam auflegen. Wem das schwerfällt, der mag auf das Wasser erst ein Stückchen Löschpapier legen und darauf das Metallstück. Das Papier saugt sich schnell voll und sinkt dann unter. Auch ein kleiner Drahtring mit einem Griff kann gute Dienste leisten.

Die Schwimmer lassen sich mit einiger Phantasie als Segelschiffchen oder mit Wimpel bauen. Die Abbildung 1.52 rechts oben zeigt, wie man ein dünnes Blech als Schwimmer biegen kann. Der Schwerpunkt des Gebildes muß genau über der Mitte des waagerechten Blechstückes liegen; andernfalls gleitet das Schiffchen an der stärker belasteten Seite »in die Tiefe«. Weitgehend belastbar (bis 200 mN) ist ein Körbchen aus feinmaschigem Drahtnetz (Gaze) von etwa 4 cm mal 8 cm Bodenfläche und mit einem etwa 1 cm hohen Rand.

Wir füllen unsere Pipette (siehe Seite 23) mit gefärbtem Anilin, berühren mit ihrer Öffnung gerade eben die Wasseroberfläche und lassen ganz langsam und vorsichtig das Anilin ausfließen. Zunächst bildet sich ein kreisförmiger Anilinfleck auf dem Wasser; er wölbt sich bei Zufließen von weiterem Anilin sackförmig nach unten, schnürt sich ein und wird zum Tropfen. Dieser wächst so lange, bis sein Gewicht größer als die Oberflächenspannung des Wassers ist; dann reißt er ab und sinkt zu Boden.

Der schwimmende Kompaß

Ein sehr dünnes Stahlband oder eine Rasierklinge oder auch die Hälfte einer in der Längsrichtung durchgebrochenen Rasierklinge wird durch Bestreichen mit einem kräftigen Magneten magnetisiert (die eine Hälfte mit dem Nordpol, die andere mit dem Südpol bestreichen). Sobald das Stahlstückchen auf dem Wasser schwimmt, stellt es sich, wie es sich für eine Kompaßnadel gehört, in der Nord-Süd-Richtung ein. Es kann durch einen Magneten von außen (Abstand halten!) leicht bewegt werden.

Anziehung und Abstoßung

Wir füllen ein trockenes Glas übervoll mit Wasser, so daß eine Wölbung (Meniskus) entsteht; man kann die Wölbung verstärken, indem man Blechstückchen mit einer Kante in das Wasser gleiten läßt. Kleine Schwimmer, etwa 1-Pfennig-Stücke, streben zum Rand.

Wir gießen etwas Wasser aus oder saugen es ab. Die Schwimmer sammeln sich jetzt, dicht aneinandergedrängt, in der Mitte der runden, flachen Wasserfläche. Wir tauchen in einigen Millimetern Entfernung einen Bleistift langsam etwa 1 cm tief ins Wasser. Die Schwimmer werden vom Bleistift angezogen. Wir ziehen den Stift langsam wieder aus dem Wasser heraus – die Schwimmer werden abgestoßen; man kann sie bis an den Glasrand drängen.

Warum? Gleiche Wölbungen ziehen einander an, ungleiche stoßen einander ab. Der Schwimmer erzeugt im Wasser eine Wölbung nach unten; der Stift tut bei seiner Bewegung in das Wasser hinein das gleiche. Wird der Stift herausgezogen, geht die Wölbung nach oben – wir haben die Abstoßung.

Aus dünnem, nicht geleimtem Papier (beispielsweise Seidenpapier) von 17 cm mal 3 cm Größe falten wir ein rechteckiges Kästchen, 15 cm lang, 1 cm breit und 1 cm hoch. Wir befeuchten es innen gehörig mit einem Pinsel und gießen dann 4 bis 5 mm hoch Wasser hinein. Die Oberflächenspannung zieht die oberen Ränder der langen Seiten zusammen, bis sie einander berühren.

1.53 Auftrieb gegen Oberflächenspannung

Auftrieb gegen Oberflächenspannung

Die Moleküle der Grenzfläche halten gut zusammen – nicht nur gegen Drücke von oben, sondern auch gegen solche von unten. Wir wollen das beweisen.

Ein dünner Ring von etwa 8 cm Durchmesser aus dünnem Draht wird mit zwei oder drei weiteren Drahtstücken auf einem Kork befestigt. Unten erhält der Kork eine kleine Last – so groß, daß der Ring des Schwimmers 8 bis 10 mm den Wasserspiegel überragt.

Die ganze Einrichtung schwimmt jetzt (im Gegensatz zu den vorher behandelten Schwimmern) »richtig«, das heißt durch ihren Auftrieb im Wasser. Drücken wir den Schwimmer unter Wasser, so versucht er, seinen alten Platz wieder einzunehmen. Das gelingt aber nicht – die Oberflächenspannung des Wassers hält ihn zurück; sie wirkt mit der gleich großen Gegenkraft abwärts wie der Auftrieb aufwärts. Die Dehnung (gewölbte Kuppe) der Wasseroberfläche ist deutlich zu sehen (Bild 1.53).

Der Ring muß sehr genau in einer Fläche liegen, damit er an allen Stellen gleichmäßig an die Grenzfläche stößt. Wir fetten ihn mit den Fingern ein wenig ein.

Die zugkräftige Seifenhaut

Die dünne Haut einer Seifenblase ist praktisch eine (doppelte) Grenzfläche. Die Moleküle ziehen einander nur an den Seiten an; infolgedessen versucht die Seifenhaut, eine möglichst kleine Fläche zu bilden, sich also zusammenzuziehen. Wir kennen das von den gewöhnlichen Seifenblasen her. Wenn man eine große Seifenblase bläst, das Blasröhrchen aus dem Mund nimmt und die Öffnung des Röhrchens an eine Kerzenflamme hält, so kann man diese mit der Druckluft ausblasen, die aus der sich verkleinernden Blase stammt. Dieses Zusammenziehen der Seifenhaut ist auch auf die Oberflächenspannung zurückzuführen. Das ist also ähnlich wie bei den Oberflächen der Flüssigkeiten, nur daß bei der Seifenhaut kein Druck auf eine Flüssigkeit ausgeübt wird, denn die gibt es in diesem Fall nicht.

Der belgische Physiker I. A. F. Plateau (1801 bis 1883) bastelte sich als erster stereometrische Figuren aus Draht: Kegel, Prismen, Würfel, Wendeln und andere mehr.

Die Seifenhaut bildet zwischen diesen Kanten »Mindestflächen« von oft verblüffender Schönheit. Die Mathematiker sind durch die Versuche Plateaus zu besonderen Überlegungen in der Differentialgeometrie angeregt worden. Die Flächen sind so wunderschön gleichmäßig, weil die Oberflächenspannung erheblich größer als das Gewicht ist; dieses verändert die Form nicht. Man könnte sagen: »Das Gewicht fällt hier nicht ins Gewicht!« Wir wollen uns diese schönen Versuche natürlich nicht entgehen lassen und fertigen uns einige Drahtgebilde an, zunächst einen Ring mit Griff, dann schwierigere Dinge – ganz nach Geometrie und nach freier Phantasie. Dann stellen wir eine gute Seifenlösung mit destilliertem oder zumindest abgekochtem Wasser und Seifenflokken (oder Kernseife) her.

Die eilenden Seifenhäutchen

Als erstes benetzen wir einen Glastrichter innen mit der Seifenlösung; dann tauchen wir sein weites Ende in die Lösung und ziehen es vorsichtig wieder heraus. Die große Trichteröffnung ist nun mit einem Seifenhäutchen verschlossen. Jetzt halten wir den Trichter waagerecht – und das Häutchen läuft bis zum engen Ende des Trichters. Erzeugt man mehrere Häutchen schnell nacheinander, so laufen sie hintereinander her.

Der gezogene Faden

Wir biegen ein Drahtrechteck mit Griff und binden aus einem Seidenfaden eine kleine Schlaufe. Das Rechteck wird (durch Eintauchen in die Lösung) mit einer Seifenhaut überzogen; der geschlossene Seidenfaden wird auf die Haut gelegt. Dort bleibt er liegen, bis wir mit einem trockenen Stift oder Finger das Häutchen innerhalb des Fadens durchstoßen. Sofort rundet sich der Seidenfaden, von der Seifenhaut gleichmäßig gezogen, zu einem Kreis ab.

Man kann auch einen Faden locker an zwei Seiten des Rechteckes oder eines Drahtringes anbinden, ein Häutchen über dem Ganzen herstellen und dann eine Seite durchstoßen. Die Gleichmäßigkeit der Linien und Flächen erfreut immer wieder.

Wir erzeugen Mindestflächen

Nun tauchen wir unsere räumlichen Drahtgebilde in die Seifenlösung und beobachten die entstehenden Mindestflächen.

Das romanische Fenster

Aus zwei waagerechten, etwa 15 cm langen, dünnen Holzstäben (notfalls Stricknadeln) und zwei senkrechten Seidenfäden stellt man einen Rahmen her; der obere Stab erhält einen Haltefaden. Etwa in halber Höhe wird ein lockerer Querfaden befestigt, der in der Mitte einen weiteren Faden trägt. Den weiteren Verlauf zeigt der untere Teil der Abbildung 1.54.

An diesem Versuch ist eines besonders wichtig: Wir können die Zugkraft in mN messen, mit der wir die »Zusammenziehkraft« der Seifenhaut überwinden. Noch besser geht das mit der im Bild 1.55 gezeigten Anordnung. Wir biegen aus dickerem Draht ein großes U mit einem Griff an dem einen Schenkel. Ein leichter Querdraht wird mit Ösen so angebracht, daß er sich leicht an den Schenkeln auf und ab bewegen läßt; er trägt in der Mitte einen Faden. Der Querdraht wird etwa in halber Schenkelhöhe festgehalten; dann wird die Seifenhaut hergestellt. Durch Ziehen am Faden über einen empfindlichen Zugkraftmesser können wir die Zug-

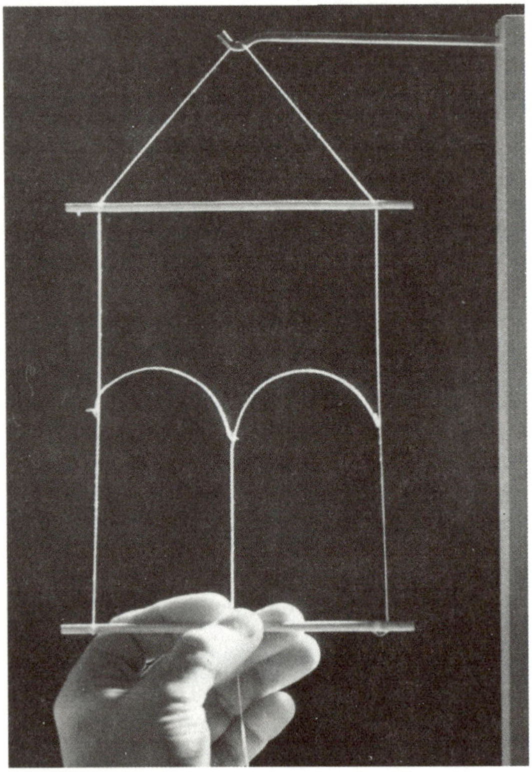

1.54 *Das romanische Fenster*

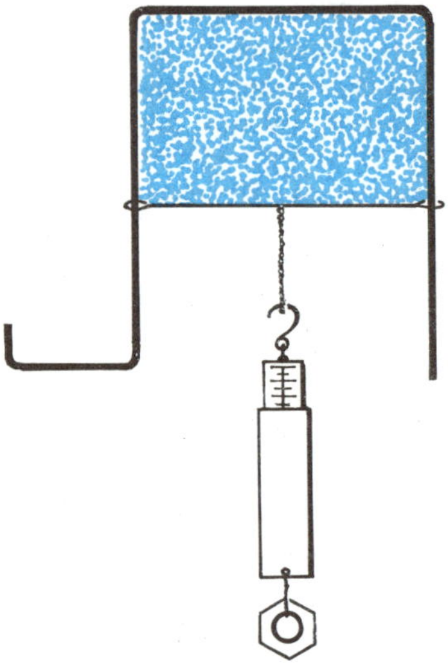

1.55 Die durch die Seifenhaut auftretende Kraft wird gemessen

kraft der Haut messen; wir können auch (bei senkrechter Anordnung) Wägestücke anhängen.

Waschen – leicht gemacht durch die Physik

Wenn sich das Wasser bei jeder Gelegenheit gegen andere Dinge so gern durch seine Oberflächenspannung absperrt, dann kommt es auch nicht recht an den Schmutz heran, der an Textilien und anderen festen Körpern haftet. Wir sagen besser: Das Wasser kommt nicht *unter* den Schmutz, soll ihn aber von der Unterlage abheben. So angenehm und lebensnotwendig die Oberflächenspannung für alle Schwimmvögel ist, so störend macht sie sich beim Waschen jeder Art bemerkbar.

Was tat der einigermaßen kluge Mensch? Anstatt das Gewebe um so mehr zu schrubben (wie es der törichte Mensch tat) und damit mechanisch zu zerstören, *erhitzte* er das Waschwasser. Und siehe da: Der Schmutz löste sich schon besser. Wir überzeugen uns durch den Versuch (Bild 1.56).

Oberflächenspannung bei heißem Wasser

Wir legen zunächst auf kaltes Wasser eine Rasierklinge, dann noch eine, zwei, drei und mehr darauf – bis der ganze Stapel untersinkt und wir die Größe der Oberflächenspannung festgestellt haben.

Anschließend erhitzen wir das Wasser auf etwa 95 °C, das heißt, wir bringen es zum Sieden, nehmen es von der Flamme und lassen es ruhig werden. Jetzt legen wir (Vorsicht! Heiß!) auf dieses heiße Wasser eine Klinge, noch eine – und schon sinkt alles in die Tiefe. *Die Größe der Oberflächenspannung ist also von der Temperatur der Flüssigkeit abhängig.* Warum?

Die Moleküle der Flüssigkeit bewegen sich dauernd hin und her. Die Abbildung 1.51 gibt die Verhältnisse idealisiert und schematisch wieder; unsere Erkenntnisse von den Kräften sind zwar richtig, aber ganz so brav und dicht nebeneinander liegen die Moleküle in Wirklichkeit nicht. Je wärmer eine Flüssigkeit ist, um so stärker bewegen sich die Moleküle; die Kohäsion (Zusammenhangskraft) wird schwächer. Schließlich hört die Kohäsion auf, die Moleküle fliegen als Wasserdampf munter in die Gegend – das Wasser siedet. (Der Abschnitt von der Wärme bringt darüber mehr.)

Es ist leicht zu verstehen, daß bei immer schwächer werdender Kohäsion auch die Oberflächenspannung abnimmt; wenn alles unter ihnen umhertobt, können die Grenzflächenmoleküle nicht in Ruhe bleiben. Sie toben mit, und das Wasser wird entspannt. Da wir wissen, wie man die Größe der Oberflächenspannung mißt (beispielsweise mit dem Ring), können wir sogar von 20 zu 20 °C ihre Abhängigkeit von der Temperatur messen und aus den Werten eine Kurve zeichnen.

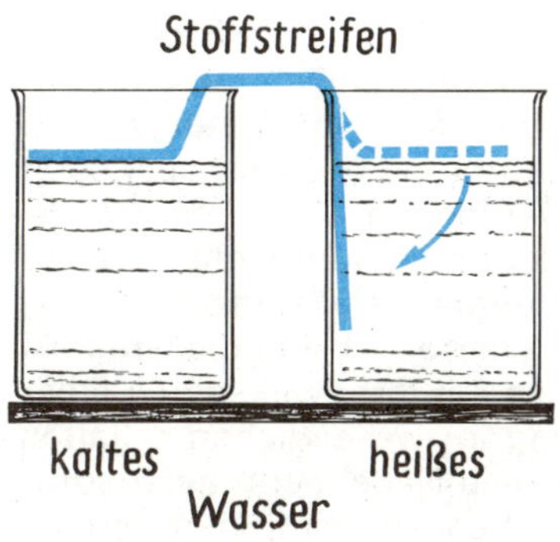

1.57 Heißes Wasser ist oberflächenaktiv

Ein Versuch für Zweifler

Wer es noch nicht glaubt, mag folgenden Versuch machen: Wir stellen zwei gleich große Gläser nebeneinander und füllen das eine mit kaltem, das andere mit sehr heißem Wasser gleich hoch. Einen in der Mitte quergefalteten Stoffstreifen, 1 cm breit, legen wir so über die aneinanderstehenden Glasränder, daß auf beide Wasseroberflächen gleich lange Streifenenden fallen (Bild 1.57). Ergebnis: Das Streifenende auf dem heißen Wasser sinkt schneller ein als das andere; das entspannte heiße Wasser schlüpft leichter in das Gewebe. Ob es noch andere Möglichkeiten gibt, Wasser zu entspannen?

Alkohol kämpft mit Kaffee

Wir gießen auf eine umgekehrte Untertasse ein wenig Kaffee, so daß der Boden gerade bedeckt ist. Dann geben wir einige Tropfen Rum (oder ein anderes starkes alkoholisches Getränk) in die Mitte. Und nun geht der Kampf los, wie er erbitterter nicht zwischen Freunden und Gegnern des Alkohols geführt werden kann:

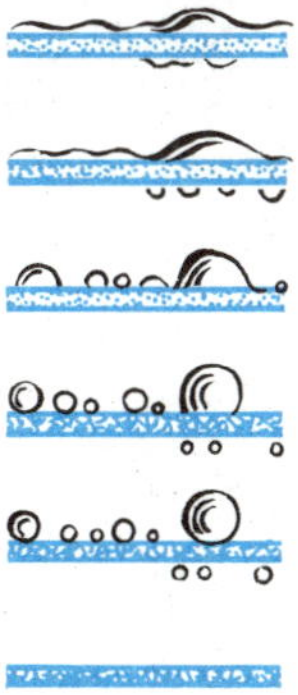

1.56 Der Schmutz rollt ab

Der Alkohol (mit der kleineren Oberflächenspannung) drängt den Kaffee an den Rand; die Mitte wird fast trocken und der Boden sichtbar. Erst allmählich beruhigen sich beide Flüssigkeiten und bilden ein friedliches Gemisch, das sich wieder über der Mitte schließt. Ein solcher »Kampf« entsteht immer, wenn *zwei Flüssigkeiten mit verschieden großen Oberflächenspannungen* zusammentreffen. Die Flüssigkeit mit der kleineren Oberflächenspannung will eine größere Fläche einnehmen. Das führt zu Bewegungen der Flüssigkeitsmoleküle, und übrig bleibt eine Mischung mit geringerer Oberflächenspannung, als sie das Wasser vorher hatte. Das wollen wir aber gerade, denn dadurch wird – wie schon gesagt – jedes Waschen leichter und wirtschaftlicher.

Das gilt auch für das *Beseitigen eines Fettflecks durch Benzin.* Man tropft rings um den Fleck Benzin, ohne ihn selber anzufeuchten; erst dann kommt der Tropfen (oder mehrere) auf den Fleck. Jetzt wird mit einem Stück Tuch aus der Mitte abgetupft – dort ist das fetthaltige Benzin (mit der höheren Oberflächenspannung) vom umgebenden reinen (mit der kleineren Spannung) zusammengedrängt! Tropft man zuerst auf den Fettfleck, so wird das fetthaltige Benzin von den folgenden Tropfen verdrängt, und es bildet sich der bekannte unerfreuliche Rand.

Die Sache mit dem Benetzen

Daß unsere kleinen Schwimmer auf der Wasseroberfläche schwammen, liegt – das wissen wir – an der Oberflächenspannung. Ein wenig geholfen hat dabei, daß wir die Dinge durch die Finger zogen und dadurch ein wenig einfetteten; beim Versuch mit dem Sieb haben wir das sogar gründlich getan. Auch die Schwimmvögel sind von Natur aus mit einem gut eingefetteten Gefieder ausgestattet; dadurch werden sie nicht *benetzt*, das heißt, sie werden überhaupt nicht naß. Auf diese Weise – durch die »Feindschaft« zwischen Fett und Wasser – bleibt die Grenzfläche des Wassers mit ihrer wirksamen Oberflächenspannung im wesentlichen erhalten. Eine völlig trockene Nadel geht meist sofort unter, weil sie benetzt wird, dadurch die Wasserhaut durchbricht und durch die so entstandene Lücke rutscht.

Der Gedanke lag nahe, nach Mitteln zu suchen, die die starke Oberflächenspannung des Wassers herabsetzen, das Wasser gewissermaßen flüssiger machen können, so daß es auch die Schmutzteile (sogar die fettigen) benetzt, »unterwandert« und anhebt; dann wären die Teilchen leicht fortzuspülen. Der Kampf des Alkohols mit dem Kaffee, dessen Oberfläche aufgerissen wurde, zeigt den Weg: Man fand gute und billige Stoffe (Rum wäre ja zu teuer!), mit denen man die Oberflächenspannung des Wassers tatsächlich stark herabsetzen kann – die *oberflächenaktiven Stoffe* oder *Netzmittel*, beispielsweise Fewa. Eine Gans, in Fewa-Wasser gesetzt, geht unter.

Noch einmal: Der Stofftest

Wir bauen unsere beiden Gläser vom Versuch auf Seite 85 wieder auf, füllen aber das eine Glas nicht mit heißem, sondern mit kaltem Wasser, dem etwas Fewalösung beigegeben wurde. Der Stoffstreifen sinkt in dieses Wasser schneller als in das reine Wasser.

Das »schnelle« Fewa

Ein Tropfen Fewa-Wasser sickert in einen Stoff schneller ein als ein Tropfen reinen Wassers; das läßt sich schnell nachprüfen. Derartige Versuche lassen sich viele durchführen, beispielsweise können wir gleich große Papierstückchen derselben Sorte auf das Wasser in den beiden Gläsern legen.

Wir tauchen auch einmal einen Teller in gewöhnliches Wasser und einen zweiten in Wasser mit einem Spülmittel und lassen von beiden das Wasser ablaufen (Spülvorgang). Auf dem ersten Teller bilden sich mehrere ungleichmäßige »Inseln« aus Wasser, die nicht miteinander zusammenhängen; auf dem zweiten Teller bleibt eine wesentlich dünnere, gleichmäßige Wasserschicht, die schnell trocknet.

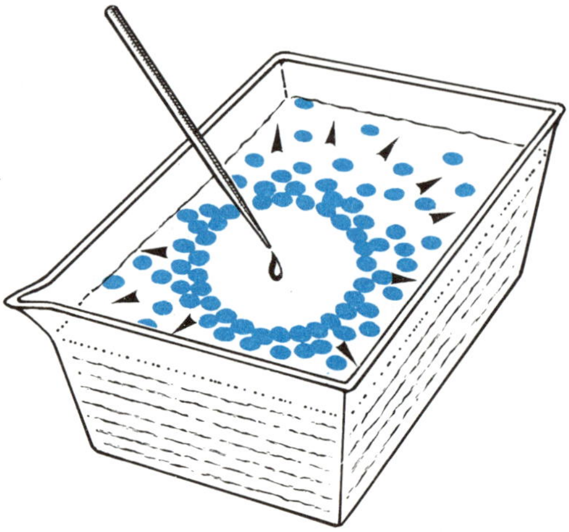

1.58 Die Explosion auf dem Wasser

Die Explosion auf dem Wasser

Ein Stück Fett oder Seife oder ein Tropfen Äther, Öl, Benzin oder Spiritus, auf die Wasseroberfläche gebracht, reißt diese regelrecht auf; das läßt sich mit leichten Dingen, die auf dem Wasser schwimmen, fast noch schöner als durch den Kampf zwischen Alkohol und Kaffee zeigen.

Wir gießen in ein flaches Gefäß (Teller oder Fotoschale) reines Wasser und bedekken die Oberfläche möglichst gleichmäßig mit Konfetti (aus dem Bürolocher) oder sehr dünn mit Magnesia-Pulver, Schwefelblüte, Bärlappsporen oder einem fettfreien Puder (gewöhnlicher Körperpuder ist meist nicht geeignet). Die Spitze einer größeren Nadel oder das Ende eines Drahtes benetzen wir ein wenig mit einer der genannten Flüssigkeiten und tauchen sie mitten in die Wasserfläche (Bild 1.58). Das Ergebnis ist erstaunlich: Die schwimmenden Teilchen sausen nach allen Seiten auseinander. Noch stärker ist die Wirkung, wenn wir einen Tropfen der oberflächenaktiven Flüssigkeit auf das Wasser fallen lassen. Bei Öl sieht man besonders gut, wie es sich auf der Oberfläche ausbreitet und die alte Wasseroberfläche in einen immer größer werdenden *Spreitungskreis* zurückdrängt.

Bei der Rettung Schiffbrüchiger wird diese Erscheinung ausgenutzt, um die hochgehende See zu beruhigen: Man gießt Öl auf die Wellen. Wir verstehen jetzt auch das Rückstoßschiffchen (Bild 1.47), das mit Öl »betrieben« wurde, und wieso sich das Öl da »ausbreiten will«. Wir wissen jetzt, daß wir das Boot auch mit Seife, Spiritus, Äther oder einem anderen oberflächenaktiven Stoff betreiben können.

Die sich drehende Spirale

Wir biegen aus sehr dünnem Draht eine kleine Spirale, fetten sie etwas ein und setzen sie auf das Wasser. In die Mitte der Spirale bringen wir einen Tropfen von einer unserer oberflächenaktiven Flüssigkeiten – und die Spirale beginnt sich zu drehen. Auch hier liegt (wie bei dem Rückstoßschiffchen) ein Antrieb durch Rückstoß vor; da der sich ausdehnende Tropfen aber »krumme Wege« gehen muß, zwischen den Windungen der Spirale hindurch nämlich, ergibt sich die Drehbewegung.

Die Kampferturbine

Kampfer ist eine weiße, körnige Masse von stechendem Geruch, den die Motten nicht vertragen; er wird daher zur Mottenbekämpfung und außerdem zur Herstellung von Zelluloid sowie in der Medizin als Mittel zum Anregen der Herztätigkeit verwendet. Zu 89 bis 94 Prozent besteht er aus Reinkampfer (einer organischen Verbindung, aus dem asiatischen Kampferbaum gewonnen) und zu 2 bis 2,5 Prozent aus ätherischem Kampferöl. Dieses Öl wird ständig abgesondert; es ist oberflächenaktiv, also für unsere Versuche geeignet.

Wir bauen aus einer großen und vier kleinen Korkscheiben sowie vier Nadeln eine Art Turbine. Die große Scheibe liegt flach, die kleinen sind senkrecht dazu angeordnet. An jede kleine Korkscheibe kleben wir mit Plastleim ein Stückchen Kampfer (Bild 1.59). Alles muß sorgfältig vor Fett geschützt werden;

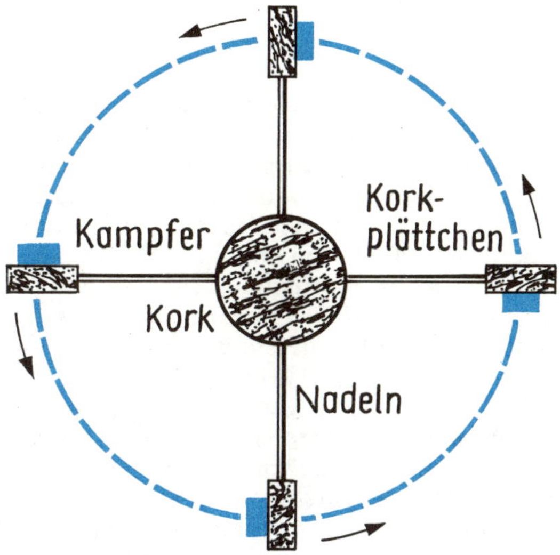

1.59 Die Kampferturbine

am besten mit Pinzette arbeiten! Sobald die Turbine auf das Wasser gesetzt ist, verändert das Öl, das aus den Kampferstückchen entweicht, die Oberflächenspannung des Wassers, und die Turbine dreht sich stundenlang, unter Umständen tagelang. Ist das ein Rückstoßantrieb? Die Frage ist nicht leicht zu beantworten!

Auf ähnliche Weise kann man Schiffchen mit Kampferantrieb bauen.

Das erlöste Öl

Wir füllen ein kleines Medizinfläschchen (mit sehr engem Hals) mit irgendeinem Öl bis an den Rand und stellen es in ein hohes Glasgefäß, beispielsweise einen Standzylinder. Jetzt füllen wir langsam dieses Gefäß mit Wasser. Das erste Ergebnis: Das Öl möchte wohl nach oben, wohin es dank seiner geringeren Dichte und dem damit verbundenen Auftrieb auch gehört – aber es wird durch die Oberflächenspannung des darüberliegenden Wassers daran gehindert (ähnlich wie im Versuch auf Seite 82). Wir gießen ein wenig oberflächenaktive Flüssigkeit in das Wasser; das Öl entweicht an die Wasseroberfläche.

Die Luft hat auch Gewicht

»Im luftleeren Raum kann weder ein Licht brennen noch ein lebendes Wesen existieren. Die Luft ist körperliches Etwas, die Wärme dehnt sie aus, die Kälte zieht sie zusammen, sie läßt sich zusammendrücken, doch hat die Verdichtung ebenso eine Grenze wie die Verdünnung. Die Luft hat Gewicht und drückt sich selbst, sie drückt auf alles, sie nimmt Schall und Geruch auf, wie Feuchtigkeit und Dämpfe.«

Das schrieb Otto von Guericke (1602 bis 1686) während seiner Experimente, die er mit der Luft und dem Luftdruck machte. Hauptberuflich ist er Ratsherr und Bürgermeister von Magdeburg gewesen; das war ein schweres Amt, besonders während des Dreißigjährigen Krieges. Wenige Jahre nach Friedensschluß begann Guericke mit seinen Versuchen gegen die damals herrschende Vorstellung, ein luftleerer Raum sei etwas Schreckliches. »Horror vacui«, »Angst vor dem luftleeren Raum« schrieb man sogar der Natur zu.

Guericke fand die Wahrheit und zeigte, daß es einen luftleeren Raum gibt, daß man ihn herstellen kann und wie man das macht und daß die Luft wie jeder Körper ein Gewicht hat. Das waren Entdeckungen von außerordentlich großer Tragweite, die auch damals schon Aufsehen erregten. Die wichtigste Erfindung Guerickes in diesem Zusammenhang war die Luftpumpe. Die ersten Modelle davon sind leider nicht erhalten geblieben; die älteste heute noch vorhandene Luftpumpe hat Guericke in den Jahren 1661 und 1662 gebaut.

Über 300 Jahre ist diese Pumpe heute alt! Sie diente zu Guerickes berühmtem Versuch mit den Magdeburger Halbkugeln. Er pumpte, wie schon erwähnt, zusammengefügte Halbkugeln, soweit er konnte, luftleer und spannte vor jede Halbkugel acht Pferde. Diese sechzehn Pferde konnten die Halbkugeln nicht voneinander losreißen, so stark drückte die Luft von außen darauf. Die Frage, wieviel »Pferdestärken« auf die Kugel eingewirkt haben – 8 oder 16 –, ist schon auf Seite 72 gelöst worden.

Guericke hat auch die Größe des Luftdrukkes gefunden: Er maß sie als gleich »dem einer neunzehn Magdeburgischen Ellen hohen Wassersäule« – das sind 10 m. Er wußte nichts davon, daß schon 1643 Torricelli, ein Schüler Galileis, den gleichen Wert mit der 76 cm langen Quecksilbersäule in der oben geschlossenen Glasröhre gefunden hatte.

Beide hatten erkannt, daß die Luft wie alle Körper von der Erde angezogen wird und mit etwa 100 kN auf 1 m² drückt. Nach dem bereits erwähnten Internationalen Einheitensystem (SI) gilt für die Einheit des Druckes

$1\,\mathrm{Pa} = 1\,\frac{\mathrm{N}}{\mathrm{m}^2}$. Da $1\,\mathrm{N} = 1\,\mathrm{kg}\cdot\mathrm{m/s}^2$ gilt, kann auch

$$1\,\mathrm{Pa} = 1\,\frac{\mathrm{N}}{\mathrm{m}^2} = 1\,\frac{\mathrm{kg}\cdot\mathrm{m}}{\mathrm{m}^2\cdot\mathrm{s}^2} = \frac{1\,\mathrm{kg}}{\mathrm{m}\cdot\mathrm{s}^2}$$ geschrieben werden.

Der normale Luftdruck liegt nach obigem Beispiel demnach bei

$$p = \frac{F}{A} = \frac{100\,\mathrm{kN}}{1\,\mathrm{m}^2} = 100\,\mathrm{kPa} = 0{,}1\,\mathrm{MPa}.$$

Neben Pa ist nur das Bar (vom griechischen barýs – schwer) befristet gültig, es gilt $1\,\mathrm{bar} = 0{,}1\,\mathrm{MPa}$.

Speziell für Luftdruckangaben hat sich in der Meteorologie das mbar (Millibar) eingebürgert, für das wir auch $1\,\mathrm{mbar} = 10^{-3}\,\mathrm{bar} = 10^{-3}\cdot 0{,}1\,\mathrm{MPa} = 0{,}1\,\mathrm{kPa}$ schreiben dürfen.

Wir können nun das Gewicht der Luft berechnen, die auf den Magdeburger Halbkugeln lastet: Der Durchmesser der Halbkugeln betrug 37 cm, die Kreisfläche dazu $A = \pi\cdot r^2 = 3{,}14\cdot 18{,}5^2\,\mathrm{cm}^2 = 1\,075\,\mathrm{cm}^2$.

Wir müssen die Kreisfläche und nicht die Kugelfläche nehmen, weil der Luftdruck nur bei senkrechter Wirkung die angegebene Größe hat. Die Kreisfläche gilt hier als Projektion der Kugelfläche. Wir stellen die Gleichung des Druckes

$p = \frac{F}{A}$ nach F um und erhalten

$$F = p\cdot A = 0{,}1\,\mathrm{MPa}\cdot 0{,}1075\,\mathrm{m}^2$$
$$= 0{,}1\cdot 10^6\,\frac{\mathrm{N}}{\mathrm{m}^2}\cdot 0{,}1075\,\mathrm{m}^2$$
$$= 10\,750\,\mathrm{N} = 10{,}7\,\mathrm{kN}\ \text{für jede Halbkugel.}$$

Perelman hat berechnet, daß (bei völlig luftleerer Kugel) zum Trennen 13 Pferde an jeder Seite nötig gewesen wären.

Kein Wunder, daß die Luft so viel wiegt: Die Lufthülle der Erde ist immerhin etwa 400 km dick. Freilich nimmt die Dichte (Masse je cm^3) mit steigender Höhe stark ab; einmal wird die Erdanziehung ja mit steigender Entfernung vom Erdmittelpunkt kleiner, zum anderen, und das ist wichtiger, drücken die oberen Luftschichten die unteren zusammen. Man schließt vom Abnehmen des Luftdruckes sogar auf die Höhe und baut nach diesem Prinzip Höhenmesser (Bild 1.60).

Die Lufthülle wird also von der Erdanziehung festgehalten, sie dreht sich mit der Erde. Warum ist das eine Voraussetzung zum Leben?

Auf den menschlichen Körper wirkt eine riesengroße Drucklast, bei 1,5 m^2 Körperoberfläche

$F = 0{,}1\,\text{MPa} \cdot 1{,}5\,\text{m}^2 = 0{,}1 \cdot 10^6 \cdot 1{,}5\,\text{N} = 150\,\text{kN}$.

Wir bemerken den Luftdruck im allgemeinen nicht, weil im Innern des Körpers (nach außen) genau der gleiche Druck herrscht; die Drücke sind vor allem durch Mund und Nase ausgeglichen. Steigt der Mensch schnell in große Höhe, so herrscht im Körper ein Überdruck; er führt zu Knacken und Sausen im Ohr und eventuell sogar zu Blutungen. Der Fluggast bekommt daher beim Start einen Bonbon; er soll ihn lutschen und dadurch schlucken. Durch das Schlucken wird der Druckunterschied ausgeglichen. Beim Landen geht das umgekehrt; wieder hilft der Bonbon.

Nicht ganz mit Tinte gefüllte Füllhalter laufen beim Befahren eines hohen Berges und beim Aufsteigen des Flugzeuges teilweise aus; die Luft im Halter entspannt sich bei dem geringen Luftdruck und drückt Tinte hinaus. Man muß darauf achten, daß bei nur teilweiser Füllung die Luft an der Feder sitzt und leicht entweichen kann, oder man benutzt einen Füllhalter mit Druckausgleich.

Der Luftdruck wird vielfältig ausgenutzt. Im Haushalt werden beim Einkochen von Lebensmitteln die Gläser mit dem Einkochgut in ein Wasserbad gestellt; sie werden mit Deckel und Gummiring verschlossen. Das Wasserbad (im Einkochkessel) wird zum Sieden gebracht. Dadurch erhitzt sich auch der Inhalt der Gläser, die Luft in ihnen dehnt sich aus und entweicht zwischen Glas und Deckel. Dieser darf also durch die Andruckfeder nicht zu fest gedrückt werden! Nach einer bestimmten Zeit läßt man alles abkühlen.

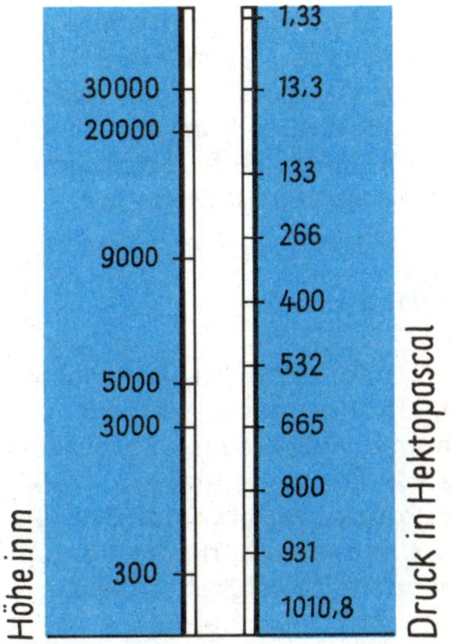

1.60 Der Luftdruck nimmt mit der Höhe ab

Auch der Inhalt der Gläser kühlt ab und mit ihm die eingeschlossene restliche Luft. Sie zieht sich wieder zusammen, nimmt weniger Platz ein als im heißen Zustand, und es entsteht jetzt ein Unterdruck. Das bedeutet, daß die Luft von außen Überdruck hat und dadurch den Deckel fest auf das Glas preßt. Deckel und Gummiring wirken wie ein Ventil; die heiße Luft wird von innen herausgelassen, die kalte von außen aber abgesperrt.

Physikalisch sehr eindrucksvoll sind die Vakuum-Verpackungen von gemahlenem Kaffee. Er wird in eine luftdichte Hülle aus Plastwerkstoff gefüllt; dann saugt man die Luft aus der Hülle und verschließt diese. Der äußere Luftdruck preßt Hülle und Kaffee zu einem festen Stück zusammen. Sobald die Hülle irgendwo geöffnet wird, dringt die Luft ein, und der Inhalt fällt auseinander. Auf diese Weise lassen sich viele Lebensmittel lange Zeit hindurch frischhalten. Bei Verpakkung in Blechbüchsen muß man überlegen, ob die geraden Flächen von Boden und Dekkel den Druck aushalten; meist erzeugt man hier nur ein Teilvakuum.

Das wichtigste Anwendungsgebiet des Luftdruckes sind die Pumpen aller Art. Wenn wir Saft mit einem Röhrchen aus dem Glas saugen, benutzen wir das Prinzip der Saugpumpe: Wir erzeugen durch Saugen einen Unterdruck, und der äußere Luftdruck, der auf die ganze Oberfläche des Saftes im Glase wirkt, drückt den Saft in das Röhrchen hinein. Erst wenn wir ein senkrechtes Rohr von mehr als 10 m Länge nehmen und oben (nun besser mit Maschinenkraft) saugen, dann bleibt das Wasser, 10 m lang, darin »hängen« – diese Wassersäule ist ebenso schwer wie die Luft, und es herrscht Gleichgewicht. Dadurch kann eine Saugpumpe kein Wasser höher als 10 m heben.

Wir messen den Luftdruck

Gemessen wird der Luftdruck in wissenschaftlichen Instituten noch vielfach mit dem sehr genauen Quecksilber-Barometer (Schweremesser). Die umstehende Abbildung zeigt das Prinzip. Im obersten Teil der Röhre ist ein Vakuum, eine Luftleere. Im täglichen Leben wird das flüssigkeitsfreie Barometer benutzt, auch Dosenbarometer oder Aneroidbarometer genannt; das Wort kommt vom griechischen a-nerós = nichtfeucht und éidos = Gestalt. Eine fast luftleer gepumpte Dose hat einen Deckel aus elastischem Metallblech. Je nach der Größe des Luftdruckes wird dieser Deckel mehr oder weniger in die Dose gedrückt, und die jeweilige Stellung wird auf einen Zeiger übertragen, der vor einer Skale spielt, auf der wir dann den Barometerstand ablesen können.

Wir ändern den Luftdruck

Das läßt sich leider nur in kleinstem Rahmen machen – sonst könnten wir das Wetter beeinflussen! Wir stecken ein Dosenbarometer in eine durchsichtige Plastiktüte, verschließen diese bis auf eine kleine Öffnung und blasen hinein. Sofort zeigt das Barometer einen höheren Wert an – der Kraft unserer Lunge entsprechend.

Wir wandern mit dem Barometer

Wir steigen mit einem gewöhnlichen Aneroidbarometer vom Keller eines hohen Hauses bis auf den Boden oder gar auf einen Kirchturm und vergleichen den Barometerstand zu Beginn und am Ende unserer Ersteigung. Der Zeiger ist zurückgegangen.

Der wandernde Tropfen

Wer kein Barometer besitzt, kann ein Gerät bauen, das schon geringe Druckunterschiede der Luft anzeigt. Eine große Flasche wird fest mit einem durchlochten Gummistopfen verschlossen. In den Stopfen stekken wir ein rechtwinklig gebogenes Glasrohr von etwa 1 mm lichter Weite; in die Mitte des waagerechten Rohrteils bringen wir einen Tropfen gefärbten Wassers. Die Flasche wird in einen Karton mit Watte oder einem anderen wärmedämmenden Stoff gesteckt, damit sich die Luft darin nicht durch Wärmeeinflüsse von außen ausdehnt oder zusammenzieht (das ist ein anderer Versuch!) (Bild 1.61).

Dieses kleine Gerät ist so empfindlich, daß der Tropfen schon den Luftdruck-Unterschied unten und oben im Zimmer anzeigt; wir wandern mit dem Gerät auch ein Stockwerk tiefer und höher. Je tiefer wir steigen, um so mehr drückt die Luft auf die Flasche und damit den Tropfen zur Flasche hin.

Ein anderes Gerät ist auch leicht zu bauen: Eine Flasche mit breiter Öffnung wird mit einer dünnen, dicht schließenden Gummimembran (etwa von einem Kinderluftballon) verschlossen. Die Membran bewegt sich mit dem wechselnden Luftdruck; man kann diese Bewegung leicht auf einen Zeiger übertragen, ausgehend von einer dünnen Korkscheibe, die man in der Mitte der Membran aufklebt.

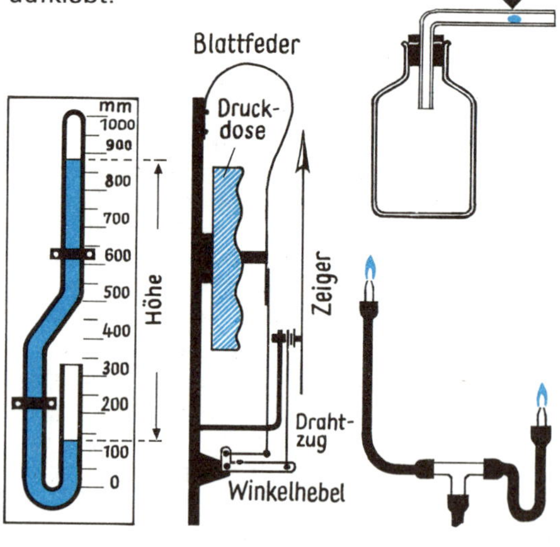

1.61 So wird der Luftdruck angezeigt und gemessen

Flammen zeigen den Luftdruck an

Zwei Glasspitzen werden mit Schläuchen an ein T-Stück angeschlossen, das mit der Gasleitung verbunden ist. Man regelt mit einem Gashahn den Gasdruck so ein, daß die an den beiden gleichhoch stehenden Glasspitzen brennenden Flämmchen etwa 1 cm lang sind; sie sollen noch eine gut erkennbare leuchtende Kappe haben (Bild 1.61).

Senken wir die eine der beiden Flammen um einige Zentimeter, so wird sie kleiner, denn sie steht unter einem größeren Luftdruck. Der Druckunterschied ist sehr klein, und doch macht er sich bei der Flamme bemerkbar. Da der (übrigens geringe) Gasdruck gleichbleibt, bekommt die höher stehende Flamme nun mehr Gas und wird größer, leuchtender.

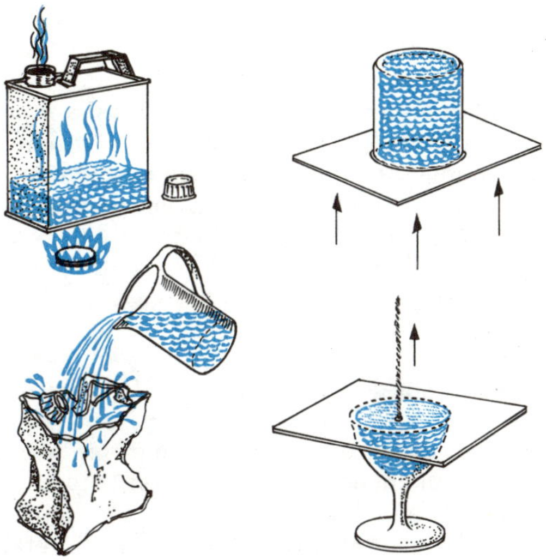

1.62 Versuche zur Luftdruckwirkung

Der Einweck-Grundversuch

Wir werfen ein brennendes Stück Papier in ein Einmachglas und lassen die Luft im Glas recht heiß werden; das Glas springt dabei hoffentlich nicht. Ist die Luft heiß, legen wir Gummiring und Deckel fest auf und lassen die Luft abkühlen. Dabei verringert sie ihr Volumen, und es entsteht im Glas ein Unterdruck; der äußere Luftdruck drückt den Deckel fest auf das Glas.

Diesen Versuch kann man auch mit einem Trinkglas machen; an Stelle des Glasdeckels spannt man eine dünne Gummihaut (etwa ein Stück eines Kinderluftballons) dicht und fest über die Glasöffnung. Die Gummihaut wird durch den äußeren Luftdruck tief in das Glas hineingedrückt. Verletzt man die Haut mit einer Messer- oder Nadelspitze, so dringt die Luft mit einem Knall in den luftverdünnten Raum ein.

Mit zwei Wassergläsern mit gleichen Randdurchmessern und einem dazu passenden Gummiring kann man diesen Versuch so ändern, daß er an die Magdeburger Halbkugeln erinnert: Die Luft in beiden Gläsern wird wieder erhitzt und verdünnt (hier genügt auch je ein brennender Kerzenrest); dann werden die Gläser mit dem Gummiring als Dichtung aneinandergedrückt. Sie halten nach dem Abkühlen fest zusammen.

Der zerschmetterte Kanister

Wir füllen in einen leeren Öl-Blechkanister mit rechteckigem Boden und dicht schließendem Verschluß (möglichst Schraubverschluß) einige Zentimeter hoch Wasser und bringen dieses über einer Gasflamme zum Sieden. Nach einigen Minuten hat der entstehende Wasserdampf die Luft weitgehend verdrängt.

Jetzt nehmen wir den Kanister von der Flamme und verschließen ihn gleichzeitig ganz dicht. Er kühlt ab, der Dampf kondensiert, und ein ziemlich großer Unterdruck entsteht. Im Gegensatz zu einer gewölbten Fläche halten die geraden Flächen des Behälters den äußeren Luft-Überdruck nicht aus; sie brechen nach innen zusammen – der Kanister »implodiert«. Am eindrucksvollsten geschieht das, wenn wir den verschlossenen Kanister gleich mit kaltem Wasser übergießen (Bild 1.62).

Dieser Versuch läßt sich im kleinen mit einer leeren Metalltube (von Zahnpasta oder anderem) durchführen. Die Tube, leergequetscht, aber ohne Biegestellen, wird verschlossen und vorsichtig erwärmt, bis die verdampfenden Reste des einstigen Inhaltes die Tube wieder ausgedehnt haben. Als »Sicherheitsventil« kann man dabei an Stelle der Verschlußschraube einen Pfropfen aus Kitt verwenden oder eine etwas zu große Verschlußmutter nehmen. Hat die Tube ihre alte Form wieder, so füllen wir etwa 5 ml Wasser hinein und bringen es vorsichtig zum Sieden. Während der Wasserdampf entweicht, nehmen wir die Tube von der Flamme und verschließen gleichzeitig die Öffnung fest. (Vorsichtig seitlich mit den Fingern herankommen, damit sie nicht verbrüht werden!) Wir übergießen die Tube mit kaltem Wasser – und sie wird durch den Luftdruck zusammengepreßt.

Das schwebende Wasser

Wir füllen ein Glas bis zum Rande mit Wasser, bedecken es mit einem Blatt starken, vorher angefeuchteten Papiers und drehen es um; dabei drücken wir das Papier an. Jetzt können wir das Papier loslassen – das Wasser fließt nicht aus! Der Luftdruck wirkt einseitig von unten und preßt das Papier an das Glas. Der Druck des Wassers von oben ist im Vergleich dagegen winzig; 10 m hoch müßte die Wassersäule sein, wie schon Torricelli gefunden hat (Bild 1.62).

Der Luftdruck trägt ein Glas

Diesmal nehmen wir ein möglichst leichtes Glas, um das Schicksal nicht herauszufordern. Wir fetten den Rand etwas ein und füllen das Glas bis zum Rande mit Wasser. In der Mitte einer kreisrunden Scheibe aus Karton, etwas größer als die Glasöffnung, befestigen wir einen Bindfaden; entweder kleben wir das Ende auf den Karton fest, oder wir führen ihn durch ein kleines Loch im Karton hindurch. Im letzten Fall muß das Loch hinterher sorgfältig mit Paraffin oder Plastklebstoff gedichtet werden. Die Kartonscheibe wird auf den Glasrand gepreßt; jetzt läßt sich das Glas am Faden hochheben und sogar pendeln. Der Grund ist der gleiche wie bei dem vorhergehenden Versuch.

Weiteres vom Unterdruck

Es gibt noch viele, sehr viele Versuche dieser Art: eine Flasche voll Wasserdampf an einem Teller haften lassen, den Handteller mit herabhängenden Fingern in ein Glas drücken und die Finger dann ausstrecken – das Glas haftet an der Hand; einen der Gummi-Sauger benutzen, mit denen Haken an glatten Flächen haftenbleiben, und anderes mehr. Wenn wir noch ein hartgekochtes Ei zur Verfügung haben, können wir es folgendermaßen zu einem Versuch mißbrauchen: Wir verdünnen auf die bekannte Weise – Abbrennen von Papier – die Luft in einer Wasserkaraffe. Als Stöpsel setzen wir das hartgekochte und geschälte Ei auf den Flaschenhals. Das Ergebnis ist sehenswert: Das Ei wird immer länger und schmäler, gleitet durch den Flaschenhals und fällt plötzlich mit lautem Knall in die Flasche. Wie das Ei freilich wieder aus der Karaffe herauskommt, das ist eine andere Frage.

1.63 Teils »spritzige« Luftdruckversuche

Harmloser ist der Versuch mit dem aufsteigenden Reagenzglas. Wir brauchen zwei solche Gläser, ein größeres sowie ein kleineres, das leicht in das größere hineingeht; etwa 17 mm lichte Weite beim großen, 15,5 mm Außendurchmesser beim kleinen Reagenzglas. Wir füllen das große Glas halb mit Wasser und stecken das leere kleine Glas hinein; das Wasser füllt den Zwischenraum zwischen beiden Gläsern aus. Wir legen ein Tuch in das Becken oder die Schüssel, über der wir den Versuch machen, damit das Glas beim Mißlingen des ersten Versuches nicht zerbricht. Wir drehen beide Gläser sehr schnell um 180°; das kleine hängt in dem großen. Während Wasser aus dem Zwischenraum ausläuft, steigt das kleine – notfalls nach einem kleinen Anstoß – mit wachsender Geschwindigkeit in das große Reagenzglas hinein. Diese verblüffende Erscheinung hat mehrere Gründe; der Luft-Unterdruck, der oben im großen Glas durch das Herausfließen des Wassers entsteht, ist daran wesentlich beteiligt (Bild 1.63).

Daß mehrere Naturgesetze zur Erklärung eines Versuches nötig sind, kommt nicht selten vor. Erinnern wir uns der Schlag- und Reißversuche mit der Zeitung auf den Seiten 40 und 42. Damals hatten wir zwar das Gewicht der Luft schon als einen Grund für das Gelingen genannt, die ganze Sache aber hauptsächlich mit dem Trägheitswiderstand der Luft begründet. Jetzt wissen wir, wieso auch der Luftdruck eine Rolle bei den genannten Versuchen spielte: Weil seitlich unter die eng anliegende Zeitung nicht schnell genug Luft einströmen konnte, hätte sich dort ein luftverdünnter Raum bilden müssen; das ließ der Luftdruck nicht zu. Er war stärker als das Holz und als das Zugseil.

Der Springbrunnen

Hier gibt es verschiedene Möglichkeiten. Das eine Verfahren, Wasser aus größerer Höhe herab in die Springbrunnenspitze laufen zu lassen (Naturgesetz der kommunizierenden Röhren, miteinander verbundene Flüssigkeiten stellen sich gleichhoch ein), dieses Verfahren wollen wir nicht anwenden. Wir sind mit dem Luftdruck beschäftigt und lassen diesen für uns arbeiten. Also lassen wir den Luftdruck Wasser in ein luftverdünntes Gefäß drücken! Wir lassen in einem Rundkolben (keinen Kochkolben mit flachem Boden verwenden! Warum?) vorsichtig etwas Wasser sieden. Die Rundkolben sind ziemlich dickwandig und springen leicht bei zu schnellem Erhitzen! Die dicken, gewölbten Wände halten aber dem äußeren Luftdruck am besten stand. Ist der Kolben voll Wasserdampf und die Luft hinausgedrückt, dann nehmen wir den Kolben von der Flamme fort und verschließen ihn ganz dicht mit einem Stopfen, in dem ein Glasrohr steckt. Ein Ende des Rohrs läuft in eine Spitze mit enger Öffnung aus; diese Spitze ragt in den Kolben. Das andere Ende des Rohrs haben wir vorher in Wasser gesteckt. Der Rest des Wassers im erhitzten Kolben muß unterhalb der Spitze bleiben. Da der äußere Luftdruck unseren Kolben eventuell zerdrücken kann, umwikkeln wir ihn nahezu vollständig mit einem Handtuch (Bild 1.63). Es wird auch gut sein, bei diesem Versuch eine Schutzbrille zu tragen.

Sobald der Kolben sich abkühlt, kondensiert der Wasserdampf darin; ein luftverdünnter Raum entsteht, und der Springbrunnen ist da. Es wird so viel Wasser hineingedrückt, wie wir vorher Luft entfernt haben. Noch schneller erhalten wir einen Springbrunnen nach der Abbildung 1.63. In der Flasche muß noch genügend Luft sein; diese verdichten wir durch kräftiges Blasen in die Röhre. Diese Anordnung nennt man »Heronsball«.

Am schnellsten haben wir unseren Springbrunnen, wenn wir einen Trichter sehr schnell in Wasser drücken, mit dem Ausflußrohr nach oben. Er bringt freillich nur einen kurzen, stoßartigen Strahl zustande (Bild 1.63), aber der springt ziemlich hoch. Es erhebt sich die bange Frage: Gehört dieser Springbrunnen überhaupt hierher?

Wir wägen die Luft

Die Luft läßt sich tatsächlich fast so leicht wie irgendein Gegenstand wägen: Wir brauchen dazu eine möglichst empfindliche Balkenwaage, einen Rundkolben und einen dazu passenden Gummistopfen mit einer Bohrung, ein Glasrohr mit Hahn für den Stopfen und schließlich unsere Wasserstrahl-Luftpumpe. Der Rundkolben mit fest eingesetztem Stopfen und offenem Hahn wird genau gewogen. Wir verdünnen danach die Luft im Kolben soweit wie möglich und wägen wieder. Die Differenz ist die Masse m der herausgepumpten Luft. Jetzt stecken wir das aus dem Stopfen ragende Glasrohr in das Wasser und öffnen den Hahn (vorher Schutzbrille aufsetzen!). Durch den äußeren Luftüberdruck wird ebensoviel Wasser in den Kolben gedrückt, wie wir vorher herausgepumpt haben. Ist der Druck ausgeglichen, so messen wir in einem Meßglas die Menge (das Volumen) des eingedrungenen Wassers und kennen damit zugleich die Menge der herausgepumpten Luft. Deren Masse war uns durch die Wägung bekannt; nun können wir auch die Dichte $\varrho = \frac{m}{V}$ der Luft berechnen. Ein Liter (1 000 cm^3) Luft hat eine Masse von 1,293 g.

Eine Münze ins Trockene bringen

Auf einem flachen großen Teller liegt an einer Seite eine Geldmünze in so viel Wasser, daß sie eben damit bedeckt ist. Diese Münze darf derjenige behalten, der sie mit den Fingern herausholt, ohne daß diese dabei naß werden und ohne daß das Wasser ausgekippt wird.

Kluge Menschen legen an einer anderen Stelle des Tellers Münzen etwa 1 cm hoch übereinander ins Wasser und stellen darauf einen Kerzenstumpf. Sie zünden die Kerze an und stülpen ein Wasserglas darüber. (Das zu erobernde Geldstück liegt außerhalb des Glases). Das Wasser steigt im Glas empor, und die Münze liegt bald greifbar auf dem Trockenen! Warum?

Ist die Kaffeekanne hinterhältig?

Nein, natürlich nicht; der Benutzer hat nur nicht physikalisch nachgedacht. Die Kanne war voll guten Kaffees, der Deckel, an der Unterseite naß geworden, saß luftdicht auf der Kanne. Der Gastgeber hielt die Kanne schräg, um einzuschenken – kein Kaffee kam. Er hielt sie noch schräger – plötzlich sprang ein starker Kaffeestrahl heraus, natürlich über die Tasse hinweg auf das (in solchen Fällen immer frische) Tischtuch.

Die Erklärung liegt auf der Hand. Durch den luftdicht schließenden Deckel kann keine Luft nachströmen. Der Kaffee fließt erst, wenn die Luft durch den Ausguß Eingang findet oder der Deckel plötzlich Luft durchläßt. Abhilfe gibt ein kleines Luftloch im Deckel; sonst muß man vor dem Einschenken stets den Deckel anheben. Nebenbei bemerkt: Teekannen benehmen sich genauso.

Einiges von der Strömung

Wir wollen uns einiger Beobachtungen erinnern, die wir früher gemacht haben, ohne darüber nachgedacht zu haben: Wird der Wasserhahn wenig aufgedreht, dann fließt der Strahl gleichmäßig, ruhig; dreht man weiter auf, so wird er wild, unruhig. Der Rauch aus dem Schornstein steigt bei Windstille kerzengerade hoch und bildet dann merkwürdige Figuren, richtige Wirbel. Fragen tauchen auf: Wie wirkt eigentlich unsere Wasserstrahlpumpe? Warum kann man im fahrenden Wagen das Fenster ein wenig öffnen, ohne daß der ruhige Luftzug stört – während bei offenem Fenster die Luft unangenehm wirbelt? Wieso zieht das hintere kleine Fenster die verbrauchte Luft aus dem Wagen? Und wie ist die Sache mit den Zerstäubern, ganz gleich, ob es um guten Duft oder gegen die Fliegen geht?

Wieso bilden sich bei Wind auf dem Wasser Wellen? Etwa aus dem gleichen Grund wie die »Sandwellen« in den Dünen und in der Wüste? Und warum kann ein Sturm Dächer abdecken und Fensterscheiben nach außen drücken, wenn er gar nicht unter das Dach und hinter die Scheibe kommen konnte? Warum flattert eine Fahne im Wind, nicht einmal die Windfahne steht still?

Schichten und Wirbel

Fragen über Fragen, und doch sind alle mit Hilfe weniger Naturgesetze zu beantworten. In Wasser und in Luft – beide Medien verhalten sich in dieser Hinsicht weitgehend gleich – haben wir zwei Arten von Strömungen: die gleichmäßige und die wirbelnde; der aufsteigende Rauch zeigt beide. Der Physiker nennt die gleichmäßige *laminar* (vom lateinischen lámina = Blatt, Schicht). Man stellt sich die strömende Flüssigkeit oder das strömende Gas in einzelnen Schichten, Streifen oder Linien vor; jedes Teilchen bleibt stets in einer bestimmten Fläche und bewegt sich in Richtung des Stromes. Wirbel entstehen nicht, denn die setzen voraus, daß Teilchen ihre Richtung ändern.

Da gibt es wieder eine Grenzfläche, die (beispielsweise bei Wasser im Rohr) die Rohrwandung benetzt und ruhig sitzenbleibt. Dort entstehen leicht Reibungen. Wird die sogenannte *kritische Geschwindigkeit* überschritten, so bilden sich in der Grenzschicht und durch die innere Reibung auch innerhalb des Stromes Wirbel; viele Teilchen sind aus ihrer Strömungsrichtung abgelenkt worden. Die wirbelnde oder – wie der Physiker sagt – die *turbulente Strömung* entsteht (vom lateinischen turbuléntus – unruhig, stürmisch, voller Wirbel). Sie ist weitaus häufiger als die laminare und bringt viele merkwürdige und häufig höchst unerfreuliche Wirkungen hervor (Bild 1.64). Wir sehen bei stärkerem Wind gelegentlich, wie der Staub in den Straßen hochwirbelt. So wirbelt die Luft um den ganzen Erdball, hier drückend (verstärkter Luftdruck), dort saugend (verminderter Luftdruck), und auf diese Weise entstehen die Wellen im Wasser und im Sand, werden Dächer hochgehoben und Fenster nach außen gedrückt (der Luftdruck innen, unter dem Dach und hinter dem Fenster, wird plötzlich größer als außen). Hinter einem Fahnenmast bildet der Wind eine Wirbelstraße; daher flattert die Fahne (Bild 1.65).

Wirbel sind unberechenbar, wenn sie als Naturereignis auftreten; hier können sie nur Schaden anrichten. In berechenbaren Ausmaßen dagegen benutzt sie der Mensch vielfach für seine technischen Zwecke; er hat gelernt, sie je nach den Gegebenheiten zu erzeugen oder auch zu vermeiden.

Große Bedeutung hat der *Strömungswiderstand*, das ist der Widerstand, den die Luft dem bewegten Körper entgegensetzt. Es ist dabei gleich, ob sich die Luft bewegt und der Körper ruhig verhält oder umgekehrt; wichtig ist die relative Geschwindigkeit des einen Teiles gegenüber dem anderen. Die Größe des Strömungswiderstandes ist von der Größe, der Form und der Oberflächenbeschaffenheit des »angeströmten Körpers« und von der Dichte des strömenden Mediums (etwa der Luft oder des Wassers) ab-

1.64 Die laminare Strömung wird turbulent

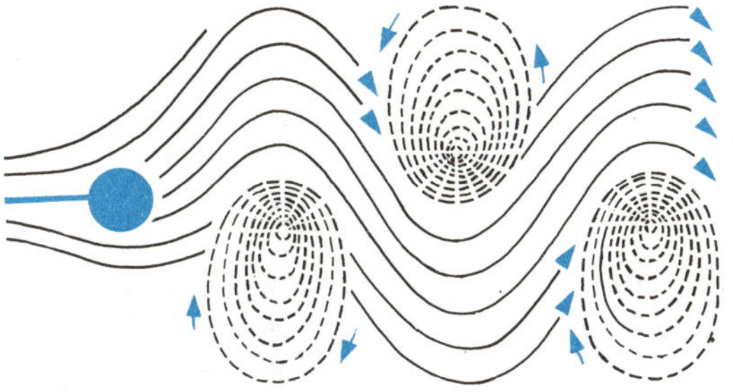

1.65 Strömungsverlauf in Wirbeln

hängig. Die Abbildung 1.66 zeigt, wie sich die Form des Körpers auswirkt. Je mehr Wirbel sich an einem fliegenden oder fahrenden Körper ausbilden, um so größer ist der Strömungswiderstand; die Wirbel saugen den Körper zurück. Man muß also Fahrzeugen möglichst solche Form geben, die die Wirbelbildung vermeidet. Das ist ein Musterbeispiel dafür, wie die Naturgesetze die Technik beeinflussen. Je einfacher und unmittelbarer die Maschine den Forderungen der Naturgesetze entspricht, um so wirtschaftlicher arbeitet sie, um so weniger Energie geht dabei in unerwünschte Formen über, die nicht nützen, sondern nur schaden können.

Die Wirbel hinter dem Brett

Wir füllen eine Wanne mit Wasser und streuen Korkmehl, Bärlappsamen oder einen anderen leichten, fettfreien Schwimmkörper in fein verteilter Form darauf. Dann fahren wir mit einem senkrecht gehaltenen Brettchen im Wasser von einer Seite zur anderen. Ergebnis: Hinter dem Brettchen bilden sich kräftige Wirbel.

Dinge im Bereich dieser Wirbel werden sogar mitgezogen; das wird der nächste Versuch zeigen. Wir werden hier an den Schrittmacher und den Steher im Rennsport erinnert: Auch im Rücken des Schrittmachers entstehen Wirbel, und diese ziehen »im Sog« den Steher bis zu einem gewissen Grade mit.

Die künstlichen Rauchringe

Nicht jeder Raucher kann formvollendete Ringe blasen – und dem Nichtraucher darf man das sowieso nicht zumuten. Also stellen

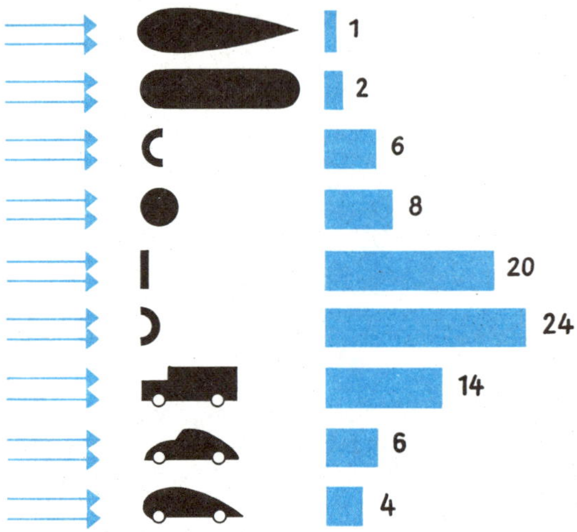

1.66 Verhältnis der Luftwiderstände verschiedener Körper

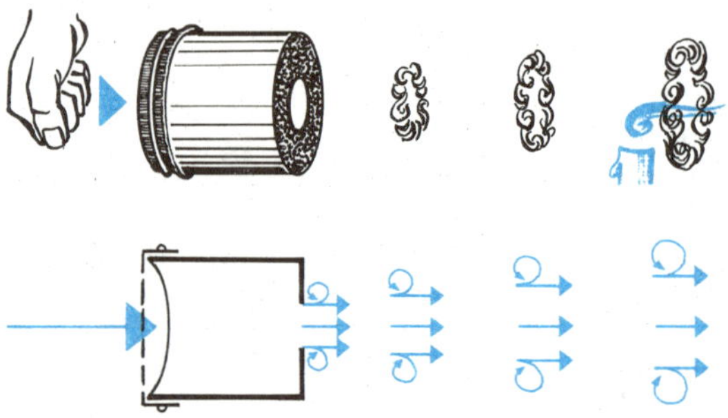

1.67 Rauchringe

wir sie künstlich her, denn sie sind, physikalisch gesehen, geschlossene Wirbel und recht reizvoll.

In den Boden einer großen Konservendose oder Pappbüchse schneiden wir ein rundes Loch von 1 bis 2 cm Durchmesser (gegebenenfalls auch bis 4 cm; das muß man prüfen). An Stelle des Deckels wird eine Gummi- oder Zellophanhaut luftdicht über die Öffnung gespannt; auch ein Deckel aus Plastwerkstoff von einer runden Bonbondose ist oft gut geeignet. In etwa 50 cm Entfernung von der Dose stellen wir eine brennende Kerze auf; die Flamme muß so hoch stehen wie das Loch in der Dose (Bild 1.67).

Nun füllen wir die Dose mit Tabakrauch; im Notfall hilft auch ein Räucherkerzchen oder ein glimmender Schnürsenkel. Ist die Dose mit Rauch gefüllt, dann klopfen wir gegen die elastische Bespannung. An der Dosenöffnung erscheint ein ringförmig geschlossener Rauchwirbel; er löst sich ab und fliegt schnell senkrecht zu seiner Ebene fort. Hat er die Flammen erreicht, zeigt sich etwas höchst Merkwürdiges: Der Wirbelring benimmt sich wie ein fester Körper und löscht die Flamme aus. So stark ist die Luftbewegung im Wirbel.

Die anhängliche Pappscheibe

Nach der Abbildung 1.68 werden auf einem straff gespannten Draht zwei leicht bewegliche Pappscheiben, eine große und eine kleine, befestigt. Bewegt man die große schnell, so wird die kleine an die große herangezogen.

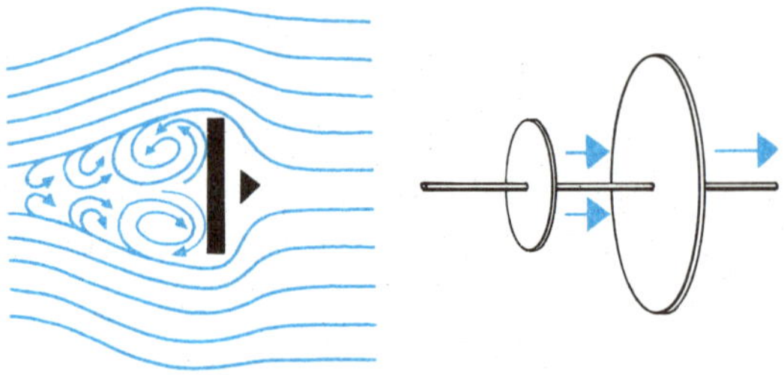

1.68 Die anhängliche Pappscheibe

Geschwindigkeit und Druck

Dieses Experiment zeigt uns, daß der statische Druck der strömenden Teilchen von ihrer Geschwindigkeit abhängt. Hinter der großen Pappscheibe entsteht bei genügender Geschwindigkeit ein Wirbelgebiet. Hier haben die Teilchen eine größere Geschwindigkeit, und dadurch wird der statische Druck geringer als in der Umgebung. Wir stellen fest: *Je geringer die Geschwindigkeit der strömenden Teilchen ist, um so größer ist der statische Druck, den sie (etwa auf die Rohrwandung) ausüben – und umgekehrt.* Auf diese Weise verändert sich beim Orkan mit seiner großen, oft wechselnden Luftgeschwindigkeit der Luftdruck in unregelmäßigen Stößen, und die Dächer werden durch den dabei zeitweilig auftretenden Überdruck von innen hochgehoben. Dazu wollen wir noch einige Versuche anstellen.

Die hängenden Postkarten

Wir hängen zwei gewölbte Postkarten mit kleinem Abstand nebeneinander auf und blasen von oben in den Zwischenraum. Das Ergebnis verblüfft so sehr, daß man die Erscheinung ein *Paradoxon* nennt, ein scheinbar Widersinniges: Die Karten gehen nicht etwa auseinander, sondern zusammen. Wir wissen, warum: Infolge der schnellen Luftströmung entsteht ein Unterdruck zwischen den Karten; die Außenluft mit ihrem unveränderten Druck preßt sie zusammen (Bild 1.69 a).

Aerodynamische Experimente mit einem Trichter

Wir versehen einen Trichter, etwa 10 cm Durchmesser, mit einem Gummischlauch, den wir (nach Säuberung) in den Mund stekken können. Wir blasen stark durch den Trichter und nähern seinen unteren Rand einem Watteflöckchen. Es wird in den Trichter gesaugt und zeigt deutlich die Luftwirbel an.

Wir halten die Mitte der Trichteröffnung vor eine Kerzenflamme und blasen: Die Flamme wird angesaugt.

Wir legen einen passend geschnittenen Papierkegel, etwa aus Filterpapier oder Durchschlagpapier, in den Trichter und blasen: Der Kegel wird in den Trichter hineingezogen (Bild 1.69 b).

Die paradoxen Pappscheiben

Wir schneiden aus dünner Pappe zwei Kreisscheiben von etwa 8 cm Durchmesser; eine von ihnen erhält als Führung vier kleine nach oben gebogene Zungen. Die obere Scheibe bekommt in der Mitte ein Loch. Darüber kleben wir luftdicht einen durchbohrten Korken mit Glasröhrchen. Saugen wir an der Röhre, so bleibt die untere Scheibe an der oberen

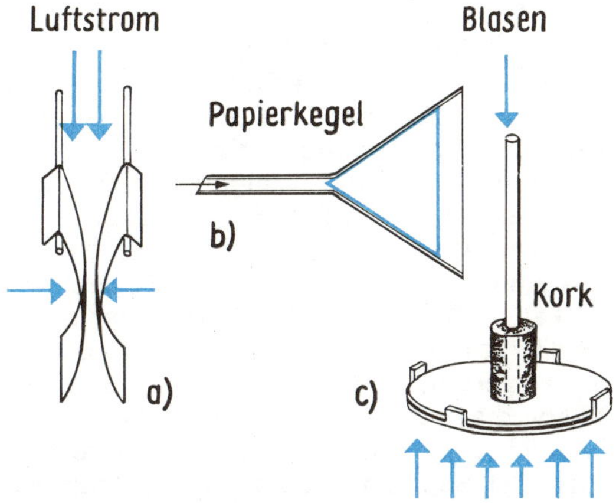

1.69 Paradoxe Wirkungen der Strömung

haften — wir haben ja die Luft innen verdünnt, und die Außenluft drückt nun. Aber die untere Scheibe wird auch angezogen, wenn wir blasen!

In bewegter Luft ist der statische (ruhende) Druck nach den Seiten verringert. In unserem Gerät strömt die Luft zwischen den Scheiben nach außen; also ist hier der Druck geringer als auf der Unterseite der unteren Scheibe (mit Ausnahme der Mitte, in der unser Blasstrom auftrifft). Die untere Scheibe wird also zunächst angesaugt. Dadurch wird der Blasstrom gedrosselt; die Scheibe steigt wieder. Ein *dynamisches Gleichgewicht* zwischen Sog und Schwerkraft entsteht, und in diesem hält sich, leicht zitternd, die untere Scheibe (Bild 1.69 c).

Experimente mit dem Haartrockner

Wir befestigen einen Haartrockner so, daß sein Luftstrom senkrecht nach oben gerichtet ist. Wir schalten ein und bringen einen Tischtennisball in den Luftstrom; der Ball schwebt in einigen Zentimetern Entfernung. Sein Gewicht F_G wird durch die dynamische Druckkraft F_D des Luftstromes aufgehoben; es herrscht Gleichgewicht. Stellen wir den Luftstrom schräg ein, so bleibt der Ball noch im Strom (Bild 1.70).

Mit einiger Geschicklichkeit kann man den Ball auch unten an den 45° schrägen Luftstrom hängen. Er taucht so weit in die Strömung ein, daß die Stromlinien genügend verdichtet werden und dadurch ein Sog entsteht. Das Kräfteparallelogramm macht das klar: S ist der Auftrieb (Sog), G das Gewicht des Balls, D die dynamische Druckkraft, R die aus S und D resultierende Luftkraft, die dem Gewicht G das Gleichgewicht hält.

Nähern wir diesem »hängenden« Ball von oben her eine gewölbte Fläche (Blech, Flasche von etwa 10 cm Durchmesser oder etwas Ähnliches), so werden die Stromlinien stärker verdichtet. Dadurch wird der statische Druck des Luftstromes nach den Seiten weiter verringert, der Sog größer, und der Ball wird angehoben und berührt die Fläche. Dadurch wird der Luftstrom aber unterbrochen, der Ball fällt in die vorherige Lage zurück – und das Spiel beginnt von neuem.

Der Unterdruck im Zerstäuber

Ein U-förmig gebogenes Glasrohr, an einem senkrechten Brettchen befestigt und halb mit gefärbtem Wasser (etwas Tinte nehmen) gefüllt, ist ein trefflicher Druckanzeiger (Manometer) für unser Labor; es zeigt Überdruck und Unterdruck an.

Ein Zerstäuber besteht immer aus einem Druckrohr, einem Saugrohr und einem Flüssigkeitsbehälter. Das Druckrohr ist am Ende verengt zu einer kleinen Düse. Dadurch werden die Luftstromlinien verdichtet, und ein Sog entsteht. Die Folge ist ein Unterdruck in der Düse und noch ein Stück vor ihr. In diesen Unterdruckbereich ragt das Saugrohr; es leitet die Flüssigkeit nach oben. Sie wird zerstäubt, sobald sie in den Druckluftstrom gerät; das ist die zweite Aufgabe des Stromes.

Die Anordnung entsprechend der Abbildung 1.71 ist leicht aus Glasröhrchen nachzubauen; man kann auch in einer Farbenhandlung einfache Zerstäuber billig kaufen. Blasen wir in das Druckrohr, so zeigt der Druckmesser Unterdruck an. Wir dürfen dabei nicht so stark blasen, daß die Meßflüssigkeit zerstäubt! Das ist zwar eindrucksvoll, aber unzweckmäßig.

In der gleichen Weise wirkt auch unsere Wasserstrahl-Luftpumpe – nur daß bei ihr ein lotrechter Wasserstrahl den Unterdruck hervorruft. Weitere Anwendungen haben wir im Bunsenbrenner, in der Kessel-Speisewasserpumpe (Injektor), beim Vergaser in Kraftfahrzeugen, in Schornsteinen (bei Wind) und beim Heber für giftige Flüssigkeiten.

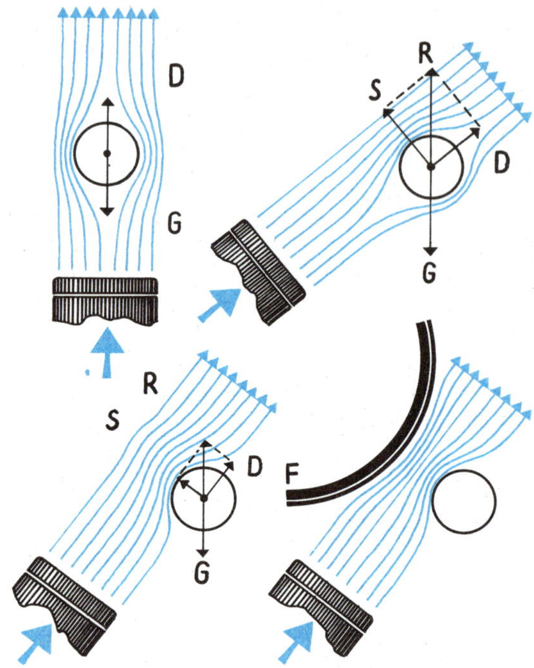

1.70 Experimente mit dem Haartrockner

Warum steigt ein Flugzeug?

Nach allem, was wir bisher behandelt haben, ist die Antwort nicht mehr schwer. Die beiden Tragflächen links und rechts am Rumpf tragen das Flugzeug mit Hilfe eines besonderen Profils (Querschnitts). Es ist ein Stromlinienprofil. In der Luftströmung (relativ zum Flugzeug) werden die Stromlinien oberhalb des Profils zusammengedrängt; die Strömungsgeschwindigkeit wird dadurch größer – ein Sog entsteht.

An der Unterseite geschieht das Gegenteil. Die Stromlinien werden auseinandergezogen; die Geschwindigkeit nimmt ab, und der Ruhedruck steigt. Sog von oben und Druck von unten ergeben eine Kraft, die senkrecht nach oben gerichtet ist – den *dynamischen Auftrieb*. Zwei Drittel Anteil daran hat der Sog, ein Drittel der Druck. Der dynamische Auftrieb hängt nicht nur vom Profil ab, sondern auch von dem Winkel, unter dem das Profil umströmt wird, dem *Anstellwinkel*. Wird der Anstellwinkel zu groß, so bilden sich Luftwirbel, und der dadurch entstehende Energieverlust vermindert den Auftrieb (Bild 1.72).

1.71 *Zerstäuber-Wirkungen*

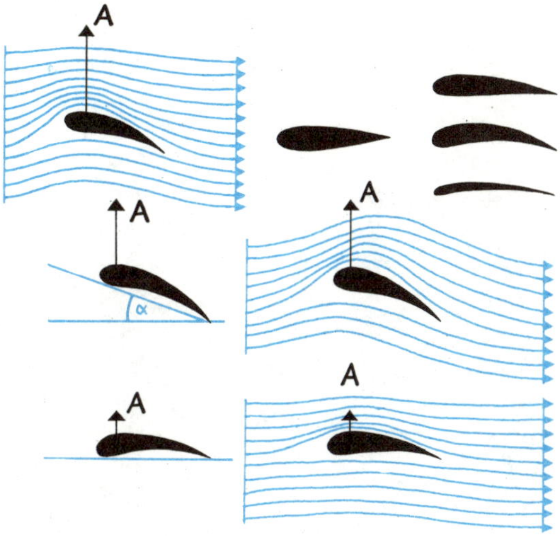

1.72 Profile und ihr Verhalten in der Strömung

In wissenschaftlichen Instituten werden die besten Profilformen experimentell in Strömungskanälen ermittelt – nicht nur für Flugzeuge, sondern auch für die Verkehrsmittel zu Wasser und zu Lande. Die Abbildung 1.72 zeigt einige wichtige Profilformen. Wir wollen nun versuchen, den dynamischen Auftrieb zu messen.

Der dynamische Auftrieb

Zunächst ein kleiner Vorversuch: Wir fassen ein Blatt Schreibmaschinenpapier Format A4 an den unteren beiden Ecken mit Daumen und Zeigefinger. Die beiden Mittelfinger spreizt man so, daß das Blatt zu ihnen ansteigt und mit einer Wölbung über sie hinabfällt. Blasen wir scharf waagerecht über die Wölbung hinweg, so wird das Blatt durch den dynamischen Auftrieb gehoben. Hierbei knickt es meist in der Längsrichtung ein und bleibt dann so stehen.

Es geht auch so: Wir kleben einen Papierstreifen, 20 cm × 3 cm, mit den Enden spitz zusammen und biegen ihn in eine Form, die dem Tragflächenprofil ähnelt. Diese Schlinge legen wir mit der Wölbung über einen Bleistift, halten die Klebestelle waagerecht dazu und blasen das Ganze an. Während der Luftströmung hält sich die Schlinge durch den Auftrieb allein waagerecht (Bild 1.73).

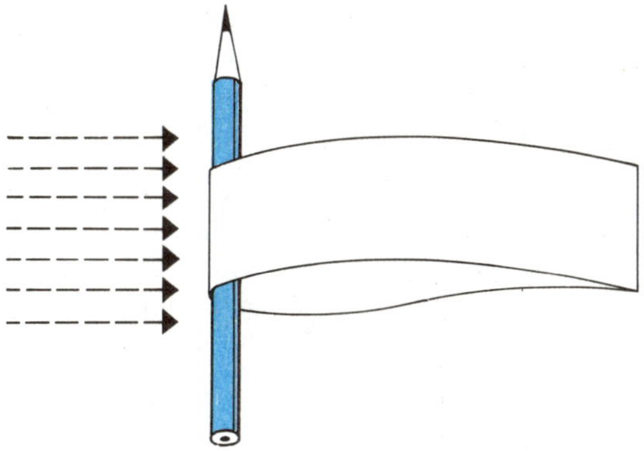

1.73 Aerodynamischer Auftrieb einer Papierschleife

Wir bauen ein Meßgerät

Aus einem leicht beweglichen Hebel und einem Zugkraftmesser bauen wir uns nach der Abbildung 1.74 ein Meßgerät für den aerodynamischen Auftrieb.

Es ist eine *Einkomponentenwaage*, denn sie mißt nur den Auftrieb als eine Komponente.

Zum Vergleich des Gewichts des Tragflügelmodells hängen wir an den Zugkraftmesser einen kleinen Körper. Die Längen um den Drehpunkt müssen gleich sein; andernfalls müssen wir nach dem Hebelgesetz umrechnen. An Stelle des Zugkraftmessers (oben) können wir unten einen passenden Druck-

1.74
Versuche mit der Einkomponentenwaage

kraftmesser verwenden. Blasen wir das Profil mit unserem Haartrockner an, so zeigt der Kraftmesser den Auftrieb an. Den Anstellwinkel verändern wir dann mehrmals und messen jedesmal erneut.

Das Tragflächenmodell kneten wir aus Plastilin oder kleben es aus glattem Schreibpapier (als Bespannung) und drei Papprippen mit Falzen. Ein dünner Holzstab versteift das ganze Modell. Wir messen die Auftriebswerte unter verschiedenen Anstellwinkeln (bis zur Wirbelbildung) und tragen die Werte in eine Zahlentafel ein.

Wir messen den Luftwiderstand

Die hierfür geeignete Einkomponentenwaage kennen wir bereits; die Luft strömt diesmal von oben. Aus Plastilin können wir alle möglichen Körper formen und deren Luftwiderstand messen.

2
MOLEKÜLE UND BEWEGUNG

Von der Wärme

Wir haben an verschiedenen Stellen von der Wärme gehört. Sie entsteht beispielsweise bei jeder Bewegung durch Reibung; mechanische Energie, die dabei verlorengeht, tritt plötzlich in Form von Wärme wieder auf. Der kluge Mensch gibt sich mit den einfachen Tatsachen nicht zufrieden, sondern fragt: »Was ist das für eine merkwürdige Angelegenheit mit dieser Wärme, die überall auftaucht?« Einmal brauchen wir sie dringend; da geben wir uns viel Mühe, sie zu erzeugen, und wir bewahren sie in dämmenden Hüllen sorgfältig auf — ein andermal ist sie uns höchst unwillkommen, und wir versuchen sie schnellstens an die Umgebung loszuwerden.

Auf jeden Fall ist die Wärme eine der häufigsten und wichtigsten Erscheinungen unseres gesamten Lebens, und es lohnt sich, sie etwas näher zu betrachten und über sie nachzudenken.

Energie wird verwandelt

Den Zusammenhang von Wärme und Bewegung haben die Menschen beim Feuerbohren, Feuerschlagen und beim Hämmern von Metallstücken, die dabei warm wurden, schon sehr früh erkannt. Der umgekehrte Vorgang — die Umwandlung der Wärmeenergie in mechanische — zeigte sich, als verschlossene Gefäße mit siedendem Wasser durch den Dampfdruck (also eine durch Wärmeeinfluß entstandene mechanische Kraft) zersprangen; seit der zweiten Hälfte des 17. Jahrhunderts nutzt man diese Erfahrung in der Dampfmaschine aus. Aus diesen Forschungen entwickelte sich folgerichtig die ganze Lehre von den Beziehungen zwischen den verschiedenen Formen der Energie (deren Summe immer gleichbleiben muß!): zwischen mechanischer und chemischer Energie, Wärme, Licht, Magnetismus und Elektrizität. Immer mehr solcher Zusammenhänge zu finden, immer mehr Erscheinungen und Wirkungen auf ein und dieselbe Ursache zurückzuführen, ist eine der Hauptaufgaben der Forschung in der Naturwissenschaft.

Diese grundlegenden Erkenntnisse wurden im *ersten Hauptsatz* der Wärmelehre niedergelegt: *Mechanische Arbeit und Wärme sind zwei Energieformen, die sich in einem bestimmten Verhältnis ineinander umwandeln (überführen) lassen.* Bei allen Umwandlungen zwischen diesen Energien bleibt die Summe der Energiebeträge erhalten. Dieser »Satz von der Erhaltung der Energie« ist nicht auf mechanische Vorgänge beschränkt. Erhitzen wir einen Körper (etwa durch Reibung), so beginnt er schließlich zu glühen; er sendet Licht aus — er strahlt. Diese Strahlung entsteht in der Substanz und wirkt auch wieder (in verschiedener Weise) auf Substanzen; bestrahlte Körper, vor allem mit dunkler und rauher Oberfläche, setzen die Strahlung wieder in Wärmeenergie um. Ein besonders einfacher Versuch soll nachweisen, wie sich aufgewendete mechanische Energie in Wärme umsetzt und wie Entspannung kühlt.

Das warme und das kalte Gummiband

Wir halten ein kräftiges Gummiband (»Schnipsgummi«) zwischen beiden Zeigefingern locker an die Lippen; es hat Zimmertemperatur. Plötzlich ziehen wir es stark auseinander — und merken, daß es wärmer geworden ist; ebenso plötzlich entspannen wir es wieder — das Gummiband ist merklich kühler geworden. — Auch dicker Draht wird warm, wenn man ihn mehrmals hin- und herbewegt.

Das Wesen der Wärme

»Was ist Wärme?« fragten also die Forscher. Sie befragten die Natur im Experiment; das waren im 17. Jahrhundert vor allem die Engländer Robert Boyle (1627 bis 1691) und Robert Hooke (1635 bis 1703). Im 16. Jahrhundert hatte sich der Engländer Francis Bacon (1561 bis 1626) schon mit dieser Frage befaßt. Sie hatten es nicht leicht, denn die Wärme selbst war und ist ja nicht zu sehen; nur ihre Wirkungen lassen sich beobachten, und daraus müssen Schlüsse gezogen werden und Hypothesen (Annahmen, Vermutungen) aufgestellt werden.

Die Forscher zogen diesen Schluß: *Wärme ist die Bewegung der kleinsten Teilchen der Materie (wir sagen Moleküle), und die Geschwindigkeit dieser kleinsten Teilchen wächst mit zunehmender Temperatur.* Im 18. Jahrhundert ist diese Auffassung dann von dem russischen Naturforscher Michail Wassiljewitsch Lomonossow (1711 bis 1765) und dem Schweizer Daniel Bernoulli (1700 bis 1782) vertreten worden. Wir wissen heute, daß diese Ansicht richtig ist, und erkennen die große Leistung dieser Männer an.

Sie ist um so größer, als sich durch die Entwicklung der Chemie im 18. Jahrhundert eine andere Theorie anbot: Die Wärme sei eine gewichtlose materielle Substanz, ein »Wärmestoff«. Beim Reiben zweier Stoffe sollte danach Wärmestoff aus seiner mechanischen oder chemischen Verbindung befreit werden und die Stoffe erwärmen; man dachte an eine Art chemischer Umsetzung zwischen dem Wärmestoff (auch »Caloricum« genannt) und dem Stoff des Körpers. Bis in die Mitte des 19. Jahrhunderts hat sich diese Theorie von der stofflichen Natur der Wärme gehalten; dann ist sie von den ständig wachsenden Beweisen für die Bewegungstheorie verdrängt worden. Der deutsche Arzt Julius Robert Mayer (1814 bis 1878) hat zur Klärung dieser Frage Entscheidendes im Experiment und in der Theorie beigetragen.

Robert Brown entdeckt eine merkwürdige Bewegung

Der englische Botaniker Rober Brown (1773 bis 1858) beobachtete 1827 im Mikroskop feinste Samenkörnchen in einem Wassertropfen. Der Anblick war erstaunlich: Die winzigen Staubteilchen tanzten ununterbrochen hin und her, nach links und nach rechts, nach oben und nach unten; sie »wimmelten« – die kleinsten stärker als die größeren. Brown konnte diese merkwürdige Wimmelbewegung nicht erklären. Erst Jahrzehnte später ist die richtige Erklärung gefunden worden; 1905 hat Albert Einstein (1879 bis 1955) und 1906 unabhängig von ihm v. Smoluchowski eine quantitative Theorie dafür entwickelt.

Dies ist das Geheimnis der von Brown entdeckten Bewegung: Die Moleküle eines Stoffes sind ständig in ungeordneter Bewegung, in festen Stoffen am schwächsten, in Flüssigkeiten schon stärker und in Gasen am stärksten. Diese »Molekularbewegung« ist in ihrer Stärke vom Wärmestand (der Temperatur) des Stoffes abhängig. Die Moleküle sind so winzig, daß wir sie auch mit den stärksten Mikroskopen nicht sehen können. Aber die unruhigen Moleküle stoßen dauernd Teilchen in ihrer Nähe an, und diese Teilchen sind manchmal gerade so groß, daß sie sich dann auch bewegen und zugleich im Mikroskop beobachten lassen.

Brown hat also nicht die Bewegung von Molekülen gesehen, sondern das Wimmeln der von den Molekülen angestoßenen Samenkörnchen.

R. W. Pohl hat eine anschauliche Modellvorstellung gegeben: Wir füllen eine Schüssel mit lebenden Ameisen und gehen so weit fort, bis wir deren Krabbelbewegungen nicht mehr sehen können – nur noch die Schüssel mit irgendeiner Masse darin ist sichtbar. Jetzt streuen wir auf die Ameisen regellos Papierschnitzel, ganz kleine und etwas größere, aber alle größer als eine Ameise. Die Schnitzel können wir vom entfernten Platz aus dann noch unterscheiden, und wir sehen auch, daß sie sich unregelmäßig drehen und bewegen: die größeren schwächer, die kleinen stärker. Die wimmelnde Bewegung der Ameisen, für uns unsichtbar, wird durch die Papierschnitzel stark vergrößert wiedergegeben (in einer Wirkung sichtbar gemacht). Als Versuch ist das schwierig durchzuführen, weil man die Ameisen kaum hindern kann, an der Schüsselwand hochzulaufen.

Wir können uns dagegen sehr wohl mit Hilfe eines guten Mikroskops von der Brownschen Bewegung überzeugen. Auch mit Staubteilchen in Gasen können wir sie zeigen – indem wir beispielsweise etwas Zigarettenrauch in einen kleinen Glasbehälter blasen und dann unter dem Mikroskop beobachten.

Wir beobachten die Brownsche Bewegung in Luft

Nötig sind: ein Mikroskop mit etwa 100facher Vergrößerung, eine Rauchkammer und eine Beleuchtungseinrichtung, etwa ein Bildwerfer.

Die Rauchkammer bauen wir aus Sperrholz oder Plastwerkstoff selbst. Sie ist ein etwa würfelförmiges Kästchen mit einem freien Innenraum von 20 mm mal 20 mm mal 20 mm. Wir fertigen zwei Seitenwände, je 20 mm × 20 mm groß, außerdem zwei rechteckige Wände, je 20 mm hoch und um die doppelte Dicke der Platten länger als hoch – bei Sperrholz von 4 mm Stärke also 28 mm lang. Die quadratischen Seiten bekommen in der Mitte eine Bohrung von 5 mm Durchmesser; in jede wird ein kurzes Glasrohr fest eingeklebt. Aus den beiden rechteckigen Seitenwänden sägen wir je eine Kreisfläche von etwa 18 mm Durchmesser heraus und kleben über die Öffnungen je ein mikroskopisches Deckgläschen (Kantenlänge 22 mm). Eine Deckplatte für das Ganze, bei 4-mm-Sperrholz 28 mm × 28 mm groß, erhält die gleiche Kreisöffnung und ebenfalls ein Deckgläschen.

Die zwei quadratischen Seiten und die zwei rechteckigen werden auf einem dünnen Grundbrettchen so zusammengeleimt, daß ein würfelförmiger Innenraum entsteht; die Deckplatte schließt alles ab. Alle aneinanderliegenden Flächen müssen sehr sauber und luftdicht miteinander verbunden sein; der Innenraum steht nur durch die Glasröhrchen mit der Außenwelt in Verbindung. Zum Verschluß der Röhrchen besorgen wir uns noch zwei kurze Stücke Gummischlauch mit zwei Schlauchklemmen.

Zum Versuch stellen wir das Kästchen auf den Objekttisch unseres Mikroskops (Tubus genügend anheben!); die vom Bildwerfer kommenden Lichtstrahlen sollen genau in der Mitte der Rauchkammer (in der optischen Achse des Mikroskops) möglichst dicht unter dem oberen Deckgläschen zusammentreffen (konvergieren). Der untere Teil der Abbildung 2.1 zeigt die Anordnung; die Glasröhrchen sind nicht angedeutet. Wenn das vorhandene Mikroskop für die angegebene Rauchkammer nicht genügend Platz hat, müssen wir die Maße entsprechend verkleinern.

Wir opfern als Nichtraucher der Wissenschaft ausnahmsweise eine Zigarette und blasen etwas Rauch durch eines der Glasröhrchen in das Innere des Kästchens – selbstverständlich, ohne dabei den Rauch in die Lungen zu ziehen. Ist das Kästchen gefüllt, verschließen wir beide Röhrchen durch Schlauchstücke mit Quetschhahn oder durch kleine Korken. Wir warten eine Weile, bis sich die durch das Einblasen entstandene Wirbelbewegung gelegt hat; dann stellen wir das Mikroskop genau auf den Konvergenzpunkt (Schnittpunkt) der Lichtstrahlen ein. Wenn alles richtig ausgeführt worden ist, läßt sich die unregelmäßige (zickzackförmige) Brownsche Bewegung der Rauchteilchen gut erkennen.

Wir wissen: Die Rauchteilchen sind durch die bewegten Luftmoleküle angestoßen worden. Diese sind für uns nicht sichtbar, weil sie zu winzig sind. Deshalb begnügen wir uns mit der Folge der Molekularbewegung: der Bewegung der angestoßenen Rauchteilchen. Der Zusammenhang ist so eng und eindeutig, daß uns der Beweis genügt.

Wir beobachten die Brownsche Bewegung im Wasser

Dieser Versuch ist einfacher als der vorhergehende, erfordert aber ein Mikroskop mit 200- bis 500facher Vergrößerung. Außerdem sind nötig: etwas Tusche (oder Milch), ein kleines Becherglas, Wasser, Rührstäbchen, Filterpapier.

In das Becherglas mit Wasser bringen wir etwas Tusche, so daß die Lösung noch schwach gefärbt ist. Von dieser Lösung übertragen wir mit dem Rührstab einen kleinen Tropfen auf den Objektträger und legen ein Deckgläschen vorsichtig schräg darauf, so daß keine Luftbläschen eingeschlossen werden. Die beim Niedersinken des Deckglases verdrängte Flüssigkeit wird mit Fließpapier abgesaugt, bis das Deckglas fest auf dem Objektträger haftet – je dünner die Lösungsschicht zwischen den Gläsern, desto besser! Nunmehr beobachten wir in der üblichen Weise. – Dieser »fast klassische« Versuch ist vor allem für die Nichtraucher unter uns geeignet.

Wärme dehnt die Körper aus

Wir haben zwar die Moleküle selber nicht gesehen – aber die Wirkung auf ihre nächste Umgebung läßt den Schluß zu: Die Moleküle

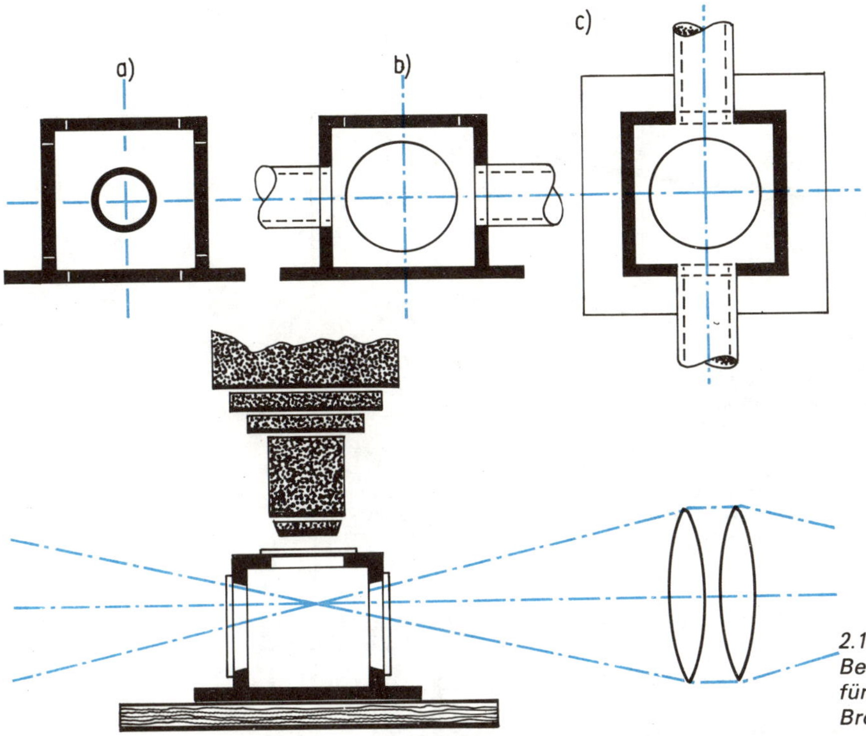

2.1. Beobachtungskammer für die Brownsche Bewegung

bewegen sich. Auch durch andere Beobachtungen sind die Forscher darauf gekommen. Die Moleküle eines festen Körpers sind durch starke Kräfte, durch die molekulare Bindungskraft, die Kohäsion (vom lateinischen cohaerére = zusammenhängen), miteinander verbunden. Führt man dem Körper Wärme zu, so dehnt er sich aus. Das Gefüge der Moleküle wird gelockert. Bei weiterer Wärmezufuhr schmilzt der feste Körper und verdampft schließlich; er wird zu Gas. Auch Flüssigkeiten und Gase dehnen sich bei Erwärmung aus; sie üben im verschlossenen Gefäß (etwa die Luft im Fahrradschlauch) einen größeren Druck auf die Gefäßwand aus. Dabei tritt eine Expansion auf (vom lateinischen expándere = sich ausdehnen). Druck auf die Gefäßwand – das bedeutet Kraft in Richtung auf die Gefäßwand; notwendigerweise muß das Gas gegen die Wand stoßen und daher in Bewegung sein. Mit höherer Temperatur wird die Ausdehnung und damit der Druck stärker; also muß mit steigender Temperatur die Bewegung der Moleküle stärker werden. Wir können schließen: Wärme ist eine Energie, durch die sich die Moleküle gegen die Bindungskräfte zwischen den Molekülen bewegen; je mehr Wärme, desto mehr Bewegung, desto schwächer wirken sich die Bindungskräfte aus. Da wir alles, was mit Bewegung zu tun hat, gern »kinetisch« nennen (Kinematograph, auch Cinema!), sprechen wir hier von der molekular-kinetischen Theorie der Materie und der Wärme, von der *kinetischen* oder *mechanischen Wärmetheorie*.

Auch in festen Körpern bewegen sich die Moleküle – freilich um eine mittlere Ruhelage. In Flüssigkeiten und Gasen ist die Bewegung wesentlich größer und freier; hier bewegen sich die Teilchen nach anderen Stellen hin – sogar gegen die Wirkung der Schwerkraft. Auf diese Weise verteilen sich die aufgelösten Zuckerteilchen selbständig im Kaffee und Riechstoffe in ruhender Luft; man nennt das *Diffusion* (vom lateinischen diffúsus = verbreitet). Und schließlich erklärt die Bewegung der Moleküle noch die Tatsache, daß die Gase unserer Lufthülle nicht auf die Erde fallen! Die Schwerkraft zieht sie zwar zur Erde; aber die fallenden Gasmoleküle werden ebensooft durch Zusammenstöße mit anderen Molekülen gebremst oder nach oben gestoßen. Fallbewe-

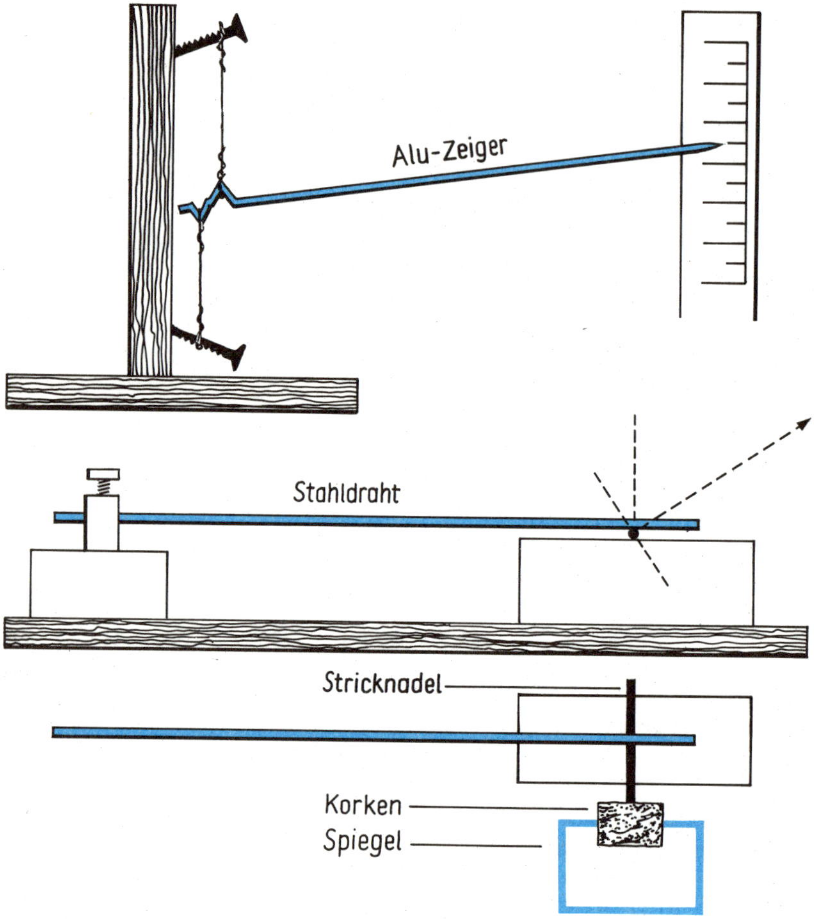

2.2
Die Wärmeausdehnung wird angezeigt

gung und Wärmebewegung ergeben eine Resultierende: die beständige Atmosphäre.

Wir wollen die lineare (in einer Richtung laufende) Ausdehnung von Metallen in Abhängigkeit von der Temperatur an zwei Versuchen kennenlernen. Später werden wir sie beim Hitzdraht-Meßgerät für elektrische Messungen ausnutzen (siehe Bild 4.10).

Die dehnbare Geigensaite

Entsprechend der Abbildung 2.2 schlagen wir in eine senkrecht auf einem Grundbrett angeordnete Holzleiste zwei Nägel schräg ein; die Nägel erhalten (mit einer Dreikantfeile) Kerben. An einem dünnen Stahldraht von oben und einem gleichen von unten hängt ein Zeiger aus Aluminiumdraht; er spielt über eine Skale (rechts). Der Stahldraht soll möglichst dünn sein (beispielsweise Stahl-e-Saite einer Geige). Damit die beiden Stahldrähte auf dem Zeiger nicht abrutschen, kerbt man den Aluminiumdraht ebenfalls ein oder biegt ihn dicht nebeneinander links einmal nach unten und einmal nach oben im Winkel durch. Je näher die beiden Stahldrähte aneinandersitzen, desto empfindlicher ist die Einrichtung. Es kommt nicht so sehr darauf an, daß der Zeiger besonders leicht ist; die Ausdehnung ist eine Molekularkraft, die ganz andere Kräfte überwindet!

Nähern wir einem Stahldraht ein brennendes Streichholz, einen warmen Lötkolben oder gegebenenfalls auch nur die warme Hand, so ist ein deutlicher Ausschlag zu beobachten. Wir können es auch einmal mit einem Stückchen Eis probieren. Der Zeiger muß dann nach der anderen Seite ausschlagen. Unser Draht zieht sich zusammen.

Der Lichtzeiger ist empfindlicher

Die zweite Anordnung im Bild 2.2 erinnert an die Walzenlager, die von den Brückenbauern unter dem einen Ende der Brücke angebracht werden, damit die Längenausdehnung der Stahlbrücke aufgefangen wird. Ein Stahldraht (beispielsweise eine Fahrradspeiche) von etwa 2 mm Durchmesser wird an einem Ende befestigt; am anderen Ende liegt er senkrecht auf einer Stricknadel. Die Stricknadel trägt an einem Ende einen Korken; im Korken steckt entweder eine weitere Stricknadel (senkrecht zur ersten) oder ein kleiner Taschenspiegel. Dehnt sich der Stab aus, so dreht er die liegende Nadel und damit auch den Zeiger oder den kleinen Spiegel. Wenn wir einen Spiegel eingebaut haben, brauchen wir noch einen möglichst scharfen, hellen Lichtstrahl (aus einer Projektionslampe, notfalls genügt eine Taschenlampe). Mit dem Lichtzeiger erhalten wir eine größere Empfindlichkeit; kleinste Ausdehnungen werden durch den langen Lichtstrahl deutlich angezeigt. Damit der Stahlstab die Stricknadel gut rollen läßt, kann man ihn beschweren oder etwa durch eine Gummischnur andrükken.

Dieses Gerät arbeitet sehr empfindlich; eine unter den Stahlstab gehaltene Hand oder Behauchen läßt den Zeiger schon wandern. Verdunstungskälte (durch etwas Benzin, Äther oder Alkohol, mit dem Pinsel schnell aufgestrichen) zieht den Stahlstab zusammen, und der Zeiger geht in die andere Richtung.

Bei dieser Gelegenheit kann man zeigen, daß sich Holz in der Längsrichtung nicht ausdehnt und Gummi sich sogar beim Erwärmen zusammenzieht. Man spannt statt des Stahlstabes einen Holzstab und schließlich ein Gummiband ein.

Auch Luft dehnt sich beim Erwärmen aus

Nicht nur Metalle, sondern auch Flüssigkeiten und Gase dehnen sich beim Erwärmen aus; beispielsweise arbeiten alle mit Quecksilber und Alkohol gefüllten Thermometer in dieser Weise. Wir wollen einen kleinen Versuch mit der Ausdehnung der Luft machen. Eine Bemerkung vorweg: Das kleine Barometer von Bild 1.61 läßt sich auch hierfür verwenden; wir nehmen die Flasche aus ihrer Wärmedämmung heraus und schließen sie in die warmen Hände. Der Tropfen in dem waagerechten Glasrohr wandert!

Wir streifen einen kleinen, luftleeren Luftballon über die Öffnung einer leeren Flasche. Stellen wir die Flasche in heißes Wasser, so dehnt sich die Luft in der Flasche aus und füllt auch den kleinen Ballon. Mit einer Seifenblase läßt sich der Versuch ebenfalls gut durchführen.

Wasser ist ein merkwürdiger Stoff

Wasser benimmt sich »anomal«, also anders als die übrigen Stoffe. Das ist gut so, denn sonst würden wir keine Fische mehr fangen und essen können, die Meere würden vom Nordpol und Südpol her zu Eis werden, und das Leben in vielen Ländern wäre durch große Kälte recht schwierig. Das ausgefallene Verhalten des Wassers verursacht allerdings auch die vielen Wasserrohrbrüche und sprengt Bäume auseinander.

Normalerweise dehnen sich feste, flüssige und gasförmige Körper bei Erwärmung aus und ziehen sich bei Abkühlung immer weiter zusammen bis zum absoluten Nullpunkt bei 0 K (Kelvin, benannt nach dem englischen Physiker William *Thomson*, ab 1892 Lord *Kelvin* of Largs, 1824–1907) bzw. −273,15 °C. Bei der Abkühlung in Richtung des absoluten Nullpunktes erreichen die Stoffe ihre größte Dichte; das Volumen eines idealen Gases schrumpft also jeweils um 1/273 bei Abkühlung um 1 °C bzw. 1 K. Die Bewegung der Moleküle wird dabei immer geringer. Dadurch erhalten die Stoffe sehr merkwürdige physikalische (z. B. magnetische und elektrische) Eigenschaften. Am absoluten Nullpunkt haben die Stoffe ihre größte Dichte, also das kleinste Volumen bei gegebener Masse.

Das Wasser, einer der lebenswichtigsten Stoffe der Erde, macht das nicht mit, sondern hat bei + 4 °C seine größte Dichte, das heißt seine kleinste Ausdehnung. Von da dehnt es sich allemal aus – ganz gleich, ob man es erwärmt oder weiter abkühlt. Eis hat also eine kleinere Dichte als flüssiges Wasser; es ist daher auch leichter und schwimmt oben. Wasser dehnt sich beim Gefrieren um 1/11 seines Volumens aus! In manchen Gegenden gießt man bei Frost Wasser in Felsritzen und sprengt mit dem gefrierenden Wasser die Felsen auseinander; das Verfahren war schon im Altertum bekannt. Im kleinen lockert das gefrierende Wasser die Ackerkrume – eine für das Leben auf der Erde sehr wichtige Erscheinung.

Weil das Eis auf dem Wasser schwimmt, schützt es dieses vor der Kälte. Außerdem sinkt das Wasser von +4 °C stets auf den Grund, weil es bei dieser Temperatur die größte Dichte hat, also am schwersten ist. Andernfalls sänke das Eis in die Tiefe der Gewässer; Meere, Seen und Flüsse würden allmählich völlig vereisen und auch im Sommer nicht mehr auftauen können; die Fische stürben aus.

Man sagt, die Eisberge ragten nur zu einem Zehntel ihres Volumens aus dem Wasser heraus. Das stimmt nicht ganz, weil das Eis nicht durchgehend fest ist, sondern allerlei Lufteinschlüsse hat, die den Auftrieb verstärken. Aber vier Fünftel bis drei Viertel liegen tatsächlich unter Wasser – oft viel weiter ausgedehnt als die Teile über Wasser. Das ist eine große Gefahr für die Schiffahrt; denken wir nur an die wegen ihres Ausmaßes und der Begleitumstände sehr bekannt gewordene Katastrophe der »Titanic« im Jahre 1912.

Wir sprengen mit Wasser

Das ist ein Versuch für die Winterzeit: Wir füllen eine Bierflasche ganz voll Wasser und verschließen sie fest; dann wird sie in den Frost hinausgestellt. Die Flasche zerspringt unter dem Druck des gefrierenden Wassers. Bei offenen wassergefüllten Flaschen kann man gelegentlich beobachten, daß sich das Eis in Form einer Stange aus der Öffnung schiebt.

Steter Druck sägt das Eis

Auf zwei Böcke, Stuhllehnen oder Tischkanten legen wir ein Stück Eis von 0 °C. Es muß mindestens so groß wie ein Ziegel sein; wir können auch einen ganzen Eisblock oder ein unregelmäßig geformtes Stück nehmen (Bild 2.3). Um den Eisblock wird eine dünne Stahldrahtschlinge gelegt, die ein Massestück von 5 kg bis 10 kg trägt; ein großer Block verträgt 10 kg. Und nun können wir die ganze Sache dem naturgesetzlichen Ablauf überlassen. Das Ergebnis ist verblüffend: Die Drahtschlinge rutscht allmählich durch den ganzen Querschnitt des Eisblocks; sie »schmilzt sich hindurch«, ohne daß sie irgendwie erwärmt wird. Oberhalb des Drahtes frieren beide Eisteile sofort wieder zusammen. Die Erklärung liegt nahe: Das muß mit dem Druck des Drahtes auf das Eis zu tun haben! Wir wissen, daß das Volumen fast aller Stoffe kleiner wird, wenn sie vom flüssigen in den festen Zustand übergehen; ihre Moleküle rutschen enger zusammen. Ein Druck von außen fördert dieses Festwerden und erhöht den Schmelzpunkt. Wasser, dieser merkwürdige Stoff, macht auch hier wieder eine Ausnahme: Da sich sein molekulares Gefüge beim Gefrieren auflockert (das Volumen wird größer!), sinkt der Schmelzpunkt bei Druckerhöhung.

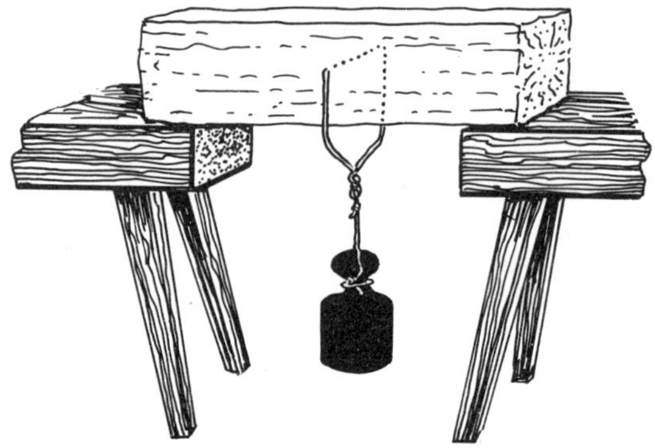

2.3 Die Eissäge

Der Physiker hat ausgerechnet, daß der Schmelzpunkt bei einem Druck von 0,1 MPa um 0,0075 °C sinkt. Bei einem Massestück von 10 kg haben wir etwa 100 N Gewicht. Ist der Draht 1 mm dick und berührt er den Eisblock auf 10 cm Länge, so ergibt das einen Druck von

$$p = \frac{100\ \text{N}}{10\ \text{cm} \cdot 1\ \text{mm}} = \frac{100\ \text{N}}{10^{-5}\ \text{m}^2} = 10\ \text{MPa}$$

(beim Draht wird nicht die Oberfläche, sondern der Längsschnitt gerechnet; siehe Luftdruck auf die Magdeburger Halbkugeln!). Wir errechnen eine Schmelzpunktsenkung von 0,0075 · 100 = 0,75 °C. Sehr überzeugend ist das nicht; vermutlich treten hier noch weitere Druckwirkungen auf.

Die Aggregatzustände

Aus der Schulzeit kennen wir drei: den festen, den flüssigen und den gasförmigen Zustand der Körper; aber das ist unvollständig. Schon im Altertum unterschied man die »Elemente« Erde, Wasser, Luft und Feuer. Und es ist physikalisch wohl eindeutig unterscheidbar, ob irgendwo Luft als Gas vorhanden ist oder ob in diesem Gas ein Streichholz entflammt wird. Jetzt wird nämlich Licht ausgesendet – und ganz schön wärmer ist das Luftgas in der Flamme auch!

Diesen vierten Aggregatzustand bezeichnet der Physiker als *Plasma*. Wir wollen nun die vier Aggregatzustände mit dem »geistigen Auge« in ihrem inneren Aufbau betrachten. Im festen Körper liegen die Atome (und damit die Moleküle) am dichtesten nebeneinander; sie bewegen sich nur wenig um eine mittlere Lage; diese mittleren Lagen sind streng geordnet und festgelegt. Das ist eine Voraussetzung für die Bildung von Kristallen. W. Gerlach spricht von einer »Fernordnung«, weil die Atome über eine größere Strecke geordnet sind.

Wird von außen laufend Energie zugeführt, so wird die Molekularbewegung immer größer, die feste Ordnung löst sich weitgehend auf – der Körper schmilzt. Noch sausen die Moleküle nicht völlig regellos umher; die Flüssigkeit bleibt noch in »Nahordnung« im Gefäß, und ihre Moleküle hängen zusammen – wenn auch längst nicht mehr so eng und fest wie im festen Körper. Die zugeführte Energie, die diese Umwandlung verursacht, nennt man *Schmelzwärme*. Mit weiterer Wärmezufuhr, der *Verdampfungswärme*, sprengen wir auch die »Nahordnung« der Moleküle; die Flüssigkeit wird zu Gas, in dem die Moleküle völlig regellos laufen und nach jeder offenen Seite entweichen.

Schmelzwärme und Verdampfungswärme sind Wärmemengen, bezogen auf die Masse des Körpers; die Maßeinheit war Kilokalorie je Kilogramm (kcal/kg). Wir erinnern uns: 1 kcal ist die Wärmemenge, die den Wärmestand (die Temperatur) von 1 kg Wasser um 1 °C erhöht. Um 1 kg Eis von 0 °C in 1 kg Wasser von 0 °C zu verwandeln, muß ich eine Wärmemenge von 80 kcal zuführen; 539 kcal sind nötig, um 1 kg Wasser von 100 °C in Dampf von 100 °C zu überführen.

Die Einheit kcal wird durch kJ abgelöst, wir rechnen 1 kcal = 4,1868 kJ.

Das ist sehr viel – sehr zum Kummer aller Erbauer von Wärmekraftwerken!

Freilich geht im Haushalt der Natur nichts verloren. »Rückwärts« – bei der Umwandlung von Dampf in Wasser beispielsweise – wird die gleiche Wärmemenge wieder frei; nach diesem Naturgesetz arbeitet jede Dampfheizung. Auch beim Gefrieren von Wasser wird eine bestimmte Wärmemenge frei, 334,9 kJ je 1 kg Wasser. Manche Leute stellen deshalb im Winter Gefäße mit Wasser in den Keller. Bei starkem Frost gefriert das Wasser und gibt dabei Wärme ab.

Das Plasma

Zwischen den bekannten drei Aggregatzuständen und dem vierten, dem Plasma, bestehen enge Zusammenhänge. Während die Übergänge der drei Zustände doch recht scharfe Grenzen haben, ist der Übergang vom gasförmigen Zustand zum Plasma eher gleitend. Führen wir einem Gas weiterhin ständig Energie zu, so *ionisiert* es, das heißt: Aus den Atomen des Gases werden Elektronen herausgelöst. Mit weiterhin steigenden Temperaturen steigt auch der *Ionisierungsgrad*. Allerdings spielt hierbei der Druck eine umkehrende Rolle.

In der Natur bietet uns der Blitz eines Gewitters eines der vielen Beispiele der Umwandlung von Materie in den Plasmazustand. Wir werden im folgenden noch öfters auch diesem Aggregatzustand begegnen.

Die Aggregatzustände des Wassers

In einem Gefäß mischen wir Wasser mit Eis, bis das eingetauchte Thermometer genau 0 °C anzeigt, einige Eisstückchen sollen noch im Wasser schwimmen. Jetzt erhitzen wir das Gefäß gleichzeitig, rühren das Wasser ständig um und messen die Temperatur in regelmäßigen Zeitabständen (etwa jede Minute oder alle 2 Minuten) bis zum Sieden des Wassers; die Werte tragen wir in ein Koordinatensystem ein. Die so gewonnene Kurve zeigt die Abhängigkeit der Temperatur einer bestimmten Wassermenge von der Dauer der Wärmezufuhr.

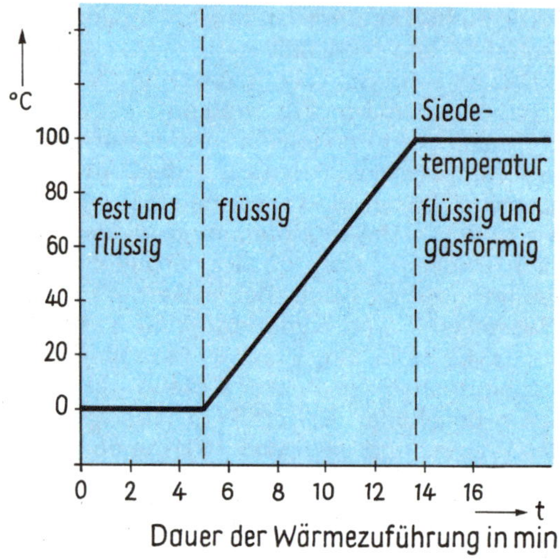

2.4 Temperaturverlauf bei gleichbleibender Wärmezufuhr

Man sieht aus der Abbildung 2.4, wie die Temperatur bei 0 °C stehenbleibt, solange noch Eisstückchen im Wasser schwimmen; während dieser Zeit wird die zugeführte Wärme völlig für das Schmelzen des Eises verbraucht. Dann kommt der ansteigende Teil der Kurve – bezeichnenderweise eine Gerade. Schließlich siedet das Wasser, und nun wird die zugeführte Wärmemenge ganz für das Verdampfen des Wassers in Anspruch genommen.

Es ist reizvoll, anschließend eine gleiche Kurve für die halbe und die doppelte Wassermenge aufzunehmen.

Sieden bei vermindertem Druck

Beim vorhergehenden Versuch haben wir normalen Luftdruck (0,1 MPa = 1 000 mbar) angenommen; da siedet das Wasser bei 100 °C. Ist der Luftdruck größer, so lösen sich die Moleküle schwerer aus dem »Nahverband« der Flüssigkeit, weil die Luftmoleküle den Weg versperren. Ganz anders bei geringerem Luftdruck (den wir ja schon kennengelernt haben): Hier entschlüpfen die Wassermoleküle leichter in den »Dampfraum«. Wir brauchen die Moleküle dann nicht mehr durch Erhitzen auf 100 °C auf den »vollen Schwung« zu bringen; das Wasser siedet schon bei Temperaturen unter 100 °C. (Etwas zum Sprachlichen: Eine Flüssigkeit »siedet«; wir »kochen« dagegen die Flüssigkeit! Der Ausdruck »Siedepunkt« ist richtig; aber eine Flüssigkeit kann niemals kochen.)

Bergsteiger können auf hohen Bergen Fleisch und Eier nicht gar kochen, weil die Temperatur nicht hoch genug ist; sie müssen fest verschlossene Gefäße (mit Sicherheitsventil!) nehmen, in denen der Dampfdruck den fehlenden Teil des Luftdrucks ersetzt. Solche Gefäße benutzen unsere Hausfrauen gelegentlich zum Schnellkochen: Der Dampfdruck geht über 0,1 MPa hinaus, die Temperatur steigt entsprechend über 100 °C an, und das Fleisch wird schneller gar als sonst. Ein bewährtes und energiesparendes Verfahren für eilige Leute.

Wir wollen das nachprüfen, ohne indes auf den Chimborasso zu steigen; wir nehmen das Prinzip, das wir schon bei dem zerschmetterten Kanister (siehe Bild 1.62) benutzt haben. Ein fester Rundkolben (niemals ein Stehkolben oder Erlenmeyerkolben! Nur Rundkolben widerstehen dem Luftdruck und »implodieren« nicht!) wird zur Hälfte mit Wasser gefüllt; dieses wird zum Sieden gebracht. Der Wasserdampf verdrängt bald die Luft aus dem Kolben. Ist die obere Kolbenhälfte ganz mit Dampf gefüllt, wird der Kolben von der Flamme genommen und im selben Augenblick mit einem Stopfen luftdicht verschlossen. Das Sieden hört sehr schnell auf.

Nun wird der Rundkolben mit dem Hals nach unten irgendwo – etwa in einem Stativ – befestigt (Bild 2.5). Wir gießen kaltes Wasser auf den Kolben und erleben, wie das Wasser – sicherlich unter 100 °C heiß – wieder zu sieden beginnt! Was ist geschehen?

Durch die kalte Dusche hat sich der Wasserdampf im Kolben kondensiert – wenigstens teilweise –, der verringerten Temperatur entsprechend; etwas Dampf bleibt immer über dem Wasser stehen. Durch das Verschwinden eines großen Teils des Dampfes ist der Druck über dem Wasser plötzlich verringert; das Wasser siedet weiter, bis der neuentstandene Dampf das Gleichgewicht wiederhergestellt hat. Gießen wir erneut kaltes Wasser über den Kolben, so wiederholt sich der Vorgang; wir können das mehrmals machen. Am Schluß lassen wir die Luft wieder in den aufrecht gestellten Kolben einströmen.

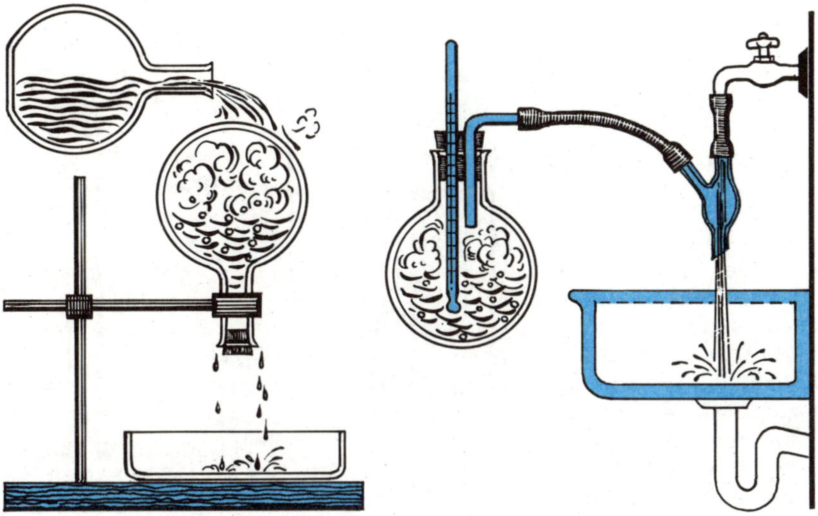

2.5
Wasser siedet unter vermindertem Druck

Man rechnet, daß bis 500 m der Luftdruck je 100 m Höhenunterschied um etwa 1,3 kPa abnimmt. Bei größeren Höhen, also »dünnerer« Luft, wird der Druckunterschied geringer.

Wir können den Versuch auch so machen: Der Rundkolben bekommt einen Stopfen, durch den ein Thermometer (mit beispielsweise 50 bis 100 °C Meßbereich) und ein Glasrohr geführt sind. Wasser siedet bei lokker aufgelegtem Pfropfen – Thermometer zeigt 100 °C. Kolben fortnehmen, Pfropfen fest eindrücken, Außenende des Glasrohrs mit unserer Wasserstrahlpumpe verbinden. Was vorhin das Kondensieren des Dampfes bewirkte, das schafft nun die Pumpe: Der Luftdruck über dem Wasser wird geringer, das Wasser siedet erneut; bei welcher Temperatur – das können wir nun sogar ablesen.

Auch bei diesen Versuchen tragen wir eine Schutzbrille!

Der Weg der Wärme

War es bisher zuviel der »grauen« Theorie? Leider geht es nicht anders; weil die Wärme eine molekulare Bewegungsenergie ist, müssen wir »in Molekülen denken«. Je stärker sich die Moleküle bewegen, desto wärmer ist der Körper – etwa ein Gas. Sicherlich fliegen die Moleküle nicht alle mit gleicher Geschwindigkeit umher, im Gegenteil: Sie stoßen an die Gefäßwand und werden dort zurückgeworfen; sie prallen auch aufeinander und fliegen dann mit anderer Geschwindigkeit in anderen Richtungen weiter. Es geht also alles ziemlich durcheinander – und doch gehört zu einer bestimmten Temperatur eine *mittlere Bewegungsenergie aller Moleküle;* ändert man die Temperatur, so ändert sich auch sofort die Größe der Bewegungsenergie. Diese »Modell-Vorstellung« von der Wärme ist nicht ganz leicht; aber sie hat den großen Vorteil, daß wir uns damit vieles erklären können, was mit der Wärme zusammenhängt. Zum Beispiel dieses: Wir setzen einen Topf mit Wasser auf die Gasflamme. Was geschieht? Die Topfwand wird wärmer als das Wasser. Die Wassermoleküle stoßen auch an diese Wand, werden zurückgeworfen und erhalten dabei (durch die größere Temperatur der Wand) eine größere Bewegungsenergie als vorher; das Wasser wird wärmer. Da die Summe der Gesamtenergie gleichbleibt, wird die Topfwand entsprechend kälter; ihre Moleküle bewegen sich langsamer – bis wieder Wärmenachschub aus der Gasflamme (chemische Energie) oder einer elektrischen Kochplatte (elektrische Energie) kommt. Das ist die *Wärmeübertragung durch Wärmeleitung.*

Wir wissen, daß die Wärmeleitung in verschiedenen Werkstoffen verschieden schnell vor sich geht, in Metallen schneller als in »dämmenden« Stoffen wie Porzellan, Holz oder auch Luft. Gerade die Luft wird in der Bauindustrie zur Wärmedämmung benutzt;

man schafft zu diesem Zweck geschlossene Lufträume in den Bauteilen (Hohlziegeln, Platten usw.).

Wärme breitet sich auch durch Strömung aus

Flüssigkeiten und Gase sind im allgemeinen schlechte Wärmeleiter, aber sie können Wärme sozusagen aufladen, mit sich nehmen und an anderer Stelle wieder abladen. Wir kennen das vor allem von der Heizung her. Die Abbildung 2.6 zeigt die Anordnung einer Warmwasserheizung. Das Wasser nimmt im Kessel die Wärmeenergie auf und gibt sie möglichst wenig an die Leitungen und möglichst stark an die Heizkörper wieder ab. Molekular gesehen heißt das: Die Wassermoleküle erhalten im Kessel eine große Bewegungsenergie; das Wasser wird heiß, dehnt sich aus und strömt nach oben. Auf dem Umlauf durch das Haus wird die Energie an die benachbarte Luft abgegeben.

Jetzt beginnt der zweite Kreis der Wärmeströmung: die Strömung mit Hilfe der Luft. Eine gute Heizung saugt die kalte Luft im Zimmer vom Fußboden weg. Ein Heizkörper vor dem Fenster drückt die durch die Ritzen eindringende Kaltluft nach oben und sorgt für gute Vermischung. Eine brennende Kerze flackert im Winter an der offenen Zimmertür unten nach innen (kalte Luft strömt ein) und oben nach außen (warme Luft strömt aus). Es ist schon ein Pech, daß die Zimmer immer erst oben warm werden – in hohen Räumen kostet das eine Menge Feuerung mehr! Am günstigsten sind daher Heizröhren im Fußboden – und übrigens schon sehr lange bekannt.

Die nach oben strömende warme Luft bewegt auch die bekannten Papierspiralen und Propeller (Bild 2.7), beispielsweise bei den erzgebirgischen Weihnachtspyramiden.

Nach denselben Naturgesetzen entstehen die Luftbewegungen in der freien Natur, Aufwinde (»Thermikblasen«), die der Segelflieger gern aufsucht, um Höhe zu gewinnen.

Und schließlich: die Wärmestrahlung

Sie ist die dritte und merkwürdigste Art der Wärmeausbreitung. Das merkwürdige daran

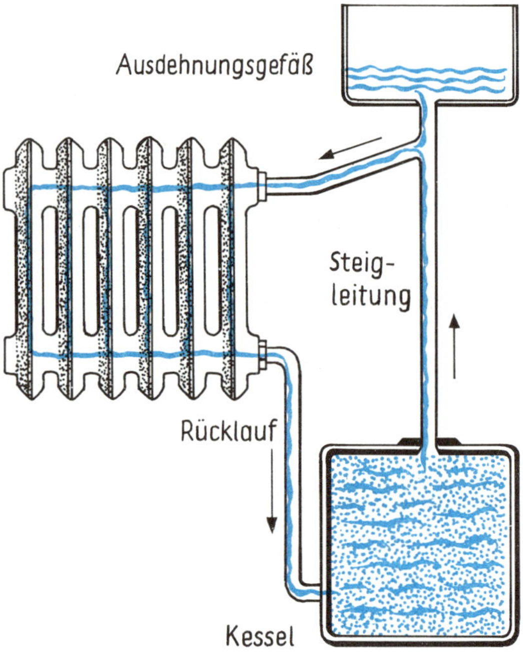

2.6 Das Prinzip der Warmwasserheizung

ist, daß sich hierbei die Wärme in Form elektromagnetischer Strahlen sehr schnell ausbreitet. Diese Strahlen sind – und benehmen sich auch – wie Lichtstrahlen; sie haben nur einen anderen Wellenlängenbereich.

Was uns hier angeht, ist die Tatsache, daß beim Aussenden und Empfangen der Wärmestrahlen die Farbe und die Beschaffenheit der Körperoberflächen eine ausschlaggebende Rolle spielen; außerdem steigt die Stärke der Strahlung mit der Temperatur des heißen, sendenden Körpers (sogar in der vierten Potenz der absoluten Temperatur). Dunkle und rauhe Oberflächen strahlen besser aus als weiße und glatte. Das gleiche gilt für die Aufnahme der Strahlen, die sich dann wieder in Wärmeenergie verwandeln: Im Hochsommer und in heißen Ländern trägt man helle Kleidung. Helle Vorhänge und Jalousinen halten die Zimmer kühl; im Orient sind die Häuser meist ganz weiß gestrichen. Weiße, glatte und metallisch blanke Oberflächen werfen die Wärmestrahlen zurück! Kraftwagenfahrer kennen den Unterschied zwischen einer weißen und einer schwarzen Karosserie sehr gut, wenn sie den Wagen eine Weile in der Sonne stehenlassen müssen. Heizkörper jeder Art, auch Ofenrohre, soll man daher möglichst dunkel und rauh halten.

Wer es nicht glauben will, mache den folgenden Versuch! Er betrifft zwar nur die Aufnahme der Strahlen (Absorption, vom lateinischen absórbere = aufnehmen); aber die Aussendung (Emission, vom lateinischen emíttere = aussenden) geht nach denselben Gesetzen vor sich.

Gleiche Strahlung – verschiedene Wirkung

Wir stellen zwei gleich große Bechergläser in die Sonnenstrahlen. Beide enthalten ein Thermometer; das eine Glas ist mit Wasser gefüllt, das durch einige Tropfen Milch hell gefärbt wurde, das andere enthält eine möglichst dunkle Flüssigkeit (etwa mit schwarzer Tinte gefärbtes Wasser).

Zunächst haben beide Flüssigkeiten die gleiche Temperatur. Nach einiger Zeit wird die dunkle Flüssigkeit wärmer als die helle; sie hat also mehr Wärmeenergie aufgenommen.

Die Strahlung ist eine elektromagnetische Form der Energie, die sich viel, viel schneller als die Wärmeleitung ausbreitet. Das läßt sich leicht nachweisen.

2.7
Die tanzende Schlange

Wärmeleitung und Wärmestrahlung an einer elektrischen Glühlampe

Wir halten unsere Hand dicht an eine Glühlampe (beispielsweise 75 oder 100 Watt), ohne sie zu berühren. Wir schalten ein und spüren praktisch im selben Augenblick die starke Wärmestrahlung in der Hand. Nach etwa einer Sekunde legen wir die Hand an die Glühlampe – der Glaskolben ist noch ganz kalt. Die Wärmestrahlung ist von gleicher Art wie das Licht; sie wird von Glas und Luft (Gasen) durchgelassen. Erst nach einiger Zeit wird durch Wärmeleitung (Anstoßen der benachbarten bewegten Moleküle) die Gasfüllung der Glühlampe und danach auch der Glaskolben warm.

Körper mit verschiedenen Temperaturen

Da sitzen wir in der Badewanne und frieren – das Wasser ist zu kalt. Anstatt die Physik an schwimmenden Seifenschalen, Thermometern und Bürsten (Auftrieb!) selbst zu erleben, drehen wir den Heißwasserhahn auf, voll Vertrauen, daß die Naturgesetze uns wieder helfen. Das heiße Wasser kommt, breitet sich eine Weile (infolge der geringeren Dichte) im oberen Bereich aus und vermischt sich dann wunschgemäß mit dem kalten Wasser; das Bad wird zum Vergnügen.

Wie gut, daß die Wärme stets vom wärmeren auf den kälteren Körper übergeht, niemals aber umgekehrt (daß etwa die Wanne immer heißer und das Wasser immer kälter würde oder ein Teil des Wassers ganz heiß und der Rest wieder ganz kalt)! Diese Erkenntnis gehört zum *zweiten Hauptsatz der Wärmelehre*.

Wir bestimmen eine Mischtemperatur

Wir brauchen dazu ein Gefäß mit guter Wärmedämmung. Am einfachsten, wir nehmen dafür eine Thermosflasche. Man kann auch ein kleineres Becherglas in ein größeres stellen und durch Korkstücke und Watte unten und an den Seiten den Zwischenraum zwischen beiden ausfüllen. Ferner sind nötig: ein

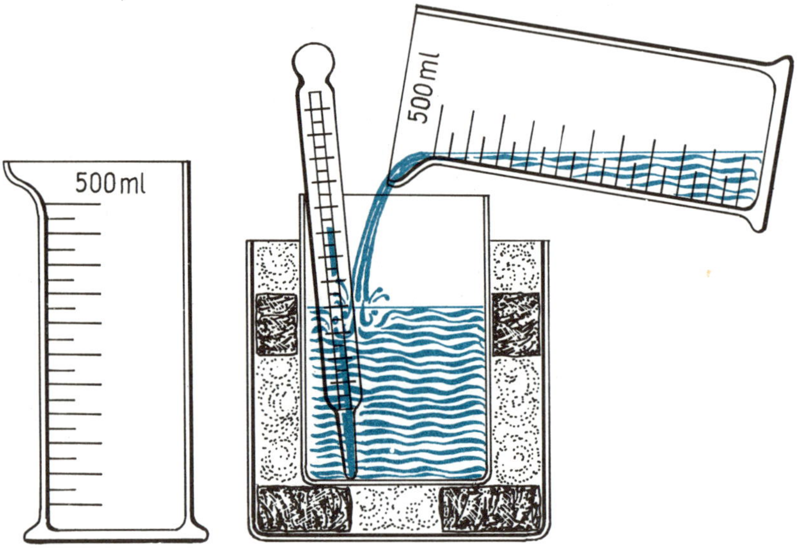

2.8. Versuche im Kalorimeter

Meßglas für 500 ml (cm^3), eines für 250 ml, ein Thermometer für genaues Ablesen (Bild 2.8).

Wir gießen, als Beispiel, 400 ml Wasser (400 ml Wasser haben eine Masse von $m_1 = 400$ g) in das Gefäß und stellen seine Temperatur fest: $t_1 = 20\ ^\circ\mathrm{C}$; fügen 200 ml Wasser ($m_2 = 200$ g) von $t_2 = 60\ ^\circ\mathrm{C}$ hinzu, rühren gut um und messen die Mischungstemperatur t_m; es sind 32,2 °C.

Auch das wollen wir berechnen: Das heiße Wasser gibt eine Wärmemenge
$W = m_2 \cdot c(t_2 - t_M)$
ab, das kalte nimmt die Wärmemenge
$W = m_1 \cdot c(t_M - t_1)$ auf.

Der in beiden Gleichungen enthaltene Faktor c ist die bereits erwähnte spezifische Wärme; für Wasser beträgt sie $c = 4{,}19$ kJ/kg °C. Da das kältere Wasser nur ebensoviel Wärmemenge aufnehmen kann wie das wärmere abgibt, müssen beide Wärmemengen gleich sein (es herrscht Gleichgewicht):

$$W_1 = W_2$$
$$m_1(t_M - t_1) = m_2(t_2 - t_M)$$
$$m_1 \cdot t_M - m_1 \cdot t_1 = m_2 \cdot t_2 - m_2 \cdot t_M$$
$$m_1 \cdot t_M + m_2 \cdot t_M = m_1 \cdot t_1 + m_2 \cdot t_2$$
$$t_M(m_1 + m_2) = m_1 \cdot t_1 + m_2 \cdot t_2$$
$$t_M = \frac{m_1 \cdot t_1 + m_2 \cdot t_2}{m_1 + m_2}$$

$$t_M = \frac{400\ \mathrm{g} \cdot 20\ ^\circ\mathrm{C} + 200\ \mathrm{g} \cdot 60\ ^\circ\mathrm{C}}{400\ \mathrm{g} + 200\ \mathrm{g}}$$

$$t_M = \frac{(8000 + 12000)\ \mathrm{g} \cdot {}^\circ\mathrm{C}}{600\ \mathrm{g}}$$

$$t_M = 33{,}3\ ^\circ\mathrm{C}.$$

Der im Versuch gemessene Wert liegt etwas niedriger, weil das heiße Wasser auch an die Gefäßwand und das Thermometer Wärme abgegeben hat; bei genauen Messungen muß man diesen »Wasserwert« des Gefäßes mit berücksichtigen. Bei enger Berührung zweier Körper mit verschiedenen Temperaturen ist die vom wärmeren Körper abgegebene Wärmemenge gleich der vom kälteren Körper aufgenommenen Wärmemenge. Die Moleküle des wärmeren Körpers haben mehr Bewegungsenergie und bewegen sich stärker. Bei Kontakt mit dem kälteren Körper geben sie von ihrer eigenen Bewegungsenergie so viel an die weniger bewegten Moleküle des kälteren Körpers ab, bis diese ebensoviel Energie haben wie die ursprünglich wärmeren Moleküle. Die kälteren, energiearmen Moleküle haben gewonnen, die wärmeren, energiereicheren verloren; beide haben sich auf gleichem Energiestand – irgendwo zwischen den beiden Ausgangswerten – getroffen. Gute *Kältemischungen* sind 100 Gewichtsteile Wasser (kalt) mit 250 Teilen krist. Kalziumchlorid (bis −8 °C); je 100 Teile Wasser, Ammoniumchlorid und Natriumnitrat (bis −25 °C); 100 Teile Schnee oder zerstoßenes Eis mit 33 Teilen Natriumchlorid (bis −25 °C); 100 Teile Wasser mit 150 Teilen krist. Kalziumchlorid (bis −40 °C).

Wir lassen Wasser durch Äther gefrieren

Ein nasser Körper wird dadurch kälter, daß die Feuchtigkeit auf seiner Oberfläche verdampft, der Körper also trocknet. Die Medizin benutzt schnell verdampfende (verdunstende) Flüssigkeiten wie Äther und Chloräthyl, um durch starke Kühlung einzelne Körperteile unempfindlich zu machen. Verdampfen – das bedeutet, daß einzelne Moleküle aus dem Zusammenhalt der Flüssigkeit ausbrechen und in den Raum verschwinden. Das können aber nur die Moleküle, die gerade eine besonders hohe Geschwindigkeit haben! Zurück bleiben die langsameren; der Mittelwert der Bewegungsenergie der (übriggebliebenen) Moleküle sinkt, und der Körper wird kälter. Der Siedepunkt von Äther liegt bei 35 °C; er verdunstet also schon bei Zimmertemperatur stark und entzieht dabei seiner Umgebung die Wärme, die er zum Übergang in den gasförmigen Zustand braucht. Das wollen wir ausnutzen, um Wasser gefrieren zu lassen.

In ein schmales Reagenzglas füllt man etwas Äther (Vorsicht! Er ist sehr feuergefährlich!) und steckt das Glas in ein etwas weiteres Reagenzglas mit ein wenig Wasser. Je schneller der Äther verdunstet, um so kälter wird seine Umgebung; wir blasen daher durch einen Gummischlauch Luft durch den Äther. Dadurch kommt er mit mehr Luft in Berührung, und der entstehende Ätherdampf wird fortgedrückt. Nach kurzer Zeit ist das Wasser gefroren. Kälte bedeutet übrigens lediglich Mangel an Wärme.

3
LADUNGEN UND FELDER

Es fing damit an . . .

Es begann damit, daß die alten Griechen ein Stück Bernstein rieben, das in ihrer Sprache »élektron« hieß. An den geriebenen Stellen hafteten kleine Teilchen – eine damals höchst erstaunliche Tatsache. Lange Zeit hindurch glaubte man im Bernstein eine Kraft erzeugt zu haben, die die Teilchen anzieht. Erst die Versuche im 17. und 18. Jahrhundert ließen erkennen, daß die »Elektrizität« beim Reiben nicht erzeugt, sondern nur freigesetzt wird. Auch das Reibzeug (Stoff oder Fell) wird elektrisch geladen. Man entdeckte, daß die Ladungen auf dem reibenden Körper verschiedenartig sind – entgegengesetzter Natur, denn sie gleichen einander beim Zusammenführen wieder zum Ruhestand aus.

Wie wirkt die Reibung?

In nichtleitenden Stoffen (Isolatoren) ruhen gleichgroße *elektrische Ladungen* friedlich nebeneinander, positive und negative, und gleichen einander aus; nach außen tritt daher keine Wirkung auf. Reiben wir aber zwei verschiedene nichtleitende Stoffe aneinander (beispielsweise einen Hartgummistab und ein Fell oder auch mit einem Kamm durch trockenes Haar), dann wird der »Ladungsfrieden« gestört. Das Reiben bewirkt, daß die Grenzflächen der beiden Stoffe in möglichst großer Fläche ganz dicht, das heißt bis auf »molekularen Abstand« in der Größenordnung 10^{-10} m einander genähert werden. Dann gibt der eine Körper (der positiv wird) Elektronen an den anderen ab. Sie lagern sich in dessen Grenzfläche an; dieser Körper wird durch den Elektronenüberschuß negativ.

In der Grenzschicht beider Flächen entsteht ein *elektrisches Feld*, eine »Doppelschicht«, mit einer *Berührungsspannung* (Kontaktspannung). Die Feldlinien sind, solange die Grenzflächen aufeinanderliegen, sehr kurz, und die Spannung ist klein. Werden die Flächen voneinander entfernt, das heißt die beiden Körper auseinandergezogen, so verlängern sich die Feldlinien, und die Spannung wird sehr hoch.

Zwischen verschieden geladenen Metall-

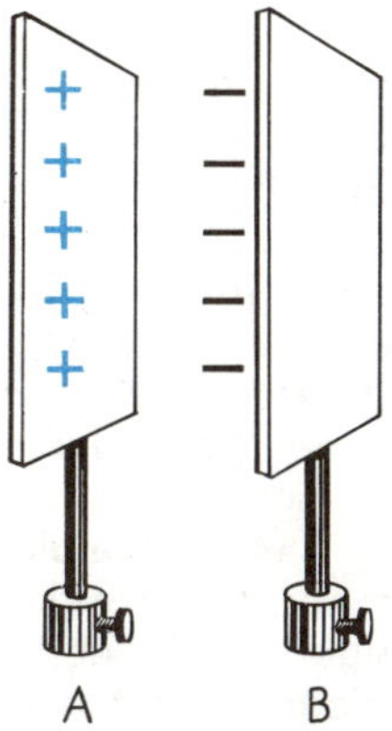

3.1 Zwischen zwei Platten mit verschiedenen Ladungen herrscht eine Spannung

platten, die isoliert aufgestellt sind, liegen ein elektrisches Feld und eine elektrische Spannung. In der Abbildung 3.1 ist die linke Platte durch Berühren mit einem geriebenen Stab aus Glas positiv und die rechte durch Berühren mit einem geriebenen Hartgummistab negativ aufgeladen. Die Metallplatten sind elektrische Leiter; auf ihnen verteilt sich die zugeführte Ladung sofort. Wären die Platten nicht isoliert, so würden die Ladungen sofort in die Erde entweichen, sich dort »neutralisieren« – und wir hätten das Nachsehen.

Manche Frau wünscht sich eine solche »Erdung«, wenn sich die Unterwäsche oder die Strümpfe aus synthetischen Fasern wegen ihrer unerwünschten elektrischen Aufladung (infolge der unvermeidlichen Reibung beim Aus- und Anziehen) allzu »anhänglich« zeigen. Das tritt bei allen Kleidungsstücken aus Kunststoffasern auf; beim Ausziehen solcher Pullover lassen sich im Dunkeln schöne Funken beobachten.

So etwas ist ärgerlich; gefährlich können solche Spannungen durch Reibungselektrizität in der Industrie werden, zum Beispiel beim Herstellen von Stoff- oder Papierbahnen. Beim Verspinnen synthetischer Fasern können gleichnamig geladene Fasern einander abstoßen und sich spreizen; die Folge sind schlechte Stellen im Garn. Das gleiche kann beim Weben mit den Fäden geschehen. Wärme verstärkt die Gefahr noch, weil sie die Stoffe austrocknet und damit zu besseren Isolatoren macht; feuchte Stoffe leiten – ebenso wie feuchte Luft – die Ladung ab. Mehrere hunderttausend Volt entstehen schnell, und wenn die Ladung über einen menschlichen Körper in die Erde abfließt, können trotz der geringen Stromstärke durch den Schock gesundheitliche Schäden entstehen. Man bemüht sich daher, solche unerwünschten Aufladungen durch besondere Erdungen rechtzeitig abzuleiten.

Auch Treibriemen, ja sogar Staubschichten können sich aufladen und durch Funkenentladungen Schaden anrichten, vor allem in explosionsgefährdeten Räumen. In anderen Fällen ist die Neigung der verschiedenen Ladungen zueinander erwünscht: Mit Hilfe dieses Naturgesetzes werden die Rußteile des Rauches in Rauchgasreinigern der Fabrikschornsteine elektrisch niedergeschlagen. Diese Wirkung gewinnt immer größere Bedeutung, denn die Luftverschmutzung nimmt zum Teil bedrohliche Ausmaße an.

Zwei verschiedene *elektrische Ladungen* mit ihren Trägern (Metallplatten, Metallkugeln und dergleichen) und dem dazwischenliegenden *Spannungsfeld* – das sind außerordentlich wichtige Begriffe geworden. Stets gibt es zwei *Pole*, und immer sind sie entgegengesetzter Natur; diese Erscheinung nennen wir die *Polarität*.

Gestörtes Gleichgewicht

Die *Reibungselektrizität* tritt nicht während des Reibens auf, sondern erst nachher, wenn die beiden beteiligten Stoffe voneinander getrennt sind und nun (entgegengesetzt geladene) Ladungsträger bilden. Der englische Arzt und Physiker William Gilbert (1540 bis 1603) hat nachgewiesen, daß man auch mit anderen Harzen, mit Glas und weiteren isolierenden Stoffen die gleichen Erscheinungen wie mit Bernstein hervorrufen kann. Später lernte man Nichtleiter von Leitern unterscheiden und fand, daß auch Feuchtigkeit in Nichtleitern die Elektrizität leitet; man entdeckte, daß sich gleichartig geladene Körper abstoßen, während sich Körper entgegengesetzter Ladung anziehen. 1733 stellte der französische Physiker du Fay fest, daß man die beiden Elektrizitätsarten beliebig durch Reiben von Harz und von Glas erzeugen kann. Man sprach daraufhin (da die Ausdrücke »positive« und »negative« Ladung noch unbekannt waren) von »Glaselektrizität« (+) und »Harzelektrizität« (–).

Bald danach, um die Mitte des 18. Jahrhunderts, wurde die *Influenz* entdeckt – eine Erscheinung, die wir als letzte vor den Versuchen klären müssen, um nachher alles richtig zu verstehen. Das Wort kommt vom lateinischen influere = einfließen; wir können vom »Einfluß« sprechen. Ein Metallstück wird im elektrischen Feld (zwischen den beiden Polen) so beeinflußt, daß es sich in der Nähe der positiven Ladung negativ und in der Nähe des negativ geladenen Pols positiv auflädt (Bild 3.2).

3.2 Die Influenz schafft im betroffenen Körper einen Spannungszustand

Für uns ist das heute leicht zu erklären; im 18. Jahrhundert war das noch nicht möglich, denn man glaubte ja noch an die Unteilbarkeit des Atoms – gemäß der wörtlichen Übersetzung des griechischen a-tomos = unteilbar! Wir wissen, daß das Atom aus einem positiv geladenen Kern und aus negativ geladenen Elektronen besteht, die um den Kern kreisen (Bild 3.3). Alle Elektronen zusammen haben ebensoviel negative Ladung wie der Kern positive; es herrscht elektrisches Gleichgewicht, und das Atom zeigt keinerlei Ladung nach außen an. Nun gibt es einzelne Elektronen, die es mit der Treue zum Kern nicht sehr genau nehmen. Reibt man einen Glasstab mit einem Reibzeug, so springen sie ganz munter aus dem Glasstab in das Reibzeug über; wir unterhielten uns ja schon darüber. Was ist die Folge?

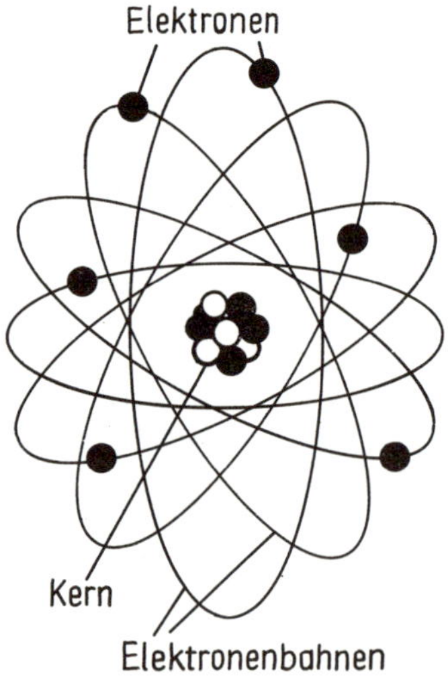

3.3 So kann man sich ein Atom aufgebaut vorstellen (ein Beispiel von vielen)

Im Glasstab sind jetzt zuwenig Elektronen (Elektronenmangel); die positive Ladung der Atomkerne überwiegt; der Glasstab wird positiv geladen. Die Kräfte im Atom sind elektrischer Natur! Das Reibzeug hat entsprechend zu viele Elektronen und wirkt negativ geladen. Beim Hartgummistab ist es umgekehrt; hier springen die Elektronen vom Reibzeug auf den Stab. Entlädt man die Pole (Stab und Reibzeug) dadurch, daß man sie leitend miteinander verbindet oder wartet, bis feuchte Luft das tut, dann nehmen dieselben oder gleiche Elektronen aus dem unerschöpflichen Vorrat der Erde die freien Plätze in den Atomen wieder ein, und das elektrische Gleichgewicht ist wieder hergestellt. Die eindrucksvollste Entladung ist die Form eines Funkens. Die Spannung muß hier schon recht groß sein, damit die Ladung die isolierende Luftschicht überwinden, gewissermaßen durchbohren kann. Es gibt sehr viele einfache Versuche, bei denen die Elektrizität erzeugt (oder besser frei gemacht), nachgewiesen und zu erstaunlichen Wirkungen verwendet wird. Wir wollen zunächst einmal einige Möglichkeiten zum Erzeugen der Ladung erproben. Später werden wir dann untersuchen, wie man elektrische Ladungen sammelt, und schließlich die Ladungs-Anzeiger, die Elektroskope, bauen. Danach können wir uns alles nach Wunsch aussuchen und zu einzelnen Versuchen zusammenfügen.

Die einfachsten Methoden

Zunächst wollen wir Methoden kennenlernen, nach denen wir elektrische Ladungen ohne großen apparativen Aufwand *erzeugen* können.

Der elektrische Fußabtreter

Treten wir auf eine gutisolierte Platte aus Glas oder Plastwerkstoff, so wird unser Körper durch die Reibung zwischen Platte und Sohlen bereits aufgeladen. Mit einem empfindlichen Elektroskop ist die Ladung nachweisbar (wir halten einen Finger an das Gerät).

Das elektrische Papier

Wir wärmen ein Stück Schreibpapier oder eine Postkarte etwas an, damit sie ganz trokken und zum guten Isolator wird, und fahren mit der trockenen Hand oder einer Kleiderbürste darüber; das Papier wird elektrisch und zieht anderes Papier – auch Schnitzelchen – an. Das geriebene Papier haftet auch an der Hand. Liegt ein nicht geriebenes Blatt durch Anziehung fest am geladenen Blatt, so ist dieses ausreichend »beschäftigt« und zieht keine Papierschnitzel mehr an. Das tut es erst wieder, wenn man das ungeriebene Blatt abgezogen hat.

Besonders stark laden sich Filme und Folien aus Plastwerkstoff auf, beispielsweise Schreibmaschinen-Walzenschoner und Schreibunterlagen. Das geschieht schon durch das Schreiben und Weiterbewegen des Schoners auf der (ebenfalls isolierenden) Walze. Man hat manchmal Mühe, das dünne Durchschlagpapier oder Kohlepapier von dem geladenen Schonerblatt abzuziehen. Warum? – Sobald wir dem geladenen Bogen einen neutralen (ungeladenen) nähern, entsteht in diesem durch Influenz eine entgegengesetzte Ladung; beide Ladungen ziehen einander an.

Die Zauberschachtel

Es gibt flache, runde Schachteln aus durchsichtigem Plastwerkstoff für Käse, Pralinen oder Bonbons. Wir säubern eine leere derartige Schachtel, legen einige Papierschnitzel (Konfetti aus dem Bürolocher!) hinein und schließen den Deckel. Reiben mit dem trokkenen Finger auf dem Deckel (oder Boden) der waagerecht liegenden Schachtel, lädt die Fläche auf und läßt die Papierstückchen tanzen – stets nach den Gesetzen der Influenz, der Anziehung und Abstoßung der Ladungen.

Der »klassische« Stab

Die bekannteste Art, eine elektrische Ladung zu erzeugen, ist das Reiben eines Stabes aus Glas oder Plastwerkstoff oder Siegellack mit Wolle, Seide, Fell und anderem. Eine mit Wolle geriebene Glasstange hat meist eine positive Ladung. Es gibt »Spannungsreihen«, die angeben, »was womit gerieben welche Ladung erhält« – aber wir können damit nicht viel anfangen; erstens sind die Reihen umstritten, und zweitens kommt es oft auf die genaue Zusammensetzung der einzelnen Stoffe an.

Der elektrische Kamm

Jeden Tag erzeugen wir ohne Absicht elektrische Ladungen, wenn wir mit dem Kamm durchs Haar fahren und wenn wir Pullover, Wäsche und Strümpfe aus Kunstfasern an- oder ausziehen. Die Hauskatze liebt es nicht, wenn wir ihr Fell »gegen den Strich« streichen – sie spürt die entstandene Ladung. Katzenfell eignet sich gut als Reibzeug; aber es sollte nicht mehr an der lebenden Katze sitzen!

Der vergessene Elektrophor

Das ist ein Wort aus dem Griechischen und bedeutet Elektrizitätsträger. Der *Elektrophor* ist ganz zu Unrecht durch die vielen Arten von Reibungs- und Influenz-Elektrisiermaschinen in den Hintergrund gedrängt und fast vergessen worden. Dabei kann man mit ihm am einfachsten größere Ladungsmengen erzeugen, die für alle Versuche ausreichen, und er ist leicht selbst zu bauen. Er erinnert an einen Kondensator: zwei Metallschichten, die durch einen Isolator voneinander getrennt sind.

Der Bau des Elektrophors

Der Elektrophor besteht aus einem sehr flachen, runden Blechbehälter (A), einer darin liegenden Schicht (»Kuchen«) aus Isolierstoff und einem etwas kleineren Metalldeckel (B) mit isolierendem Griff (G). Der Blechbehälter, der an ein Kuchenblech erinnert, hat 20 bis 30 cm Durchmesser; der Rand ist 1 bis 1,5 cm hoch. Der Deckel aus Zink-, Messing- oder Kupferblech ist im Durchmesser etwa 3 cm kleiner als der Kuchen; in seiner Mitte ist eine Metalltülle (T) angelötet. In der Tülle wird ein massiver Glasstab (G) als Griff mit Plastleim, Kitt oder Siegellack befestigt. Das Blechgefäß kann aus einem kreisförmigen Stück Blech mit ringsherum angelötetem Blechstreifen als Rand bestehen.

Eines ist bei allen leitenden Teilen streng zu beachten: Nirgendwo darf eine scharfe Kante, Ecke oder gar Spitze sein. Die Elektronen verteilen sich auf Leitern sofort; ist eine elektrische Ladung vorhanden, so versuchen sie bei Überschuß (negativer Ladung) vom Leiter zu entweichen oder bei Mangel (positive Ladung) von außen hineinzuschlüpfen. Das können sie nicht oder nur sehr langsam bei abgerundeten Oberflächen; daher finden wir bei Geräten zur ruhenden Elektrizität meist Kugeln als Abschluß. Wir müssen deshalb alles sorgfältig rundfeilen, am besten den Rand bördeln (umbiegen).

Als Kuchen nehmen wir eine sehr isolierende Platte aus Plast, etwa Plexiglas oder Hartgummi. Man kann sie auch – einfach gleich im vorsichtig erwärmten Blechgefäß mit reinem Kolophonium oder Gießharz – selber gießen. Blasen, die dabei entstehen, müssen sofort aufgestochen werden; die Oberfläche muß völlig glatt sein (Bild 3.4).

Der Elektrophor wird geladen

Um den Elektrophor zu laden, reibt man die ganze Fläche des Kuchens mit einem Fell, Woll- oder Seidentuch (je nach Art des Kuchens; ausprobieren!) sehr stark ab, legt den Deckel genau auf die Mitte, so daß er nicht auf dem Gefäßrand liegt, und berührt ihn an der Oberfläche kurz mit einem Finger. Nehmen wir den Deckel jetzt ab, so ist er geladen; wir können beispielsweise aus ihm Funken ziehen. Die Erklärung ist leicht. Durch das Reiben ist im Kuchen eine negative Ladung entstanden. Durch Influenz wird das Blechgefäß positiv geladen. Im aufliegenden Deckel geht das gleiche vor sich: Die Deckelelektronen laufen von den gleichgeladenen Elektronen an der Kuchenoberfläche möglichst weit fort – zunächst bis an die obere Oberfläche des Deckels, denn vom runden Metall können sie nicht abspringen. Dazu müßten es viel mehr sein, das heißt, die Spannung müßte größer sein. Die Unterseite des Deckels ist jetzt positiv geladen; diese positive Ladung fühlt sich so nahe an der ne-

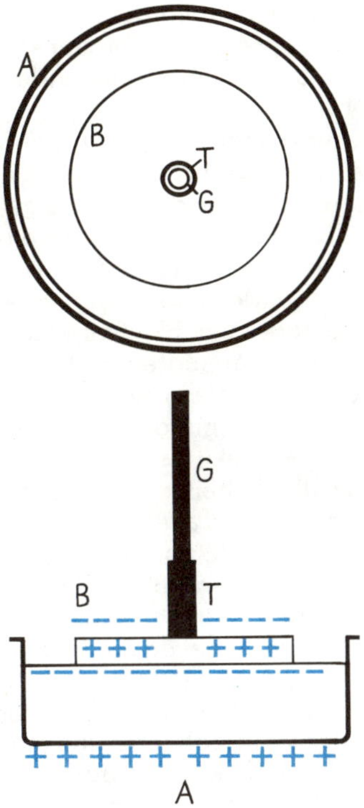

3.4
Der Elektrophor in der Aufsicht und im Schnitt

gativen des Kuchens sehr wohl. Sie bleibt auch sitzen, wenn wir den Deckel berühren; aber die Elektronen oben am Deckel benutzen schleunigst die Gelegenheit, um über den Finger zur Erde zu verschwinden! Der Deckel ist jetzt geladen und wird vom entgegengesetzt geladenen Kuchen angezogen; beide Ladungen binden einander, so daß nach außen keine elektrische Wirkung erkennbar ist. Heben wir den Deckel hoch, so merken wir zunächst, daß dazu eine mechanische Kraft nötig ist – über das Gewicht des Deckels hinaus; die elektrische Anziehungskraft muß zusätzlich überwunden werden. Diese Kraft können wir mit unserem Zugkraftmesser messen (Gewicht des Deckels abziehen!). Der abgehobene Deckel ist nun bereit, seine positive Ladung abzugeben, das heißt, Elektronen aufzunehmen; wir können mit ihm experimentieren. Kommen wir beispielsweise mit einem Finger in seine Nähe, so erfolgt die Entladung durch einen Funken (nicht gefährlich).

Dieses Verfahren können wir oft wiederholen; wir setzen den Deckel wieder auf den Kuchen und heben erneut ab. Mit der Zeit wird die Ladung schwächer; erstens leitet die Luft durch ihre Feuchtigkeit etwas, zweitens gleicht sich mit der Zeit die Ladung im Kuchen aus, und schließlich ist auch der Elektrophor kein Perpetuum mobile: Wir können nicht mehr (elektrische) Arbeit herausholen, als wir (mechanische durch Reiben und Deckelabheben) hineingesteckt haben. Wir sehen, wie folgerichtig die Naturgesetze wirken!

Ein Behelf

Etwas Ähnliches wie diesen Elektrophor können wir folgendermaßen aufbauen: Wir legen ein Metalltablett oder einen großen Topfdeckel (diesen mit dem Griff nach unten) auf drei oder vier Gläser, also gegen Erde isoliert. Ein doppeltes Stück Zeitungspapier, für Tablett oder Deckel passend zugeschnitten, legen wir auf den warmen Kachelofen und bürsten es kräftig mit einer harten Kleiderbürste. Dann legen wir das Papier mit Hilfe einer ganz trockenen Wäscheklammer auf das Tablett oder den Deckel. Wir können aus dem Metall jetzt recht kräftige Funken ziehen.

Die einfachste Lösung

Auch eine *Filmfolie* (beispielsweise ein alter Röntgenfilm, von dem die Emulsion mit warmem Wasser abgewaschen und der dann sorgfältig getrocknet worden ist) eignet sich zum Elektrophorkuchen. Einfacher geht es wirklich nicht: ein Stück Blech, darauf die Folie als Kuchen und zuoberst ein kleineres Blechstück, dieses hat in der Mitte ein Stückchen Leukoplast, und darauf ist eine angewärmte Kerze als Griff geklebt. Solche Filmfolien laden sich leicht und stark auf.

Die Reibungs-Elektrisiermaschine

Sie liefert eine gleichmäßige und starke Ladung für anspruchsvolle Experimentatoren. Allerdings erfordert ihr Bau einige Werkzeuge, Material und Arbeit. Schwierigkeiten sind nicht zu erwarten, wenn man sehr sauber und mit Überlegung arbeitet; Murks wird durch Ladungsverlust quittiert.

Der Aufbau der Reibungs-Elektrisiermaschine

Die Abbildung 3.5 zeigt eine bewährte Bauart; die Maße sind in cm angegeben. Das Grundbrett trägt die beiden Lagerböcke (B) für die Achse mit Glas- oder Plastscheibe, eine Reibvorrichtung (r-f-h) und einen Glasstab (S) mit Ladungssammler (P), auch »Konduktor« (lateinisch = Zusammenleiter) genannt, der eine Gabel zum Abnehmen der Ladung von der Scheibe und einen Stab mit Kugel hat. Die Lagerböcke sind 18 cm hoch; einer hat ein aufschraubbares Lager-Oberteil, damit die Achse noch eingefügt werden kann, wenn die Böcke bereits auf dem Grundbrett befestigt sind. Die Achse wird aus 5 bis 10 mm starkem Rundeisen mit Kurbel gebogen; sie muß zwischen den Lagern ganz gerade sein, damit die Scheibe nicht schlägt. Zwei Holz- oder Metallringe (m), mit der Achse verstiftet, verhüten, daß sich die Achse seitlich verschiebt.

Die Scheibe (20 cm Durchmesser) ist der physikalisch schwierigste Teil. Man kann sie sich leicht vom Glaser schneiden und bohren lassen – sollte aber vorher durch einen kleinen Reibungsversuch prüfen, ob die betreffende Glassorte geeignet ist. Im durchfallenden Licht erscheinen ungefärbte Gläser meist farblos; in der Schnittfläche zeigen sie oft eine Färbung: grün, blau oder rot. Die in der Schnitt- oder Bruchfläche bläulich oder rötlich scheinenden Gläser sind für unsere elektrischen Geräte unbrauchbar; die Bestandteile des Glases, die diese Färbungen verursachen, verringern die Isolierfähigkeit (den elektrischen Widerstand) des Glases. Grünliches Glas, also auch gewöhnliches Fensterglas, ist oft brauchbar; am besten eignet sich farblos scheinendes Glas. Sehr gute Erfahrungen kann man mit uralten, harten Schallplatten (aus Schellack) machen – aber wer hat die noch?

Dann haben wir den vielseitig verwendbaren Plastwerkstoff. Scheiben aus Hartgummi, Plexiglas, Pertinax und anderen isolierenden Plasten sind leicht zu bearbeiten und geben gute Ladungen. Sie sind auch leichter als Glas mit Hilfe zweier Holzscheiben mit der Achse zu verkleben oder zu verkitten; die Achse muß ja die Scheibe auf alle Fälle mitnehmen – auch gegen den Widerstand der Reibflächen.

Die Reibvorrichtung besteht aus dem Fuß (r) und zwei Holzbrettchen (h), die innen mit Katzenfell gefüttert sind und durch eine gabelförmige Feder (f) ziemlich stark gegen die Scheibe gedrückt werden. Die Feder wird aus hartgehämmertem Messingblech hergestellt. Der Fuß besteht aus Plastwerkstoff oder Glasrohr. Im letztgenannten Fall wird die Feder durch einen angeschraubten Holzpflock mit dem Glasrohr verbunden; das Holz wird eingeleimt oder eingekittet.

Drehen wir jetzt die Scheibe, so wird sie durch Reibung aufgeladen; allerdings nützt uns die Ladung dort noch nichts. Wir müssen sie durch rauhe Metalloberflächen, besser noch durch kleine Metallspitzen, absaugen. Das geschieht durch die Gabel gg am Sammler P. Sie besteht aus starkem Messingdraht und ist stumpf an den Draht g gelötet, der durch den Sammler hindurchgeht und am anderen Ende eine Metallkugel trägt. Alle diese Teile tragen ruhende Ladung mit Fluchtneigung; sie müssen daher sehr sorgfältig abgerundet sein.

Eine Ausnahme machen die Gabelflächen, die der Scheibe mit wenigen Millimetern Abstand zugewandt sind. Sie sollen die Ladung übernehmen, müssen ihr also einen Weg bieten. Am besten bringt man daher auf den Innenseiten der Gabel kleine Stecknadelspitzen an; meist genügt es allerdings, die Innenflächen mit einer Raspel ganz rauh zu machen.

Der Sammler (Konduktor) auf seinem Glasfuß soll mit seiner großen, wohlgerundeten Oberfläche eine möglichst große Ladung auf Vorrat aufnehmen können. Da diese Ladung doch nur an der Oberfläche sitzt, können wir den Sammler aus Pappe kleben oder aus Holz schnitzen und dann sehr sauber (glatt) mit Zinn- oder Aluminiumfolie bekleben. Diese Oberfläche muß mit der Gabelstange leitend verbunden sein.

Damit ist die Reibungs-Elektrisiermaschine fertig. Eine kleine Verbesserung ist noch dadurch möglich, daß man an jedes Reibeisen einen Flügel aus Seidenstoff anleimt, der sich beim Drehen seitlich an die Scheibe legt und den Verlust von Ladung auf dem Wege vom Reibzeug zur Gabel verhin-

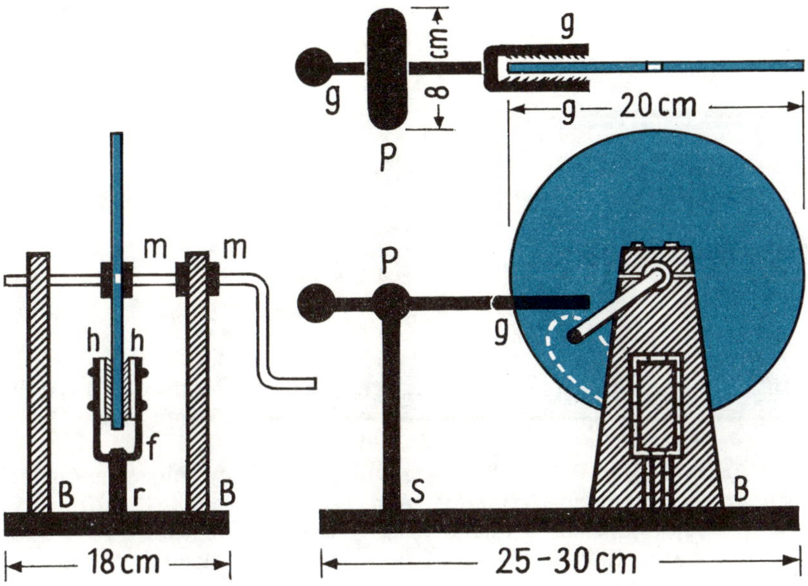

3.5 Die Reibungs-Elektrisiermaschine

dert (in der Abbildung 3.5 punktiert angedeutet). Während des Betriebes entsteht im Reibzeug eine elektrische Ladung, die derjenigen der Scheibe und damit des Sammlers entgegengesetzt ist. Man kann daher Sammler und Reibzeug beide Arten der Ladung entnehmen. Im allgemeinen wird man mit der Sammlerladung experimentieren; man verbindet dann die Feder des Reibzeugs durch eine kleine Kette mit der Erde (Tisch oder Fußboden).

Die Ladung aus der Flasche

Man kann statt der Glasscheibe auch einen Glaszylinder verwenden, am einfachsten eine Flasche mit gewölbtem Boden.

Der Aufbau der Flaschen-Elektrisiermaschine

In der Abbildung 3.6 sind BB die Lagerböcke, F ist die Flasche, R das (mit zwei Wendelfedern angedrückte) Reibzeug, K die Kurbel, S eine Holzschraube, die an einem Holzkeil in der Bodenhöhlung der Flasche angreift, P ein Pappring, um den Abstand zwischen Lager und Flaschenkorken auszufüllen, H eine Metallhülse auf dem Glasstab G. An Stelle der Gabel im vorigen Versuch saugt eine einfache Stange die Ladung ab. Statt des Sammlers (Konduktor) ist eine Sammlerflasche gezeichnet, von der wir bald noch einiges erfahren werden.

Die Schwierigkeit bei diesem Modell liegt wieder in der Glassorte! Es empfiehlt sich, verschiedene Flaschen gründlich zu prüfen.

Eine andere Lösung

Wir benutzen statt der Glasflasche ein Stück eines Regenfallrohres aus PVC-hart; die offenen Enden werden mit Holzschrauben verschlossen. Man muß sich ein Rohrstück heraussuchen, bei dem die Schweißnaht nicht vorsteht und beim Reiben stört.

Elektrizität aus Wassertropfen

Es gibt eine merkwürdige Erscheinung: Wenn sich Wasser an festen Körpern reibt, lädt es sich positiv auf, und der geriebene feste Körper wird dann notwendigerweise negativ geladen. Der englische Physiker Michael Faraday (1791 bis 1867) hat das schon gewußt. Man kann Wassertropfen (niemals

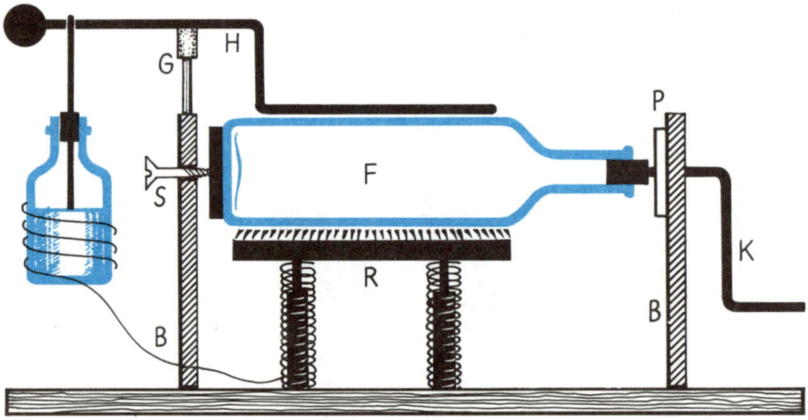

3.6
Die Flaschen-Elektrisiermaschine

einen zusammenhängenden Strahl) eine Paraffinrinne hinabrollen oder an der Innenwandung eines Paraffinrohres herabgleiten lassen und unten in einem isoliert aufgestellten Metallbehälter auffangen. Der Behälter, am besten mit einer Konduktorkugel versehen, sammelt die positive Ladung; das Paraffin wird negativ geladen.

Die Paraffinrinne stellt man dadurch her, daß man aus einer großen Paraffinkerze der Länge nach mit einem dicken heißen Metallstab die Rinne herauschmilzt. Bessere Ergebnisse hat die Anordnung, die im Bild 3.7 zu sehen ist: Zwei Brettchen werden der Länge nach zusammengenagelt oder mit Holzkaltleim geklebt. Dann wird die so entstandene Rinne durch mehrfaches Bepinseln oder Tauchen mit heißem Paraffin überzogen. Den Behälter stellt man einfach auf die Konduktorscheibe eines guten Elektroskops, das die Ladung anzeigen soll.

Die Ladung entsteht durch Abrollen des Wassers auf dem Paraffin. Es müssen einzelne Tropfen sein; ein zusammenhängender Wasserfaden würde die Ladung wieder fortleiten und ausgleichen.

Der Bandgenerator

Der Bandgenerator wurde 1931 von dem holländischen Physiker *van de Graff* zum erstenmal gebaut. Eigentlich ist der Name »Bandgenerator« unklar, irreführend und daher schlecht. Es ist eher eine Band-Elektrisiermaschine, ein Gerät zum Erzeugen hoher Gleichspannung mit Hilfe eines endlosen Bandes aus hochisolierendem Stoff, beispielsweise Seide, Plastgewebe oder Gummi, das über zwei Walzen läuft. Die Anordnung erinnert an einen Treibriemen über zwei Riemenscheiben. Durch Andrücken des Bandes an eine Walze aus Isolierstoff entsteht (hier ohne die unnötige Reibung) eine *Berührungsspannung*; wenn sich das Band von der Walze abhebt, wird die Spannung mit dem Feld stark vergrößert. Die Abbildung 3.8 zeigt den grundsätzlichen Aufbau des Bandgenerators und die Wirkungsweise.

Das Band (B) läuft über die obere Walze

3.7
Elektrizität aus Wassertropfen

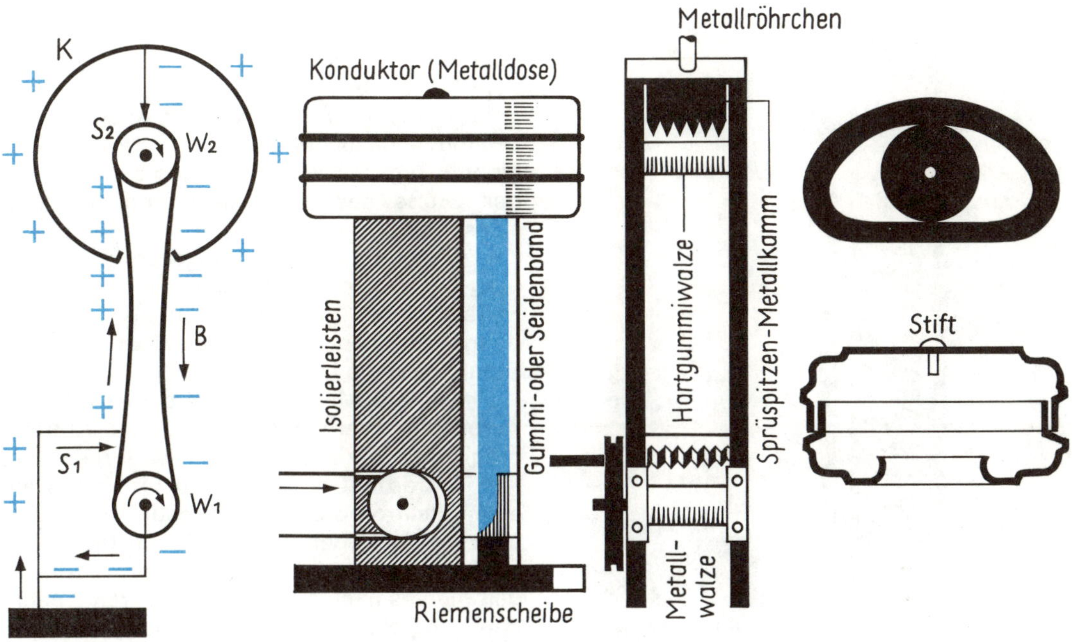

3.8 Der Bandgenerator

W_2 aus Isolierstoff (Hartgummi, Plastwerkstoff) und die untere Walze W_1 aus Metall. Die obere Walze ist ganz überdeckt von einer hohlen Kugel oder einem anderen abgerundeten Körper aus Metall, dem Konduktor K (wir ahnen schon, wozu der da ist!). Vom Konduktor ragt ein Metallkamm (S_2) mit vielen scharfen Spitzen ganz dicht (1 bis 2 mm) an das Band heran, und zwar quer dazu, also über die ganze Bandbreite hinweg.

So spitz wie der Kamm sein soll, so rund und ohne spitze Stellen muß der Konduktor sein, denn dieser soll die Ladung festhalten, jener soll sie durchlassen. An der Unterseite hat die Hohlkugel K ein Loch, um das Band (und die Seitenteile) hindurchzulassen. Die Ränder dieser Öffnung müssen nach innen rund eingebogen werden; von scharfen Kanten würde die Ladung in den Raum abströmen.

Die untere Walze W_1 ist aus Metall. Dicht darüber ist ein zweiter Metallkamm S_1 mit der Erde, das heißt mit dem Grundbrett, verbunden. W_1 ist zugleich Antriebswalze, wird daher mit Kurbel für Handantrieb und Antriebsscheibe für Motorantrieb versehen. Wird W_1 gedreht, so bewegt sich das straffgespannte Band über die Walzen; elektrisch tut sich nun folgendes:

Durch die dauernde Berührung und Trennung von Band und isolierender Walze W_2 sammeln sich auf dem Band negative und auf der Walze positive Ladungen an. Die negative Ladung nimmt das Band nach unten bis zur Metallwalze W_1 mit, die mit der Erde verbunden ist; die Elektronen nehmen die Gelegenheit wahr und entweichen. Auf ihrem Wege nach unten haben sie (durch Influenz, Anziehung) den aufwärts gehenden Bandteil positiv geladen. Durch den Sprühkamm S_1 (den unteren Metallkamm) gelangt weitere positive Ladung auf den linken Bandteil (wo sie durch die Influenz sehr gefragt ist).

Jetzt ist nicht nur W_2 positiv geladen, sondern auch das Band liefert ständig die gleiche Ladung nach; die Folge: Elektronen — negative Ladung — werden da oben dringend gesucht! Sie spritzen denn auch eifrig aus dem Sprühkamm S_2 auf das Band; das befördert sie in bekannter Weise ins Freie. Auf dem Konduktor aber fehlen Elektronen, bleibt die positive Ladung. Sie wird bei weiterem Drehen immer stärker und erreicht bei trockener Luft leicht 100000 V und mehr, wenn das Modell sauber gebaut und der Konduktor nicht zu klein ist. Die Spannung ist, wie schon erwähnt, dem menschlichen Körper nicht gefährlich, weil die dazugehörenden Stromstärken winzig sind.

3.9 Unser Bandgenerator mit abgenommenem Konduktor

Das ist ein einfaches, aber wirksames Prinzip; es wird in großen Bandgeneratoren zum Erzeugen von sehr hohen Gleichspannungen für Teilchenbeschleuniger in der Kernphysik ausgenutzt. Um die Wirkung zu verstärken, wird in der Praxis durch einen Sprühkamm eine Gleichspannung in der Größenordnung von 10 kV (10 000 V) aufgesprüht.

Wir bauen das Modell

Ein brauchbares Modell ist ohne große Schwierigkeiten zu bauen. Der Hauptteil auf dem Grundbrett besteht aus zwei Leisten aus Plastwerkstoff, einer Metallwalze (unten) und einer Walze aus Plastwerkstoff (oben) sowie zwei Metallkämmen. Der untere Metallkamm ist über die Achse (Rundeisen) mit der Metallwalze verbunden; der obere Metallkamm verbindet mit seiner waagerechten Rückseite die beiden Leisten und trägt ein Stück Metallrohr zum Aufsetzen des Konduktors (Bild 3.9).

Die Leisten (Seitenteile) sind 25 bis 30 cm lang und 4 bis 5 cm breit. Der Durchmesser der Walzen beträgt etwa 2 cm, die Länge richtet sich – ebenso wie der Abstand der Leisten – nach der Breite des Bandes, die nicht weniger als 4 cm betragen soll und von der Größe des Konduktors abhängt. Die Achse der oberen Plastwalze, ein runder Nagel, wird herausziehbar angeordnet, damit man die Walze gelegentlich säubern kann. Sauberkeit ist (nach der Abrundung der ladungshaltenden Teile) oberstes Gebot; Staub leitet die Ladungen ab!

Die untere Metallwalze wird fest mit der Kurbelwelle verbunden, damit der Antrieb möglich ist. Zu empfehlen ist außerdem ein Antriebsrad auf der Achse für Anschluß an einen Elektromotor. Sehr günstig ist es, das U-förmig gebogene untere Blech (mit dem Sprühkamm in der Mitte) so anzuordnen, daß man es nach einiger Zeit ein wenig nach unten verschieben kann; manche Bänder geben mit der Zeit etwas nach und können dann wieder straff gespannt werden. Durch die Kurbelwelle aus Rundeisen wird die Metallwalze mit dem Blech und dadurch mit dem Sprühkamm verbunden.

Das Band kann aus Seide, Plastgewebe, Gummi und anderen hochisolierenden Stoffen hergestellt werden. Das Gummiband kann man aus einem alten, sehr gut gesäuberten Fahrradschlauch schneiden. Die Enden klebt man zusammen; vulkanisieren ist noch besser. Die Sprühkämme sollen möglichst viele scharfe Spitzen enthalten. Wer geschickt genug ist, kann Spitzen von Stecknadeln oder schräg abgeschnittene Stücke von Blumendraht anbringen. Die Spitzen sollen, wie erwähnt, 1 bis 1,5 mm an das Band heranreichen.

Für den Konduktor werden wir wohl kaum eine große Hohlkugel finden. Aber eine Aluminiumdose mit Deckel, die nur glatte, gerade und runde Flächen ohne scharfe Kanten hat, läßt sich schon eher auftreiben (Butterbrotdose beispielsweise). Sie darf auch länglich sein! In Boden oder Deckel wird ein rundes Loch geschnitten, so groß, daß man den Konduktor, zu dem die Dose nun geworden ist, über das obere Ende unseres ganzen Bauwerks stülpen kann; oberer Sprühkamm und Plastwalze verschwinden darin. Der Abstand zwischen dem Rand der Öffnung und dem Gestell soll etwa 0,5 cm groß sein. Der

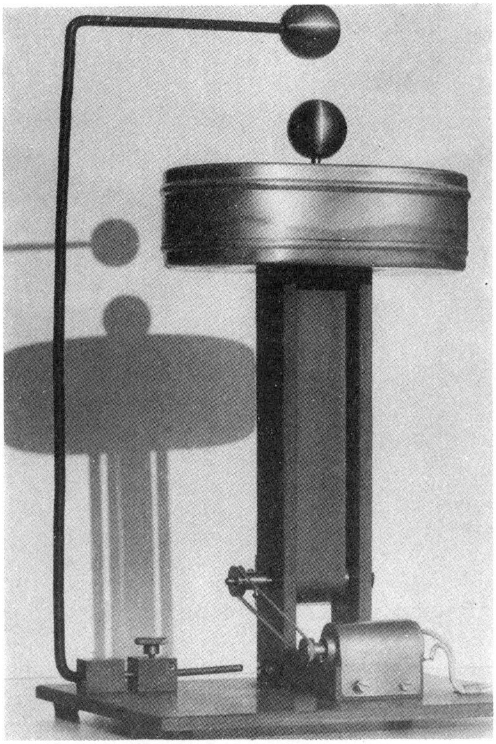

3.10 Unser Bandgenerator in fertigem Zustand

Rand des Loches muß nach innen gebogen werden, damit keine Kante nach außen liegt. Innen im Konduktor schadet die Kante nicht mehr (Bild 3.10).

Es gibt auch längliche Konduktoren, die aus engmaschiger Drahtgaze hergestellt sind; einige Blechbänder sorgen dafür, daß die Form erhalten bleibt.

Unser Konduktor erhält zuletzt den eingenieteten Metallstift, der in das Röhrchen oberhalb des oberen Sprühkammes genau hineinpaßt. Damit wird der Konduktor mechanisch fest an seinem Platz gehalten und gleichzeitig elektrisch mit dem Sprühkamm verbunden.

Wenn wir mit Handantrieb arbeiten, ist die Metallwalze über die Kurbelachse ausreichend mit der Erde verbunden. Bei Motorantrieb verbinden wir die Achse mit der Erde durch ein Metallkettchen, das auf dem Grundbrett (Holz) liegt.

Das *ist ein* Vorschlag, ein Bandgenerator-Modell zu bauen. Der Möglichkeiten gibt es viele, wenn nur die Gesetze der ruhenden Elektrizität dabei beachtet werden. Der schöpferischen Phantasie des Lesers ist auch hier keine Grenze gesetzt – eigene Entwicklungen machen die meiste Freude!

Haben wir bei allen unseren Arbeiten auf gute Isolierung und Sauberkeit geachtet, können wir, wie im Bild 3.11 zu sehen ist, Überschläge von 3 bis 4 cm erreichen.

Die elektrische Ladung wird gesammelt und angezeigt

Die Konduktoren an unseren verschiedenen Elektrisiermaschinen und am Bandgenerator sammeln die Ladung schon nach Kräften oder besser nach Größe ihrer Oberfläche; aber es gibt noch eine bessere Lösung.

Die Leidener Flasche

Der Physiker benutzte früher häufig die Sammelflasche, auch Kleistsche Flasche genannt, weil E. von *Kleist* sie 1745 als erster baute. Man nennt sie heute meist *Leidener Flasche*, weil *Cunaeus* in Leiden (Holland) sie 1746 unabhängig von Kleist erfunden hat. Sie ist nichts anderes als ein runder Kondensator mit Glas als Dielektrikum (Zwischenisolation), mit anderen Worten: eine Flasche oder ein Standglas, innen und außen bis zu einer bestimmten Höhe mit Aluminiumfoliebelag beklebt. Der Aluminiumfoliebelag bedeckt innen und außen auch den Boden des Gefäßes; er darf an der Wandung nicht zu hoch gezogen werden, damit kein Funken überschlagen kann. In der Flasche steht auf zwei kreuzförmig angebrachten Metallstreifen eine Stange, die am oberen Ende eine Kugel trägt.

Der äußere Belag steht auf dem Tisch und ist mit der Erde zu verbinden. Eine solche Leidener Flasche kann eine ziemlich große Ladung aufnehmen und bei trockener Luft auch lange bewahren. Laden wir beispielsweise die Flasche über die Stange negativ auf, so entsteht durch Influenz am äußeren Belag eine positive Ladung; die verdrängten Elektronen entweichen in die Erde, wenn die Flasche nicht isoliert steht.

3.11 Funkenentladung an unserem Modell

Die Ladung der Flasche kann bei entsprechender Aufnahmefähigkeit (Kapazität, von lateinisch cápere = aufnehmen) so groß werden, daß eine Entladung über den menschlichen Körper zu Schäden (Lähmungen) führt – vor allem wenn mehrere Flaschen zu einer Batterie zusammengeschaltet sind. Deshalb darf man eine Leidener Flasche (und jeden anderen größeren Kondensator!) nur über einen Entlader entladen; er ist in der Abbildung 3.12 ebenfalls zu sehen. Ein Entlader ist ein rundgebogenes Drahtstück mit Kugeln an beiden Enden und einem isolierenden Griff aus Glas oder Plast in der Mitte. Die Kugeln sollen die entstehenden Funken möglichst kurz halten.

Wir dürfen niemals eine geladene Batterie ohne Aufsicht lassen, auch nicht über Nacht stehenlassen. Gummihandschuhe als Isolierung schützen gegen diese hohen statischen Spannungen nicht; sie werden schnell durchschlagen. Gehen wir richtig mit der Batterie oder Flasche um, dann können wir erstaunliche Versuche machen, beispielsweise Funkenschlag durch Isolierstoffe, Nachahmung eines Blitzschlages. Wir können mit etwa 20000 Volt je 1 cm Überschlagsstrecke bei einem Funkenschlag rechnen.

Der Bau der Leidener Flasche

Wir bauen eine Leidener Flasche am einfachsten aus einem Einmachglas. Es wird sehr gründlich gereinigt; dann kleben wir innen und außen Aluminiumfolie mit Eiweiß oder Plastkleber auf. Das ist nicht so leicht getan wie gelesen; am besten klebt man 5 bis 10 cm breite Streifen. Bei kleinen Gläsern bekleben wir drei Viertel, bei großen Gläsern zwei Drittel der Höhe. Auch der Boden wird innen und außen beklebt. Die Flächen sollen so glatt wie möglich sein. Den frei gebliebenen oberen Glasteil kann man mit Schellack oder Isolierlack dünn bestreichen.

Nun müssen wir noch die Metallstange mit der Kugel anbringen. Da gibt es zwei Möglichkeiten: Entweder stellen wir sie auf vier Füße, oder wir hängen sie an einem Deckel aus Plastwerkstoff auf. Im ersten Fall schrauben, nieten oder löten wir kreuzweise zwei Bänder aus Metall am unteren Stangenende an. Im zweiten Fall binden wir am unteren Ende der Stange ein Büschel aus mehreren Streifen Aluminiumfolie an; die freien Enden dieser Streifen liegen dann auf dem Bodenbelag.

Das Loch im Deckel macht man so klein, daß die Stange gut festsitzt. Der Deckel erhält drei oder vier angeklebte Plast- oder Holzstückchen, die ihn vor seitlichem Verrutschen schützen. An Stelle der Kugel – das gilt auch für andere Geräte – kann eine

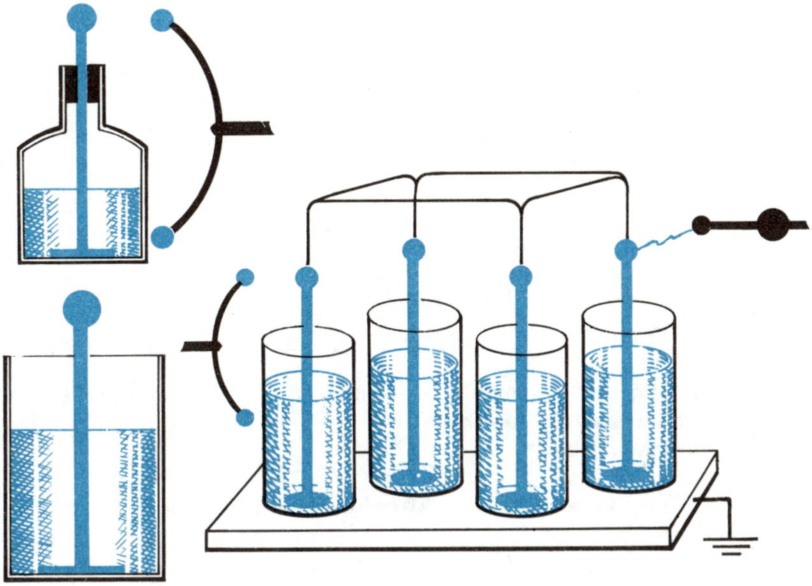

3.12
Leidener Flaschen und der notwendige Entlader

Scheibe aus dickem Blech aufgelötet werden; ihr Rand muß jedoch tadellos rundgefeilt sein.

Vielleicht fragt der eine oder andere Leser: Kann man nicht den inneren Belag durch Leitungswasser (nicht destilliertes!) ersetzen? Das leitet doch auch! Ja, man kann es grundsätzlich wohl; aber die durch Verdunsten aufsteigende Feuchtigkeit verringert die Isolation von Luft und Flasche und stört unsere Versuche. An Stelle einer großen Flasche lassen sich aus großen Reagenzgläsern viele kleine herstellen; man stellt sie zu einer Batterie zusammen, indem man alle äußeren Beläge miteinander verbindet und ebenso alle inneren.

Bei den Versuchen mit der Reibungselektrizität lernt man am besten, was ein wirklicher Isolator – Nichtleiter – ist! Holz gehört im allgemeinen nicht dazu und feuchte Luft schon gar nicht. Am besten gelingen diese Versuche in einem zentralgeheizten Raum; die sonst unangenehme Trockenheit der Luft gibt eine gute Isolation.

Das Elektroskop

Wir können nun die elektrische Ladung erzeugen und sammeln; aber wir müssen sie auch schnell und leicht nachweisen können. Die Überschrift hat schon verraten, daß wir dazu ein *Elektroskop* (Elektro-skop) brauchen. Die Endsilbe »skop« kommt vom griechischen skopéin = sehen. Freilich sehen wir dabei nicht die Elektrizität selbst; das wird dem Menschen wegen der Winzigkeit der Ladungsteilchen niemals möglich sein. Was wir sehen, ist nur die Wirkung der Ladung: Zwei Körper werden durch die Ladung angezogen oder abgestoßen. Außerdem gibt es noch *Elektrometer*. Die wirken auf die gleiche Weise, sind aber in Volt geeicht wie die bekannten Spannungsmesser und gestatten quantitative Aussagen.

Der Grundgedanke ist denkbar einfach: An einem isoliert angeordneten Stab oder Streifen aus Metall werden zwei ganz leichte, leitende Körper beweglich angebracht. Wird dem Metall eine elektrische Ladung zugeführt, so laden sich auch die beweglichen Körper in gleicher Weise auf und stoßen einander ab. Es genügt sogar, nur einen einzigen beweglichen Körper an dem Metallstab anzubringen; er wird ebenfalls abgestoßen.

Die beweglichen Körper sind 5 bis 8 cm lange und etwa 4 mm breite Streifen aus ganz dünnem Stanniol, unechtem Blattgold oder entsprechender Aluminiumfolie, ferner Seidenpapierstreifen oder Holundermarkkügelchen, an (leitendem) Leinenfaden aufgehängt. Auch weiche Lamettafäden sind zu gebrauchen. Zur Isolierung dient eine Flasche aus gutisolierendem Glas, eine Kerze, ein Glasstab, Plastwerkstoffe. Es gibt sehr viele Möglichkeiten, ein Elektroskop zu bauen; je einfacher die Bauart ist, desto unempfindlicher ist sie im allgemeinen. Aber auch das einfachste Elektroskop ist für uns brauchbar; es zeigt die Wirkungsweise sogar besonders gut. Fangen wir damit an!

Das einfachste Elektroskop

Drahtgestell, Kerze, Streifen aus Aluminiumfolie. Wir biegen aus Kupferdraht mit mindestens 2 mm Durchmesser einen Ring von 8 bis 10 cm Durchmesser und führen das eine Drahtende radial einige cm weiter; dann biegen wir es senkrecht zur Ringebene um. Das letzte Stück ist etwa 10 cm lang. Einer neuen Haushaltskerze wird die Spitze abgeschnitten; das mittlere Drahtstück wird angewärmt und so tief auf die Schnittfläche (nicht auf den Docht) gelegt, daß es bündig einsinkt. Der Ring liegt nun waagerecht. Wir haben ihn gewählt, weil wir kleine Gefäße draufstellen können. Zur einfachen Anzeige der Ladung genügt es beispielsweise, den Draht neben der Kerze in einer kleinen Kugel enden zu lassen. Am senkrechten Draht kleben wir mit sehr wenig Plastkleber einen Streifen Metallfolie an: 4 mm breit, 6 bis 10 cm lang (Bild 3.13). Das Elektroskop ist fertig! Eine kurze Prüfung mit einem geriebenen Glas- oder Plaststab zeigt, daß dieses höchst einfache Gerät gut anspricht. Der Nachteil ist seine Empfindlichkeit gegen Luftbewegung; wer gerade erkältet ist und husten und niesen muß, wird eine andere Bauart wählen!

Ein Elektroskop aus Kerze und Blechdose

Diese Bauart ist auch noch »grippeempfindlich«, das heißt offen. Wir nehmen wieder eine der gutisolierenden Haushaltskerzen, lassen den Spitzenkegel abbrennen, bis der ganze Querschnitt der Kerze schön geschmolzen ist, und drücken dann eine leere, oben offene Konservendose darauf. Die Konservendose muß sehr sauber, ohne scharfen Rand und ohne Spitzen aufgeschnitten sein. Am oberen Rand erhält die Dose einen Drahtring, der an einer Stelle zu einem kleinen, geraden Träger für den Folienstreifen ausgebogen ist. Wir hängen den Streifen

3.13 Das einfachste Elektroskop

hinein – und auch dieses Elektroskop ist fertig (Bild 3.14).

Das Elektroskop im Kochkolben

Wir benutzen etwa 15 cm hohe, weithalsige Kochkolben der Chemiker. Auch sauber gereinigte, trockene Milchflaschen eignen sich für unsere gegenüber der vorigen verbesserte Bauart. Wir nehmen statt des Drahtes diesmal eine 3 bis 5 mm starke Messingstange. Sie erhält am oberen Ende den üblichen Kugel- oder Scheibenabschluß und wird unten meißelartig zugefeilt. Wir stecken sie dann in ein möglichst genau passendes Glasrohr; das soll so lang sein, daß das gefeilte Ende noch frei herausragt.

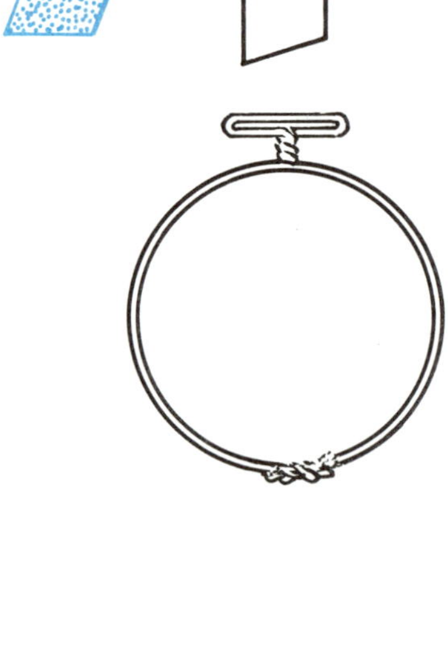

3.14 Elektroskop aus Kerze und Blechdose

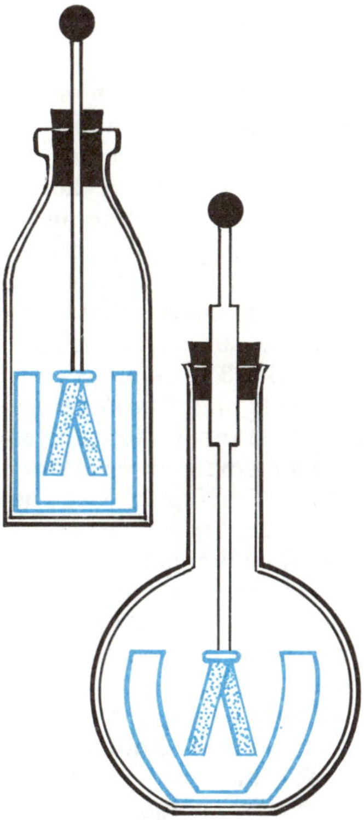

3.15
Elektroskop im Kochkolben

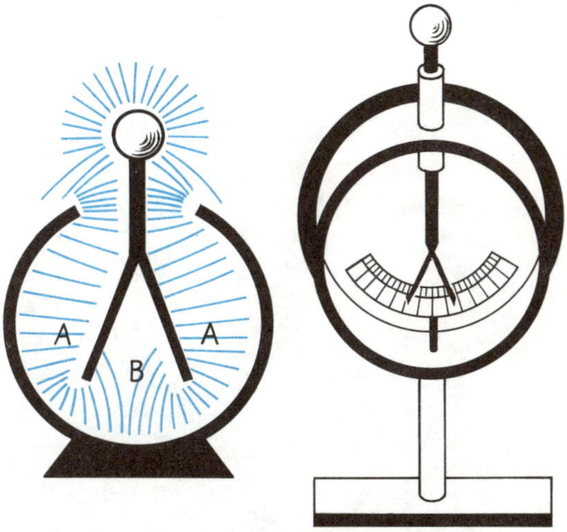

3.16 Feldlinien im geladenen Elektroskop — und ein besonders empfindliches Gerät

Auf jede der »Meißel«-Flächen wird mit sehr wenig Eiweiß oder Plastkleber ein Streifen aus Aluminiumfolie (oder was wir sonst benutzen) geklebt, so daß beide Streifen ungeladen dicht nebeneinander herabhängen. Sie sollen so breit wie der Durchmesser des Messingstabes sein. Die Empfindlichkeit können wir durch den außen aufgeklebten U-Streifen Aluminiumfolie verstärken. Das Glasrohr mit der Messingstange wird in der üblichen Weise durch Korken oder Gummipfropfen geführt und festgehalten.

Der Kolben muß ganz trocken und sauber sein. Will man die Isolation noch weiter verbessern, so überzieht man Glasrohr, Korken und den Rand des Flaschenhalses mit einem Isolierlack (Bild 3.15).

Das elektrische Feld hat *Feldlinien*; man kann sie auch sichtbar machen. Die Abbildung 3.16 zeigt die Feldlinien in einem geladenen Elektroskop der eben beschriebenen Bauart. Im Feldteil B zwischen den beiden gleichgeladenen Blättchen herrscht Abstoßung; die Feldlinien zeigen es deutlich. Im Feldteil A zeigen sie ebenso deutlich die Anziehung zwischen Blättchen und äußerem (mit der Erde verbundenem) Stanniolstreifen — am stärksten dort, wo die Entfernung am kleinsten ist.

Ein empfindliches Elektroskop im Metallrahmen

Das System ist ähnlich wie bei der vorigen Bauart. Wir kleben diesmal die Blättchen nicht an die gefeilten Flächen, sondern machen zunächst einen möglichst feinen Sägeschnitt (etwa 5 mm tief) in der Längsrichtung des Messingstabes; dann feilen wir die Flächen keilförmig zum Schnitt zu, schieben die beiden Blättchen in den Schnitt und klemmen sie dort fest (Schnittseiten zusammendrücken).

Der wichtigste Unterschied ist, daß das System in einem Metallreifen sitzt, der an beiden Seiten durch Glasscheiben abgeschlossen ist.

Der Reifen wird aus 1 bis 1,5 mm starkem Messingblech (notfalls Zink- oder Eisenblech) geschnitten, 5 cm breit und 45 bis 50 cm lang. Dieser Blechstreifen wird zu einem Ring von etwa 15 cm Durchmesser zusammengebogen; die beiden Ränder, die dabei etwa 2 cm überlappen, werden miteinander vernietet oder verlötet. An dieser Stelle wird gleich ein Metallstab befestigt, der den Reifen trägt und mit dem Grundbrett verbindet. An diesem Stab ist ein kleiner Metallhaken angebracht; wenn eine bessere Erdung

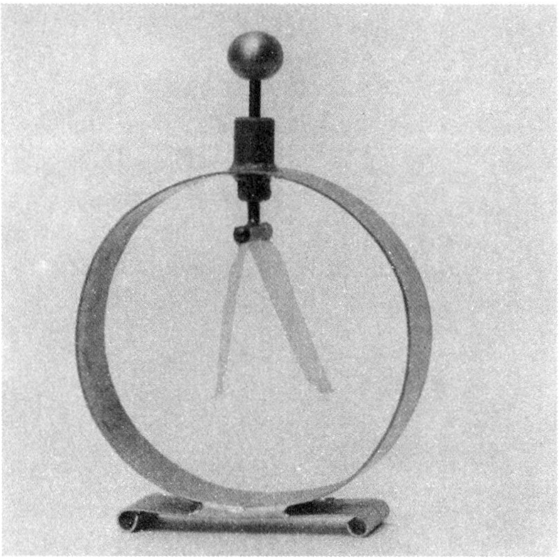

3.17 Unser fertiges Elektroskop

des Reifens gewünscht wird, kann man hier ein Metallkettchen einhängen.

Oben wird das System im Reifen befestigt. Das geschieht zwar ähnlich wie bei den Flaschen; wir müssen aber bedenken, daß bei dieser Bauart das tragende Material nicht isoliert – im Gegenteil! Es ist ja Blech und nicht Glas. Wir führen den Metallstab am besten durch ein sehr gut isolierendes Rohr aus Plastwerkstoff oder Glas und kitten dieses mit gutem rotem Siegellack in einer nicht zu kleinen Öffnung im Reifen fest (Bild 3.17). Hinter den Enden der Folienblättchen läßt sich gut eine Skale aus Pappe mit Gradeinteilung anbringen (isoliert, etwa auf einem Stück Siegellackstange). Wir können dann die Größe der einzelnen Ausschläge miteinander vergleichen. Zum Elektrometer reicht es noch nicht ganz; da müßten wir auf feinen Lagern starre Zeiger an Stelle der biegsamen Blättchen einbauen. Der Reifen wird durch je eine Glasscheibe auf beiden Seiten abgeschlossen. Die Scheiben sind etwas größer im Durchmesser als der Reifen; man kann sie mit Siegellack am Reifen ankitten.

Ein ganz modernes Elektroskop

Mit dieser sehr vielseitig verwendbaren und empfindlichen Bauart wollen wir die Reihe der Elektroskope abschließen. Der Aufbau dieses Gerätes setzt einige Fertigkeiten im Umgang mit elektronischen Bauelementen voraus (Bild 3.18). Auf eine Untersuchung der internen Wirkungsweise wollen wir hier verzichten und uns auf die Anwendung beschränken. Mit diesem elektronischen Taschenelektroskop können wir neben der Ladungsmenge auch eine Aussage über die Polarität der Ladung erhalten. Der Aufbau der Schaltung erfolgt am besten auf einer kleinen Cevausit-Leiterplatte. Diese können wir so gestalten, daß sie genau in eine Taschenlampe hineinpaßt. Im Bild 3.19 sehen wir den Einbau in eine Taschenlampe. Durch den zusätzlichen Schaltkontakt geht die normale Betriebsart als Taschenlampe nicht verloren. Wegen der großen Empfindlichkeit der Schaltung muß auf größte Sauberkeit geachtet werden. Schon Kolophoniumreste vom Löten können Fehlerursache sein! Die Antenne, unseren *Ladungsfühler*, gestalten wir am besten steckbar durch den Einbau einer Telefonbuchse im Gehäuse.

Im Bild 3.18 ist die Schaltung mit dem zusätzlichen Schaltkontakt zum Einbau in die Taschenlampe abgebildet.

Bewegen wir uns mit eingeschaltetem Elektroskop auf unseren aufgeladenen Bandgenerator zu, leuchtet die Lampe auf. In diesem Fall ist die Ladung positiv. Danach laden wir eine Folie durch Reiben auf und machen den gleichen Versuch. Wegen der großen Empfindlichkeit muß der Bandgenerator vorher entladen werden, damit er uns nicht unser Ergebnis verfälscht. Bewegen wir uns auf die Folie zu, wird die Lampe dunkel bleiben; sie leuchtet erst auf, wenn wir uns von der Folie wegbewegen. Daran erkennen wir die negative Ladung der Folie. Bei *positiver Ladung* leuchtet die Lampe in der Bewegung *zur* Ladung auf, bei *negativer Ladung* in der Bewegung *weg* von der Ladung. Die Anwendung dieses Elektroskopes ist sehr vielseitig. Neben Ladungsversuchen während eines Gewitters können wir auch Ladungen bei Kleidungswechsel an uns selber untersuchen. Denken wir an die Aufladung von Schallplatten beim Abspielen oder auch an die Ladungen, die beim Aus- oder Einsteigen am Auto entstehen. Uns werden sicher noch viele Anwendungsfälle begegnen. Bei späteren Versuchen können wir unser elektronisches Taschenelektroskop noch vielseitig einsetzen.

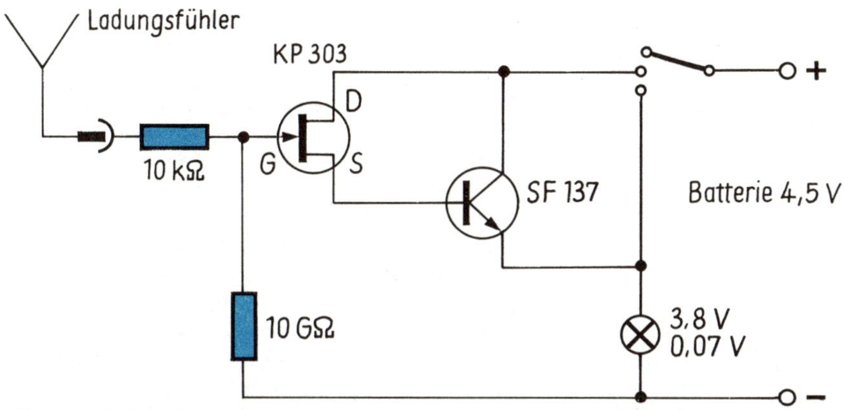

3.18 Schaltung des elektronischen Elektroskops

3.19 Elektronisches Taschenelektroskop

Allerlei vergnügliche Wirkungen der elektrischen Ladung

Alle im folgenden beschriebenen Versuche gelingen, wie schon erwähnt, nur bei trockener Luft; feuchte Luft leitet Ladungen ab. Wir müssen immer auf gute Isolierung achten, wenn wir irgendwo Ladungen erzeugen oder festhalten wollen. Soll ein einzelnes Holundermarkkügelchen aufgeladen werden, so kann man es an einem Seidenfaden aufhängen; der Faden reicht als Isolation aus. Zwei Kügelchen, die gleichzeitig und in gleicher Weise (gleichnamig) aufgeladen werden sollen, werden mit dünnen leinenen (nichtisolierenden) Fäden an Metall, etwa Draht, aufgehängt; jetzt muß dieser Draht gut gegen die Erde isoliert werden. Meist geschieht das durch Glasrohre oder Glasstangen, Streifen oder Platten aus Plastwerkstoff oder durch Paraffin (Kerze).

Bei allen Versuchsanordnungen müssen wir daran denken, daß Ladungen auf Leitern, meist Metallen, nur bleiben, wenn die Oberflächen ganz glatt sind und keine scharfen Kanten oder Spitzen haben. Wenn andererseits eine Ladung schnell abgegeben oder aufgenommen werden soll, dann sind die Spitzen gerade richtig.

Beim Experimentieren mit den hier beschriebenen Geräten besteht keine Gefahr für den Experimentierenden; es sind zwar hohe Spannungen, aber nur sehr kleine Stromstärken zu erreichen. Eine Ausnahme bilden die Leidener Flaschen, vor allem die größeren und mehrere zu einer Batterie zusammengeschaltete Flaschen; sie dürfen nur durch einen Entlader mit isolierendem Handgriff entladen werden!

Das Spiel der Ladungen

Die folgenden Versuche sollen uns mit dem Anziehen und dem Abstoßen elektrisch geladener Körper vertraut machen. Wir sehen

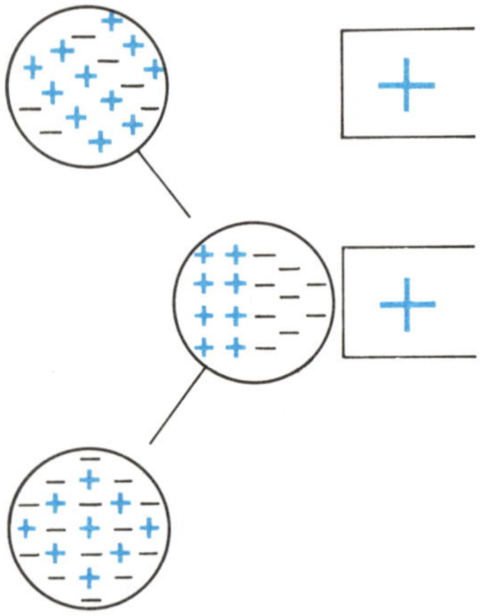

3.20 Der Grundversuch mit Holundermarkkügelchen

hier in jedem Falle Wirkungen der Influenz beziehungsweise der Aufladung.

Grundversuche mit Holundermarkkügelchen

An einem Drahtgestell, das nicht isoliert ist, hängen wir ein Kügelchen oder einen kleinen Würfel aus Holundermark oder Sonnenblumenmark an einem ganz feinen Natur- oder Kunstseidenfaden auf, an einem zweiten nichtisolierten Drahtgestell ein weiteres Kügelchen an einem Leinenfaden.

Wir reiben nun eine Glas- oder Hartgummistange oder einen Plastlöffel vom Salatbesteck mit einem weichen Leder oder mit Wolle und führen das eine Ende der Stange an die erste Kugel. Sie springt an den Stab, lädt sich auf und wird – weil nun gleichartig geladen – schnell abgestoßen. Die Abbildung 3.20 zeigt den Vorgang schematisch bei positiver Aufladung (Glasstab, mit Leder gerieben).

Zunächst ist die Kugel neutral, nähern wir aber die Kugel dem Stab, so sind durch Influenz die Elektronen dem Glasstab zugewandt; die negative Ladung an der einen (rechten) Seite läßt die Kugel auf den positiv geladenen Stab zuspringen. Die Elektronen sausen bei dieser Gelegenheit in großer Zahl auf den Glasstab hinüber und hinterlassen auf der Kugel eine positive Ladung; das heißt aber Elektronenmangel. Der Glasstab, sehr viel größer als das Kügelchen, schluckt den Elektronenzuwachs gern und bleibt trotzdem noch positiv; er ist noch längst nicht gesättigt (neutralisiert). Nun sind Stab und Kugel also positiv geladen; beide stoßen daher einander ab.

Die Kugel läuft jetzt von dem Stab fort. Erst wenn wir sie mit der Hand oder einem Leiter berühren, wird der Anfangszustand wiederhergestellt. Wir können andere isolierende Stoffe reiben und der geladenen Kugel nähern. Wird sie wieder abgestoßen, so haben wir eine positive Ladung erzeugt. Saust die Kugel schnell auf den neuen Stoff (etwa Hartgummistange, mit Wolle oder Katzenfell gerieben) zu, so hat dieser eine negative Ladung. Wir können diesen Versuch auch mit einer negativen Ladung beginnen.

Wenn wir ein größeres, glattes Leder haben (alte Glacéhandschuhe sind auch gut geeignet), dann können wir übrigens leicht nachweisen, daß es nicht auf das Reiben ankommt, sondern auf das Andrücken des Stabes und nachfolgendes Abheben vom Leder. Wir rollen also den Stab über das Leder und drücken ihn dabei an; wir hören auch hier das feine Knistern der elektrischen Entladungen und beobachten, wie Stab und Leder einander anziehen. Der anschließende Versuch mit dem Kügelchen zeigt, wie stark der Stab durch das Abrollen aufgeladen wurde.

Jetzt nähern wir den geladenen Stab dem zweiten, am Leinenfaden hängenden Kügelchen: Dieses springt auch an den Stab – bleibt aber daran hängen und wird nicht abgestoßen. Auch wenn wir den Stab kurz abziehen und dann wieder nähern, haftet die Kugel sofort wieder daran. Das ist ganz anders als bei der Kugel am Seidenfaden. Warum?

Der im Beispiel oben rechts abgebildete verdrängte positive Teil der Kugelladung (der Stabladung gleichartig) kann diesmal über den leitenden Leinenfaden entweichen. Eine negative Ladung bleibt in der Kugel zurück, auch wenn Elektronen auf den Stab überspringen – Elektronennachschub kommt über den Leinenfaden! Auf diese Weise wird allerdings der Stab bald gesättigt; er kann die Kugel nicht mehr anziehen.

Laden wir zwei Kugeln, die über Seidenfäden an zwei Gestellen hängen, einmal gleichartig und einmal entgegengesetzt auf, so können wir sehr gut die Abstoßung und die Anziehung zwischen ihnen sehen.

Weitab spreizen sich die Holundermarkkugeln, wenn wir sie auf unserem Bandgenerator an einem Stab aufhängen (Bild 3.21). Im

3.21 Holundermarkkugeln auf unserem Bandgenerator

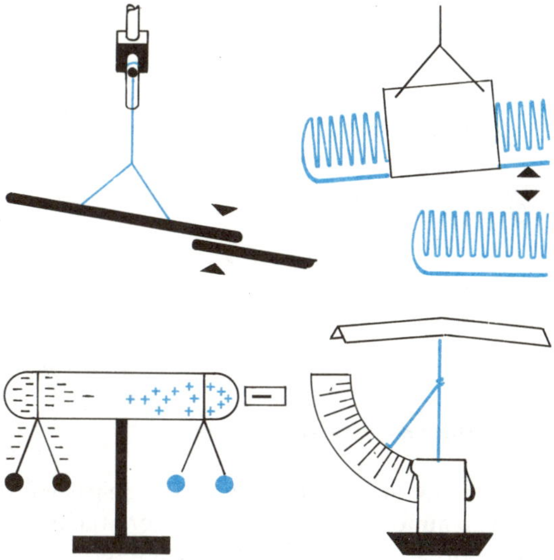

3.22 Versuche zur Abstoßung

großen kann man sehr eindrucksvoll die Abstoßung an zwei luftgefüllten Kinderballons hervorrufen, die nebeneinander an je einem 2 m langen Seidenfaden hängen. Man braucht nur die Hände an beide Luftballons anzudrücken und wieder abzuziehen – schon springen beide Ballons voneinander weg, und man hat (bei trockener Luft) Mühe, sie wieder zusammenzubringen. Noch stärker ist die Wirkung, wenn man sie mit geriebenen Stangen auflädt.

Beim »Fidibus-Elektroskop« dient ein zweimal gefalteter Papierstreifen auf einer Nadel als Zeiger.

Die Abstoßung gleichartiger und die Anziehung entgegengesetzter Ladungen lassen sich sehr deutlich an einem Stab zeigen, der geladen auf einen an Seidenfäden hängenden Drahthalter gelegt wird, oder an einem Kamm, der geladen in eine an Seidenfäden aufgehängte Papierschlaufe gesteckt wird (Bild 3.22). Sehr deutlich läßt sich die *Influenz* elektrischer Ladungen an einem Messingrohr beobachten, das an beiden Seiten mit einer Metallkugel abgeschlossen ist und auf einem Glasstab steht. An beiden Enden hängt je ein Holundermarkkügelchen-Paar an einem Leinenfaden als Elektroskop (Bild 3.22).

Bringen wir einen geriebenen Hartgummistab, also eine negative Ladung, in die Nähe einer der beiden Metallkugeln, so entsteht in dieser eine positive Ladung. In der anderen Metallkugel bildet sich aus den verdrängten Elektronen eine negative Ladung. Beide Ladungen werden durch Spreizen der Holundermarkkügelchen gemeldet. Entfernen wir den Hartgummistab, so sinken die Kügelchen wieder zusammen.

Was geschieht, wenn wir die linke Metallkugel während der Influenz mit dem Finger berühren?

Daß während der Influenz zwei verschiedene Ladungen von den Kügelchen angezeigt werden, können wir mit einem anderen geriebenen Stab nachweisen. Ein (zweiter) geriebener Hartgummistab stößt die linken Kügelchen ab und zieht die rechten an.

Bei diesem Versuch haben wir den geladenen Stab nur genähert. Wenn wir eine Ladung für längere Zeit übertragen wollen, berühren wir den aufzuladenden Körper, beispielsweise ein Elektroskop; dabei ziehen wir den geladenen Stab seiner ganzen Länge nach an der Konduktorkugel entlang, um möglichst viel Ladung zu übertragen.

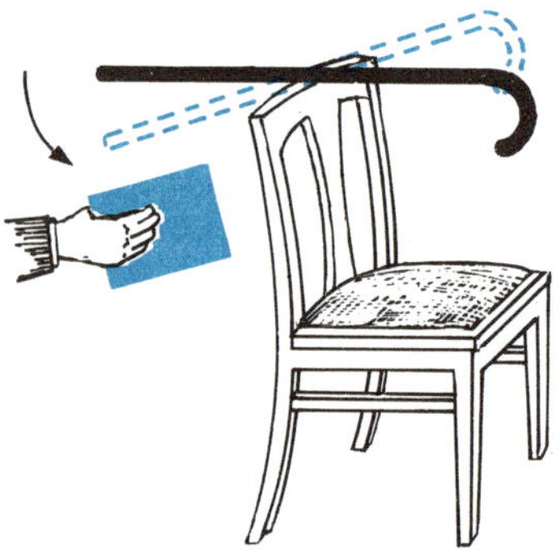

3.23
Der folgsame Spazierstock

Der folgsame Spazierstock

Wir legen einen Spazierstock oder Besenstiel so auf eine Stuhllehne, daß er im Gleichgewicht ist. Kommen wir mit einem geladenen Gegenstand (Filmfolie, Zeitung, Stab und so weiter) in die Nähe, so wird der Stock angezogen (Bild 3.23). Wir kennen die Ursache: die Influenz – wie beim Holundermarkkügelchen am Leinenfaden und Drahtgestell. Aber warum wirkt sich hier das doch gegenüber dem Kügelchen sehr beachtliche Gewicht des Stockes nicht aus? Wenn wir Zeitungspapier benutzen, so wärmen wir es auf dem Kachelofen oder mit dem Bügeleisen an, um es zu trocknen. Dann wird das heiße Papier auf dem Ofen oder an der Tapete oder auf einer Glasplatte (Fenster, Spiegel) oder auf dem trockenen Tisch etwa zehnmal mit einer Kleiderbürste scharf gestrichen. Es ist nun stark aufgeladen; beim Abziehen von der Unterlage können wir kräftige Funken beobachten. Im Rundfunkgerät sind prasselnde Geräusche zu hören.

Eine besondere Art, Asche zu beseitigen

Die Hausfrau wird von diesem Verfahren keineswegs begeistert sein – aber der Versuch verblüfft. Wir laden eine Filmfolie, Plastfolie oder Papier auf dem Tisch stark auf und streuen etwas Asche von einer Zigarre oder Zigarette darauf. Heben wir die Folie oder das Papier schnell hoch (was wegen der Anziehung nicht immer ganz leicht ist), so scheint die Asche zu explodieren – so plötzlich springt sie nach allen Seiten hoch (Bild 3.24). An Stelle der Asche kann man auch Konfetti (aus dem Bürolocher), Watte,

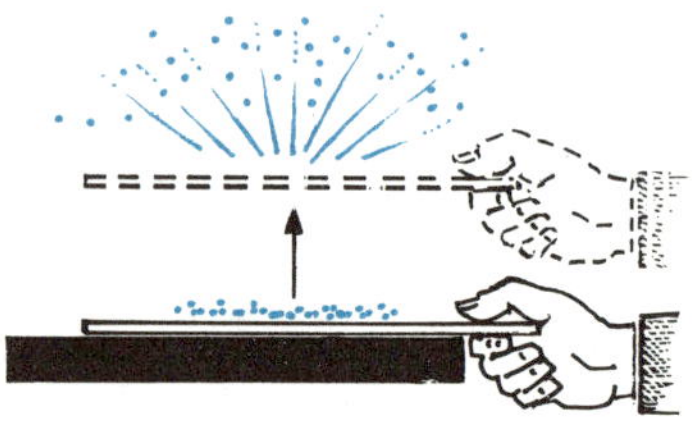

3.24
So kann man Asche beseitigen

Flaumfedern, Holundermarkstückchen, Korkstückchen oder ähnliches nehmen.

Wenn man keine Kleiderbürste zur Hand hat, kann man ein Tuch oder die trockene Hand zum Reiben benutzen. Man muß überhaupt bei all diesen Versuchen alle möglichen Dinge miteinander sinnvoll verbinden, neue Zusammenhänge herstellen, kombinieren; dann erst erfüllen die Experimente ihren Zweck.

Wir erweitern den Ascheversuch

Zunächst die Frage: Warum springt die Asche? Die Reibungselektrizität in der Folie läßt durch Influenz in der Tischoberfläche eine entgegengesetzte Ladung entstehen; sie ist bei dem winzigen Abstand noch klein und außerdem durch die Influenzspannung im Tisch gebunden. Heben wir die Folie ab, so bildet sich sofort zwischen Folie und Tisch ein größeres Feld mit einer viel höheren Spannung aus; durch diese werden die (sofort gleichartig geladenen) Ascheteilchen abgestoßen.

Wir stellen auf die geriebene Folie eine oben offene Blechdose und legen die »Springteilchen«, diese Körperchen, hinein. Heben wir jetzt die Folie plötzlich hoch, so springt nichts mehr hinaus; die leitenden Blechwände verhindern, daß in der Dose ein Spannungsfeld entsteht. Man nennt diese Einrichtung, die einen bestimmten Raum spannungsfrei macht, einen *Faradayschen Käfig*. Im großen wird er durch engmaschige Metallnetze, die geerdet sind, hergestellt; manchmal – in physikalischen Instituten – umgibt man ein ganzes Zimmer mit solchen Netzen, einschließlich der Fenster und Türen.

Nehmen wir statt der Blechdose eine offene Pappdose, so springen die Teilchen wieder; die nichtleitende Pappe schirmt nicht ab. Wir laden die Folie wieder auf, stellen jetzt die Blechdose mit dem Boden nach oben darauf und bestreuen diesen mit den Körperchen. Wir heben die Folie hoch – und die Teilchen springen wieder. Die Ladung kommt durch die runde Dose (Leiter!) praktisch verlustlos zu ihnen, und diesmal sind keine schirmenden Wände da.

Nunmehr legen wir auf die geladene Folie eine leichte, geschlossene Pappschachtel (Zigarettenschachtel) und streuen darauf die Asche. Wird die Folie emporgehoben, so springt die Asche wieder, aber nicht mehr so stark wie bei dem Versuch ohne Schachtel. Nehmen wir eine größere Schachtel, das heißt einen noch größeren Abstand zwischen Folie und Asche, so wird das Springen noch schwächer.

Das ist eine wichtige Erkenntnis: Wir beobachten hier die *Abnahme des elektrostatischen Potentials*, wie der Physiker das nennt. Das ist eine mathematische Funktion, die den Zustand eines elektrischen Feldes (Abnahme der Spannung mit der Entfernung!) um einen geladenen Körper beschreibt.

Freilich ist es nicht ganz leicht, die Unterschiede in der Springkraft der Teilchen genauer festzustellen. Wir können auch hier ein Elektroskop benutzen, beispielsweise in folgender Weise: Statt der Asche legen wir ein Stück Aluminiumfolie auf die Schachtel (etwas kleiner als deren Fläche); wir können die Spannung messen, wenn wir die Folienfläche durch einen Entlader mit dem Elektroskop von Fall zu Fall verbinden.

Fröhliche Wasserspiele mit ernstem Hintergrund

Wir halten in die Nähe eines dünnen, gleichmäßigen Wasserstrahls einen geladenen Stab oder Kamm: Der Strahl wird stark angezogen, unabhängig von der Ladung. Die Influenz sorgt für entgegengesetzte Ladung auf der Wasserhaut, und die verdrängte, der Stabladung gleichartige Ladung entweicht leicht durch den zusammenhängenden, leitenden Wasserstrahl und das Rohr in die Erde. Aus diesem Grunde bleibt die Anziehung, solange der Stab oder Kamm noch eine Ladung hat; der Strahl wird nicht abgestoßen. Berührt der Wsserstrahl aber den Stab oder Kamm, so wird dieser entladen, und der Strahl läuft wieder seinen gewöhnlichen Weg (Bild 3.25).

Wir bauen einen Springbrunnen mit dünnem, senkrechtem Wasserstrahl, 50 bis 80 cm hoch. Oben löst sich der Strahl in Tropfen auf, die in der Nähe des Strahls herabfallen (Bild 3.25). Nähern wir unten (an der Düse) dem Strahl einen geladenen Stab, so setzt die Tropfenbildung früher, tiefer ein; die Tropfen sind größer und schwerer und verteilen sich beim Herabfallen auf einen größeren Umkreis. Die Düse stellen wir aus einem Glasrohr her, das wir in der Flamme etwas auseinanderziehen. Es ist dabei völlig gleich, ob wir eine positive oder negative Ladung nähern; wir müssen nur den Stab (durch Überdecken mit Pappe) vor den Tropfen schützen.

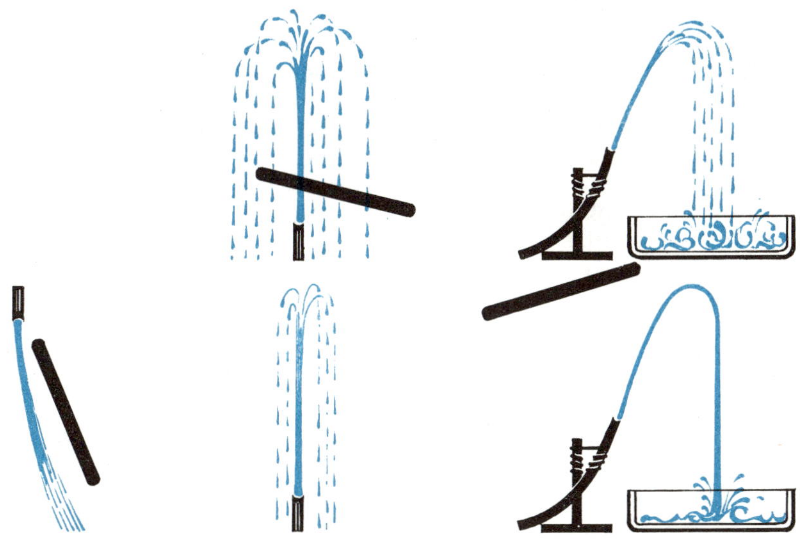

3.25
Der gestörte Wasserstrahl

Was ist mit unserem Wasserstrahl im elektrischen Feld geschehen? Durch die Aufladung stoßen die Wasserteile einander so weit wie möglich ab; die Tropfen bilden sich schon früher, in geringerer Höhe als beim ungeladenen Strahl. Dadurch werden sie zugleich dicker und fallen, weil sie mehr Bewegungsenergie als am oberen Ende des Strahls haben, teilweise weiter außen herunter.

Beim vorhergehenden Versuch erzeugten wir einen senkrechten, einheitlichen Wasserstrahl. Zur Abwechslung bauen wir jetzt mit einer sehr kleinen Düse (1 bis 2 mm Durchmesser) einen Springbrunnen aus mehreren dünnen Strahlen; die Düsenöffnung ist senkrecht nach oben oder etwas schräg zur Senkrechten gerichtet.

Zunächst sprüht der Brunnen in mehreren feinen Wasserfäden. Bringen wir einen elektrisch geladenen Körper in die Nähe, so vereinigen sich die Fäden zu einem einzigen Strahl, und die vorher vorhandenen zahlreichen kleinen Tropfen werden zu dicken Tropfen in entsprechend geringerer Zahl; mehrere kleine Tropfen vereinigen sich jeweils zu einem einzigen großen.

Wir beobachten die Bildung solcher dicker Tropfen in kleiner Zahl in der Natur beim Gewitterregen; da besteht zwischen Regenwolke und Erde ein starkes elektrisches Feld mit entsprechender Spannung. Man kann das so erklären: Im elektrischen Feld befinden sich die Körper, Wasserfäden und Tropfen, zwischen den entgegengesetzt geladenen Polen, beim Gewitter zwischen der positiv geladenen Wolke und der negativ geladenen Erde. In den Wasserkörpern wird daher durch Influenz die eine Hälfte negativ, die andere positiv geladen. Wenn entgegengesetzt geladene Seiten zweier Wassertropfen einander nahe kommen, so ziehen sie sich gegenseitig an und bilden einen neuen, größeren Tropfen. Das gilt auch für die dünnen Wasserfäden. Wir führen bei diesem Versuch den Stab von oben an den Springbrunnen.

Eine weitere Ursache zu der genannten Erscheinung ist darin zu suchen, daß die (uns ja sehr geläufige) Oberflächenspannung des Wassers kleiner wird, sobald ein elektrisches Feld auftritt. Wir können das leicht in einem Versuch prüfen:

Wir lassen an einem kleinen Wasserhahn oder einer Düse einen möglichst großen Wassertropfen entstehen und hängen. Er rührt sich nicht; die Oberflächenspannung hält das Wasser zusammen. Jetzt bringen wir einen geladenen Stab in die Nähe – sofort fällt der Tropfen ab. Die durch das elektrische Feld verringerte Oberflächenspannung reicht nun nicht mehr aus, um das Gewicht des Wassers auszugleichen. Diese »Wasserspiele« sind alle leichter zu lesen als durchzuführen; man muß dabei manchmal etwas Geduld haben und den Stab wieder schön trockenreiben!

Das springende Öl

John Tyndall beschreibt 1884 in einem Buch folgenden Versuch: Man füllt ein flaches Uhrglas mit Speiseöl, bis sich dieses über den Rand wölbt (Oberflächenspannung!). Nähert man dem Uhrglas einen stark geladenen Hartgummi- oder Siegellackstab, so springen Öltropfen in Form eines Strahls zum Stab über.

Das schwebende Watteflöckchen

Diesen Versuch hat schon Otto von Guericke gemacht: Wir laden eine isoliert aufgestellte, runde Metallplatte (ohne scharfe Kanten oder gar Spitzen!) mit der Elektrisiermaschine oder dem Bandgenerator auf und lassen ein Watteflöckchen auf die Platte fallen. Wer einen Elektrophor sein eigen nennt, der lädt ihn auf, hebt den Deckel ab, dreht ihn mit dem Griff nach unten und macht jetzt den Versuch. Das Wattestückchen lädt sich bei der Berührung mit der Platte gleichnamig auf, stößt sich daher sofort ab und bleibt schwebend in einer Höhe, in der sich sein Gewicht und die abstoßende elektrostatische Kraft die Waage halten.

Das elektrische Feld mit geladenen Seifenblasen

Die elektrischen Feldlinien lassen sich sehr überzeugend und zugleich vergnüglich durch einen Versuch nachweisen, den auch der irische Physiker John Tyndall (1820 bis 1893) gemacht hat. Zwei Personen, die einander in etwa 2 m Entfernung auf Isolierschemeln (oder Stühlen auf Glasfüßen) gegenüberstehen, erzeugen Seifenblasen. Der eine Experimentator wird mit dem negativen, der andere mit dem positiven Pol einer Elektrisiermaschine oder eines Bandgenerators verbunden. So werden beide Personen entgegengesetzt elektrisch geladen – und mit ihnen die Seifenblasen, jede mit der gleichartigen Ladung wie ihr »Bläser«; jede Seifenblase wird deshalb von diesem abgestoßen, ehe sie sehr groß wird.

Dafür fliegen die Seifenblasen aber mit ihrer Ladung – und mit ebenfalls geladenem Seifenschaum – auf den Kraftlinienbahnen zum Gegenpol, ins Gesicht des gegenüberstehenden Experimentators (das sich ja hinterher wieder trocknen läßt). Manche fliegen auf dem kürzesten Wege, andere – von gleichartig geladenen Nachbarn abgestoßen – auf größerem Bogen, auf höheren oder tieferen Bahnen; alle zusammen geben ein gutes Bild des räumlichen elektrischen Feldes. Treffen zwei Seifenblasen mit verschiedenartiger Ladung aufeinander, so entladen sie sich und fallen zu Boden.

Die tanzenden Männchen

In einen flachen Blechkasten legen wir kleine Figuren aus Holundermark oder Papier, möglichst mit beweglichen Gliedern an Zwirnsfäden; etwa Schlangen, Kugeln und dergleichen mehr. Wir decken den Kasten mit einem sauberen Glas zu und reiben mit Leder oder Seide – schon erheben sich die Figuren und führen groteske Tänze auf, dem Naturgesetz von Anziehung und Abstoßung folgend (Bild 3.26).

Wer keinen Kasten hat, legt die Glasscheibe mit den Enden auf zwei Bücher; der Tisch wirkt elektrisch als Erde.

Wer eine Elektrisiermaschine hat, kann das Schauspiel noch eindrucksvoller machen. Er hängt an den Konduktor eine runde Blechscheibe oder ein mit Aluminiumfolie beklebtes Pappstück, 5 bis 6 cm über dem Tisch. Darunter – auf den Tisch – legt er ein möglichst glattes Blatt Aluminiumfolie; auf dieses werden die »Schauspieler« gelegt. Die Folie wird am besten noch mit dem Reibzeug verbunden. Wird die Maschine in Betrieb genommen, so beginnt alsbald der ergötzliche

3.26 Vergnügliche Wirkungen der elektrischen Ladung

Tanz. Die Figürchen werden angezogen, laden sich gleichnamig auf, werden abgestoßen und geben ihre Ladung ab – und das Spiel beginnt von neuem. Die physikalische Erklärung: »Die Figürchen müssen nur die Ladung ausgleichen« wirkt geradezu ernüchternd, ist aber notwendig. Wir wollen ja stets die Ursache wissen!

Elektrischer Kugeltanz im Glas

Diese Holundermarkkugeln wollen auch nur Ladung ausgleichen. Ein gewöhnliches Trinkglas oder Becherglas wird von innen am Konduktor der Elektrisiermaschine stark aufgeladen; da Glas ein Nichtleiter ist, muß man den Konduktor möglichst viele Stellen der Innenseite berühren lassen. Auf ein Blatt Aluminiumfolie (größer als die Glasöffnung) hat man die Markkügelchen gelegt. Stülpt man das geladene Glas über die Kugeln, so beginnen diese sofort hin und her, auf und ab, kreuz und quer durch das Glas zu toben. In dieser Art gibt es noch zahlreiche Anordnungen.

Trockene Luft wird leitend

Das bewirkt eine offene Flamme, etwa die eines Bunsenbrenners, eines Spiritusbrenners oder einer Kerze. Laden wir ein Elektroskop auf und bringen wir eine Flamme in die Nähe, so entweicht die Ladung schnell, und das Gerät zeigt den Vorgang auch an. Diese Ionisation spielt in Forschung und Technik eine große Rolle, wir erinnern uns des Plasmas. Atome und Moleküle, die ungeladen sind, werden zu Ladungsträgern, *Ionen* genannt. Mit der Ladung »auf dem Rücken« fangen die Ionen nämlich an, sich in Richtung auf die entgegengesetzten Ladungen zu bewegen — zu wandern. Ionen kommt aus dem Griechischen und heißt »die Wandernden«.

Uns geht das hier nur kurz aus zweierlei Gründen an: Wir vermeiden offene Flammen in der Nähe unserer Versuchsteile; wollen wir jedoch ein Teil — etwa einen geriebenen Stab — sehr schnell von der Ladung befreien, dann brauchen wir es nur schnell durch eine Flamme zu ziehen. Wir können auch ohne Schwierigkeiten zeigen, daß wir in Gegenwart von Flammen längere Funken als sonst aus einer Elektrisiermaschine ziehen können.

Elektrizität läßt sich »löffeln«

Diese »Löffelei« ist eigentlich weniger ein Versuch als vielmehr ein Verfahren. Wollen wir die Ladung einer Leidener Flasche auf zwei solcher Flaschen verteilen, so stellen wir beide nebeneinander auf eine leitende Unterlage, etwa Aluminiumfolie, und verbinden beide Konduktorkugeln durch den Entlader miteinander; daran ist nichts Besonderes. Wenn wir jedoch einen Körper auf seine Ladung prüfen wollen und ihn zu diesem Zweck mit dem Elektroskop verbinden, dann kann es geschehen, daß das Meßgerät zu empfindlich ist und überlastet wird.

In solchen Fällen bekommt das Elektroskop die Ladung löffelweise — wie ein Kranker seine Medizin! Der »elektrische Löffel« ist nichts anderes als ein isolierter, abgerundeter Metallkörper, der wegen seiner geringen Größe nur eine kleine Ladung aufnehmen und damit auch übertragen kann. Es kann ein Probestäbchen sein: ein rundgefeiltes Stück eines starken Drahts, mit Plastkleber in einem Glasrohr (als Griff) befestigt.

Größere Löffel stellt man dadurch her, daß man eine Glaskugel vom Weihnachtsbaum mit Aluminiumbronze überzieht und in der Öffnung eine Stricknadel oder ein Trinkröhrchen aus Plaststoff mit Plastleim befestigt. Auch ein Tischtennisball läßt sich auf diese Weise dazu herrichten. Kleine Glasampullen, möglichst kugelförmig, bronziert man nur am dicken Ende; das frei bleibende Ende, an dem die abgebrochene Spitze gesessen hat, dient als Griff (kurz anschmelzen, damit man sich nicht in den Finger schneidet!).

Mit Hilfe eines solchen Löffels kann man das Umlöffeln von Ladung sehr schön an drei nebeneinanderstehenden Elektroskopen zeigen: E 1 wird aufgeladen. Mit dem Löffel berühren wir E 1, nehmen »etwas Elektrizität« ab und geben sie an E 2 weiter. Der Ausschlag von E 1 geht zurück; E 2 schlägt aus. Der Löffel und E 2 haben jetzt die gleiche Spannung gegenüber E 1; E 3 erhält vom Löffel weniger Ladung als E 2, weil der Löffel ja selbst immer einen Teil der Ladung zurückbehält. Laden wir den Löffel wieder an E 1 auf, so braucht er diesmal weniger Ladung. Auf solche Weise können wir die Ladung gleichmäßig auf die drei Elektroskope verteilen.

Entladung »mit Effekt«

In den folgenden Experimenten wollen wir uns nun der Entladung zuwenden. Auch sie hält manches Reizvolle für uns bereit.

Der Mensch im Mittelpunkt

Daß man bereits — mit Elektroskopen nachweisbar — elektrisch geladen wird, wenn man mit Gummisohlen auf eine Isolierplatte tritt, ist schon erwähnt worden. Wir können leicht die Versuche wiederholen, an denen sich schon unsere Vorfahren ergötzt haben: Wir treten auf eine Isolierplatte, Glasscheibe oder auf ein auf drei oder mehr Glasflaschen ruhendes Brett, *Isolierschemel* genannt. Meist genügt es auch, trockene und heile Gummischuhe anzuziehen. Nun fassen wir an den Konduktor einer Elektrisiermaschine und lassen uns (bei geerdetem Reibzeug) aufladen; mit einem Stab würde es bei der großen Körperoberfläche des Menschen zu lange dauern.

Kommt uns jemand auf Ledersohlen zu nahe, so geht unsere Ladung über ihn in die Erde; wir können mit einem Finger ziemlich lange Funken an irgendeiner Stelle aus unserem »geerdeten« Nachbarn ziehen. Solche Versuche wirken naturgemäß am stärksten, wenn der Partner nichts ahnt. Es besteht dann die Gefahr, daß er dabei nicht nur elektrisch, sondern auch auf uns »geladen« wird ... Man tröstet ihn durch den Hinweis, daß man selber die Schläge ebensostark spürt und daß sie ungefährlich sind. Niemals darf man solche Versuche aber mit Leidener Flaschen machen!

Wer Sehnsucht nach einem Heiligenschein hat, dem kann geholfen werden: Man biegt aus Draht einen entsprechenden Ring, umwickelt ihn mit einer möglichst rauhen metallhaltigen Schnur (für Weihnachtsgeschenke viel benutzt) und verbindet ihn mit dem Konduktor. Gehalten wird der Ring an einem Glasstab, oder er wird an seidenen Fäden aufgehängt.

Im Dunkeln strahlen herrliche Lichtbüschel aus dem Ring; und doch ist dem »Heiligen« nicht ganz wohl dabei: Ihm sträuben sich nämlich die Haare (dem Ring entgegen)! Das ist die gleiche Strahlungs- oder Glimmerscheinung, wie sie bei Gewitter an den Blitzableitern und an den Mastspitzen und anderen Spitzen der Schiffe als sogenanntes St.-Elms-Feuer zu beobachten ist. Es ist eine *Spitzenentladung*. Haarsträubend wird die Sache auch, wenn wir jemandem eine geladene Filmfolie über den Kopf halten; und wenn wir einen geladenen Stab unter der Nase entlangziehen, spüren wir einen ganz feinen Geruch von Ozon (O_3), das durch die Funken aus Sauerstoff (O_2) entstanden ist.

Das hinterhältige Auto

Mit unserem erworbenen Wissen über Ladungen und deren Felder wollen wir die »Sache« mit der Aufladung der Autos untersuchen. Großartige Dienste leistet uns hierbei unser elektronisches Taschenelektroskop. Viele Autofahrer beklagen sich über Entladungsschläge beim Aussteigen aus ihrem Auto. Sie sind der Meinung, daß sich beim Fahren das Auto auflädt. Durch das Anbringen eines sogenannten Antistatikstreifens an der Karosserie sind sie überzeugt, diese Aufladung wirksam unterdrückt zu haben. Doch wie ist das nun wirklich? Durch den Rußgehalt der Reifen wird jede auftretende Ladung wirksamer als mit einem solchen Streifen abgeleitet. Das Auto selber kann sich erst gar nicht selber aufladen. Die heimtückische Ladung entsteht nicht beim Fahren, sondern erst beim Aussteigen. Wie die Kleidung so bestehen auch die Schonbezüge aus synthetischen Fasern. Durch das gegenseitige Reiben und unmittelbare voneinander Abheben entsteht eine durchaus starke Ladung. Über den Reifen jedoch entladen sich die Schonbezüge sofort, erhalten bleibt lediglich die Ladung der Kleidung, die Schuhsohlen als Isolator verhindern eine Entladung. Erst durch Berühren von Gegenständen wird auch diese, allerdings unter mehr oder weniger schmerzhaften Schlägen, entladen.

Wir wissen, nicht die Karosserie bedarf eines Entladestreifens, sondern der Fahrer! Vielleicht näht er ihn an seine Hose? Es gibt aber einen kleinen »Trick«, diese Aufladung schmerzlos zu vernichten. Dazu braucht er bloß *vor* dem Aussteigen ein metallisch blankes Teil der Karosserie anzufassen und es bis *nach* dem Aussteigen nicht loszulassen. Und er wird keine Schläge mehr verspüren. Mit unserem Taschenelektroskop können wir diese Ladungsvorgänge ausgezeichnet untersuchen. Verblüfft wird wohl nur der Autofahrer sein — uns war der Vorgang schon von vornherein klar.

Elektrischer Rückstoß

Die Kraft des mechanischen Rückstoßes kennen wir bereits (Bild 1.45). Wir wissen auch, daß elektrische Ladungen aus Spitzen schnell ausströmen oder in die Spitzen einströmen; daher werden die Ladungssammler spitzenfrei gebaut, und die Gabeln an der Elektrisiermaschine erhalten Spitzen, weil sie die Ladung der Scheibe aufsaugen sollen.

Es erscheint kaum glaublich, aber es ist so: Beim Ausströmen der Ladung aus einer Spitze entsteht ein Rückstoß — wie beim Austritt von Gas oder Wasser aus einer Düse, nur viel, viel kleiner. Wir können das mit dem elektrischen Windrad sogar nachweisen; es erinnert uns an das Segnersche Wasserrad.

Das Windrad wird aus dünnem Aluminiumblech mit sehr scharfen Spitzen ausgeschnitten und genau in der Mitte gekörnt. Es liegt ganz leicht beweglich auf einer Nadel, die in einer Kerze steckt. Die Ladung einer Elektrisiermaschine — der Konduktor wird mit der Nadel, das Reibzeug mit der Erde verbunden — läßt das Windrad sich drehen: Rück-

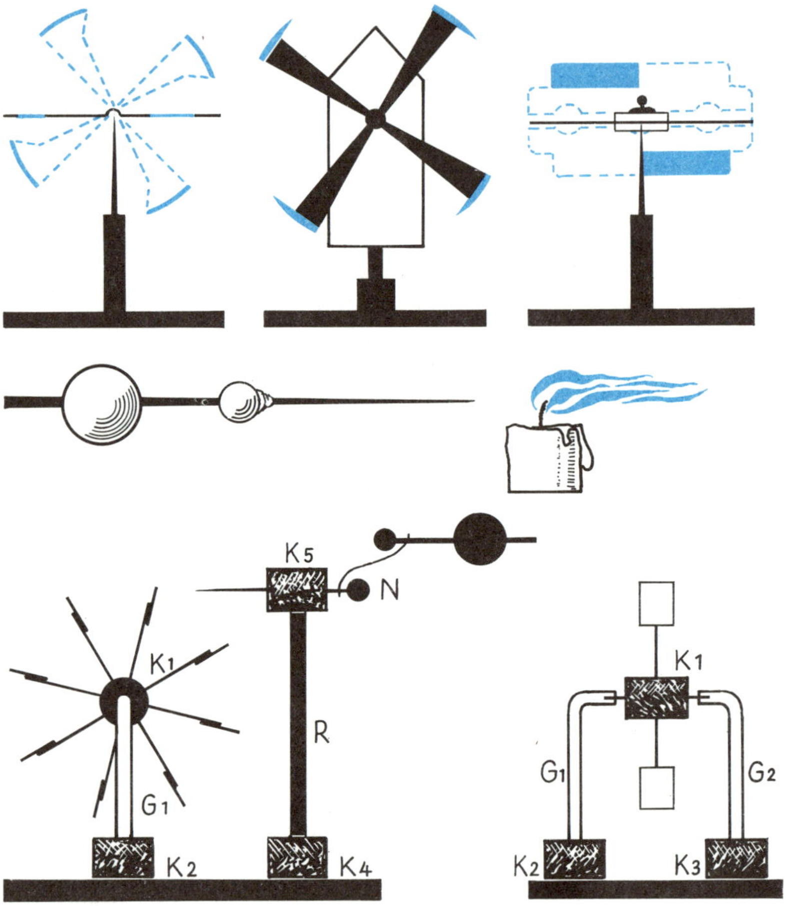

3.27 Elektrostatische Windräder

stoß durch die aus den Spitzen strömende Ladung. Manchmal wird es nötig sein, das Windrad durch leichtes Anhauchen »anzulassen«.

Mit einiger Geschicklichkeit kann man ein doppeltes Windrad senkrecht in der Art von Windmühlenflügeln bauen (Bild 3.27).

Man kann das Windrad auch aus einer Rasierklinge herstellen. Man überklebt dazu an zwei gegenüberliegenden Ecken die Schneiden bis zur Mitte mit Papier. Ein Druckknopf in der Mitte der Klinge liefert das Lager. Warum läuft auch dieses Windrad an der Elektrisiermaschine oder am Bandgenerator?

Der elektrische Wind

Mit der aus einer Spitze ausströmenden elektrischen Ladung läßt sich eine Kerzenflamme beiseite drücken, ja sogar ausblasen (wenn die Ladung groß und die Flamme klein ist). Wir brauchen nur eine Nähnadel am Konduktor der Elektrisiermaschine zu befestigen (Bild 3.28). Übrigens spürt man den Wind deutlich, wenn man die feuchte Handfläche dicht vor die Nadelspitze hält.

Eine elektrische Windturbine

Das Bild 3.27 zeigt eine kleine elektrische Windturbine. K_1 bis K_5 sind Korken. Die Blaseinrichtung mit der Spitze, die mit dem Konduktor verbunden wird, ist einfach: Zwei Korken, K_4 und K_5, Glasrohr G und eine Nadel N, an der Rückseite mit einer Kugel versehen, damit der elektrische Wind nicht an der falschen Seite ausströmt.

Wir wissen doch: Um das unerwünschte Ausströmen der Ladungen zu verhindern, werden die Konduktoren der Ladungssamm-

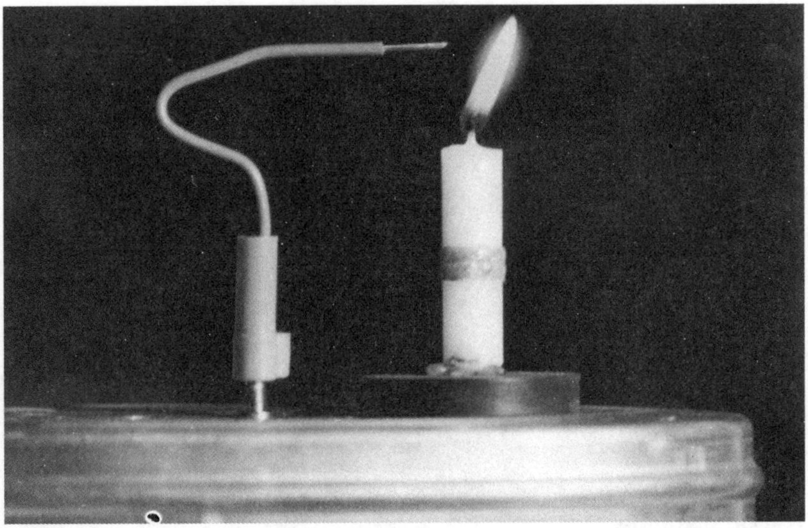

3.28
Elektrostatischer Wind

ler und Elektroskope ebenfalls als Kugeln oder Scheiben mit abgerundeten Kanten gebaut.

Das Turbinenrad besteht aus einem Korken K_1, in dem symmetrisch acht oder mehr Stopfnadeln stecken. Diese haben an den Enden Flügelchen aus Papier, mit Plastleim angeklebt. Der rechte Teil des Bildes zeigt die durch die Mitte des Korkens K_1 laufende Achse (Stopfnadel) und ihre Lagerung in zwei gebogenen Glasröhren G_1 und G_2. Die Gesamthöhe des Gerätes vom Grundbrett bis zum Korken K_5 ist 15 cm; die Massen müssen geringgehalten werden.

Das Reibzeug wird wieder geerdet; notfalls wird das Turbinchen durch vorsichtiges Anhauchen in erste Umdrehung versetzt. Wichtig ist, daß das Turbinenrad gut ausgewuchtet ist, das heißt in jeder Stellung stehenbleiben kann. In der Praxis gibt es Turbinen dieser Art übrigens nicht; dazu ist die Rückstoßwirkung zu schwach.

Papierbüschel deuten Feldlinien an

Zunächst ist die Sache mit dem Papierbüschel ein ganz einfacher Versuch: Man bindet ein Büschel von Seidenpapierstreifen an einen Draht und steckt diesen in unsere isolierende Kerze. Sobald wir eine Ladung an den Draht bringen, sträubt sich das Büschel ähnlich wie die Haare eines Menschen, der auf dem Isolierschemel steht und geladen wird. Die Streifen gehen bei Ladung gleichmäßig nach allen Seiten auseinander. Insofern ist das Papierbüschel eigentlich ein Elektroskop; man kann es durchaus dafür verwenden.

Wir wollen aber mehr, nämlich die *Feldlinien eines elektrischen Feldes* andeutungsweise zeigen! Zu diesem Zweck bauen wir zwei besonders eindrucksvolle Büschel: Auf einer isolierenden Grundplatte (Plast) wird eine kräftige Messingstange von etwa 3 mm Durchmesser und etwa 45 cm Länge befestigt. Sie trägt oben eine runde Metallscheibe von 5,5 cm Durchmesser. Wir schneiden 60 Streifen aus Seidenpapier, etwa 7 mm breit und etwa 30 mm lang. 20 davon kleben wir ringsherum am Rand der Metallscheibe fest; das ergibt die erste Lage. Darüber, um eine halbe Streifenbreite versetzt, werden wieder 20 Streifen als zweite Lage geklebt – und schließlich folgen die letzten 20 als dritte Lage. Damit ist das Büschel fertig; wir müssen nun noch ein zweites, gleiches herstellen.

Zum ersten Versuch (Vorversuch) legen wir die starke Ladung einer Elektrisiermaschine oder eines Bandgenerators an die senkrechte Metallstange und erden das Reibzeug. Ergebnis: Die Streifen strecken sich radial in alle Windrichtungen; sie stoßen einander ab, weil sie alle gleichnamig geladen sind. Ein hübsches Bild!

Zum Hauptversuch stellen wir beide Büschel in etwa 70 cm Entfernung voneinander

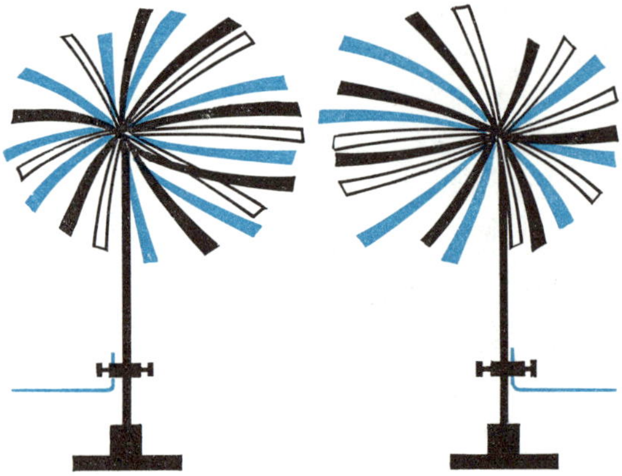

3.29 Papierbüschel deuten die elektrischen Feldlinien an

auf und verbinden die Metallstange des einen Büschels mit dem Konduktor und die des anderen mit dem Reibzeug. Verwenden wir einen Bandgenerator, so erden wir das zweite Büschel. Die Abbildung 3.29 zeigt, daß sich die Streifen nicht mehr radial gleichmäßig ausbreiten, sondern gebogen »aufeinander zukommen«, die elektrischen Feldlinien andeutend. Auch bei den äußeren Streifen links und rechts ist das zu beobachten. Die Feldlinien, die wir auf diese Weise nachgewiesen haben, lassen erkennen, daß das elektrische Feld eine Struktur hat und etwa wie diese beschaffen ist. Die Feldlinien treten senkrecht aus der Metallscheibe aus, verlaufen von einer Scheibe zur anderen und kreuzen einander nirgends.

Deutlichere Wirkungen erzielen wir mit Büscheln aus synthetischer Faser. Dazu schneiden wir von einer Wäscheleine aus Plaste mehrere Stücken von 100 mm Länge ab. In dieser Wäscheleine befinden sich durchgehend synthetische Fasern, die sich ausgezeichnet für unsere Versuche eignen. Im Abstand von etwa 15 mm vom Rand kerben wir die Plasthülle vorsichtig so weit ein, bis man sie abziehen kann – fertig sind unsere Büschel. Mit dem unversehrten Anfang stecken wir die Büschel auf eine Drahtspitze und befestigen sie auf unserem Bandgenerator. In den Bildern 3.30 a–c sind die Versuchsanordnungen und ihre Ergebnisse deutlich zu sehen. Schwierigkeiten werden wir wohl nur beim Kämmen unserer »Pilzköpfe« haben!

Wir experimentieren mit dem Blitz

Natürlich dient uns nicht der wirkliche Blitz (wie dem Erfinder des Blitzableiters, Benjamin Franklin, Mitte des 18. Jahrhunderts) zu unseren Versuchen; das wäre zu gefährlich. Wir nehmen sein Modell, das alle seine wichtigen Eigenschaften, nur verkleinert, auch hat: *den Funken*.

Wir bauen uns zunächst eine Blitztafel, auch Franklinsche Tafel genannt. Sie besteht aus einer Glasscheibe mit kleinen Rechtekken oder Scheibchen aus Aluminiumfolie (mit Bürolocher herzustellen), die hintereinander in Abständen von 0,5 mm auf die Glasscheibe aufgeklebt sind; man bildet dabei Muster oder Buchstaben. Wird das eine Ende der Reihe mit dem Konduktor und das andere mit dem Reibzeug oder der Erde verbunden, so leuchtet die gewünschte Figur auf (Bild 3.31). Im Bild 3.32 wird eine Franklinsche Tafel aus Leiterplattenmaterial gezeigt. Wir tragen unsere Punkte mit ätzfestem Lack sauber auf und ätzen anschließend die Platte. Nach Reinigung und Trocknung befestigen wir sie auf dem Konduktor und stellen die Verbindung des Gegenpols zur Erde her.

Ein Papphäuschen mit abschaltbarem Blitzableiter entsprechend der Abbil-

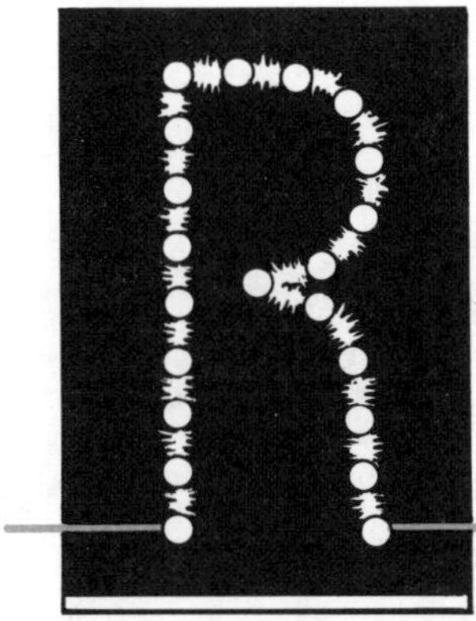

3.31
Franklinsche Tafel

dung 3.33 zeigt die Blitzwirkung deutlich. Von der Spitze am Turm, dem Blitzableiter, führt eine Leitung zu einer Kugel, die unmittelbar über einem geerdeten Metallschälchen mit wenigen Tropfen Benzin (Vorsicht!) hängt.

Nähern wir den Konduktor oder den dazwischengeschalteten Entlader der Spitze des Blitzableiters, so springt oben und am Schälchen je ein Funke über, und das Benzin wird

3.30 Elektrische Feldlinien im Versuch bei
a) punktförmiger Ladung
b) entgegengesetzter Ladung
c) gleicher Ladung

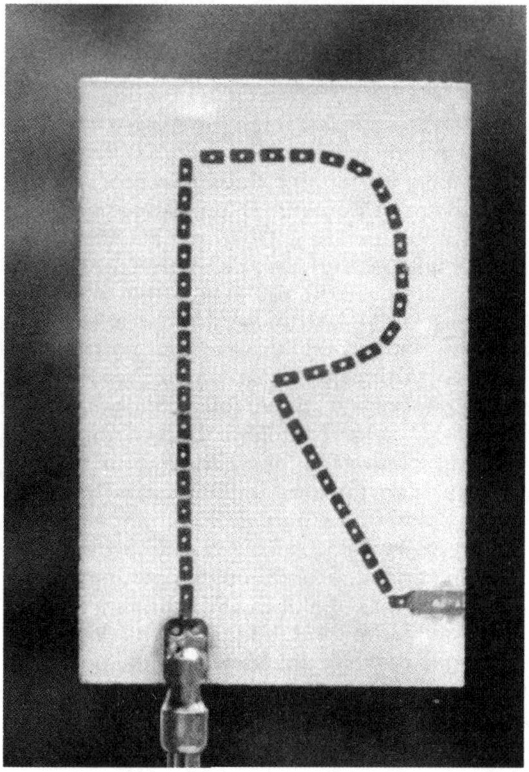

3.32 Franklinsche Tafel im Versuch

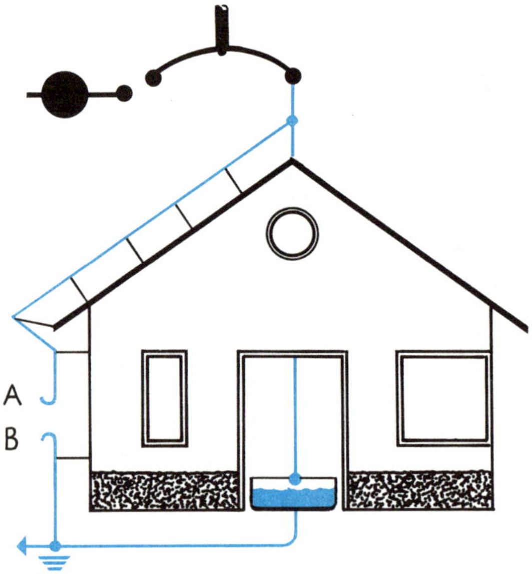

3.33 Experiment mit dem Blitz

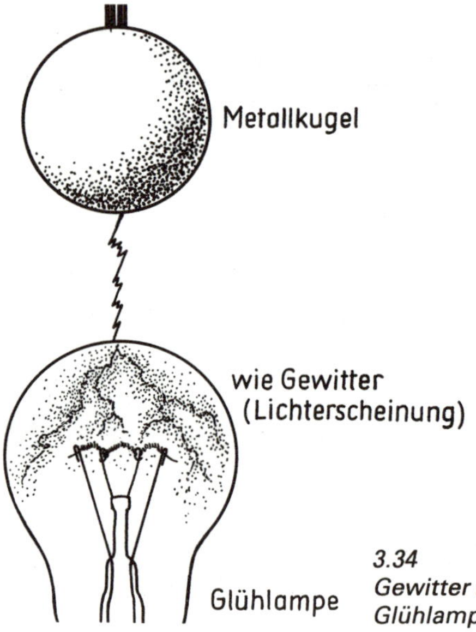

3.34 Gewitter in der Glühlampe

entzündet. Um die Funken sicher und ausreichend groß zu erhalten, schaltet man am besten eine kleine Leidener Flasche parallel zur Elektrisiermaschine.

Steckt hier nicht irgendwo ein Fehler? Freilich – dieser Blitzableiter ist gar keiner! Die Leitung durch das Haus entspricht nur den elektrischen Installationen. Der Blitzableiter läuft links außen am Haus hinunter, und er war zwischen A und B unterbrochen, also nicht betriebsfähig! Überbrücken wir diese Lücke und wiederholen den Versuch, so wird die Ladung außen zur Erde (Reibzeug) geführt, und das Benzin wird nicht entzündet, weil im Hause kein Funken mehr auftritt.

Gewitterblitze sind Entladungen zwischen entgegengesetzt geladenen Wolken (Wolkenblitze) oder zwischen Wolken und Erde (Erdblitze). Im Gegensatz zu unseren kleinen Blitzen, den Funken, verläuft der Gewitterblitz verästelt in aufeinanderfolgenden Entladungsstößen als Linienblitz. Außerdem gibt es den Perlschnurblitz und den geheimnisvollen, seltenen Kugelblitz. Die Erdblitze suchen den kürzesten und bequemsten Weg und schlagen daher in die höchsten Stellen und in die am besten leitenden ein. Der ordnungsgemäß geerdete Blitzableiter bietet ihnen beides. Ein im flachen, freien Gelände gehender Mensch ist bei Gewitter sehr stark gefährdet, er wird durch Influenz (genau wie ein Blitzableiter) entgegengesetzt wie die Wolke aufgeladen.

Die Spannung zwischen Wolke und Erde kann bei einem mittleren Gewitter auf 100 Millionen ($= 10^8$) Volt geschätzt werden, die Stromstärke des Blitzes zwischen 20000 und 50000 Ampere. Dagegen ist die Dauer des Blitzes sehr kurz; mit einer rasch umlaufenden Kamera hat man 10- bis 100millionstel Sekunden gemessen. Das ergibt eine elektrische Arbeit des Blitzes zwischen 55 und 140 Kilowattstunden. Das ist nicht viel; die oft so verheerenden Wirkungen des Blitzes sind in der hohen Stromstärke begründet, die sich auch in der winzig kurzen Zeit auswirkt.

Das Gewitter in der Glühlampe

Auf dem Bandgenerator befestigen wir eine Glühlampe. Die Gegenelektrode bringen wir so an, daß ein langer Funken durch den Glaskolben schlägt (Bild 3.34). Es lassen sich kleine leuchtende Plasmawölkchen beobachten, die von der Einschlagstelle wegstreben. Der Blitz hat das Gas ionisiert, es leuchtet.

4
STRÖME UND KRÄFTE

Die strömende Elektrizität

Grundsätzlich besteht kein Unterschied zwischen der ruhenden und der strömenden Elektrizität; alles, was wir von der Ladung, der Spannung, dem Strom, dem Feld und so weiter kennengelernt haben, gilt für beide. Nur hatten wir bei der ruhenden Elektrizität durch die besondere Art der Erzeugung mit sehr hohen Spannungen zu tun.

Immer sind die Elektronen Träger der negativen Elektrizität, bei elektrischem Gleichgewicht ausgeglichen durch die gleich große, positive Ladung des Atomkerns. Wir erinnern uns: Nahmen wir den Atomen einige Elektronen weg, so blieben dementsprechend positive Kernladungen unausgeglichen und einsam zurück. Lagen irgendwo ungebührlich viele Elektronen, so konnten die Kerne sie weder ausgleichen noch (durch die Anziehungskraft der ungleichnamigen Ladung) festhalten; sie entwischten bei der nächsten Gelegenheit dorthin, wo ungesättigte Kerne nach ihnen verlangten. Die strömende Elektrizität hüpft und springt dabei nicht wie die aufgescheuchte »ruhende«; sie ist meist nicht so hochgespannt und wird ganz anders erzeugt: durch chemische Spannungsquellen und durch umlaufende Spannungserzeuger. Sie strömt durch Leiter, und das sind in erster Linie die Metalle, die »Leiter erster Klasse«, zu denen übrigens auch die Kohle gehört. Die Metalle bestehen aus (meist sehr kleinen) Kristallen. Da ein solcher Kristall gitterförmig im Raum aufgebaut ist, spricht man auch von einem »Raumgitter« (Bild 4.1).

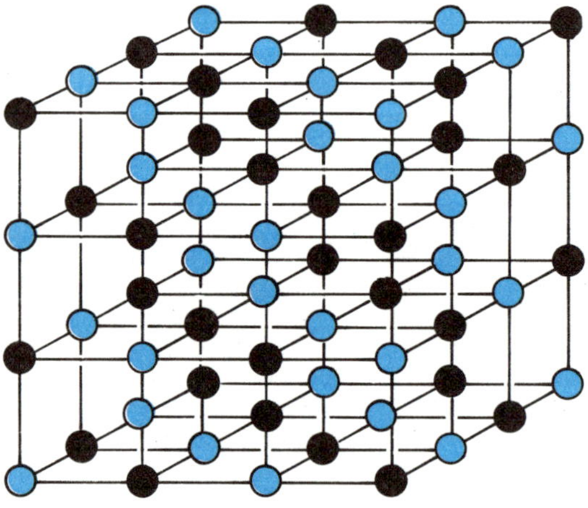

4.1 So ist ein Kochsalzkristall aufgebaut

Wir wollen uns einmal einen Kupferdraht von 1 mm² Querschnitt vorstellen – sagen wir, einen Meter lang. Die kleinen Kristalle, unregelmäßig verteilt, bilden den Draht. Legen wir seine Enden an eine Batterie, die beispielsweise 5 A Stromstärke abgeben kann, so flösse nach unserer bisherigen Vorstellung – kein Strom. Aber Kupfer ist doch ein Leiter?

Wir müssen unsere Vorstellungen noch ergänzen. Längst nicht alle Elektronen umfahren, wie sich das eigentlich gehört, ihre Kerne, mit denen sie gemeinsam die Atome bilden; nein, viele haben sich aus dem Atomverband gelöst und schwirren kreuz und quer durch die Maschen des Raumgitters – als »Elektronengas«, wie man sagt. Der Ausdruck »Gas« soll andeuten, daß die Bewegungen dieser freien Elektronen ähnlich unregelmäßig sind wie die der Moleküle eines Gases.

Die »Flucht der Elektronen in die Freiheit« hat eine Folge: Die Ladung der Atome ist nicht mehr ausgeglichen; aus Atomen sind durch die nunmehr überwiegende positive Kernladung *positiv geladene Ionen* geworden. Das Kristall eines Metalles betrachten wir daher als ein *Raumgitter aus positiven Metall-Ionen* mit – wie schon erwähnt – einem Elektronengas zwischen seinen Maschen. Ein dickerer Draht hat im Querschnitt infolge der größeren Anzahl von Kristallen mehr freie Elektronen als ein dünner. Solange sich die freien Elektronen ganz unregelmäßig bewegen (je nach der Temperatur des Leiters verschieden schnell), fließt kein Strom. Sobald jedoch an die Enden des Drahtes eine Spannung gelegt wird, bildet sich mit 300000 km/s ein *elektrisches Feld* aus – in unserem Draht von 1 m Länge also in

$\frac{1}{300\,000\,000}\ \mathrm{s} = \frac{1}{0{,}3 \cdot 10^9}\ \mathrm{s} = 3{,}33\ \mathrm{ns}$ (Nanosekunden).

Ebensoschnell hat dieses Feld die Elektronen

»auf den Marsch gebracht«! Die negativen Elektronen sind plötzlich zwischen zwei Polen, einem negativen und einem positiven, und werden nach dem Gesetz der Anziehung ungleichnamiger Ladungen zum positiven Pol hin in Bewegung gesetzt; sie erhalten eine »Vorzugsrichtung«.

Das Feld stammt beispielsweise von einem Spannungserzeuger. Der nimmt nun (im geschlossenen Stromkreis, der hier ja vorliegt) am positiven Pol die ankommenden Elektronen auf und liefert am negativen Pol ebenso viele Elektronen nach. Diese Maschine hält also das elektrische Feld und damit die Elektronenbewegung aufrecht und erinnert damit an eine Pumpe, die einen Wasserkreislauf (etwa zum Kühlen) in Gang hält.

Der kreisende Elektronenstrom ist unser elektrischer Strom; während seines Strömens übt er Wirkungen aus, mit denen wir uns noch näher beschäftigen werden. Und jetzt kommt etwas sehr Merkwürdiges: *Die einzelnen Elektronen bewegen sich im Leiter ganz langsam,* bei 5 A schleichen sie in unserem Draht mit 0,375 mm/s einher! Ein Elektron braucht 44,4 min — also nahezu eine Dreiviertelstunde — um unseren 1 m langen Draht zu durchlaufen. Unglaublich! Um das zu verstehen, machen wir einen weiteren Gedankenversuch:

Wir nehmen einen 1 m langen Schlauch oder ein entsprechendes Rohr und füllen Wasser hinein — ganz voll; das eine Ende verschließen wir mit einem Stopfen. Jetzt drükken wir plötzlich am offenen Ende ganz stark auf die Wassersäule im Schlauch. Was wird geschehen (Wasser läßt sich praktisch nicht zusammendrücken)? Der Stopfen am anderen Ende fliegt fast zur selben Zeit hinaus! Aber es sind nicht dieselben Wassermoleküle, die wir drückten und die den Stopfen hinauspreßten, sondern alle Moleküle waren im ganzen Schlauch in Bewegung; die Wassersäule hat sich im ganzen verschoben. Das ist das ganze Geheimnis! Und entsprechend ist es bei der elektrischen Leitung: Sobald wir an die Enden des Drahtes eine Spannung legen, entsteht mit 300000 km/s Geschwindigkeit im ganzen Draht ein elektrisches Feld, das auf die Elektronen eine *Feldkraft* ausübt und sie zum Strömen in einer Richtung, der Vorzugsrichtung, bringt. Man nennt diese wirkliche Geschwindigkeit, mit der sich die Elektronen bewegen, auch *Driftgeschwindigkeit*. Genaugenommen müssen wir bei dem Vergleich mit der Wassersäule gleichzeitig an der Stopfenseite saugen, denn die Elektronen werden ja durch die angelegte Spannung an dem einen Ende des Drahtes abgestoßen (—Pol) und am anderen angezogen (+Pol).

Gute Leiter lassen die Elektronen leichter, schlechte Leiter lassen sie weniger leicht durch ihre Kristalle schlüpfen. Immer müssen die »driftenden« Elektronen einen Widerstand überwinden, hier weniger, dort mehr, je nach dem Werkstoff des betreffenden Leiters — und nach seiner Temperatur.

Dieser Widerstand ist daran schuld, daß die Drift eine gleichbleibende Geschwindigkeit ist (wenn auch je nach dem Werkstoff verschieden); denn eigentlich müßten die Elektronen durch den ständigen Einfluß der Feldkraft in eine beschleunigte Bewegung geraten. Aber die Elektronen haben es schwer, ihren Weg zu finden, weil ja die Moleküle aller Stoffe in dauernder Bewegung sind (die bekannte Molekularbewegung). Haben die Elektronen bei mäßiger Bewegung der Moleküle schon Mühe, ihren Weg zu bahnen, so stoßen sie bei stärkerer Molekularbewegung noch viel häufiger an — die Wahrscheinlichkeit der Zusammenstöße ist größer geworden. Das heißt nichts anderes, als daß der elektrische Widerstand eines Leiters mit seiner Temperatur wächst!

Bei den Zusammenstößen zwischen Elektronen und Kristallen gibt es eine ähnliche Reibung, wie wir sie im ersten Teil dieses Buches behandelt haben, und es gibt, dem Naturgesetz zufolge, auch eine Reibungswärme. Daher werden besonders die Drähte warm, deren »Leitfähigkeit« für den hindurchgeschickten Strom zu klein oder anders ausgedrückt: deren Widerstand zu groß ist. Wollen wir Wärme auf diese Art erzeugen, dann verwenden wir Drähte mit besonders hohem elektrischem Widerstand, etwa durch Zusätze von Nickel und Mangan.

Damit haben wir eine kennzeichnende Begleiterscheinung des elektrischen Stromes verstanden: die den Strom begleitende *Wärmeentwicklung*. Diese Wirkung haben die Physiker sehr schnell entdeckt. Wir wollen aber zunächst einmal sehen, wie man überhaupt den elektrischen Strom gefunden hat; das ist eine sehr reizvolle Geschichte — und Geschichte im Sinne der Historie zugleich.

Die Frösche des Dr. Galvani

Es fing damit an, daß der italienische Mediziner Luigi Galvani aus Bologna (1737 bis 1798) am 6. November 1789 in seinem Laboratorium mit seinen Assistenten Versuche mit einer starken Reibungselektrisiermaschine machte. Frau Galvani, die — wie die meisten Italiener — gern in Fett gesottene Froschkeulen aß, war krank und sollte zur Stärkung eine Brühe aus Froschkeulen trinken. Galvani als aufmerksamer Gatte besorgte sofort eine Anzahl Frösche und bereitete sie in seinem Arbeitszimmer zu: Er trennte die Schenkel zusammen mit einem kleinen Teil des Rükkens vom Rumpf und zog die Haut ab. Die Nerven, die mit dem kurzen Stück Rückgrat noch verbunden waren, legte er dabei bloß; als Arzt und Professor der Anatomie machte er das schnell und geschickt. Die Assistenten erzeugten am anderen Ende des Tisches mit der Elektrisiermaschine lange Funken. Plötzlich ein Schrei: »Da, der Frosch lebt ja!« Was war geschehen? Galvani hatte die Schenkelnerven eines präparierten Frosches mit einem Messer berührt und dabei die Klinge angefaßt; ohne es zu bemerken, war er also mit den Nerven elektrisch verbunden. Der Zufall wollte es, daß zur selben Zeit ein Mitarbeiter die Elektrisiermaschine auf demselben Tisch drehte und einen langen Funken zog. Im selben Augenblick »zogen sich alle Muskeln an den Gelenken des Frosches wiederholt derartig zusammen, als wären sie von heftigen Krämpfen befallen«, schreibt Galvani im Jahre darauf in seinem Werk »De viribus electricitatis in motu musculari commentarius« (»Beschreibung der elektrischen Kräfte in der Muskelbewegung«).

Das war ein geschichtlicher Augenblick in der Entwicklung der Naturwissenschaft. Galvani wußte das zwar noch nicht, aber er sah das Neue, das Unbekannte; nach dem »Sichwundern« begann der Forscher folgerichtig mit dem systematischen Beobachten.

Mit der Elektrizität mußte die neue Sache zu tun haben. Hielt Galvani das Messer an den Froschnerv, ohne daß die Elektrisiermaschine Funken gab, so geschah nichts. Gab sie aber Funken und Galvanis Hand war nicht durch Anfassen der Klinge oder durch die eiserne Niete, mit denen der beinerne Messergriff befestigt war, mit der Klinge verbunden, so tat sich ebenfalls nichts.

Von der Reibungselektrizität wußten die Gelehrten damals schon eine ganze Menge; sie kannten auch den Unterschied zwischen elektrischen Leitern und Nichtleitern. Mit Hilfe von Metallen und durch den menschlichen Körper konnte man die elektrische Ladung einer Elektrisiermaschine fortleiten; mit Glas, Porzellan, Gummi, Harz, Steinen oder trockenem Holz ging das nicht — und offenbar auch nicht mit dem beinernen Griff des Messers.

Galvani versuchte das alles; er berührte (während Funken erzeugt wurden) die Nerven des Frosches mit einem Glasstäbchen und dann wieder mit einem Eisenstab. Das Ergebnis blieb das gleiche: Die eine Voraussetzung war, daß eine Elektrisiermaschine in der Nähe als besondere Elektrizitätsquelle die wirksamen Funken lieferte; die andere, daß Galvani mit dem Messer den Froschschenkelnerv berührte, also eine Antenne darstellte, mit der die von der Elektrisiermaschine ausgehenden elektrischen Schwingungen aufgefangen wurden. Diese erzeugten im Froschschenkel einen elektrischen Strom, der die Zuckungen hervorrief. Eine verwickelte und noch lange Jahrzehnte hindurch ganz unerklärliche Erscheinung; erst 1888 entdeckte der deutsche Physiker Heinrich Hertz die elektrischen Wellen. Es war gut, daß Galvani sehr bald lernte, die Zuckungen des Froschschenkels mit Hilfe zweier verschiedener Metalle zu erzeugen; auf diesem Wege konnte die frühe Forschung folgerichtig weitergehen und zur Entdeckung der strömenden Elektrizität führen.

Daß die Funken einer Elektrisiermaschine und die Blitze beim Gewitter eng miteinander verwandt waren, wußte man schon. Benjamin Franklin, nordamerikanischer Staatsmann und Physiker (1706 bis 1790), hatte sich mit den natürlichen elektrischen Entladungen bei Gewittern beschäftigt und 1750 den Blitzableiter erfunden. Er hatte auch den Unterschied zwischen positiver und negativer Elektrizität entdeckt und den elektrischen Kondensator erfunden, in dem man die elektrische Ladung speichern kann.

Galvani konnte als Forscher vergleichen und folgern. Er kam sehr bald auf den Gedanken, an Stelle der Funken seiner Elektrisiermaschine den Blitz zu benutzen. Ein kühnes Unterfangen, denn er mußte nun eine Art Blitzableiter bauen! Um es vorwegzuneh-

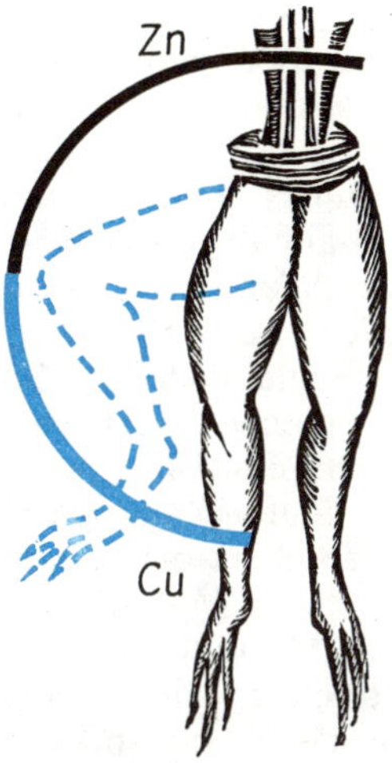

4.2 Galvani erzeugt den ersten elektrischen Strom

men: Es ist nichts Schlimmes geschehen. Etwas Glück gehört auch zum Forschen!

Galvani spannte oben an seinem Hause einen Eisendraht aus und isolierte ihn gegen die Befestigungsstellen. An diesem Draht hängte er Froschschenkel an ihren Nerven mit Hilfe von Messinghaken auf. Die Füße der Frösche verband er durch einen weiteren Eisendraht mit der Erde; dieser Draht reichte bis in das Wasser eines Brunnens. Technisch war das nicht leicht, weil der Erdleitungsdraht mit seinem Gewicht nicht die Froschnerven abreißen durfte. Galvani war jedoch ein geübter Experimentator mit einer geschickten Hand; er baute den Versuch ohne nennenswerte Schwierigkeiten auf.

Das Experiment gelang. Jedesmal wenn ein Blitz aufleuchtete, gerieten die Froschmuskeln im selben Augenblick in wiederholte heftige Zuckungen; der Donner kam je nach der Entfernung des Gewitters später an.

Zum Arbeitszimmer Galvanis gehörte ein Balkon mit einem Eisengitter. Auf diesem Balkon stand Galvani, als er seinen Eisendraht anbrachte. Ehe er die Froschschenkel mit den Messinghaken am Eisendraht befestigte, hängte er sie an das Eisengitter des Balkons, um sie sofort zur Hand zu haben. Die Messinghaken waren am Rückgrat der Frösche befestigt, also an den Nerven. Und nun zeigte sich die zweite überraschende Wirkung: *Sooft ein Schenkel das Eisengitter berührte, zogen sich die Muskeln zusammen,* so wie Galvani das vorher schon auf dem Tisch im Arbeitszimmer beobachtet hatte. Die gleiche Erscheinung – aber jetzt unter anderen Bedingungen; keine Elektrisiermaschine war in Betrieb, kein Gewitter weit und breit, also kein elektrischer Einfluß von außen.

Diese Beobachtung, so sagte sich Galvani, hängt sicherlich mit den früheren Versuchen zusammen; aber sie zeigte zugleich etwas Neues. Er beobachtete weiter, saß viele Tage stundenlang vor Froschschenkeln am Balkongitter und wartete auf die Bewegung der Muskeln. Sie zeigte sich aber nur selten und ganz unregelmäßig. (Sie zuckten immer, wenn der Wind die Froschschenkel an das Eisengitter schlagen ließ und dadurch den »Stromkreis« Messing–Froschschenkel–Eisen bildete!) Galvani fand den Grund nicht und wurde schließlich ärgerlich; er drückte endlich, um noch ein Letztes zu versuchen, die Froschschenkel an das Eisengitter. Da zuckten die Schenkel plötzlich häufig und stark! Den Gedanken, die Luftelektrizität sei daran schuld, schob Galvani bald beiseite, denn er hatte ja selber die Zuckungen ausgelöst. Die Beobachtung ergab statt dessen eindeutig, daß die Schenkel zwischen zwei verschiedenen miteinander verbundenen Metallen liegen mußten, wenn die Zuckungen eintreten sollten (Bild 4.2).

Galvani hatte damit die Urform des *Galvanischen Elements* entdeckt und den *ersten fließenden elektrischen Strom* erzeugt. Das eigenartige dabei war, daß der Froschschenkel nicht nur Bestandteil dieses stromerzeugenden »Elements« war, sondern den elektrischen Strom durch die Zuckungen zugleich anzeigte. Beides mußte zusammentreffen, damit Galvani seine Entdeckungen machen konnte.

Der Entdecker kannte jetzt nur noch eine Aufgabe, weitere Beobachtungen zu machen, die wirkende Kraft und ihr Gesetz zu finden. Er übertrug folgerichtig die Erkenntnis des »Balkonversuches« auf eine Versuchsanordnung in seinem Arbeitszimmer. Er legte die Froschschenkel auf eine Eisenplatte (an Stelle des Eisengitters) und berührte mit dem einen Ende des Messinghakens die Platte und mit dem anderen die Froschnerven. Wieder waren die Zuckungen da.

Nun folgten viele systematische Experimente mit verschiedenen Werkstoffen, mit Metallen und Nichtleitern; es blieb bei der Beobachtung, daß zwei verschiedene, miteinander verbundene Metalle Nerv und Fuß (oder Schenkelmuskel) berühren mußten, um Zuckungen hervorzurufen. Dabei war die Stärke der Bewegung abhängig von der Art der Metalle. Nichtleiter ließen keine Bewegung auftreten. Schließlich legte Galvani eine Silberplatte auf seinen Experimentiertisch und verband seinen Messingdraht mit Platte und Froschnerv. Dabei hielt er einen Schenkel mit den Fingern so hoch, daß der andere mit dem Fuß gerade die Silberplatte berührte. Sofort zogen sich die Muskeln zusammen, und der Kontakt zur Platte wurde unterbrochen. Dadurch entspannten sich die Muskeln wieder; der Fuß berührte erneut die Platte – und das Spiel begann von neuem. (Wir werden dabei an unsere elektrische Hausklingel erinnert.)

Voltas Säulen liefern den ersten elektrischen Strom

Galvani hatte seine große Entdeckung gemacht; er konnte sie jedoch nicht richtig erklären und zum wirkungsvollen Anstoß für eine technische Entwicklung werden lassen. Das ist seinem Landsmann, dem schon erwähnten Physiker Alessandro Volta (1745 bis 1827), vorbehalten geblieben. Dieses Erklären geht freilich noch nicht bis zu den Elektronen; zu Voltas Zeit war man noch von der Unteilbarkeit des Atoms überzeugt.

Volta untersuchte die tierischen elektrischen Organe und verglich sie mit der zweiten Versuchsreihe von Galvani. Frösche hatten keinen Spannungserzeuger im Leibe – sollte das »elektrische« Zucken der Froschschenkel durch die verschiedenen Metalle hervorgerufen worden sein? Volta wußte, daß ein elektrischer Schlag ein Lebewesen auf dem Wege über die Nerven töten kann und daß geringere Entladungen bestimmte Nerven erregen. In diesem Sinne war der Froschschenkel ein Anzeigegerät für den elektrischen Strom – und sogar ein viel empfindlicheres als die damals bekannten Elektroskope und Elektrometer.

Volta setzte sich nun selber an die Stelle des Frosches, allerdings auf eine viel angenehmere Art, als Galvani sie dem Frosch zugemutet hatte: Er legte ein Stück Metall an den oberen Teil eines Auges und nahm ein anderes Metall, das mit dem ersten leitend verbunden war, in den Mund. Der Erfolg war »ein heller Schein vor den Augen«; Volta erklärte ihn richtig als Reizung der Sehnerven.

Volta machte einen weiteren Versuch: Er legte auf die Mitte seiner Zunge eine Silber- oder Goldmünze, die durch einen feinen Draht mit einem Stück Stanniol (ausgewalztem Zinn) verbunden war. Wenn er mit dem Stanniol die Zungenspitze berührte, empfand er einen »säuerlichen oder erdigen« Geschmack im Munde, und dieser Geschmack war dauernd da, solange die Metalle im Munde waren. Das war offenbar keine plötzliche, kurze Entladung, sondern ein Dauervorgang. Volta stellte auch die Metalle fest, die sich am besten für den Versuch eignen: Blei oder Zinn einerseits; Gold, Silber, Messing (Kupfer und Zink!) oder Eisen andererseits. Zwei *verschiedene* Metalle mußten es jedenfalls sein, dazwischen etwas Feuchtes, Leitendes – ganz gleich, ob Froschschenkel, menschliche Zunge oder etwas anderes. Das war die grundlegend neue Erkenntnis: Nicht aus dem tierischen Teil zwischen den Metallen kam die Elektrizität, sondern sie entstand offenbar aus dem Zusammenwirken aller drei Teile, und das Zucken der Froschschenkel zeigte – ebenso wie der Geschmack – den elektrischen Strom nur an.

Wir wissen, daß der Versuch im Mittelpunkt der naturwissenschaftlichen Forschung steht, und wollen daher endlich auch wieder selber experimentieren.

Der Voltasche physiologische Versuch

Unsere Augen wollen wir lieber schonen; aber die Geschmacksnerven dürfen wir zum Versuch benutzen. Eine Silber- oder gar Goldmünze (reines Metall!) werden wir kaum beschaffen können. Wir verbinden statt dessen einen schmalen Streifen Kupfer mit einem Stück Aluminiumfolie. Das freie Ende drücken wir leicht auf die Mitte unserer Zunge; gleichzeitig halten wir das Stück Aluminiumfolie an die Zungenspitze. Wir spüren einen säuerlichen Geschmack, der auf den entstandenen elektrischen Strom zurückzuführen ist. Besitzer von goldenen oder silbernen Zahnplomben haben es noch leichter: Sie brauchen nur ein Stückchen Aluminiumfolie in den Mund zu nehmen, um den elektrischen Strom zu spüren. Manchmal tun sie es unabsichtlich: wenn sie beim Essen von Schokolade oder Weichkäse versehentlich ein Stückchen Folienumhüllung aus Aluminium in den Mund bekommen. Sie merken das Metallstückchen erst durch die physiologische Wirkung des winzigen elektrischen Stroms auf die Geschmacksnerven!

Das stromerzeugende Element wird hierbei also im Mund aus den zwei Metallen und dem Speichel gebildet, und der entstandene Strom reizt sofort die Geschmacksnerven. Eine ähnliche Wirkung erreicht man, wenn man auf die unangebrachte (weil gesundheitsschädigende) Art eine Taschenlampenbatterie dadurch auf Spannung prüft, daß man beide Kontaktstreifen an die Zunge legt. Man spürt dann eine Spannung in der angegebenen Weise; aber die Spannung beziehungsweise der elektrische Strom sind nicht im Munde, sondern außerhalb davon in der Batterie erzeugt worden. (Man prüft im übrigen eine Batterie am besten mit einem elektrischen Spannungsmesser, im Notfall mit einer passenden Glühlampe.)

Volta baut sein Element

Volta wußte nun: Aus drei ganz unverdächtigen, unelektrischen Dingen — zwei verschiedenen Metallen und einer dazwischenliegenden Flüssigkeit — kann man ein Element zusammenbauen, das »primär«, das heißt, ohne erst geladen zu werden, einen elektrischen Dauerstrom liefert. Das war ein großer Fortschritt gegenüber den bisher bekannten statischen Ladungen der Leidener Flaschen. Solche Elemente nannte man sehr bald *Primärelemente*.

Volta unterschied auch positive und negative Elektrizität an seiner Anordnung und stellte die Metalle in der Reihenfolge zusammen, in der sie die meiste Elektrizität lieferten (wir sagen »die größte Spannung« und nennen die Reihenfolge die »Spannungsreihe«). Volta kannte den Begriff der Spannung noch nicht, aber er arbeitete mit ihr. Mit Recht hat man daher die Maßeinheit der elektrischen Spannung, das Volt (V), nach ihm benannt. Voltas *Spannungsreihe* sah so aus:

Zink, Zinn, Blei, Eisen, Kupfer, Platin, Gold, Silber.

Diese Stoffe, meist Metalle, nannte Volta »Leiter 1. Klasse«. Die leitenden Flüssigkeiten konnte er nicht in die Gesetzmäßigkeit seiner Spannungsreihe einfügen; er nannte sie »Leiter 2. Klasse«. Sein Element, seinen Kreisstrom, erhielt er demnach, indem er immer einen Leiter 2. Klasse zwischen zwei Leiter 1. Klasse legte.

Volta gab sich mit dem, was er erreicht hatte, nicht zufrieden. Er wollte stärkere Stromquellen haben. Deshalb stellte er eine Reihe seiner Becher-Elemente nebeneinander auf: Silber—Flüssigkeit—Zink, Silber—Flüssigkeit—Zink usw.

Volta hatte damit das Gesetz gefunden, daß man die Spannung erhöht (summiert), indem man die Elemente in Reihe (hintereinander) schaltet. Damit hat er eine wesentliche Vorarbeit zur Entdeckung des Ohmschen Gesetzes geleistet.

Der Erfolg war schnell da: Volta schaltete in seinem »Becherapparat«, wie er seine Batterie nannte, bis zu 60 Elemente in Reihe und tauchte in die beiden äußeren Becher je einen Zeigefinger. Das gab gleichzeitig einen elektrischen und einen freudigen Schlag!

Diese Becherreihe gefiel Volta jedoch auf die Dauer nicht, weil sie zu umständlich aufzubauen war und zuviel Platz beanspruchte. Als eines Tages ein Glas mit Lauge umgefallen und die Lauge auf seinen Anzug geflossen war — sehr zum Nachteil des Anzuges —, da kam Volta auf einen guten Gedanken: Wie wäre es, wenn man die Flüssigkeit in einem Pappstückchen unterbrächte, die Pappe also damit tränkte und dann in der bekannten Reihenfolge Silber — feuchte Pappe — Zink — Silber — feuchte Pappe — Zink usw. einfach aufeinanderlegte? Die Scheiben müßten alle gleich groß sein, damit alle Flächen ausgenutzt würden. Damit wäre auch der Anzug nicht mehr so gefährdet.

Eine unangenehme Eigenschaft hatten die elektrischen Säulen: Sie trockneten in ein bis zwei Tagen aus und lieferten dann kaum noch Strom (Volta sprach nun schon vom »elektrischen Strom«!). Der Physiker tauchte dann kurzerhand seine Säulen in Wasser und trocknete sie anschließend außen ab. Da nur das reine Wasser verdunstete und das neue in die Pappscheiben eindrang, war die Säule wieder betriebsfähig. (Das war nicht etwa ein »Aufladen«, sondern eine der Voraussetzungen für das Entstehen des Primärstroms wurde wiederhergestellt!)

Volta fand bald einen besseren Ausweg: Er umgab die frische Säule sorgfältig mit

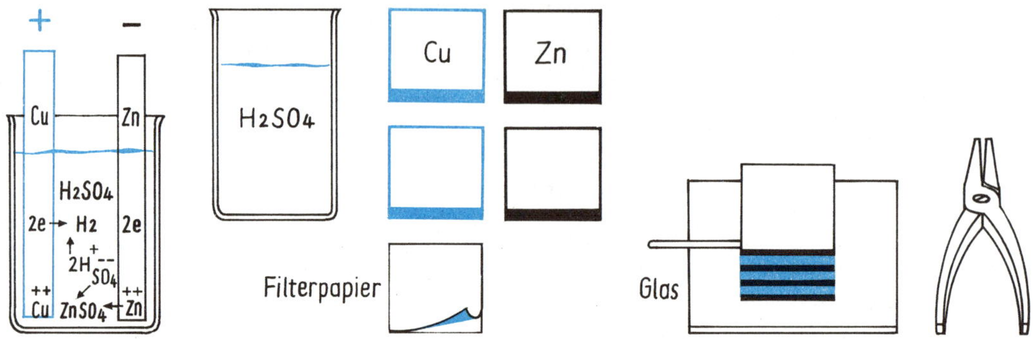

4.3 Das Volta-Element und seine Einzelteile

Wachs oder Pech. Das war zwar nicht ganz einfach und erforderte viel Geduld; aber nun lieferte die Säule auch wochenlang Strom – so lange, bis die »Gegenspannung« (Polarisationsspannung, die entgegengesetzt wirkt) in den Elementen zu groß wurde; aber von dieser unerfreulichen Nebenerscheinung ahnte Volta noch nichts. In den später erfundenen Zink-Kohle-Elementen wird die Gegenspannung, die durch Wasserstoffbildung entsteht, mit Hilfe von Braunstein, der den Wasserstoff aufnimmt, beseitigt.

Wir bauen eine Säule nach Volta

Nötig sind dazu möglichst dickes Zinkblech, Kupferblech, Leinen oder Filterpapier (Löschpapier), ein Glühlämpchen 2,5 oder 3 V, 0,2 A, mit Fassung (aus einer Taschenlampe), eine Tiegelzange oder große Pinzette, einige Kupferdrähte und Anschlußklemmen (etwa Krokodilklemmen) für die Verbindungen, einige Glasplatten, 5 Bechergläser mit mindestens 5 cm Durchmesser, konzentrierte Kochsalzlösung (NaCl), konzentrierte Salmiaklösung (NH_4Cl), 1 : 10 verdünnte Schwefelsäure (H_2SO_4). Ganz ausgepichte Experimentatoren verwenden noch einen Spannungsmesser mit einem Meßbereich 5 oder 10 V und einen Strommesser mit dem Meßbereich 1 A.

Aus den Blechen schneiden wir je fünf Platten von 4 cm × 4 cm Größe. Wollen wir die Bleche in den Bechergläsern miteinander verbinden, ohne Drähte zu benutzen, so schneiden wir noch die Kontaktstreifen mit aus. Ebensogut können wir die Bleche mit Drähten und Klemmen miteinander verbinden; die Streifen stören dann nicht. Wollen wir sehr gründlich vorgehen und die Leistungen von Becherbatterie und Säule miteinander vergleichen, dann schneiden wir Bleche mit und ohne Kontaktstreifen aus. Die Platten müssen blank sein, um guten Kontakt zu geben (Bild 4.3). Aus dem Stoff beziehungsweise aus dem Papier schneiden wir 20 Stücke, jedoch etwas kleiner, etwa 3,8 cm Seitenlänge; sie werden kurz vor dem Einsetzen durch Eintauchen in den jeweiligen »Elektrolyten« (hier konzentrierte Salmiaklösung) getränkt und ein wenig ausgedrückt, damit unter dem leichten Druck der Platten der Voltaschen Säule keine Flüssigkeit mehr heraustropft (Bild 4.4). Wir arbeiten am saubersten mit der Tiegelzange oder Pinzette und mit kleinen Glasplatten. Bei der Benutzung verdünnter Schwefelsäure müssen wir uns sorgfältig vor Spritzern auf Haut und Kleidung hüten; ist es doch geschehen, so müssen wir die betreffenden Stellen sofort mit viel Leitungswasser spülen, denn die Säure ätzt stark!

Nun verbinden wir unser Glühlämpchen mit der freien Zinkplatte und der freien Kupferplatte. Das Glühlämpchen leuchtet ziemlich hell auf. Im Laufe von etwa 2 Minuten geht die Helligkeit zurück; dann erlischt das Lämpchen. Wie ist das zu erklären?

Die Kupferplatte Cu und die Zinkplatte Zn stehen im Elektrolyten, der verdünnten Schwefelsäure H_2SO_4 (jedes Molekül mit zwei Atomen Wasserstoff, H, einem Atom Schwefel, S, und vier Atomen Sauerstoff, O). Da die Schwefelsäure mit Wasser verdünnt ist, zerfallen die Schwefelsäuremoleküle je nach der Verdünnung zum mehr oder weniger großen Teil (man nennt das »Dissoziation«). Dabei entstehen drei Teile, $2H^+$ und SO_4^{--} Alle Elektronen, das heißt die ganze

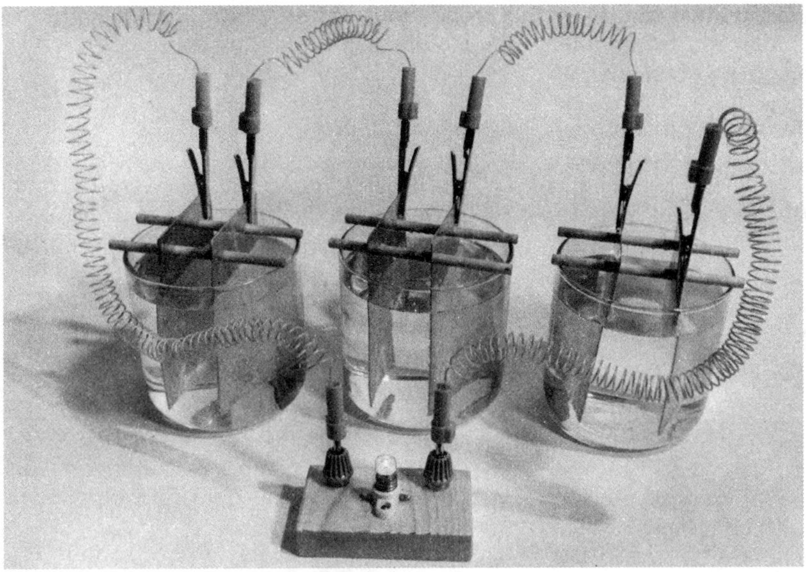

4.4
Das Volta-Element

elektrische Ladung des Moleküls, bleiben auf dem Säurerest SO_4^{--}, und der wird durch den Elektronenüberschuß zweiwertig negativ.

Elektronenmangel dagegen bedeutet positive Ladung. Die haben nun die beiden Wasserstoffatome, und wir schreiben:

$$H_2SO_4 \xrightarrow{+H_2O} 2H^+ + SO_4^{--} .$$

Aus der Chemie wissen wir: Eine Säure ist eine chemische Verbindung mit Wasserstoff, der durch ein Metall ersetzt werden kann; dabei entsteht ein Salz der Säure. In unserem Element bewegt sich das SO_4^{--} zum Zink, das dafür aufnahmebereiter als Kupfer ist. Es verbindet sich mit einem Zinkmolekül und läßt auf der Platte seine elektrische Ladung, also die beiden Elektronen, zurück, weil das Salz Zinksulfat ($ZnSO_4$) elektrisch neutral ist. Daher ist das Zink in allen Galvanischen Elementen der negative Pol. Eine peinliche Nebenwirkung ist dabei, daß die Zinkplatte regelrecht aufgefressen wird.

Wie sieht es inzwischen auf der anderen Seite, an der Kupferplatte, aus? Hierhin bewegten sich die zwei Wasserstoffreste $2H^+$ Sie wollen richtige, existenzfähige Moleküle werden. Die beiden Wasserstoffreste können sich aber nicht zum Molekül vereinigen, weil die Elektronen fehlen und die positiven Ladungen abstoßend wirken.

Die $2H^+$ entreißen dem Kupfer die benötigten Elektronen und werden zu einem neutralen Wasserstoffmolekül H_2. Die Kupferplatte hat damit zuwenig Elektronen und wird elektrisch positiv. Verbinden wir die Pole des Elements außen durch einen Draht miteinander – etwa über ein Glühlämpchen wie in unserem Versuch –, so ist der Stromkreis geschlossen; ein Strom fließt, und das Lämpchen leuchtet auf. Die überzähligen Elektronen fließen von der Zinkplatte über Draht und Glühlämpchen auf die Kupferplatte, wo sie leere Plätze vorfinden.

Nun haben wir bei unserem Versuch nicht nur eine Freude, sondern auch eine kleine Enttäuschung erlebt: Das Lämpchen glühte nur kurze Zeit und war daher als Nachtbeleuchtung keineswegs geeignet.

Das entstandene H_2-Molekül bildet mit vielen seinesgleichen schließlich winzige Bläschen von Wasserstoffgas. Diese Bläschen bleiben nun leider an der Kupferplatte haften und versperren den nachkommenden Wasserstoffresten den Weg. Die Wanderung der elektrischen Ladungen auf dem Rücken der Atome hört auf; unser Element liefert keinen Strom mehr. Daher ist das Glühlämpchen so bald erloschen! Um erneut Spannung und Strom zu bekommen, braucht man nur die Kupferplatte aus der Säure herauszuheben, mit einem Holzspan abzuwischen und wieder einzutauchen. Nach Einschalten leuchtet das Lämpchen wieder, bis sich an Stelle der abgestreiften Gasbläschen genügend neue gebildet haben.

Das ist ein sehr umständliches Verfahren, und man bemüht sich daher mit Erfolg, hier die Natur mit ihren eigenen Gesetzen zu überlisten. Einer von mehreren Wegen besteht, wie schon angedeutet, darin, daß man den positiven Pol mit Braunstein (Mangandioxid, MnO_2) umgibt. Dieser Braunstein gibt leicht Sauerstoff ab; der verbindet sich sofort mit dem Wasserstoff zu unschädlichem Wasser (H_2O).

Der elektrische Strom zeigt, was er kann

Die Voltasche Batterie war also da und mit ihr eine recht beachtliche elektrische Spannung und ein entsprechender Strom. Aber was sollte man damit anfangen? Vor allem: Wie konnte man ihn auf einfache Art nachweisen? Man hatte doch nicht immer Froschschenkel zur Verfügung, und außerdem war das Verfahren mit den zuckenden Schenkeln umständlich und ungenau. Den menschlichen Körper zum Nachweis zu benutzen war ungesund, ja schließlich lebensgefährlich. Die physiologischen Wirkungen des elektrischen Stroms kamen daher als Nachweis sehr bald nicht mehr in Betracht.

Die Wärmewirkung hatte Volta gespürt, als er das erstemal eine große Becherbatterie mit einem dünnen Draht kurzschloß. Danach war es eine Zeitlang üblich, auf diese Weise den Stromfluß mit einem dünnen Platindraht nachzuweisen – bis bessere Verfahren entdeckt wurden.

Diese Fragen nach den Eigenschaften und dem Nachweis des elektrischen Stroms beschäftigten nicht nur Volta, sondern viele kluge Köpfe seiner Zeit. Sicher war, daß Eigenschaften des Stroms und sein Nachweis miteinander zusammenhingen. Daß gleiche (positive oder negative) Elektrizitäten einander abstoßen, war lange bekannt, auch die Erscheinung der Influenz, die darauf beruht. Mit Hilfe dieser Erkenntnis baute man die Elektroskope, von denen wir mehrere Bauarten kennen. Diese Elektroskope sprachen auf die statischen Ladungen von Reibungselektrisiermaschinen mit ihren Hunderten und Tausenden Volt Spannung wunderschön an; bei den vergleichsweise niedrigen Spannungen der Voltaschen »Kontaktspannung« taten sie das nicht oder zuwenig.

Ein neuer Schritt

Dr. Asch in Oxford entdeckte es im Jahre 1795: Der galvanische Strom zersetzt Wasser! Endlich hatte man eine Eigenschaft des Stroms gefunden, die erste der drei grundlegenden: die *chemische Wirkung*.

Dr. Asch füllte ein Glasgefäß mit gewöhnlichem (salzhaltigem, also elektrisch leitendem) Wasser und steckte eine Zinkplatte und eine Silberplatte hinein. Das Zink verband er mit dem positiven Pol der Voltaschen Säule, das heißt mit dem Silber; das Silber im Glasbecher verband er mit dem Zink der Stromquelle.

Ganz deutlich war es zu beobachten: Das blanke Zink wurde grau, an der Silberplatte stiegen Gasblasen auf. Diese erste Beobachtung genügte zur Erklärung noch nicht. Asch erkannte die graue Schicht über dem Zink als Zinkoxid. Dann fing er die Gasbläschen im wassergefüllten, mit der Öffnung nach unten gehaltenen Probierglas auf, untersuchte sie und fand, daß er Wasserstoff vor sich hatte. Das Gas brannte und bildete dabei Wasser! Alexander v. Humboldt hat den Versuch mit gleichem Erfolg wiederholt.

Man wußte, daß Wasser aus Sauerstoff und Waserstoff besteht. Priestley hatte 1774 den Sauerstoff durch Erhitzen von Quecksilberoxid dargestellt. Der Wasserstoff war schon Paracelsus im 16. Jahrhundert bekannt, aber erst 1766 zeigte Cavendish, wie man ihn von anderen brennbaren Gasen unterscheidet, und lehrte 1781, daß Wasserstoff zu Wasser verbrennt. Daraus und aus den Entdeckungen Lavoisiers über den Luftsauerstoff (1777) ging hervor, daß Wasser eine chemische Verbindung von Wasserstoff und Sauerstoff ist.

Einen Forscher müssen wir in diesem Zusammenhang noch nennen: Johann W. Ritter in Jena. Er machte 1800 mit einer Volta-Säule von 64 Elementen die gleichen Versuche, fing aber Sauerstoff und Wasserstoff einzeln auf, mischte sie dann miteinander und ließ sie verpuffen. Er bewies dann, daß dabei dasselbe Wasser wieder entstand, das er vorher zersetzt hatte. Das war wieder ein Fortschritt; aber Ritter entdeckte noch etwas

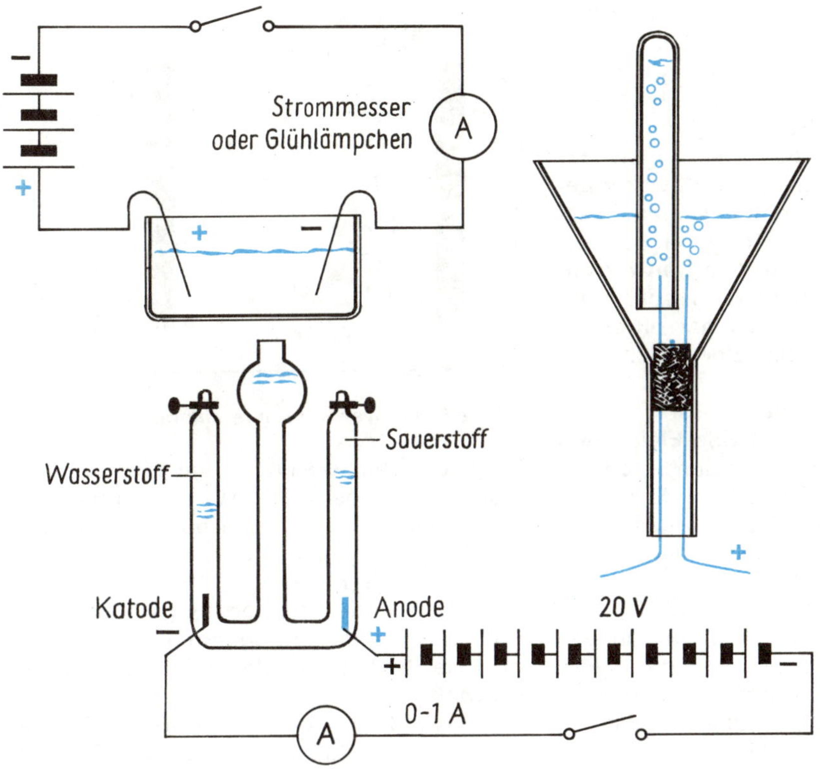

4.5
Wir zerlegen Wasser

sehr Wichtiges, das später eine ganze, besondere Technik auslösen sollte:

Er führte einen Strom durch eine Kupfersulfatlösung und fand, daß sich die Lösung zersetzte und daß sich Kupfer an der einen Zuleitungsplatte niederschlug; die Platte wurde verkupfert.

Mit all diesen Versuchen der Forscher waren nicht nur die grundlegenden Erkenntnisse zur *Elektrolyse* geschaffen, sondern auch die Impulse für die Entwicklung der Elektrochemie und einer großen chemischen Industrie gegeben worden. Das ist das eine wichtige Ergebnis der Voltaschen Versuche. Das andere ist das elektrische Spannungsgesetz: Zink, Zinn, Blei, Eisen, Kupfer, Platin, Gold und Silber bilden eine Spannungsreihe. Jedes Metall dieser Reihe wird in Berührung mit einem der folgenden über eine leitende Flüssigkeit negativ, mit einem der vorhergehenden positiv elektrisch. Je weiter die Metalle in der Reihe auseinanderstehen, desto größer ist die Spannungsdifferenz. Durch wiederholte Verbindung zweier Metalle der Spannungsreihe läßt sich die Spannung vergrößern (Voltasche Säule).

Galvanis Arbeiten waren eine Voraussetzung zu Voltas Erfolgen; das wußten beide, und sie schätzten einander sehr. Ritter hat die Voltasche Spannungsreihe noch erweitert und auch die Bezeichnung »Pole« eingeführt. Davy hat die Vorgänge in der Voltaschen Säule theoretisch untersucht. – Wir wollen jetzt die chemischen Wirkungen des elektrischen Stroms praktisch untersuchen.

Wir elektrolysieren

Wir legen sozusagen »einen Streifen Wasser« in einen Stromkreis mit einer Taschenlampenbatterie, 4,5 V, oder einem Akkumulator, 4 bis 6 V, und einem Strommesser oder Glühlämpchen als Stromanzeiger. Das Wasser kommt in irgendein Glasgefäß; damit der Stromkreis geschlossen ist, tauchen die beiden Enden der Leitung – sie heißen jetzt Elektroden – in die Flüssigkeit. Zweckmäßig ist ein Trichter als Gefäß; man kann freilich auch ein Becherglas oder ein anderes Glasgefäß nehmen. Als Elektroden können im einfachsten (wenn auch nicht günstigsten) Fall die breitgeklopften Enden der Kupferzuleitungen genommen werden (Bild 4.5). Wesentlich besser ist Nickeldraht – und am besten Platindraht. Je weniger die Elektroden auf die entstehenden Gase reagieren, desto zuverlässiger werden die Messungen der entstehenden Gasmengen. Der Physiker benutzt daher Platinelektroden in seinem Wasserzersetzungsgerät nach Hofmann. Für Versuche, bei denen kein Sauerstoff entwickelt wird oder aufgefangen werden soll, kann man auch Kohlestäbe (aus einer alten Taschenlampenbatterie) als Elektroden verwenden.

Wir füllen nun destilliertes Wasser in unser Zersetzungsgefäß, so daß beide Elektroden im Wasser liegen, ohne einander zu berühren, und schließen den Stromkreis. Ergebnis: Kein Strom fließt. Destilliertes, das heißt chemisch reines Wasser leitet den Strom also nicht; es ist ein Isolator.

Wir geben jetzt Kupferchlorid ($CuCl_2$), Zinkchlorid oder ein ähnliches Salz in das Wasser. Der Strommesser oder das Glühlämpchen zeigt einen Strom an. Folgerung: Die Lösung des Salzes leitet den elektrischen Strom. Aber wie kommt das?

In Leitern erster Klasse, das heißt in Metallen, fließt der elektrische Strom, ohne den Leiter selbst zu verändern; er erwärmt ihn höchstens. In Leitern zweiter Klasse – das sind die *Elektrolyte*, Lösungen von Säuren, Basen und Salzen – verändert er dagegen den Leiter; er zersetzt ihn. Diese Zersetzung nennt man *elektrolytische Dissoziation* (Spaltung).

In den Leitern zweiter Klasse ist eine bestimmte Anzahl (nicht alle) der Moleküle des gelösten Stoffes in geladene Atome oder Atomgruppen aufgespaltet. Ein Teil davon trägt eine positive, die anderen eine negative Ladung. Bei der Betrachtung der »inneren« Vorgänge im Volta-Element lernten wir ähnliches kennen! Dort entstand nur eine Spannung (beziehungsweise ein Strom), während jetzt eine Spannung von außen angelegt wird und der damit zusammenhängende Strom diese Vorgänge auslöst. Im gewissen Sinne ist das eine Umkehrung der Lage.

Die Atome oder Atomgruppen sind also elektrisch geladen. Aus unserer Abbildung 4.6 ergibt sich, daß die Elektroden ebenfalls geladen sind. Die positiv geladene heißt *Anode* (vom griechischen aná hodós = der

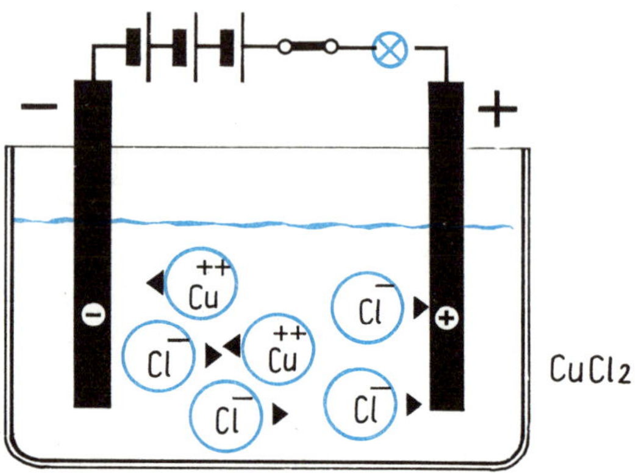

4.6 Die Elektrolyse von Kupferchlorid

Weg aufwärts), die negativ geladene *Katode* (von katá hodós = der Weg von oben, abwärts). Unsere alte Regel bewährt sich sofort: Entgegengesetzte Ladungen ziehen einander an; alle positiv geladenen Teile wandern zur Katode, alle negativ geladenen zur Anode. Und weil sie wandern müssen, nennt man sie die Wandernden – auf Griechisch: die *Ionen*.

Sie wandern, wie das Naturgesetz es befiehlt, werfen ihre Ladung an der Zielelektrode ab und werden wieder ganz gewöhnliche Atome oder Atomgruppen. Sie haben ihre Aufgabe erfüllt, haben die elektrische Ladung befördert – und damit den elektrischen Strom im Elektrolyten gebildet. Wir wollen uns noch die »Vornamen« der beiden Ionen-Arten merken: Die zur Anode (dem Pluspol) wandernden heißen *Anionen* (negativ geladen), die zur Katode (dem Minuspol) wandernden heißen *Kationen* (positiv geladen). Ein Salz zerfällt (dissoziiert) stets in positiv geladene Metall-Ionen und in negativ geladene Säurerest-Ionen, eine Säure in positive Wasserstoff-(H-)Ionen und negative Säurerest-Ionen, eine Base in positive Metall-Ionen und negative Hydroxyl-(OH-)Ionen. »Basenrest« sagt man nicht; der ist immer eine OH-Gruppe – einfach oder mehrfach. Elektrolyse nennt man diesen Vorgang, vom griechischen lýein = lösen. Die chemischen (genaugenommen: elektrischen) Bindungen des Moleküls sind ja gelöst worden!

Die Abbildung 4.6 zeigt den (leider unsichtbaren) Vorgang bei unserem Versuch. An der Anode (+) sammeln sich die Chlor-Anionen, werden durch Entladung zu Chlor-Molekülen und steigen, zu Bläschen zusammengeballt,

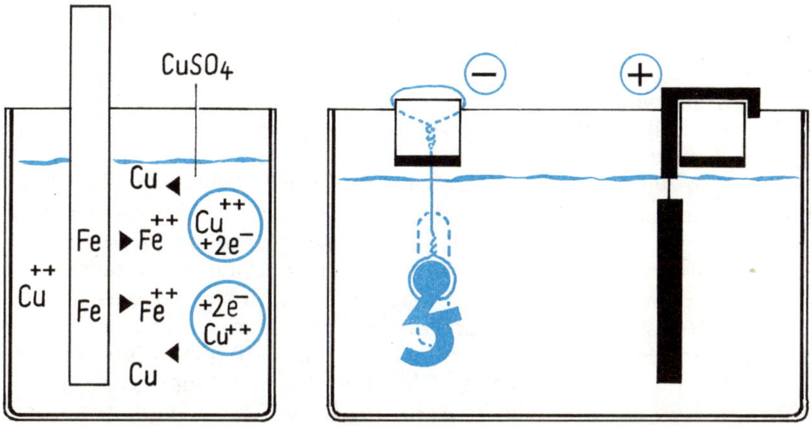

4.7
Wir galvanisieren

nach oben. Wir können den charakteristischen (giftigen! Vorsicht!) Chlorgeruch deutlich wahrnehmen, gefärbte angefeuchtete Papierstreifen und Blütenblätter bleichen.

Die Kupfer-Kationen sammeln sich an der negativ geladenen Katode und nehmen hier Elektronen auf, mit denen sie ihre (doppelte) positive Ladung ausgleichen; dadurch werden sie zu neutralen Kupfermolekülen und bleiben an der Katode haften.

Wir zersetzen Wasser

Wir wollen jetzt Wasser zersetzen. Dazu füllen wir unser Gefäß mit Leitungswasser, tun einige Tropfen Schwefelsäure hinein (die die Spaltung, die Dissoziation, einleiten und uns hier nicht weiter beschäftigen sollen) und bringen über den beiden Elektroden wassergefüllte Reagenzgläser an. Sobald wir unseren Gleichstrom hindurchschicken, steigt an der Katode viel Wasserstoff, an der Anode wenig Sauerstoff empor; die Gase sammeln sich in den Reagenzgläsern.

Wir können den Wasserstoff dem Reagenzglas entnehmen und abbrennen lassen. Wir verschließen die Öffnung des Glases mit dem Daumen, nähern das Glas einer Flamme und lassen den Wasserstoff ausströmen. Er verpufft. Wir wollen aber stets nur Gläser verwenden, in denen der Wasserstoff alle Luft mit ihrem Sauerstoff verdrängt hat! Beim Anzünden explodiert sonst das Gemisch, das unter dem Namen »Knallgas« bekannt ist, und kann unser Glas sprengen.

Der Sauerstoff ist im Moment seines Freisetzens ein angriffslustiger Geselle; wenn er kann, verbindet er sich sofort mit dem Anodenmetall. Platin weist ihn ab; mit Platinelektroden können wir exakt feststellen, daß bei der Wasserzersetzung genau doppelt soviel Wasserstoff wie Sauerstoff entsteht. Bei anderem Elektrodenmaterial erhalten wir weniger Sauerstoff.

Wir galvanisieren

Die Anwendung unserer Erkenntnisse spielt in der Produktion eine sehr bedeutende Rolle: Mit Hilfe der Elektrolyse gewinnt man Metall in reiner Form, man überzieht Teile mit Metallüberzügen (Galvanisieren, beispielsweise Verkupfern, Verchromen, Versilbern, Vergolden), und man stellt negative Nachbildungen, »Matrizen«, her (Galvanoplastik, beispielsweise in der Drucktechnik zum Herstellen von Druckformen, Galvanos).

Wir arbeiten vorerst ohne Spannungsquelle

Wichtigste Voraussetzung bei allen Versuchen dieser Art ist größte Sauberkeit der zu galvanisierenden Teile – vor allem müssen sie fettfrei sein, sonst werden sie nicht benetzt. Trichloräthylen hilft, auch Abbürsten mit heißer Sodalösung (10prozentig). Daß Rost vorher abgeschmirgelt wird und daß man nach der Säuberung den Gegenstand nicht mehr mit den Fingern anfaßt, ist selbstverständlich. Wir wollen das in unserem Eifer nicht vergessen.

Wir lösen in einem Becherglas etwa 10 g

Kupfersulfat ($CuSO_4$) in 500 ml destilliertem Wasser auf und säuern die Lösung mit 3 bis 5 ml verdünnter Schwefelsäure (H_2SO_4) an. Taucht man in dieses Bad ein sauberes Eisenstück, etwa einen Schlüssel, so überzieht es sich in wenigen Sekunden mit einer rötlichen Kupferschicht. Wir nehmen das Stück schnell heraus und spülen es mit Leitungswasser ab (Bild 4.7).

Auf diese Weise kann man in einem Bad aus einer Silbersalzlösung (etwa Silbernitrat, $AgNO_3$) Eisen oder Kupfer oder Messing versilbern. Wir wollen uns diesen Effekt erklären.

Unedle Metalle, wie Eisen, gehen leichter in Lösung als edle, beispielsweise Silber. Die unedlen haben, so sagt der Physiker, einen höheren *Lösungsdruck*; dadurch können sie edlere aus deren Lösungen verdrängen. Lösungsdruck heißt, die Metallatome wollen Elektronen abgeben, sich dadurch positiv aufladen und positive Ionen (Kationen) werden. Als Gleichung sieht das so aus:

$$Fe(metallisch) \rightarrow Fe^{++} + 2e^-.$$

Das elementare Eisen geht in Lösung, gibt zwei Elektronen ab und wird zum Ion. Das Kupfer ist im Bad als Kupferion, ebenfalls positiv, gelöst und nimmt die vom Eisen abgegebenen Elektronen auf. Dadurch wird es entladen und wieder zum Molekül, zum elementaren Kupfer. Das geschieht unmittelbar am Eisen, daher der Überzug von Kupfer. Beim Kupfer sieht die Gleichung so aus:

$$Cu^{++} + 2e^- \rightarrow Cu.$$

Ob ein Metall edel oder unedel ist, hängt vom anderen Metall ab. Man hat eine Spannungsreihe aufgestellt: K Na Mg Al Mn Zn Cr Cd Fe Co Ni Sn Pb H (Wasserstoff benimmt sich chemisch hier wie ein Metall) Cu As Bi Sb Hg Ag Pt Au. Jedes Metall verdrängt die nachfolgenden aus ihren Salzlösungen.

Der »edle Charakter« eines Metalls ist also relativ; er hängt davon ab, ob ein Metall in der Spannungsreihe vor oder hinter dem zweiten Metall steht. Wir können nur edlere Metalle für den Überzug aussuchen, und je weiter das Werkstückmetall und das aufzubringende (Überzug-)Metall in der Reihe voneinander entfernt sind, desto besser. Beispielsweise läßt sich Messing besonders gut auf die geschilderte Art versilbern, weil das Zink im Messing weit vom Silber entfernt ist, also einen erheblich größeren Lösungsdruck hat.

Wir galvanisieren mit Batterie

Wir wollen es grundsätzlich so machen, wie in der Industrie Metalloberflächen veredelt oder gegen Korrosion geschützt werden, und zwar wollen wir einen kleinen Metallgegenstand, vielleicht einen Schlüssel, verkupfern. Wir stellen eine Badlösung aus 500 ml destilliertem Wasser und 10 g Kupfersulfat in einem Glas her. Dann hängen wir an der einen Seite des Glases den zu verkupfernden Gegenstand (vorher sehr sauber und fettfrei gemacht) in das Bad und verbinden ihn mit dem (langen) Minuspol einer Taschenlampenbatterie von 4,5 V; es genügen auch zwei hintereinandergeschaltete Stabbatterien, sie geben zusammen 3 V. Der Gegenstand wird damit Katode.

Auf der anderen Seite taucht ein kleines sauberes Kupferblech in die Lösung; es wird mit dem Pluspol der Batterie verbunden. Der Strom soll nur gering sein, höchstens 0,1 A; der Zwischenraum zwischen den Elektroden darf daher nicht zu klein sein. Nach 10 Minuten können wir schon einen schwachen Niederschlag von Kupfer auf dem Schlüssel feststellen. Wir bürsten vorsichtig lose Kupferteilchen ab und verkupfern dann weiter — längstens eine Stunde.

Was ist geschehen? Die positiven Kupferionen sind unter dem Einfluß der Spannung zur negativen Katode, dem Schlüssel, gewandert und dort entladen (neutralisiert) worden. Der Säurerest SO_4 bildete mit dem Kupfer der Anode neues Kupfervitriol ($CuSO_4$). Das ist wichtig, denn das Verhältnis zwischen dissoziierten und nichtdissoziierten Molekülen, der Dissoziationsgrad, muß erhalten bleiben. Er hängt unter anderem von der Art der Lösung und von ihrer Temperatur ab.

Wir bauen den einfachsten Akkumulator der Welt

Akkumulator kommt vom lateinischen accumuláre = ansammeln. Das Gerät sammelt, speichert elektrische Ladungen und kann sie beliebig wieder abgeben (gute Akkumulato-

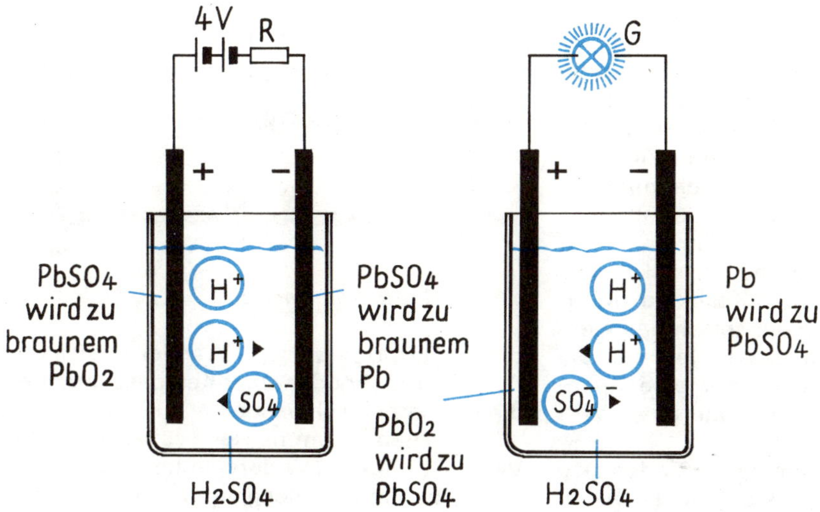

4.8
Der Blei-Akkumulator

ren haben einen Wirkungsgrad von etwa 80%). Man spricht daher auch von »Sammlern« und, wenn sie Bleiplatten haben, von »Bleisammlern«.

Unser Sammler ist wirklich der einfachste; er besteht aus zwei sauberen Bleiplatten (beispielsweise je 4 cm × 10 cm groß), die in einem Glasgefäß mit 1 : 10 verdünnter Schwefelsäure (Vorsicht! Ätzt!) stehen. Die Platten können sehr dünn sein. Am einfachsten läßt man beim Ausschneiden der Platte oben einen Streifen dran, der – umgebogen – über den Glasrand gehängt wird und so die Platte hält.

Nun legen wir eine Spannung von 4 V an die Platten. In der Abbildung 4.8 ist ein »richtiger« zweizelliger Blei-Akkumulator mit einem Vorschaltwiderstand von etwa 4 Ohm (damit der Strom nicht zu stark wird) benutzt worden. Wir können an seiner Stelle auch zwei parallelgeschaltete (+ mit + und – mit –) Taschenlampenbatterien von 4,5 V ohne Widerstand verwenden.

Die linke Schaltung im Bild 4.8 zeigt, wie unser »Akku« geladen wird. Die mit dem Pluspol der Ladespannungsquelle verbundene Bleiplatte färbt sich in wenigen Minuten braun, die andere wird bleigrau. Die während des Ladens auftretende Spannung beträgt 2,1 bis 2,3 V; es ist eine Polarisationsspannung.

Entfernen wir die Ladespannungsquelle nach etwa 5 Minuten und legen an ihrer Stelle ein Glühlämpchen an unsere Platten, so leuchtet es auf; ein Spannungsmesser zeigt genau 2 V an. Das Lämpchen wird dann allmählich dunkler, und die Platten nehmen nach einiger Zeit wieder die Farbe an, die sie vor der Ladung hatten. Wir haben unseren Akkumulator entladen.

Folgendes ist geschehen: Sobald die Bleiplatten in die Schwefelsäure gestellt werden, bildet sich auf den Plattenoberflächen eine dünne Schicht Bleisulfat ($PbSO_4$). Die Schwefelsäure (H_2SO_4) ist als Elektrolyt in positive Wasserstoff-Ionen (H^+) und negative SO_4-Ionen (SO_4^{--}) teilweise zerfallen. Die H^+-Ionen wandern zur negativen Bleiplatte (der Katode) und reduzieren dort das Bleisulfat (unter Bildung von Schwefelsäure) zu metallischem Blei (Pb). Die SO_4^{--}-Ionen wandern zur positiven Bleiplatte (Anode) und verbinden sich mit dem Wasserstoff vom Wasser zu Schwefelsäure. Die chemischen Gleichungen lauten:

+ Platte:
$$PbSO_4 + SO_4 + 2\,H_2O \rightarrow PbO_2 + 2\,H_2SO_4$$
– Platte:
$$PbSO_4 + 2\,H \rightarrow Pb + H_2SO_4.$$

Beim Entladen bildet sich an beiden Platten wieder Bleisulfat nach den Gleichungen:

– Platte:
$$PbO_2 + 2\,H + H_2SO_4 \rightarrow PbSO_4 + 2\,H_2O$$
+ Platte:
$$Pb + SO_4 \rightarrow PbSO_4.$$

Die Ladefähigkeit (Aufnahmefähigkeit) eines Akkumulators wird in Amperestunden (Ah) gemessen. Die Ladefähigkeit ist das Produkt aus Entladestrom in A und Entladedauer in Stunden (h). Man bezeichnet die Akkumulatoren auch als *galvanische Sekundärelemente*, weil sie erst nach dem Aufladen ein Galvanisches Element darstellen; Primärelemente, beispielsweise Kupfer-Zink-Elemente, liefern durch die elektrochemischen Umsetzungen ohne Aufladen unmittelbar (primär) Spannung und Strom. Die »NiFe«-Akkumulatoren enthalten Nickel- und Stahlplatten in verdünnter Kalilauge (KOH, 21prozentig). Sie sind mechanisch und elektrisch unempfindlicher sowie leichter als Bleiakkumulatoren, haben aber eine Spannung von nur 1,25 V je Zelle und einen Wirkungsgrad von nur etwa 50%.

Beim Laden des Akkumulators finden also chemische Umsetzungen statt, die den Akkumulator zu einem galvanischen Element machen. Beim Entladen verlaufen diese chemischen Prozesse rückwärts, so daß die Elektroden wieder in den ursprünglichen Zustand gebracht werden.

Die Akkumulatoren werden vor allem für folgende Zwecke benutzt: als Pufferbatterien (Ausgleichbatterien), das heißt zur Konstanthaltung von Spannung und Stromstärke in Gleichstrom-Kraftanlagen, als Spannungsquelle für Fernmeldenetze, in Laboratorien, Elektrofahrzeugen, Kraftwagen und tragbaren Lampen sowie in vielen netzunabhängigen elektronischen Geräten.

Der Strom erwärmt seinen Leiter

Die Elektronen müssen bei ihrem Weg durch den Leiter einige Widerstände überwinden; dadurch entsteht eine Reibungswärme. Erwärmen wir von außen her den Leiter, so verstärkt sich die Reibung und damit der *elektrische Widerstand* des Leiters.

Wir erhöhen den Leiterwiderstand

Wir schalten in den Stromkreis aus Batterie und Glühlampe eine kleine Wendel aus dünnem Eisendraht (etwa 0,3 mm Durchmesser). Dieses Drahtstück soll so viel Widerstand haben, daß das Glühlämpchen noch hell

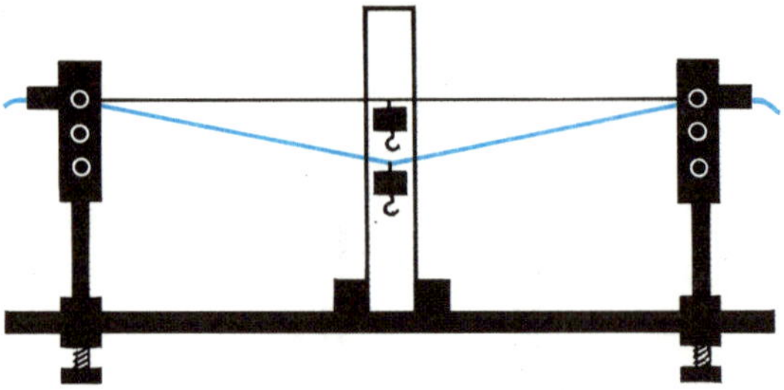

4.9 Der Hitzdraht im Versuch

brennt. Erhitzen wir die Wendel mit einem Bunsenbrenner oder einer Kerze, so leuchtet die Glühlampe schwächer.

Wer einen Strommesser besitzt, kann die Vergrößerung des Widerstandes und den damit verbundenen Rückgang der Stromstärke noch besser nachweisen; er kann den Zuwachs an Widerstand sogar (nach dem Ohmschen Gesetz) dadurch berechnen, daß er die Spannung durch den Unterschied in der Stromstärke teilt.

Wir weisen die Erwärmung des Leiters nach

Alle Metalle (und andere Stoffe) dehnen sich bei Erwärmung aus. Wir bauen einen dünnen Leiter, am besten einen Widerstandsdraht (Manganin, Nickelin oder einen anderen) nach Abbildung 4.9 auf – mit einem kleinen Wägestück in der Mitte. Wir beobachten, daß sich das Wägestück senkt, sobald wir den Leiter an unsere Stromquelle legen. Die Wärmeentwicklung hat sofort eingesetzt; sie steigt (theoretisch) mit dem Quadrat der Stromstärke.

Diese kennzeichnende Begleiterscheinung des elektrischen Stroms, Wärme zu erzeugen, wird in der Technik und im Haushalt ebenfalls ausgenutzt: in Schmelzöfen der Metallurgie, in Heiz- und Kochgeräten, Bügeleisen, Kühlschränken, Lötkolben, medizinischen Geräten und anderem mehr – und schließlich in den Glühlampen. Hier will man freilich die Lichtwirkung und nicht die Wärme; leider ist die Wärme noch mehr oder weniger Voraussetzung und Nebenerscheinung bei der Lichterzeugung. Wärme bedeutet hier Verlust!

Man nutzt die Wärmewirkung auch in elektrischen Meßgeräten, den *Hitzdraht-Meßge-*

räten, aus. Sie sind für Messungen von Gleichstrom und Wechselstrom (auch hoher Frequenzen) geeignet. Dadurch, daß die Wärme annähernd mit dem Quadrat der Stromstärke steigt, bekommt jedes Hitzdrahtmeßgerät einen »quadratischen Charakter« mit entsprechender (nichtlinearer) Skale. Da wir für unser Labor sowieso Meßgeräte brauchen, wollen wir uns ein Hitzdrahtgerät bauen.

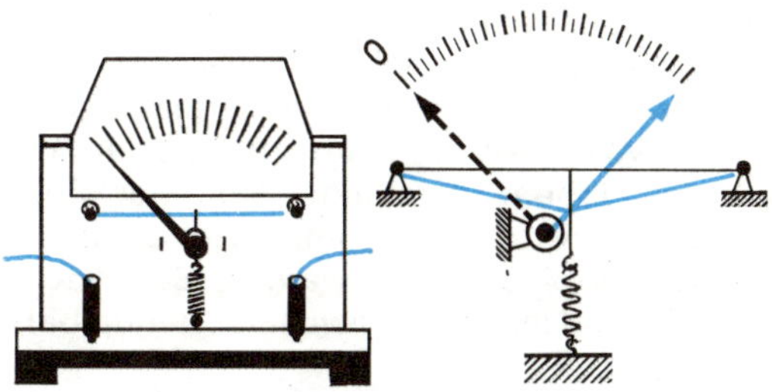

4.10 Das Hitzdraht-Meßgerät

Wir bauen ein einfaches Hitzdraht-Meßgerät

Dazu sind nötig: 1 Grundbrett 25 cm mal 10 cm; 1 Rückwand, etwa 20 cm hoch; 2 Anschlußbuchsen; 1 Wendelfeder (etwa 3 cm lang); je 25 cm Kupferdraht 0,2 mm Durchmesser, Stahldraht 0,2 mm Durchmesser, Widerstandsdraht 0,2 bis 0,4 mm Durchmesser; 1 Rolle mit etwa 10 cm langem Zeiger; 1 Achsstift für die Rolle; 2 Klemmen für den Hitzdraht; 1 Skale aus starkem Papier oder Pappe; etwa 20 cm Schnur mit 2 kleinen Haken; 1 Haken; isolierter Verbindungsdraht, Kupfer, möglichst großer Durchmesser.

Die Rückwand wird am Grundbrett befestigt. An der oberen Kante wird die Skale angebracht. Unterhalb der Skale wird links und rechts mit möglichst großem Abstand voneinander (etwa 20 cm) je eine Klemme für den Hitzdraht befestigt.

Der Achsstift für die Zeigerrolle wird in mittlerer Höhe zwischen Grundbrett und Hitzdraht, um den Rollenhalbmesser nach links versetzt, in das Grundbrett eingelassen. Dicht über der Grundplatte wird in der Mitte der Rückwand ein Haken oder Drahtstift angebracht. Die beiden Anschlußbuchsen werden auf dem Grundbrett befestigt und durch möglichst starke Kupferleitungen mit den beiden Hitzdrahtklemmen an der Rückwand verbunden. Auf dem Achsstift muß sich die aufgesteckte Zeigerrolle leicht bewegen können. Einer der Hitzdrähte wird möglichst straff zwischen den Hitzdrahtklemmen eingespannt.

Etwaige Isolierungen der Hitzdrähte verkohlen oder verbrennen während der Versuche, es ist unzweckmäßig, sie vorher abzukratzen, weil dabei leicht der Draht beschädigt wird, das heißt an einzelnen Stellen einen kleineren Durchmesser erhält und später dort abschmilzt (durchbrennt). Wir hängen nun in der Mitte des Hitzdrahtes lose die Schnur mit dem einen Haken ein, legen sie einmal um die Rolle, befestigen am Haken des anderen Schnurendes die Wendelfeder und diese wiederum an dem festen Haken unten in der Rückwand. Schnur und Feder müssen so straff sitzen, daß die Zeigerrolle in ihrer Lage festgehalten wird.

Wir lockern die Schnur etwas und stellen den Zeiger auf den Nullpunkt der Skale, der links liegen muß. Das Meßgerät ist jetzt betriebsbereit. Wir können die Zeigerausschläge unseres Meßgerätes mit der Anzeige eines anderen Gerätes vergleichen und unser Gerät in Ampere beziehungsweise Volt eichen; die endgültige Skale wird dabei nicht linear sein. Die Abbildung 4.10 zeigt das Prinzip, nach dem alle thermischen Meßgeräte gebaut sind – auch unseres.

Die Schwierigkeit beim Bau dieser Hitzdraht-Meßgeräte liegt in der richtigen Wahl des Hitzdrahtes. Wählt man ihn so dick, daß er stärkere Ströme durchläßt, so ist das Gerät zu unempfindlich; ein dünner Draht dagegen schmilzt leicht. Man baut die Hitzdraht-Meßgeräte mit Drähten von 0,03 bis 0,35 mm Durchmesser. Die größte Stromstärke, die man unmittelbar durch das Gerät schicken kann, beträgt 0,5 A. In der Praxis wird der Hitzdraht meist aus Platin-Iridium wegen des hohen Schmelzpunktes dieser Legierung hergestellt. Der hohe Schmelzpunkt erlaubt eine gewisse Überlastung des Meßgerätes. Auch Nickel-Stahl-Hitzdrähte haben sich bewährt. Für größere Meßbereiche werden mehrere Hitzdrähte nebeneinandergeschaltet. Im allgemeinen werden Strommesser mit Meßbereichen zwischen 0,5 und 5 A bei einem Eigenverbrauch von 0,5 bis 1 Watt und Spannungsmesser mit Meßbereichen zwischen 3 und 300 V bei einem Eigenverbrauch von 0,3 bis 20 Watt hergestellt. Bei höheren Spannungen (bis 3000 V) verwendet man Vorwiderstände; auch Spannungswandler sind bei Wechselspannungen benutzbar. Mit Hilfe von Nebenwiderständen kann der Meßbereich der Hitzdraht-Strommesser auf mehrere hundert A erweitert werden. Bei Wechselstrom sind auch Stromwandler benutzbar.

Wir eichen unser Hitzdraht-Meßgerät als Strommesser

Dazu leihen wir uns einen Strommesser mit den Meßbereichen 0 bis 1 A und 0 bis 10 A, dazu einen Gleitwiderstand (R) von etwa 30 Ohm, bis 10 A belastbar, und einen Gleitwiderstand (R_N) von etwa 12 Ohm, ebenfalls hoch belastbar. Als Spannungsquelle eignet sich am besten ein Akkumulator 6 bis 12 V, im Notfall 5 Taschenlampenbatterien, die parallelgeschaltet sind (alle kurzen Pluspole miteinander und alle langen Minuspole miteinander verbunden). Zum Parallelschalten nimmt man am besten zwei Streifen aus Kupfer- oder Messingblech, die der Länge nach in der Mitte gefaltet sind; der eine Streifen wird über alle Minuspole, der andere über alle Pluspole geschoben und dort mit der Flachzange festgeklemmt. Das ist eine »Schaltung auf Strom«. Fünf parallelgeschaltete Taschenlampenbatterien liefern auch nur 4,5 V Spannung, aber den fünffachen Strom einer einzelnen Batterie. Wir schalten nach dem Bild 4.11. Ein Strommesser muß stets irgendwo im Stromkreis liegen, das heißt ein Teil von ihm sein. Die beiden Strommesser werden hintereinander in den Stromkreis gelegt; da derselbe Strom durch beide fließt, zeigen ihn beide Geräte gleichzeitig an. Wir lassen den Widerstand R_N (in der Schaltung gestrichelt angeschlossen) zunächst fort und schalten den Gleitwiderstand voll ein, um mit kleiner Stromstärke zu beginnen. A_1 ist der geliehene Vergleichs-Strommesser, A_2 unser Hitzdraht-Strommesser, der geeicht werden soll. A_1 wird auf den Meßbereich 0 bis 1 A geschaltet.

Schließen wir mit dem Schalter S den Stromkreis, so fließt zunächst nur ein kleiner Strom. Wir stellen mit Hilfe des Gleitwiderstandes R nacheinander die Stromstärken von 0,1 bis 1 A ein – immer um 0,1 A stärker, also 0,2, 0,3, 0,4 und so fort. A_1 zeigt sie uns

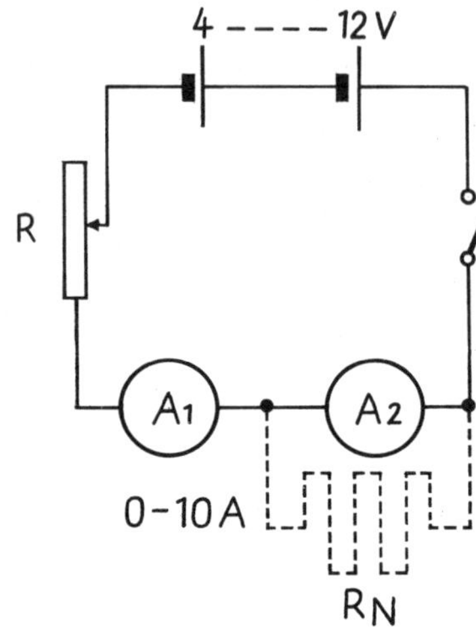

4.11 Die Schaltung zum Eichen

an, auf der Skale von A_2 machen wir einen entsprechenden Vermerk. Die Abbildung 4.12 zeigt die Ansicht dieser Versuchsanordnung; A_1 zeigt etwa 0,8 A an. Sind die Ausschläge bei A_2 zu schwach, so nehmen wir einen empfindlicheren (dünneren) Hitzdraht; hier müssen die verschiedenen Werkstoffe auf größte Ausdehnung bei nicht zu großem elektrischem Widerstand nacheinander geprüft werden.

Wir könnenn grundsätzlich auch mit Wechselstrom eichen. Auf keinen Fall dürfen wir einfach die nächste Steckdose als Spannungsquelle nehmen! Unser recht einfacher Aufbau ohne den notwendigen Berührungsschutz ist nicht für 220 V zugelassen; ein Arbeiten wäre lebensgefährlich! Ferner passen die Widerstandsgrößen nicht mehr; wir würden einen zu großen Strom erhalten und die Meßgeräte zerstören.

Hier gibt es nur eine Möglichkeit: mit einem Umspanner hoher Leistung arbeiten, der sekundär bis 10 A bei 12 bis 24 V gibt. Einen solchen Sekundäranschluß können wir dann unbesorgt als Spannungsquelle benutzen; der Primäranschluß am Netz muß den Vorschriften entsprechen und von einem ausgewiesenen Elektromechaniker abgenommen worden sein.

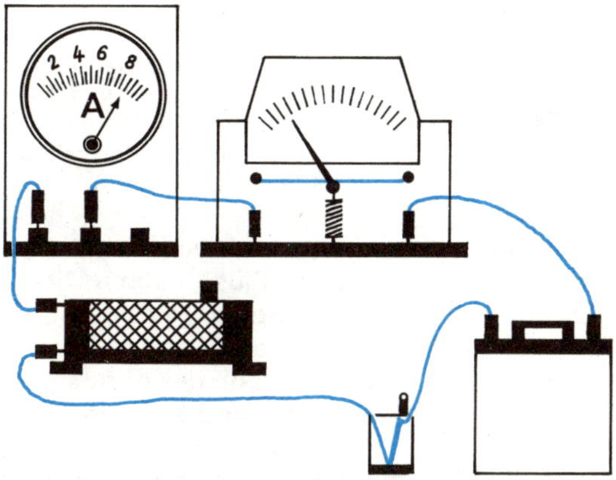

4.12 Der Schaltungsaufbau

Der elektrische Strom hat stets ein magnetisches Feld um sich

Irgendwie war die Sache sehr merkwürdig. Der gute alte Magnet war bekannt – als »Dauermagnet«, auch in Form der Kompaßnadel, die sich auf einer feinen Spitze drehen kann und sich stets in Nord-Süd-Richtung des erdmagnetischen Feldes einstellt. Die Seefahrer haben ihn schon viele Jahrhunderte benutzt, um auf See die Fahrtrichtung ihres Schiffes zu erkennen.

Einen Nordpol hat der Magnet und einen Südpol dazu. Einen positiven Pol hat das Galvanische Element und einen negativen dazu. Hier und dort Polarität – nun, das war noch nicht so auffallend. Aber daß gleichnamige Magnetpole einander ebenso abstießen wie gleichnamige elektrische Ladungen, daß die ungleichnamigen Pole im Magnetismus und in der Elektrizität einander anzogen – das konnte man nicht einfach hinnehmen. Über diese gleichartigen Wirkungen mußte man nachdenken.

Das taten auch viele kluge Köpfe. Man machte Versuche, magnetische Kräfte in der Voltaschen Säule nachzuweisen, und hängte beispielsweise eine Säule waagerecht beweglich an Seidenfäden auf. Sie sollte sich dann wie eine Magnetnadel in der Nord-Süd-Richtung einstellen. Der Erfolg mußte ausbleiben, weil man noch nicht begriffen hatte, daß der fließende Strom das Neue und Wirkungsvolle ist und daß dafür ein geschlossener Stromkreis vorhanden sein muß.

Einer hatte begriffen, worum es ging: Hans Christian Oersted (1777 bis 1851). Er kam nicht durch Zufall auf seine Entdeckung. Er wußte, daß der elektrische Strom eine chemische Wirkung – zum Beispiel das Zersetzen von Wasser – hat; ein dünner Platindraht im Stromkreis einer starken Voltaschen Säule war beim Experimentieren glühend geworden; eine Magnetnadel in der Nähe eines Blitzableiters war während eines starken Gewitters in Schwingungen geraten. Das alles regte Oersted sehr zum Nachdenken an. Hinzu kam, daß er gern und viel experimentierte, auch in seinen zahlreichen Vorlesungen als Professor der Universität Kopenhagen. Um den Zusammenhang zwischen Magnetismus und elektrischem Strom durch ein Experiment zu untersuchen, baute Oersted eine sehr umfangreiche Versuchsanordnung auf. Er benutzte eine Voltasche Becherbatterie aus 20 großen Elementen, die er technisch etwas verändert hatte.

Die Magnetnadeln tanzen

Oersted führte einen Platindraht parallel über eine ruhende Magnetnadel, also in Nord-Süd-Richtung, und schickte dann den starken Strom seiner Batterie durch den Draht. *Und die Nadel tanzte.* Man schrieb den 21. Juli 1820.

Wir werden noch erfahren, welche Fragen die Erkenntnis dieses neuen Naturgesetzes gehabt hat. Oersted tat nun, was alle Forscher in solcher Lage tun: Er begann seine Entdeckung durch viele bestätigende Versuche zu sichern, zu beweisen und im Bereich ihrer Erkenntnis zu erweitern. Er wiederholte zunächst mehrmals den Versuch und stellte Genaueres fest: Bei einem Abstand von etwa 3 cm zwischen Leiter und Magnetnadel bewegt sich diese um etwa 45°. Wird der Abstand größer, so wird die Abweichung der Nadel kleiner – und umgekehrt.

Weiter: Je stärker der Strom im Leiter ist, desto stärker schlägt die Nadel aus. Damit hatte Oersted den Grundgedanken des *Galvanometers* gefunden und zugleich die Möglichkeit, die Stärke seiner Ströme auf zuverlässigere und genauere Art zu erkennen als bisher.

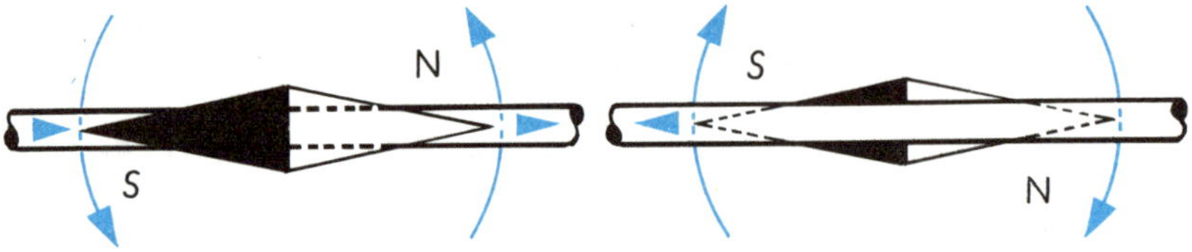

4.13
Bewegungsrichtung einer Magnetnadel bei einem stromdurchflossenen Leiter

Dabei beobachtete Oersted eindeutig, daß nicht die Spannung, sondern die Stromstärke die Größe der Nadelausschläge bedingt. Er schreibt dazu selbst: »Eine Voltasche Säule aus 100 Platten wirkt nicht merklich. – Dagegen bringt ein einziges Voltasches Element von 6 Quadratzoll eine beträchtliche Wirkung hervor. – Ein Voltasches Element von 100 Quadratzoll wirkt noch in 3 Fuß Entfernung deutlich auf die Nadel. 40 derartige Elemente hintereinander geschaltet wirken nicht stärker, sondern eher schwächer.« Das erklärt Oersted mit einer »Verminderung der leitenden Kraft, welche der Vermehrung der Elemente des Apparates zuzuschreiben ist«. Auch hier finden wir Ansätze zum Ohmschen Gesetz, das erst 5 Jahre später entdeckt worden ist.

Als nächstes: Liegt der stromführende Draht *über* der Magnetnadel und tritt die negative Elektrizität über den Südpol ein, so wird der Nordpol nach Westen (und der Südpol nach Osten) abgelenkt. Liegt der Leiter *unterhalb* der Nadel, so schlägt diese nach der entgegengesetzten Richtung aus (Bild 4.13).

André Marie Ampère (1775 bis 1836) hat das mit seiner »Schwimmerregel« etwa so ausgedrückt: Denkt man sich mit dem elektrischen Strom schwimmend (von + nach –), mit dem Gesicht zur Magnetnadel, so zeigt der ausgestreckte linke Arm die Richtung an, in der sich der Nordpol der Nadel bewegt.

»Mit dem Strom schwimmend, von Plus nach Minus« – das ist wieder diese unglückliche Sache, denn wir wissen doch, daß der elektrische Strom von Minus nach Plus geht, von der Stelle des Elektronenüberschusses zur Stelle des Elektronenmangels. Wir wissen es, aber die Alten wußten nichts von Elektronen und irrten sich in der Stromrichtung des äußeren Stromkreises (außerhalb der Spannungsquelle). Der äußere Stromkreis bildet mit dem inneren (im Element) wiederum einen Kreis, die »innere« Stromrichtung verläuft von Plus nach Minus.

Daß man im vergangenen Jahrhundert an einen Stromfluß von Plus nach Minus glaubte und darauf die Regeln aufbaute, ist also kein Zufall. Man beobachtete, wie bei der Elektrolyse das Metall von der Anode (+) zur Katode (–) wanderte und sich dort ansetzte.

Alle Regeln, die mit der Stromrichtung zu tun haben, sind also falsch. Es wäre jedoch sehr umständlich und zeitraubend, sie alle in sämtlichen Lehr- und Fachbüchern umzuändern; deshalb läßt man die falsche Richtung stehen und nennt sie, wie schon erwähnt, die *technische Stromrichtung*. Der Technik ist es gleichgültig, welche Richtung angenommen wird – Hauptsache, sie wird im ganzen technischen Betrieb gleich benutzt. Der Physiker muß bei seinen Überlegungen genau sein; er arbeitet mit der »richtigen« Richtung (von Minus nach Plus) und nennt diese die *Elektronenstromrichtung*.

Oersted untersuchte verschiedene Werkstoffe und leitete den Strom durch Drähte aus Platin, Gold, Silber, Messing, Eisen, Zinn, Blei und Quecksilber (in einer Glasröhre). »Die Natur des Metalles verändert den Erfolg nicht, es sei denn vielleicht in Hinsicht der Größe«, schreibt der Forscher am 21. 7. 1820. Er legt zwischen Leiter und Nadel nacheinander je eine Zwischenschicht aus Glas, Holz, Metall (außer Eisen), dann ein irdenes Gefäß mit und ohne Wasser, ferner Steine, Nichtleiter anderer Art; die Nadel wurde weiterhin abgelenkt – sogar durch eine dreifache Schicht aus Glas, Messing und Holz.

Oersted erkennt: Die Kraft, die die Magnetnadel ablenkt, muß Magnetismus sein, und sie ist etwas ganz anderes als die Elektrizität; dieser *Magnetismus ist eine Wirkung des elektrischen Stromes*, und zwar auf »magnetische Körper«, beispielsweise Eisen.

Damit sind die drei wichtigsten Wirkungen des elektrischen Stromes nun 1820 bekannt: die chemische Wirkung, die Wärmewirkung und die magnetische Wirkung. Und immer noch sind wir an der winzigen Quelle der Entwicklungen . . .

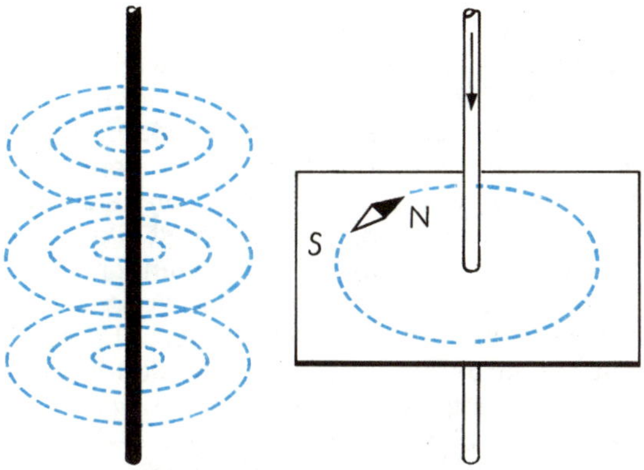

4.14 Das magnetische Feld um einen stromdurchflossenen Leiter bildet Feldlinien in Form gleichmittiger Kreise mit dem Leiter als Mittelpunkt.

Oersted war noch längst nicht zufriedengestellt. Jetzt wollte er genau wissen, in welcher Form sich diese magnetische Wirkung des elektrischen Stroms äußert. Er stellte einen Draht zur Abwechslung einmal senkrecht auf und schickte einen starken Strom hindurch. Da wurde etwas sehr Merkwürdiges ganz deutlich: Niemals wurde eine Magnetnadel vom Draht selbst angezogen, so daß eine Spitze etwa auf den Draht zeigte oder gar an ihm haftenblieb wie an einem natürlichen Magneten.

Seltsam, sehr seltsam: Man konnte die Magnetnadel im Kreise um den Draht herumführen, und sie machte diesen Kreis mit, das heißt, sie war gewissermaßen immer ein Stück dieses Kreises (Bild 4.14)!

Wieder hatte Oersted richtig beobachtet: Das magetische Feld um den Leiter, wie wir heute sagen, zeigt sich tatsächlich in gleichmittigen (konzentrischen) Kreisen, die wir *Feldlinien* nennen; der gemeinsame Mittelpunkt ist allemal der Leiter. In einem Versuch werden wir das später besonders deutlich sehen. Wir können uns am besten an Hand einer Zeichnung klarmachen, warum die Magnetnadel wie ein Karussellpferdchen um den senkrechten Leiter herumläuft.

Man geht von der Annahme aus, daß bei einem Magneten die Feldlinien stets aus dem Nordpol austreten, das Magnetfeld durchlaufen und im Südpol wieder in den Magneten eintreten (Bild 4.15).

Im Magnetfeld (in Eisen überhaupt) laufen die Feldlinien unsichtbar weiter. In der Karussellbahn der Feldlinien um den stromführenden Leiter liegt im allgemeinen kein Eisen; deshalb zeichnet man sie als Kreise (schräg gesehen als Ellipsen) ganz aus. Wir brauchen jetzt nur einen einzigen Feldlinienkreis zu zeichnen und die Magnetnadel als Teil des Kreises zu nehmen – und schon wird uns klar, was Oersted beobachtete. Selbstverständlich werden wir das auch bald selber ausprobieren; bitte nur noch ein wenig Geduld!

Bisher hatte Oersted seinen Draht immer mehr oder weniger fest gespannt und die Magnetnadel sich bewegen lassen. Der Gedanke lag nahe, es einmal umgekehrt zu versuchen: den Draht vor einem feststehenden Magneten beweglich zu machen. Oersted vermutete, daß dann beide Magnetfelder, das des stromdurchflossenen Drahtes und das des festen Magneten, einander beeinflussen; und da nur der Draht beweglich ist, müßte er nachgeben und ausweichen. Vielleicht könnte sich dann der Draht sogar als eine Art Magnetnadel zeigen und sich in der Nord-Süd-Richtung einstellen?

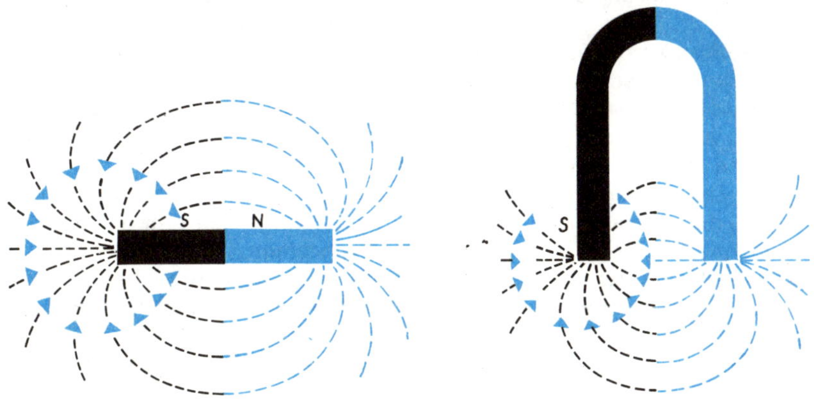

4.15 Feldlinienverlauf beim Magneten

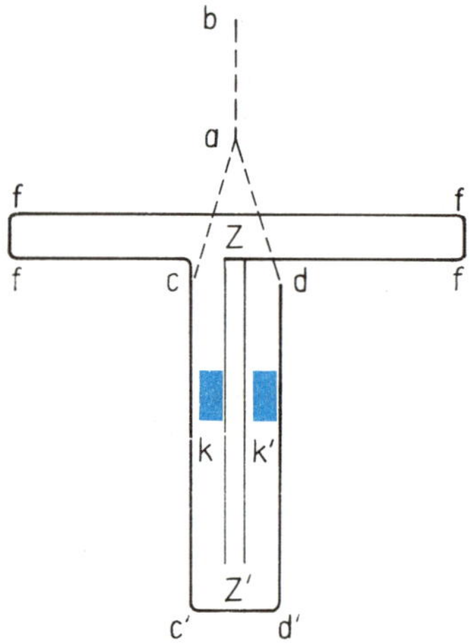

4.16 Bewegliche, stromdurchflossene Drahtschleife, nach einer Zeichnung von Oersted, Aufbau beim Oerstedschen Versuch

Oersted baute eine Drahtschleife mit Batterie und hängte das Ganze an Fäden auf. Die Abbildung 4.16 soll das erläutern. Er beschreibt die Anordnung so »c c' d' d ist ein mit angesäuertem Wasser gefüllter Kasten mit möglichst dünnem Kupferblech von ½ Zoll Breite, 3 Zoll Höhe und 4 Zoll Länge, welch letztgenannte Dimension sich senkrecht in die Zeichenebene hinein erstreckt. Z Z' ist ein dünnes Zinkblech, welches durch zwei Korke k und k' in der Mitte des Kupferkastens gehalten wird. cffffZ ist ein Messingdraht, der mit seinen Enden an der Kupferwand beziehungsweise an der Zinkplatte befestigt ist und den Strom von c über ffff nach Z leitet; ba ist ein möglichst dünner Torsionsdraht aus Messing; ad und ac sind zwei Hanffäden.«

1 Zoll können wir mit 2,5 cm ansetzen. »Torsionsdraht« bedeutet, daß er beim Drehen der Anordnung selbst seiner Länge nach etwas verdreht wird und infolge seiner Elastizität wieder in seine alte Lage zurück will. Das Kupferkästchen hat einen viereckigen Querschnitt.

Leider war dieser ganze Aufbau zu schwerfällig, zu wenig beweglich; die Drahtschleife war zudem an den Seiten viel zu kurz. Dadurch konnte Oersted nicht erreichen, daß sich die stromdurchflossene Schleife wie eine Magnetnadel benahm. Dieser Versuch gelang erst (im selben Jahre) dem Dresdener Generalarzt Raschig und dem Physiker Erman. Raschig baute das ganze Gerät viel kleiner; statt des Kupferkästchens benutzte er beispielsweise einen kleinen silbernen Fingerhut.

Einen großen Erfolg hatte Oersted jedoch, als er einen starken Magneten an eine Seite seiner Drahtschleife brachte: Die Schleife bewegte sich! Das war eine grundlegende Entdeckung: Ein feststehendes Magnetfeld setzt einen stromdurchflossenen Leiter in Bewegung. Wir sprechen hier vom *elektromotorischen Prinzip*, nach dem fast alle Elektromotoren arbeiten; die im »Ständer« des Motors durch Elektromagnete erzeugten starken Magnetfelder setzen den »Läufer« mit den stromdurchflossenen Spulen in umlaufende Bewegung. Das Grundsätzliche dabei ist die einfache Erscheinung, daß zwei Magnetfelder aufeinander einwirken.

Andere Forscher der damaligen Zeit nahmen die Entdeckungen von Oersted auf und experimentierten weiter: So legten ebenfalls im Jahre 1820 Schweigger in Halle und Poggendorff in Berlin eine Drahtspule um eine Magnetnadel. Mit dieser Anordnung konnten sie auch sehr schwache Ströme messen.

Wir experimentieren weiter

Wir haben als Belohnung für unser ernstes Nachdenken jetzt einige eigene Experimente verdient. Wir wollen daher einige Grundversuche durchführen – und immer daran denken, daß alles, was uns an elektrischen Dingen heute umgibt und erfreut, ohne diese alten Erkenntnisse nicht möglich wäre!

Wir machen magnetische Feldlinien sichtbar

Nötig sind hier 5 bis 7 frische Taschenlampenbatterien, je 4,5 Volt, oder eine Akkumulatorenbatterie mit drei Zellen (6 V); eine Kompaßnadel auf Ständer; blanker, starker Kupferdraht, etwa 30 cm lang; Pappe, etwa 15 cm mal 15 cm groß, auf mindestens einer Seite hell und sehr glatt (im Notfall eine Karteikarte); Verbindungsdrähte; Vorrichtung zum Befestigen des senkrechten Drahtes; zwei Streifen Kupferblech, etwa 15 cm lang und 2 cm breit; einige Klemmen, zum Beispiel Krokodilklemmen; Streubüchse mit Eisenfeilspänen; dazu zwei Versuchspersonen!

Ob wir es glauben oder nicht: Sieben nebeneinander- (parallel, »auf Strom«) geschaltete frische Taschenlampenbatterien

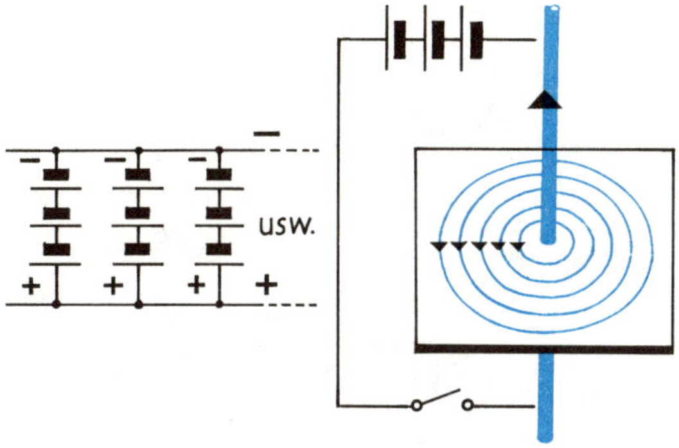

4.17 Aufbau unseres Feldlinien-Versuches

liefern kurzzeitig an die 25 A! Und diese Stromstärke reicht aus, um ein starkes Magnetfeld um den Leiter herum zu erzeugen; damit können wir die Feldlinien gut sichtbar machen. Die Batterien erholen sich bald wieder und sind dann noch lange in der üblichen Weise zu verwenden.

Zum Parallelschalten stellen wir die Batterien so mit den Breitseiten nebeneinander, daß alle kurzen (positiven) Kontaktstreifen auf der einen Seite und alle langen (negativen) Kontaktstreifen auf der anderen Seite nebeneinanderliegen. Die beiden Kupferstreifen biegen wir der Länge nach in der Mitte zusammen; dann wird je ein passender »Klemmstreifen« über alle kurzen und über alle langen Kontaktfahnen der Batterien geschoben und mit einer Flachzange gut zusammengedrückt. Wichtig ist bei allen Versuchen, daß alle kontaktgebenden Metallteile schön blank sind!

Bei dieser Parallelschaltung wird die Stromstärke erhöht; alle kleinen Zinkplatten werden gewissermaßen zu einer einzigen großen Zinkplatte, alle kleinen Kohlestangen zu einer einzigen großen Kohlestange zusammengefügt. Je größer die Elektroden sind, um so stärker ist aber der Strom! Er ist gleich der Summe der Einzelströme, die jede einzelne Batterie liefern kann. Die Spannung ändert sich, wie schon früher erwähnt, nicht; sie bleibt in unserem Fall auch nach dem Parallelschalten 4,5 V.

Umgekehrt wirkt die Reihenschaltung, bei der wir die kleinen Elektroden immer abwechselnd zusammenschalten und die beiden äußersten offen lassen – da addieren sich die Einzelspannungen der Batterien oder der Zellen, und die Stromstärke bleibt unverändert.

In unserer Schaltung mit den sieben Taschenlampenbatterien geht es sogar »gemischt« zu! In jeder Batterie sind nämlich drei kleine Elemente mit je 1,5 V hintereinandergeschaltet, und wir haben diese drei Elemente als »Einzelgruppe« wiederum parallelgelegt. Im Schaltplan sieht das so aus, wie die Abbildung 4.17 zeigt.

Nun bohren wir mitten in unsere Pappscheibe ein kleines Loch, stecken unseren blanken Draht hindurch und bauen diesen irgendwie so ein, daß er senkrecht fest steht und die Pappe mit der hellen, glatten Seite nach oben ganz waagerecht liegt. Das geht besonders gut mit Stativen, aber auch ohne Schwierigkeiten mit einem Bücherstapel; man steckt die umgebogenen Drahtenden zwischen die Bücher. Die Zuleitungsdrähte werden sorgfältig angeschlossen; einer wird gleich an einer der beiden Kupferschienen befestigt; der andere bleibt noch frei (wenn man ihn nicht über einen in Ruhelage offenen Klingelknopf anschließen will). Aber die Alten hatten noch keine Klingelknöpfe! Die Abbildung 4.17 zeigt die Anordnung des Ganzen.

Auf die Pappe streuen wir jetzt eine gleichmäßige, dünne Schicht Eisenfeilspäne – so dünn, daß die helle Pappe durchschimmert. Das ist nicht so einfach, wie mancher sich das vielleicht denkt. Am besten eignet sich dazu ein gewöhnlicher Salzstreuer. (Hinterher gut säubern, denn Eisenfeilspäne sind als Gewürz völlig ungeeignet!)

Jetzt kommt der große Augenblick: Genau zur selben Zeit wird der Stromkreis geschlossen und ganz leicht an die Pappscheibe geklopft – eine, höchstens 2 Sekunden lang. Dann hört das Klopfen auf, und sofort danach wird der Stromkreis geöffnet, der Kurzschluß unterbrochen. Am besten führen das zwei Personen durch. Die eine hat das Kommando, sie zählt laut und klopft; die andere schaltet ein und aus.

Wenn alles richtig gemacht wurde, sehen wir das vor uns, was Oersted nur ahnte: die kreisförmig um den Draht liegenden magnetischen Feldlinien.

Da wir einmal beim Experimentieren sind, wollen wir noch einige Variationen durchführen: Wir verschieben die Pappe auf beliebige andere Höhen und wiederholen den Versuch.

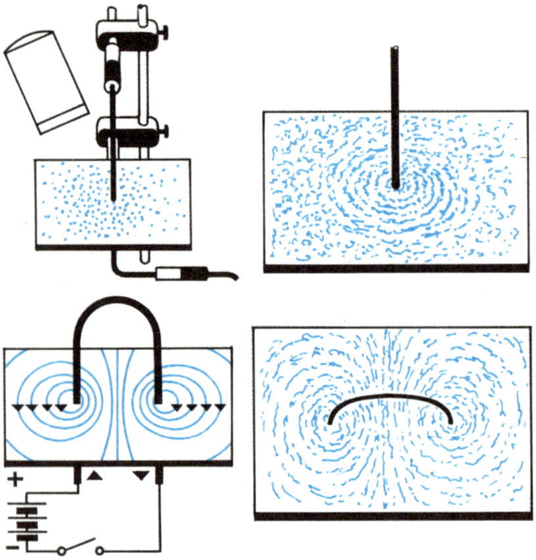

4.18 Feldlinien werden sichtbar, Versuchsaufbau

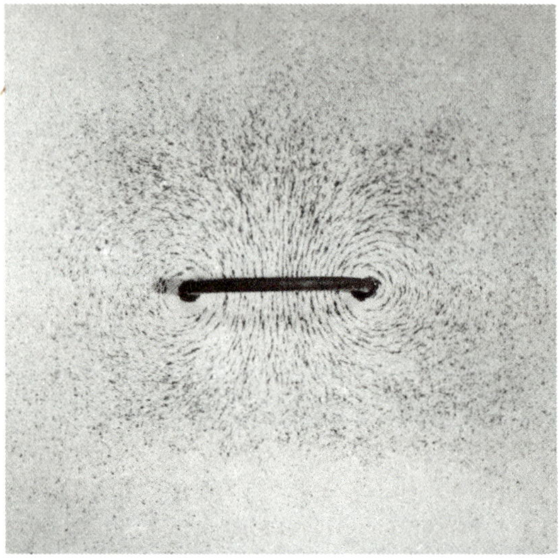

4.19 Feldlinien werden sichtbar

Das Ergebnis bleibt das gleiche, ganz gleich, an welcher Stelle des stromdurchflossenen Drahtes sich die Pappe befindet. Die Folgerung ist leicht.

Schließlich führen wir den Draht zweimal durch die Pappe hindurch. Wir erhalten bei sonst genau gleicher Durchführung des Versuches ein Ergebnis, wie es die Bilder 4.18 und 4.19 zeigen; zwei Gruppen von Kreisen, die einander im Gedränge der Plattenmitte zwischen den Drahtdurchgängen ziemlich zusammendrücken. Gleichmittige Kreise sind das dadurch nicht mehr.

Die Abbildung zeigt ebenfalls eine Eigentümlichkeit der Feldlinien: Sie benehmen sich wie Gummibänder. Die magnetische Kraft erinnert tatsächlich etwas an Gummi; wir können das beobachten, wenn wir ein Stück Eisen (in diesem Fall »Anker« genannt) vor einem starken Magneten bewegen. (Damit kein Mißverständnis entsteht: Naturwissenschaftlich gesehen hat die magnetische Kraft nichts, aber auch gar nichts mit Gummi zu tun!)

Die Abbildung zeigt auch, daß die Feldlinien (früher übrigens auch »Kraftlinien« genannt) eine Richtung haben und daß sie um den Draht herumlaufen. Noch mehr können wir daraus sehen: welche Richtung das ist und daß der Nordpol einer nahen Kompaßnadel von den Feldlinien sozusagen mitgenommen wird. Wir können mit der Kompaßnadel in der Hand den stromführenden Draht umwandern: Die Nadel bleibt stets »in der Feldlinie«.

Die Richtung von Feldlinien können wir also mit einer Kompaßnadel leicht und schnell feststellen: immer in Richtung des Nordpols. Der englische Physiker Maxwell hat da eine wunderschöne Regel aufgestellt, die »Korkenzieher-Regel«: Schraubt man (in Gedanken natürlich!) einen Korkenzieher in der Stromrichtung in den Draht, so gibt seine

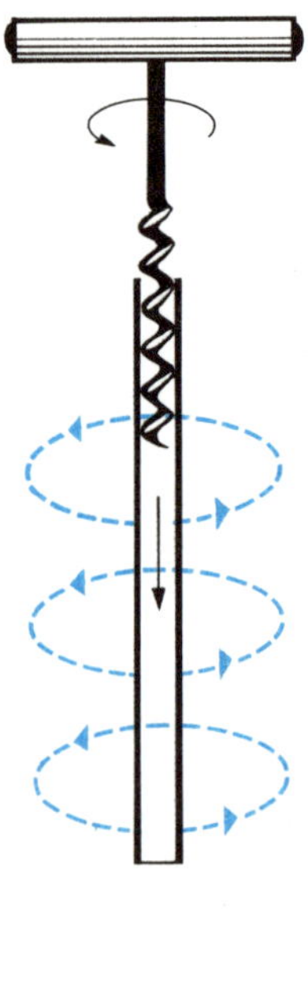

4.20
Zur Maxwellschen Korkenzieher-Regel

Drehrichtung die Umlaufrichtung der Feldlinien an (Bild 4.20).

Wie stellt man die Stromrichtung fest?

Bei diesem Versuch müssen wir wissen, welche Pole der Spannungsquelle wir jeweils vor uns haben. Es gibt mehrere Arten, das festzustellen. Die einfachste ist, von beiden Polen je eine Leitung auf feuchtes »Polpapier« zu führen und die blanken Enden dicht nebeneinander auf das Papier zu drücken. Unter dem Minuspol entsteht ein roter Fleck (chemische Umsetzung). Das Polpapier ist mit dem chemischen Reagens Phenolphthalein getränkt. Man kann das Papier in Streifen billig kaufen oder durch Tränken mit einer Phenolphthaleinlösung selbst herstellen.

Fast so einfach ist es, die beiden blanken Drahtenden in einen Becher mit einer leicht angesäuerten oder Salzlösung zu tauchen; am negativen Pol entstehen zahlreiche Blasen, am positiven weniger oder gar keine. Was dabei vor sich geht, ist uns bekannt.

Wer ein besonders gut ausgestattetes Labor mit einem Drehspul-Spannungsmesser besitzt (wir bauen uns später selbst einen!), der braucht nur – bei richtigem Meßbereich – die Pole an die Meßgeräteklemmen zu halten. Schlägt der Zeiger nach rechts aus, so haben wir richtig geschaltet; wir lesen an den Klemmen die Zeichen + und – ab, die auch auf unsere Batterie zutreffen müssen.

Wir verstärken das magnetische Kraftfeld

Nötig sind: das Schubfach einer Streichholzschachtel; mehrere Meter isolierten Kupferdrahtes, etwa vom Elektromagneten einer elektrischen Klingel oder dergleichen, Durchmesser 0,3 bis 0,5 mm (blank); eine Kompaßnadel, möglichst bis 6 cm lang, auf Ständer; eine Taschenlampenbatterie oder eine Voltasche Becherbatterie; ein einzelnes Volta-Element; etwa 50 cm eines dicken, blanken Kupfer- oder Aluminiumdrahtes; Verbindungsdrähte; Kontaktklemmen.

Wir nehmen von dem Schubfach der Streichholzschachtel nur den Rand; ihn knikken wir in der Mitte der beiden Schmalseiten ein, so daß er die in der Abbildung 4.21 gezeigte Form erhält.

Die beiden Spitzen sind etwa 7 cm voneinander entfernt. Auf diesen etwa 13 mm breiten Rahmen wickeln wir unseren dünnen, isolierten Kupferdraht auf – so viel, wie wir haben oder wie draufgeht. Festbinden an einigen Stellen hilft gegen Abrutschen. Anfang und Ende des Drahtes lassen wir 30 bis 50 cm lang herausragen.

Jetzt stecken wir unsere Rahmenspule auf die Ständernadel, auf der sonst die Magnetnadel sitzt. Ist die Ständernadel sehr kurz, dann muß man einen Teil der Ständersäule mit einführen; wichtig ist, daß man in keinem Fall irgendwo die Isolation der Drahtwicklung verletzt! Nun steckt die Spule also auf dem Ständer; wir setzen die Magnetnadel inner-

4.21
Urform des Galvanoskops

4.22 *Kompaß-Galvanoskop*

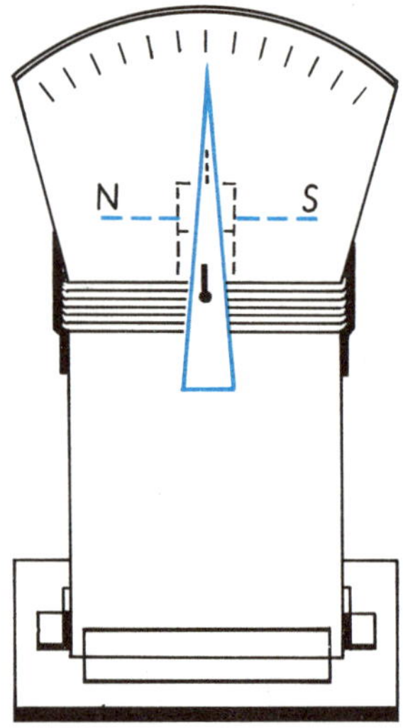

4.23 *Senkrecht-Galvanoskop*

halb der Spule auf die Ständerspitze und drücken die Spule möglichst flach zusammen, so daß oben und unten die Wicklung ganz nahe an der Magnetnadel liegt. Die Nadel muß aber frei beweglich bleiben! Wir haben damit die Urform eines *Galvanoskops* vor uns, das den galvanischen Strom anzeigt. Wenn man damit die Stromstärke (oder die Spannung) auch messen kann, so spricht man von einem *Galvanometer* (vom griechischen metréin = messen). Wir stellen das Gerät so auf, daß Wicklung und Magnetnadel genau parallel liegen, das heißt in Nord-Süd-Richtung; die Nadel darf von oben nicht zu sehen sein.

Jetzt kommt das Erstaunliche! Wir bauen eine Volta-Säule zusammen und legen zwischen die Kupferplatte und die Zinkplatte Filterpapier oder Leinen, das wir nur mit Leitungswasser angefeuchtet haben. Wir schließen das Element an unser Galvanoskop (unseren »Multiplikator«) an: Die Nadel zeigt diesen winzigen Strom an!

Das Geheimnis liegt auch darin begründet, daß normales Leitungswasser – im Gegensatz zu destilliertem, chemisch reinem Wasser – Mineralsalze aufgelöst enthält, um so mehr, je »härter« das Wasser ist (die Seife schäumt dann schlecht). Das genügt zum Befördern der elektrischen Ladungsteilchen im Element.

Mit Kochsalzlösung oder 1 : 10 verdünnter Schwefelsäure, wie wir das gewohnt sind, schlägt die Nadel stärker aus; wir können das versuchen. Wir können auch durch Beobachten und scharfes Nachdenken feststellen, daß unsere Regeln zur Ablenkung der Nadel in der Spule ebenfalls wirken. Im übrigen bewahren wir unser Galvanoskop sorgfältig auf; es wird später noch gebraucht.

Auch ein Wander- oder Marschkompaß läßt sich durch umgelegte Drahtwindungen, die auf beiden Seiten mit Zwirn zusammengehalten werden, in ein einfaches Galvanoskop verwandeln (siehe Bild 4.22).

Er hat den Vorteil, daß man auf der Gradeinteilung die Nadelausschläge messen und vergleichen kann.

Wir bauen ein Senkrecht-Galvanoskop

Vom Bau des waagerechten Galvanoskops her haben wir noch die Hülse der Streichholzschachtel übrig. Wir verwenden sie für ein senkrechtes Galvanoskop entsprechend der Abbildung 4.23. – Daraus geht alles Wissenswerte hervor; die Wicklung besteht aus etwa 20 Windungen eines dünnen Kupferdrahtes.

Wir wollen uns grundsätzlich merken: Ein Spannungsanzeiger braucht eine Spule mit vielen Windungen eines dünnen Drahtes; er muß einen hohen elektrischen Widerstand haben, weil er stets parallel zum Stromkreis unmittelbar an die Spannungsquelle gelegt wird. Beim Stromanzeiger ist es umgekehrt: Er liegt im Stromkreis, muß allen Strom hindurchlassen und daher einen möglichst geringen Widerstand haben; daher wenige Windungen dicken Drahtes.

Beim Bau von Galvanoskopen können wir wieder unsere schöpferische Phantasie entfalten. Unser kleines Modell kann an Stelle des magnetisierten Nadelstückes auch ein magnetisiertes Stück einer Uhrfeder bekommen. Man magnetisiert, indem man das Stück auf der einen Hälfte mit dem Nordpol, auf der anderen Hälfte mit dem Südpol eines starken Magneten mehrmals bestreicht.

Unsere Abbildung 4.24a gibt ein Beispiel für eine etwas anspruchsvollere Bauart eines Senkrecht-Galvanoskops. Der Rahmen ist aus irgendeinem Blech, außer Eisen. Die Lager für die Achse (beispielsweise aus einem Stricknadelstück) sind zwei angelötete oder angeschnittene Blechstreifen mit je einem runden Ausschnitt, in dem sich die Achse leicht bewegen kann, ohne abzugleiten. Der Magnet ist ein Stab oder ein Stück einer stärkeren Uhrfeder. Die Aufhängung zeigt die Abbildung 4.24b. Den Meßbereich können wir dadurch vergrößern, daß wir unten am Magnetträger einen kurzen, steifen Draht mit einer kleinen Last befestigen.

Die magnetische Schaukel

Der Nachweis, daß ein stromdurchflossener Leiter durch ein fremdes Magnetfeld abge-

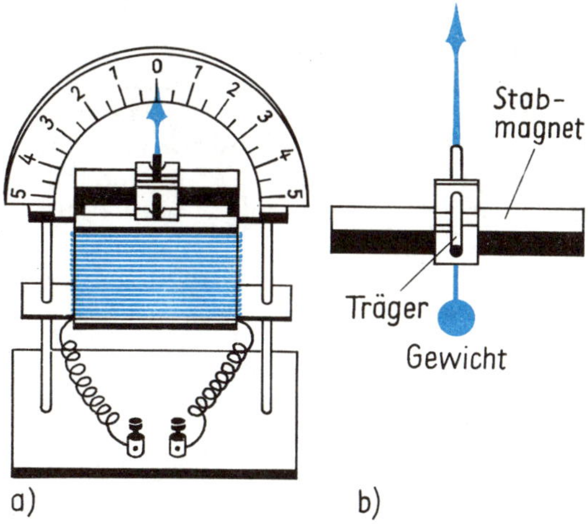

4.24 Ein anspruchsvolles Galvanoskop

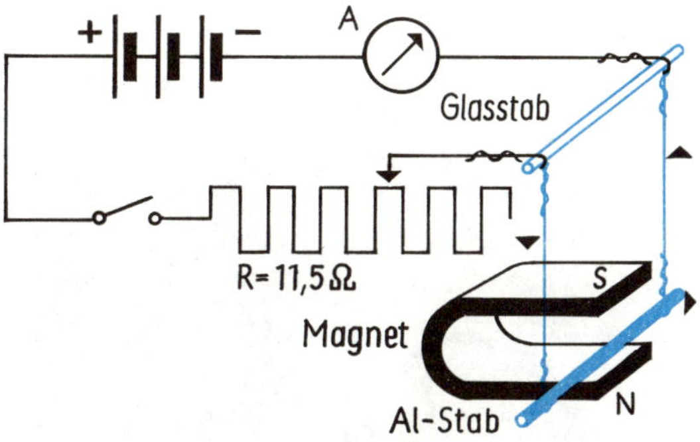

4.25 Die magnetische Schaukel

lenkt wird, hat zum elektromotorischen Prinzip geführt; es ist der physikalische Impuls zum Bau von Millionen und aber Millionen von Elektromotoren, die der Menschheit im kleinen und im großen dienen. Wir wollen den Versuch auf eine neuzeitliche Art – mit der »elektrischen Schaukel« einfacher und leichter darstellen.

Zu diesem Versuch sind nötig: ein Stab aus Glas, Holz oder Plast, 15 bis 20 cm lang; ein Aluminiumstab, etwa 15 cm lang, 2 bis 3 mm Durchmesser; zwei dünne Kupferdrähte, je etwa 50 cm lang; ein möglichst starker Hufeisenmagnet; unsere Batterie aus den nebeneinandergeschalteten Taschenlampenbatterien; Verbindungsdrähte, Stecker und Anschlußklemmen; eine Vorrichtung (zum Beispiel Stativ mit Doppelmuffe), um den Glasstab in einer bestimmten Höhe waagerecht zu befestigen.

Die Abbildung 4.25 zeigt Versuchsanordnung und Schaltung zugleich.

Die Drähte, die den Aluminiumstab tragen, werden an diesem fest, mit gutem elektrischem Kontakt (alles blank!), angebracht. Oben hängen sie blank und locker in Ösen, die aus den blanken Enden der beiden Zuleitungsdrähte (von der Batterie) am Glasstab gebildet werden. Die Schaukel muß leicht »schaukelbar« sein; trotzdem muß der Strom hindurchfließen können.

Die Schaukel wird so angeordnet, daß der Aluminiumstab mitten vor der Öffnung des Hufeisenmagneten hängt. Lassen wir nun den Strom unserer Batterie in der angegebenen Richtung fließen (die kurzen Kontaktstreifen der Taschenlampenbatterie sind der Pluspol!), so bewegt sich der Aluminiumstab vom Magneten fort. Kehren wir die Stromrichtung um, so wird er in den Magneten hineingezogen.

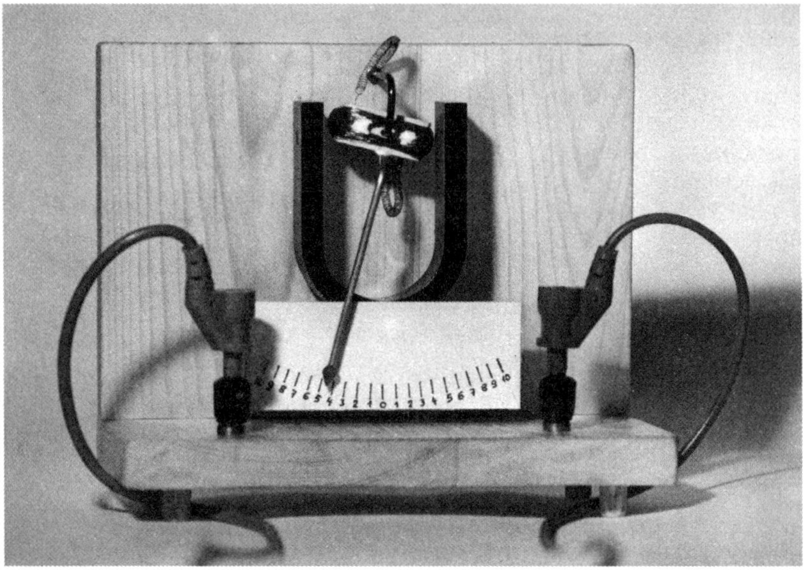

4.26
Drehspul-Meßgeräte

An Stelle des Aluminiumstabes kann man auch eine Spule einhängen, die ein kurzes Stück über den oberen Schenkel des Magneten ragt. Diese Spule bewegt sich im Versuch ebenso wie der Aluminiumstab.

Wer als Spannungsquelle einen Akkumulator aus einem Kraftwagen benutzen will, muß einen veränderlichen (Gleit-) Widerstand von etwa 10 Ohm in den Stromkreis schalten und den Versuch bei schwachem Strom, das heißt bei voll eingeschaltetem Widerstand, beginnen; andernfalls besteht die Gefahr, daß die Versuchsanordnung durchbrennt.

Über den Zusammenhang zwischen Strom-, Feldlinien- und Bewegungsrichtung gibt die Dreifingerregel Auskunft. Man spreizt den Daumen, den Mittelfinger und den Zeigefinger der rechten Hand rechtwinklig zueinander. Bringt man den Daumen in die Richtung des Stroms (der »Ursache«) und den Zeigefinger in die Richtung der Feldlinien (von Nord nach Süd, »Vermittlung«), so zeigt der Mittelfinger die gesuchte Bewegungsrichtung (»Wirkung«) an. Das ist nicht so schwierig, wie es sich vielleicht liest.

Wir bauen ein Drehspul-Meßgerät

Die Wirkungsweise eines Drehspul-Meßgeräts beruht darauf, daß ein stromführender Leiter (hier eine Spule) von einem fremden Magnetfeld abgelenkt wird; der Leiter führt selbst ein Magnetfeld, und beide Felder beeinflussen einander. Wir wenden das Prinzip der Oerstedschen Leiterschleife und unserer elektrischen Schaukel in einem Meßgerät an, das wir in unserem Labor sehr gut verwenden können. Ein Drehspul-Meßgerät ist (ohne Gleichrichter) zwar nur für Gleichstrom zu verwenden, aber es hat eine lineare Skale, so daß wir die Meßwerte überall gleich genau ablesen können. Die Abbildung 4.26 zeigt die Ansicht des selbstgebauten Drehspul-Meßgeräts.

Zum Bau sind nötig: Grundbrett, etwa 20 cm × 10 cm; Rückwand, etwa 14 cm hoch; 2 Anschlußbuchsen; etwa 20 m Kupferdraht, 0,2 mm Durchmesser; Hufeisenmagnet (zum Beispiel aus einem alten Kurbelinduktor); ein Streifen dünnes Aluminiumblech, etwa 12 cm × 2 cm; 12 cm Kupfer- oder Messingdraht, etwa 2 mm Durchmesser, für die Achsen; 12 cm Aluminiumdraht für den Zeiger; Skale aus starkem Papier oder Pappe.

Wir befestigen die Rückwand mit Leim, Nägeln oder Schrauben am Grundbrett und den Hufeisenmagneten an der Rückwand. Der viereckige Spulenkörper, den die Abbildung 4.27 b zeigt, ist aus Aluminiumblech. Die Spule (Spulenkörper und Wicklung) soll sich leicht, jedoch möglichst nahe an den Polen des Magneten bewegen; die Spulenlänge *l* ist daher etwas geringer als der lichte Abstand der Magnetschenkel.

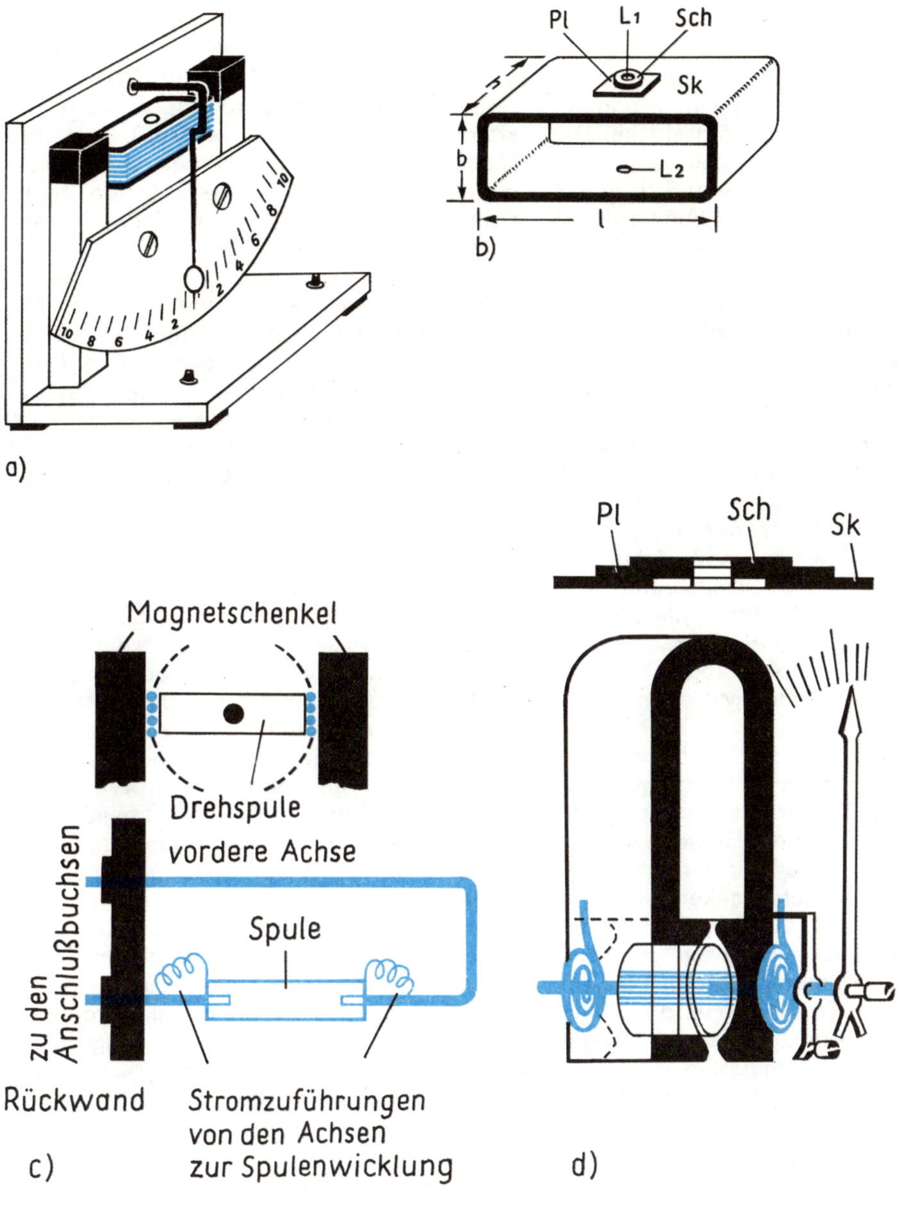

4.27 Unser Drehspul-Meßgerät

Die Breite *b* der Spule ist gleich der des Magneten. Die Spulenhöhe *h* soll so groß sein, daß genügend Platz zum Einsetzen des isolierten Lagers L_1 vorhanden ist.

Das Lager L_2 ist eine Bohrung, deren Durchmesser dem zugehörigen Lagerstift entspricht. Das Lager L_1 ist eine kleine Metallscheibe Sch mit Bohrung; die Scheibe wird auf dem Isolierplättchen Pl befestigt. Pl wird über einer größeren Bohrung im Spulenkörper so befestigt, daß der Lagerstift (die Achse) zu L_1 nicht mit dem Spulenkörper in Berührung kommen kann. Wir bewickeln die Spule mit möglichst viel Kupferdraht von 0,2 mm Durchmesser. Das eine Ende des Drahtes wird mit dem Spulenkörper, das andere mit der Lagerscheibe Sch elektrisch leitend verbunden. Die Wicklung darf die freie Bewegung der Spule nicht behindern, also die Achsen nicht berühren. Die rückseitige

Achse (der Lagerstift) wird in der Mitte zwischen den Magnetschenkeln befestigt, so daß die Spule im Magnetfeld schwingt.

An der Vorderseite der Drehspule bringen wir den Zeiger aus Aluminiumdraht an. Die Spule steckt man auf den kurzen Lagerstift, führt den vorderen (gewickelten) Stift in das andere Lager ein und befestigt den vorderen Lagerstift in der Rückwand. Beide Lagerstifte dürfen einander nicht berühren. Um eine sichere Stromzuführung zur Drehspule zu gewährleisten, verbindet man die Achsen durch zwei angelötete Wendeln aus dünnem, weichem Kupferdraht mit dem Spulenkörper und dem isolierten Lager.

Bei industriell gefertigten Drehspul-Meßgeräten wird der Meßstrom über zwei Spiralfedern, die zugleich Rückstellfedern sind, der Spule zugeleitet. Das Magnetfeld, in dem sich die Spule bewegt, muß möglichst gleichförmig (homogen) sein, um eine gleichmäßige Ablenkung der Spule und damit eine entsprechend lineare Skaleneinteilung zu erzielen. In unserem Modell kann die Homogenität mit einfachen Mitteln nicht erreicht werden.

In der Praxis setzt man an die Schenkel des permanenten Magneten (Dauermagneten), der das Magnetfeld liefert, Polschuhe mit zylindrisch ausgeschliffenen Flächen. Außerdem befestigt man innerhalb der Drehspule den zylindrischen Weicheisenkern, um den sich die Spule dreht. Sie bewegt sich also in den zwei schmalen Luftspalten zwischen dem Weicheisen-Zylinder und den Polschuhen. Die Achse der Drehspule wird im allgemeinen auf Spitzen gelagert, um die Lagerreibung möglichst klein zu halten.

Drehspul-Meßgeräte, auch unser Modell, haben im allgemeinen eine hochohmige Drehspule – mit vielen Windungen dünnen Drahtes; dadurch sind sie zunächst zum Messen von Spannungen geeignet (unmittelbar an die Spannungsquelle anzuschließen). Will man den Meßbereich noch vergrößern, so schaltet man einen Vorwiderstand in Reihe zum Meßgerät. Die zu messende Spannung verteilt sich dann auf Vorwiderstand und Spule; diese erhält nur noch so viel von der Spannung, wie ihr elektrischer Widerstand im Verhältnis zum Gesamtwiderstand (Vorwiderstand und Spule) groß ist.

Ein Beispiel: Die Drehspule hat 100 Ω (Ohm), der Vorwiderstand 200 Ω (Ohm) und die zu messende Spannung ist 30 V. Diese 30 V verteilen sich dann auf 200 Ω + 100 Ω = 300 Ω (300 : 100 = 30 : 10); auf die Spule entfallen noch 10 V. Der Vorwiderstand »vernichtet« 20 V. Der Meßbereich des Meßgeräts ist in diesem Fall verdreifacht worden. Der Physiker spricht von Spannungsabfall; er beträgt am Vorwiderstand 20 V und an der Drehspule 10 V.

Ein Strommesser muß, weil er mitten im Stromkreis (zwischen Stromquelle und »Verbraucher«) liegt, einen möglichst kleinen (»inneren«) Widerstand haben. Soll ein Drehspul-Meßgerät für einigermaßen ansehnliche Stromstärken benutzt werden, so müssen wir dem Strom schon eine Brücke bauen – genauer: eine breite Umgehungsstraße, über die der weitaus größte Teil des Stroms läuft. Das ist der Parallelwiderstand (Nebenwiderstand, auch Shunt genannt – ausgesprochen »schönt«, mit ganz kurzem ö wie in köstlich). Die beiden Teilströme in Spule und Parallelwiderstand verhalten sich umgekehrt wie die Widerstände; wir haben das schon beim Eichen unseres Hitzdraht-Meßgeräts kennengelernt.

Wer nun sehr genau mitgedacht hat, wird selbst darauf gekommen sein: Was unser Drehspul-Meßgerät als Strommesser mit einem dicken Nebenwiderstand mißt, ist nichts anderes als der Spannungsabfall an diesem Widerstand!

Als Spannungsmesser wird unser Drehspul-Meßgerät geeicht, indem wir es parallel mit einem Vergleichsgerät an eine veränderliche Spannungsquelle legen; als Strommesser wird es wie unser Hitzdraht-Meßgerät geeicht: beide in Reihe im Stromkreis mit veränderlicher Stromstärke.

Wir bauen ein Weicheisen-Meßgerät

Das Weicheisen-Meßgerät wollen wir nicht nur der Vollständigkeit wegen bauen (das System fehlt uns noch im Labor!), sondern weil es leicht herzustellen ist, recht zuverlässig arbeitet und für Gleichstrom und Wechselstrom zu verwenden ist. Der Grundgedanke ist denkbar einfach: Ein Stück Weicheisen wird in eine stromdurchflossene Spule (Feldspule) durch deren Elektromagnetismus hineingezogen, um so tiefer, je stärker der Strom fließt; die Bewegung wird auf einen

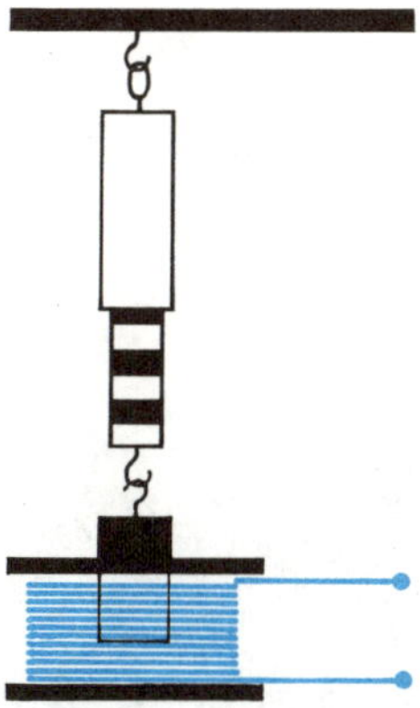

4.28
Ein ganz einfaches Weicheisen-Meßgerät

Zeiger übertragen. Man hat es dabei ganz in der Hand, mit wenigen Windungen dicken Drahtes einen Strommesser oder mit vielen Windungen dünnen Drahtes einen Spannungsmesser entstehen zu lassen; ganz Geschickte bauen verschiedene Feldspulen, die man auswechseln kann.

Wer es sich ganz leicht machen will, hängt ein Stück Weicheisen an einem Zugkraftmesser in eine Spule; er kann den Zugkraftmesser ohne weiteres in Ampere eichen (Bild 4.28). Zünftig sieht das Ding freilich nicht aus; bauen wir deshalb lieber das Modell, das uns die Abbildung 4.29a zeigt. Dazu sind nötig: Grundbrett, etwa 20 cm mal 10 cm; Rückwand, etwa 23 cm hoch; 2 Anschlußbuchsen; 1 Spannungsspule mit rechteckiger Öffnung, mit etwa 80 m Kupferdraht, 0,2 mm Durchmesser; 1 Stromspule mit rechteckiger Öffnung, mit etwa 20 m Kupferdraht, 1 mm Durchmesser, bewickelt; 50 cm ungeglühter Kupferdraht mit kleinem Durchmesser für die Rückstellfeder; 3 Drahtstifte oder Häkchen, etwa 3 cm lang, 1 Stift aus Nichteisenmetall (Achsstift für den Hebel), etwa 3 cm lang, etwa 4 mm Durchmesser; 1 Eisenkern aus gut durchgeglühtem, weichem Eisen, etwa 4 cm lang, der mit viel Spielraum in die rechteckige Öffnung der Spule paßt; einige Unterlegscheiben, die auf den Lagerstift (Achsstift) zu schieben sind; 1 Vierkantstab aus Plast oder Holz, 7 cm mal 1,4 cm mal 1 cm groß, als Hebel; 20 cm Aluminiumdraht, etwa 1 mm Durchmesser, als Zeiger; 1 Skale aus starkem Papier oder Pappe; 2 Anschlagstifte für den Zeiger.

Wir befestigen die Rückwand am Grundbrett mit Leim, Nägeln oder Schrauben. Der eine Spulenkörper (der leicht aus Pappe mit aufgeleimten Abschlußscheiben hergestellt werden kann) wird mit dem dünnen Draht, der andere mit dem dickeren Draht bewickelt; die Drahtenden müssen so lang sein, daß sie bis zu den Anschlußbuchsen geführt werden können. Mit Isolierband können die Wicklungen befestigt werden.

Die Spule mit dem dickeren Draht geringerer Länge befestigen wir auf dem Grundbrett (zum Beispiel durch Aufstecken auf einen kurzen Holzstift, der auf das Grundbrett geleimt ist und in die Öffnung der Spule paßt, oder durch eine Federklemme an der Rückwand); die beiden Drahtenden werden an die Anschlußbuchsen geklemmt. Etwa 9,5 cm über dem Grundbrett wird der Metallstift (Achsstift) in der Rückwand fest angebracht; er soll um etwa zwei Drittel der Spulentiefe aus der Rückwand herausragen. Als Achsstift ist ein Steckerstift mit Gewinde zum Verschrauben in der Rückwand gut geeignet.

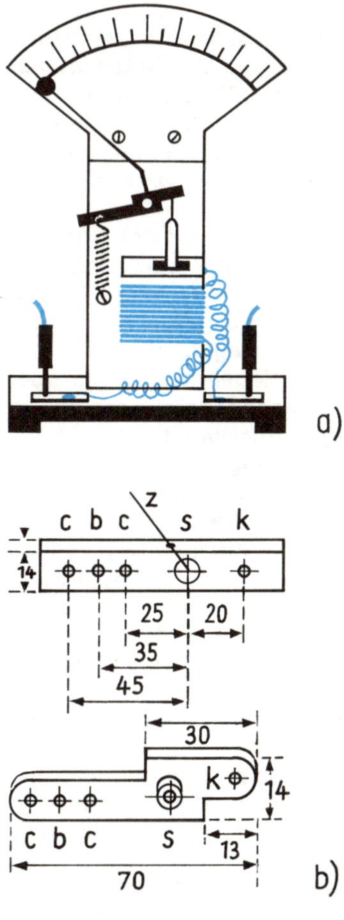

4.29
Weicheisen-Meßgerät

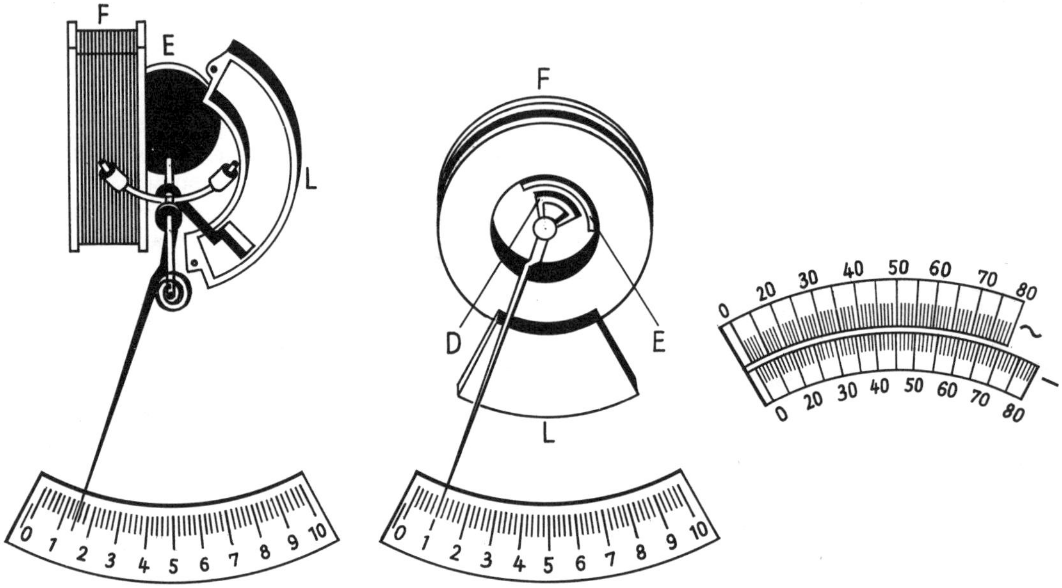

4.30 Weicheisen-Meßgeräte mit Flach- bzw. Rundspulmeßwerk und Luftdämpfung

Die Maße für den Hebel sind der Abbildung 4.29 b zu entnehmen. Man befestigt den Zeiger in z, hängt den Weicheisenkern mit einem Drahtstück in die Bohrung k und die Rückstellfeder, die aus dem dünnen, ungeglühten Kupferdraht gebogen wird, zunächst in die Bohrung c.

Wir schieben den Hebel mit der Bohrung beziehungsweise dem Lager s über den Lagerstift und stecken den Weicheisenkern in die Spule; er soll bei waagerechtem Hebel einige mm in die Spule ragen und sich leicht darin bewegen. Der Hebel muß genau über der Mitte der Spule liegen; daraus ergibt sich ein Abstand von der Rückwand.

Unterhalb der Bohrungen a, b und c werden Drahtstifte, Häkchen oder Schrauben, die die Rückstellfeder unten festhalten sollen, in der Rückwand angebracht. Sie sollen so weit wie der Lagerstift aus der Rückwand herausragen und werden so hoch angebracht, daß die Rückstellfeder den Hebel gerade waagerecht hält.

Das untere Ende der Rückstellfeder wird an dem der Bohrung c entsprechenden Haken eingehängt.

Zum Schluß wird oben an der Rückwand eine Skale, in cm und mm, so angebracht, daß der Zeiger gut vor ihr spielt. Ihr Halbmesser ist gleich der Zeigerlänge. Anschlagstifte für den Zeiger bilden den Schluß.

Die elektrotechnische Praxis verwendet mehrere Bauarten des Weicheisen-Meßgerätes, vor allem das Flachspul-Meßwerk und das Rundspul-Meßwerk. Beim Flachspul-Meßwerk wird der Weicheisenkern E in die Feldspule F hineingezogen. L ist die (geöffnet gezeichnete) Luftkammer für die Dämpfung der Kern- und Zeigerbewegung. Die Spirale vorn ist die Rückstellfeder (Abbildung 4.30).

Beim Rundspul-Meßwerk sind D und E Eisenstückchen, die beim Messen gleichnamig magnetisiert werden und daher einander abstoßen. F ist wieder die Feldspule und L die Luftkammer für die Dämpfung. Ein leichter Metallflügel in einem geschlossenen Luftraum wirkt durch den Luftwiderstand bei Bewegungen als Bremse.

Der Zeigerausschlag eines Weicheisen-Meßgeräts ist von der Stärke des magnetischen Feldes abhängig, das in der Feldspule erzeugt wird; diese Feldstärke wiederum hängt von der Anzahl der Drahtwindungen der Spule und von der Stromstärke in den Windungen ab.

Während der Messung wird die Spule zum Magneten (Elektromagneten). Der Eisenkern an der Spulenöffnung wird im Magnetfeld der Spule durch Induktion selbst zum Magneten, und zwar mit entgegengesetzter Polarität; das heißt, wenn die Spule an der Kernseite einen Nordpol hat, so wird das Ende des Kerns, das in die Spule hineinragt, zum Südpol — und umgekehrt. Damit nach Beendigung der Messung kein Magnetismus im Kern zurückbleibt (der die nächste Messung stören würde), muß diese aus sehr weichem Eisen bestehen.

Bei Wechselstrommessungen ändern die Spule und damit auch der Kern 100mal in der Sekunde ihre Polarität (bei Netzfrequenz von 50 Hertz); das stört nicht, weil der Kern das ja immer sofort mitmacht. Vergrößerungen des Meßbereichs sind bei Gleichstrom in der Art wie beim Drehspul-Meßgerät möglich — mit Vor- und Nebenschluß-Widerständen. Bei Wechselstrom geht das nicht, weil dieser sich in verschiedenen Spulen ganz verschieden benimmt. Zu dem einfachen elektrischen Widerstand kommt ein weiterer durch die »Selbstinduktion« hinzu; wir kommen auch darauf noch zu sprechen. Jedenfalls müssen wir in solchen Fällen weitere Spulen mit entsprechenden Wicklungen bauen — die Praxis macht das auch.

Beim Eichen eines Weicheisen-Meßgeräts macht sich das verschiedene Verhalten von Gleichstrom und Wechselstrom in einer Spule schon bemerkbar; wir erhalten zwei verschiedene Skalen. Die Geräte der Praxis mit mehreren fest eingebauten Meßbereichen haben eine einmal, höchstens zweimal unterteilte Wicklung der Feldspule; das ist der einzige, recht beschränkte Ausweg, wenn man die (besseren, aber teueren) auswechselbaren Feldspulen vermeiden will.

Spannung unter der Lupe

Was doch »Spannung« alles bedeuten kann! Da gehen wir mit Spannung in ein Kino, um einen »mit Spannung geladenen« Film anzusehen. Ist der Film wirklich spannend, so bleibt die Spannung bis zum Schluß erhalten. Ist er langweilig, so fällt unsere Spannung bald auf den Nullpunkt: Wir stellen einen Spannungsabfall fest.

Spannung, Strom und Widerstand

Wir wollen bei unserer elektrischen Spannung bleiben, die in Volt gemessen wird und die der Physiker mit U bezeichnet (Abkürzung von Urspannung = elektromotorische Kraft zum Unterschied von der Klemmenspannung, die tatsächlich zwischen den Polklemmen liegt). Bei der Reihenschaltung von Stromquellen addieren sich deren einzelne Spannungen.

Der Strom gehört dazu, vom Physiker mit I bezeichnet (Abkürzung von »Intensität«). $U \cdot I = P$, das heißt, das Produkt aus Spannung und Strom ergibt die elektrische Leistung P. Sie wird in Watt (W) gemessen — zu Ehren des englischen Erfinders James Watt (1736 bis 1819).

Georg Simon Ohm (1787 bis 1854), ein deutscher Physiker, hat 1826 das von ihm entdeckte und auch nach ihm benannte Naturgesetz bekanntgegeben: das Ohmsche Gesetz. Es gibt den Zusammenhang zwischen Spannung, Strom und elektrischem Widerstand des Leiters an. Bei gleichbleibendem Widerstand des Leiters ändert sich die Stromstärke verhältnisgleich mit der Spannung; verdoppeln wir die Spannung, fließt ein doppelt so starker Strom wie vorher. Das Verhältnis aus Spannung und Strom bleibt (für ein und denselben Widerstand) gleich: $\frac{U}{I} =$ konstant. Auf der Grundlage dieses Naturgesetzes definierte Ohm den Widerstand: $R = \frac{U}{I}$; das ist also — im Unterschied zu einem Naturgesetz — eine Definitionsgleichung.

Die Maßeinheit des elektrischen Widerstandes ist nach Ohm benannt worden. Kurzzeichen ist Ω (Omega), der letzte Buchstabe des griechischen Alphabets. Ein Widerstand hat den Wert 1 Ω, wenn an seinen Enden die Spannung 1 V liegt und dabei ein Strom von 1 A fließt; der Widerstand wird mit 1 V · 1 A = 1 W belastet.

Wir bestätigen des Ohmsche Gesetz

Wir nehmen als Spannungsquelle am besten einen Akkumulator mit drei Zellen (6 V), weil

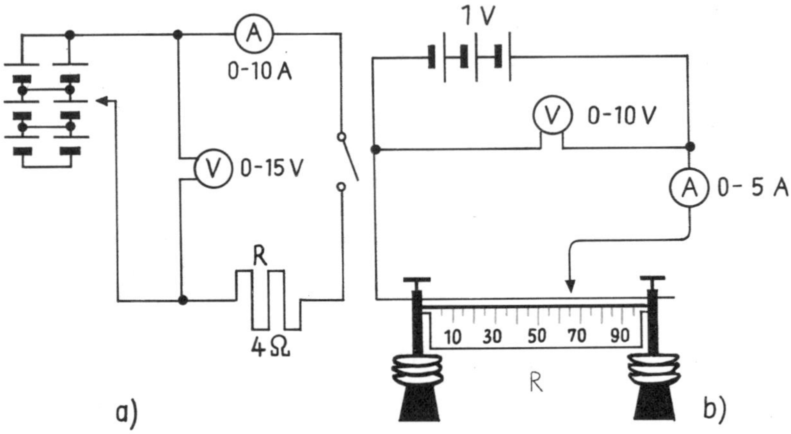

4.31 Versuche zum Ohmschen Gesetz

sein geringer innerer Widerstand die Messung nicht stört. Haben wir keinen, so schalten wir dreimal je zwei Taschenlampenbatterien parallel und diese drei Gruppen dann hintereinander, wie in der Abbildung 4.31 a angegeben. Ferner sind nötig: 1 Spannungsmesser, 0 bis 10 V Meßbereich bei dem Akkumulator, 0 bis 15 V bei den Primärbatterien; 1 Strommesser 0 bis 10 A; 1 Widerstand, 2 beziehungsweise 4 Ω; 1 Schalter.

Wir messen zunächst die Abhängigkeit der Stromstärke von der Spannung. Der Reihe nach schalten wir eine Elementargruppe nach der anderen ein und lesen jeweils Spannung und Stromstärke ab. Die Werte tragen wir in eine Tafel ein, die etwa so aussieht:

Anzahl der Batteriegruppen	Spannung U in V	Stromstärke I in A	U/I (Widerstand R in Ω)
1	2	0,83	2,41
2	4	1,65	2,42
3	6	2,48	2,42

Tabelle 4.1

Für die vierte Spalte teilen wir die zusammengehörenden Werte von U und I. Hier muß, wenn wir alles richtig gemacht haben, stets ungefähr der gleiche Wert auftreten – nämlich der Ohm-Betrag unseres Widerstandes. Am besten gelingt der Versuch, wie gesagt, mit einem mehrzelligen Akkumulator; im übrigen gibt es viele Möglichkeiten, den Versuch, beispielsweise durch andere Widerstandswerte, abzuändern.

Danach messen wir die Abhängigkeit der Stromstärke vom Widerstand. Als Widerstand können wir einen einfachen Gleitwiderstand benutzen, bei dem der bewegliche Kontakt über einen Widerstandsdraht gleitet, der auf einen keramischen Zylinder gewickelt ist (wir werden einen solchen bald bauen); besser in den Teilstrecken ablesbar ist ein straff zwischen zwei Klemmen gespannter Widerstandsdraht, 0,2 mm Durchmesser, 105 cm lang, aus Konstantan, Nickelin, Manganin oder ähnlichem Material. Unter diesem Draht befestigen wir einen Pappstreifen oder ein linealartiges dünnes Brett, 100 cm lang und etwa 5 cm breit; wir zeichnen darauf eine Skale, etwa von 5 zu 5 cm unterteilt.

Den beweglichen Kontakt, etwa eine Krokodilklemme, legen wir zunächst so an den Draht, daß sein ganzer Widerstand wirksam wird (Abbildung 4.31 b). Wir lesen Spannung und Strom ab; die Spannungsquelle bleibt während dieses Versuches unverändert. Aus dem Quotienten U/I ergibt sich leicht der Widerstandswert des Drahtes. Wir verschieben nun den Gleitkontakt stufenweise nach links, bis die maximale Stromstärke erreicht ist oder das letzte Stück des Widerstandsdrahtes zu warm wird. Die Stufen sollen alle gleich sein; wir können dann auch aus der Teilstrecke bequem den noch eingeschalteten Widerstandswert ausrechnen. Bei jeder neuen Stufe werden die eingeschaltete Teilstrecke des Widerstandes, die Spannung und die Stromstärke gemessen und in eine Zahlentafel (Tabelle 4.2) eingetragen.

Aus der Schaltzeichnung geht schon her-

Eingeschaltete Teilstrecke l in cm	Spannung U in V	Stromstärke I in A	Daraus berechneter Widerstand R in Ohm	$R \cdot I$ (Spannung in V)
100	10,0	0,5	20	10
75	10,0	0,66	15,15	9,99
50	10,0	0,98	10,2	9,99
25	10,0	1,85	5,4	9,99

Tabelle 4.2

vor, daß die Spannung unverändert bleibt; das Meßgerät liegt ja unmittelbar an der Spannungsquelle. Es ist aber ein Beweis dafür, daß wir richtig experimentiert haben, wenn die Spannung in der letzten Spalte auch rechnerisch wieder erscheint.

Das Ohmsche Gesetz gilt in dieser einfachen Form nur für Gleichstrom. Es hat für die Elektrotechnik eine große Bedeutung; mit seiner Hilfe kann man bei Entwürfen von Maschinen und Anlagen aus zwei bekannten Größen die dritte schnell errechnen. Reduzieren wir z. B. die Spannung im Versuchsaufbau nach Bild 4.31 b auf 6 V, so muß – bei der eingeschalteten Teilstrecke von 100 cm und damit $R = 20\,\Omega$ ein Strom $I = \frac{U}{R} = \frac{6\,V}{20\,\Omega}$ $= 0{,}3$ A fließen. Bestätigen wir es im Experiment! Und soll durch einen Widerstand von 15 Ω (einzuschaltende Teilstrecke 75 cm) ein Strom $I = 0{,}5$ A fließen, wird eine Spannungsquelle mit $U = R \cdot I = 0{,}5\,A \cdot 7{,}5\,V$ benötigt. Das Ohmsche Gesetz ist unentbehrlich zum schnellen Bestimmen von Widerständen, beim Untersuchen von Störungen, beispielsweise Kurzschlüssen, und anderem mehr.

Wir teilen eine Spannung auf

Wir holen unsere Versuchsanordnung von Bild 4.31 b und ändern sie so um, wie die Abbildung 4.32 a zeigt. Das wird eine etwas ungewöhnliche Schaltung: Über dem Widerstandsdraht R, an dessen Klemmen A und B, liegen zwei Spannungsmesser. Sie sind miteinander verbunden, und von der Verbindungsstelle geht der bewegliche Leiter mit der Krokodilklemme K aus.

Solange K nicht irgendwo mit R verbunden ist, zeigen die hochohmigen Spannungsmesser falsch an, denn jedes Meßgerät ist für das andere ein Vorwiderstand, der den Meßbereich vergrößert. Der Strommesser dagegen zeigt den ganzen Versuch hindurch eine bestimmte Stromstärke an.

Verbinden wir K mit B, so zeigt V_1 die ganze Spannung U (hier 6 V) an. V_2 dagegen nichts. Die Spannung liegt noch voll und nicht unterteilt an V_1. Verschieben wir K nach A zu, dann ist etwas sehr Wichtiges zu sehen: V_2 erhält immer mehr Spannung mit wachsendem Abstand B–K, und V_1 zeigt über dem schwindenden Stück A–K entsprechend weniger Spannung, nämlich U minus der Spannung über B–K. Beide Spannungsmesser zeigen zusammen stets die volle Spannung U an!

Spannungsteilung, Spannungsabfall

Offensichtlich ist die Spannung hier aufgeteilt worden, und wir haben auch gemerkt, wovon die Teilspannungen abhängen: vom »dazugehörenden« Widerstand. Je größer der Widerstand, um so größer die Teilspannung. Die Stromstärke spielt eine ebensogroße Rolle; wird sie größer, steigt die Spannung, auch die Teilspannung. Das ist ja das Ohmsche Gesetz: $U = R \cdot I$! Legen wir 12 V statt der 6 V an, so verdoppelt sich die Stromstärke, und mit ihr verdoppeln sich die Teilspannungen.

Wenn K schließlich mit A verbunden ist, dann zeigt V_1 nichts, V_2 aber die volle Spannung U an; die Rollen sind vertauscht. Wenn mehrere Verbraucher (ein schlechtes Wort, denn der Strom wird gar nicht verbraucht, sondern fließt munter weiter im Kreise) so in einem Stromkreis liegen, nimmt also jeder sein »Stück Spannung« für sich in Anspruch.

Daß die Spannung zwischen A und K immer kleiner wird, wenn wir mit K und A wandern, hat zu der Vorstellung geführt, die Spannung »fiele ab«, über die Widerstände hinweg, und zu jedem Widerstand gehöre (bei einem bestimmten Strom) ein bestimmter Spannungsabfall. Daher der Name! Uns scheint, der Name Teilspannung ist deutlicher, denn schließlich wird, wenn in einem Teil des Stromkreises die Spannung wirklich »abfällt«, die Spannung im anderen Teil um so größer.

Es gibt einen »echten« Spannungsabfall in

der statischen Elektrizität. Wir wollen uns einmal in die elektrostatische Abteilung unseres Labors begeben und einen Zwischenversuch machen, der eigentlich zur Lehre von der ruhenden Elektrizität gehört.

Ein »echter« Spannungsabfall

Wir verbinden den Knopf einer Leidener Flasche über einen schräg gespannten, trockenen Bindfaden (nicht Seide!) mit der Erde (Tisch oder Fußboden). In gleichmäßigen Abständen bringen wir Paare von Holundermarkkügelchen an Leinenfäden oder doppelte Streifen aus Aluminiumfolie an, so wie wir das vom Elektroskop her kennen; es sind auch lauter einzelne Elektroskope auf dem Bindfaden. Laden wir die Leidener Flasche stark auf, so spreizt sich das oberste Elektroskop weit auseinander; bei den tieferen wird es immer weniger – und das letzte zeigt gar keine Spannung mehr. An dem Erdungspunkt ist unsere Spannung tatsächlich gleich Null; sie ist bis dorthin »abgefallen«. Das ist dank dem elektrischen Widerstand des Bindfadens allmählich geschehen. Die Ladung der Leidener Flasche, dieser Haufen überschüssiger und zielbewußter Elektronen, mußte den Weg durch den schlecht leitenden Bindfaden erst mühsam suchen; in der Nähe des Erdungspunktes wurde es immer leichter, und schließlich verschwanden die Elektronen ganz in der Erde – am Erdungspunkt war die Spannung gleich Null (Bild 4.32 b).

Hätten wir statt des Bindfadens einen leitenden Draht genommen, dann – nun, das wissen wir längst. Haben wir über den Bindfaden eine Spannung gegen Erde, dann können wir eindeutig von Spannungsabfall reden. Aber die Tradition ist mächtig, und wir müssen wissen, daß man auch davon spricht, wenn die Spannung nur aufgeteilt ist.

Spannungsteilung in der Reihenschaltung

Anstelle des Widerstandsdrahtes verwenden wir jetzt drei handelsübliche 0,5 W-Schichtwiderstände ($R_1 = 10\ \Omega$, $R_2 = 47\ \Omega$, $R_3 = 150\ \Omega$) und schalten sie der Reihe nach – oder hintereinander – in einen Stromkreis wie im Bild 4.23 c gezeigt. Welche Stromstärke zeigt der Strommesser an? Wie hoch werden die einzelnen Widerstände belastet? Mit Hilfe unserer Erlebnisse, dem Ohmschen Gesetz und der Leistungsgleichung werden wir das schon herausbekommen.

Wir bauen einen Spannungsteiler

Die Gleichspannung läßt sich leider nicht so bequem wie die Wechselspannung »umspannen«; man kann sie im Labor nur auf die genannte Weise unterteilen. Das genügt aber meistens; auch in der Elektronik benutzt man Spannungsteiler, die man mit dem schlecht gebildeten Wort Potentiometer bezeichnet. Wir wollen einen einfachen Spannungsteiler bauen, wie ihn die Abbildung 4.33 zeigt.

Der Widerstandsdraht kann auf einem Ke-

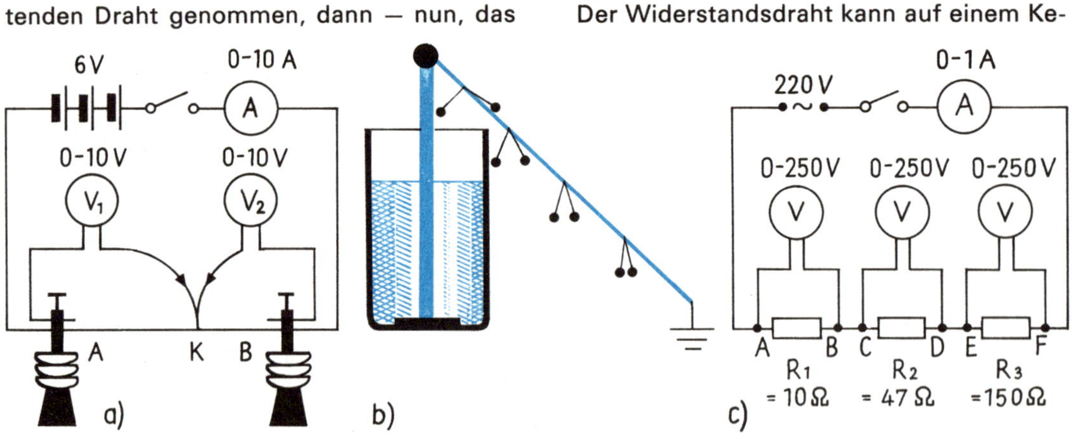

4.32 Spannungsaufteilung und echter Spannungsabfall

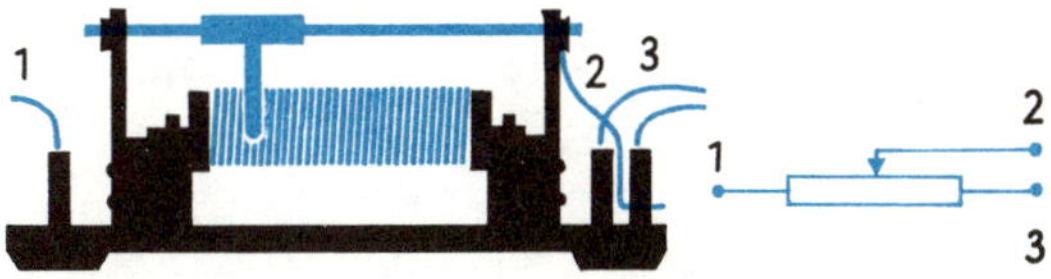

4.33 Schiebewiderstand als Spannungsteiler

ramikzylinder mit Wendelnut blank eingelegt werden. Haben wir nun einen glatten Zylinder, so wickeln wir den durch eine Oxidschicht isolierten Draht auf und entfernen an beiden Längsseiten (durch vorsichtiges Abschleifen mit einer Sandpapierfeile) einen Streifen der Isolation, damit die Gleitkontakte den blanken Draht finden.

Durchmesser in mm	Widerstand je m in Ω Konstant an	Nickel in	dauernd belastbar mit Stromstärke in A
0,1	63,7	50,5	0,1
0,2	15,9	12,6	0,3
0,3	7,07	5,62	0,6
0,4	3,98	3,16	0,9
0,5	2,55	2,02	1,2
0,6	1,77	1,40	1,6
0,7	1,30	1,03	2,0
0,8	0,995	0,790	2,5
0,9	0,786	0,624	3,0
1,0	0,637	0,505	3,5
1,1	0,526	0,418	4,0
1,2	0,442	0,351	5,0
1,4	0,325	0,258	6,0
1,6	0,249	0,197	7,5
1,8	0,196	0,156	9,0
2,0	0,159	0,126	11,0

Widerstand und Belastbarkeit von Widerstandsdrähten
(Sie sind kurzzeitig mit der dreifachen Stromstärke belastbar.)

Tabelle 4.3

Der Gleitkontakt läßt sich straff auf einem Messingstab bewegen; der Stab wird an zwei Messingstreifen befestigt, von denen der eine mit der Buchse 2 verbunden wird (siehe Abbildung 4.33). Die beiden Enden der Spulen führen zu den Buchsen 1 und 3. Der keramische Zylinder wird mit einem hindurchgesteckten Metallstreifen an beiden Enden auf je einem Holzklötzchen festgeschraubt.

Wollen wir dieses Gerät als Spannungsteiler benutzen, so legen wir die Buchsen 1 und 2 an die Spannungsquelle; zwischen den Buchsen 1 und 3 sowie 2 und 3 können wir die Teilspannungen abgreifen. Als einfacher Vorschaltwiderstand wird das Gerät mit den Buchsen 1 und 3 oder 2 und 3 in den Stromkreis geschaltet. Einen Spannungsteiler industrieller Fertigung zeigen uns die Abbildungen 4.34 und 4.35. Dieser Drahtdrehwiderstand besteht aus dem kreisförmigen Keramikkörper mit der Wicklung und dem Schleifer. Zur Erhöhung der Belastbarkeit bei geringerem Drahtdurchmesser ist die Wicklung bis auf die Schleifspur zementiert. Der verwendete Drahtdrehwiderstand besitzt einen Widerstand von 250 Ω und ist bis zu 100 W belastbar.

Mit seinen Befestigungselementen schrauben wir ihn an das 150 mm × 130 mm große Frontbrett. Dieses schrauben wir, leicht nach hinten geneigt, an ein 150 mm × 100 mm großes Grundbrett an. Die Buchstaben der Beschriftung bedeuten A = Anfang, E = Ende und S = Schleifer. Sie entsprechen unserer Numerierung 1, 3 und 2.

Spannung geht verloren

Die elektrische Energie läßt sich leicht und schnell überallhin befördern. Überlandleitungen mit Höchstspannungen (zur Zeit bis 750000 V; der Blitz hat 100000000 V!) versorgen auch den entferntesten Abnehmer mit elektrischem Strom. In Fernmeldekabeln und -freileitungen fließen die Sprech- und Telegrafenströme.

Leider haben auch gutleitende Kupferdrähte immer noch einen elektrischen Widerstand: 1 m Kupferdraht von 1 mm² Querschnitt hat 0,0175 Ω; auf 100 m sind das schon 1,75 Ω. Bei Aluminium sind die Werte fast doppelt so hoch. Legen wir an ein Ende eines zweiadrigen Netzkabels (in Gedanken!) eine Spannung von 220 V, so ist die Spannung am anderen Ende um so geringer, je mehr Strom über die Leitung fließt. Der Draht der Doppelleitung hat seinen Widerstand, der »Verbraucher« am Endpunkt auch – und nun teilt sich die Spannung auf! Wir »Verbraucher« können also in einigen Kilometern Entfernung unsere Geräte nicht mehr voll betreiben.

4.34
Spannungsteiler mit Drahtdrehwiderstand

Was ist zu tun? Eine höhere Spannung an die Leitung legen? Geht nicht, weil andere »Verbraucher« näher an der Zentrale liegen und dann eine zu hohe Spannung bekämen. Dickere Drähte nehmen? Vom zu großen Gewicht abgesehen, ginge das technisch. Aber es ist zu kostspielig.

Es gibt einen Ausweg: Aus einer »langen Leitung« macht man eine besondere Schaltung, eine *Ringleitung.*

Wir bauen eine »lange Leitung« und eine Ringleitung

Wir wollen es auch auf die Gefahr hin tun, daß man uns sagt, wir hätten nachweisbar eine »lange Leitung«! Der Schaden wird bald ausgeglichen durch die Ringleitung. Das Bild 4.36 zeigt die Ansicht unserer Modellanlage. An Stelle der Masten sind »Holtzsche Klemmen« benutzt worden, stehende Isolatoren mit schwerem Eisenfuß und Klemmleisten. Wer Lust und Zeit hat, kann auch Masten nach Originalen modellieren; Holz- und Metallbaukästen eignen sich gut dazu.

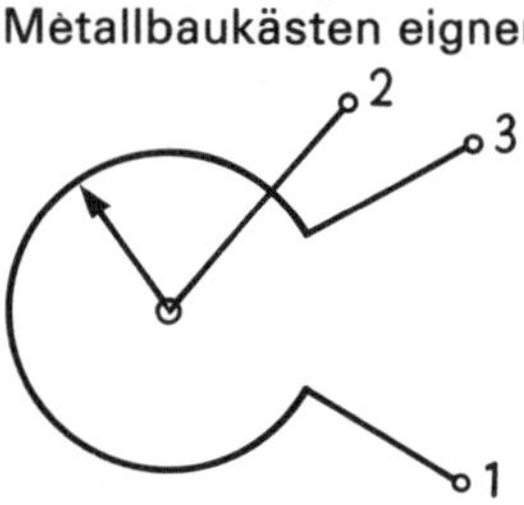

4.35
Prinzipzeichnung des Drahtdrehwiderstandes

Nötig sind: 1 Batterie (E), (mehrere parallelgeschaltete Taschenlampenbatterien); 4 einfache Schwachstrom-Hebelschalter (S_1 bis S_4); 8 Holtzsche Klemmen (H_1 bis H_8) oder ähnliche Darstellungen der Masten; 8 Fassungen mit 8 Glühlämpchen 4 V, 0,1 A; 9 m isolierter Leitungsdraht mit geringem Querschnitt (bei Kupfer 0,4 mm, bei Aluminium 0,6 mm Durchmesser); 4 Holzbrettchen mit je 2 Anschlußklemmen für die 4 Lampengruppen zu je 2 Glühlampen; stärkerer isolierter Leitungsdraht für die Verbindungen innerhalb der Lampengruppen und von der Batterie zur ersten Gruppe.

Wir bauen zunächst das Modell der »langen Leitung« nach der Schaltskizze Bild 4.36, ohne die gestrichelt gezeichnete Verbindung zwischen den »Verbrauchergruppen« A und D. Mit dem Elektrizitätswerk E (unserer Akkumulatorenbatterie) werden nacheinander über die Leitungen L_1, L_2 und L_3 die »Verbrauchergruppen« (Stationen) B, C und D verbunden, die einzeln ausschaltbar sind. Die Gruppe A liegt unmittelbar an E. Die ganze Anlage ist von der Spannungsquelle durch den Schalter S_3 abschaltbar. Alle 8 (nebeneinandergeschalteten) Glühlampen werden eingesetzt und die Schalter S_2, S_3, S_4 und S_1 geschlossen. Ergebnis: Alle Glühlampen leuchten auf, die Gruppen C und D jedoch merklich dunkler als die Gruppe A. Wenn dieser Unterschied nicht deutlich genug sichtbar ist, müssen die Leitungen L_1 bis L_3 verlängert oder Drähte mit geringerem Quer-

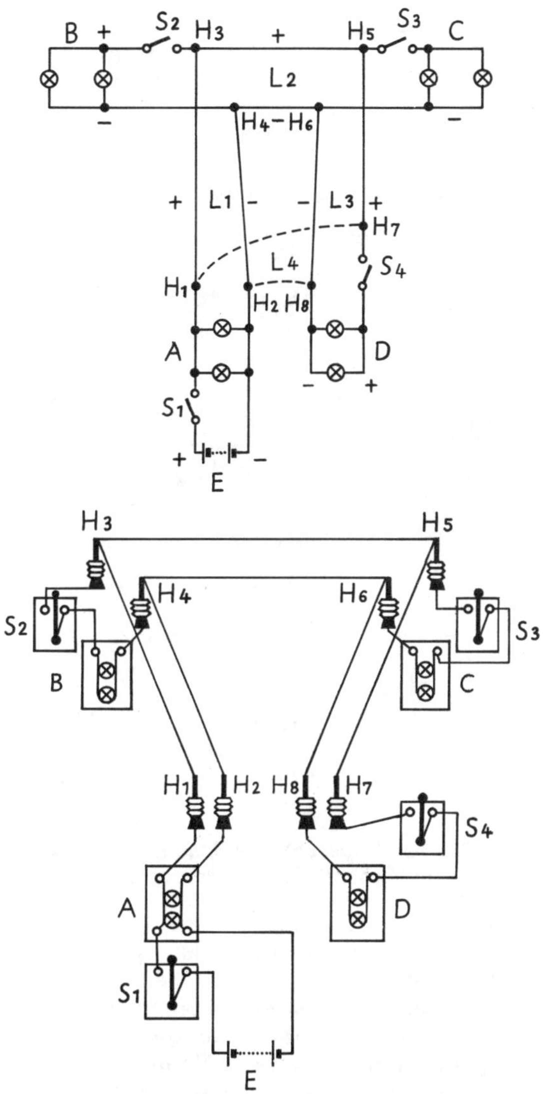

4.36 Unser Modell einer »langen Leitung« und einer Ringleitung

schnitt, das heißt größerem elektrischen Widerstand, verwendet werden. Diese Versuche werden zweckmäßigerweise im verdunkelten Raum durchgeführt.

Je weiter die »Verbrauchsgruppe« von der Batterie E entfernt ist, um so mehr sinkt die Helligkeit der Glühlampen ab. Die Helligkeit in der »Verbrauchergruppe« D steigt, sobald die Gruppe C oder B oder beide ausgeschaltet werden.

Schalten wir in den vier Gruppen je eine Glühlampe ab (lockerdrehen), so leuchten die übrigbleibenden heller als vorher; die eine Glühlampe in D leuchtet jetzt ungefähr ebenso hell wie die Einzellampen in A, B und C.

Jetzt öffnen wir den Schalter S_1 und verbinden die Klemmen H_1 mit H_7 und H_2 mit H_8. Damit ist die »lange Leitung« in eine Ringleitung umgewandelt. Wenn wir den Schalter S_1 schließen, leuchten die Glühlampen in C und D wesentlich heller als beim Versuch 1; die Lichtstärke aller vier »Verbrauchergruppen« zeigt nicht mehr so große Unterschiede.

Die Versuche zeigen im Modell verschiedene Aufgaben, die von der Elektrotechnik in der Praxis zu lösen sind. Im ersten Versuch sind die Folgen eines zu großen Widerstandes der Leitungen sichtbar: Der Spannungsabfall in den Zuleitungen ist so groß, daß für die Elektrogeräte und Glühlampen am Ende der Leitungen die Spannung zu gering ist. Das ist um so mehr bemerkbar, je stärker unsere Anlage belastet ist, das heißt je mehr Glühlampen eingeschaltet sind. Der Spannungsabfall ist ja nicht nur vom Widerstand, sondern eben auch vom Strom abhängig ($U = I \cdot R$); das beweisen die folgenden Versuche.

Wird ein »Verbraucher« von zwei Seiten, also über zwei verschiedene Leitungen, mit der Spannungsquelle verbunden, so ist die Wirkung die gleiche wie bei einer einzigen Leitung mit größerem Querschnitt (Summe beider Einzelquerschnitte) und demzufolge geringerem Widerstand. An Stelle von »Verbraucher« sollte man besser »Benutzer« sagen, denn der Strom wird nicht verbraucht, sondern benutzt.

Die Ringschaltung zeigt am Modell, daß diese Überlegung richtig ist. Die »Verbrauchergruppe« C wird jetzt über zwei Leitungen mit Spannung versorgt, und die Glühlampen leuchten heller als vorher bei nur einer Zuleitung. Der Widerstand in den zwei nebeneinandergeschalteten Leitungen sinkt nach der Gleichung um die Hälfte, weil der Drahtquerschnitt doppelt so groß wie der der Einzelleitung wird, und der Spannungsverlust wird geringer. Die Ringverbindung bietet noch einen weiteren Vorteil: Tritt in der einen Leitung ein Schaden (Unterbrechung) auf, so erhält der »Verbraucher« noch über die zweite Leitung Spannung; eine solche Schaltung erhöht also die Betriebssicherheit.

Wir schalten eine Ringleitung mit drei Spannungsquellen

Ringverbindungen in Stromversorgungsnetzen führen, wie der vorhergehende Versuch zeigte, zu wesentlichen Verbesserungen. Genügt diese Schaltart noch nicht – etwa weil der Strombedarf in den Hauptbelastungszeiten (»Spitzenzeiten«) zu sehr ansteigt –, so schaltet man zwei oder mehr Spannungsquellen nebeneinander. Man sagt dann, die Elektrizitätswerke »fahren parallel« im *Verbundbetrieb.*

Zusätzlich zu den Dingen des vorhergegangenen Versuches brauchen wir zwei weitere Batterien, sonst nichts. Die Abbildung 4.37 zeigt die Ansicht unseres Modells einer Ringleitung (Verbundsystem).

Nach der Schaltung entsprechend der Abbildung 4.37 stellen wir die Ringleitung aus drei Spannungsquellen und drei »Verbrauchergruppen« zusammen. Dabei ist zu beachten, daß alle Akkumulatoren nebeneinandergeschaltet, daß also alle positiven Pole und alle negativen Pole untereinander verbunden werden müssen. Die drei Schalter bleiben zunächst offen, in jeder »Verbrauchergruppe« wird nur eine einzige Glühlampe angeschlossen (fest eingeschraubt).

Wir schließen zuerst den Schalter S_1. Ergebnis: In A, B und C leuchten insgesamt drei Glühlampen hell auf.

In den drei »Verbrauchergruppen« wird dann die zweite Glühlampe festgeschraubt, so daß jetzt insgesamt neun Lampen angeschlossen sind. Ergebnis: Die neun Glühlampen brennen dunkler als vorher die drei. Wir schließen nun den Schalter S_2. Die neun Glühlampen leuchten wieder heller.

Wir schließen den Schalter S_3 und beobachten, wie die Glühlampen noch heller werden.

Obwohl in diesem Versuch der Leitungswiderstand unverändert bleibt, nimmt der Spannungsverlust von A bis B und A bis C wegen der erhöhten Stromstärke zu.

Die Abhilfe erfolgt hier jedoch nicht durch Änderung an den Leitungen, sondern durch Zuschalten weiterer Spannungsquellen. Es ist dabei wesentlich, daß die verschiedenen Batterien an möglichst weit entfernten Punkten des Ringnetzes angeschlossen werden, also an den Stationen B und C.

Die drei nebeneinandergeschalteten Batterien bilden so eine einzige Spannungsquelle mit der dreifachen Leistung einer Einzelbatterie. Durch das Aufstellen der Batterien an den Endpunkten wirkt man den Spannungsverlusten in den Leitungen mit Erfolg entgegen; denn die drei Stationen A, B und C stellen mit ihren Spannungsquellen E_1, E_2 und E_3 in sich geschlossene Stromkreise dar. Die Leitungen L_1 L_2 und L_3 sind nur dann stromdurchflossen, wenn nicht sämtliche Batterien eingeschaltet sind oder wenn die Leistungsfähigkeit einer Batterie nachläßt.

Der Versuch zeigt vor allem, daß die Stromversorgung von der Belastung eines Netzes durch die »Verbraucher« abhängt. Bei schwacher Belastung (je eine Glühlampe in A, B, C) genügt eine einzige Batterie, bei steigendem Strombedarf (je drei Glühlampen in A, B, C) wird die zweite Batterie hinzugeschaltet, und bei »Spitzenlast« (je fünf Glühlampen in A, B, C) werden die drei Batterien parallelgeschaltet.

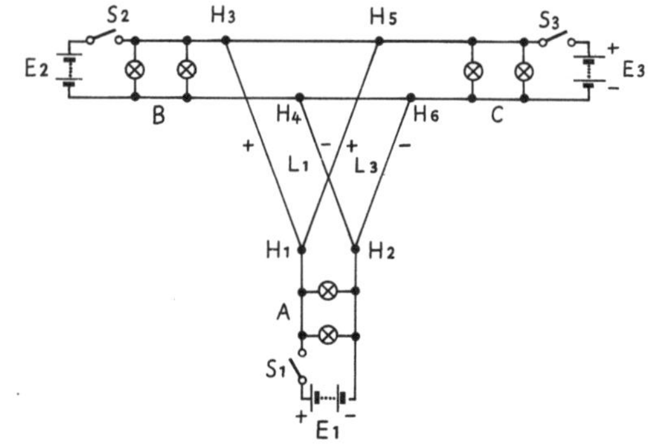

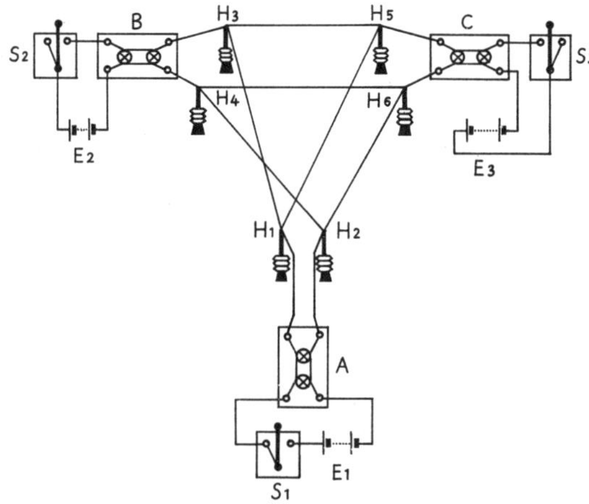

4.37 Drei parallelgeschaltete Spannungsquellen speisen im Verbund eine Ringleitung

Die Belastung eines Elektrizitätswerkes schwankt ständig und zeigt Höchst- und Tiefstwerte, die sowohl durch die Jahreszeiten als auch durch die Tageszeiten bedingt sind.

Unsere Elektrizitätswerke erzeugen im allgemeinen eine Leistung, die dem mittleren Bedarf entspricht. In den Zeiten geringster Belastung (nachts) laufen die Maschinen teilweise leer, während der Spitzenlastzeiten werden sie dagegen bis zur Höchstbelastung gefahren. Man muß daher versuchen, die stärksten Unterschiede, die von der Tageszeit und von der Jahreszeit abhängig sind, auszugleichen.

Dazu dienen unter anderem Nachtschichten in den Produktionsstätten, Pumpspeicherwerke, Aufheizen von Warmwasserspeichern während der Nacht. Behördliche Anordnungen und freiwillige Mithilfe verhindern, daß während der Spitzenzeiten elektrische Heizgeräte, Bügeleisen und andere Geräte mit hohem »Stromverbrauch« benutzt werden; auch Einschränkungen in der Beleuchtung helfen verhindern, daß einzelne Netzteile wegen Überlastung der Spannungserzeuger abgeschaltet werden müssen.

Der elektrische Widerstand wird gemessen

Wir wissen nun schon viel vom elektrischen Widerstand, kennen auch seine Beziehungen zum Strom und zur Spannung – da ist der Wunsch verständlich, Widerstände selber messen zu können. Wir haben auch alles Zubehör im Labor; eine Batterie (ein dreizelliger Akkumulator, 6 V, oder einige parallelgeschaltete Taschenlampenbatterien, 4,5 V), ein empfindliches Galvanoskop oder Galvanometer, einen Widerstandsdraht, einen Schalter, isolierte Leitungsdrähte und eine Krokodilklemme. Ja, und die Widerstände! Unbekannte, die wir messen wollen, und einige von bekannter Größe, mit denen wir unsere Unbekannten vergleichen müssen – denn darauf läuft es hinaus.

Geeichte Widerstände kann man in einzelnen Größen (ein »Normal«) und auch in Dekaden zusammengeschaltet haben, beispielsweise 10 · 0,1 Ohm, 10 · 1 Ohm, 10 · 10 Ohm und 10 · 100 Ohm. Am Ende dieses Versuches wissen wir, wie man sich selber geeichte Widerstandseinheiten herstellen kann, ohne daß die dabei benutzten Vergleichseinheiten beeinträchtigt werden; es ist also schon am einfachsten, man leiht sich die Einheiten für das Eichen.

Es ist hier wie bei jeder Frage des Meßbereiches: Wir dürfen niemals drauflosschalten. Immer müssen wir vorher sorgfältig überlegen, ob alle Größen auch zusammenpassen; wo genaue Werte fehlen, müssen wir schätzen. Bei genügender Erfahrung stellt sich ein gewisses Fingerspitzengefühl ein; aber das dauert einige Zeit.

Widerstände werden verglichen

Zunächst kommt eine Messung nach dem Vergleichsverfahren. Es ist einfach, setzt aber voraus, daß wir einen regelbaren Vorwiderstand (Gleitwiderstand) und einen veränderlichen (bekannten) Vergleichswiderstand haben – einen »Dekadenwiderstand« oder Kurbelwiderstand, oder einige Widerstände verschiedener Größen, die wir zusammensetzen, also hintereinanderschalten können. Die Abbildung 4.38 zeigt die Schaltung. R_v ist der regelbare Vorwiderstand mit etwa 10 Ω; S_2 ist ein einpoliger Umschalter (man kann auch einfach umstecken). R_v ist zugleich

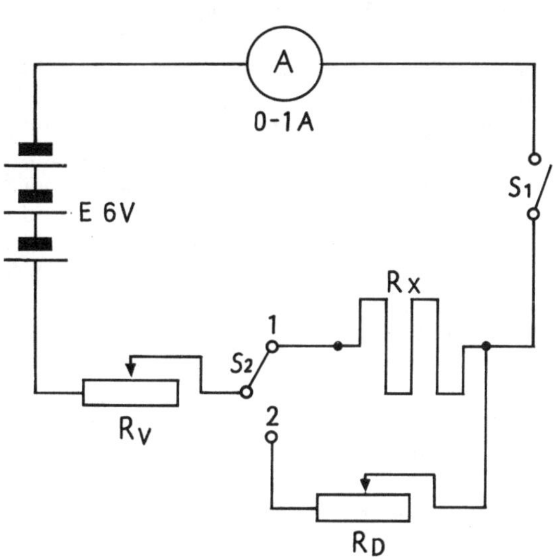

4.38 Schaltung zur Widerstandsmessung

Schutzwiderstand für das Meßgerät, falls bei zu kleinem Widerstand R_x, der zu messen ist, ein zu großer Strom fließt. R_v muß während jeder Einzelmessung unverändert bleiben. Grundsätzlich soll man darauf achten, daß die Meßgenauigkeit aller an einer Messung beteiligten Geräte annähernd gleich groß ist. Eine übergroße Genauigkeit eines Gerätes wird durch die geringere anderer wieder aufgehoben.

Die Größe des Vorwiderstandes richtet sich nach der Größe des zu messenden Widerstandes R_x und dem Meßbereich des Strommessers, kann also von Fall zu Fall verschieden sein. Während einer Einzelmessung muß aber der eingestellte Wert von R_v stets unverändert bleiben. Der unbekannte Widerstand R_x und der bekannte Widerstand R_D können durch den Umschalter S_2 abwechselnd in den Stromkreis gelegt werden. Als Vergleichswiderstand eignet sich am besten ein Dekadenwiderstand (mit Stöpsel- oder Kurbelkontakten). Wir können auch bekannte Einzelwiderstände benutzen. Hat der unbekannte Widerstand zum Beispiel (schätzungsweise) weniger als 60 Ω, so verwenden wir den Meßbereich 0 bis 1 A unseres Strommessers; bei einem vermutlich höheren Widerstandswert schalten wir einen kleineren Meßbereich, etwa bis 0,1 A, ein. Übrigens brauchen wir hier gar kein geeichtes Meßgerät, denn es kommt uns nur darauf an, die Ausschläge zu vergleichen. Ein als Stromanzeiger (mit wenig Wicklungen dicken Drahtes) gewickeltes Galvanoskop tut es auch. Der Meßbereich muß allerdings stets beachtet werden!

Wir legen den Umschalter S_2 in die Schaltstellung 1, schalten R_v auf vollen Widerstand und schließen den Schalter S_1. Mit R_v wird die Stromstärke so eingestellt, daß der Strommesser einen gut ablesbaren Wert anzeigt, beispielsweise 0,3 oder 0,4 oder 0,5 A. Jetzt schätzen wir die Größenordnung des unbekannten Widerstandes R_x ungefähr ein und schalten den bekannten Widerstand R_D auf den geschätzten Wert.

Wir legen bei unveränderter Stellung von R_v den Umschalter S_2 auf die Stellung 2. Ergebnis: Der Strommesser zeigt höchstwahrscheinlich einen anderen Wert als vorher an (der gleiche Wert auf Anhieb wäre Zufall oder – höchste Schätzungskunst). Wir verändern daher R_D, bis der Strommesser den gleichen Ausschlag hat wie bei eingeschaltetem R_x.

Der Widerstand R_D ist nun genau so groß wie R_x; denn nach dem Ohmschen Gesetz gehören bei gleicher Spannung zu gleichen Stromstärken auch gleiche Widerstände.

Bei dieser Messung wird vorausgesetzt, daß sich die Spannung nicht verändert. Zum Abschluß wird deshalb zur Kontrolle S_2 kurz auf Stellung 1 zurückgeschaltet. Der Zeiger muß seine Stellung beibehalten; andernfalls ist die Messung ungültig und muß wiederholt werden.

Dieses Vergleichsverfahren hat den Vorzug, daß man dabei nicht umrechnen muß, sondern den gesuchten Widerstandswert bei R_D einfach ablesen kann.

Der Meßbereich 0 bis 1 A genügt bei einer Spannung von 6 V für Widerstände von 0,5 bis 60 Ω (bei R_v bis 10 Ω). Größere Widerstände (55 bis 600 Ohm) lassen sich mit dem Meßbereich 0 bis 0,1 A ermitteln. Entscheidend ist, daß ein Strom $I = \frac{U}{R}$ fließt, der vom Strommesser oder Galvanoskop noch gut sichtbar angezeigt wird. Bei sehr kleinen Meßwiderständen (0,5 bis 6 Ω) muß R_v ganz oder teilweise eingeschaltet bleiben, damit die Stromstärke I im Bereich 0,1 bis 0,9 A bleibt. Niedrigere Spannungen als 6 V setzen den Größenbereich der Vergleichs- und Vorschaltwiderstände herab, höhere Spannungen erhöhen ihn; dieser Versuch kann daher in sehr vielen Variationen wiederholt werden.

Wir messen mit der Wheatstoneschen Meßbrücke

Sie ist nach dem englischen Physiker Sir Charles Wheatstone (ausgesprochen: Wietstohn; 1802 bis 1875) benannt worden. Dieses Verfahren ist das bekannteste und am meisten verbreitete. Als Spannungsquelle brauchen wir nur 2 V, also eine Akkumulatorzelle oder auch eine Monozelle (1,5 V). Die Meßbrücke haben wir schon (und wußten es nicht einmal) – es ist der Widerstandsdraht mit Skale und Gleitkontakt vom Versuch mit den Teilspannungen, Bild 4.31. Ferner sind nötig: ein empfindliches Galvanoskop oder Galvanometer, unsere bekannten und unbekannten Widerstände sowie der Schalter S.

Die Abbildung 4.39 zeigt die Schaltung der

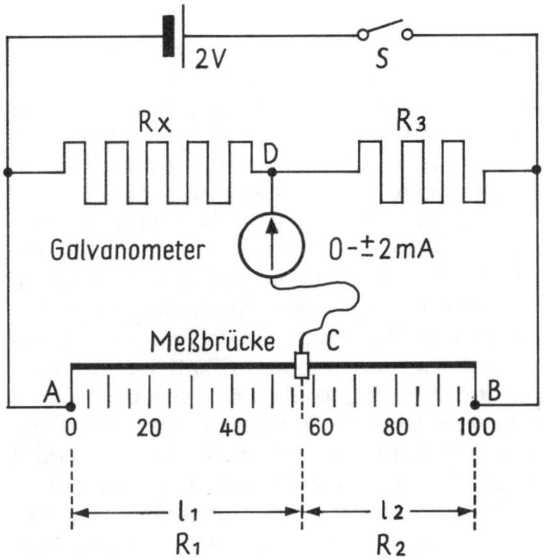

4.39 Wheatstonesche Meßbrücke

Meßbrücke. Wir stellen die Versuchsanordnung danach zusammen.

R_x ist der unbekannte Widerstand, der gemessen werden soll, R_2 ein bekannter Widerstand (Dekadenwiderstand, Kurbelwiderstand). Je weniger R_x und R_2 sich voneinander unterscheiden, desto genauer kann dann in der Mitte der Meßbrücke gemessen werden. Die Größenordnung von R_x muß geschätzt werden.

Der Gleitkontakt C teilt den Meßdraht AB (Widerstandsdraht aus Manganin, Nickelin oder einer ähnlichen Legierung mit hohem elektrischem Widerstand) in die beiden Teillängen l_3 und l_4 und zugleich in die Teilwiderstände AC = R_3 und CB = R_4 auf.

Nun schließen wir den Schalter S. Der Gleitkontakt C wird auf dem Widerstandsdraht (Meßdraht) der Meßbrücke so lange hin- und herbewegt, bis das Galvanometer (Nullpunkt in der Mitte der Skale) keinen Ausschlag mehr zeigt und damit nachweist, daß kein Strom in der Leitung CD fließt. Der Dekadenwiderstand muß dabei so verändert werden, daß der Gleitkontakt möglichst in der Mitte der Meßbrücke zu stehen kommt. Wird statt des Galvanometers als Notbehelf eine Glühlampe möglichst geringer Spannung (etwa 1,3 V) benutzt, so sucht man den Mittelwert zwischen den beiden C-Stellungen, bei denen die Glühlampe (im verdunkelten Raum) gerade ganz verlöscht.

Wir öffnen den Schalter S und lesen am Gleitkontakt C die Werte von l_1 und l_2 auf der Meßbrücke ab. Bei stromloser Leitung CD wird die anliegende Spannung durch die Reihenschaltung R_x und R_3 genau in der gleichen Art wie durch R_1 und R_2 geteilt, es gilt also: $R_x : R_3 = R_1 : R_2$. Von R_1 und R_2 brauchen wir nicht einmal die Widerstandswerte, sondern nur ihr Verhältnis $R_1 : R_2$ zu erkennen, um eine lösbare Gleichung mit einer Unbekannten (R_x) zu erhalten. Es genügt daher, die bei der Messung gefundenen Teillängen l_1 und l_2 des Meßdrahtes abzulesen, da sich $l_1 : l_2$ genau wie $R_1 : R_2$ verhält. Damit erhalten wir

$$R_x : R_3 = l_1 : l_2 \text{ bzw. } R_x = \frac{l_1}{l_2} \cdot R_3.$$

Für $R_3 = 20\ \Omega$, $l_1 = 57$ cm und $l_2 = 43$ cm berechnen wir

$$R_x = \frac{57\text{ cm}}{43\text{ cm}} \cdot 20\ \Omega = 26{,}5\ \Omega.$$

Elektrizität aus Bewegung

Die drei Wirkungen des elektrischen Stroms haben wir in eigenen Versuchen und Gedanken erlebt und die Geschichte ihrer Entdekkung nacherlebt: die chemische Wirkung, die Wärmewirkung und die magnetische Wirkung. Als wichtigste hat sich die magnetische erwiesen; ihre vielseitigen Anwendungen haben unser Weltbild erheblich verändert. Galvanis, Voltas und Oersteds Entdekkungen haben der Gleichstromtechnik, vor allem der Fernmeldetechnik, den ersten großen Impuls gegeben; viele andere Forscher, nicht zuletzt Ampère und Ohm, trugen das Ihre dazu bei.

Durch die magnetische Wirkung konnte man Elektrizität in Bewegung verwandeln; man wußte, daß jeder stromführende Leiter ein Magnetfeld um sich bildet und daß dieses Feld auf jedes benachbarte Magnetfeld einwirkt — sei es das Feld eines natürlichen Magneten oder das eines anderen stromführenden Leiters. Polarität, Anziehung und Abstoßung — alles stimmte.

Die Forschung geht unaufhaltsam vorwärts. Folgerichtig ergänzen und erweitern neue Erkenntnisse die vorhergehenden. Der nächste Gedanke lag sozusagen in der Luft: Wenn die magnetischen Feldlinien so schön um einen stromführenden Leiter in einer bestimmten Richtung herumlaufen, dann müßte man doch einen Magnetpol mitlaufen lassen können! Und umgekehrt müßte man einen stromführenden Leiter um einen magnetischen Pol kreisen lassen können!

Faraday zeigt den Weg

Wenn eine neue Erkenntnis herangereift ist, dann ist auch immer mindestens einer da, der ihr ans Licht hilft. Diesmal war es der englische Chemiker und Physiker Michael Faraday (1791 bis 1867). Er war ein Mensch mit einer ungewöhnlichen Laufbahn; vom Buchbinderlehrling stieg er, der Sohn eines Grobschmiedes, zum Professor am Londoner »Royal Institution«, dem »Königlichen Institut« (Universität), auf. Als Buchbinderlehrling ohne gute Schulbildung las er alle Bücher, die er einbinden sollte, und erweiterte dadurch ständig sein Wissen — zum Kummer der Kunden, die entsprechend lange auf ihre gebundenen Bücher warten mußten.

Ein verständnisvoller Kunde freilich, der den wissensdurstigen Lehrling beobachtet hatte, schenkte ihm eine Eintrittskarte zu den Vorlesungen des berühmten englischen Chemikers Professor Humphrey Davy, des Begründers der Elektrochemie — den meisten Lesern sicherlich durch die »Davysche Sicherheitslampe« (Grubenleuchte im Untertage-Bergbau) bekannt. Faraday wurde mit Davy, der aus ähnlichen sozialen Verhältnissen stammte, bekannt, wurde sein Mitarbeiter und später sein Nachfolger.

Faraday war ein Einzelgänger. Beim Experimentieren hat er es zu einer wahren Meisterschaft gebracht. Er hat auch viel über seine chemischen und physikalischen Versuche geschrieben — ohne auch nur eine einzige algebraische und chemische Gleichung zu verwenden. Trotzdem sind Faradays Schriften höchst wertvolle wissenschaftliche Quellen geworden, und sie sind mit großem pädagogischem Geschick, oft mit geradezu liebevoller Vertiefung in die Einzelheiten, geschrieben. Ein Musterbeispiel dafür ist seine kleine Schrift »Naturgeschichte einer Kerze«; sie zeigt die große Fähigkeit Faradays, Naturerscheinungen zu beobachten.

Faraday hatte einen »sechsten Sinn« für die naturwissenschaftlichen Probleme, die »in der Luft lagen«, er hatte stets »Vorahnungen«. Dann pflegte er zu sagen: »Es könnte vielleicht so sein; versuche es!« und experimentierte. Er wiederholte die Versuche Ampères und Aragos und ergänzte sie.

Er bewies 1821 durch Experimente, daß (wie er in seinen Tagebüchern schrieb) »alle gewöhnlichen Anziehungen und Abstoßungen der Magnetnadel durch den leitenden Draht Täuschungen sind, daß die Bewegung nicht Anziehung und Abstoßung ist und nicht auf die Wirkung irgendwelcher anziehenden oder abstoßenden Kräfte zurückzuführen ist, sondern durch eine Kraft im Draht bewirkt wird, die sich bemüht, die Magnetnadel zu drehen, anstatt einen ihrer Pole dem Draht zu nähern oder zu entfernen. Daraus ergibt sich eine niemals endende kreisende Bewegung, solange die Batterie arbeitet. Es gelang mir nicht nur, das Vorhandensein dieser Bewegung theoretisch zu zeigen, sondern auch experimentell, und es ist mir gelungen, den Draht zur Drehung um einen magnetischen Pol zu bringen oder einen magnetischen Pol um den Draht«.

Das war *der erste Elektromotor* der Welt, mit Gleichstrom aus einer Voltaschen Batterie betrieben, durch die kreisenden magnetischen Feldlinien in Bewegung gesetzt und gehalten: ein Unipolar-Motor, weil in seiner Mitte nur einer der beiden Magnetpole wirksam ist. Freilich, Kraft abgeben kann er praktisch nicht; er ist noch ein physikalisches Gerät und keine technische Maschine.

Es ist recht reizvoll, diesen Faradayschen Versuch einmal selber zu machen, wenn er auch einige Bastelarbeit erfordert. Um mit Faraday zu sprechen: Try it! Versuchen wir es!

Wir bauen den Elektro-»Urmotor«

Wir brauchen außer unserer parallelgeschalteten Batterie oder dem Akkumulator einen recht langen und kräftigen Stabmagneten; zwei Anschlußklemmen; einen starken, blanken Kupfer- oder Aluminiumdraht, 25 bis 40 cm lang, 1 bis 1,5 mm Durchmesser; einen Ring aus Holz oder Gips, etwa 5 cm Innendurchmesser, etwa 7 cm Außendurchmesser und etwa 2 cm hoch, mit einer ringsherum

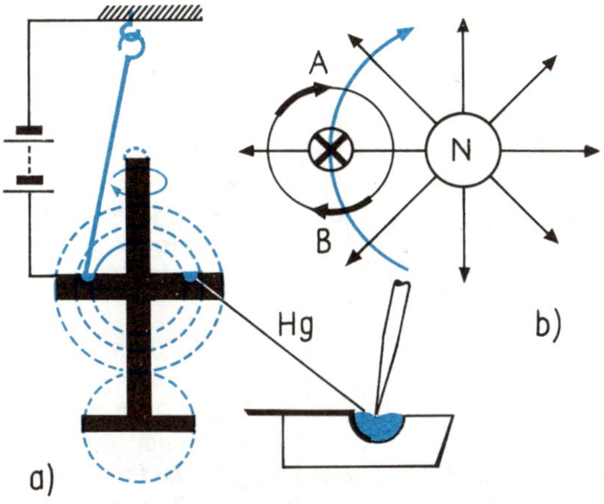

4.40 Faradays Unipolarmotor

laufenden, eingeschnittenen oder eingegossenen Vertiefung (Rinne); Stativmaterial; einige ml (cm³) Quecksilber; Verbindungsdrähte.

Quecksilber ist giftig! Nicht mit den Fingern berühren! Offen stehendes Quecksilber verdunstet und vergiftet auf die Dauer die Luft; es muß daher nach dem Versuch sofort wieder in den Behälter zurückgeführt und gut verschlossen werden. Verschüttetes Quecksilber muß sorgfältig, beispielsweise mit blanken Stanniolschnitzeln, aufgenommen werden. Ein Aluminiumdraht aus unreinem Aluminium (mit Beimengungen anderer Metalle) verbindet sich schnell mit dem Quecksilber, er »amalgiert«. Daher möglichst reines Aluminium nehmen!

Die Abbildung 4.40 a zeigt den Aufbau der Versuchsteile. In der Mitte steht senkrecht der Stabmagnet (zweckmäßigerweiße in ein Grundbrett eingelassen). In halber Höhe umgibt ihn die Rinne, die mit Quecksilber gefüllt ist. Oben an der Stativklemme sitzt ein Rundhaken oder eine Öse (sehr gut aus starkem Kupferdraht herzustellen). An diesem Haken oder an dieser Öse hängt der oben umgebogene starke Kupfer- oder Aluminiumdraht ganz locker und genau mitten über dem Magneten, also zugleich über dem Mittelpunkt des Ringes mit der Quecksilberrinne. Das andere Ende des Drahtes (oder Stabes) muß gerade eben das Quecksilber berühren und dabei leicht um den Magneten fahren können. Am besten spitzt man den Metallstab unten an; er soll mit dem Quecksilber einen guten elektrischen Kontakt, aber möglichst wenig mechanische Reibung haben. Oben an der Aufhängestelle ist auch ein guter Kontakt notwendig; Öse und Stab müssen da sehr blank sein. In das Quecksilber tauchen wir irgendwo am äußeren Rand das blanke Ende eines Verbindungsdrahtes; dieser wird befestigt und zu der einen Anschlußklemme geführt. Die andere Klemme wird mit dem Haken beziehungsweise der Öse an der Stativklemme verbunden; das Stativ kann selber Leiter sein. Die Oberfläche des Quecksilbers muß blankgehalten werden.

Wir brauchen jetzt nur unsere parallelgeschalteten Taschenlampenbatterien (oder einen Akkumulator mit einem Vorwiderstand von einigen Ohm) an beide Klemmen zu legen, um eine verblüffende Erscheinung zu beobachten: Der hängende Stab läuft emsig – vielleicht gelegentlich am Quecksilber Funken gebend – um den Stabmagneten herum! Voraussetzung für das Gelingen dieses nicht ganz einfachen Versuches sind die guten Kontakte; außerdem braucht man dazu eine Stromstärke von 10 bis 15 A. Vielleicht findet der eine oder andere Leser noch die Möglichkeit, an der Aufhängestelle einen besseren Kontakt herzustellen als den durch bloße Berührung; da oben ist das eine heikle Stelle!
Der Stromlauf ist klar: Batterie, Stativ, Stab, Quecksilber, Verbindungsleitung, Batterie – oder umgekehrt. Von der Richtung des Stroms ist der Umlaufsinn des Stabes abhängig.

Wer keinen genügend starken Stabmagneten hat, muß die Historie ein wenig fälschen und einen Elektromagneten nehmen. Er stellt einen Weicheisenstab senkrecht auf, der von einigen Lagen eines mittelstarken Kupferdrahtes umgeben ist. Dieser Elektromagnet wird einfach irgendwo in den Stromlauf eingeschaltet (in Reihe). Damit er den Strom nicht wesentlich schwächt, soll der Draht wenig elektrischen Widerstand haben, also nicht zu dünn sein.

Wer aber einen fertigen Elektromagneten mit genügend lang herausragendem Kern und mit einer hochohmigen Wicklung hat, der muß den ursprünglichen Stromlauf so lassen und seine Magnetspule getrennt an die Batterie legen. (Wir bekommen hier eine ganz kleine Vorahnung von zwei Hauptschaltarten unserer heutigen Motoren: »Hauptschluß« und »Nebenschluß«.)

Wieso läuft nun aber der Stab um den Magneten? Die Abbildung 4.40 b gibt die Antwort. Der Nordpol ist, ebenso wie Pol und Stromrichtung in der obenstehenden Abbildung, nur als Beispiel gewählt; wir können es auch anders versuchen! Das magnetische Feld setzt sich aus zwei Einzelfeldern zusammen: dem »Radialfeld« des Magnetstabes mit den wie Radien (daher der Name) ausstrahlenden Feldlinien und dem hier im Uhrzeigersinn umlaufenden Feld des hängenden Stromleiters. Wo die Feldlinien (oder auch die Felder) gegeneinanderlaufen, schwächen sie einander. Hier ist das »oben« an der Stelle A der Fall. Bei B laufen die Feldlinien in derselben Richtung und werden stark. Bei B entsteht ein »Überdruck«, bei A ein »Unterdruck«, und diejenigen, die einander schwächten, werden weggedrückt.

Ob wir – jeder für sich – wohl entsprechende Feldlinienbilder für den Südpol (Feldlinien laufen vom Nordpol zum Südpol!) und für die andere Stromrichtung zeichnen können – noch drei Möglichkeiten?

Die Induktion

Das war aber erst der Anfang der – auch für uns wichtigen – Ergebnisse der Faradayschen Experimente. Faraday hatte auf Grund seines großen Wissens und seiner reichen Erfahrung ein sicheres Gefühl für die Dialektik des Naturgeschehens – von ihm bescheiden »Vorahnung« genannt. Er sagte sich folgendes: Ebenso wie man Magnetismus durch Elektrizität erzeugen kann, müßte entsprechend Elektrizität durch Magnetismus erzeugt werden können. Faraday baute eine Anordnung, wie sie die Abbildung 4.41 zeigt. Er beschreibt sie in seinem Tagebuch am 29. August 1831 folgendermaßen: »2. Ich hatte einen Ring aus weichem Rundeisen von $\frac{7}{8}$ Zoll Dicke und 6 Zoll äußerem Durchmesser, um dessen eine Hälfte ich viele Windungen Kupferdraht wickelte, die durch Zwirn und Kaliko voneinander isoliert waren. Es waren drei Drahtenden von je 24 Fuß Länge, die zu einem Draht verbunden oder als getrennte Stücke benutzt werden konnten. Versuche mit einer Batterie zeigten, daß jeder Draht vom anderen isoliert war. Ich

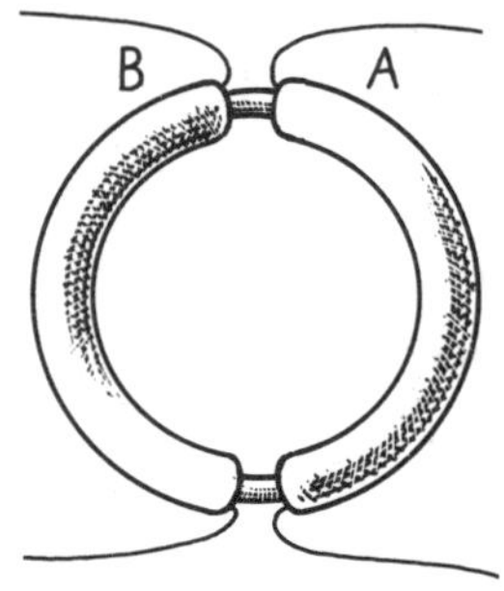

4.41 Der erste Umspanner der Welt, nach einer Originalzeichnung von Faraday

werde diese Seite des Ringes A nennen. Auf die andere Seite, durch einen Zwischenraum getrennt, wurden zwei Enden Draht, deren Länge zusammen etwa 60 Fuß betrug, im gleichen Sinne wie zuvor gewickelt; diese Seite sei B.

3. Ich lud eine Batterie von 10 Paar Platten, jede 4 Zoll im Quadrat. Die Windungen auf der B-Seite wurden zu einer Spule zusammengeschlossen und ihre Enden durch einen Kupferdraht verbunden, der über eine 3 Fuß vom Eisenring entfernte Magnetnadel führte. Dann verband ich die Enden eines der Teile der A-Seite mit der Batterie; sofort zeigte sich eine merkwürdige Wirkung auf die Nadel. Sie oszillierte und kehrte schließlich in ihre ursprüngliche Lage zurück. Beim Trennen der Verbindung der A-Seite von der Batterie wieder eine Beunruhigung der Nadel.«

Als Erläuterung hierzu: 1 Zoll (inch) = 2,54 cm; 1 Fuß (foot) = 30,5 cm (genau: 30,48 cm); $\frac{7}{8}$ Zoll = 2,22 cm; 4 Zoll = 10,16 cm; 6 Zoll = 15,24 cm; 24 Fuß = 120 cm; oszillieren = hin- und herschwingen. Die Seite A nennen wir heute Primärspule, die Seite B die Sekundärspule.

Faraday hat mit diesem Gerät den ersten Umspanner (Transformator) der Welt gebaut und damit die physikalische Voraussetzung für den Aufbau eines großen Industriezweiges geschaffen. Die Versorgung mit elektrischer Energie, aber auch die moderne Fernmeldetechnik ist ohne Umspanner und ohne die auf derselben Grundlage arbeitenden Übertrager nicht mehr denkbar. Faraday beobachtete bei seinem Induktionsversuch und den folgenden Versuchen, daß beim Schließen des Primär-Stromkreises in der Sekundärspule ein Stromstoß in der entgegengesetzten Richtung und beim Öffnen ein Stromstoß in gleicher Richtung wie im Primärstromkreis entstand. An Stelle der einfachen Magnetnadel benutzte er Galvanometer, an Stelle der ringförmigen Anordnung gerade Spulen mit und ohne Eisenkern.

Daß bei primärem Dauerstrom in der Sekundärspule gar kein Strom floß, war für Faraday zunächst eine erstaunliche Sache; dann dachte er daran, daß man mit einem Magneten und einem stromdurchflossenen Leiter, also aus Magnetismus und elektrischem Strom, eine mechanische Bewegung hervorrufen konnte; er dachte an die Bewegung der Schleife beim Oerstedschen Versuch und schließlich daran, daß er, Faraday, selber die erste umlaufende Bewegung eines Stromleiters erreicht hatte. Bewegung – das mußte die Lösung sein!

Faradays Sinn für die Dialektik des Naturgeschehens ließ ihn überlegen: Müßte man nicht entsprechend aus Bewegung und Magnetismus einen elektrischen Strom erzeugen können? Seiner Eigenart getreu machte er sich erneut ans Experimentieren.

Faraday nahm eine Spule (»Schraubendraht« nannte er sie) ohne Eisenkern und verband die Drahtenden mit seinem Galvanometer. Dazu holte er einen Stabmagneten von ¾ Zoll (= 1,9 cm) Durchmesser und 8,5 Zoll (= 21,6 cm) Länge. Was damit geschah, lesen wir bei Faraday selber nach: »Dieser Magnet wurde mit einem Ende in die Achse des Schraubendrahtes gestellt und, nachdem die Galvanometer-Nadel zur Ruhe gekommen war, plötzlich hineingeschoben. Augenblicklich wich die Nadel ab ... Blieb der Magnet darin, so nahm die Nadel wiederum ihre erste Stellung an; wurde er herausgezogen, so wich sie nach entgegengesetzter Richtung ab.«

Damit hatte Faraday das *elektrodynamische Prinzip* entdeckt, nach dem alle umlaufenden Stromerzeuger (Generatoren) arbeiten (Bild 4.42). Das war eine der größten Leistungen in der Geschichte der Menschheit. Die riesengroße Entwicklung der Starkstromtechnik setzte nach diesem Impuls ein. Rückwirkend wurde auch die Entwicklung der Fernmeldetechnik entscheidend gefördert; die Lichttechnik und viele andere technische Bereiche wurzeln in dieser Faradayschen Entdeckung, in diesem Naturgesetz, das Faraday entdeckt hat.

In einer Drahtspule, die ein Teil eines geschlossenen Stromkreises ist, entstehen Spannung und Strom dadurch, daß die (ruhenden) Windungen der Spule von (sich bewegenden) magnetischen Feldlinien »geschnitten« werden. Dabei ist es gleich, ob die sich bewegenden Feldlinien durch Ein- und Ausschalten eines Stromes in einer benachbarten zweiten Spule (Primärspule) oder dadurch erzeugt werden, daß man ein gleichbleibendes magnetisches Kraftfeld mit seinen Feldlinien mechanisch durch die Spule, in der der Strom erzeugt werden soll, bewegt oder möglichst nahe an dieser entlangführt. Im ersten Fall baut sich das Kraftfeld der Primärspule auf und fällt dann wieder zusammen; die Feldlinien sind auch da in Bewegung. Und auf diese »relative Bewegung« der Feldlinien zur festen Spule kommt es ja an; sich bewegend müssen die Feldlinien die Spule »schneiden«. Durchdringen sie ruhend die Spule, so entsteht in dieser kein Strom.

Im Falle der beiden Spulen sprechen wir von der *elektromagnetischen Induktion*. Sie wird beim Umspanner ausgenutzt. Bei dem sich mechanisch vor der Spule bewegenden Magnet-Kraftfeld haben wir, wie schon erwähnt, das elektrodynamische Prinzip, angewendet in den heutigen Stromerzeugern (Generatoren, Dynamomaschinen).

Faraday hat erkannt, daß man mit der elektromagnetischen Induktion keinen gleichmäßigen Dauerstrom (Gleichstrom), sondern nur Stromstöße, Stromimpulse erhalten konnte, deshalb gibt es auch keine Umspanner für Gleichstrom! Faraday fand, daß die Stärke des in einem Leiter induktiv erzeugten Stroms der Anzahl der magnetischen Feldlinien entspricht, die den Leiter in der Zeiteinheit »schneiden«. Er beobachtete, daß die Stromrichtung in der Sekundär-Spule wechselt; damit hat er den ersten Wechselstrom erzeugt. Er wußte noch mehr:

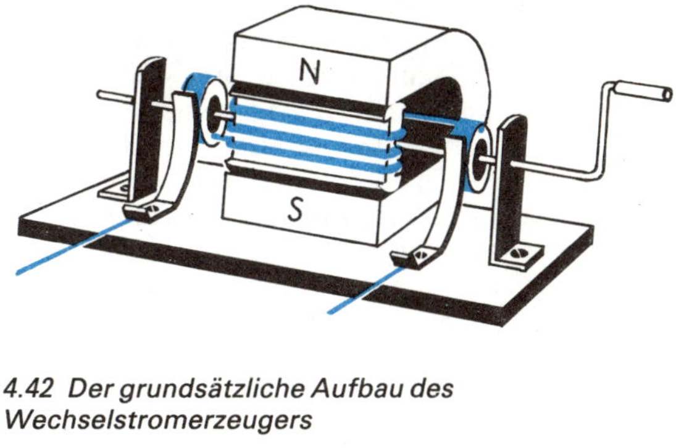

4.42 Der grundsätzliche Aufbau des Wechselstromerzeugers

Die in der Primärspule entstehenden und vergehenden Feldlinien »schneiden« zwangsläufig auch die Windungen der eigenen (Primär-)Spule und erzeugen in ihr eine »Selbstinduktions-Spannung«. Beim Einschalten ist die Sekundärspannung und ebenso die Selbstinduktionsspannung stets dem Primärstrom entgegengesetzt gerichtet; der Primärstrom wird dadurch geschwächt. Das ist in der Elektrotechnik ein meist unerwünschter, aber unvermeidbarer Verlust. Gelegentlich (wie beispielsweise in der »Drosselspule« an Gasentladungslampen) wird diese Erscheinung zum Drosseln des Stroms ausgenutzt.

Beim Ausschalten haben Sekundärspannung und Selbstinduktionsspannung folgerichtig die gleiche Richtung wie der Primärstrom. Das ist allemal peinlich, denn dadurch wird der Stromfluß auf unerwünschte Weise verlängert. Bei Stromunterbrechern (wie an elektrischen Klingeln und Funkeninduktoren) entstehen dadurch Funken, die die Kontakte mit der Zeit zerstören. Der »Nachstrom« muß so schnell wie möglich unterbrochen werden. Diese Selbstinduktion hat Faraday also schon erkannt; Drosselspulen und Unterbrecher hatte er freilich noch nicht. Faraday hat außerdem begriffen, daß in der Sekundärspule zunächst eine (Sekundär-)Spannung entsteht; erst wenn der Sekundärstromkreis (beispielsweise durch das angeschaltete Galvanometer) geschlossen ist, entsteht auch ein Sekundärstrom.

Daß die Stärke dieses Sekundärstroms von der Sekundärspannung und dem elektrischen Widerstand des Stromkreises abhängt, hat erst Ohm mit Hilfe vieler Experimente gefunden: das Ohmsche Gesetz, mit dem wir schon gearbeitet haben. Faraday hat aber schon erkannt, daß die Größe der Sekundärspannung im Verhältnis zur Primärspannung mit dem Verhältnis der Windungszahlen der Sekundärspule und der Primärspule zusammenhängt. Die genaue Proportion, das Gesetz: Die Größen der Spannungen verhalten sich zueinander wie die Windungszahlen — das konnte er allerdings noch nicht finden, weil ihm keine sinusförmigen Wechselströme zur Verfügung standen. Wir wollen nun selber Faradays Induktion nachprüfen.

Wir induzieren elektrische Spannung

Wir brauchen dazu unsere Batterie, zweimal einige Meter isolierten schwachen Kupferdraht (vom Elektromagneten einer Klingel etwa); ein Stück weiches Rundeisen, 10 bis 15 cm lang, 5 bis 15 mm Durchmesser, notfalls auch mit quadratischem Querschnitt, oder ein entsprechendes fest zusammengeschnürtes Bündel aus Weicheisendrahtstükken (Blumenbindedraht, sogar besonders gut!) als »Kern«; unser Galvanoskop oder Galvanometer mit Nullpunkt in der Mitte, also Zeigerausschlag nach beiden Seiten; Pappe, Papier; Verbindungsdrähte; Stecker und Anschlußklemmen.

Wir müssen, auf Faradays Spuren wandelnd, zunächst die beiden Spulen wickeln. Über den Kern aus Weicheisen (niemals aus Stahl, denn der bliebe magnetisch!) kommt eine Lage Papier, auf diese werden zwei Pappscheiben als Begrenzung für die Wicklung aufgesetzt. Die eine Pappscheibe bekommt in Kernnähe ein kleines Loch; durch dieses stecken wir etwa 25 cm des ersten Drahtes als Anschlußleitung hindurch. Dann wickeln wir die ganze erste Drahtlänge von der ersten Pappscheibe bis zur zweiten schön sauber auf, Windung dicht neben Windung. Ist die erste Lage fertig, legen wir ein Stück Papier darüber und wickeln weiter, jetzt auf die erste Pappscheibe zu und so fort, bis der Draht zu Ende ist. Die letzten rund 25 cm werden durch ein Loch in der nächstgelegenen Pappscheibe als zweite Anschlußleitung gesteckt; die oberste Drahtlage wird durch Klebepapier oder ähnliches befestigt. Damit ist die Primärspule fertig.

Die Sekundärspule wickeln wir in gleicher Art mit dem zweiten Draht auf die Primärspule auf. Grundsätzlich können wir sie auch auf denselben Kern (wenn er lang genug ist) neben die Primärspule setzen; im allgemeinen hat man aber eine bessere Wirkung, wenn beide Spulen übereinander liegen. Wir schalten wie in Abbildung 4.43.

Beim Einschalten des Primärstroms schlägt der Zeiger unseres Galvanoskops nach der einen Seite aus und geht in die Ruhestellung zurück, während der Primärstrom noch fließt. Beim Ausschalten des Primärstroms schlägt der Zeiger nach der anderen Seite aus. Damit haben wir die Wirkungsweise der Umspanner nachgewiesen.

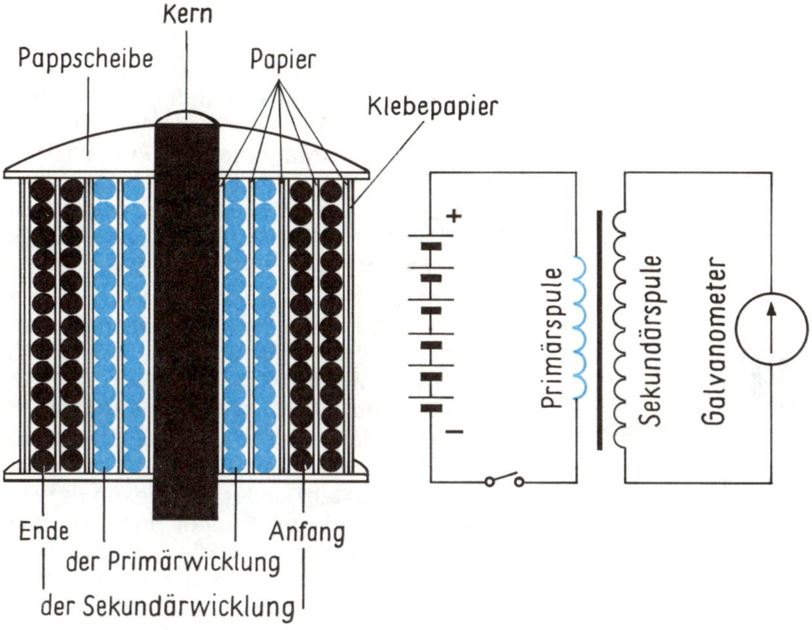

4.43
Aufbau und Schaltung unseres Umspanners

Wir erzeugen elektrischen Strom durch mechanische Bewegung

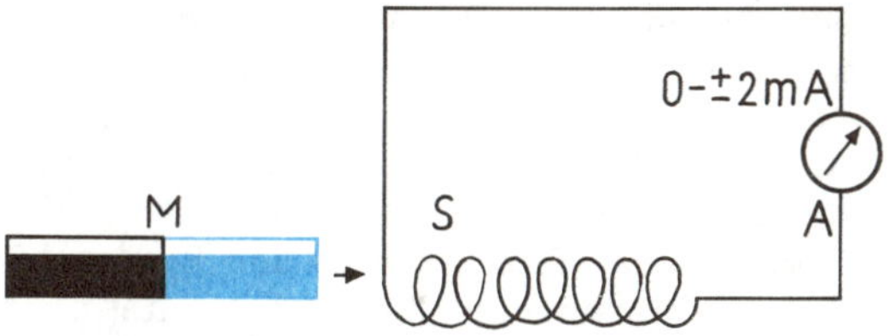

4.44 Wir erzeugen Strom durch mechanische Bewegung

Dieser Versuch ist ebenfalls leicht und überzeugend. Nötig sind: eine Drahtspule mit vielen Windungen, ohne Kern; ein möglichst starker Stabmagnet, der leicht in die Spulenöffnung paßt; ein möglichst empfindliches Galvanoskop oder Galvanometer (mit Nullpunkt in der Mitte).

Wie die Abbildung 4.44 zeigt, wird die Spule an das Galvanoskop angeschlossen. Wenn wir als Optimisten (wie alle Forscher) etwa ein behelfsmäßiges Galvanoskop aus Kompaß und Spule benutzen, müssen wir darauf achten, daß die Magnetnadel in Ruhelage genau parallel zur Spulenwicklung liegt; beim Beobachten während des Versuchs schauen wir nur auf ein und dieselbe Nadelspitze.

Wir stoßen den Stabmagneten mit einem Pol so schnell wie möglich mit seiner einen Hälfte (nicht weiter!) in die Spule und beobachten gleichzeitig den Ausschlag der Kompaßnadel oder des Galvanometerzeigers. Den Magneten lassen wir ruhig in der Spule liegen; der Zeiger geht auf Null, seine Ausgangsstellung, zurück. Jetzt ziehen wir den Magnetstab mit einem Ruck aus der Spule heraus: Der Zeiger schlägt nach der anderen Seite aus. Die Ausschläge sind um so größer, je schneller wir den Magneten bewegen. Wenn wir jetzt den Magnetstab umdrehen und den Versuch wiederholen, was beobachten wir dann? Das soll jeder inzwischen erfahrene Experimentator einmal selber herausfinden!

Der induzierte Strom bremst die Bewegung

Zum Bewegen des Stabmagneten in der Spule brauchen wir eine zusätzliche Kraft, um die dort entstandene magnetische Kraft zu überwinden; mechanische Energie wird in elektrische umgewandelt. Die Kraft ist so klein, daß wir sie in der Hand nicht spüren; ein Experiment kann den Widerstand dage-

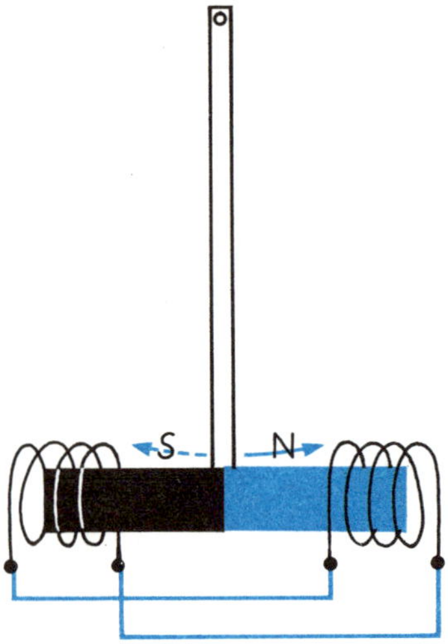

4.45 *Der Pendelstab*

gen sehr deutlich nachweisen. Wir befestigen einen etwa 20 cm langen Stabmagneten an einem Ende eines 1 m langen Pendelstabes, wie er in großen Standuhren verwendet wird. Der Pendelstab schwingt leicht um seine Aufhängung. Der Magnet liegt waagerecht und schwingt zwischen zwei Spulen mit je etwa 1 200 Windungen; dabei taucht er mit seinen Enden abwechselnd in die eine und in die andere Spule ein (Abb. 4.45).

Solange der Stromkreis in den Spulen offen ist, schwingt unser Magnetpendel ganz frei aus; ein Induktionsstrom kann nicht entstehen. Schalten wir jedoch beide Spulen parallel zueinander, so bremst der Induktionsstrom in beiden Spulen den Magneten sehr schnell. Sind die Spulen in Reihe geschaltet, so wird der Magnet nicht gebremst. Die Erklärung folgt im nächsten Abschnitt.

Damit haben wir die Wirkungsweise der modernen Stromerzeuger nachgewiesen und zugleich unsere Faradayschen Versuche abgeschlossen.

Einige Betrachtungen zu den Induktionsversuchen

Fritz *Heusler* (Metallurge 1866–1947) hat 1903 entdeckt, daß nicht nur Eisen, sondern auch Legierungen anderer Metalle, beispielsweise eine aus Kupfer, Aluminium und Mangan, magnetisch werden können; sie zeigen dann in dieser Hinsicht die gleichen Eigenschaften wie das Eisen. Dieses bleibt das »Vorbild«; man spricht daher von Ferromagnetismus. Die Legierungen können ihn haben, wenn ihre Atome in ganz bestimmten Mengen miteinander verbunden sind; außerdem müssen sie in bestimmter Weise kristallisiert sein. Alle Magnete sind kristallisierte Stoffe.

Der bekannte französische Physiker Pierre *Curie* (1859 bis 1906) fand, daß ein ferromagnetischer Körper bei einer bestimmten Temperatur, der *»Curietemperatur«*, seinen Magnetismus und seine Magnetisierbarkeit verliert; Eisen bei 768 °C, Nickel bei 360 °C, Stähle je nach ihrer Zusammensetzung zwischen 200 und 700 °C. Wir stellen uns das Innere eines Magneten so vor, daß er aus lauter winzigen Magnetchen, den *Elementarmagneten*, besteht; jeder von diesen hat seinen Nordpol, seinen Südpol und sein Magnetfeld. Zunächst sind die Elementarmagnete ungeordnet; ihre magnetischen Wirkungen heben sich gegenseitig auf und dringen nicht nach außen: Der Werkstoff, etwa Weicheisen, wirkt nicht als Magnet. Sind jedoch alle Elementarmagnete gleichgerichtet, so addieren sich ihre Wirkungen, und der ganze ferromagnetische Körper ist ein Magnet. Dieses »Gleichrichten« kann man, wie wir wissen, durch ein anderes Magnetfeld erreichen, etwa durch Bestreichen eines Stahls mit einem Magneten oder dadurch, daß man ihn in eine stromdurchflossene Spule steckt. Bei Stahl bleiben die Elementarmagnete dann gleichgerichtet, der Stahl bleibt also magnetisch; wir können hier eine innere Richtkraft annehmen. Bei Weicheisen ist diese nicht oder nicht genügend vorhanden, und die Elementarmagnete verteilen sich wieder ganz willkürlich, sobald die Richtkraft von außen aufhört. Daher ist Weicheisen wohl magnetisierbar, aber niemals ein Dauermagnet.

Bei ferromagnetischen Stoffen ist die magnetische Richtkraft stärker als die Molekularbewegung; die Moleküle richten sich brav »in Reih und Glied« aus – wenn auch noch leise »molekularbewegt«. Wird die Körpertemperatur jedoch wesentlich höher, dann überwindet die Molekularbewegung die magnetische Richtkraft, und der Körper wird unmagnetisch. Deshalb entmagnetisiert man Stahl durch Erhitzen.

Ampère wußte, daß der elektrische Strom in einem Draht stets ein magnetisches Feld

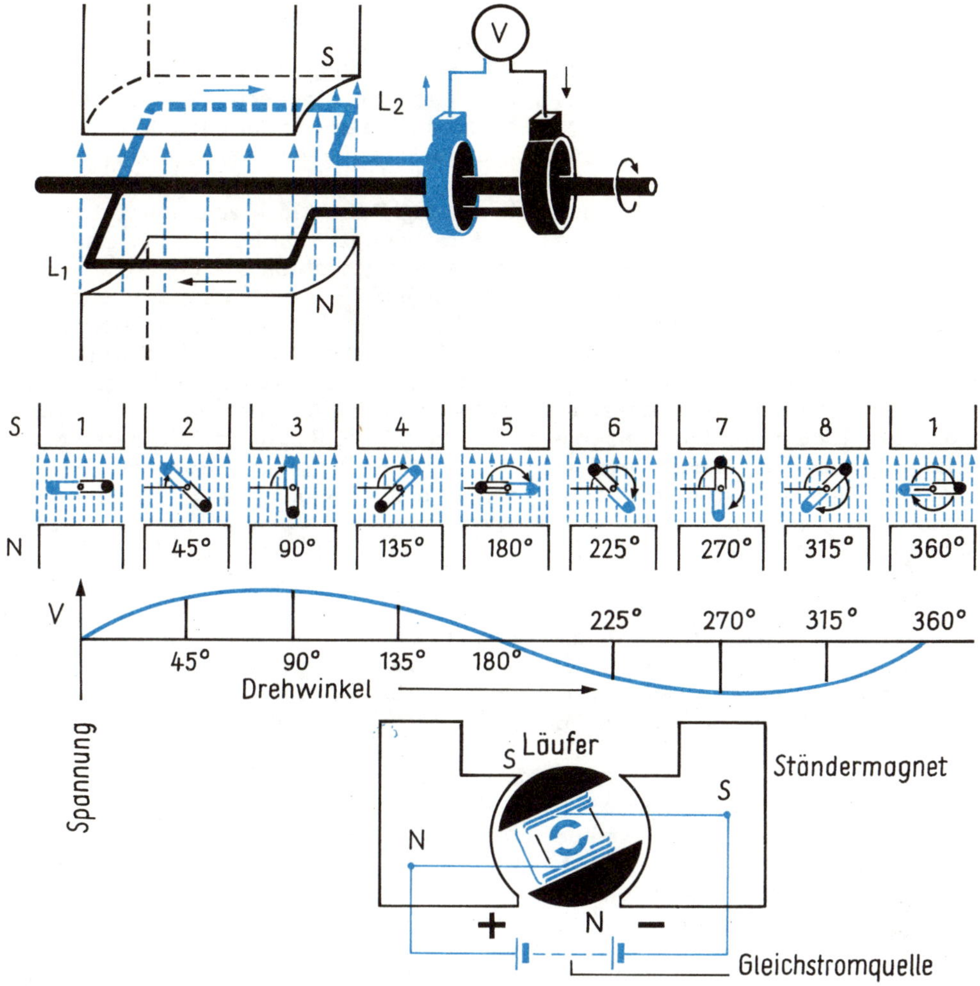

4.46 So entsteht eine Wechselspannung

hat, das mit steigender Entfernung vom Draht immer schwächer wird. Er hat den Gedanken ausgesprochen, daß schon in den Molekülen elektrische Ströme (er nannte sie »Molekularströme«) wie in einer Spule fließen; dann erzeugt jeder dieser Molekularströme ein winziges magnetisches Feld. Also können die Elementarmagnete in bestimmten Stoffen molekulare Kreisströme sein!

So reizvoll diese Fragen sind, wir haben nicht Platz genug, sie hier eingehender zu untersuchen. Uns geht es um die eine Erkenntnis: Elektrizität, also elektrischer Strom, und Magnetismus sind nicht voneinander zu trennen; sie gehören schon ihrer Natur nach zusammen. Deshalb konnten wir mit Strom Magnetismus und mit Magnetismus (und relativer Bewegung) Spannung und Strom erzeugen.

Wir haben damit festgestellt, daß ein Magnetfeld nur am stromdurchflossenen Leiter auftritt. Der Strom muß fließen, oder anders gesagt: Eine bewegte Ladung muß vorhanden sein. Die ruhenden (statischen) Ladungen unserer Versuche aus der Elektrostatik haben keine solchen magnetischen Felder.

Weiterhin haben wir gefunden, daß ein bewegtes, also von der Zeit abhängiges Magnetfeld in einem geschlossenen Stromkreis einen Strom induziert. Wenn die Feldlinien die Drähte mit ihren ruhenden, ausgeglichenen Ladungen durchschneiden, beeinflussen sie diese; sie scheuchen sie aus ihrer Ruhe auf. Das ist eine elektrische Wirkung, und die muß eine elektrische Ursache haben. Es gibt nur eine Erklärung dafür: *Das bewegte* (zeitlich veränderliche) *Magnetfeld wird stets von einem elektrischen Feld begleitet.* Das ist der Zusammenhang, auf den es uns ankommt:

Die bewegten elektrischen Ladungen, die Ströme, erzeugen in ihrer Umgebung Magnetfelder mit geschlossenen magnetischen Feldlinien, und bewegte Magnete rufen in ihrer Umgebung elektrische Felder mit geschlossenen elektrischen Feldlinien hervor. Dabei stehen die magnetischen und die elektrischen Felder stets senkrecht aufeinander. Der Drehsinn der magnetischen Feldlinien ist uns durch die Korkenzieherregel bekannt; beim induzierten Ringstrom hilft uns die Lenzsche Regel (benannt nach dem Physiker Heinrich Friedrich Emil *Lenz*, 1804–1865): Die Wirkung eines Induktionsstroms ist dem Vorgang, der ihn verursacht, stets entgegengerichtet. Der Induktionsstrom ist so gerichtet, daß sein Magnetfeld der Änderung des induzierten Feldes entgegengewirkt. So erklärt sich die Bremswirkung am Magnetpendel unseres Versuches. Fährt der Nordpol *in* seine Spule, so entsteht am Spuleneingang durch den induzierten Strom ebenfalls ein Nordpol; beide stoßen einander ab. Noch mehr: Der aus der anderen Spule *heraus*gleitende Südpol erzeugt an seinem Spulenende auch einen Nordpol, und dieser versucht, durch Anziehung den Pendelmagneten zurückzuhalten. In Reihe geschaltete Spulen heben einander in ihrer Wirkung auf.

Zum Schluß wollen wir im Zusammenhang mit dem Vorhergehenden einen »physikalischen Blick« in eines der wichtigsten Gebiete der Elektrotechnik tun: in die Erzeugung von Wechselspannung; Bild 4.46 zeigt das Prinzip. Je mehr magnetische Feldlinien in einer bestimmten Zeit von der umlaufenden Spule L_1 L_2 (des »Läufers« oder »Rotors«) geschnitten werden, um so größer ist die induzierte Spannung. Das Bild 4.46 zeigt die verschiedenen Spannungswerte bei den einzelnen, immer um 45° gedrehten Stellungen der Spule. Eine schöne Sinuskurve ist hier entstanden. Auf dem Papier läßt sich das leicht zeichnen; in der Praxis ist die Kurve nicht ganz so glatt. Die Spule hat sich einmal um sich selbst gedreht, um 360°. Wir sprechen bei der Kurve von einer »Periode«; unser Netz liefert einen Strom von 50 Perioden je Sekunde, das entspricht einer Frequenz von 50 Hz (Frequenz: lateinisch = Häufigkeit, Schwingungszahl; 1 Hz = 1/s). Baut man anstelle der beiden Schleifringe einen als Stromwender arbeitenden Umschalter (Kommutator: lateinisch commutare = wechseln, ändern) auf die Achse, so kann man auch Gleichstrom erzeugen. Dieser entsteht, indem der Wechselstrom nach jeder halben Umdrehung umgeschaltet wird, so daß der Strom stets in derselben Richtung fließt.

Der Elektromotor ist im Prinzip ebenso gebaut, nur schickt man in die Spule Strom, so daß sie ein eigenes Magnetfeld hat. Dieses wirkt auf das feste Magnetfeld des »Ständers« (Stators) so ein, daß sich die Spule – einmal in Bewegung gesetzt – durch rechtzeitiges, vom Kommutator gesteuertes Umpolen ständig dreht.

5

LICHT UND SCHATTEN

Der Weg des Lichtes

Ein Weiser überlegte eines Tages, welche physikalische Erscheinung auf der Erde wohl die für diesen Planeten und seine Bewohner wichtigste sei. Da er weise war, kam er zu dem einzig möglichen Ergebnis: Alle Erscheinungen sind wichtig, keine darf ausfallen, wenn unsere Welt weiterbestehen soll.

Dennoch hat der Mensch gerade das Licht und die ihm wesensverwandte Wärmestrahlung schon sehr früh besonders schätzen gelernt. Nach einer alten Sage hat Prometheus den Menschen das Feuer vom Himmel geholt, wofür ihn der erzürnte Zeus, der oberste Gott des Altertums, an den Kaukasus schmieden ließ. Prometheus ist uns heute ein Inbegriff selbstbewußter schöpferischer Menschenkraft. Die Beherrschung des Feuers war eine der allerersten Voraussetzungen für die kulturelle und technische Entwicklung des Menschen.

Der Mensch beginnt, das Licht zu erforschen

Entdeckungen und Experimente zeigten ziemlich früh, welchen Naturgesetzen das Licht gehorcht und wie es zum allgemeinen Nutzen verwendbar war. Heftig war dagegen der Streit um die Frage: *Woraus besteht das Licht?*

Auf den Gedanken einen »Lichtstoffes« – der (falschen) Vorstellung des »Wärmestoffes« entsprechend – kam man gar nicht erst; es war zu offensichtlich, daß sich Lichtstrahlen nicht kilogrammweise kaufen und aufbewahren ließen. Dieser Irrtum blieb bekanntlich den Schildbürgern vorbehalten, die ihr Rathaus ohne Fenster bauten; sie wollten die Räume mit Sonnenstrahlen erhellen, die in Säcken von draußen hereingeholt werden sollten. Dagegen verglich man das Licht bald mit Wasserwellen und Schallwellen; sollte sich Licht nicht durch ähnliche Wellen nach allen Seiten ausbreiten? Der holländische Physiker Christian Huygens (1629 bis 1695) und andere angesehene Naturforscher setzten sich für diesen Gedanken ein; Experimente zur Überlagerung von Wellen bewiesen, daß er richtig war.

Sofort erhob sich die nächste Frage: Welcher Stoff soll die Lichtwellen bilden? Zwischen Sonne und Erde war gewiß weder Wasser noch Luft. Der französische Physiker Augustin Jean Fresnel (1788 bis 1827, ausgesprochen Frenél) machte einen Vorschlag: Der Weltraum und alle Körper seien mit »Lichtäther« angefüllt, und der bilde die Lichtwellen wie Wasser die Wasserwellen. Diese Theorie war falsch. Heinrich Hertz (1857 bis 1894) entdeckte das Richtige: das *elektromagnetische Feld*, das – wie der Name sagt – teils elektrisch, teils magnetisch ist. *Elektromagnetische Wellen* sind auch die Wärmestrahlen und noch andere Erscheinungen; das Bild 5.1 zeigt, daß sie sich alle nur durch ihre Schwingungszahl je Sekunde (Einheit 1 Hertz, Hz, benannt nach dem Physiker Heinrich *Hertz*, 1857–1894) und damit auch durch ihre Wellenlänge unterscheiden. Mit etwa 300 000 km/s bewegt sich das Licht; es ist immer irgendwohin in Bewegung.

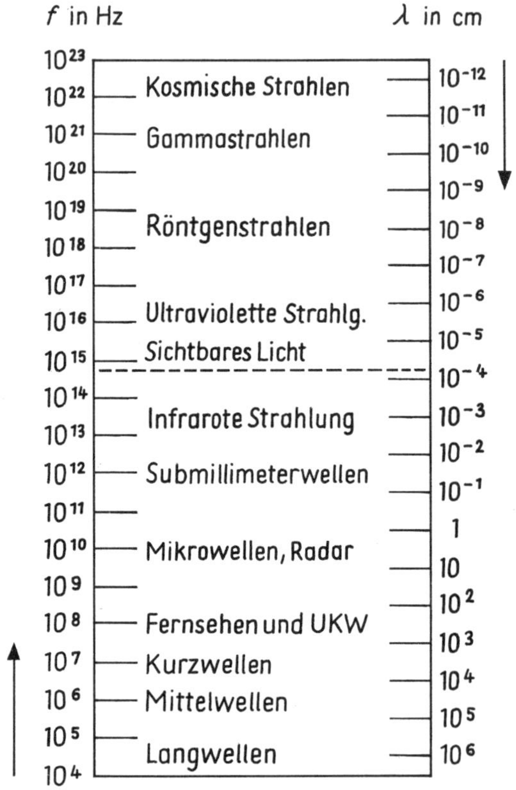

5.1 Bereiche der elektromagnetischen Schwingungen

Isaac Newton hatte Zweifel an der Wellenvorstellung des Lichtes. Er glaubte mehr daran, daß die Lichtstrahlen aus vielen, *sehr vielen kleinen Teilchen* bestehen, die mit der genannten Riesengeschwindigkeit von einem glühenden Körper fortgeschleudert werden; wir denken dabei an die Tropfenstrahlen eines Rasensprengers oder einer Sprühdose. Und das Erstaunliche geschah: Auch diese Theorie erwies sich als richtig; der Druck, den diese Teilchen, Lichtquanten (nach dem lateinischen quántitas = Menge, Anzahl) genannt, beim Auftreffen auf eine Fläche ausüben, konnte sogar gemessen werden! Also ist das Licht beides: Welle und Teilchen. Wir können uns diese »Doppelnatur« wie im Bild 5.2 so vorstellen, daß ein Teilchen die Form eines »Stückchens Welle« hat. Jedenfalls hat unser Lichtstrahl, mit dem wir bald experimentieren wollen, zwei Gesichter; und je nachdem wie der Forscher sein Experiment aufbaut, sieht er bald das eine, bald das andere.

Wir wollen weiterhin einfach vom »Lichtstrahl« sprechen und trotzdem nicht ganz vergessen, welch merkwürdiges Ding das ist. Es läßt sich gut mit ihm experimentieren, denn er läuft immer schön geradeaus — bis wir ihn mit allerlei Tricks nach unserem Willen ablenken. Freilich reichen unser Wille und unsere Möglichkeiten nur so weit, wie das Naturgesetz der Lichtausbreitung es zuläßt; aber das wissen wir schon.

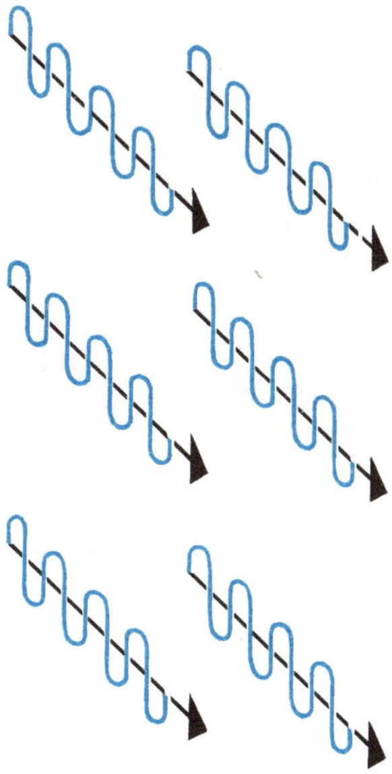

5.2 Die Doppelnatur des Lichtstrahls

Experimente mit dem Licht

Sie sind ein wenig anders als die bisherigen in diesem Buch: Sie verlangen manchmal ein längeres Probieren und die nötige Geduld dazu (die jeder Forscher aufbringen muß). Dafür gibt es aber allemal viele verschiedene Möglichkeiten für uns, die Experimente aus Einzelteilen aufzubauen und zu basteln. Kleine Änderungen im Versuchsaufbau führen oft zu verblüffenden, erfreulichen, neuen Ergebnissen. Der Lichtstrahl entwischt schnell, wenn wir nicht genau einstellen, eine saubere Bastelei vorher macht sich meist später durch Zeitersparnis bezahlt. Wir müssen vor allem immer wissen, was wir wollen und warum wir es so und nicht anders machen müssen. Die Erinnerung an einige Physikstunden in der Schule hilft gelegentlich auch.

Das allgemeine Material ist leicht zu beschaffen: Pappen, Papprröhren, etwa 2 mm dick und je nach Größe der Linsen mit einer lichten Weite bis 70 mm; Holzleisten; 2 Lineale, je 500 mm lang, aus Holz; federndes Metallblech; Sperrholz; lichtundurchlässiges (am besten schwarzes) Papier, Transparentpapier, weißes Papier; Streifen aus weichem Stoff, z. B. Schaumplast; Alleskleber, Knetmasse (Plastilin), Klebestreifen, Schnipsgummis; Nägel, Schrauben, Hammer, Zange, Raspel, Feile, Glasschneider und ein scharfes Messer (möglichst mit feststehender Klinge, etwa ein Radiermesser), Rasierklinge. Dann das Gläserne, das bei einigem Glück in Läden für Augenoptik, Laborgeräte und Fotosachen zu finden ist: Glasplatten, Bechergläser, ein kleines Aquarium (mit 300 mm × 160 mm Bodenfläche und möglichst glatten Glaswänden); Linsen (mit Brennweiten zwischen −12 und +30 cm, konvex und konkav) und Spiegel (eben und konkav, Rasierspiegel, Hohlspiegel); spiegelblanke Haushaltfolie aus Aluminium; Prismen, Uhrglasschalen; farbige Folien gibt es in Schreibwarengeschäften. Holz- und Metallbaukästen sind ebenso wie der seit geraumer Zeit im Handel erhältliche »Optik-Experimental-Baukasten« sehr gut für unsere Zwecke geeignet.

Ohne Lichtquelle geht es nicht

Die weitaus beste und billigste Lichtquelle ist die Sonne, die mit ihrem Licht und ihrer Wärme über 150 Millionen Kilometer hinweg alles Leben auf unserer Erde ermöglicht. Ihre Lichtstrahlen sind nicht nur sehr stark, sondern sie laufen bei uns – in der großen Entfernung! – auch so gut wie parallel; das ist für unsere Versuche recht wichtig. Sie beleuchten die Dinge auf der Erde so stark, daß von den Dingen genügend helle Strahlen ausgehen, die unsere Augen treffen; dann sehen wir die Dinge. Früher glaubte man eine Zeitlang, die Lichtstrahlen zum Sehen kämen aus unseren Augen. Das stimmt natürlich nicht – so praktisch es auch wäre, mit eigenem Augenlicht im Dunkeln sehen zu können! (Ein merkwürdiger Anblick wäre das: alle Menschen mit zwei Scheinwerfern im Kopf, durch die Lider und Wimpern abzublenden!) Der in der Sonne liegende Raum muß sehr gut verdunkelt werden (im Boden und Keller meist leicht möglich); die durch Loch oder Spalt einfallenden und meist im leichten Staub der Luft gut erkennbaren Sonnenstrahlen lassen sich durch Spiegel bequem in jede gewünschte Richtung lenken.

Bei trübem Wetter und nachts, wenn unsere Antipoden auf der anderen Seite der Erdkugel die Sonne zu Versuchen brauchen, benötigen wir eine eigene Lichtquelle. Die einfachste ist eine brennende Kerze; wir werden sie auch oft benutzen. Dann brauchen wir einen schmalen Lichtstrahl oder auch drei davon, die parallel laufen – wobei »ein Lichtstrahl«, selbst hergestellt, aus einer Riesenzahl physikalischer Strahlen besteht, die alle wieder parallel laufen. Wir nehmen die etwa 160 mm lange übliche Taschenlampe (mit zwei Stabelementen, Monozellen), die man durch Drehen des Leuchtkopfes auf Breitlicht oder schmales »Punktlicht« einstellen kann. Wir nehmen den Reflektorkopf ab und umhüllen die Lampe mit einer etwa 140 mm langen Papprӧhre, die 15 mm über die Glühlampe hinausragt; der Schalter liegt in einer Aussparung, in die er hineingeschoben wird. Zur Glühlampe hin ist die Röhre nicht aufgeschnitten; der Lampenkörper soll recht fest darin sitzen. Zu große Pappröhren werden mit Einsätzen aus engen geschnittenen Röhren ausgefüllt (Bild 5.3).

Eine zweite Pappröhre trägt an einem Ende die Sammellinse (5 oder 6 cm Brennweite, s. S. 226), mit Ringen und ausgeschnittenem Rohrdeckel befestigt. Sie muß lichtdicht über einige Pappringe gleiten, die auf der ersten Röhre sitzen und deren Durchmesser so vergrößern, daß die zweite Röhre noch über den Schalter hinweggleitet. Wer statt der Taschenlampe ein durchbohrtes dickes Rundholz nimmt, am einen Ende die Glühlampe befestigt und die Leitungen nach außen zu einer Batterie oder einem Klingelumspanner führt, hat es leichter: Er setzt gleich die Pappröhre mit der Linse über das Rundholz. Der schöpferischen Phantasie sind keine Grenzen gesetzt. Die Röhren werden innen schwarz gestrichen, um schädliche Reflexe zu vermeiden. Unerwünschte »Lichtlöcher« werden mit schwarzer Knetmasse abgedichtet (Bild 5.4).

Die Entfernung Glühfaden – Mitte der Linse ist durch die Brennweite f der Linse bestimmt: möglichst nicht über 5 oder 6 cm; sonst wird die Sache reichlich lang und unhandlich. Wichtig ist, daß der Glühfaden (der möglichst punktförmig sein soll) genau im Brennpunkt der Sammellinse sitzt, sonst kann man keine parallelen Lichtstrahlen ernten. Liegt der Glühfaden zwischen Brennpunkt und Linse, laufen die Strahlen draußen auseinander, ist er nach der anderen Seite –

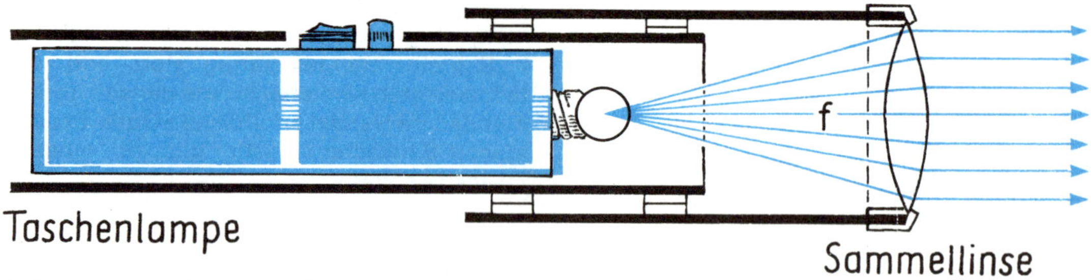

5.3 Experimentalleuchte mit Taschenlampe

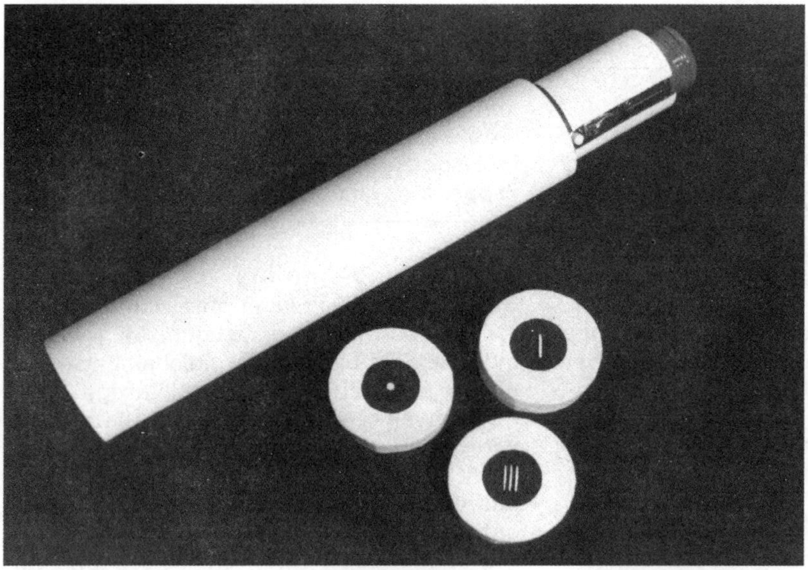

5.4
Unsere selbstgebaute Experimentalleuchte

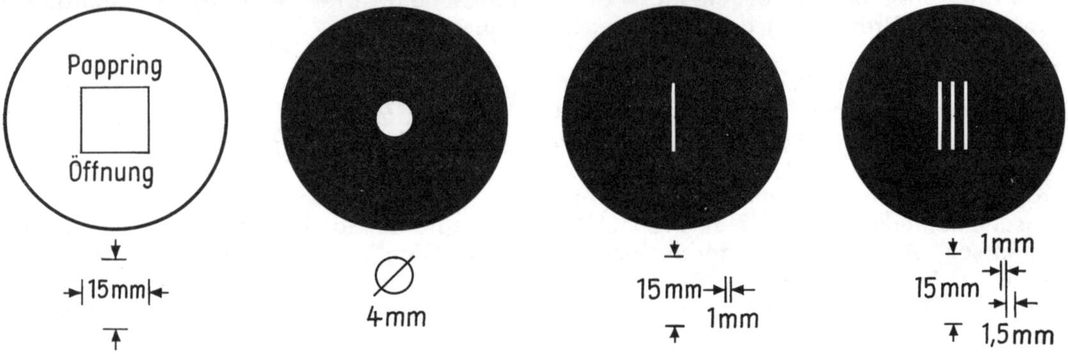

5.5 Blenden

von der Linse weg – verschoben, laufen die Strahlen zusammen.

Vor der Linse wird die jeweilige Blende angebracht, die nur ein begrenztes Strahlenbündel durchlassen soll: Lochblende, Spaltblende oder Dreispaltenblende. Sie besteht aus einer runden Pappscheibe mit einem Ausschnitt in der Mitte, etwas größer als die Öffnung der Blende. Über den Ausschnitt klebt man festes, schwarzes Papier mit den Ausschnitten (mit Rasierklinge oder sehr scharfem, dünnem Messer hergestellt): Spalt je 1 mm breit und etwa 15 mm lang; Abstand der Spalten voneinander 1 bis 1,5 mm (Bild 5.5). Man kann auch aus den dünnen Rasierklingen selbst gut einen Einzelspalt herstellen. Das runde Loch (1 bis 5 mm Durchmesser) wird am besten mit einer Lochzange oder einem Schlageisen ausgestanzt. Jede Blende erhält einen Pappring, der auf das Linsenende der Linsenröhre paßt. Haben wir eine Sammellinse mit einer ebenen Seite (eine plankonvexe Linse), so läßt sich die Blende auch leicht mit Klebefilmstreifen befestigen.

Wer es sehr eilig hat, nimmt die vollständige Taschenlampe, klebt die Lochblende mit Klebestreifen auf das Glas des Reflektors und befestigt vor dem Loch der Blende ein wassergefülltes und mit einem Stopfen sicher verschlossenes Reagenzglas, 20 bis 30 mm Durchmesser; Schnipsgummis, die am Griffende der Taschenlampe einen Halt finden, eignen sich sehr gut dazu. Diese »Zylinder-Wasserlinse« entläßt einen schmalen und hohen Lichtstreifen, der sich gut für die Versuche eignet (Bild 5.6). Wer Kugeln gleicher Durchmesser aus klarem Glas hat, mag

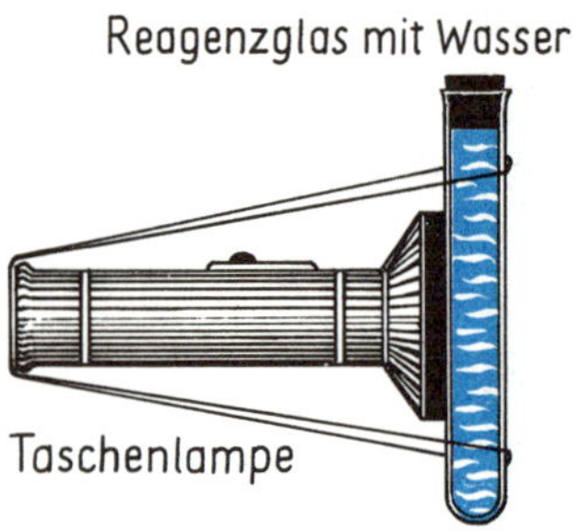

5.6 Zylinder-Wasserlinse

auch sie versuchen; man befestigt die Kugel mit Hilfe einer Papprõhre (in der sie sich verschieben läßt) vor der Blende.

Auch ein Hohlspiegel (im Bild 5.7), der sich in einer Röhre mit Hilfe eines Stempels oder einer kleineren, einschiebbaren Röhre hin- und herbewegen läßt, ergibt mit einer kleinen Glühlampe eine Experimentalleuchte. Durch Verschieben des Hohlspiegels kann die in der äußeren Röhre befestigte Glühlampe in den Brennpunkt des Hohlspiegels gebracht werden.

Ist der Glühfaden einigermaßen punktförmig und steht er genau im Brennpunkt, so ist mit einigermaßen parallelen Lichtstrahlen zu rechnen; störend macht sich bei dieser Anordnung der Schatten von Glühlampe und Fassung bemerkbar (die man also recht klein halten soll). Am wenigsten stören zwei verdrillte, steife Kupfer-Leitungsdrähte, die an den Lampensockel angelötet sind und die Glühlampe zugleich tragen. Verschiebt man den Hohlspiegel, so laufen die Lichtstrahlen auseinander oder zusammen (s. Bild 5.27). Hat man Papprõhren nur einer einzigen lichten Weite, etwa 70 mm, und will man eine zweite hineinschieben, so muß diese der Länge nach aufgeschnitten, im Umfang verkürzt und mit dunklem Klebstoff wieder zusammengeklebt werden. Um wieviel der Umfang verkürzt werden muß, ist — wie eine einfache geometrische Rechnung mit $2\pi r$ zeigt — nicht vom Durchmesser der Röhre, sondern von deren Dicke abhängig: Die Zahlentafel 5.1 gibt die praktischen Werte (in mm) an, die für den Ausschnitt etwas höher als die errechneten liegen:

Dicke der Pappe	0,5	1,0	1,5	2,0	2,5	3,0	3,5
Umfang kürzer um	7	10	13	16	19	22	25

Selbstverständlich kann man sich die Papprõhren auch selbst anfertigen: Man wickelt mittelstarkes bis starkes, weiches Papier auf einem Kern auf, der die zukünftige lichte Röhrenweite als Durchmesser hat; dabei wird jede Lage auf der vorhergehenden mit leichtflüssigem (notfalls mit Wasser verdünntem, also wasserlöslichem) Büroleim aufgeleimt.

Mancher Leser wird sich aus seinem Fahrrad-Scheinwerfer eine gute Lichtquelle bauen!

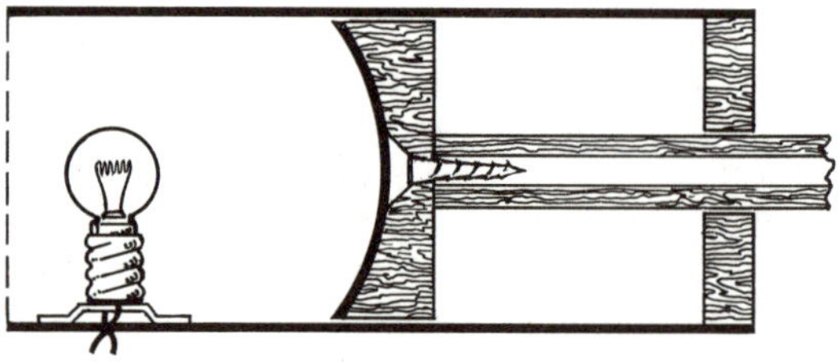

5.7 Experimentalleuchte mit Hohlspiegel

Wo Licht ist, ist starker Schatten

So sagte es Goethe (unter anderem) in seinem »Götz von Berlichingen«, 1. Akt. Daß man auch mit dem Schatten allerlei Physikalisches erleben kann, wollen wir jetzt beweisen.

Wir vergleichen die Stärke der Lichtquellen

Die Einheit der *Lichtstärke* ist die Candela (cd), auf lateinisch: Kerze. Man versteht darunter — etwas vereinfacht — die Lichtstärke, die von einem auf 1800 °C erhitzten Körper durch eine Lochblende von 1,5 mm Durchmesser abgestrahlt wird. Für den Vergleich der Lichtstärken benutzen wir zwei Eigenschaften des Lichtes: Seine Strahlen bewegen sich erstens geradlinig fort und zweitens gleichmäßig nach allen Seiten. Die geradlinige Fortbewegung (nicht Fortpflanzung!) ist Grundlage des großen Teiles der Optik, die man »Strahlenoptik« nennt — oder auch »geometrische Optik«, weil die Lichtstrahlen so vorzüglich (zumeist) als Geraden gezeichnet und deshalb mit Hilfe der Geometrie er-

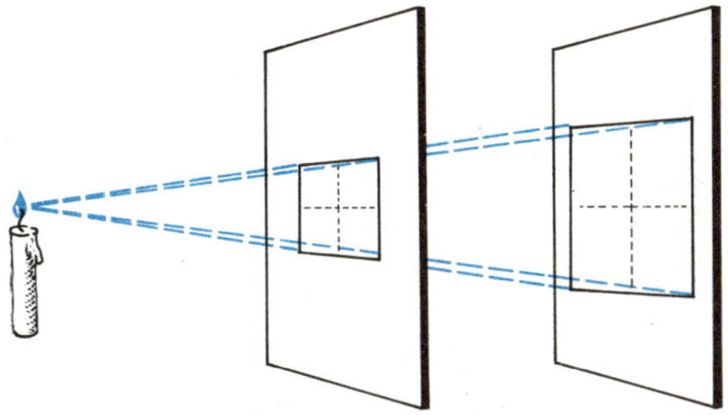

5.8 *Abnahme der Beleuchtungsstärke*

klärt und berechnet werden können. Da sich das (ungestörte) Licht gleichmäßig nach allen Seiten ausbreitet, bildet es eine immer größer werdende Kugel. Deren Oberfläche vergrößert sich mit dem Quadrat ihres Abstandes r vom Mittelpunkt: $O = 4\pi r^2$. Folglich verteilen sich die Lichtstrahlen auf eine quadratisch wachsende Fläche; sie liegen weniger dicht nebeneinander. Man sagt: Die *Leuchtdichte* (so heißt die Flächenhelligkeit *einer* Lichtquelle, gemessen in cd/m^2) *nimmt mit dem Quadrat der Entfernung von der Lichtquelle ab.*

Ein Strahlenbündel, das beispielsweise in 50 cm Entfernung durch ein 5 cm × 5 cm (= 25 cm^2) großes Fenster fällt, erhellt in doppelter Entfernung (100 cm) bereits die vierfache Fläche (100 cm^2) eines zweiten Kartons, in dreifacher Entfernung (150 cm) schon die neunfache Fläche (225 cm^2) des Fensters. Entsprechend nimmt die Beleuchtungsstärke mit dem Quadrat der Entfernung auf $\frac{1}{4}$ und $\frac{1}{9}$ ab (Bild 5.8). In der Natur kommt nichts aus dem Nichts und vergeht nichts in das Nichts; was auf der einen Seite gewonnen wird, geht auf der anderen Seite verloren (Sätze von der Erhaltung physikalischer Größen).

Wir wollen nach der langen, aber nötigen Vorrede zwei Lichtquellen im »Schatten-Fotometer« miteinander vergleichen. Zu diesem Zweck lassen wir beide – seitlich etwas gegeneinander verschoben – den Schatten eines senkrechten Stabes, etwa eines Bleistiftes, auf eine weiße Fläche werfen, wie es im Bild 5.9 dargestellt ist.

Die Lichtquellen, beispielsweise eine Kerze und eine 15-W-Glühlampe, werden so lange verschoben, bis beider Schatten nebeneinanderstehen und gleich dunkel erscheinen. Dann werden die Entfernungen der Lichtquellen vom Schirm gemessen. Die Lichtstärken, mit denen die Lichtquellen in die Richtung des Stabes strahlen, verhalten sich wie die Quadrate der Entfernungen. Beispiel: Verhalten sich die Strahlenlängen wie 20 cm : 80 cm, so verhalten sich die zugehörigen Lichtstärken wie $20^2 : 80^2 = 1 : 16$. Oder wir teilen die größere Länge durch die kleinere, also $80 : 20 = 4$, und setzen das Ergebnis ins Quadrat; bei doppelter Entfernung muß die Lichtquelle ja viermal, bei dreifacher Entfernung neunmal stärker sein usw.

Ebenso einfach ist das »Fettfleck-Fotometer«; es besteht nur aus einem Stück Papier, in einen kleinen Rahmen gespannt, mit einem ganz gewöhnlichen Fettfleck in der Mitte (der hier endlich einmal nicht am falschen Platz ist). Die zu vergleichenden Lichtquellen werden vor und hinter dem Fleck aufgestellt. Solange die Leuchtdichte einer Seite überwiegt, läßt der Fettfleck Licht nach der anderen Seite durch und sieht dort hell, auf der Seite des starken Lichtes jedoch dunkel aus. Wir verschieben die Lichtquellen so, daß der Fleck auf beiden Papierseiten weder hell noch dunkel aussieht, sondern scheinbar verschwunden (und unsichtbar) ist. Dann messen wir die Abstände der Lichtquellen vom Fleck und rechnen weiter wie beim Schatten-Fotometer.

»Fotometer« heißt freilich nicht »Lichtvergleicher«, sondern Lichtmesser. Genaugenommen müßten wir als eine der Lichtquellen eine mit der Lichtstärke 1 cd nehmen. Da wir diese aber mit unseren Mitteln nicht verwirklichen können, begnügen wir uns mit dem einfacheren »Kerzen«-Vergleich.

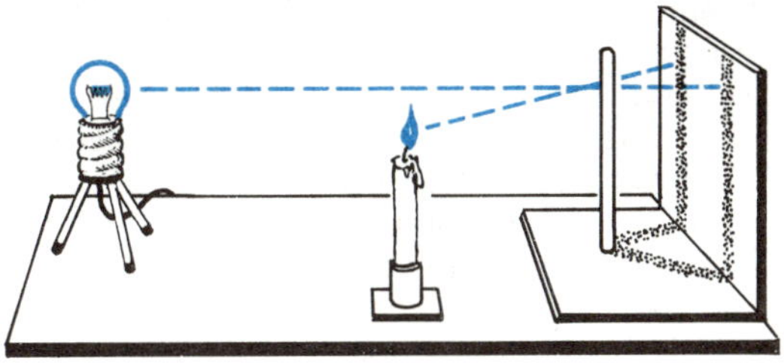

5.9 *Schatten zweier Lichtquellen*

Experimente und Spiele mit Schatten

Jeder beleuchtete Körper wirft einen Schatten; auch jeder Mensch hat ein naturgesetzli-

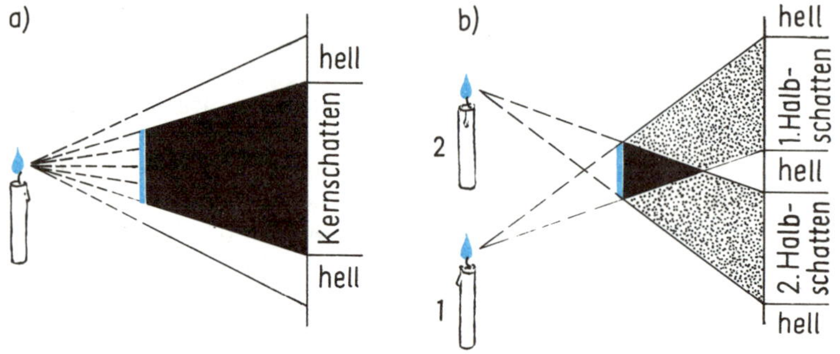

5.10 Kernschatten und Halbschatten

ches Recht darauf. Es ist kein Wunder, daß ein Naturforscher und Dichter, nämlich Adelbert von Chamisso (1781 bis 1838), diesen Gedanken dichterisch verwertete: In seiner ziemlich gruseligen und traurigen Erzählung »Peter Schlemihls wundersame Geschichte« verkauft der Titelheld seinen Schatten dem Teufel gegen einen immer reichgefüllten Geldbeutel. Er hat dadurch überraschend viel Ärger und Kummer und beendet sein schattenloses Dasein traurig in einer Höhle.

Wir behalten unsere Schatten und untersuchen sie genauer. Ein Schatten entsteht, wenn der Strahlenkegel einer Lichtquelle auf ein Hindernis trifft. Bei einer punktförmigen Lichtquelle entsteht hinter dem Hindernis (dem lichtundurchlässigen Körper) ein tiefer Kernschatten, bei ausgedehnter Lichtquelle (etwa zwei Kerzen) treten Kernschatten und Halbschatten auf (Bild 5.10).

Farbige Schatten kennen nur wenige; sie sind leicht darzustellen: Halten wir im Versuch mit den beiden Kerzen vor eine Kerze, etwa Nr. 1, ein farbiges Glas (oder durchscheinendes Papier oder Folie), so bleibt der Kernschatten schwarz, aber der 2. Halbschatten erscheint farbig und der 1. grau. Die Kerze 2 färbt mit ihrem farbigen Licht den 2. Halbschatten! Mit beiden verschiedenfarbig leuchtenden Kerzen wirken beide Halbschatten entsprechend farbig.

Es geht noch einfacher! Wenn bei beginnender Dämmerung noch etwas blaues Tageslicht auf unseren Tisch fällt, wir aber doch schon die elektrische Tischbeleuchtung mit ihrem gelblichen Schein einschalten mußten, dann brauchen wir nur unseren Schreibstift beide Schatten werfen zu lassen: Der eine (vom Tageslicht) erscheint gelb, der andere blau. Wer den Versuch ganz groß vor-

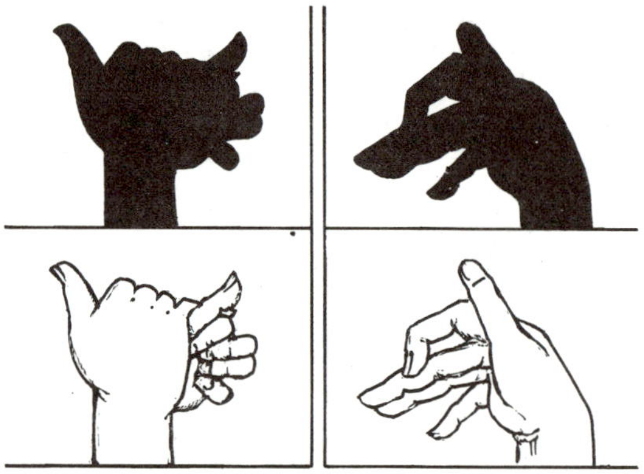

5.11 Bewegte Schattenbilder

führen will, nimmt zwei ziemlich dicht nebeneinander stehende Tischleuchten und umhüllt die eine Glühlampe mit hellroter und die andere mit bläulich-grüner Folie. Ein (nicht zu naher) Körper wirft sehr schöne rote und grüne Schatten, und die meisten Zuschauer werden prompt annehmen, der rote Schatten komme von der roten Leuchte und der grüne Schatten von der grünen Leuchte!

Bewegte Schattenbilder, mit den Händen und auch mit Figuren aus Pappe auf eine helle Fläche geworfen, sind bekannt; manche können mit beweglichen Fingern einen halben Zoo darstellen (Bild 5.11). Mit feststehenden Figuren und bewegten Lichtquellen, etwa mehreren Kerzen, die sich im Kreis bewegen, lassen sich vergnügliche Wirkungen erzielen. Mit zwei Kerzen und einem drehbaren Pappstern lassen sich sogar zwei Sternschatten herstellen, die sich gegenläufig bewegen (Bild 5.12). Wir wollen jetzt den Schatten eines einfachen Stabes für etwas ganz Besonderes (nach einem Vorschlag von B. Donath) verwenden!

5.12 Gegenläufige Schatten

Eine Sonnenuhr, die Tages- und Jahreszeiten angibt

Ein Becherglas, beispielsweise 145 mm hoch und mit 108 mm Durchmesser, Pappe, Papier, eine Stricknadel oder ähnliches, ein Holzklotz – das ist alles, was dazu nötig ist. Das Bild 5.13 zeigt die ganze Anordnung. Es ist unbedingt nötig, die angegebenen Winkelgrößen beim Holzklotz genau einzuhalten; wer das nicht kann, muß einen Tischler bitten. Die Holzfläche für das Glas soll für die angegebene Bechergröße etwa 120 mm mal 140 mm betragen.

Die Winkel sind wichtig, weil die schräge Fläche mit dem Glas zur Zeit der Tag- und Nachtgleichen im Frühling und Herbst genau in die Richtung der Sonnenstrahlen weisen soll – wobei die andere schräge Fläche (immer) genau nach Süden gerichtet sein muß (mit Kompaß oder nach dem Mittags-Sonnenstand einzustellen).

Die Stricknadel, die den Zeigerschatten (oder Schattenzeiger) spenden soll, ist im Glasboden in einem mit Alleskleber angeklebten Korkstückchen (K) und an der anderen Seite in einer genau in die Öffnung passenden Holzscheibe (P) verankert. Sie soll aus der Holzscheibe noch 10 bis 20 mm herausragen; mit diesem Ende steckt sie später in einem Loch im Klotz. Sie wird auf die richtige Länge verkürzt (nach ihrem Dienst in der Wissenschaft ist sie sowieso ihrem ursprünglichen Zweck entfremdet). Wenn das Glas nicht fest genug auf der etwa 20 mm hohen Holzscheibe sitzt, hilft Umwickeln mit Isolierband. Die Nadel trägt in ihrer Mitte, mit ein oder zwei Scheiben befestigt, eine ganz gerade Pappscheibe (besser noch eine unempfindlichere Blechscheibe), fast so groß wie der Innenquerschnitt des Becherglases. Bild 5.13 zeigt den grundsätzlichen Aufbau, Bild 5.14 eine Ausführung unserer Sonnenuhr. In diesem Bild erkennen wir auch die senkrechte Jahreszeiten- oder Monatsskale, auf die wir noch zu sprechen kommen. Um eine gewöhnliche Stunden-Sonnenuhr zu er-

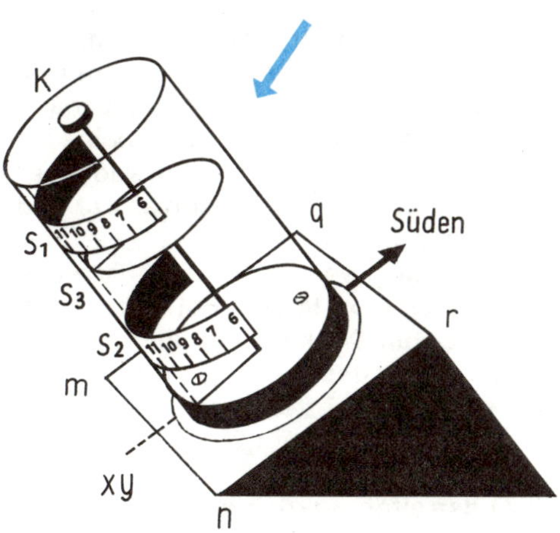

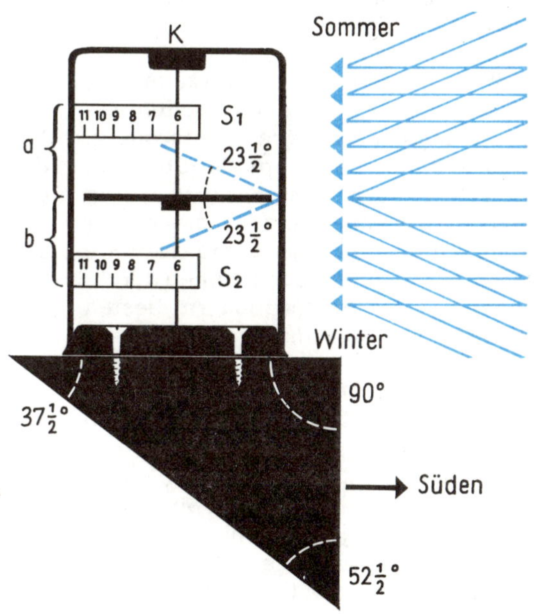

5.13 Sonnenuhr auch für Jahreszeiten

5.14
Unsere Sonnenuhr

halten, brauchen wir nur noch eine Skale, auf der – bei Sonnenschein – der Nadelschatten die Uhrzeit angibt. Wir wollen aber auch die Jahreszeit ablesen und haben dafür die Pappscheibe eingebaut, die uns die Sonnenhöhe anzeigt: Während des Sommers wird sie von oben, während des Winters von unten bestrahlt. Am 21. März und am 23. September, den Tag- und Nachtgleichen, streifen die Sonnenstrahlen sie nur, und sie wirft nur einen schmalen, waagerechten Schatten auf einen senkrechten Papierstreifen. Auf ihm zeichnet der Schatten der Pappe, nach oben und nach unten größer und kleiner werdend, mit seinem Rand die Jahreszeiten an, und wer will, kann sie auf dem Streifen eintragen (Eichung der Uhr nach Jahreszeiten). Damit der Schatten der Pappe die Stundenanzeige nicht stört, bringen wir weit genug oben und unten je eine Stundenskale an; der Nadelschatten bestreicht ja die ganze Höhe des Glases. Für die etwa 15 mm hohen durchscheinenden Skalen nimmt man am besten Transparentpapier, das mit Plastkleber für Glas angeklebt wird.

Nun noch etwas Wichtiges zum Ort und zur Einstellung der Streifen! Wir zeichnen Becherglas, Nadel, Pappscheibe und Holzscheibe in Originalgröße als Schnitt auf. Vom rechten Ende der Pappscheibe wird nach links oben und unten je ein Winkel von $23\frac{1}{2}°$ mit dem Winkelmesser angetragen; wo der obere freie Schenkel das Glas trifft, soll der obere Rand der oberen Stundenskale sein – beim Treffpunkt des unteren freien Schenkels entsprechend der untere Rand der unteren Skale. Die $2 \cdot 23\frac{1}{2}° = 47°$ entsprechen dem Unterschied zwischen dem höchsten Sonnenstand (Zenit) im Sommer und dem im Winter (am längsten und am kürzesten Tage). Bei unserem Bechergrößen-Beispiel sind a und b je 45 mm lang.

Die Länge der Skalen-Streifen ist gleich dem halben Umfang des Becherglases – durch Anvisieren der Enden durch das Glas über die Nadel leicht feststellbar. Jeder Streifen wird in zwölf Teile geteilt. Der Sokkelklotz erhält eine Linie xy, die genau senkrecht zu den Kanten mn und qr liegen muß. Mitten auf der Linie wird ein Loch gebohrt, in das das herausragende Ende der Stricknadel hineinpaßt; alsdann wird die Holzscheibe P – genau Loch über Loch – mit dem Klotz verschraubt oder verleimt. Jetzt setzen wir endlich alles zusammen!

Die beiden Zwölfen der Skalen müssen genau über der Linie xy liegen. Entweder legen wir einen rechten Winkel an, oder wir stellen in Richtung Süd, das heißt in Verlängerung von xy, etwa 2 m entfernt eine brennende Kerze auf – als Sonne im Zenit. Der Nadelschatten soll mit xy zusammenfallen. Die beiden Skalenstreifen werden in den schon bekannten Höhen so angeklebt, daß beide Zwölfen genau auf dem Nadelschatten liegen. Der senkrechte Jahreszeitenstreifen

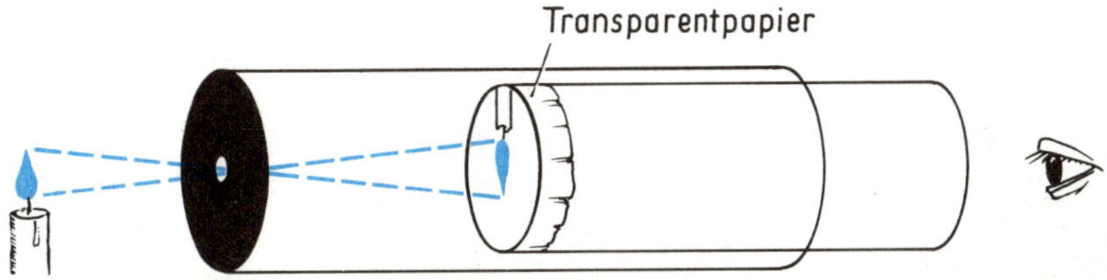

5.15
Das Prinzip der Lochkamera

wird anschließend zwischen den beiden Zwölfen angeklebt. Das Ganze wird mit farblosem Nitrolack lackiert oder gespritzt (Staubsauger und Zerstäuber, s. S. 98). Dann bekommt die Sonnenuhr ihren Platz an der Sonne – auf einer völlig waagerechten Fläche. Am besten mit Wasserwaage prüfen! Das Ganze ist eine *Äquatorialuhr*, denn ihre Achse ist zu der des Himmels parallel, und ihre Scheibenebene trifft, wenn man sie nach allen Seiten unendlich erweitert, mit dem Himmelsäquator zusammen.

Ein Loch zeichnet mit Licht Bilder

Als der griechische Philosoph und Naturforscher Aristoteles (384 bis 322 v. u. Z.) eines Tages, vom Sonnenschein aus dem Hause gelockt, im dichten Laubwald spazierenging, beobachtete er etwas Auffälliges: Durch eckige kleine Zwischenräume im Laub kamen Sonnenstrahlen und zeichneten auf dem Waldboden kreisförmige Lichtflecken, Bilder der Sonne – und nicht etwa der unregelmäßigen Öffnungen im Laub. Bei einer teilweisen Sonnenfinsternis sahen die Lichtflecken sichelförmig aus. Aristoteles berichtete voll Staunen darüber. Erklärt hat die Erscheinung erst der Grieche Maurolycus (1494 bis 1577).

Wir kennen diese Erscheinungen heute gut: Ein kleines Loch im sonnenbeschienenen Rolladen läßt ein kleines Lichtbündel durch, und das wirft ein umgekehrtes Bild von draußen an die helle Wand im verdunkelten Zimmer. Ein Loch (etwa 1 mm Durchmesser) im Umschlag eines Heftes, gegen das Fenster gehalten, zaubert ein kleines umgekehrtes Bild des Fensters auf die erste Seite des Heftes, die man etwa 2 cm entfernt hält. Das Loch wirkt wie eine Linse, und man kann damit eine »Lochkamera« bauen und fotografieren; kleines Loch: scharfes Bild, aber dunkler; größeres Loch: heller, aber unschärfer. Wir experimentieren mit Löchern von 1 bis 4 mm Durchmesser.

Wir bauen eine Lochkamera

Man nennt sie auch mit dem lateinischen Namen »camera obscura«, die dunkle Kammer. Da die Lichtstrahlen von einer Lichtquelle oder einem beleuchteten Körper (der sie weitergibt) nur durch ein winziges Loch an einer der beiden Stirnseiten eindringen können, ergibt es sich zwangsläufig: Alle Strahlen kreuzen einander in dem Loch; die von oben kommen, landen unten und umgekehrt, die Strahlen von links laufen nach rechts und umgekehrt; die Folge ist, daß das Bild auf dem Transparentpapier an der Rückwand der Lochkamera seitenverkehrt kopfsteht (Bild 5.15).

Wir können eine solche Kamera leicht auf zwei Arten bauen: Mit zwei ineinanderschiebbaren Papprollen oder aus einem Holz- oder Pappkästchen (Größenordnungen: Rollenlänge je etwa 30 cm, große Zigarrenkiste oder Schuhkarton). Die Rückseite – bei der Rollenbauart auf der Innenrolle verschiebbar angebracht – ist immer lichtdurchlässiges, aber undurchsichtiges Transparentpapier; die Lochseite erhält eine größere Öffnung, über die dünnes, festes, nichtfaserndes schwarzes Papier geklebt wird. In dieses erst wird in der Mitte das Löchlein gebohrt mit einer Nadel, Reißzwecke, Lochzange usw. Alle Innenflächen sollen mattschwarz gestrichen oder geklebt sein, damit die Lichtstrahlen scharf und ungeschwächt bleiben (Bild 5.16). Die schönste camera obscura ist das schon erwähnte verdunkelte Zimmer, in das von außen ein scharfer Sonnenstrahl dringt.

Die Spiegelwelt

Eine merkwürdige Welt ist die Spiegelwelt! Eigentlich sind's zwei Welten: eine ernste und eine heitere, seltsame, sogar manchmal gruselige voller Zauber. In der ernsten Spie-

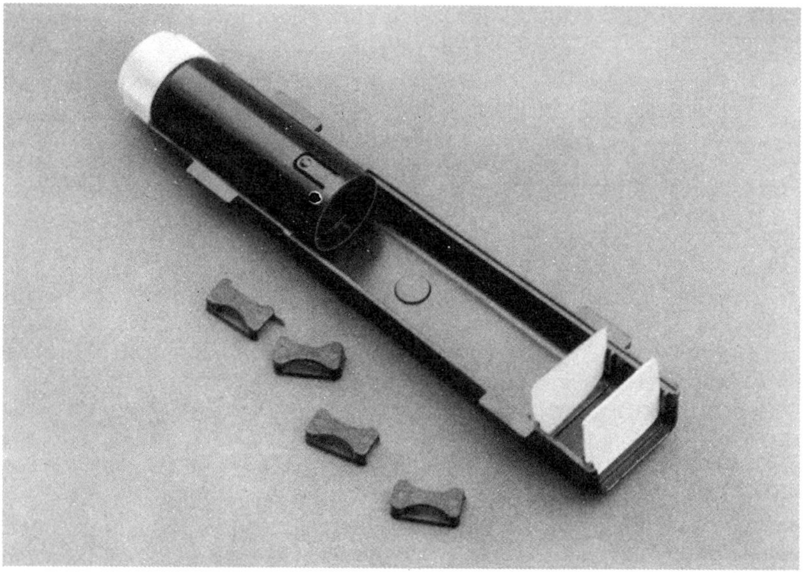

5.16
Eine einfache Lochkamera

gelwelt leben wir, ohne viel über den Spiegel nachzudenken; wir sehen nur, daß er überall benutzt wird: im Haushalt, in der Medizin, in den Fahrzeugen (als Rückspiegel), in Spiegelreflex-Kameras; beim Friseur und beim Schneider, in Cafés und Eisenbahnwagen und an vielen anderen Stellen. Auch die Astronomie braucht Spiegel. Mancher Leser weiß auch, daß unser heutiger Spiegel aus Glas mit versilberter Rückseite erst Mitte des 19. Jahrhunderts aufkam; vorher gab es Spiegel aus Glas mit Zinnamalgam (Zinn-Quecksilber-Verbindung), davor – im 12. Jahrhundert – Glasspiegel mit Bleilegierung. Die alten Ägypter, Griechen und Römer hatten blankpolierte Scheiben aus Kupfer, Bronze, Silber und Gold. Und die Menschen der noch früheren Zeit haben ihr Aussehen in ruhigen Wasserspiegeln bestaunt.

Die heiter,gruselige Spiegelwelt finden wir auf dem alten Jahrmarkt wieder, unserer unübertroffenen Fundgrube physikalischer Erlebnisse: Im »Lachkabinett«, wo die nach außen und nach innen gebogenen Spiegel schlanke Leute kugelrund und dicke lang und dürr erscheinen lassen; außerdem in der Illusionsschau, auf deren Bühne Menschen und Dinge geisterhaft scheinbar aus dem Nichts erscheinen und wieder dorthin verschwinden, und im Irrgarten, wo die vielen Spiegelbilder den Besucher zum Narren halten. Kein Wunder, daß man von »Vorspiegelungen« spricht, wenn jemand etwas vorschwindelt!

Das Gesetz des Spiegels: die Reflexion

Das ist das einfache Reflexionsgesetz für alle Spiegel: Jeder Lichtstrahl wird im gleichen Winkel, in dem er einfällt, zurückgeworfen (reflektiert; vom lateinischen refléctere = zurücklenken). Oder anders ausgedrückt: Der Einfallwinkel α eines Lichtstrahles ist gleich dem Ausfallwinkel β (Reflexionswinkel) (Bild 5.17).

Dabei meint man stets die Winkel zwischen Lichtstrahl und der Senkrechten auf dem Spiegel in dem Punkt, in dem der Strahl den Spiegel trifft. Einfallstrahl, Senkrechte und Ausfallstrahl liegen in einer Ebene. Wer hat das nicht schon praktisch durchgeführt bei dem Versuch, das Sonnenlicht mit Hilfe eines Taschenspiegels dorthin zu lenken, wo es eigentlich nicht hingehörte? Sonnenlicht, durch einen Kamm auf einen Spiegel geleitet, zeigt die Ablenkung gleich mit zahlreichen Strahlen (Bild 5.18). Wir wollen das Gesetz aber noch experimentell beweisen!

Auf einer festen Zeichenfläche ist hinten ein Spiegel senkrecht befestigt (Bild 5.19). Wir stecken die Nadel 1 und 2 (am besten mit bunten Köpfen) fest. Die Aufgabe lautet: Die Nadeln 3 und 4 vor dem Spiegel so zu stecken, daß ihre Spiegelbilder in einer Reihe mit den Nadeln 1 und 2 liegen. Das ist das erste Mal gar nicht so leicht. Wir schauen genau in Richtung 1–2 in den Spiegel und kümmern

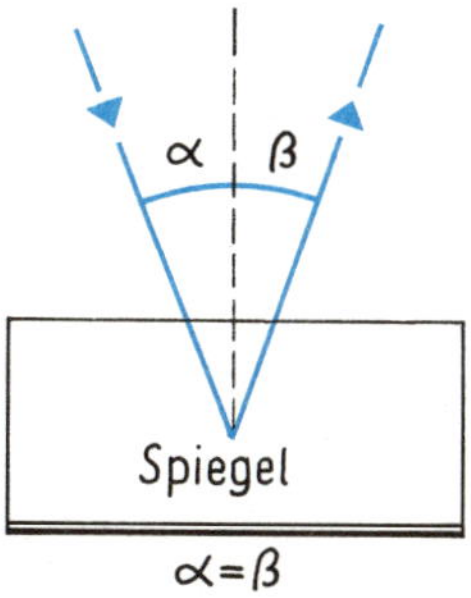

5.17
Reflexionswinkel

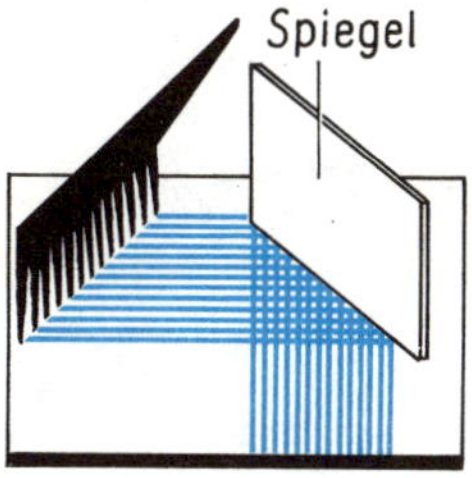

5.18
Parallele Reflexion

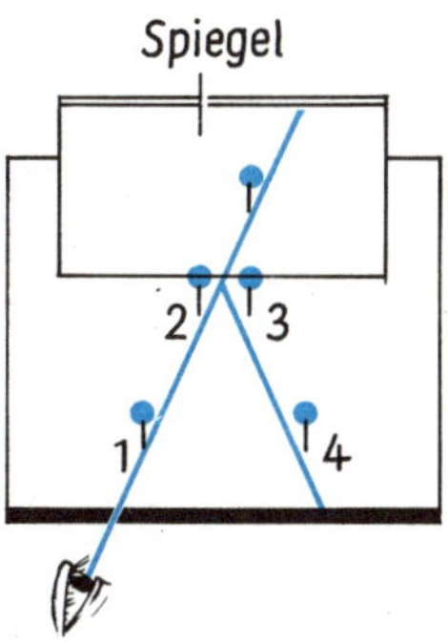

5.19
Überprüfen der Winkel

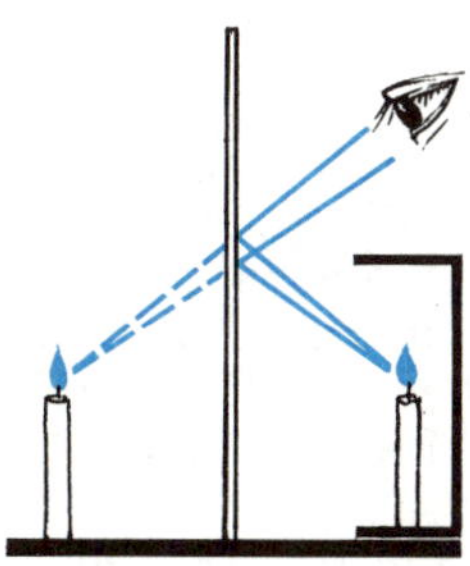
5.20
Scheinbare Bilder

uns nicht darum, was die rechte Hand tut, sondern nur darum, ob 3 und 4 im Spiegelbild, also scheinbar hinter dem Spiegel, den Platz in der Verlängerung 1—2 erhalten.

Verbinden wir 1 und 2 mit einer Geraden bis zum Spiegel und 3 und 4 desgleichen, so stellen wir fest: Beide Geraden treffen einander am Spiegel. Errichten wir an dem Punkt die Senkrechte auf dem Spiegel, so sind die beiden Winkel links und rechts von der Senkrechten — Einfall- und Ausfallwinkel — gleich. Das Spiegelbild ist symmetrisch zur Wirklichkeit; die Symmetrieachse ist der untere Rand des Spiegels. Das Spiegelbild ist nur ein scheinbares (virtuelles) Bild; andernfalls könnten wir es um die Achse klappen und mit der Wirklichkeit vor dem Spiegel zur Dekkung bringen. Ebene Spiegel reflektieren also die von einem Punkt ausgehenden Strahlen so, daß es so aussieht, als befände sich der Punkt in symmetrischer Lage hinter dem Spiegel, also ebenso weit hinter dem Spiegel wie davor. Beim Fotografieren eines Spiegelbildes muß man diese scheinbare Entfernung berücksichtigen! Soll jemand als Spiegelbild aufgenommen werden, der beispielsweise 2 m vor dem Spiegel steht, so muß der Abstand der Kamera vom Spiegel +2 m eingestellt werden. Spiegelbilder haben die gleiche Größe wie die gespiegelten Gegenstände. Scheinbare Bilder kann man übrigens nicht auf Papier »einfangen«; das ist nur mit wirklichen (»reellen«) Bildern möglich. Wie das Spiegelbild einer brennenden Kerze, die gegen das Auge des Betrachters abgedeckt ist, entsteht, läßt sich geometrisch gut darstellen (Bild 5.20).

Ein senkrecht auf den Spiegel fallender Lichtstrahl läuft auf dem Einfallweg wieder zurück; $\alpha = \beta = 0°$. Das ist im allgemeinen der Fall, wenn sich jemand im Spiegel betrachtet. Man sieht sich da seitenverkehrt, sozusagen nach einer Kehrtwendung um 180°. Haben Sie, lieber Leser, schon einmal versucht, sich vor dem Spiegel mit der Schere in der rechten Hand ein einzelnes Haar, sagen wir, über dem linken Ohr abzuschneiden? Spiegelfechterei, Spiegelschererei! Warum sehen wir uns übrigens nur seitenverkehrt und (glücklicherweise) nicht auch noch kopfstehend im Spiegel? Das Reflexionsgesetz gilt auch für die Luftwellen des Schalles, für Wasserwellen und für elastische feste Körper (die Ballspiele einschließlich des Billardspieles geben gute Beispiele).

Spiegelspiele

Spiegelschrift (Bild 5.21): Ein Blatt Kohlepapier wird mit der Farbseite nach oben auf den Tisch gelegt, darauf ein Blatt weißes Schreibpapier. Wir beschreiben das Papier,

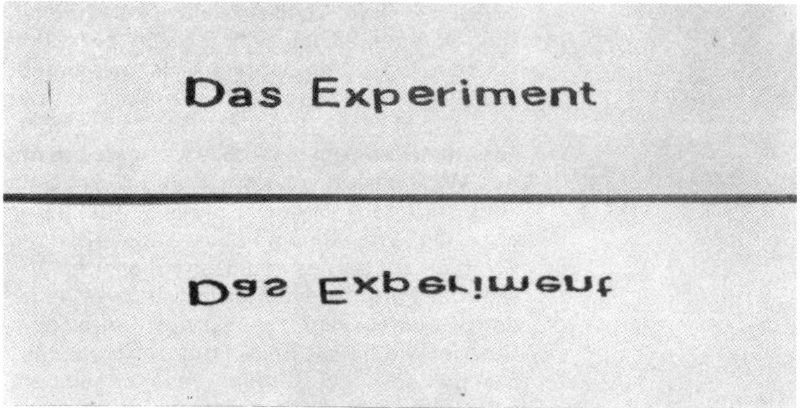

5.21
Spiegelschrift

5.22
Endlose Spiegelbilder

heben es vom Kohlepapier ab und haben auf der Rückseite des Schreibpapiers alles Geschriebene in Spiegelschrift. Sie ist im Spiegel zu lesen. Schriftsetzer können beim Setzen mit der Hand ebenso wie Metteure beim Zusammenfügen der Zeilen zu Seiten einer Druckschrift Spiegelschrift auch ohne Spiegel lesen. Warum?

Endlose Spiegelbilder (Bild 5.22): Zwei senkrechte Spiegel stehen einander in 15 bis 30 cm Abstand gegenüber; zwischen ihnen liegt ein Gegenstand. In jedem Spiegel sehen wir eine endlose Wiederholung des Spiegelbildes vom Gegenstand, immer kleiner werdend. Diese hübsche und verblüffende Erscheinung kann man gelegentlich in Schlössern und dergleichen sehen, wo auf diese Weise zum Beispiel endlos lange Räume mit Säulen zum Scherz vorgespiegelt werden. Ein Geldstück, auf solche Weise vervielfacht, macht uns leider auch nicht reicher ... Mit einer kleinen Figur, die ein brennendes Kerzchen trägt, läßt sich ein eindrucksvoller Fakkelzug darstellen. Stehen die Spiegel im Winkel zueinander, so bilden die Spiegelbilder Teile eines Kreises.

Winkelspiegel (Bild 5.23): Die »Seitenverkehrtheit« läßt sich durch einen zweiten Spiegel, der im Winkel zum ersten steht, wieder ausgleichen. Der Schneidermeister verwendet meist einen großen Spiegel mit zwei drehbaren Seitenspiegeln. Er nennt sie »Profilspiegel« und benutzt sie, damit der Kunde auch von der Seite sehen kann, ob der neue Anzug oder das neue Kleid richtig sitzt. In einem Winkelspiegel können wir die gespiegelte Uhr »richtig« ablesen.

Sehen, ohne gesehen zu werden

5.23
Winkelspiegel

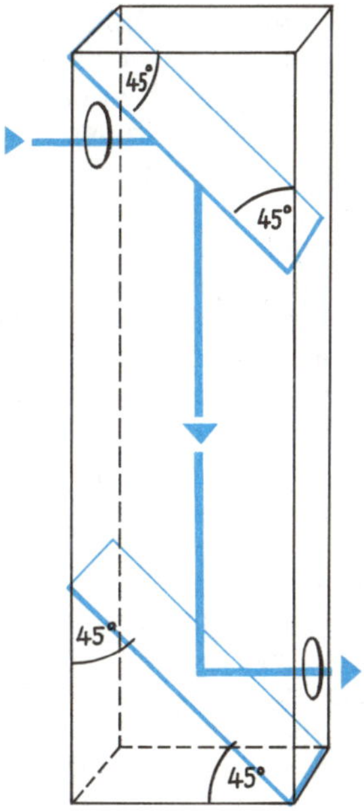

5.24
Sehrohr

(Bild 5.24): Das ist mit dem »Sehrohr« möglich. Es ist aus einem runden oder viereckigen Papprohr und zwei Spiegeln nach dem Bild leicht zu bauen. Wichtig ist, daß die Spiegel an den Schmalseiten mit genau 45° anliegen, damit der Lichtstrahl zweimal im rechten Winkel abgelenkt wird. Die Öffnungen liegen der Spiegelmitte gegenüber. Das Sehrohr, 30 cm bis 40 cm lang, ist vor allem für Geländespiele gut geeignet.

Auch eine gewöhnliche Glasplatte kann spiegeln

Sie tut es immer ein wenig; wir merken es nur nicht, weil durchflutende Lichtmengen die geringe Spiegelung überdecken. Tagsüber sehen wir ungehindert aus dem Zimmer ins helle Licht draußen; ist es aber draußen dunkel, so spiegeln sich die Dinge im Raum in der Fensterscheibe. Sie spiegeln sich – schräg betrachtet – sogar doppelt; einmal an der Innenseite und zugleich an der Außenseite der Scheibe. Das ist übrigens auch bei Wandspiegeln zu beobachten, wenn man einen Gegenstand in einiger Entfernung in Kopfhöhe neben sich hält und das Spiegelbild betrachtet. Das von der Oberseite des Glases gespiegelte Bild ist undeutlich und viel schwächer als das an der Unterseite mit der Spiegelschicht entstandene. Will man solche Verdopplung vermeiden, muß man (teure) »oberflächenverspiegelte« Spiegel nehmen. Schaufensterscheiben spiegeln Teile der Außenwelt wider; es ist daher nicht leicht, Auslagen im Schaufenster zu fotografieren.

Brennt die Kerze im Wasser? Mit einer verdeckten, brennenden Kerze und einer Glasscheibe (am besten aus Spiegelglas) können wir eine Kerze (scheinbar) ohne Hitze und sogar im Wasser brennen lassen; wir stellen eine gleich große, jedoch nicht brennende Kerze und ein wassergefülltes Glas im glei-

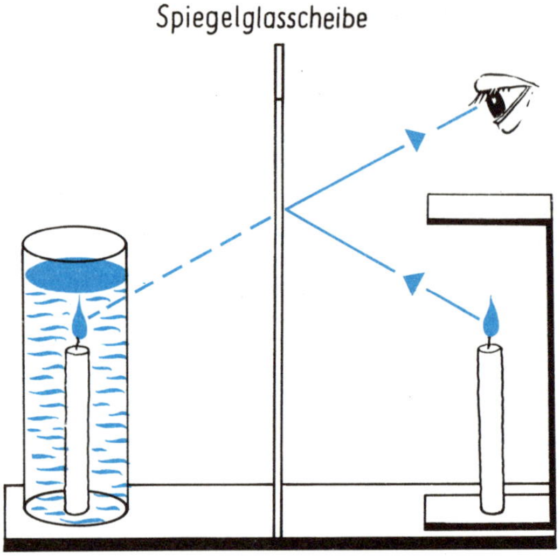

5.25 *Die Kerze im Wasser*

5.26 *Symmetrische Spiegel*

chen Abstand hinter die Scheibe (Bild 5.25).

Symmetrische Bilder zeichnen können wir ebenfalls mit einer senkrechten Glasscheibe (die sich am schnellsten mit Knetmasse feststellen läßt). Das Originalbild liegt links von der Scheibe; rechts zeichnen wir das (schwache) Spiegelbild nach, von links oben durch die Scheibe schauend (Bild 5.26).

Geistererscheinungen können auch mit der teilweise reflektierenden Glasscheibe hervorgerufen werden, die – in entsprechender Größe – auf der Bühne steht, schräg zur Vorderseite, so daß aus den Kulissen Figuren darauf projiziert werden können. Man kann so den Eindruck erwecken, daß sich die Geister zwischen den wirklichen Personen im erleuchteten Bühnenraum hinter der Scheibe befinden. Durch Verändern der Beleuchtung vor und hinter der Scheibe kann auch die Reflexionswirkung der Glasscheibe verändert werden.

Von gekrümmten Spiegeln

Davon gibt es verschiedene Formen: Zylinderspiegel, Kugelspiegel (beispielsweise verspiegelte Weihnachtsbaum-Kugeln), Hohlspiegel; mit allen lassen sich reizvolle Experimente machen. Der Zylinderspiegel verzeichnet nur in der Querrichtung und da wie ein Kugelspiegel. Der Kugelspiegel verkleinert stark und verzerrt zugleich. Der nach außen gewölbte, erhabene (konvexe) Spiegel wird vor allem als Rückspiegel bei Fahrzeugen benutzt; er liefert, wie alle erhabenen Spiegel, stets aufrechte, verkleinerte Spiegelbilder. Jeder Hohlspiegel ist ein Teil einer gläsernen Hohlkugel, die innen verspiegelt ist; er liefert ein aufrechtes, vergrößertes Bild (beispielsweise der Rasierspiegel). Er wird u. a. im Spiegelfernrohr benutzt, in einfacher Form als Reflektor in Taschenlampen.

Lichtstrahlen (etwa Sonnenstrahlen), die parallel in einen Hohlspiegel einfallen, werden auf den »Brennpunkt« F (lateinisch focus) reflektiert; die Strahlen eines Glühlämpchens, das im Brennpunkt in den Hohlspiegel hineinleuchtet, werden nach außen geworfen, die achsennahen parallel (Bild 5.27). F liegt in der Mitte zwischen Spiegel und dem Mittelpunkt M der Hohlkugel, von der der Hohlspiegel ein Teil ist. Sitzt das Glühlämpchen G zwischen F und Spiegel, laufen die Strahlen auseinander; sitzt es zwischen F und M, so laufen sie zusammen. Aus dem Mittelpunkt laufen die Strahlen in sich selbst zurück, weil die Radien ja senkrecht auf der Spiegelfläche stehen.

Scheinwerfer brauchen Spiegel, die noch genauer Parallelstrahlen (auf größere Entfernungen) aussenden; hier werden Parabolspiegel benutzt, die eine Paraboloidfläche haben: eine Parabel, die sich um ihre Achse dreht.

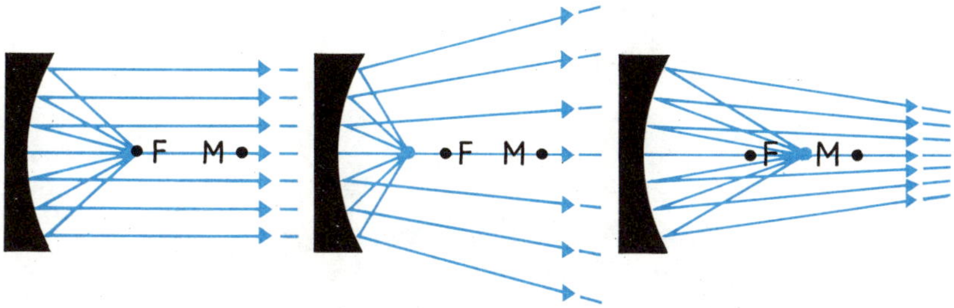

5.27
Strahlen beim Hohlspiegel

Der Lichtstrahl wird gebrochen

Im Bild 5.28 fährt ein Kraftwagen von einer Asphaltstraße über eine schrägliegende, weiche Sandfläche und danach wieder auf die alte, feste Straße. Was geschieht? Die Reibung beim ersten Rad verlangsamt dessen Bewegung; der Wagen zieht in die Richtung des gebremsten Rades. Beim Hinunterfahren will der Wagen wieder in die alte Richtung. Wir stellen einen Tisch längs schräg auf und bedecken das mittlere Drittel (quer) mit einem dünnen, weichen Tuch. Von oben lassen wir eine große Garnrolle oder zwei Räder auf einer Achse schräg auf das Tuch zulaufen. Wir beobachten das gleiche wie beim Wagen. Und was geschieht, wenn die Lichtstrahlen plötzlich in einem anderen »Medium« weiterlaufen müssen? (So nennt man den umgebenden Stoff nach dem lateinischen Wort für Umgebung, Mittel.) Sie ändern mehr oder weniger ebenfalls ihre Richtung; jeder schräg einfallende Lichtstrahl wird »gebrochen« (Bild 5.29).

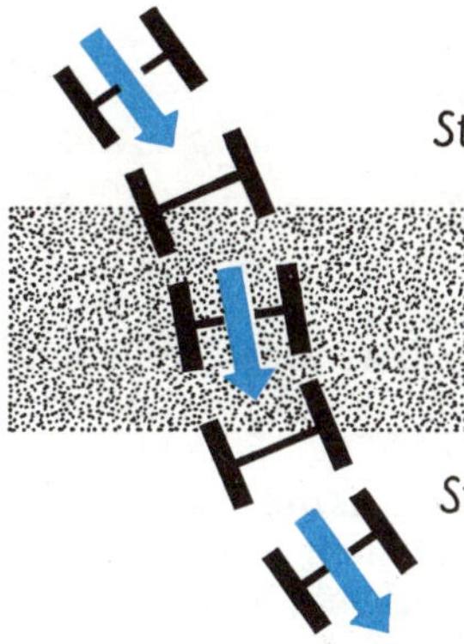

5.28
Die veränderte Fahrspur

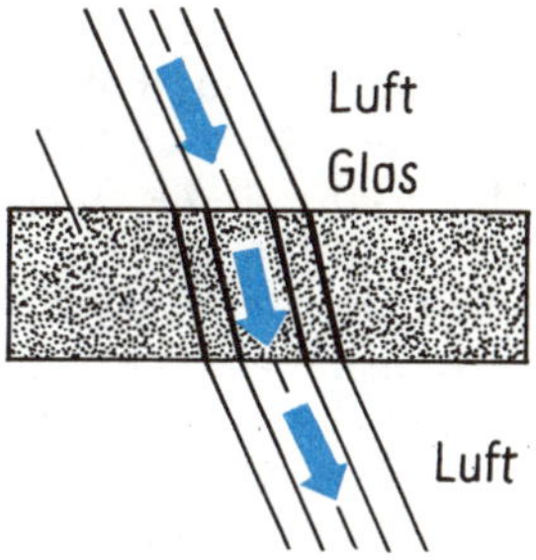

5.29
Ein Lichtstrahl geht durch verschiedene Medien

Wir experimentieren mit der Lichtbrechung

Wer kennt nicht den scheinbar gebrochenen Löffel im Glas mit Wasser (Bild 5.30)? Ein weiterer Versuch: Wir legen eine Münze mitten auf den Boden eines leeren Kochtopfes und schauen so schräg in den Topf, daß wir die Münze nicht mehr sehen können (im Bild 5.31 schwarzer Lichtstrahl). Dann wird Wasser in den Topf gegossen – und gleichzeitig sehen wir die Münze, ohne unser Auge von der Stelle bewegt zu haben! Der Lichtstrahl ist an der Wasseroberfläche gebrochen worden; er kommt jetzt (farbig) von der Münze bis ins Auge. Es sieht so aus, als sei sie ein Stück bis zur Sichtbarkeit gehoben worden. Wird das Wasser entfernt, verschwindet die Münze wieder aus dem Blickfeld.

Eines fällt sofort auf: Solche »Brechung« gibt es nur beim Übergang von einem Medium in ein anderes, hier von Wasser in Luft, denn die Lichtstrahlen kommen von dem beleuchteten Topfboden mit der Münze. Und so ist es auch! Wir müssen das noch genauer untersuchen.

5.30
Der versetzte Löffel

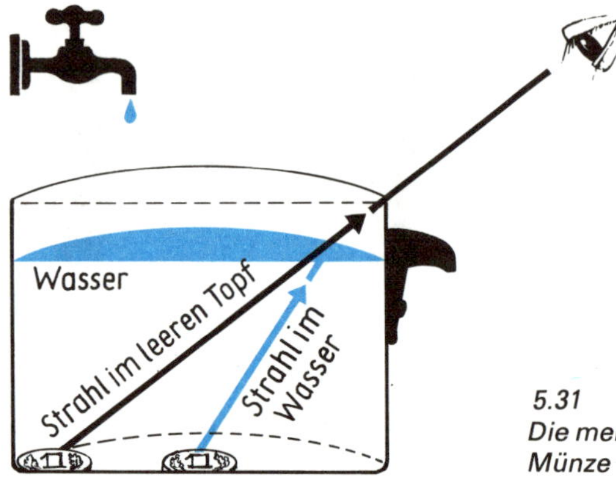

5.31
Die merkwürdige Münze

Lichtstrahlen statt der Fische im Aquarium

Wir füllen ein Aquariumglas (oder ähnliches; brauchbare lichte Größe: Bodenfläche 300 mm × 150 mm, Höhe 150 mm) bis etwa 50 mm unter die Oberkante mit Wasser und fügen einige Tropfen (nicht mehr!) Milch hinzu, um den Weg des Lichtes sichtbar zu machen; auch etwas Fluorescein oder Eosinlösung (rote Tinte) ist brauchbar. Ein ganz schräg hineingelegter Stab (Lineal) wirkt beim Eintritt ins Wasser scheinbar nach oben gebrochen, wenn wir dicht am Stab entlang von oben schauen. Seitlich – durch die Glaswand – gesehen, ist das nicht der Fall.

Nun müssen wir unser Labor verdunkeln, denn wir lassen einen Lichtstrahl aus unserer Lichtquelle von seitlich oben auf das Wasser fallen und bewegen ihn hin und her. Der Knick, die Brechung an der Eintrittsstelle ins Wasser, ist deutlich zu erkennen; er ist um so stärker, je flacher der Strahl auftrifft. Nur bei senkrechtem Auftreffen behält er seine Richtung! Der Lichtstrahl wird beim Übergang vom dünneren Medium (hier: Luft) in das dichtere (hier: Wasser) zum Einfallslot (Senkrechte zur Oberfläche im Übergangspunkt) hin geknickt; der Brechungswinkel wird kleiner. Beim Übergang vom dichteren in ein dünneres Medium wird der Strahl vom Einfallslot weg geknickt, der Brechungswinkel also größer als der Einfallswinkel. (Wenn man die Lichtquelle in unveränderter Neigung aus dem Bereich der Wanne führt, sieht man plötzlich auf der hellen Tischfläche die Stelle, wo der Strahl ohne Brechung landet.) Und wenn wir die Wanne auf vier feste Füße stellen (Bücher sind für den »Fall des Falles« meist wasserempfindlich!), dann können wir gut beobachten, wie der schräge Strahl nach dem Austritt aus dem Wasser (unterhalb der Wanne) wieder seine ursprüngliche Richtung annimmt. Die zusätzlichen Brechungen in der Glaswand lassen wir großzügig außer acht; man kann jedoch an einer dicken Glasscheibe dies alles ebenfalls beobachten.

Das beste Beispiel, oft mit schönen Farbenspielen (Dispersion, Bild 5.42) bietet die Sonne beim Untergehen. Dank der Brechung ihrer Strahlen beim Übergang vom Vakuum des Weltraumes in die verschieden dichten Luftschichten der Atmosphäre sehen wir sie – obendrein abgeplattet – noch über dem Horizont; obwohl sie in Wirklichkeit schon untergegangen ist. Die Abflachung kommt daher, daß die Strahlen vom unteren Rand der Sonne mehr gebrochen werden als die vom oberen Rand (Bild 5.32).

Davon wußte schon der griechische Naturforscher Archimedes (um 250 v. u. Z.) allerlei. Aber den mathematischen Zusammenhang zwischen den Einfall- und den Brechungswinkeln fand erst der Holländer Willebrord Snellius 1615. Dieses *Brechungsgesetz* lautet: *Das Verhältnis der Projektionen a und b*

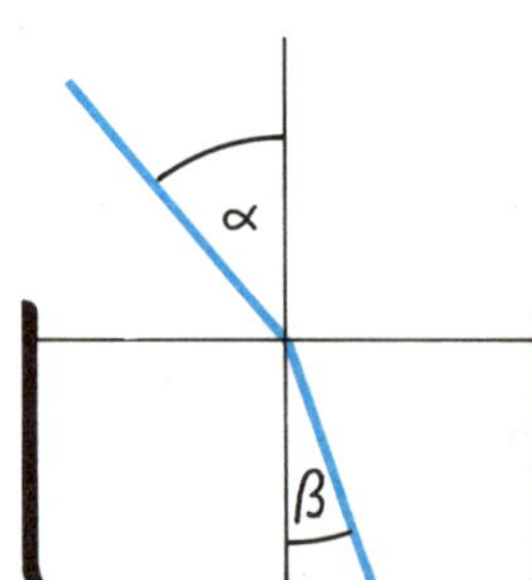

5.32
Das Brechungsgesetz

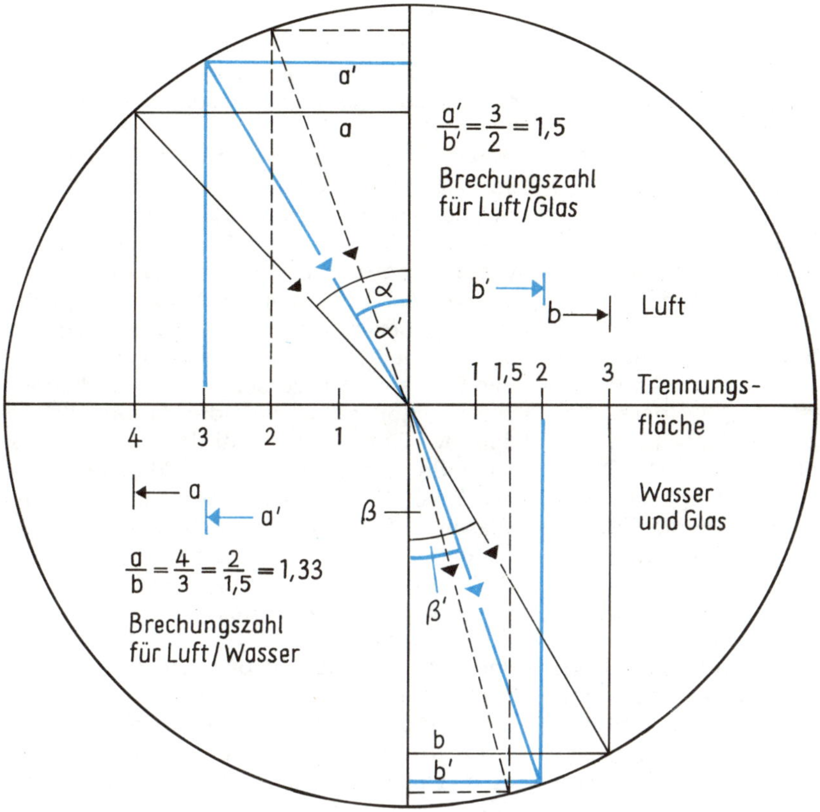

5.33
Brechungszahlen

des einfallenden und des gebrochenen Strahles auf die Grenzfläche ist für die gleichen Medien (Stoffe) immer gleich (konstant); man nennt es die Brechungszahl *n*. Das klingt gelehrt und entsprechend umständlich; unsere Zeichnung im Bild 5.33 zeigt es einfacher. Andere Medien haben andere Brechungszahlen. Wer schon in die Geheimnisse der Trigonometrie eingedrungen ist, der weiß, daß die genannten Projektionen die Sinus des Einfallwinkels α und des Brechungswinkels β sind; er schreibt das Gesetz viel einfacher:

$$\frac{\sin\alpha}{\sin\beta} = n = \frac{c_1}{c_2}\,.$$

Die Zahlen c_1 und c_2 sind die Lichtgeschwindigkeiten in den beiden (verschiedenen) Medien. Beim Übergang von Luft in Wasser ist $n = 4:3 = 1{,}33$, in Benzol 1,48, in Kronglas 1,52, in Diamant 2,42. Der Quotient $\frac{c_1}{c_2}$ sagt etwas Verblüffendes aus: Die Lichtgeschwindigkeit (mit fast 300 000 km/s für das Vakuum ein feststehender Wert) sinkt in dichteren Medien ab und erreicht beim Austritt aus diesen wieder den ursprünglichen vollen Wert, ohne daß Energie zugeführt wird! Licht ist schon eine merkwürdige, des Merkens wohl würdige Erscheinung!

Wasser wird plötzlich zum Spiegel

Wir setzen unsere wassergefüllte Glaswanne auf eine Zeitung. Wir schauen senkrecht hinein und können den Text lesen. Langsam weiter zur Seite gewendet: Plötzlich schimmert der Boden silbrig, und die Zeitung ist unsichtbar! So geht's uns auch, wenn wir schräg von unten (mit Kniebeuge oder mit einem Spiegel) in das Wasser schauen. Am besten kennt das der Taucher: Er sieht von einem halb im Wasser stehenden Menschen nur die untere Hälfte; die obere Hälfte ist verschwunden. Bei glatter Wasseroberfläche

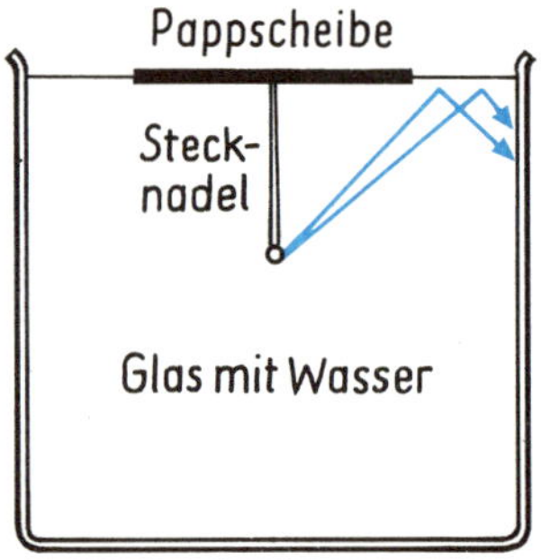

5.34
Die verschwundene Stecknadel

spiegelt sich die untere Hälfte – die Füße nach oben.

Das silberne Reagenzglas: Ein leeres Reagenzglas wird etwas schräg ins Wasser gehalten; wir sehen von oben darauf. Die Oberfläche schimmert wie Silber. Liegt das Glas zu flach, verschwindet der Silberschimmer. Ein Glastrichter, mit der großen Öffnung in Wasser gedrückt, während die enge Öffnung verschlossen ist, zeigt – von oben gesehen – die gleiche Erscheinung.

Die verschwundene Stecknadel (Bild 5.34): Eine etwa 30 mm lange Stecknadel mit farbigem Kopf wird in den Mittelpunkt einer Holz- oder Pappscheibe von 40 mm Durchmesser gesteckt. Ein großes Becherglas (etwa 80 mm Durchmesser) wird bis an den Rand mit Wasser gefüllt; auf das Wasser wird die Scheibe gelegt – mit der Nadel nach unten. Eigentlich müßten wir die Nadel wenigstens teilweise sehen können; sie ist jedoch unsichtbar geworden. Wir sehen sie erst, wenn wir von der Seite senkrecht durch das Wasser auf sie schauen. Und warum ist das so?

Keine Zauberei, sondern totale Reflexion

Es geht hier immer um Fälle, in denen der Lichtstrahl aus einem dichteren Medium (hier: Wasser) in ein dünneres (hier: Luft) übergeht. Das müssen wir genauer untersuchen! Wir führen einen Lichtstrahl (Lochblende oder ein Spalt!) von einer unteren Kante durch das Wasser nach oben, erst senkrecht, dann quer durch die ganze Länge der Wanne bis zum anderen Ende. Das läßt sich sehr gut mit einem rechteckigen Spiegel machen, der an der »Ausgangskante« im Wasser liegt und mit Hilfe eines Bindfadens (Alleskleber!) leicht in jede Schräglage gebracht werden kann. Im Notfall genügt die ebene Seite eines Rasierspiegels. (Im Bild 5.36 sind die verschiedenen Stellungen des Spiegels nebeneinander dargestellt, um den jeweiligen Lichtstrahl deutlicher zu machen; der Spiegel bleibt in Wirklichkeit in seiner Ecke.) Die Wanne wird zur Hälfte mit Wasser gefüllt; sie wird mit hellem Papier abgedeckt, das an der einen Schmalseite Durchlässe für Lichtstrahl und Bindfaden hat. Den Rauch vom Rest der Zigarette auf Seite 204 blasen wir unter den Deckel, um den Lichtstrahl auch in der Luft sehen zu können (Bild 5.35).

Bei waagerechtem Spiegel wird der Lichtstrahl in sich selbst reflektiert. Bei wachsendem Winkel wird die Brechung an der Grenzfläche vom Einfallslot weg immer stärker; der Brechungswinkel ist jetzt

$$\frac{\sin \alpha}{\sin \beta} = \frac{3}{4} = 0{,}75.$$

Beim »Grenzwinkel« $\alpha = 48{,}5°$ läuft der Strahl an der Fläche entlang. Wächst α weiter, so reflektiert die Fläche den Strahl total (nach unten). Sie tut das viel gründlicher als normale Spiegel, die immer einen mehr oder weniger großen Teil des Lichtes verschlukken; daher der Ausdruck »totale Reflexion«. Wie bei jeder Spiegelung, so ist auch hier der Ausfallwinkel gleich dem Einfallwinkel.

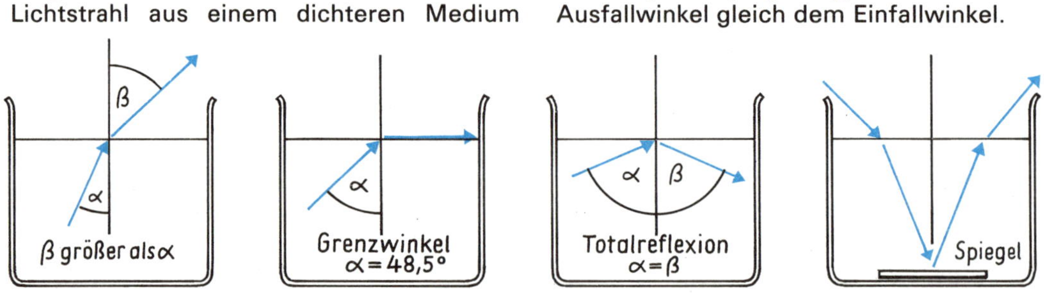

5.35 Totale Reflexion

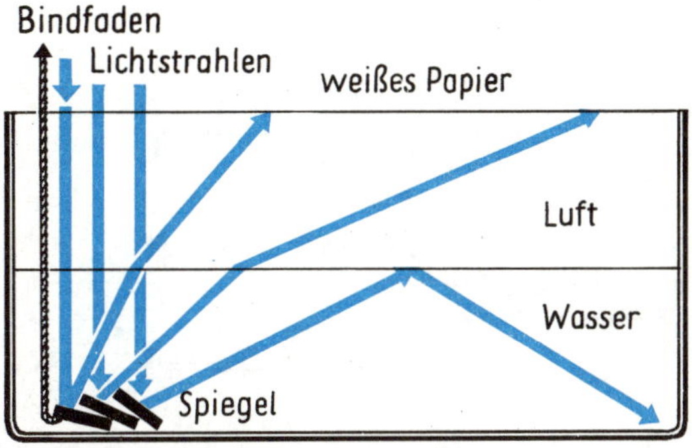

5.36 Versuch zur totalen Reflexion

Der getäuschte Wüstenwanderer

Liegt eine dünnere (warme) Luftschicht über einer dichteren (kalten), so kann die totale Reflexion die berühmte »Fata morgana« (Bild 5.37) hervorrufen. Eine solche Luftspiegelung spiegelt dem durstigen Wanderer eine Oase vor, die viel weiter entfernt ist, als er glaubt.

Auf der heißen Autobahn kann man auf langen, ebenen Strecken gelegentlich in der Ferne Bäume und anderes, gespiegelt in einer Wasserfläche, beobachten (Bild 5.38). Die Ursache dieser optischen Täuschung ist die Grenzschicht zwischen optisch dünner (unten) und optisch dichter (oben) Luftschicht.

Wir, die wir Bescheid wissen, können die Fata morgana im Experiment nachmachen: eine gegen Sicht abgeblendete brennende Kerze hinter einer Schmalseite der Wanne; wir schauen, wie im Bild 5.39 gezeichnet ist, auf der anderen Seite von unten gegen die Wassergrenzschicht. Das Spiegelbild der Kerze ist oben zu sehen. Der Wüstenwande-

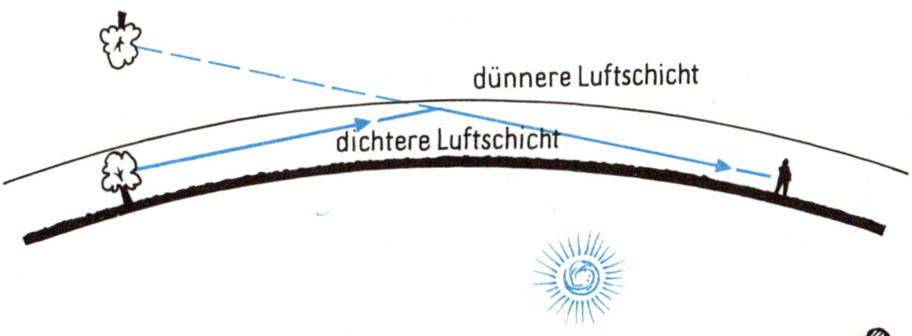

5.37 Fata morgana

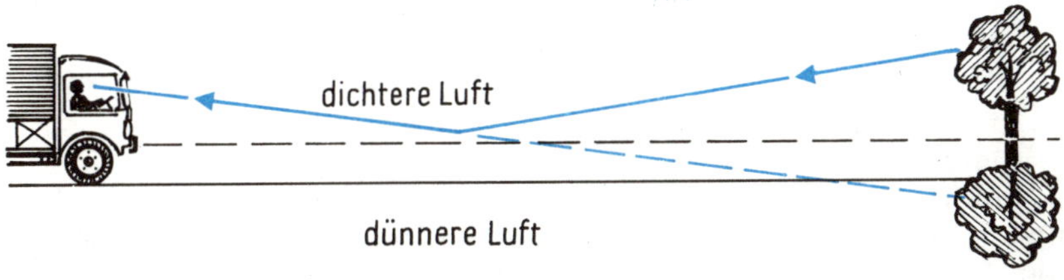

5.38 Luftspiegelung

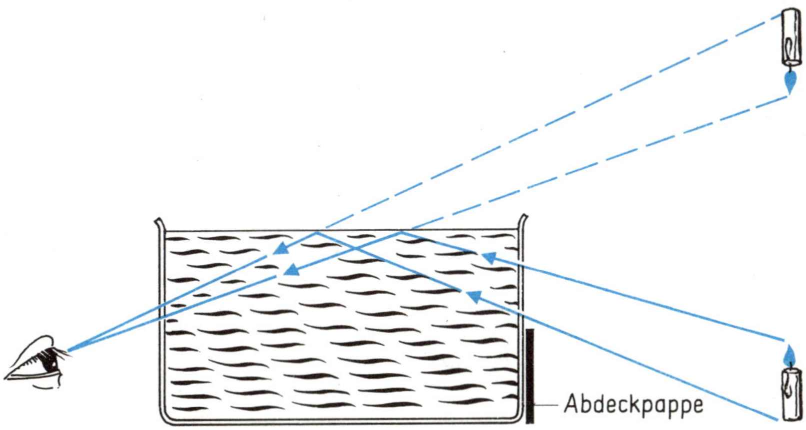

5.39 Fata morgana im Experiment

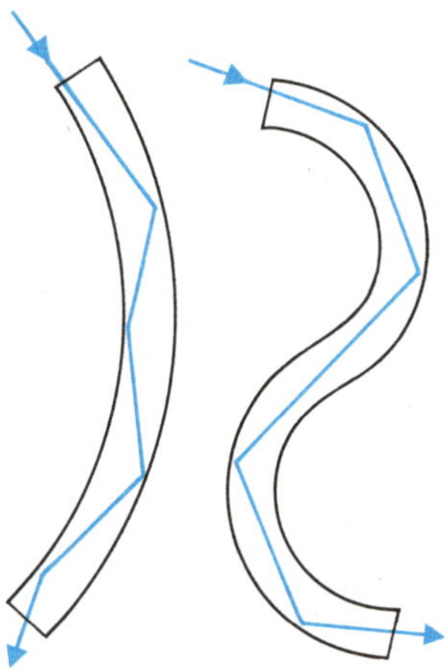

5.40
Der gefangene Lichtstrahl

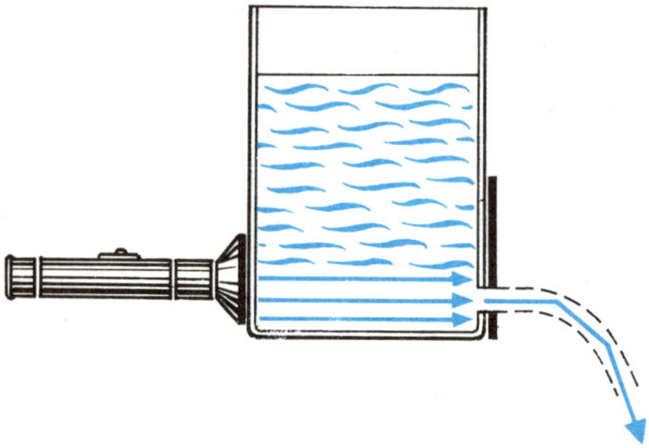

5.41 *Der leuchtende Wasserstrahl*

rer kann auch mit dem Fernrohr die wirkliche Oase nicht sehen, weil die Erdkrümmung sie verdeckt.

Nicht nur Lichtwellen, sondern auch Ultrakurzwellen für Rundfunk und Fernsehen (die ja ebenfalls elektromagnetische Wellen, nur im anderen Frequenzbereich, sind) werden an der Berührungsfläche der verschieden dichten Luftschichten total reflektiert; man nennt das »Inversion« (vom lateinischen invértere = umkehren). Dadurch entstehen vorübergehende »Überreichweiten« der reflektierten Sendungen.

Der gefangene Lichtstrahl

Schicken wir ihn in eine (nicht allzusehr) gebogene Glasröhre oder Glasstange, so läuft er in ihr entlang und kommt gehorsam in ganz anderer Richtung am anderen Ende wieder heraus. Er kann nicht entweichen, weil er an der Wand total reflektiert wird (Grenzwinkel Glas–Luft ist 25° bis 42°). Er saust von einer Seite zur anderen, im Zickzack, und hat so einen etwas längeren Weg; aber das macht bei seiner Geschwindigkeit nichts aus (Bild 5.40).

Aus einer vollen Kochflasche oder einem Rundkolben lassen wir langsam einen gleichmäßigen Wasserstrahl laufen und beleuchten zugleich den Boden des Gefäßes recht hell: Der Wasserstrahl trägt das Licht auf seinem Weg mit, solange er nicht auseinanderfällt. Am besten geht das mit einer Flasche, die unten seitlich eine Öffnung hat (Tubusflasche). Da kann man von oben ständig nachfüllen und den leuchtenden Strahl, den man gegen Flasche und Lichtquelle abdeckt, gut beobachten (Bild 5.41). Ganz leicht lenkbar ist der Lichtstrahl durch die neue *Faseroptik* geworden. Hunderttausend und mehr mikroskopisch feine Fäden aus Glas oder Plast (mit 10 bis 30 tausendstel Millimeter Durchmesser) werden zu »Faserlichtleitern« gebündelt. Sie leiten das Licht in schwer zugängliche Stellen von Geräten ebenso leicht wie in Hohlorgane des Körpers, Magen, Blase usw. Auch in der Laserstrahl-Technik beginnt der Faserlichtleiter eine Rolle zu spielen.

Das Prisma bringt die Farben an den Tag

Daß weißes Sonnenlicht beim schrägen Eintritt in das dichtere Medium gebrochen wird und daß dieses beim Austritt wiederum geschieht, ist uns bekannt; wir erwarten es im Experiment nach Bild 5.42. Neu beim Lichtdurchgang durch ein *Prisma* – und zugleich sehr eindrucksvoll – ist eine weitere Erscheinung: Das weiße Licht fächert sich in eine Reihe leuchtender Farben auf: rot, orange, gelb, grün, blau, indigo, violett, in ihrer Gesamtheit »Spektrum« genannt (lateinisch: Erscheinung, Bild). Ein Farbenband breitet sich aus; und da Ausbreitung, Zerstreuung lateinisch dispérsio heißt, spricht man von *Dispersion*. Es zeigt sich, daß weißes Licht keine einheitliche Wellenlänge hat, sondern aus einer Reihe elektromagnetischer Wellen verschiedener, benachbarter Wellenlängen besteht. Daß die Farben auseinanderfächern, hat folgende Ursache: Die Lichtgeschwindigkeit sinkt im Wasser um etwa ein Viertel, im Glas um etwa ein Drittel ab, aber für jede Farbe verschieden stark – für Rot am wenigsten, für Violett am stärksten. Bei der Brechung des Lichtes werden die einzelnen Farben in verschiedene Richtungen geknickt; der (schnellere) rote Lichtstrahl wird aus seiner ursprünglichen Richtung weniger abgelenkt als der (langsamere) violette. Jede Wellenlänge zeigt so ihre eigene Farbe (Spektralfarbe). Durch eine Sammellinse hat schon Newton alle Spektralfarben wieder zu weißem Licht vereinigt. *Das weiße Licht ist die Quelle aller Farben, und alle Farben zusammen geben wieder das weiße Licht.*

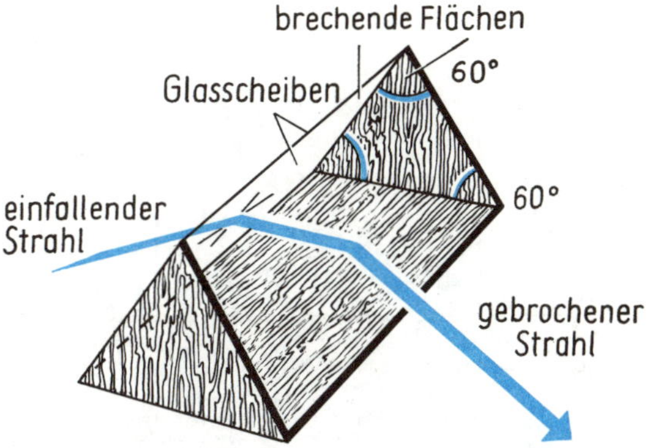

5.43 Wasserprisma

Wir erzeugen leuchtende Spektralfarben

Unsere künstlichen Lichtquellen liefern zwar auch Spektralfarben – aber nicht so leuchtend und so gleichmäßig wie die Sonne. Es lohnt sich schon, das Zimmer zu verdunkeln und einen Lichtstrahl oder Lichtstreifen durch ein Loch oder einen Spalt hereinzulassen und durch das Prisma zu schicken (nicht mittags, weil die Sonne dann zu hoch steht; es sei denn, wir lenken durch einen Spiegel um). Wer kein Glasprisma hat, baut sich ein Wasserprisma. Bequem zu benutzen ist das mit Wasser gefüllte Holzprisma, hergestellt aus einem wasserfest gestrichenen Holzbrettchen, etwa 10 cm × 5 cm groß, zwei ebenso großen Streifen Fensterglas und zwei wasserfesten Seitenwänden aus Holz (Dreiecken, jede Seite 5 cm lang). Mit Aquariumkitt wird alles zusammengesetzt und befestigt (Bild 5.43). Vor Einkitten des zweiten Dreiecks nicht vergessen, Wasser einzufüllen!

Das einfachste Prisma nach Bild 5.44 besteht aus einer Schale mit Wasser und einem schräg hineingelegten Spiegel; auch eine Ecke unserer Wasserwanne (gefüllt) kann als Prisma dienen (Bild 5.45). Allerdings müssen die Glaswände dazu glatte Oberflächen haben; sehr billiges Preßglas verzerrt die Farben.

Farbenspiele

Wir schauen durch ein handelsübliches rechtwinkliges Prisma: Alle hellen Flächen vor uns sind mit wunderschönen spektralfarbigen Rändern geschmückt, ein Papierrechteck beispielsweise links mit Rot–Orange–Gelb und an der Seite gegenüber mit Grün–Blau–Indigo–Violett.

Aus Weiß kommen die Lichtfarben, zu

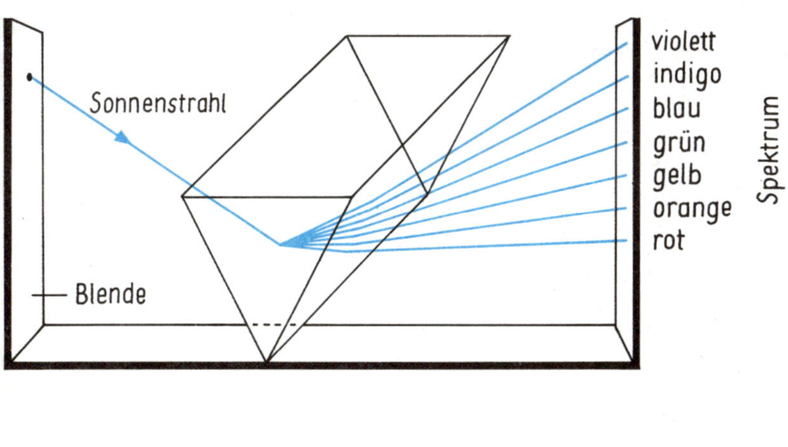

5.42 Das Prisma bringt die Farben an den Tag

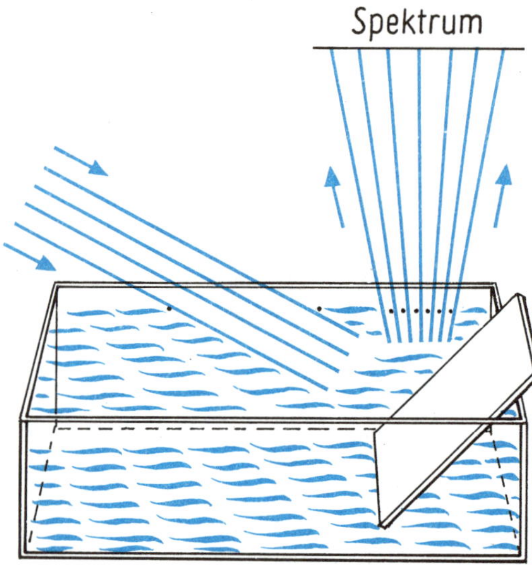

5.44 Ein einfaches Prisma

Weiß werden sie wieder – wenn wir sie auf einen *Farbenkreisel* auftragen und so schnell umlaufen lassen, daß sich die einzelnen Farbeneindrücke auf unserer etwas trägen Netzhaut im Auge vermischen. »Körperfarben« aus dem Farbenkasten sind leider nicht so rein und leuchtend wie Lichtfarben; ein reines Weiß gibt der Farbenkreisel deshalb kaum her. Aber das Experiment lohnt sich trotzdem: Nach dem Bild 5.46 werden die Wasserfarben auf weiße Pappe dünn aufgetragen. Ein Holzstäbchen (Zündholz) genau durch die Mitte gesteckt, unten angespitzt – und wir können den Kreisel »andrehen« (s. auch S. 58).

Blaues und gelbes Licht ergibt Weiß; es sind *Ergänzungsfarben* (auch Komplementärfarben genannt – nach dem lateinischen complementum = Ergänzung). Rot und Grün sowie Orange und Violett ergänzen einander ebenfalls zu Weiß. G. Niese hat dazu einen hübschen Versuch angegeben: Zwei hell beleuchtete Papierscheiben G und B, eine gelb, die andere blau, spiegeln ihr farbiges Licht über zwei teilreflektierende und zugleich lichtdurchlässige Glasplatten auf einen Punkt A. Hier nimmt unser Auge eine weiße Scheibe auf, wenn die Spiegelbilder von G und B genau übereinanderliegen. G und B sollen auf schwarzem Hintergrund angebracht sein (Bild 5.47). Der richtige Winkel der Glasplatten muß mit einiger Geduld ausprobiert werden.

Malerfarben wirken anders: Blau und Gelb ergeben das Grün. Das liegt daran, daß sie weißes Licht von außen aufnehmen und dabei die meisten farbigen Anteile verschlucken. Blaues Farbpulver gibt nur Blau und etwas Grün zurück, gelbes nur Gelb und etwas Grün. In der Mischung verschlucken sie gegenseitig Blau und Gelb – und Grün bleibt übrig; ein Schluckverfahren, das heißt: ein Ausfiltern, das Gegenteil des Zusammensetzens bei den Lichtfarben.

Wer optisch einwandfreie Gläser beschaffen kann (das ist nicht leicht), der spiegelt zwei Komplementärfarben mit Hilfe von zwei Spiegeln an die Wand und bringt die farbigen Leuchtflächen zur Deckung:
Blau + Gelb = Weiß, Blau + Rot = Purpur,
Grün + Blau = Pflaumenblau,
Rot + Grün + Blau (mit drei Spiegeln) = Weiß. Warum sind übrigens bei Nacht alle Katzen grau?

Schein und Wirklichkeit der Linse

Der Schritt vom Prisma zur Linse ist nur klein, denn man kann sich jede Linse aus Prismen zusammengesetzt denken. Sie wird freilich mit viel Mathematik und feinster Technik so hergestellt, daß sie zwar Lichtstrahlen bricht,

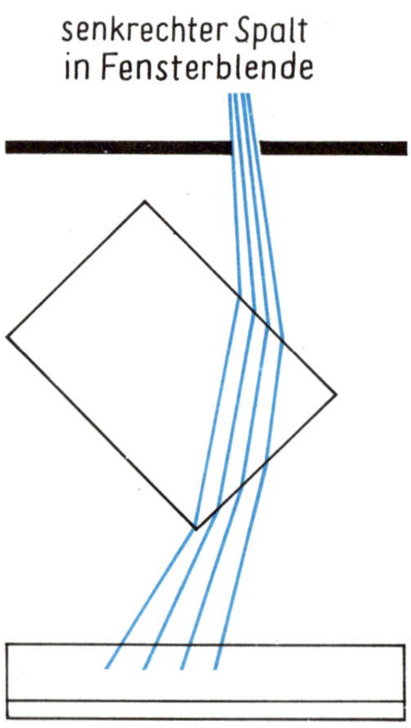

5.45 Wasserwanne als Prisma

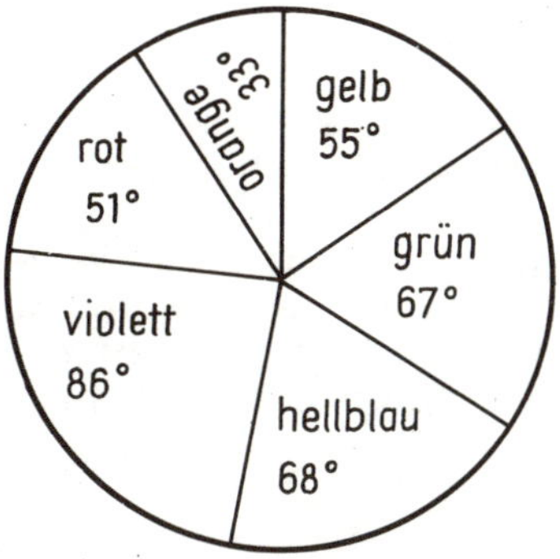

5.46
Farbenkreisel

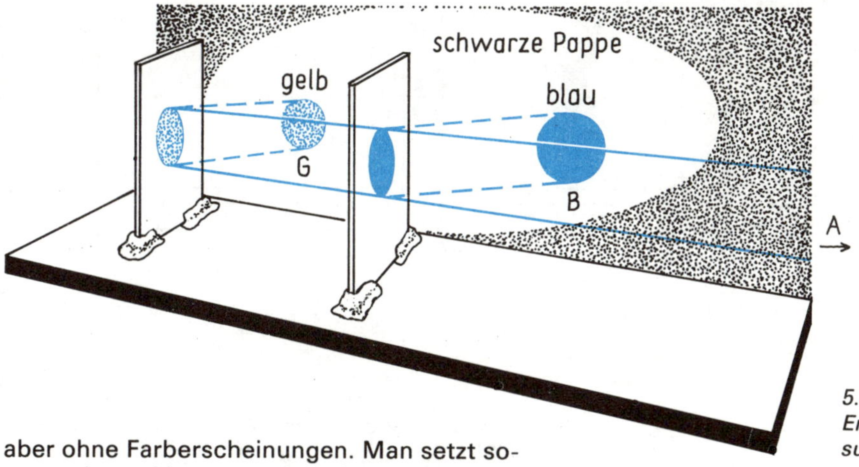

5.47
Ergänzungsfarbenversuch nach Niese

aber ohne Farberscheinungen. Man setzt sogar mehrere Linsen zu einer Gesamtlinse zusammen, um Dispersion und andere Fehler zu vermeiden. Die Oberflächen der Linsen sind Teile einer Kugelfläche (Bild 5.48). Zunächst etwas Praktisches: Wir wollen mit Linsen experimentieren. Dazu müssen sie eine Fassung haben, die senkrecht aufzustellen ist – am besten mit Fuß, der auf einer Leiste verschoben werden kann (das ist eine »optische Bank«). Dem Bastler, der starke Pappen und Sperrholz hat, macht das keine große Mühe: Der Holzfuß nach Bild 5.49 hat unten einen viereckigen Ausschnitt, der über zwei aufeinandergeklebte oder -genagelte Lineale, 50 cm lang, paßt. Am Holzfuß wird eine starke Pappe befestigt, die die Linse folgendermaßen trägt: Die Linse paßt genau in ein Loch in der Pappe; zwei Ringe mit etwas kleinerem Innendurchmesser halten die Linse an beiden Seiten fest.

Selbstverständlich gibt es noch andere Möglichkeiten, beispielsweise mit Metallbändern, Klebestreifen, Knetmasse; nur eines muß unbedingt sicher sein: Die Mittelpunkte aller Linsen und von allem, was wir sonst noch auf die optische Bank setzen wollen, müssen ganz genau in einer geraden Linie liegen! Abweichungen seitlich oder in der Höhe lassen das Experiment mißlingen, weil die Strahlen Seitensprünge machen. *Der Strahl durch den Mittelpunkt einer Linse wird als einziger nicht gebrochen!* Unsere Lichtquellen mit Blenden, ferner Kerzen und andere Gegenstände, beispielsweise stehende Pfeile, müssen in entsprechender Höhe angeordnet werden. Der Maßstab auf dem oberen Lineal nach Bild 5.50 läßt die Abstände bequem ablesen. Im Bild 5.51 wird der gleiche Versuchsaufbau mit den Bauteilen des erwähnten Optik-Baukastens vorgestellt; Lichtquelle ist unsere Experimentalleuchte entsprechend Bild 5.4.

Die sechs Grundformen der Linse

Linsen, die in der Mitte am dicksten sind (nach außen gewölbt), sind *Sammellinsen* (Vergrößerungslinsen), weil sie die einfallenden Strahlen (im Brennpunkt) sammeln. Sie vereinigen im Brennpunkt F nicht nur Licht, sondern auch Wärme; Sonnenstrahlen können mit ihnen Brennbares zum Brennen bringen – daher der Name Brennpunkt. Der Abstand zwischen F und der Linsenmitte ist die Brennweite *f*; sie ist um so kleiner, je größer die Wölbung der Linse ist. Wir kommen meist mit Brennweiten +3, 4, 5, 6, 12 und 30 cm aus; am wichtigsten sind die kleinen. (+ bedeutet Sammellinse oder Konvexlinse,

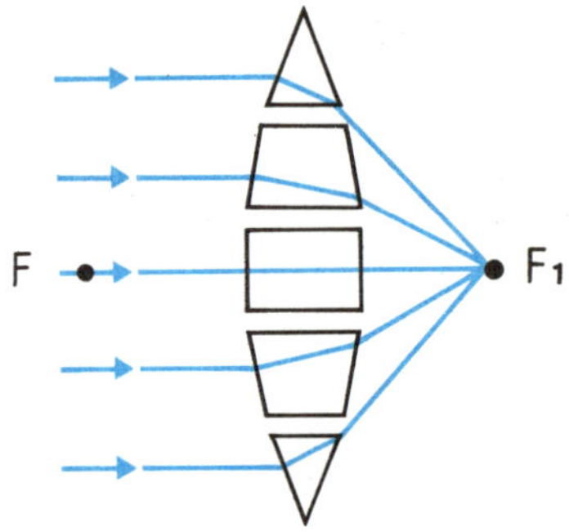

5.48 Vom Prisma zur Linse

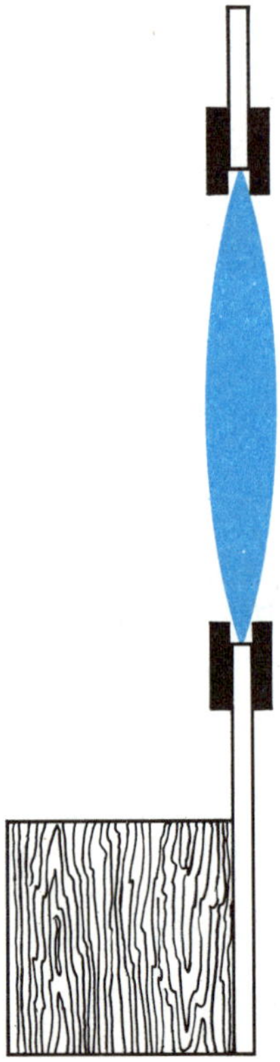

5.49 Linsenträger

vom lateinischen convéxus = gewölbt und convéhere = zusammenlaufen.)

Zerstreuungslinsen (Verkleinerungslinsen) sind in der Mitte am dünnsten, nach innen gewölbt; sie zerstreuen die einfallenden Lichtstrahlen. Sie heißen auch Konkavlinsen (konkav: nach dem lateinischen concávus = gewölbt). Wir benötigen sie bis −12 cm Brennweite. Das Minuszeichen bedeutet konkav (Bild 5.52).

Das Gesetz der Linse

Sammellinsen geben ein wirkliches, umgekehrtes Bild B, das man mit Schirm oder Fotofilm auffangen kann – solange der Gegenstand G außerhalb der Linsenbrennweite bleibt. Ist G innerhalb von *f*, so ergibt sich ein aufrechtstehendes, scheinbares (nicht auffangbares) Bild von G. Die Linsengleichung heißt

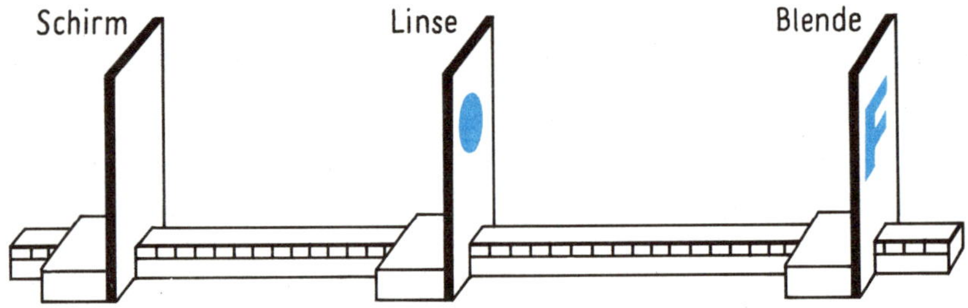

5.50 Optische Bank

$$\frac{1}{g} + \frac{1}{b} = \frac{1}{f};$$

g = Gegenstandsweite, b = Bildweite, f = Brennweite. Die beidenZeichnungen im Bild 5.53 zeigen, wie die Bilder entstehen: umgekehrt und wirklich oder aufrecht und nur scheinbar; aufrecht und wirklich – das gibt's nicht. Genug der Theorie!

Wir experimentieren mit Linsen

Zuerst der *Brennpunkt* F; den müssen wir kennen! Die Sammellinse wird senkrecht ins Sonnenlicht gehalten; der Abstand zum Brennpunkt ist schnell gefunden.

Ist die Sonne untergegangen, legen wir unsere Leuchte mit der 3-Spalten-Blende auf die optische Bank. Die drei Strahlenbänder laufen in F (auf dem Schirm) zusammen; *f* ist in cm abzulesen. Ohne Leuchte mit parallelen Strahlen, nur mit einem gewöhnlichen Glühlämpchen, kann *f* mit der Linsengleichung bestimmt werden; wir müssen *b* und *g* messen, in die Gleichung einsetzen und nach *f* auflösen:

$$f = \frac{g \cdot b}{b + g}.$$

Hier ist g der Abstand Glühfaden–Linse, b

5.51 Die optische Bank im Versuch

der Abstand Linse–Punkt, in dem die aus der Linse kommenden Lichtstrahlen zusammenlaufen. Mit einer Soffittenlampe 6 Volt, einer weißen Schachtel und der mit Knetmasse befestigten Linse geht's auch (Bild 5.54). Nicht alle möglichen Experimente, mit verschiedenen Linsen auf der optischen Bank die Abbildungen des Gegenstandes hervorzuzaubern, können hier aufgeführt werden; nach dem bisher Gebrachten ist das auch nicht mehr nötig. Als Gegenstand sei noch eine Blende mit ausgeschnittenem F empfohlen; der Buchstabe zeigt, ob oben und unten, links und rechts vertauscht sind (Bild 5.51). Und bei den Versuchen mit Sammellinsen stets bedenken: Alle zur Achse parallelen Strahlen werden auf der anderen Linsenseite zum Brennpunkt hin gebrochen; der Mittelpunktstrahl liegt sowieso – wie der Brennpunkt – auf der Achse, die allemal durch den Mittelpunkt der Linse geht. Ein Gegenstand außerhalb der doppelten Brennweite gibt ein wirkliches, verkleinertes Bild innerhalb der Brennweite (auf der anderen Seite der Linse; jede Seite hat ja einen Brennpunkt); umgekehrt: Ein Gegenstand

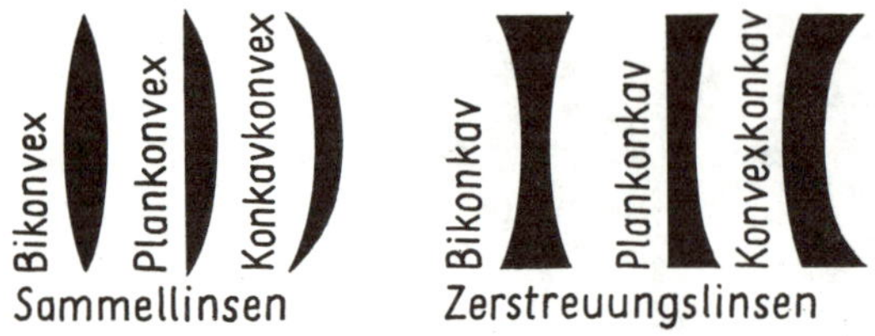

5.52
Die Grundformen der Linsen

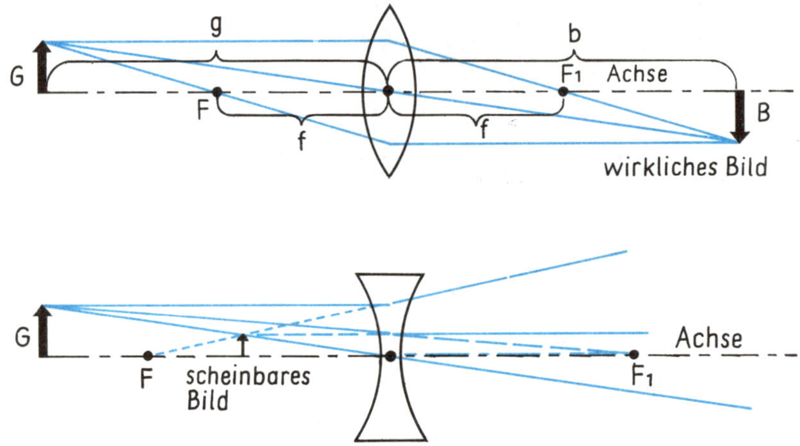

5.53
Bildentstehung konvex und konkav

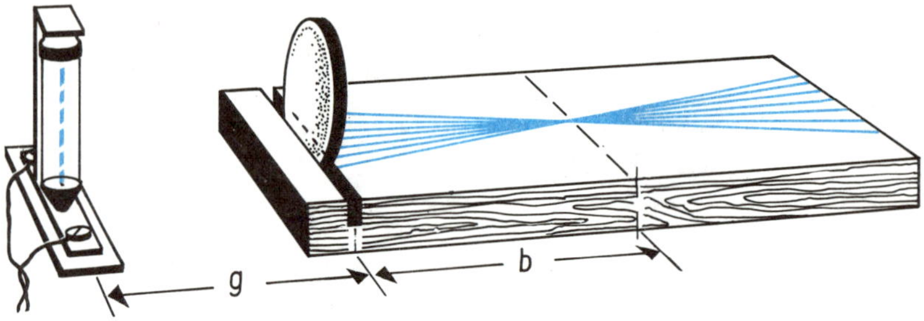

5.54
Versuchsanordnung zum Bestimmen des Brennpunktes

zwischen einfacher und doppelter Brennweite ergibt ein wirkliches, bei entsprechender Einstellung sogar sehr stark vergrößertes Bild außerhalb der doppelten Brennweite. Steht der Gegenstand, etwa eine brennende Kerze, innerhalb der Brennweite, so kann die Linse die Strahlen nicht mehr sammeln; sie gehen auseinander (heller Fleck auf dem Schirm). Es entsteht, wie bei der Zerstreuungslinse, ein aufrechtes, scheinbares Bild; wir sehen es, wenn wir die Kerze durch die Sammellinse betrachten. Dann haben wir eine Lupe in der Hand!

Eine kleine historische Anmerkung: In Vorderasien hat man schon vor etwa zweieinhalb Jahrtausenden Linsen geschliffen. Um 1690 stellte der kurfürstlich-sächsische Rat Ehrenfried Walther von Tschirnhaus Linsen und Brennspiegel (Hohlspiegel) in Dresden her. Sein größtes, aus zwei Linsen im Holzrahmen zusammengesetztes Brennglas ist 2,23 m hoch; die Hauptlinse hat einen Durchmesser von 50 cm. Unten ist eine Haltevorrichtung für das Schmelzen von Metallen und das Brennen von Porzellan im Brennpunkt angebracht; bis 1700 °C wurden erreicht. Eine Sammlung solcher Geräte befindet sich im Mathematisch-Physikalischen Salon des Dresdner Zwingers.

Experimente mit Luft- und Wasserlinse

5.55 *Zylinder-Wasserlinse*

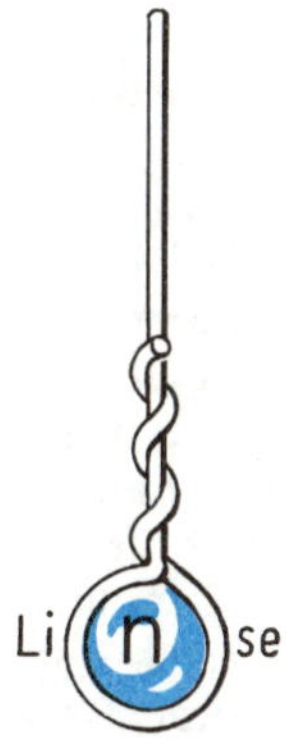

5.56 *Tropfenlinse*

Ein weitsichtiger Mann saß einst vor seinem Glas mit hellem Bier. Er wollte auf seiner Uhr nachsehen, ob es Zeit sei, nach Hause zu gehen; aber er hatte seine Brille vergessen. Da hielt er seine Uhr in das Bier – und konnte die Uhrzeit gut ablesen. Wir nehmen unsere Uhr lieber nicht, auch wenn sie wasserdicht sein soll, und begnügen uns mit einem Bleistift, den wir in ein Glas Wasser halten (Bild 5.55). Der Stift wird vergrößert, denn Glas und Wasser bilden eine *Zylinder-Wasserlinse*, eine Sammellinse besonderer Art, ähnlich dem vergrößernden Längswulst auf Thermometer-Glasröhren.

Eine ähnliche Zylinder-Wasserlinse benutzten wir schon, um – zusammen mit Taschenlampe und Lochblende – einen schmalen Lichtstreifen zu erzeugen. Solche Zylinderlinsen (aber ganz aus Glas) werden bei der Aufnahme und Wiedergabe von Breitwandfilmen benutzt. Das Zylinderlinsen-System zerrt die Seiten des breiten Bildes (bei gleichbleibender Höhe) zusammen auf die Größe des alten Normalfilmes; das gleiche System entzerrt bei der Projektion im Kino auf die ursprüngliche Überbreite.

Ernst Zeier stellt eine hübsche Aufgabe: Man schreibe in senkrechten Druckbuchstaben zwei Zeilen untereinander: DIE HOHE EICHE und IM TIEFEN WALD! Durch eine waagerechte Zylinderlinse (Reagenzglas mit Wasser, verschlossen) in 2 bis 3 cm Abstand, parallel zur Schrift, läßt sich die erste Zeile tadellos lesen; die zweite indes steht kopf. Wie kommt das?

Im übrigen lohnt es sich, allerlei sonstige Glasgeräte aus dem Chemielabor mit Wasser zu füllen und zu durchstrahlen; die Wirkungen sind oft ebenso erstaunlich wie eindrucksvoll. Den Rekord an Einfachheit und Billigkeit hält eine Wasserlinse, die einfach ein Tropfen in einem kleinen Drahtring von 3 mm Innendurchmesser ist! Man wickelt einen Kupferdraht einmal um einen Stab gleicher Dicke und dreht ihn nach Bild 5.56 zusammen. Wird der Ring in Wasser getaucht und mit sanftem Schwung herausgezogen, bleibt in ihm durch Adhäsion und Oberflächenspannung (s. S. 80) ein Tropfen Wasser hängen, der als Sammellinse wirkt. Er vergrößert beim Durchblicken und zeigt beim Beleuchten einen deutlichen Brennpunkt. Durch vorsichtiges Antippen kann man den Tropfen so verkleinern, daß er die Form einer Konkavlinse annimmt und im Durchblick verkleinert. Eine Tropfenlinse, könnte man sagen.

Nun noch die Luftlinse! Wir bauen sie aus zwei gleich großen Uhrglasschalen des Chemikers. Eine Schale, Öffnung nach unten, auf Papier legen, mit Bleistift Rand anzeichnen; auf den so entstandenen Kreis (etwas mehr nach innen zu) einen dicken, gleichmäßigen Streifen Plastkleber (wasserfest) legen. Schalenrand in den Klebering tauchen und sofort wieder abheben, auf Wölbung beiseite legen. Mit der zweiten Schale geschieht das gleiche. Beide Ränder aufeinanderlegen; Kleber trocknen lassen. Dann eine größere Menge Kleber auf eine Stelle des Papieres geben und den Rand der »vorgeklebten« Luftlinse hindurchziehen (senkrechte Linse langsam drehen); wieder trocknen lassen. Das gibt eine saubere, wasserdichte bikonvexe Luftlinse.

Ein Experiment zeigt schon die Eigenart der konvexen Luftlinse im Wasser. Die parallel hindurchgeschickten drei Lichtstrahlen gehen auseinander! Die Dichten der Medien liegen hier ja umgekehrt zueinander wie bei der Glas- oder Wasserlinse in Luft. Wer so geschickt ist, sich aus einem Plaststreifen, zwei Uhrglasschalen (mit der Wölbung nach innen) und Plastkleber eine bikonkave Luftlinse zu bauen, kann sich überzeugen, daß diese im Wasser als Sammellinse wirkt.

Wie wirken die Linsen in einigen Geräten

Die Fotokamera. Jeder weiß, daß eine Sammellinse – bei teureren Kameras ein sammelndes System – als »Objektiv« von dem fotografierten Objekt ein verkleinertes, wirkliches, umgekehrtes Bild auf Mattscheibe oder Film innen an der Rückseite der Kamera entstehen läßt. Vor zwei Jahrhunderten warfen Maler auf ähnliche Weise mit einer Linse ein verkleinertes Bild auf ihren Arbeitstisch im verdunkelten Raum. Auch Bernardo Belotto, genannt Canaletto (1720 bis 1780), hat sich manchmal dieser »Malerkamera« (camera obscura) bedient, beispielsweise bei einigen seiner Dresdner und Warschauer Stadtansichten (Bild 5.57).

Lupe und Fernrohr. Der Mensch will genauer und auch in die Ferne sehen! Genauer sehen: das bedeutet, das Objekt größer sehen. Scheinbar einfachste Lösung: Das Auge näher heranbringen; dadurch wird der »Sehwinkel« vergrößert. Leider ist das nicht möglich, weil sich die Augenlinse nicht so stark krümmen kann; 20 bis 25 cm Abstand müssen normalerweise eingehalten werden. Wirkliche Abhilfe schafft die Lupe als Sammellinse, auch ein kleines Loch in der Postkarte, durch Verkürzung der Brennweite: Das Auge kann näher heran und sieht das Objekt vergrößert infolge des größeren Sehwinkels; das Objekt selbst behält seine alte Größe. Das Bild des Gegenstandes fällt im Auge auf eine größere Fläche der Netzhaut und damit auf eine größere Anzahl von lichtempfindlichen Zellen (Stäbchen und Zäpfchen), die den Lichteindruck vermitteln; das Bild wird nicht nur größer, sondern auch deutlicher, reicher in den Einzelheiten (Bild 5.58).

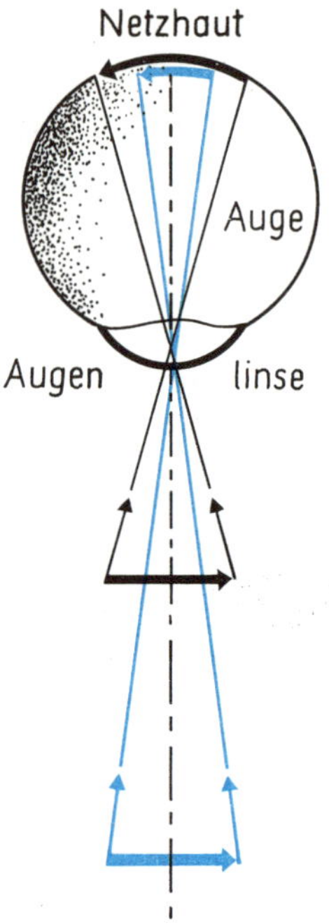

5.57 Das menschliche Auge

Bei den *Fernrohren* ist es grundsätzlich ebenso. Mit einer Sammellinse, *f* etwa 30 cm, ganz links auf unserer optischen Bank, erzeugen wir etwa 30 cm weiter rechts (genau einstellen!) ein verkleinertes, umgekehrtes Bild eines entfernten Gegenstandes – es darf auch der Mond sein! Die Linse heißt »Objektiv«, weil sie dem Objekt zugewendet ist. Dieses kleine Bild betrachten wir wie durch eine Lupe, eine vergrößernde zweite Sammellinse, *f* etwa 12 cm, die

5.58 Himmelsfernrohr

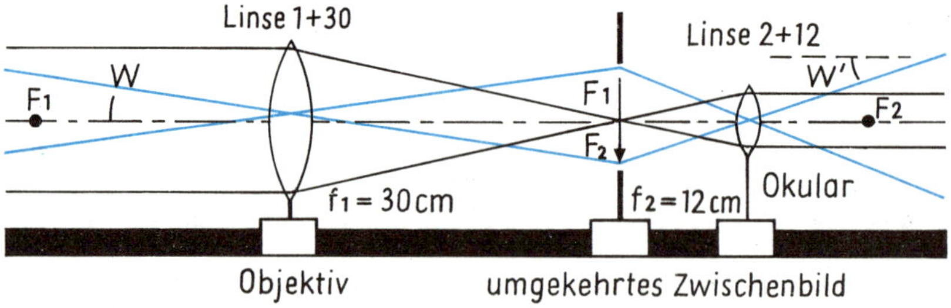

5.59 Himmelsfernrohr als Versuch auf der optischen Bank

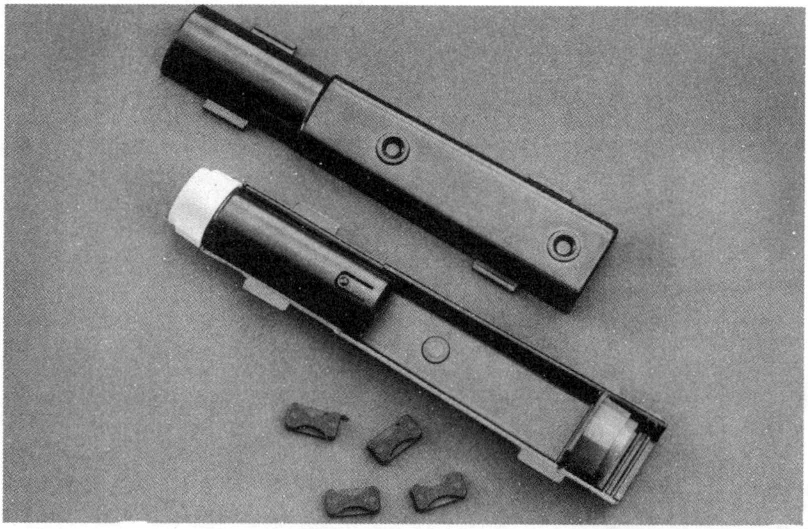

5.60 Himmelsfernrohr aus dem optischen Baukasten

ebenso weit entfernt rechts vor der Mattscheibe sitzt. Sie heißt das »Okular«, weil sie dem Auge (lateinisch: óculus) am nächsten ist. Der rechte Brennpunkt des Objektivs und der linke des Okulars fallen (an der Mattscheibe) zusammen. Das Bild bleibt umgekehrt (Bild 5.59).

Bei Himmelsbeobachtungen stört das nicht; es heißt daher *astronomisches* oder *Himmelsfernrohr*. Johannes Kepler hat es 1611 als erster beschrieben, und Chr. Scheiner hat es 1615 gebaut; deshalb nennt man es auch das *Keplersche Fernrohr*. Wenn wir das Fernrohr mit zwei Pappröhren bauen (Okular mit einer einsteckbaren Röhre verschiebbar), entfällt die Mattscheibe. Bei einem Objektiv von +100 cm Brennweite (Brillenglas mit +1 Dioptrie D; D ist der Kehrwert der Brennweite, in Metern gerechnet) muß die große Pappröhre mindestens 1 m lang sein; die Okularlinse in der Einschiebröhre soll nicht unter 4 cm Brennweite haben. Das Mikroskop ist physikalisch die Umkehrung dieses Fernrohres (Bild 5.60).

Die Verwendung von Brillenglas ist nur ein Behelf, wenn wir die geeigneten Linsen nicht beschaffen können. Durch den besonderen, dem Auge angepaßten Schliff dieser Linsen werden wir am Rand immer eine starke Unschärfe haben. Bessere Ergebnisse lassen sich schon mit den Bauteilen des erwähnten Optik-Baukastens oder gar mit dem speziell für Fernrohre entwickelten Baukasten »Astro-Cabinet 90« erzielen. Im Bild 5.61 sehen wir das große astronomische Fernrohr mit kleinem Suchfernrohr auf dem Stativ. Vom einfachen bis zum komplizierten Fernrohr – alles läßt sich mit diesem Baukasten bauen. Für das große astronomische Fern-

5.61 Himmelsfernrohr »Astro-Cabinet«

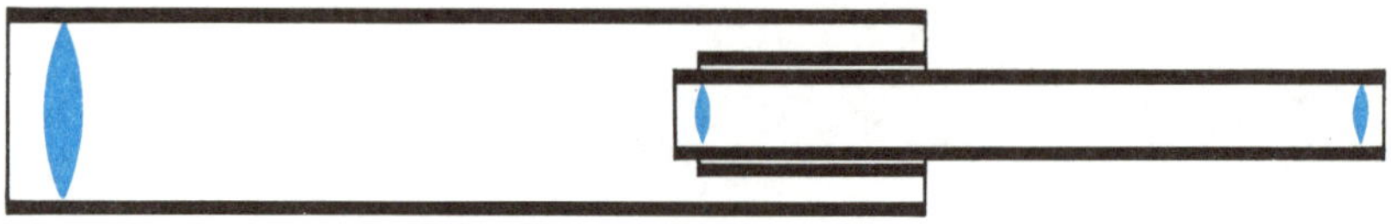

5.62
Das Prinzip des Erdfernrohres

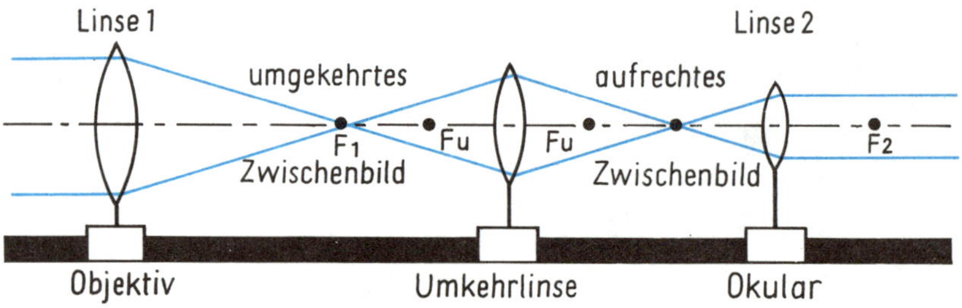

5.63
Das Erdfernrohr als Versuch

5.64
Das Erdfernrohr aus dem Optik-Baukasten

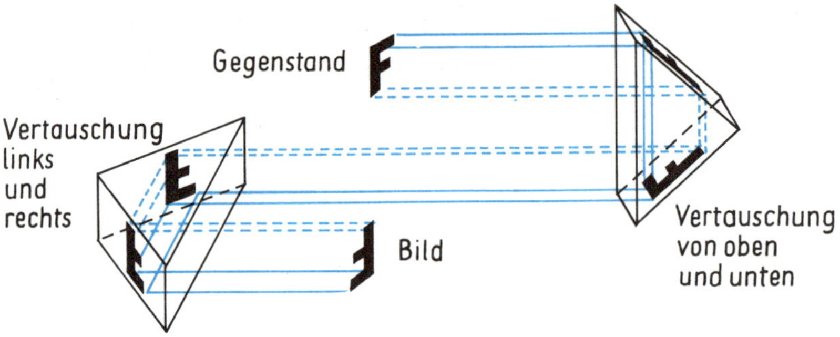

5.65
Umkehrung im Prismensystem

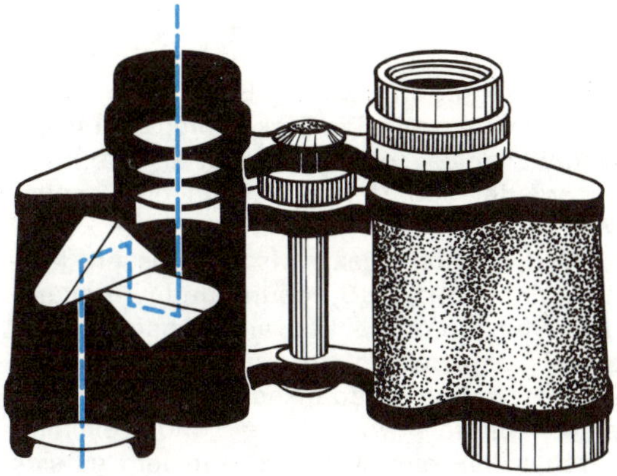

5.66 *Terrestrisches Prismen-Fernrohr*

machen (Bild 5.65). Damit haben wir das terrestrische Prismen-Fernrohr, wie es 1895 Carl Zeiss in Jena erstmalig baute (Bild 5.66).

Das Holländische oder *Galileische Fernrohr* schließlich hat als Okular eine Zerstreuungslinse (Bild 5.67). Es liefert ein aufrechtes, scheinbares Bild, ist also ein ganz anderes System. Wir ersetzen die Okularlinse unserer Fernrohre jeweils durch eine Zerstreuungslinse gleicher, aber negativer Brennweite. Diese Linse muß nur näher am Objektiv sein: Ihr *rechter* Brennpunkt soll mit dem des Objektivs zusammenfallen. Die beiden Namen rühren daher, daß 1609 das erste Fernrohr mit zwei Linsen in Holland gebaut wurde. Galilei hörte davon und baute sofort ein Fernrohr mit einer Sammellinse und einer Zerstreuungslinse; er hat es dann verbessert und viele neue Entdeckungen in der Astronomie damit gemacht.

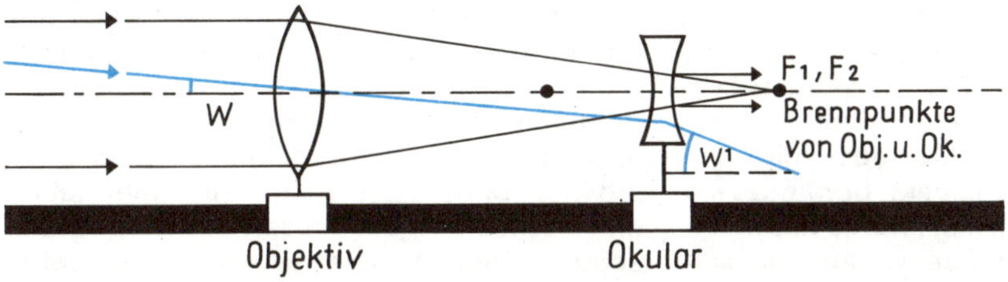

5.67
Das Galilei-Fernrohr

Nur noch eine Frage: Was geschieht, wenn ich beim Beobachten eine Hälfte des Objektivs zudecke?

rohr ist neben dem kleinen Suchfernrohr auch ein Stativ vorhanden, mit dem wir die geographische Breite, die Stunden und die Deklination einstellen können. Neben einer umfangreichen Bedienungsanleitung ist eine einstellbare Sternenkarte beigelegt. Sie ermöglicht uns das schnelle Auffinden der Himmelskörper. Ebenfalls mit diesem Baukasten können viele verschiedene Erdfernrohre gebaut werden (Bilder 5.62 und 5.63).

Eine weitere nützliche Besonderheit weist er auf: eine im Objektiv befindliche veränderbare Blende. Durch Abblenden können wir bei besonders hellen Objekten die Schärfe wesentlich verbessern (Bild 5.64).

Auf der Erde (lateinisch: terra) braucht man ein *terrestrisches* oder *Erdfernrohr* mit aufrechtem Bild, andernfalls würde man wohl bald durcheinandergeraten. Der Ausweg liegt nahe: Man baut eine Umkehr-Sammellinse ein. Aber jetzt wird das Fernrohr gar zu lang, und man greift zu einem optischen Trick: Man jagt das Licht hin und her durch zwei total reflektierende Prismen, bis der Strahl die nötige Länge zwischen Objektiv und Okular hat; zugleich baut man die Prismen so listig zueinander ein, daß sie das Bild umkehren, also eine Umkehrlinse überflüssig

Das Licht als Welle

Daß der Lichtstrahl seiner Natur nach nicht nur Teilchen, sondern auch Welle ist, haben wir schon auf Seite 201 erfahren. Der Wellencharakter des Lichtes wird uns gegen Ende unserer Reise durch die Optik zu einigen farbenprächtigen Experimenten verhelfen.

Von Farben, die man nicht in der Tüte kaufen kann

Es sind schon höchst merkwürdige Farben: Sie sind Wirklichkeit, denn wir können sie hervorrufen, sehen und mit ihnen experimentieren; wenn wir aber das Ding untersuchen,

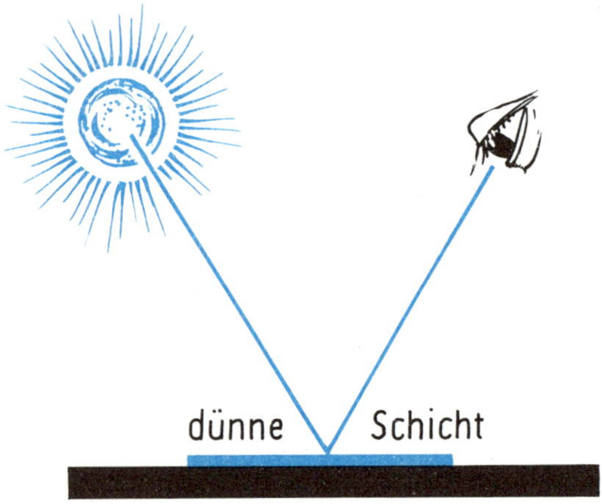

5.68 Reflexion der dünnen Schichten

in dem sie entstehen, sind sie auch schon verschwunden. In der Farbenhandlung können wir sie nicht kaufen; wer aber mit offenen Augen durch die Welt geht, der findet sie immer wieder und hat seine Freude daran: an bunten Seifenblasen, auf der Ölhaut, die sich (für den Verkehr so gefährlich) auf einer Regenpfütze ausgebreitet hat, auf der noch regenfeuchten Windschutzscheibe eines Kraftwagens, auf herrlich bunt im Sonnenschein leuchtenden Flügeln eines Schmetterlings (überhaupt aller Insekten, deren Flügel aus zwei Schichten bestehen), an einigen Aquarienfischen, an Perlmutterschmuck und nicht zuletzt als Anlaßfarben auf erhitztem Stahl.

Das sind nur einige Beispiele, aber sie zeigen schon das Wichtigste: Immer sind das ganz winzig dünne Schichten, und man muß wie im Bild 5.68 so schräg draufschauen, als wolle man die Sonne (oder eine andere Lichtquelle) im Spiegel sehen. Wir kennen das ja: Einfallwinkel gleich Ausfallwinkel! Ändert sich die Schichtdicke oder unser Blickwinkel, so ändern sich die Farben (manchmal auch die Form) oder verschwinden ganz.

Das Neue für uns ist: Diese Schichten müssen dünner als die Wellenlänge des sichtbaren Lichtes sein – die aber beträgt nur zwischen 400 nm und 700 nm (Nanometern); das sind also höchstens $700 \cdot 10^{-9}\ \text{m} = 7 \cdot 10^{-4}\ \text{mm} = 0{,}0007\ \text{mm}$! Mit gewöhnlichen Werkzeugen lassen die sich nicht herstellen; aber wenn man die Naturgesetze kennt, kann man die Natur anregen, solche Schichten zu erzeugen (wenn sie es nicht schon von selber tut, wie bei den Schmetterlingen). Mit bloßem Auge sehen können wir so winzige Dicken nicht – und die Lichtwellen ja sowieso nicht. Also müssen wir wieder scharf nachdenken und experimentieren.

Was wir noch dazu wissen müssen, kennen wir schon: die Brechung und (vor allem) die Reflexion der Lichtstrahlen; beim »Lichtstrahl« denken wir stets daran, daß er nur eine notwendige gedankliche Vereinfachung eines Bündels von Welle- und Teilchen-Strahlen ist, ein »Modell«, mit dem es sich leichter arbeiten läßt. Ohne das kommt die Wissenschaft nicht aus; dabei geschieht es denn auch des öfteren, daß ein zunächst erfreulich einfaches Modell mit den wachsenden Erkenntnissen immer verwickelter wird (das Modell des Atoms ist ein Beispiel dafür).

Ein Drittes und Letztes ist die Überlagerung von Wellen; Rundfunk und Fernsehen, die ja auch mit elektromagnetischen Wellen arbeiten, brauchen sie ebenfalls. Sehr gut ist die Erscheinung bei Wasserwellen zu beobachten: Wenn Wasserwellen an eine senkrechte Ufermauer schlagen, so werden sie reflektiert und »überlagern« dabei die neu ankommenden Wellen von gleicher Wellenlänge. Kommt immer gerade ein »alter« Wellenberg auf einen »neuen«, so addieren sie sich zu doppelter Höhe (Amplitude); die beiden zusammenfallenden Täler ergeben ein

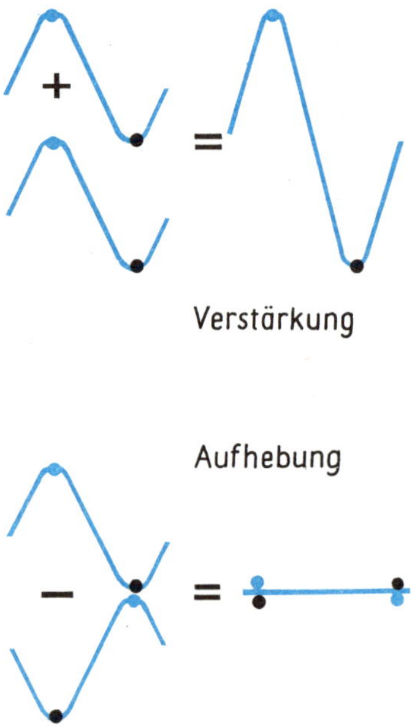

5.69 Interferenz

doppelt tiefes Tal. Treffen die zurücklaufenden Wellen mit einer Verschiebung von einer halben Wellenlänge auf die heranrollenden, dann fällt stets ein Wellenberg mit einem Wellental zusammen, und beide heben einander bei der Addition auf. Die Wasseroberfläche wird wie im Bild 5.69 plötzlich glatt! Im ersten Extremfall denkt man, ein Sturm sei ausgebrochen – im zweiten, eine Windstille sei eingetreten. Dazwischen liegen unendlich viele Zwischenwerte der »Phasenverschiebung« beider Wellenzüge zueinander. Sie ergeben viele verwickelte Wellenformen.

Entsprechend ist es mit dem Licht. Mit zwei Lichtwellenzügen einer einzigen Wellenlänge kann man sogar Dunkelheit erzeugen! Sie müssen nur »kohärent« sein, das heißt von derselben Lichtquelle stammen; die eine elektromagnetische Welle trifft nach einem Umweg, der eine Phasenverschiebung verursacht, mit der schon an der Oberfläche einer sehr dünnen Schicht reflektierten Welle zusammen. Beide haben (da sie Teile einer einzigen Welle sind) die gleiche Wellenlänge; nun beeinflussen sie einander durch Überlagerung, und es entstehen je nach der Größe der Phasenverschiebung helle und dunkle sowie farbige Bereiche.

Im Bild 5.70 scheint die Sonne auf einen Ölfleck. Ein Teil des Lichtes wird von dessen Oberfläche sofort zurückgeworfen; ein anderer Teil dringt durch die sehr dünne Ölschicht auf deren Unterseite und wird reflektiert. Dieser zweite Strahl trifft mit »Verspätung« auf den ersten und überlagert ihn. Wenn das Licht nur eine Wellenlänge hat, entstehen abwechselnd helle und dunkle Gebiete. Ihre Anordnung hängt von der Dicke des Häutchens ab. Weißes (nichtfarbiges) Licht besteht aber aus mehreren Farben, die einander zu weißem Licht ergänzen. Jede Farbe hat eine bestimmte Wellenlänge (Rot die längste, Violett die kürzeste).

Die Ölschicht ist nun nicht überall gleich dick – wie auch alle anderen hier erwähnten dünnen Schichten. Infolgedessen werden an den einzelnen Stellen verschiedene Phasenverschiebungen entstehen und nur einige der Farben des Lichtes jeweils geschwächt oder verdunkelt. Da die Strahlen parallel im Auge ankommen, gelangen sie durch die Augenlinse auf dieselbe Stelle der Netzhaut. Wir sehen eine Vielfalt von Farben. Sie ist dadurch entstanden, daß die zum weißen Licht

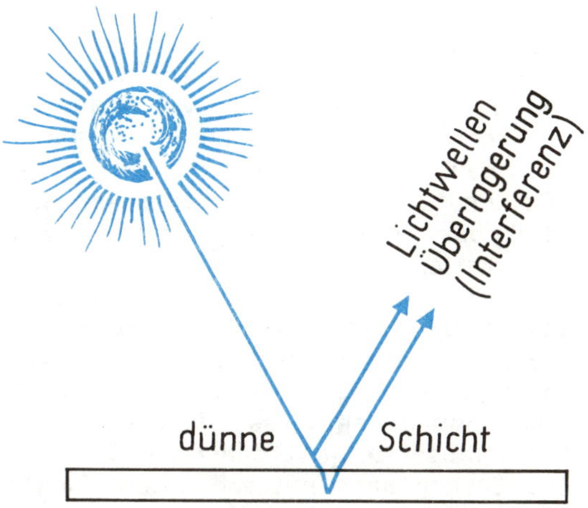

5.70 So entstehen die Farben dünner Schichten

jeweils fehlende Wellenlänge durch Überlagerung ausgelöscht oder geschwächt worden ist. Ist beispielsweise aus dem weißen Sonnenlicht die der grünen Farbe entsprechende Wellenlänge ausgelöscht oder wesentlich geschwächt, so ergeben die übriggebliebenen Farben die Mischfarbe Rot. Der Physiker nennt diese Erscheinung Interferenz (vom lateinischen interferre = dazwischentragen, einmengen). Jede Farbe auf der dünnen Schicht kennzeichnet also eine bestimmte Schichtdicke (Bild 5.71).

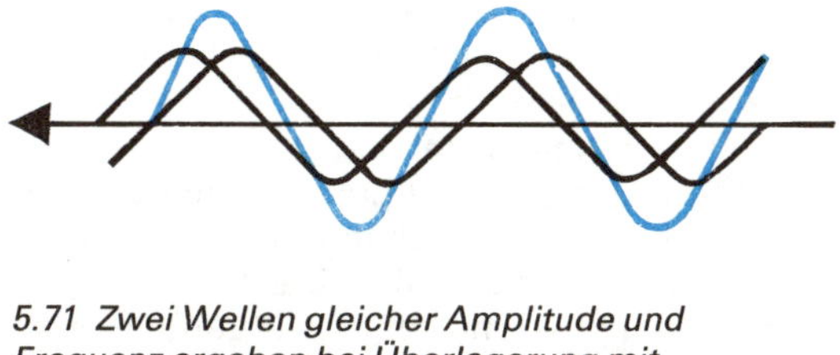

5.71 Zwei Wellen gleicher Amplitude und Frequenz ergeben bei Überlagerung mit Phasenverschiebung eine dritte mit anderer Amplitude

Wir lassen dünne Schichten leuchten

Am einfachsten und schönsten geht's mit einem kleinen Tropfen eines leichtflüssigen Öles am Ende eines Drahtes (Fahrradöl, Maschinenöl, Terpentinöl, Olivenöl, Salatöl u. a.). Eine fettfreie Schale (z. B. ein Teller) wird mit Wasser gefüllt; das ganz kleine (!) Öltröpfchen wird auf die Wasseroberfläche gesetzt. Wenn es wenig genug war, breitet sich das Öl schnell (bei Oliven- und Fahrradöl) oder langsam (bei Maschinen- und Terpentinöl) aus und zeigt herrlich leuchtende Farben. Bei bewegter Wasseroberfläche ändern sich die Ölschichten und damit die Farben.

Dauerhafte farbige Schichten lassen sich mit ein paar Tropfen eines in Azeton (durch den scharfen süßlichen Geruch erkennbar) gelösten Plastklebers herstellen. Zwei oder drei Tropfen Plastkleber kommen auf einige ml Azeton; die Konzentration muß ausprobiert werden. Ein winziges Tröpfchen der Lösung ergibt auf dem Wasser die gewünschte Wirkung. Das Azeton verdunstet, und die farbige Schicht kann mit schwarzem Papier oder mit einer Glasscheibe vorsichtig von unten angehoben und sogar nach dem Trocknen aufbewahrt werden (wenn sie so eindrucksvoll ausgefallen ist, daß es sich lohnt).

Mit *Seifenhäutchen* wissen wir Bescheid (s. S. 83!). Schon die gewöhnlichen Seifenblasen sind dünn genug, um schöne Interferenzfarben zu zeigen — zur Freude der Hausfrau auch beim Aufwaschen des Geschirrs. Wir biegen aus dünnem Draht einen Kreisring mit etwa 3 cm Durchmesser (mit verdrilltem Griff). Der mit etwas Benzin entfettete Ring wird in eine Seifenlösung getaucht und senkrecht herausgezogen; auf dem Seifenhäutchen (Seifenlamelle) zeigen sich die bekannten Interferenz-Mischfarben. Und jede von ihnen ist weißes Licht, dem die Wellenlänge fehlt, die just an dieser Stelle durch Interferenz ausgelöscht wird.

In einfarbigem Licht, beispielsweise (gelbem) Natriumlicht, ist noch folgendes zu sehen (die Lampe soll sich in dem senkrechten Seifenhäutchen spiegeln): Die Seifenlösung sinkt langsam nach unten, die Lamelle wird oben dünner und unten immer dicker. Dadurch entstehen oben waagerechte helle und dunkle Streifen, die sich nach unten hin verbreitern. Schließlich entsteht oben ein schwarzer Fleck als Zeichen, daß die Schichtdicke nahe am Wert Null ist, und kurz danach reißt das Häutchen dort ab.

Das *Natriumlicht* erhält man für kurze Zeit durch Einstreuen von Salz in eine Glasflamme (Bunsenbrenner) oder Spiritusflamme; länger andauernd dadurch, daß man ein wenig Kochsalz auf eine kleine Drahtschlinge (am besten aus Platin, aber Eisen oder Zink genügt auch) streut und sie in die Flamme ragen läßt. Kochsalz am angefeuchteten Ende eines Magnesiastäbchens bringt auch Erfolg. In solchem einfarbigen (monochromatischen) Licht lassen sich auch die übrigen Versuche mit dünnen Schichten mit neuen, sehenswerten Ergebnissen durchführen. Weitere Variationen mit einfarbigen Scheiben (rot und grün) vor der Lichtquelle (Taschenlampe) seien ebenfalls empfohlen.

Anlaßfarben (Anlauffarben) entstehen und bleiben der Reihe nach, wenn wir eine fettfreie Rasierklinge mit einer Seite an den Rand einer Kerzenflamme halten; hellgelb — dunkelgelb — braun — braunrot — rot — violett — dunkelblau — hellblau; sie kennzeichnen die jeweilige Temperatur des erhitzten Metalls (zwischen 200 °C und 310 °C). Die Farben müssen von innen zum Rand hin abgelesen werden, weil hier die größte Hitze herrschte! Sie entstehen durch Interferenz an verschiedenen dünnen Oxidschichten, die beim Erhitzen gebildet werden, und sind ein wichtiges Hilfsmittel zur Temperaturmessung beim Anlassen unlegierter und niedriglegierter Stähle.

1665 veröffentlichte der englische Naturforscher Robert Hooke (1635 bis 1703) seine optischen Untersuchungen an dünnen Schichten; er hatte den Zusammenhang zwischen Schichtdicke und Farbe schon erkannt, aber die allgemeingültige Erklärung noch nicht gefunden. Bald danach erweiterte Newton diese Versuche (u. a. an zwei Prismen, die mit ihren größten Flächen aneinander lagen) und führte auch Messungen durch. Nach ihm sind die *Newtonschen Ringe* benannt (Bild 5.72).

Sie entstehen durch Aneinanderdrücken zweier spiegelglatter Glasflächen; die dabei bestehende winzige Luftschicht zwischen den Gläsern bildet als dünne Schicht die In-

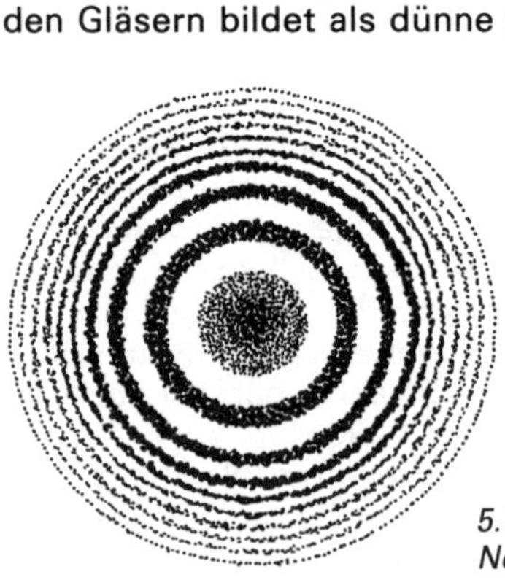

5.72
Newtonsche Ringe

terferenzfarben — bei gleichmäßigem Flächendruck in Form von gleichmittigen Ringen. Man ist aber großzügig und zählt auch andere Formen, Halbkreise und unregelmäßige Figuren, zu den »Ringen«. Wer selbst fotografische Vergrößerungen anfertigt, hat sie schon verwünscht, wenn sie — trotz aller Schönheit — störend zwischen Film und Glasführung im Vergrößerungsgerät ebenso wie bei Dias auftreten. Sehr willkommen sind sie dagegen bei der Prüfung von Linsensystemen. Die Farben dünner Schichten sind eine Grundlage für das Messen von Schichten sehr geringer Dicke.

Wir nehmen zwei sehr glatte Glasscheiben, am einfachsten Diagläser, säubern sie mit Spiritus so liebevoll wie eine gute Hausfrau ihre Repräsentations-Weingläser, so daß kein Stäubchen oder Fussel darauf bleibt, legen sie aufeinander und drücken sie auf mindestens zwei gegenüberliegenden Stellen aufeinander. Die Gläser biegen sich ein wenig durch; der winzige Luftzwischenraum erhält eine Keilform — eine Voraussetzung für die Farben. Schräges Licht und schräger Blick wie immer bei diesen Versuchen — und wir sehen die bunten Ringe. Manchmal dauert's etwas länger, ehe man Erfolg hat; aber wir wissen ja, daß Geduld zur Optik gehört. Übrigens kann man mit dem (ablaufenden oder sanft abgewischten) Spiritus auf einem Glas auch Farben erzeugen, die sich mit der Verdunstung verändern und schließlich verschwinden.

Ist das Naturgesetz unzuverlässig?

Nein, das ist es gewiß nicht. Es scheint zwar manchmal so — wie beim Wasser, das bei 4 °C seine größte Dichte hat, oder bei Metallen, die in der Nähe des absoluten Temperatur-Nullpunktes (0 K bzw. −273 °C) plötzlich »supraleitend« werden, das heißt ihren elektrischen Widerstand verlieren —, aber dann werden andere Naturgesetze zusätzlich wirksam; dadurch entstehen solche »Sprünge«. Aber etwas anderes haben die Physiker in steigendem Maße erkannt: Man muß außer dem Gesetz auch den *Bereich* kennen, in dem es wirkt. In der Physik der kleinsten Teile (Mikrophysik, Atomphysik) läuft manches anders ab als in der Physik der großen Teile (Makrophysik), wie sie in unserem täglichen Leben vorkommen. Die Dinge verhalten sich auch bei extremen Geschwindigkeiten (etwa Lichtgeschwindigkeiten) anders als bei irdischen. Die neuzeitliche Physik mit ihren ständig verbesserten Verfahren, Maschinen und Geräten hat neue Bereiche erschlossen; neue Denkweisen — Beispiele sind die Relativitätstheorie und die Quantentheorie — haben weitere Erkenntnisbereiche geöffnet, die auch schon vielfach in der Technik angewendet werden. Die »klassische« Physik — bis Ende des 19. Jahrhunderts gerechnet — ist dadurch nicht entwertet, wohl aber als »Sonderfall unter irdischen Verhältnissen« erkannt worden.

Das Licht geht manchmal krumme Wege

Manchmal — das heißt wieder: unter bestimmten Voraussetzungen, in bestimmten Bereichen!

Beugung am Zwirnsfaden . . .

Wenn wir zwischen uns und eine Lichtquelle einen schmalen senkrechten Streifen Pappe halten, so sehen wir diesen Streifen vor uns, der in bekannter Weise (geometrisch nachzuzeichnen, s. S. 206) seinen Schatten wirft: geradlinige Fortbewegung des Lichtes. Nun halten wir einmal einen gespannten Zwirnsfaden senkrecht etwa 50 cm und dann langsam immer dichter vor das Auge — gegen den hellen Himmel etwa. Das Ergebnis verblüfft: Wir sehen in wachsender Zahl helle und dunkle Streifen im Schatten des Fadens!

Offensichtlich ist Licht von den Seiten in den Schatten eingedrungen und hat sich hier überlagert; der Wellencharakter der Lichtstrahlen macht das möglich. Sie müssen, wie schon erwähnt, unbedingt von einer einzigen Lichtquelle stammen, »kohärent« sein (vom lateinischen cohaerére = zusammenhängen). Unter diesen Voraussetzungen (kohärente Lichtstrahlen und sehr dünner Faden) hat sich das Licht auf einem bogenförmigen Weg zum Schatten hin gebeugt; man spricht daher von einer *Beugung der Lichtstrahlen.* Treffen dabei zwei Wellenberge oder zwei

Wellentäler aufeinander, so addieren sie sich zu größerer Helligkeit: das sind die hellen Streifen. Trifft ein Wellenberg auf ein Wellental des anderen Strahles, so löschen sie einander aus; das sind die dunklen Interferenzstreifen. Beim ersten Dunkelstreifen sind beide Lichtwellen um eine halbe Wellenlänge, beim zweiten um 3/2 Wellenlängen gegeneinander verschoben und so fort. Der Teilchencharakter des Lichtstrahles wirkt sich bei diesem Versuch nicht aus; kein Wunder, daß die Forscher zunächst nur an die Welle glaubten!

. . . und am Spalt

Wieder die Sache mit den Bereichen: Solange ein Spalt groß genug ist – etwa wie bei unseren Blenden im Bild 5.5 –, gehen die Lichtstrahlen ungestört geradlinig hindurch. Nähert sich jedoch die Spaltbreite dem Bereich der Lichtwellenlänge und beträgt sie nur noch Bruchteile eines Millimeters, so wird ein Teil des durchgehenden Lichtbündels gebeugt (seitlich mehr oder weniger abgelenkt).

Christian Huygens erkannte schon 1678: Um jeden Punkt eines Mediums, das von einer Welle erreicht wird, bilden sich neue kreisförmige Wellen, die »Elementarwellen«. Dieses *Huygenssche Prinzip* gilt für alle Wellenarten (auch Wasser- und Luftwellen). Die Lichtwellenfront, die (aus nur einer Quelle!) an den schmalen Spalt gelangt, setzt sich auf der anderen Seite des Spaltes als eine Reihe von neu entstandenen Wellen fort; es gelangt ja immer noch ein Strahlenbündel durch den Spalt. Diese neuen Lichtwellen überlagern einander, und es entstehen wieder Interferenzen: dunkle und helle Streifen. Unser Bild 5.73 zeigt in Draufsicht, wie der englische Physiker und Arzt Thomas Young (1773–1829) sein Experiment zum Nachweis des Wellencharakters des Lichtes durch Interferenz aufgebaut hat: Er ließ Licht auf zwei kleine Löcher in einer undurchsichtigen Platte fallen. Am Beispiel der zwei gezeichneten Elementarwellen kann man die Überlagerungen erkennen; Tal auf Tal und Berg auf Berg ergeben Helligkeit, Berg auf Tal löscht das Licht aus. Auf dem (umgeklappten) Schirm rechts ist das Ergebnis angedeutet.

Der Spalt läßt sich auf vielerlei Art herstellen. Ein 2 bis 3 cm langer Schnitt mit einer scharfen Klinge (Taschenmesser, Radiermesser, Rasierklinge) in ein Stück dunkles, festes Papier oder Aluminiumfolie, senkrecht ans Auge gehalten, zeigt schon deutlich die Interferenzstreifen; wir schauen dabei gegen den hellen Himmel oder genau auf den hellen Leuchtfaden (in seiner Länge, parallel zum Spalt) einer Glühlampe 40 oder 60 Watt. Eine weitere Möglichkeit, feine Spalte herzustellen: Eine Seite eines sauberen Diagläschens wird über der Kerzenflamme gleichmäßig und so dünn wie möglich (so daß die Flamme gerade nicht mehr durchscheint) berußt. Mit der freien Seite auf den Tisch legen, abkühlen lassen, an zwei gegenüberliegenden Seiten je ein Lineal oder ähnliches anlegen, darüber ein festes Metall-Lineal. An diesem fährt man locker und schnell mit dem Schneidenende einer Rasierklinge entlang, die am besten in einer Papphülle steckt. Einige Doppelspalte schneiden wir auch; die Klinge wird erst senkrecht und sofort danach mit ganz geringer Neigung geführt. Es liegt nahe, die empfindliche Rußschicht durch ein zweites Gläschen zu schützen; dann ist ein Zwischenrand zu empfehlen, weil die feinen Spalte von einigen hundertstel Millimetern (Rasierklingendicke etwa 0,07 mm!) leicht zerdrückt werden.

Am schönsten und leichtesten arbeitet es sich mit einem verstellbaren Spalt aus zwei Rasierklingen (Abbildung 5.74).

Aus einer etwa 2 mm dicken Pappe wird

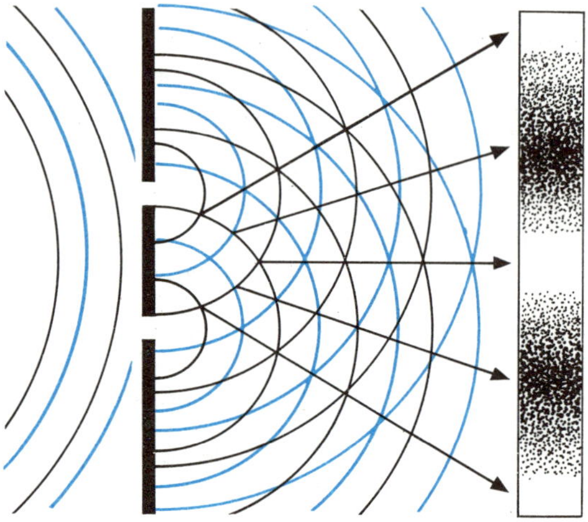

5.73 Entstehung der Interferenzstreifen

ein 10 mm breites und 20 mm langes Rechteck herausgeschnitten. Rasierklinge 1 kleben wir mit Plastkleber so auf, daß die Mitte der Schneide (20 mm) 4 mm über den Ausschnitt ragt. Oben und unten am Ausschnittrand wird je eine Führungspappe so festgeklebt, daß sich die von der anderen Seite kommende Rasierklinge 2 darunter verschieben läßt, aber an jedem Platz straff genug festgehalten wird. Die Klinge erhält auf der Mitte einer Längsseite das herausgeschnittene Papprechteck als Griff (Plastkleber!) und wird zur Klinge 1 hin eingeschoben. Damit können wir jede in Betracht kommende Spaltbreite leicht einstellen, ja sogar messen – wenn wir eine oder mehrere Klingen bekannter Dicke zum Einstellen des Abstandes zwischen 1 und 2 halten! Man kann bei einiger Geschicklichkeit die Spaltbreite auch während der Beobachtung gleitend und parallel verändern; wer will, mag sich dafür eine besondere Vorrichtung mit zwei Hebeln basteln (Bild 5.75).

Mit gleitend veränderter Spaltbreite läßt sich besonders gut der Lampen-Glühfaden beobachten: Es entstehen auch Interferenzfarben, denn die überlagerten Wellen sind ja nicht nur um die halbe Wellenlänge und die Vielfachen davon gegeneinander verschoben; wir haben hier das Gegenstück zu den Farben dünner Blättchen, deren verschiedene Dicke ja verschiedene Interferenzfarben bewirken. Alles sind Mischfarben, keine Spektralfarben, die, wie wir wissen, durch Dispersion entstehen! Wir wollen so viele Variationen wie möglich machen, um Neues zu entdecken; mit Vorsicht dürfen wir auch mit ganz engem Spalt in die schwächer gewordene Abendsonne schauen. Ob wir da auch Interferenzfarben entdecken?

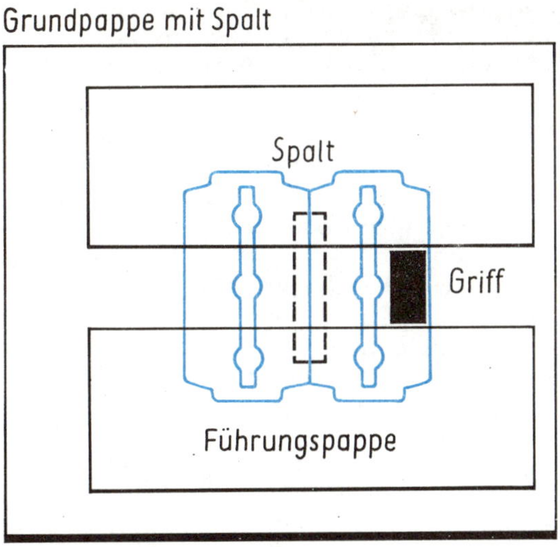

5.74 Grundpappe mit Spalt

Der Regenschirm als Beugungsgitter

Wer spannt schon bei Sonnenschein seinen schwarzen Regenschirn auf? Wir tun es und schauen durch das feine Gewebe auf die Morgen- oder Abendsonne (nachts ersetzt die Straßenleuchte die Sonne nur mangelhaft).

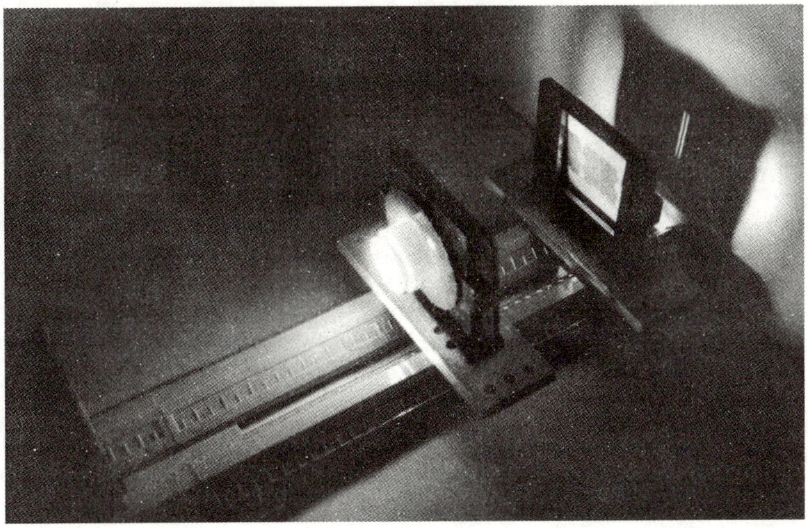

5.75 Interferenzstreifen am Spalt

5.76
Regenschirm als Beugungsgitter

Der Anblick ist verblüffend! Der gitterartige Stoff beugt das Sonnenlicht im Bild 5.76 in viele einzelne Wellen, die durch Überlagerung alles bieten, was wir uns wünschen können: Streifen und wunderschöne Farben, und alles gitter- und kreuzförmig angeordnet. Solche »Kreuzgitter«-Gewebe gibt es in Seide und Chemiefaser. Da ein Regenschirm für optische Experimente etwas unhandlich ist, besorgen wir uns Stücke geeigneter Stoffe in einem Schirmgeschäft und fassen sie in der Art von Diapositiven zwischen Glasplatten. Dabei sollen die Fäden und Punktreihen parallel zu den Glasrändern laufen. Vogelfedern bilden schräge Kreuzgitter. Selbstanfertigung — etwa zwei Liniengitter im Ruß senkrecht übereinandergelegt — ist nicht zu empfehlen. Stoffe haben bis 50 Fäden auf 10 mm!

Beim Experimentieren mit verschiedenen Gittern und Lichtquellen benutzen wir auch Farbschichten (rot, grün, blau, gelb) einzeln und in der Zusammenstellung halb grün und halb rot und vergleichen die Ergebnisse. Je kleiner die Wellenlänge ist, desto kleiner ist ihr Abstand.

Brillenträger können sich jetzt den merkwürdigen nächtlichen Anblick der Straßenbeleuchtung durch die beschlagene Brille richtig erklären. Der Schliff der Gläser macht das Ganze noch merkwürdiger. Ein Blick durch eine beschlagene Fensterscheibe zeigt die Beugungseffekte ebenfalls. Die sehr dicht nebeneinanderliegenden winzigen Wassertröpfchen ergeben die geeigneten Hindernisse. Die »Höfe« um Sonne und Mond entstehen auf die gleiche Weise in einer hohen Wolke aus sehr kleinen Wassertröpfchen; sie werden daher mit Recht als Vorboten für schlechtes Wetter gedeutet. Farbige Ringe um Sonne und Mond hingegen (innen rot, außen blau) sind auf Dispersion des Lichtes in den kleinen Eiskristallen zurückzuführen, die sich bei der Kondensation des Wasserdampfes in höchsten Luftschichten bilden. Die weißen Ringe (Halo) entstehen durch Reflexion des Sonnen- oder Mondlichtes an den Flächen dieser Eiskristalle (auch »Nebensonnen« und »Nebenmonde«).

Himmelblau, Morgen- und Abendröte

Das Sonnenlicht wird in unserer Atmosphäre durch Beugung an in der Luft schwebenden Staubteilchen und anderen (leider immer reichlicher werdenden) Verunreinigungen, die kleiner als die Wellenlängen sind, gestreut — ebenso durch Wasserdampf- und Luftmoleküle. Hätten alle Farben, aus denen sich das weiße Licht zusammensetzt, die gleiche Wellenlänge, so würden sie gleich stark abgelenkt; der Himmel sähe von morgens bis abends weiß aus (was schon auf Ansichtskarten nicht gut wirken würde). Nun ist aber die Streuung bei dem kurzwelligen Blau etwa 16mal stärker als bei Rot mit der doppelten Wellenlänge; dadurch werden die kurzwelligen Farben für uns als (gestreutes) blaues Himmelslicht sichtbar. Es ist um so tiefer blau, je trockener die Atmosphäre ist. Daß der Himmel tagsüber auch dort hell erscheint, wo die Sonne nicht steht, ist ebenfalls auf die Streuung zurückzuführen.

Bei Sonnenaufgang und -untergang wird der Weg der Sonnenstrahlen durch die Atmosphäre viel länger. Durch die Streuung geht, wie erwähnt, vor allem blaues Licht verloren; das längerwellige rote Licht dagegen gelangt als Morgen- und Abendrot zu uns. Dieses langwellige Rot dringt überhaupt besser durch – aus diesem Grunde sind die Sperrleuchten rot! Mit Ultrarot kann man sogar durch Nacht und Nebel hindurchfotografieren. Außerhalb der Atmosphäre gibt es kein gestreutes Licht; der Kosmonaut sieht nur die schwarze Leere des Weltraumes, vom Licht der Sterne unterbrochen.

Die Stärke des Sonnenlichtes wird bei dem langen Weg morgens und abends durch Streuung und die genannten Teilchen in der Luft so sehr geschwächt, daß man die Sonnenscheibe am Horizont ohne Gefahr für die Augen anschauen kann – für manche Experimente vorteilhaft.

Wir lassen Morgen- und Abendröte entstehen

Dieses Experiment ist schon um die letzte Jahrhundertwende von Bernhard Schwalbe und Hermann Hahn angegeben worden. Die Atmosphäre wird im Bild 5.77 durch Wasser in einem Glastrog dargestellt, die Verunreinigungen durch ausgefällte winzige Schwefelteile; ein Sonnenlicht-Strahlenbündel wird – mit Hilfe einer Blende und eines Spiegels – durch den Trog (der Länge nach) bis zu einem weißen Schirm hindurchgeleitet. Also

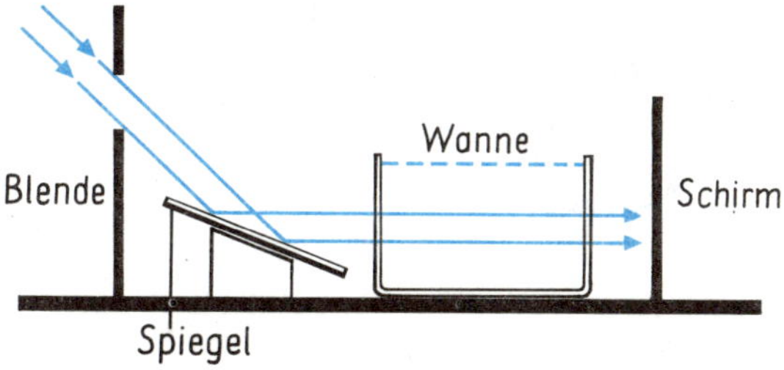

5.77 Versuchsaufbau zum Morgen- und Abendrot

Modelldarstellung mit echter Lichtquelle! Ein verdunkeltes Zimmer läßt die Erscheinungen noch deutlicher erkennen.

Wir lösen gewöhnliches Fixiersalz (Natriumthiosulfat) in Wasser (etwa 10 g je Liter) und füllen diese Lösung in ein Glasgefäß (beispielsweise unser bewährtes Aquarium oder eine große Küvette); das Aquarium wird bis wenige Zentimeter unter den Rand gefüllt. Während das Licht hindurchscheint und das ganze Wasser farblos erleuchtet, gießen wir langsam verdünnte Salzsäure oder Schwefelsäure hinzu (Vorsicht, Säure ätzt!). Zuerst mit wenig Säure versuchen! Umrühren. Allmählich fällt Schwefel aus. Wir beobachten zuerst einen bläulichen Farbton (Himmelsblau); dann entsteht gelblich-rötliches Licht, vor allem in dem der Lichtquelle abgewendeten Teil des Wassers (die Abendröte beginnt). Mit der wachsenden Zahl der Schwefelteilchen verschwindet das Blau allmählich, und der Sonnenstrahl erscheint tiefrot (Sonnenuntergang). Für die Chemiker sei hier die Gleichung der chemischen Umsetzung verraten:

$Na_2S_2O_3 + 2\,HCl \rightarrow 2\,NaCl + H_2S_2O_3$
Fixiersalz + Salzsäure → Kochsalz + Thioschwefelsäure
$H_2S_2O_3 \rightarrow S + H_2O + SO_2$.

Wer den chemischen Aufwand vermeiden will, gibt allmählich etwas Milch in das Wasser – beim Aquarium sind einige Milliliter nötig. Umrühren, um die »Verunreinigungen« zu verteilen. Der Versuch ist auch im dunklen Zimmer mit einer starken Taschenlampe oder ähnlichen Lichtquellen möglich; aber die Farben kommen nicht so schön wie bei weißem Sonnenlicht heraus (Glühfäden geben gelbliches Licht).

Der geistige Nachtisch: Optische Täuschungen

»Täuschung« ist kein sehr glücklicher Ausdruck für das, was wir damit in der Optik meinen; er klingt so nach Betrug.

Ein Naturgesetz hat an sich mit menschlichem Verhalten nichts zu tun; das kommt erst hinzu, wenn der Mensch das Gesetz für seine Zwecke ausnutzt. Wir denken dabei speziell an die Gesetze der Kernphysik und deren Anwendung. Doch kehren wir zu unserem Problem zurück: Die optischen Gesetze führen nämlich beim uneingeweihten Beobachter leicht zu Fehlschlüssen, zu Irrtümern. Kein anderes Gebiet der Physik führt den Ahnungslosen so sehr an der Nase, besser: am Auge herum! Wir haben das hier selber, beispielsweise beim Spiegel, kennengelernt. Die Optik des Auges hat allerlei Mängel, und das gedankliche Verarbeiten des Geschauten führt auch oft zu Fehlschlüssen; der geometrische Aufbau des Bildes täuscht ebenfalls nicht selten. Sehen wir uns einige solche Fälle an! Nur zum ersten Beispiel soll noch eine kurze Erläuterung gegeben werden.

Sich schnell drehende Speichenräder an Wagen oder Maschinen scheinen bei der Wiedergabe im Film stillzustehen, nur langsam vorwärts oder gar rückwärts zu laufen – je nachdem, wie weit sich das Rad in einer Bildpause (die unser träges Auge ja nicht bemerkt) bewegt hat (Bild 5.78 bis Bild 5.91).

Im ersten Fall vollführt das Rad während einer Bildpause eine ganze Zahl von Umdrehungen, im zweiten Fall etwas mehr und im dritten Fall etwas weniger als eine ganze Zahl.

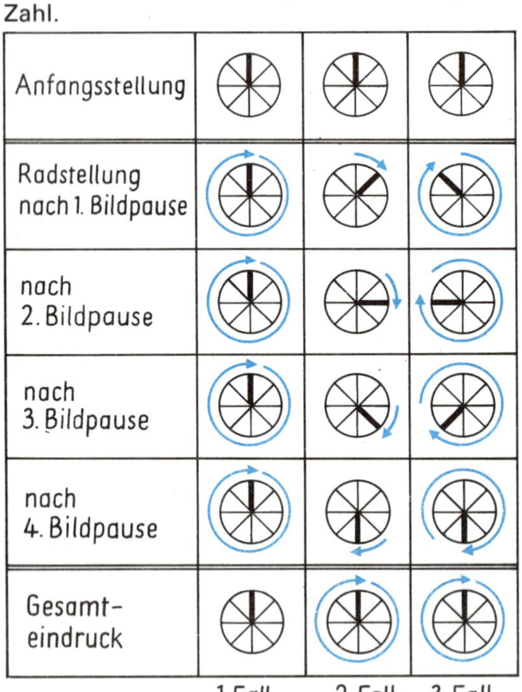

5.78 Räder im Kino

Zum Schluß wollen wir auf besondere Art den Teufel an die Wand malen (er verschwindet bald wieder von selber)! Wir betrachten sein hell beleuchtetes Bild 5.92 hier etwa 30 Sekunden, die Augen scharf auf den schwarzen Gürtel gerichtet. Dann schauen wir sofort auf die helle Wand (oder Decke). Nach einigen Sekunden erscheint dort seine finstere, das heißt dunkle Gestalt.

Malt man die Zeichnung in Rot auf weißes Papier und wiederholt damit den Versuch, so erscheint der Teufel in Grün an der Wand. Das können wir mit allen möglichen Zeichnungen und Farben beliebig fortsetzen.

Es sind *Nachbilder*, die man auch mit hellen Fenstern erleben kann. Das weiße Licht wirkt sehr stark auf die Netzhaut, die schwarze Umrandung tut das viel weniger. Die vom hellen Teil getroffenen Sehnerven im Auge ermüden daher entsprechend stärker als die anderen. Schauen wir schnell auf die Wand, so brauchen die ermüdeten Nervenenden einige Zeit zur Erholung, während die wenig ermüdeten das Bild der hellen Wandfläche sofort weiterleiten. Auf diese Weise entsteht das umgekehrte (negative) Nachbild. Es verschwindet, sobald sich die ermüdeten Netzhautteile wieder erholt haben. Bei der Farbe entsteht im Nachbild auf diese Weise die Ergänzungsfarbe (Komplementärfarbe). Mit diesem wahrhaft »teuflischen« Versuch schließen wir auch die Reihe unserer Experimente aus der Wellenoptik.

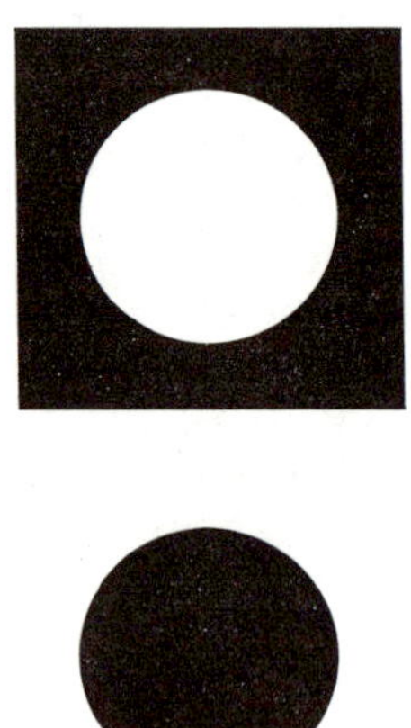

5.79 Welche Kreisfläche ist größer?

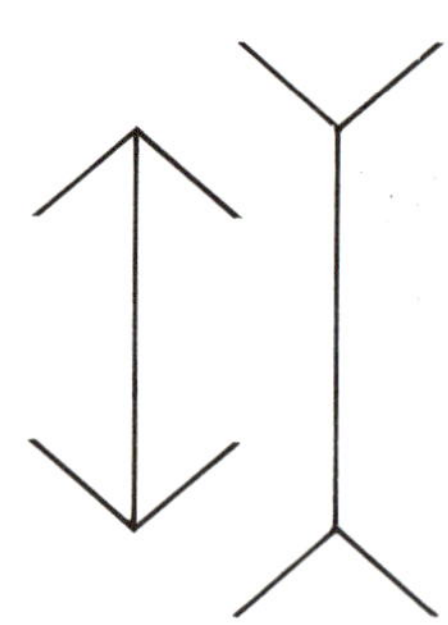

5.80 Welcher Stab (zwischen den Pfeilen) ist länger?

5.81
Ist die
obere Figur
kleiner als
die untere?

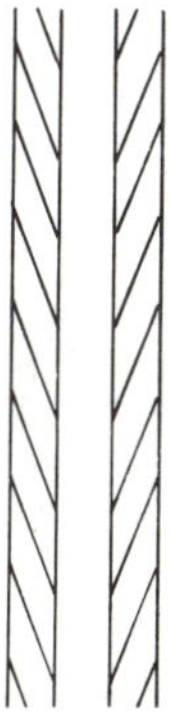

5.82
So können
Streifen
täuschen!

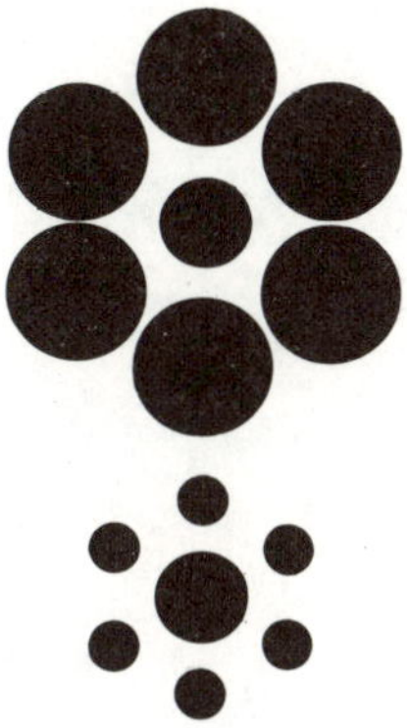

5.83
Die beiden
inneren Kreise
sind aber
doch gleich!

5.84
Wie steht's
mit diesen
schwankenden
Geraden?

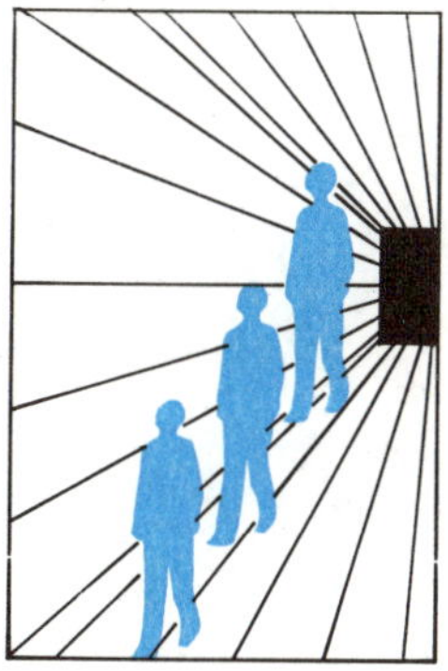

5.85
Wer ist
der längste
Mann?

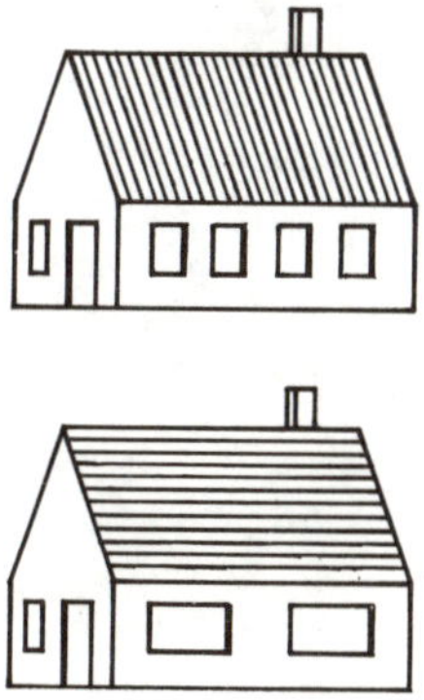

5.86
Welches Haus ist
breiter? Auch die
Mode muß das
beachten, wenn sie
dicke Leute schlank
und dünne ansehn-
licher machen will

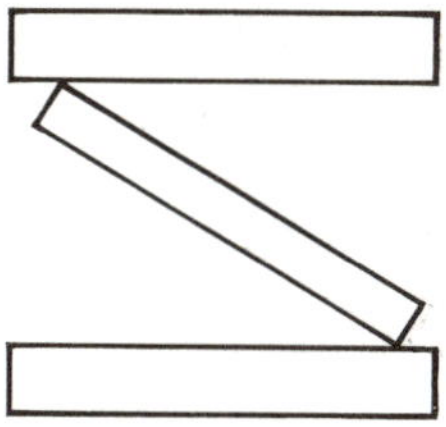

5.87
Sind die
Streifen
gleich lang?

5.88
Etwas für
Hausfrauen:
Sind die
Kreuzungsflä-
chen
wirklich
schmutzig?

5.89 Der Kamm ist
ebenso breit wie hoch!
Eine Senkrechte auf
einer Waagerechten
erscheint länger.
Der Augapfel bewegt
sich leichter seitlich
als auf- und abwärts

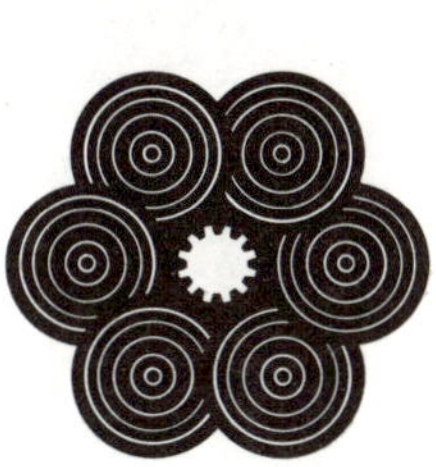

5.90
Bewegt man die-
ses Bild kreisend,
scheinen die Kreise
rechtsherum, das Rad
linksherum zu
laufen

5.91
Sehen Sie
nacheinander
zwei Bilder?

5.92
Der Teufel
an der Wand

6
SCHALL UND MUSIK

Auch im folgenden Kapitel werden wir uns mit Schwingungen und Wellen beschäftigen. Waren es bisher die *sichtbaren* Wellen, werden es nun die *hörbaren* sein; beide sind gleich wichtig.

Schon der römische Architekt und Ingenieur Pollio *Vitruv* (60 v. u. Z. bis 10 u. Z.) beschreibt in seinem aus zehn Bänden bestehenden Werk »*De architectura*« (gedruckt erstmals 1486) Schallgefäße. In antiken Freilufttheatern waren sie in der Nähe der vorderen Sitzreihen eingebaut und dienten der gezielten Einflußnahme auf das Schallereignis. Heute kann man solche Schallgefäße noch in alten Baudenkmalen, wie in der jugoslawischen Klosterkirche Pletejo, bewundern; dort sind 57 dieser Tonvasen eingebaut.

Hermann *Helmholtz* (1821 bis 1894) beschreibt als erster die Funktion dieser Tonvasen. Es sind vasenähnliche Gebilde aus Ton oder Keramik (Vitruv schreibt auch von Bronzegefäßen), die auf eine genaue Tonhöhe abgestimmt sind. Eingemauert mit den kleinen Öffnungen nach vorn, bewirken sie eine Schwächung der Frequenzen; durch die Eigenresonanz wird dem Schallfeld Energie entzogen, sie wird gedämpft. Solche Gebilde dienen damit ausschließlich der Verbesserung der akustischen Verhältnisse in diesen Räumen. Im Bild 6.1 sehen wir derartige Tonvasen, als Vergleich dazu das Schnittbild eines *Helmholtzresonators.*

Die im Resonator eingeschlossene Luftmasse kann nur beim Auftreffen des entsprechenden Grundtones zum Schwingen angeregt werden – auch dann, wenn es sich nicht nur um einzelne Töne (bzw. Frequenzen), sondern auch um Frequenzgemische handelt. Der Frequenzbereich der Dämpfung dieser Tonvasen liegt zwischen 60 Hz und 350 Hz, das entspricht den tiefen Frequenzen der menschlichen Stimme.

In antiken Theatern finden wir weitere Beispiele zur Verbesserung der Akustik. Im Bild 6.2 – Rekonstruktion des Theaters von Aspendos – können wir die Reflexionsfläche über der Szenenrückwand sehen. Sie bewirkt das Zurückwerfen des Schalles auf die Zuschauerfläche.

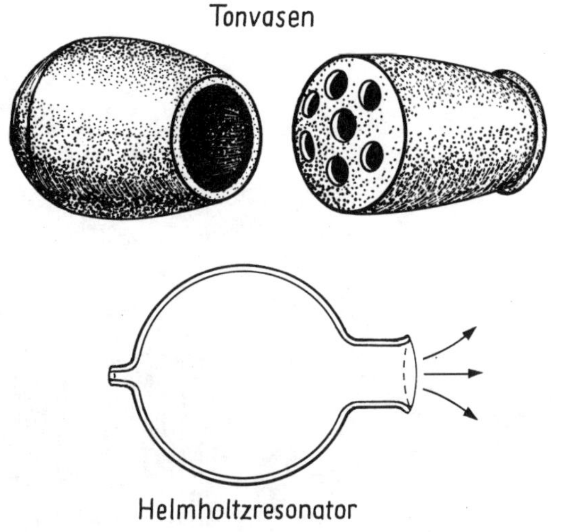

6.1 Tonvasen und Schnitt durch Helmholzresonator

Ein Ton entsteht und vergeht

Für die weiteren Überlegungen ist es wichtig, die Frequenztabelle im Bild 5.1 weiter in Richtung der hörbaren Frequenzen zu vervollständigen. Wir sehen in ihr unterhalb von 16 Hz den Bereich des *Infraschalles* (lat. infra = unterhalb, jenseits) und oberhalb 20 kHz den *Ultraschall* (lat. ultra = über, hinaus) (Bild 6.3). Die Schwingungen des Infraschalles können bei genügender Größe noch als Beben oder Erschütterungen mit menschlichen Sinnen wahrgenommen werden. Die Hörbarkeit der oberen Frequenzen hängt dagegen stark vom Alter des Hörenden ab. Mit 20 Jahren wird die obere Hörgrenze mit 19 kHz angegeben, die mit 35 Jahren bis auf 15 kHz und mit etwa 47 Jahren auf 13 kHz absinkt. Ältere Menschen können hohe Frequenzen, z. B. das Zirpen der Grille, nicht mehr hören.

Hunde dagegen können Frequenzen im Ultraschallbereich hören, sie reagieren auf die Hundepfeife, die sogenannte *Galtonpfeife.* Sie gibt eine Frequenz im Ultraschallbereich ab. Die Fledermaus benutzt zur Flugorientierung ausschließlich Ultraschall. – In Technik und Medizin gibt es breite Anwendungsbereiche für den Ultraschall.

Wir wollen auf ganz einfache Weise hörbare Schwingungen erzeugen. Dazu benöti-

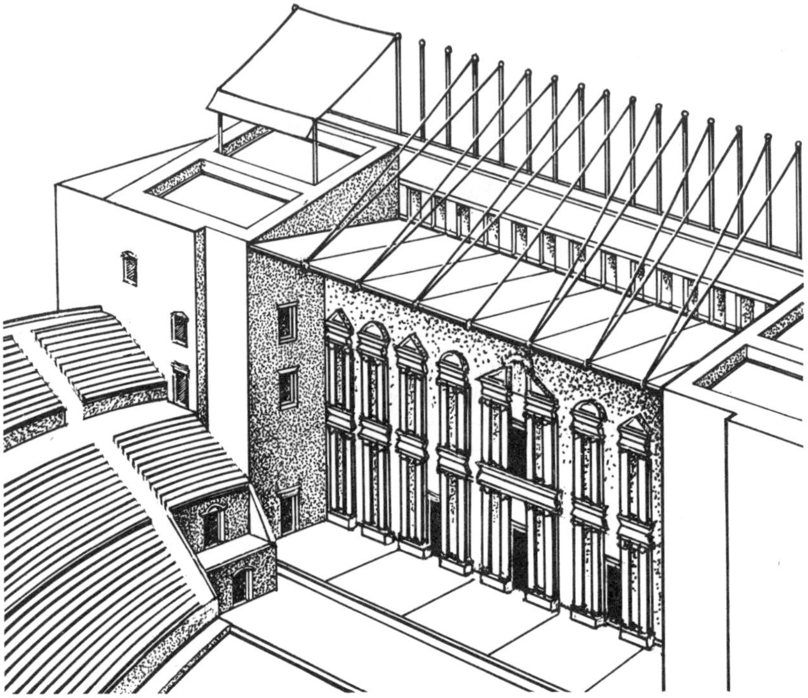

6.2
Rekonstruktion des Theaters von Aspendos

gen wir ein elastisches Lineal, das wir so auf die Tischkante legen, daß etwa zwei Drittel darüber hinausragen (Bild 6.4). Das auf dem Tisch liegende Drittel halten wir entweder fest oder legen ein paar schwere Bücher darauf. Nun ziehen wir das vordere Ende hinunter und lassen es los: Die Schwingungen des Lineals erzeugen einen brummenden Ton. Durch die Auf- und Abwärtsbewegung des Lineals wird die Luft nach beiden Richtungen in Bewegung gesetzt. Schwingt es nach oben, preßt es die Luft zusammen, sie wird verdichtet. Schwingt es nach unten, entsteht oberhalb des Lineals eine luftverdünnte Zone. Ihr folgt wieder eine verdichtete Zone — und so weiter fortlaufend, solange unser Lineal schwingt. Dazu die Frage: Welche Rolle spielt der Tisch dabei?

Diese abwechselnd aus Verdichtung und Verdünnung bestehenden und fortschreitenden Wellen nennt man *Longitudinalwellen* oder auch Längswellen. Sie breiten sich — ausgehend vom Erzeugungsort — gleichmäßig nach allen Richtungen aus.

Die *Tonhöhe* (Frequenz) ergibt sich aus der Anzahl der Schwingungen in der Sekunde und diese wiederum aus der Länge des schwingfähigen Systems bzw. unseres Lineals. Verkürzen wir das freie Ende, wird der Ton höher, verlängern wir es, wird er tiefer. Die *Tonstärke* ergibt sich aus der *Schwingungsweite* (lat. Amplitude). Neben Tonhöhe und Tonstärke wird der Ton noch vom *Klang* gekennzeichnet. Selbst wenn Tonhöhe und Tonstärke gleich sind, ist doch der Klang eines Tones, gegeben von einer Flöte oder einer Violine, völlig anders. Schon das verschiedenartige Anzupfen einer gespannten Saite kann beim selben Ton unterschiedlichen Klang erzeugen. Der Klang wird durch die *Obertöne* bestimmt, die ganzzahlige Vielfache der Grundwelle sind. Man nennt zum Beispiel die Oberwelle, die die doppelte Frequenz der Grundwelle hat, die zweite *Harmonische*, die der dreifachen die dritte Harmonische usw. Aus der Anzahl und der Stärke der vorhandenen Oberwellen wird die Klangfarbe der Sprache der einzelnen Personen oder auch die Klangfarbe der Musikinstrumente wesentlich bestimmt.

Patsch! Klirr! — Geräuschvoll verabschiedet sich die große Porzellanschüssel auf Seite 12; nie wieder kann sie klingen. Durch Anschlagen mit dem Fingernagel oder einem Holzstab prüft man klanglich Geschirr auf verborgene Sprünge. Einem *Geräusch* kann man keinen bestimmten Ton zuordnen. Meist treten hier gleichzeitig sehr viele Ton-

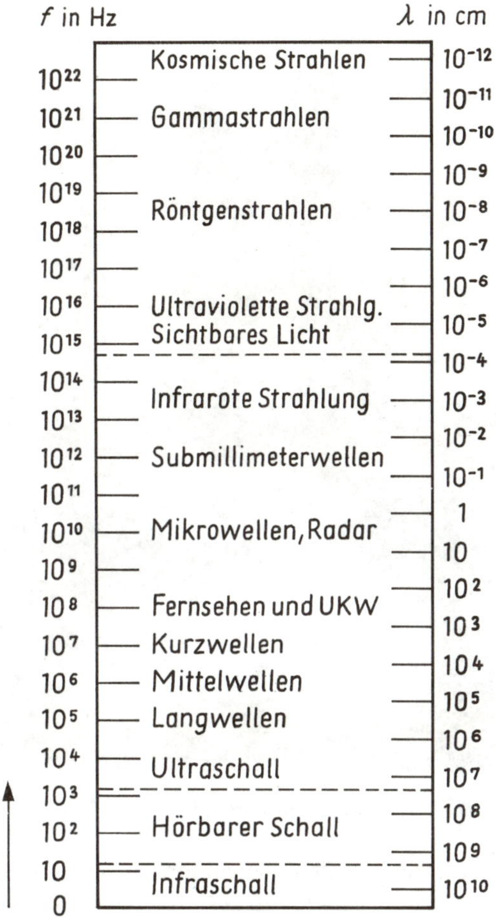

6.3 Bereiche der Frequenzen

höhen mit unterschiedlichen Tonstärken ungeordnet auf. Und klatschen wir kräftig in die Hände, so erzeugen wir auch ein Schallereignis – sei's auch nur aus Freude über die neue, gutklingende Porzellanschüssel.

Im Bild 6.5 sind die Schwingungsbilder der vier grundsätzlich verschiedenen Schallereignisse dargestellt, mit denen wir uns im folgenden etwas genauer beschäftigen wollen.

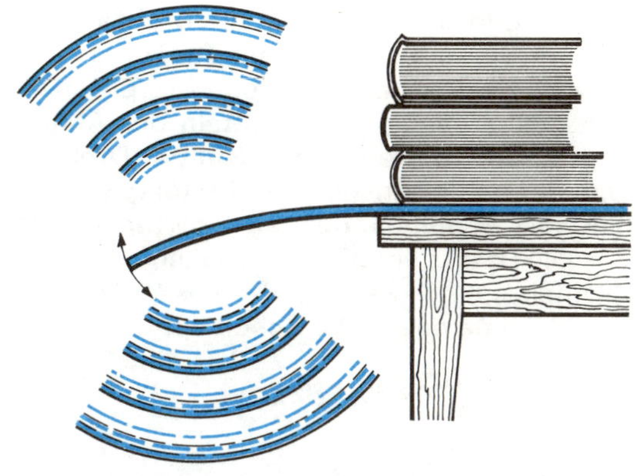

6.4 Versuch zur Schwingungserzeugung

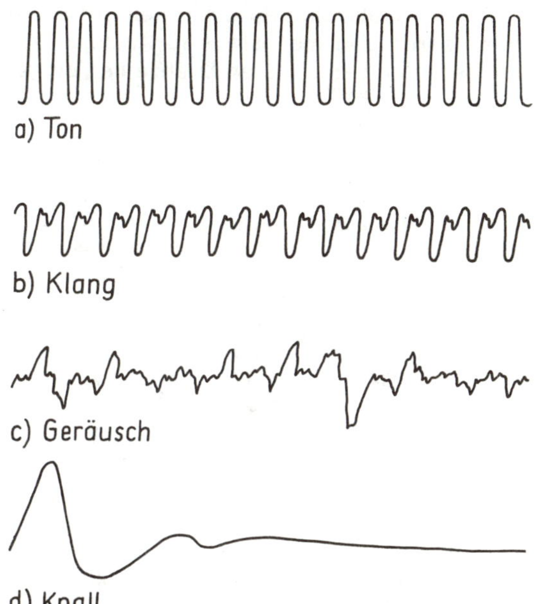

6.5 Druckschwankungen der Luft bei:

Die Lochsirene

Aus einem Stück Pappe schneiden wir eine kreisrunde Scheibe von 15 cm Durchmesser, die auf einem zum Umfang gleichmäßig verlaufenden Lochkreis von 13 cm Durchmesser 12 Löcher im Abstand von 30° erhält. Die etwa 5 mm großen Löcher stanzen wir mit einem Locheisen oder einer Lochzange. Dann kleben wir genau in Scheibenmitte ein Holzkötzchen und durchbohren es so, daß es straff auf die Welle eines kleinen Spielzeugelektromotors paßt. Die Scheibe wird nun auf die Motorwelle gesteckt, der Motor selber senkrecht mit einer Blechschelle auf einem Grundbrett befestigt. Die Drehzahl stellen wir über einen Stelltransformator oder unseren Spannungsteiler.

Wie im Bild 6.6 blasen wir unseren Lochkreis bei einer mittleren Drehzahl an. Zu hören ist ein Ton, der sich nur in seiner Lautstärke abhängig von der Stärke unseres Blasens ändert. Erst wenn wir die Drehzahl verändern, verändert sich unser Ton.

Nach dem ersten Spiel folgt das physikalische Experiment, das Ermitteln der Abhängigkeit der Tonfrequenzen von der Drehzahl und der dafür notwendigen Motorspannung. Für das Erzeugen des Kammertons a mit $f = 440$ Hz ist der Luftstrom in einer Sekunde 440mal zu unterbrechen. Bei x = 12 Löchern muß sich demnach die Scheibe mit

$$n = \frac{f}{x} = \frac{440\ \text{Hz}}{12} = 36{,}7\ \text{Hz oder}$$

$$n = \frac{440}{12\ \text{s}} = \frac{440 \cdot 60}{12\ \text{min}} = 2200\ \text{min}^{-1}\ \text{drehen.}$$

In der Tabelle sind für die Töne h bis c^3 die Frequenzen und die daraus für unsere 12er Lochscheibe berechneten Drehzahlen eingetragen.

1	2	3	4
Ton	Frequenz f in Hz	Drehzahl n in min^{-1}	Motorspannung U in V
h	247	1235	2,74
c^1	262	1310	2,94
d^1	294	1470	3,27
e^1	330	1650	3,64
f^1	349	1745	3,49
g^1	392	1960	4,31
a^1	440	2200	4,84
h^1	490	2450	5,43
c^2	523	2615	5,83
d^2	587	2935	6,55
e^2	659	3295	7,40
f^2	699	3495	7,86
g^2	784	3920	8,98
a^2	880	4400	10,20
h^2	988	4940	11,44
c^3	1047	5235	12,25

Tabelle 6.1

Nun das Experiment: Auf einem gestimmten Instrument schlagen wir den Ton h an. Die sich drehende Lochscheibe wird gleichzeitig mit einem Strohhalm angeblasen und der dabei entstehende Ton mit dem angeschlagenen gehörmäßig verglichen. Durch Änderung der Motorspannung verändern wir mit der Drehzahl die Tonhöhe und gleichen somit den Sirenenton dem Instrumententon an. Die so ermittelte Spannung wird dann in Spalte 4 der Tabelle 6.1 eingetragen. Hier wurde ein 12-V-Motor für 5000 m^{-1} verwendet. Auch jeder andere Motor eignet sich dazu, der in elektromechanischen Spielzeugen Verwendung findet. Die in der Tabelle angegebenen Spannungswerte beziehen sich auf den hier verwendeten Motor.

6.6 Die Lochscheibe im Versuch

Aus dem Diagramm im Bild 6.7 können wir einen linearen Zusammenhang erkennen.

Mit anderen Lochzahlen x lassen sich – bei gleichen Drehzahlen – andere Töne erzeugen. Im Bild 6.6 sehen wir eine »Dreitonscheibe«, die verschiedene Lochzahlen auf drei Lochkreisen enthält. Wir können mit ihr drei Töne hintereinander oder auch gleichzeitig spielen.

Nicht nur Löcher eignen sich zum Anblasen, auch ein entsprechend gestalteter Rand mit Zacken oder Schlitzen (wie im Bild 6.6) bringt Töne hervor.

Die Stimmgabel lüftet ihr Geheimnis

Nun wollen wir den Versuch unternehmen, Tonschwingungen sichtbar zu machen und zu konservieren. Dazu brauchen wir eine Glasplatte in der Größe von etwa 240 mm × 80 mm, eine Stimmgabel mit möglichst langen Zinken und ein Stativ, an dem wir die Stimmgabel befestigen können. An einer Zinke der Stimmgabel bringen wir eine Borste aus einem Besen oder einen dünnen federnden Draht an. Wer keine entsprechende Stimmgabel besitzt, kann auch ein Stahlmaß dazu verwenden.

Wir wollen eine Schwingung aufzeichnen; dazu brauchen wir das schwingfähige System – Stimmgabel – und die Glasplatte zum Aufzeichnen. Aus dem Vorangegangenen wissen wir, daß die Frequenz die Zahl der Schwingungen je Sekunde angibt; das hat etwas mit Geschwindigkeit zu tun. Für unseren Versuch bedeutet das, daß die Glasplatte gleichmäßig in einer Richtung unter Borste oder Drahtfeder durchgezogen werden muß. Ohne diese Bewegung würde nur ein Strich, 90° zur Mittellinie, abgebildet. Zur gleichmäßigen Bewegung der Platte befestigen wir ein langes Lineal oder eine Holzleiste mit Schraubzwingen am Tisch. Über einer Kerze berußen wir unsere Glasplatte vorsichtig auf

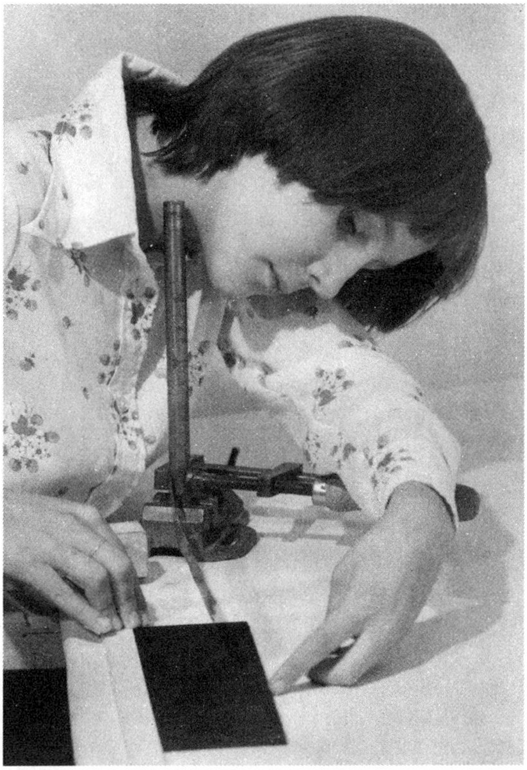

6.8 Aufzeichnung einer Schwingung

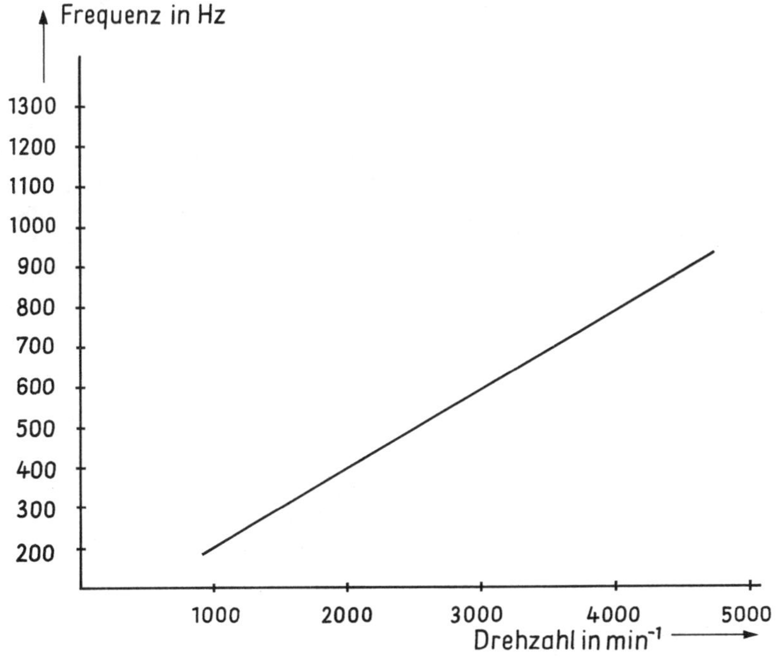

6.7 Diagramm zur Tabelle 6.1

einer Seite. Wichtig ist eine gleichmäßige Beschichtung! Über der Glasplatte befestigen wir die Stimmgabel am Stativ. Die Borste sollte im Ruhestand etwa in der Mitte der schmalen Seite der Glasplatte stehen.

Nun bewegen wir die Platte vom Stativ weg unter der ruhenden Gabel gleichmäßig am Lineal entlang. Dabei ziehen wir einen Strich, der die Mittellinie unserer Schwingung sein wird. Nachdem wir die Glasplatte wieder in die Ausgangsstellung gebracht haben, wird die Gabel in Schwingungen versetzt. Sofort bewegen wir unsere Glasplatte wieder gleichmäßig. Aufgezeichnet wird nun eine Schwingung, deren Schwingweite stetig kleiner wird – wir erhalten eine »gedämpfte Schwingung«.

Im Bild 6.8 können wir den Versuchsaufbau mit einem Stahlmaß sehen. Das Bild 6.9 zeigt eine damit aufgezeichnete Schwingung.

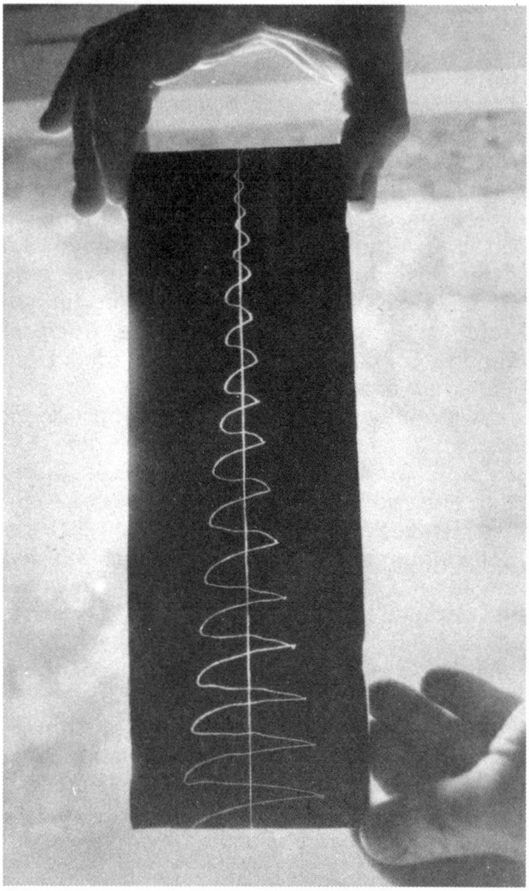

6.9 Aufgezeichnete Schwingung

Schallwellen sind energiegeladen

Von jedem schwingenden Gegenstand geht Energie aus, auch wenn sie noch so gering ist – sie verrichtet Arbeit. Das brummende Lineal unseres ersten Tonversuches drückte die angrenzende Luft zusammen oder entspannte sie. Diesen wechselnden Druck nennt man *Schalldruck p*, und er entspricht dem aus der Mechanik bekannten statischen Druck. Im Unterschied zu diesem »ruhenden« bewegt sich der Schalldruck jedoch mit Schallgeschwindigkeit v. Das Produkt $p \cdot v$ ist ein Maß für die *Schallstärke* oder *Schallintensität I*; es ist $I = \frac{1}{2} p_{max} \cdot v_{max}$.

Für den Nachweis des sich bewegenden Schalldruckes als besonderer Form eines Energiestromes beschaffen wir uns eine Pappröhre von 7 cm Durchmesser, wie sie für den Transport von Zeichnungen und Kunstblättern verwendet wird. Selbstverständlich können wir die Röhre auch selbst herstellen; sie soll etwa 30 cm lang sein. Nach Abnahme beider Verschlußdeckel kleben wir an ein Ende einen Pappkegel: Kreisscheibe mit r = 10 cm ausschneiden, darauf in die Mitte den zweiten Kreis mit r = 5 cm zeichnen, Sektor von 90° ausschneiden und danach die Scheibe mehrfach bis zum inneren Kreis einschneiden. Daraus formen wir den Kegel, heften oder kleben ihn zusammen. Er wird auf die Pappröhre aufgesetzt, die Streifen werden nach hinten gebogen und mit Klebeband festgeklebt. Nach unten knicken wir 2 oder 3 Streifen, etwa 10 mm vom eigentlichen Kegel entfernt, als Ständer ab. Bei allem muß auf Dichtheit geachtet werden! Die Spitze des Kegels wird so abgeschnitten, daß eine Öffnung von etwa 5 bis 6 mm Durchmesser entsteht.

Dann schneiden wir von einem Luftballon das Mundstück ab und – ziehen ihn als Membran straff über die dem Kegel abgewandte große Öffnung des Rohres. Damit er nicht von allein wieder abrutscht, brauchen wir noch eine Klemmvorrichtung; sie soll auch gleichzeitig noch Windschutz und Ständer sein. Aus einer Pappscheibe des Formates A4 schneiden wir dazu in Flächenmitte eine kreisrunde Öffnung, deren Durchmesser etwa 1 cm kleiner als der Durchmesser eines der Pappverschlüsse ist. Aus dessen Stirnseite trennen wir die gleiche Kreisscheibe heraus und kleben den verbleibenden Papp-ring auf die Scheibe, Öffnung genau über Öffnung. Nach dem Aushärten der Klebestelle ist die Pappscheibe parallel zu einer kurzen Kante so zu knicken, daß nach dem Aufstecken das Rohr nahezu waagerecht liegt.

Nun setzen wir eine brennende Kerze so vor die Kegelöffnung, daß ihre Flamme in Höhe der Öffnung, aber etwa 2 cm davon entfernt ist. Vorsicht! Der Kegel darf kein Feuer fangen. Dicht hinter der Gummihaut klatschen wir nun in die Hände und beobachten die Kerzenflamme: Sie wird weggedrückt. Die Gummihaut verhindert, daß ein unmittelbarer Luftstoß von unseren Händen auf die Kerzenflamme wirkt. Durch den Schirm kann auch seitlich kein Luftstoß unser Versuchsergebnis stören. Folglich versetzt das Klatschen die Gummimembran in Schwingungen, die daraufhin die eingeschlossene Luft unter Druck in Bewegung setzt; die Kerze im Bild 6.10 registriert den Energiestrom ganz deutlich.

Der Knall – eine Sonderform?

Ob Händeklatschen oder Peitschenknall – wir verstehen darunter einen Schallstoß als einmaliges Ereignis. Der Knall spielt in der technischen Akustik eine so große Rolle, daß er auch von uns zu berücksichtigen ist. Mit seiner Hilfe werden Ausbreitungsgeschwindigkeiten und Reflexionen gemessen und untersucht. Durch den einmaligen Vorgang kann es nicht zu Verschleifungen durch nachfolgende Schallereignisse kommen. An Modellen von Konzert- und Konferenzsälen werden mit dem Knall akustische Gegebenheiten überprüft und danach eventuell notwendige bautechnische Veränderungen getestet.

Der Donner des Gewitters ist seinem Ursprung nach auch nur ein einziger Knall. Weil aber der Schall bei entfernteren Entladungen von Wolken und der Erdoberfläche reflektiert wird, entsteht ein scheinbarer mehrfacher Donner. Ist der Blitz in unmittelbarer Nähe, hören wir deutlich den einzigen Schlag. Er erzeugt eine Druckwelle durch die ungeheure Hitze, die bei der Entladung entsteht. Diese wiederum dehnt die umgebende Luft so stark aus, daß wir sie als Schall- bzw. Druckwelle empfinden. Bei weiter entfernten Entladungen sehen wir zuerst den Blitz und hören erst später den Donner. Aus der Differenz zwischen Sehen des Blitzes und Hören des Donners können wir die Entfernung der Entladung berechnen.

Der Schall breitet sich in Luft mit 330 m/s aus; bei einer Zeitdifferenz von 10 s zwischen Blitz und Donner beträgt die Entfernung demnach etwas mehr als 3 km.

Ein Knall entsteht auch dann, wenn Geschosse oder Flugzeuge die Schallmauer durchbrechen, d. h., wenn ihre Geschwindigkeit größer als die des Schalles wird. Dabei bildet sich entsprechend Bild 6.11 eine kegel-

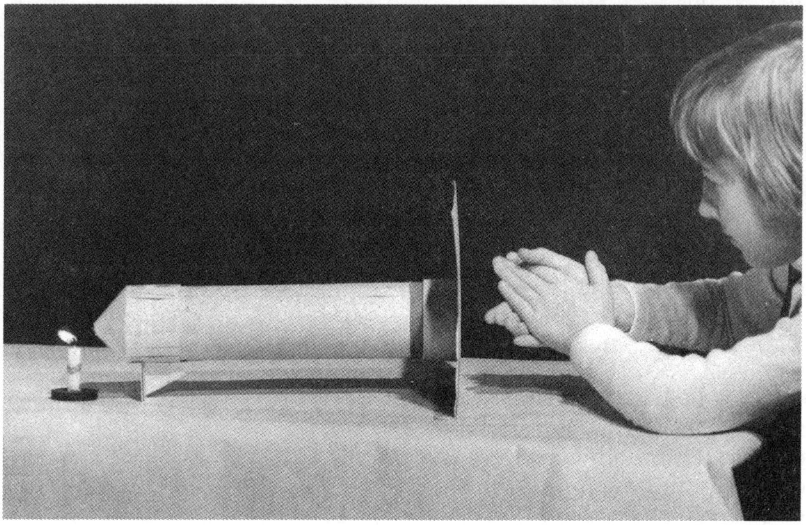

6.10
Der Schall ist energiegeladen

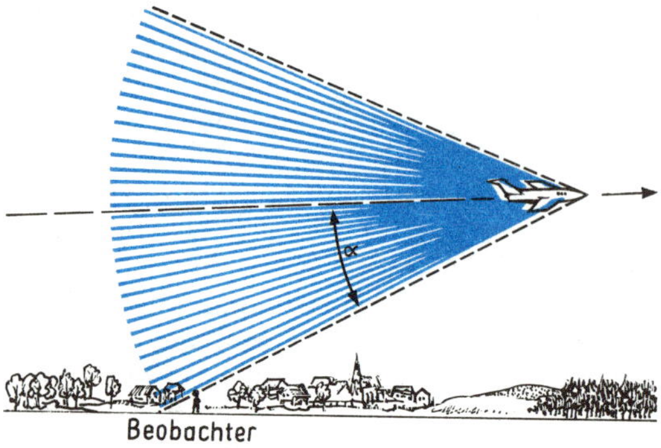

6.11 Machscher Kegel

förmige Kopfwelle, in der die Luft stark verdichtet ist. Dort, wo der Kegelmantel auf der Erdoberfläche auftritt, knallt es. Erst später hören wir das eigentliche Flugzeuggeräusch der Überschallmaschine.

Wir telefonieren über einen Strick

Wir nehmen dazu zwei leere Blechbüchsen und bearbeiten den Rand der offenen Seite so glatt, daß wir uns nicht verletzen können. In die Mitte der Böden bohren wir mit einem Nagel ein kleines Loch. Es soll nur so groß sein, daß wir unseren Strick gerade noch hindurchfädeln können. Im Inneren der Dose wird der Strick über einem Nagel verknotet. An jedem Ende des 3 bis 5 m langen Strickes befestigen wir solch eine Dose.

Daß wir uns nicht selber anrufen können, ist klar; außerdem wartet unser Freund schon lange auf die neuesten physikalischen Erlebnisse. Er hält seine Dose (im Vordergrund im Bild 6.12) als Hörer ans Ohr, wir (hinten im Bild 6.12) die unsrige als Mikrofon dicht vor den Mund. Der Strick wird durch leichten Zug gut gestrafft, und wir beginnen zu sprechen. Dann wird gewechselt. Der Strick darf selbstverständlich keine Gegenstände berühren – und wir selbst sprechen nur so laut, daß direktes Hören ausgeschlossen ist.

Dieser schon oft beschriebene und immer wieder reizvolle Fernsprechversuch bringt den Nachweis, daß sich Schall auch in festen Körpern ausbreiten kann. Von der Luft wußten wir das schon lange – wie sieht's damit in Flüssigkeiten aus? Tauchen wir mit zwei mittelgroßen Steinen unter Wasser und schlagen wir diese aneinander! Im Winter geht das notfalls in der Badewanne: Luft holen – Kopf unter Wasser – mit der Zahnbürste klopfen wir an.

Eine Welt ohne Schall

Können wir uns das überhaupt vorstellen? Zur vollständigen Wahrnehmung unserer Umwelt benötigen wir unsere fünf Sinne, auch das Gehör. Einen kleinen Eindruck einer sang- und klanglosen Welt können wir uns verschaffen, wenn wir vom Fernseher den Ton abschalten.

Achtung! Lärmbelästigung!

Musik – geordneter Lärm?

Unter Musik wollen wir das verstehen, was unserem Ohr angenehm klingt, mitsamt den

6.12 Unser Stricktelefon

Harmonien und Disharmonien. Beide sind gleichwertig, wenn sie in einer bestimmten Reihenfolge untereinander geordnet sind. Wollen wir die Stimmen einzelner Instrumente beim Hören von Musik noch unterscheiden können, darf die Lautstärke nicht zu groß sein. Außerdem müssen wir die Musik in entsprechendem räumlichem Abstand hören – beispielsweise in einem Orchesterkonzert. Würden wir mitten im Orchester sitzen, könnten wir zu dem Eindruck kommen, Musik sei geordneter Lärm. Was die einzelnen Instrumente da so von sich geben, kann in der Nähe schaurig klingen! Mit der räumlichen Akustik und aus dem nötigen Abstand ordnet sich alles zu einer harmonischen Einheit.

Lärm – ungeordnete Musik?

Lärm stellt in jeder Beziehung eine Belästigung dar. Da hört man keine einzelnen Instrumente mehr, alles verschwimmt in einem außerordentlichen Krach – dem Lärm. Das kann bis zur *Schmerzgrenze* des menschlichen Gehörs führen und darüber hinaus! Die Schmerzgrenze liegt bei 1 000 Hz bei einer Schallintensität von $I = \frac{W}{m^2}$ beziehungsweise einem Schalldruck von 200 μbar = 20 Pa. Ein lang anhaltendes oder zu häufiges Überschreiten der Schmerzgrenze führt unweigerlich zu Gehörschäden, das Ohr wird unempfindlicher; die Gehörschwelle wird höher.

Als *Gehörschwelle* bezeichnet man den Schallpegel, bei dem die Wahrnehmung durch das menschliche Gehör beginnt.

In der Technik wird die relative Lautstärke eines Schallereignisses in *Bel* (nach dem schottischen Physiologen Graham *Bell*, 1847 bis 1922, benannt) angegeben. Gewöhnlich wird mit dem zehnten Teil des Bel, dem Dezibel (dB) gerechnet.

In den meisten Diskotheken ist die Musik zu laut; da wird Musik zu Lärm! Schallpegelmessungen in Diskotheken und ähnlichen Veranstaltungen haben erschreckende Werte gezeigt. Danach müßten nicht nur der oder die Musiker einen Gehörschutz tragen, sondern vor allem die Gäste! Ein ganz klein wenig besser hat es dabei der Veranstalter: Er sitzt hinter den Lautsprechern, die auf das Publikum gerichtet sind. Schallpegel von 90 bis 100 dB und darüber hinaus sind »normal« bei diesen Veranstaltungen. Eine Unterhaltung ist dabei nicht mehr möglich.

Geräusch	Dezibel	Beschreibung
Donner	120	ohrenbetäubend
Flugzeugmotor	100–120	„
Preßluftbohrer	90	sehr laut
Straßenverkehr	80–90	„
Orchestermusik	70	laut
normale Unterhaltung	40–50	mäßig laut
ruhige Straße ohne Verkehr	30	schwach
Blätterrascheln	10	sehr schwach
Flüstern	10	„
Gehörschwelle	0	gerade noch wahrnehmbar

Tabelle 6.2 zum Vergleich der Geräusche und den dazugehörigen Schallpegeln

Tonleiter, Noten und Musik

In der Musik teilt man den Hörbereich von 16 Hz bis 16 kHz in Teilbereiche ein, deren höchste und tiefste Frequenzen sich wie 2 : 1 verhalten, *Oktaven* genannt. Die Oktave (lat. octavus: der achte) ist der 8. Ton nach dem Grundton. Der Hörbereich des Menschen umfaßt somit 10 Oktaven. Durch Verdoppeln und Halbieren finden wir die einzelnen Grenzfrequenzen der 10 Oktaven bei einer mittleren Frequenz von 1 000 Hz.

Oktave	1.	2.	3.	4.	5.	6.	7.
Frequenzbereich Hz	16 32	63	125	250	500	1 000	

Oktave	8.	9.	10.
Frequenzbereich Hz	2 000	4 000	8 000 16 000

Jede Oktave wiederum ist in 12 Intervalle, sogenannte *Halbtonschritte*, unterteilt, die die *chromatische Tonleiter* ergeben. Das Frequenzverhältnis x dieser Schritte ergibt sich:

$$x^{12} = 2$$
$$x = \sqrt[12]{2}$$
$$x = 1{,}0595.$$

Man hat diese 12 Halbtöne mit folgenden Bezeichnungen versehen:

Tonstufe:		1	2	3	4	5	6
Bezeichnung:	c	cis	d	dis	e	f	fis
Tonstufe:	7	8	9	10	11	12	
Bezeichnung:	g	gis	a	ais	h	c	

Im Bild 6.13 sehen wir die Tonbezeichnungen, zugeordnet den Tasten einer Klaviatur. Hinzugefügt wurden die Bezeichnungen der Intervalle (lat.: Zwischenräume). Bezogen auf den Grundton c der Oktave, nennen sie die Stellung des Intervalles. Die Bezeichnungen sind lateinisch und heißen in der Reihenfolge:
erstes, zweites, drittes bis achtes Intervall. Dazu sind noch die Oktaven untereinander mit Bezeichnungen versehen, wie sie die Abbildung 6.14 angibt.
Das Klavier umfaßt etwa 7 Oktaven von A_2 bis a^4, die menschliche Stimme hingegen nur 4 Oktaven von F bis f^3.

Der international festgelegte Normton (Kammerton) ist a^1 mit einer Frequenz $f_{a^1} = 440$ Hz. Alle anderen Frequenzen ergeben sich durch Multiplizieren mit dem Faktor $x = 1{,}0595$ beziehungsweise $\frac{1}{x}$. Im Bild 6.14 können wir die geschilderten Verhältnisse noch einmal anschaulich mit der Klaviertastatur vergleichen. Dargestellt sind auch die Frequenzbereiche verschiedener anderer Schallerzeuger, deren Grundtöne durch starke Linien und die Obertöne durch dünne angegeben sind.

Mit Hilfe des Frequenzvergleiches von zwei gleichen Tönen oder zwei in der Oktave unterschiedlichen Tönen können wir ein stimmbares Instrument stimmen oder *intonieren* (lat.: einstimmen). Wie das genau geschieht, sehen und hören wir uns an, wenn wir unsere selbstgebaute Gitarre stimmen werden.

Aus zwei unterschiedlichen Grundschwingungen entsteht eine 3. Schwingung, *Schwebung* genannt. In dem Fall, wo beide Grundschwingungen gleich sind, ist keine Schwebung zu hören; je weiter sich die Frequenzen voneinander entfernen, desto größer wird die Schwebungsfrequenz. Nach dem Erreichen der Oktavmitte wird sie wieder kleiner und ist schließlich Null beim Abstand der Grundfrequenzen von einer Oktave.

Am besten überprüfen wir das mit unserer

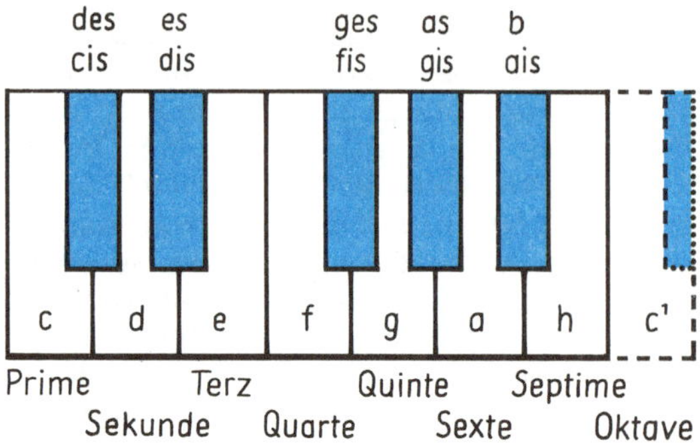

6.13 Die Oktave der Klaviatur

Lochscheibe. Unser Freund gibt auf einem Instrument einen bestimmten Ton an, wir versuchen nun, durch Verändern der Drehzahl diesen Ton zu »erblasen«. Je näher wir aneinanderkommen, desto deutlicher ist die Schwebung zu hören, sie scheint allmählich langsamer zu werden. Können wir sie nicht mehr hören, haben wir die Frequenzgleichheit erreicht. Ein Vergleich der Tonhöhe in diesem Fall gibt uns an, ob die beiden Töne dieselben Frequenzen haben oder ob sie eine oder mehrere Oktaven auseinanderliegen.

Wir können aber noch mehr mit unserer Lochscheibe experimentieren! Das Bild 6.6 zeigt auch eine Scheibe mit mehreren Lochkreisen. Richtig – wir können mehrere Töne gleichzeitig in unsere Scheibe lochen, zweistimmig oder auch mehr! Das kann bis zum vierstimmigen Durdreiklang gehen, wenn sich die Lochzahlen wie 4 : 5 : 6 : 8 verhalten. Dabei ergibt sich ganz von selbst, daß unser Ohr weniger die genauen als vielmehr Frequenzdifferenzen als wohlklingend oder störend empfindet.

Die Vielfalt der Orchesterstimmen

Die Vielfalt der heute gebräuchlichen Instrumente ist groß, für einen Uneingeweihten fast unüberschaubar. Wir wollen uns anhand einiger Instrumente die unterschiedlichsten Tonerzeugungen anhören. So unterschiedlich sie auch sein mögen – eines haben sie fast alle gemeinsam, den Klang- oder Resonanzkörper. Diesem sind wir ja schon in dem Versuch mit dem brummenden Lineal begegnet. Dort hatte der Tisch die Aufgabe der Tonverstärkung übernommen. Bei den *Streichinstrumenten* ist es ein schön geformter Hohlkörper, der diese Funktion ausübt; Öffnungen in der Decke lassen den verstärk-

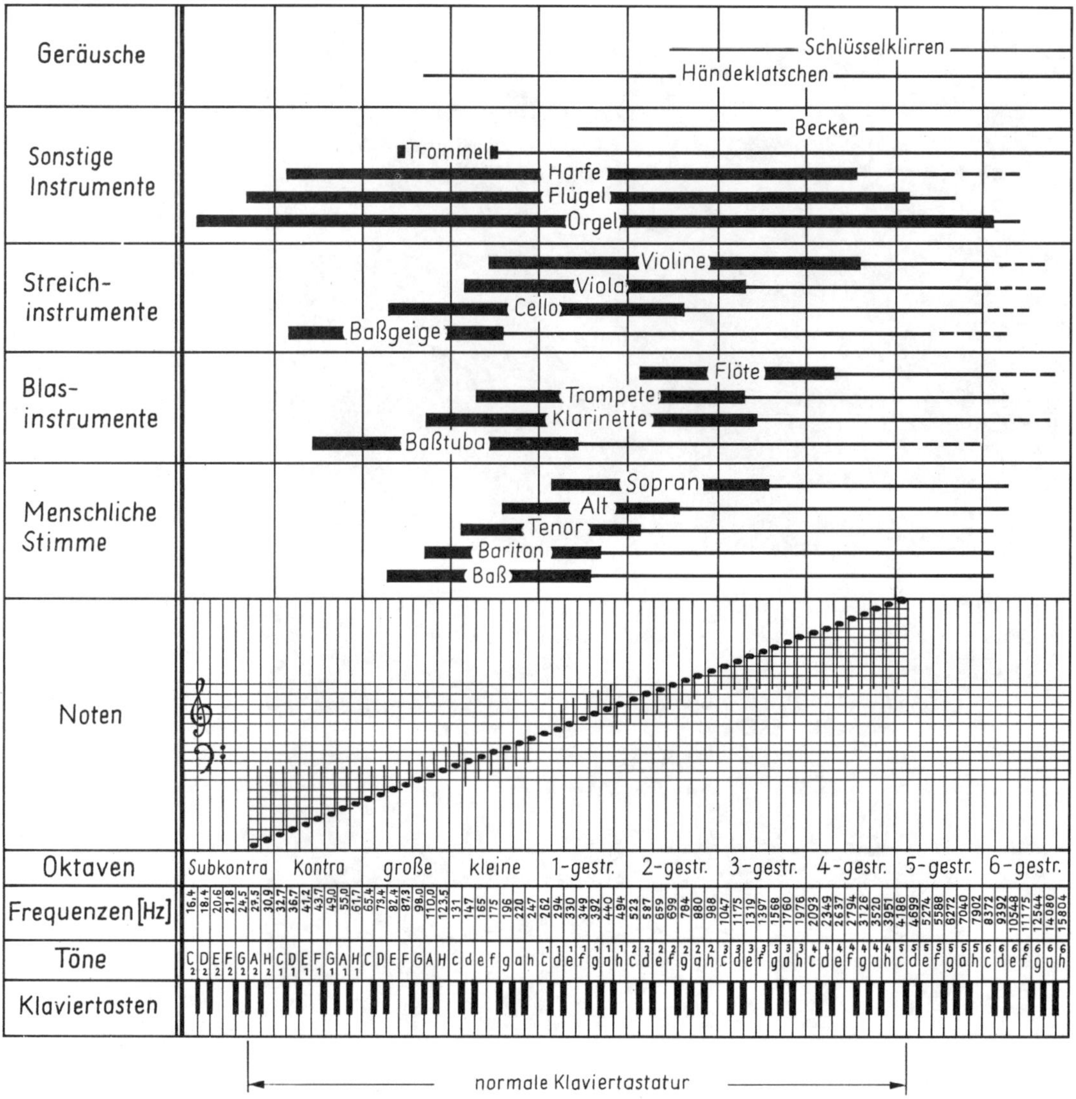

6.14 Frequenzbereiche von Schallerzeugern

ten Schall austreten. Die Saiten sind vom Wirbel über das Griffbrett und den Klangkörper mit dem Klangsteg gespannt. Die Gruppenbezeichnung verrät es uns – sie werden angestrichen mit einem mit Pferdehaaren bespannten Bogen. Damit es zu einer erwünschten Reibung kommt, sind diese mit Kolophonium eingerieben. Was uns aber noch ins Auge fällt: die Größe der Resonanzkörper.

Noch einmal zurück zum Lineal; dort hatten wir festgestellt: Ein kurzes schwingendes Lineal gibt einen hohen Ton und ein langes einen tiefen Ton. Die Violine als das in der Tonlage höchste Instrument der Streicher hat wesentlich kürzere Saiten als der Kontrabaß. Natürlich werden auch der Klangkörper und die anderen Elemente des Instrumentes größer. Zum Spiel werden die Saiten durch Andrücken auf das Griffbrett entsprechend verkürzt. Die Bilder 6.15 und 6.16 zeigen uns recht deutlich die Größenunterschiede. Natürlich kann man wie bei der Gitarre die Saiten anzupfen oder wie beim Klavier anschlagen.

Im Bild 6.15 sind vorn links die Violinen zu

6.15
Streichergruppe

6.16
Philharmonisches Orchester

sehen; ihr tiefster Ton ist das g, ihr höchster reicht bis zum d^5. In der Mitte schließen sich die Bratschen an, ihr Körper ist nur etwa 5 cm länger, dafür aber ist der Klangkörper höher als bei der Violine. Der tiefste Ton der Bratsche ist das c, in der Höhe kommt sie etwa bis zum e^3. Daran schließt sich das Violoncello an; es ist schon erheblich größer, und sein Tonumfang reicht vom C bis zum a^2, also genau eine Oktave tiefer als die Bratsche. Nicht zu übersehen mit ihren fast 2 m Länge sind die Kontrabässe. Der Tonumfang dieser Instrumente reicht beim fünfsaitigen Konabaß vom E_1 bis zum c^1.

In der Gruppe der *Blasinstrumente* wird die Frage nach der Tonerzeugung schon etwas schwieriger. Während z. B. in der Trompete, Posaune oder im Horn die Luftsäule als »schwingfähiges System« durch die Lippen des Bläsers angeregt wird, wird dies z. B. bei der Oboe, Klarinette oder beim Fagott durch ein kleines, einseitig eingespanntes Rohrblatt erreicht (Bild 6.17).

Auch hier gilt wieder unsere Feststellung — kurze Instrumente haben eine höhere Tonlage als die längeren — selbst wenn dort das Rohr wie bei dem Horn schön verschlungen ist. Das Waldhornrohr hat eine Länge von etwa 3,7 m und das Trompetenrohr bis zu 2 m! Die Schallverstärkung übernimmt bei dieser Instrumentengruppe das *Schallstück*, die sich trichterförmig öffnende Schallöff-

6.17
Bläsergruppe

nung. Wieder etwas anders ist die Tonerzeugung bei den Flöten. Der Luftstrom wird an einer scharfen Kante, der sogenannten *Lippe*, gebrochen und gerät dadurch in Schwingungen, die wiederum die Luftsäule anregen. Alle diese Instrumente erreichen die Tonänderung durch Verkürzen der schwingenden Luftsäule. Eine Ausnahme sei auch hier genannt: die Fanfare. Sie hat keine Grifflöcher, Ventile oder andere Einrichtungen zur Verkürzung der Luftsäule. Eine kontinuierlich veränderbare Luftsäule haben beispielsweise die Posaune und die Gleitflöte.

Im Bild 6.14 können wir den Tonumfang und die Tonlage der wichtigsten Vertreter der Instrumentengruppen miteinander vergleichen.

Vergessen wollen wir an dieser Stelle nicht die »Königin der Instrumente«, die Orgel. Tasteninstrument ist auch sie, deren Werk aus bis zu mehreren tausend Pfeifen bestehen kann, abgestuft von wenigen Millimetern Länge bis zu mehreren Metern. Angeblasen werden die Pfeifen durch den sogenannten *Orgelwind*, der durch Ventile vom *Spieltisch* aus gesteuert wird. Die Pfeifen erklingen dann in ihrem abgestimmten Ton einzeln oder in Gruppen.

Tonhöhe und Klang werden wie bei den Blasinstrumenten durch Länge, den inneren Durchmesser der schwingbaren Luftsäule und das Material der Pfeife bestimmt. Die Pfeifen gleicher Klangfarbe werden in Gruppen, den *Registern*, zusammengefaßt und vom Spieltisch aus geschaltet. Die Pfeifen werden aus dem speziellen Orgelmetall, einer Legierung von Zinn und Blei, gefertigt, zum Teil aber auch aus Holz für die besonders tiefen Register. Durch ihre fast unerschöpfliche Klangvielfalt kann die Orgel durchaus wie ein großes Orchester erklingen. Das Bild 6.18 zeigt uns die rekonstruierte Orgel des Orgelbaumeisters Gottfried *Silbermann* (1683 bis 1753) in der Kathedrale von Dresden.

Durch Schlagen werden der oder die Töne der dritten Instrumentengruppe, die wir uns noch anschauen wollen, erzeugt. Bei ihnen wird der Ton durch Schlagen auf eine über einen Resonanzkörper gespannte Haut oder auf abgestufte Klangkörper aus unterschiedlichen Materialien erzeugt.

Im Bild 6.19 sehen wir eine Auswahl aus dieser Gruppe. Im Vordergrund wird ein *Marimbaphon* gespielt. Die abgestuften Holzstäbe werden durch zwei Schlegel zum Klingen gebracht. Das Besondere an diesem Instrument sind die Metallröhren unter den Klanghölzern. Die Luftsäulen in diesen Röhren sind auf die darüber befindlichen Klanghölzer abgestimmt und bewirken eine Tonverstärkung.

Die Pauken erhalten ihre Tonhöhe durch die Straffheit der gespannten Kalbshaut. Der Kessel darunter hat auch hier die Aufgabe, den Ton zu verstärken, die Schallaustrittsöff-

6.18 *Silbermannorgel*

nung befindet sich am tiefsten Punkt des Kessels. Weitere Instrumente dieser Gruppe sind Becken und Triangel.

Töne aus Flaschen und Gläsern

Wir beginnen mit Blasinstrumenten und bauen zunächst eine *Flaschenposaune*. Dazu nehmen wir eine Bier- oder Weinflasche und füllen sie bis etwa 50 mm unter den Rand mit Wasser. Dort hinein stecken wir ein Röhrchen mit einem nicht zu kleinen Innendurchmesser. Blasen wir nun über das obere Ende des Röhrchens, erklingt ein Ton – ähnlich wie beim Pusten über einen hohlen Schlüssel. Durch die Änderung der Länge der schwingenden Luftsäule ändert sich der Ton. Mit einigem Geschick kann man schon einfache Melodien blasen. Das Prinzip ist das gleiche wie bei der Posaune – nur ist in der Posaune natürlich kein Wasser, dort verlängern oder verkürzen wir das Rohr! Im Bild 6.20 sehen wir die Flaschenposaune.

In ähnlicher Weise funktioniert die *Flaschenorgel*. Dazu benötigen wir einige leere Milchflaschen. Wir stellen sie in einer Reihe auf und füllen sie abgestuft mit Wasser. Mit einem nicht zu kleinen Röhrchen blasen wir über die Flaschenränder – auch ein »kräftiger« Luftstrom aus dem Staubsauger eignet sich dazu. Durch den unterschiedlichen Wasserstand erklingen verschiedene Töne. Zusammen mit unserer Flaschenposaune kann man nach einigem Üben schon zu zweit kleine mehrstimmige Melodien spielen.

Wie im Bild 6.21 dargestellt, nehmen wir noch ein *Glasklavier* hinzu. Hier muß man unbedingt sagen: Vorsicht! Glas!

Wir stellen dazu mehrere Weingläser in einer Reihe auf und füllen sie entsprechend den gewünschten Tönen mit Wasser. Im Gegensatz zur Flaschenorgel wollen wir hier das Glas zum Tönen bringen. Dazu benötigen wir noch zwei kleine Hämmerchen: Auf zwei dünne Holzstäbe oder Stahlstifte stecken wir je einen Korken. Damit können wir unbesorgt unsere Gläser anschlagen.

Wir bringen Holz zum Klingen

Mit Hilfe von genau abgestimmten Harthölzern können wir uns ein *Xylophon* bauen. Für eine Oktave brauchen wir acht Holzleisten in den Längen 250 mm, 235 mm, 220 mm, 210 mm, 195 mm, 185 mm und 175 mm. Ihre Dicke bestimmt die Tonlage unseres Instrumentes. Wir können sie entweder mit Strikken leiterförmig, die längste nach unten, zusammenbinden oder sie einzeln der Reihe nach an einem Querholz aufhängen. Zum Anschlagen benötigen wir wieder kleine Hämmerchen, diesmal jedoch mit Holz- oder Plastestückchen an den Enden. Die Tonhöhe der einzelnen Brettchen oder Stäbe kann noch verändert werden: Kürzen erhöht den Ton, ein geringfügiges Herausschaben aus der Mitte macht ihn tiefer. Mit dem Glasklavier sind das zwei Instrumente aus der Gruppe der Schlaginstrumente.

Noch ein Blasinstrument wollen wir uns bauen, diesmal aus Holz, und damit experimentieren: die *Gleitflöte*. Sie besteht aus dem flötenähnlichen Rohr und einem Kolben zur Längenveränderung der Luftsäule.

Wir beschaffen uns ein etwa 300 mm langes Bambusrohr. Die innere Höhlung arbeiten wir nach, damit sie möglichst gleichmä-

6.19 Schlaginstrumentengruppe

6.20 Unsere Flaschenposaune

ßig rund und glatt ist. Im Abstand von 30 mm von einem Ende des Rohres schneiden wir wie bei der richtigen Flöte eine Kerbe quer in das Rohr. Sie muß so tief sein, daß die Innenbohrung angeschnitten wird. Ebenfalls an dieser Seite schieben wir einen Pfropfen in das Rohr hinein. Er ist 30 mm lang und hat auf der oberen Seite eine Fläche; sie entsteht durch Abfeilen von etwa 1 bis 1,5 mm vom Außendurchmesser.

Nachdem der Pfropfen fest eingeklebt ist, sägen wir wie bei der Flöte die Unterseite schräg ab. Die Gleitflöte läßt sich nun leichter anblasen. Wenn wir das jetzt tun, muß sie schon einen sauberen Ton abgeben.

Nun fehlt uns nur noch das Gleitstück zum Verändern der schwingenden Luftsäule. Wie einen Kolben wollen wir es an einem Stab in der Flötenröhre hin- und herschieben können. Dazu benötigen wir ein 3 cm langes Stück von einem Rundholz, im Durchmesser etwas geringer als der Innendurchmesser unserer Flöte. An einer Seite befestigen wir einen dünnen Stab zum Bewegen des Kolbens. Um eine gute Gleitführung zu haben, muß die Länge des Kolbens mindestens 3 cm haben. Diese geht natürlich der Länge unserer Luftsäule verloren. Bringen wir in das Gleitstück auf der dem Stab gegenüberliegenden Seite eine möglichst große Bohrung, etwa 1 bis 1,5 cm tief, können wir trotzdem eine längere Luftsäule erhalten, ohne daß sich unser Gleitstück verklemmen wird. Nun wird der Kolben in die Flöte eingesetzt und während des Anblasens hin- und herbewegt. Schieben wir den Kolben tief hinein, erhalten wir einen hohen Ton, befindet sich der Kolben am hinteren Ende, ist der Ton tiefer. Dazwischen können wir jeden beliebigen Ton erzeugen (Bild 6.22).

6.21
Flaschenorgel und Glasklavier

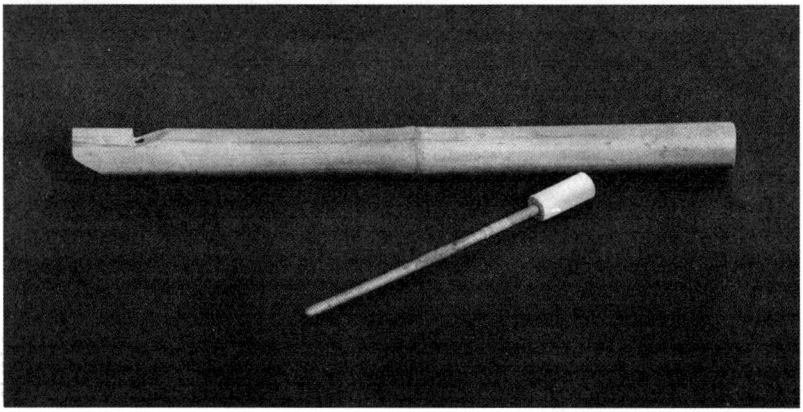

6.22
Gleitflöte

Schwingende Saiten

Ähnlich dem *Monochord* wollen wir uns eine einfache *Geige* bauen. Um mit ihr besser experimentieren zu können, wollen wir sie mit zwei Saiten versehen.

Den Resonanzkörper fertigen wir aus einer Sperrholzzigarrenschachtel an, in die wir im Abstand von 110 mm vom oberen Rand eine große, runde Aussparung hineinschneiden. Diese soll einen Durchmesser von etwa 55 mm haben. Oben und unten wird der Körper noch zusätzlich mit Sperrholz verstärkt, damit er die durch die gespannten Saiten auftretenden Kräfte besser aufnehmen kann. – Eine Holzleiste mit den Maßen 40 mm × 15 mm, 500 mm lang wird unser Steg werden.

An einem Ende bohren wir 2 Löcher, 20 mm vom oberen Rand entfernt, hinein. Der Durchmesser soll 4 mm betragen, der Abstand zur Leistenmitte 14 mm symmetrisch. Sie dienen zur Aufnahme der Violin- oder Spannschrauben. Am anderen Ende der Leiste verringern wir die Leistendicke auf einer Länge von 45 mm um 5 mm. Dieses Ende kleben wir auf die Seite unseres Resonanzkörpers, die wir mit dem Loch versehen haben. Steg und Boden müssen aber zusätzlich mit Senkschrauben M 5 zusammengeschraubt werden!

Anschließend werden Resonanzboden und Steg sauber mit Schmirgelleinen geschliffen und alle Kanten gerundet. Jeder von uns kann nun seine Geige nach eigenen Vorstellungen farblich gestalten oder auch nur farblos lackieren.

An der unteren Kante des Bodens drehen wir eine Holzschraube als Haken für unsere Saiten ein. Die Violinschrauben können wir entweder selber aus Hartholz schnitzen, aus Metall feilen oder in einer Musikalienhandlung kaufen. Sie bestehen aus einem Knebel und einem kegligen Schaft von 1° bis 2° Verjüngung und sind 25 mm lang. Das auslaufende Ende hat den Durchmesser 4 mm und eine Bohrung von 1,5 mm Durchmesser quer zur Achse des Kegels. Der Steg auf dem Resonanzboden soll eine Höhe von 20 mm und zwei Einschnitte von etwa 2 mm im Abstand von 14 mm haben.

Ebenfalls im Musikaliengeschäft kaufen wir uns die zwei Violinsaiten a^1 und e^2 aus Dederon. Wir hängen sie mit den Schlaufen in den Haken und führen sie durch die Einschnitte des Steges zu den Violinschrauben. Hier stecken wir sie durch die kleinen Bohrungen und spannen die Saiten durch Drehen der Knebel im Holz. Nun müssen wir unsere Geige stimmen und wenden dabei wieder das Stimmen auf Schwebungsnull an.

Jetzt können wir im Experiment die Tonhöhe durch den Abgriff der Saiten auf dem Griffbrett verändern. Einen weiteren Versuch zur Schwebung können wir durchführen, wenn wir beide Saiten verkürzen. Wollen wir den Klang verändern, zupfen wir die Saiten unmittelbar an den Einschnitten oder oberhalb der Schallaustrittsöffnung an. Bei gleicher Tonhöhe hören wir einmal einen hellen Klang, zum anderen einen dunkleren.

Zum Anstreichen der Saiten brauchen wir einen Bogen. Wir fertigen ihn aus einer Hartholzleiste an, 620 mm lang und 13 mm × 7 mm dick. Nach 25 mm, von einem Ende beginnend, wird der Querschnitt der Leiste auf einer Länge von 485 mm auf 7 mm × 7 mm abgefeilt. Die Übergänge der beiden Querschnitte lassen wir formschön in Rundungen auslaufen, wie wir auch die beiden Enden des Bogens rund schleifen. In die Spitze treiben wir einen kleinen Nagel zum Einhängen einer Radioskalenschnur; 18 mm von der unteren Kehle entfernt bringen wir zwei weitere Nägel an. Mit einer Schlaufe hängen wir oben die Skalenschnur ein, ziehen sie bei durchgebogenem Bogen straff und wickeln sie achtförmig um die beiden unteren Stifte. Das Ende stecken wir unter dem Wickel durch, damit wir es zum Nachspannen auch wieder lösen können. Zum Schluß tränken wir die Schnur mit in Spiritus gelöstem Kolophonium, damit die Reibung schön groß ist.

Das Bild 6.23 zeigt uns noch einmal alle wesentlichen Maße, das Bild 6.24 das fertige Instrument mit dem Bogen. Natürlich sind eigenem Schöpfer- und Gestaltertum keine Grenzen gesetzt. – Wie in diesem Falle sollen auch weiterhin die angegebenen Maße nur Anhaltspunkte sein.

Zum Abschluß nun noch die Anregung zum Bau einer *Gitarre* mit 4 Saiten; er setzt einige Fertigkeiten im Umgang mit Holz und Klebstoffen voraus. Selbstverständlich kann auch die Geige durch Einkleben von Querstäbchen auf dem Griffbrett zur Gitarre umgebaut werden.

Für unsere Gitarre wird neben 1-mm-Sperrholz auch eine Holzleiste in den Abmessungen 70 mm × 15 mm und einer Länge von 550 mm benötigt. Zu Beginn wird ein Sperrholzstreifen von 60 mm × 720 mm so lange gewässert, bis er biegsam ist; Deckel und Boden werden im Durchmesser 260 mm ausgeschnitten und ebenfalls gewässert. Der Streifen wir zu einem Ring gebogen und über einer entsprechenden Form getrocknet. Nach dem Trocknen kleben wir ihn mit dem Zweikomponentenkleber EP 11 auf Stoß zusammen. Über diesen Stoß kleben wir innen noch einen kleinen Streifen, damit die Klebestelle haltbarer wird. Der Kleber EP 11 läßt sich im ausgehärteten Zustand sehr gut mechanisch bearbeiten.

Nach dem Wässern werden Deckel und Boden hohl auf den Rand einer runden Backform gelegt und in der Mitte so weit belastet, daß sie sich gleichmäßig durchbiegen. Am besten geht das unter einem Bohrmaschinenständer, der dann in dieser Stellung fixiert wird. Aufpassen, daß die Ränder dabei nicht hochspringen! Notfalls müssen sie durch Gewichte heruntergedrückt werden. Nachdem das Holz wieder getrocknet ist, wird der Deckel mit EP 11 aufgeklebt. Innen wird das EP 11 an den Klebestellen dick aufgetragen, um die Stabilität der Klebestellen zu erhöhen. Anschließend, nach dem Trocknen des Klebers, werden die Schallaustrittsöffnungen in den Deckel geschnitten. Das können wie bei unserer Geige große, runde Öffnungen sein, aber auch Öffnungen in anderen Formen. Beachtet dabei die Festigkeit im Bereich des Klangsteges! Notfalls muß der Deckel dort noch durch Unterkleben eines Holzstreifens verstärkt werden.

Als nächstes stellen wir aus der Holzleiste

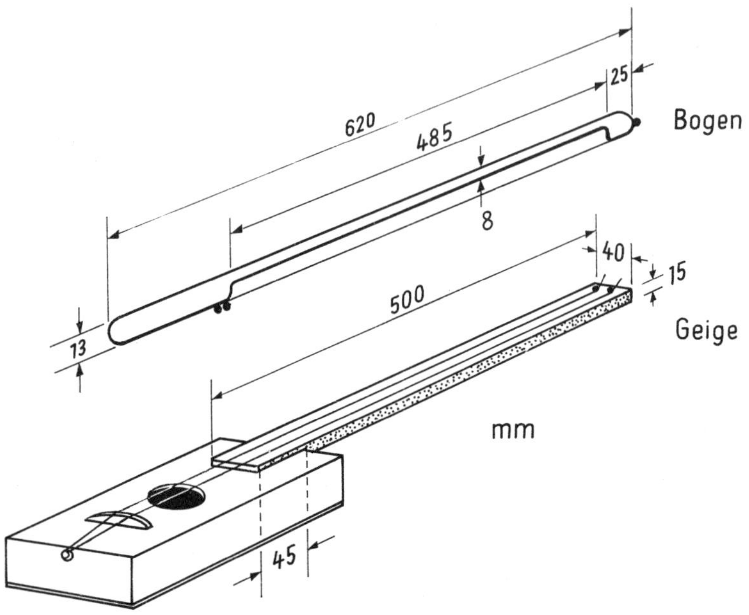

6.23
Maßskizze unserer Geige mit Bogen

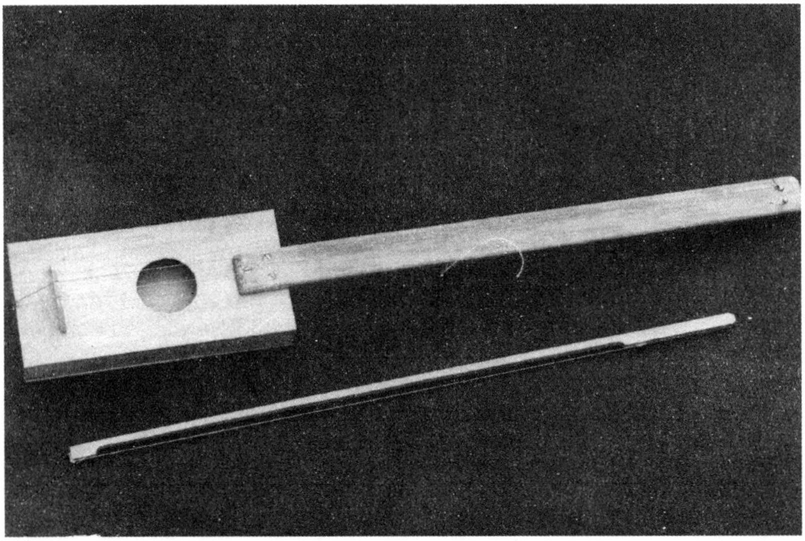

6.24
Die fertige Geige

unser Griffbrett her. Dazu wird nach 60 mm die Leistenbreite symmetrisch zur Mitte auf 40 mm in der gesamten verbleibenden Länge verringert. Ausgehend vom entgegengesetzten Ende, wird die Stärke der Leiste auf einer Länge von 50 mm verringert. Hierbei müssen wir die Wölbung des Deckels beachten, denn nach ihr richtet sich die Form der Verjüngung. Sie beginnt vorn bei 5 mm und endet bei etwa 10 mm bleibender Materialstärke.

Als Spannschrauben verwenden wir besser richtige Gitarrenschlüssel; wir bekommen sie und auch die benötigten Saiten D, G, h und e^1 aus Dederon in unserer Musikalienhandlung. Die Gitarrenschlüssel setzen wir von hinten in den Kopf unseres Griffbrettes ein. Damit die Saiten gleichmäßig darüberlaufen können, treiben wir auf der Oberseite des Kopfes kleine Stifte ein, über die dann die Saiten zu den Spannschlüsseln geführt werden.

Im Bild 6.25 ist dargestellt, in welchem Abstand die *Metallbünde* auf dem Griffbrett angebracht werden. Die Bünde können aufge-

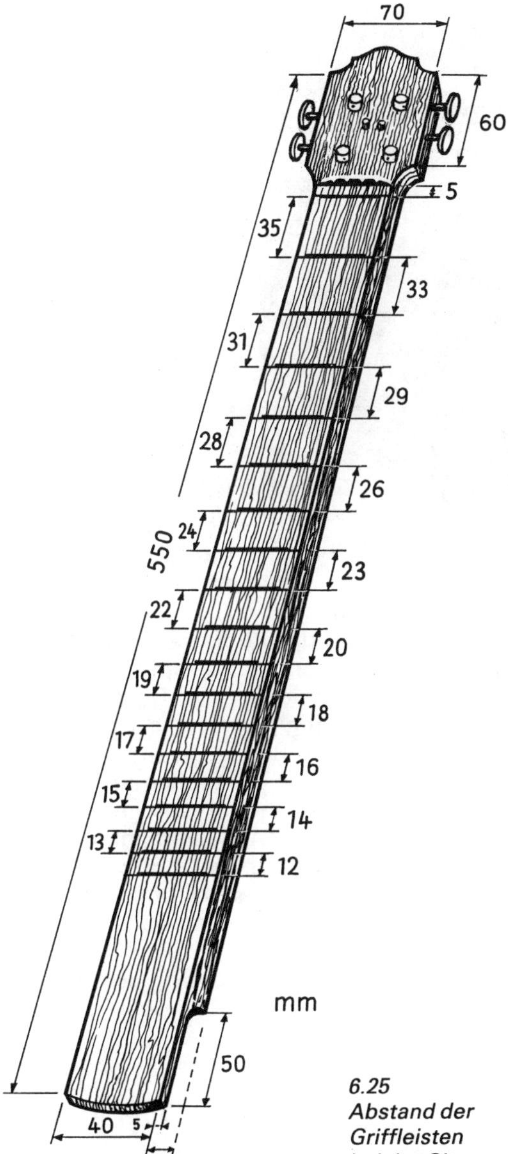

6.25 Abstand der Griffleisten bei der Gitarre

klebte Holz- oder Metallstäbchen sein oder auch U-förmig gebogene Drahtstücke, die in Bohrungen gedrückt werden. Die Unterseite des Griffbrettes schleifen wir rund, ebenso alle Absätze und Kehlen im Holz. Damit geben wir unserem Instrument ein hübsches Aussehen. Mit Hilfe eines sauber angefertigten Stabilisierungswinkels befestigen wir das Griffbrett am Resonanzkörper und heften zum Kleben alles mit Stiften zusammen. Danach erst wird der Boden des Resonanzkörpers aufgeklebt. Wie beim Deckel verstärken wir die Klebestellen innen mit EP 11. Durch die Aussparungen im Deckel können wir noch einigermaßen gut an die Klebestellen herankommen. – Wenn alles trocken ist, wird wieder sauber verschliffen. Dem Brett gegenüber, am unteren Rand des Resonanzkörpers, kleben wir das Halteklötzchen für die Saiten auf den Deckel auf. Ist alles sauber verschliffen, können wir lackieren, wobei wir die Farben nach Geschmack wählen können (Bild 6.26).

Für den Resonanz- oder Klangsteg kleben wir zwei Stücke des 1-mm-Sperrholzes zusammen. Ist der Kleber ausgehärtet, wird die Unterkante der Wölbung des Deckels angepaßt. Die Oberseite schleifen wir mit einem etwas kleineren Radius, da die Saiten leicht gewölbt verlaufen sollen.

Nach dem Aufspannen der 4 Saiten, der D-, G-, h- und e-Saite, können wir unsere Gitarre stimmen. Dazu kann ein anderes, gestimmtes Instrument verwendet werden – wir machen es mit dem Schwebungsnull. Den Ton D, also den der tiefsten Saite, müssen wir uns von einer Flöte oder auch Stimmflöte (sie gibt es ebenfalls in der Musikalienhandlung) nehmen. Durch Straffen oder Lokkern gleichen wir beide Töne auf Schwebungsnull ab, ohne daß wir diese Saite auf dem Griffbrett verkürzen. Die G-Saite stimmen wir mit Hilfe der D-Saite ab. Dazu drükken wir die D-Saite im 5. Bund (gezählt von den Stimmschlüsseln) auf das Griffbrett; sie schwingt jetzt im Ton G, und wir können beide aufeinander abstimmen. Zum Stimmen der h-Saite wird die G-Saite im 4. Bund niedergedrückt, und für die e-Saite die h-Saite wieder im 5. Bund.

Der Schall kehrt zurück

Wie schon beim Gewitter erwähnt, wird der Schall nach den gleichen Gesetzen reflektiert, wie wir sie aus der Optik kennen. Dort haben wir festgestellt, daß Einfallswinkel gleich Ausfallswinkel ist. Wir können das an einer glatten Hauswand oder Mauer selber nachprüfen.

Direkt vor der Mauer stecken wir einen Stab in den Boden. Von dort aus ziehen wir mit einem Strick einen Halbkreis, etwa

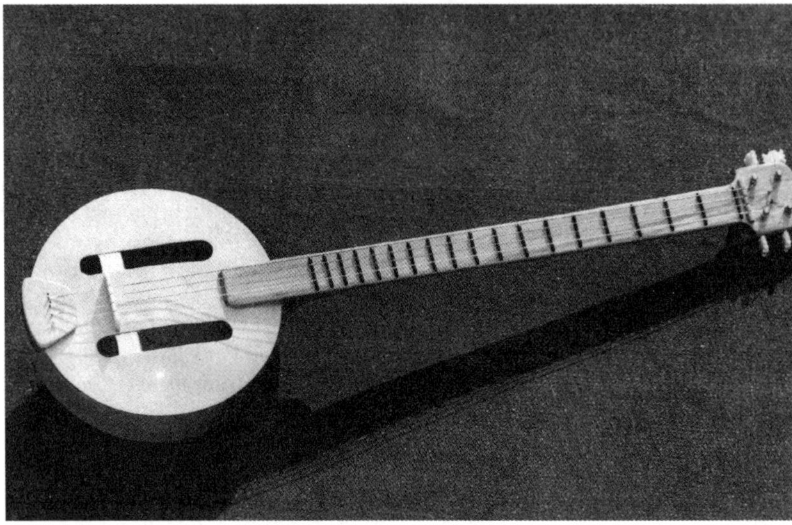

6.26
Unsere Gitarre

40 Schritte als Radius. Unser Freund stellt sich in einem beliebigen Winkel zu unserem Stab auf dem Halbkreis auf. Er klatscht kräftig in Richtung Mauer in die Hände. Wir stellen uns ebenfalls mit dem Gesicht zur Mauer auf den Halbkreis und schirmen mit den Händen die Ohren so weit ab, daß wir nur den Schall aus Richtung Mauer aufnehmen können; dann bewegen wir uns auf dem Halbkreis so lange hin und her, bis wir den Schall am lautesten wahrnehmen. Vergleichen wir in dieser Stellung den Winkel des Freundes zur Mauer mit unserem eigenen, stellen wir Übereinstimmung fest. Im Bild 6.27 ist die Anordnung des Experimentes zeichnerisch dargestellt.

Die Gesetzmäßigkeit der Reflexion muß der Akustiker in der Architektur genau beachten. Im Bild 6.28 sehen wir einen Schnitt durch einen Saal mit den eingezeichneten Richtungen der Reflexionen des Schalles.

Wie ist das nun aber, wenn keine glatte Mauer, sondern eine gleichmäßige Rundung vorhanden ist? Diese Frage können wir wieder selber beantworten; wir brauchen dazu lediglich ein Blatt Papier, einen Zirkel und ein Lineal. Mit dem Zirkel schlagen wir einen Kreis beliebig großen Durchmessers, zeichnen einen Ausgangspunkt darauf ein und von ihm aus, in einer Richtung beginnend, einen Strahl. Dieser muß wieder innen auf die Rundung fallen. Nach dem Abtragen des entsprechenden Ausfallswinkels führen wir den reflektierten Strahl weiter bis zum nächsten Auftreffpunkt. Wenn wir einmal herum sind, können wir feststellen, daß die Reflexionen in der Rundung entlanglaufen, ohne in die Mitte zu gelangen.

Zahlreich sind dazu Beispiele in der Architektur; bei Portalen zum Beispiel findet man oft solche *Flüsterbögen*. Der Bogen muß allerdings durchgängig glatt und ohne Unterbrechung sein. Im Bild 6.29 sehen wir solch einen Flüsterbogen. Wir stellen uns jetzt an den beiden Säulen auf und sprechen leise in den Bogen hinauf. Die Verständigung zwischen uns ist gut, doch was hört wohl derjenige, der in der Mitte steht und noch oben lauscht? Als weiteres Beispiel sei hierzu noch die außergewöhnlich gute Akustik des Völkerschlachtdenkmals in Leipzig erwähnt, die vor allem im Rundgang der oberen Kuppel bemerkenswert ist.

Der konservierte Schall

Die Konservierung des Schalles hat eine 100jährige Geschichte. Sie beginnt mit der Edinsonschen Sprechmaschine 1877. In eine Zinnwalze werden Sprachschwingungen bleibend eingedrückt. Bei der Wiedergabe setzen diese eingedrückten Schwingungen wiederum die Membran in Schwingungen.

Bei den heutigen Aufzeichnungsverfahren wird der Schall stets vorher durch ein *Mikrofon* in eine niederfrequente Wechselspannung umgewandelt. Diese Tonspannung

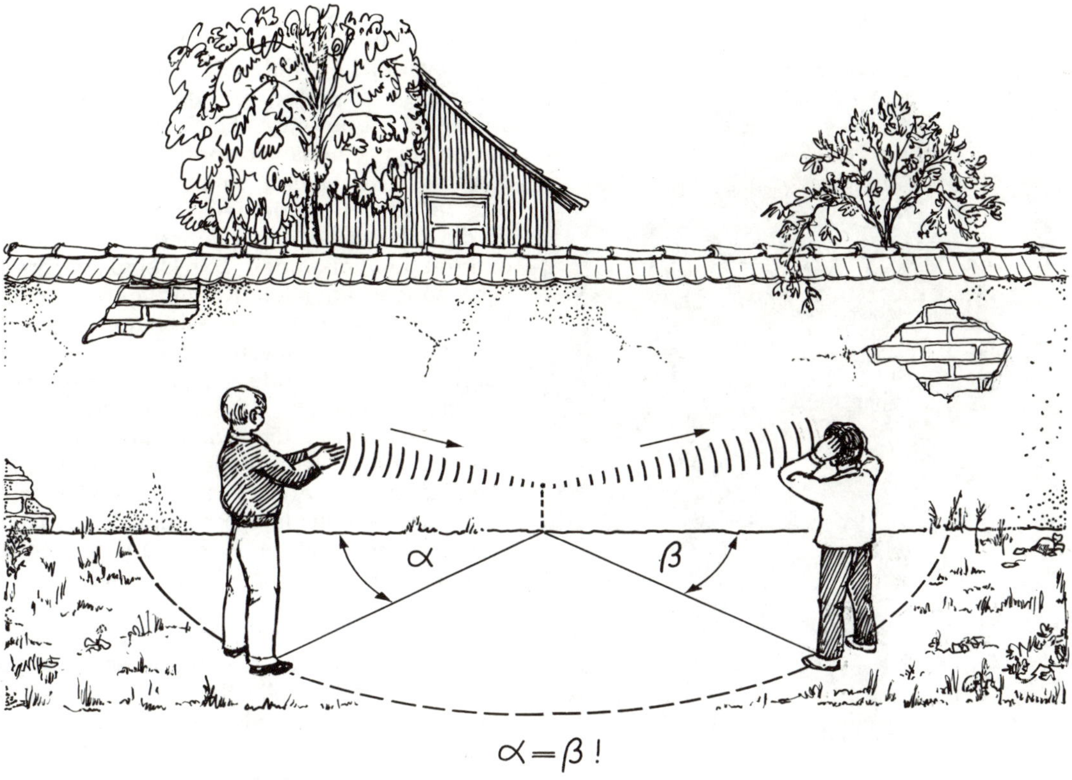

6.27 Reflexionsversuch an der glatten Mauer

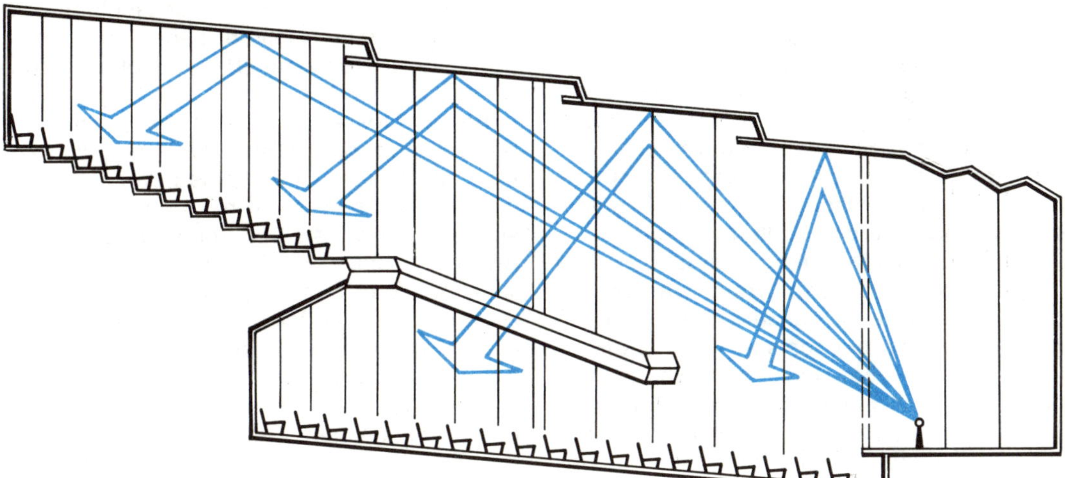

6.28 Schnitt durch den Festsaal des Kulturpalastes in Dresden

wird dann den Aufzeichnungsgeräten zugeführt. Beim Tonbandgerät erzeugt sie im Aufnahmekopf ein magnetisches Feld mit sich ändernder Stärke. Ein an dem Tonkopf vorbeilaufendes, hauchdünnes Kunststoffband, beschichtet mit feinsten Stahl- oder Magnetitteilchen, wird dadurch magnetisiert. Bei der Wiedergabe verläuft dieser Vorgang umgekehrt; das magnetisierte Band erzeugt im Wiedergabekopf ein äquivalentes (lat.:

6.29 Flüsterbogen

gleichgeltendes) Magnetfeld. Die in der Tonkopfspule induzierte Spannung ist wieder unsere Tonspannung, die über Verstärker und Lautsprecher in Schallenergie umgewandelt wird. Der Vorteil des Tonbandes ist, daß alte Informationen gelöscht und mit neuen wieder überspielt werden können.

Bei der Schallplatte hingegen ist das nicht möglich. Hier sind die Informationen »eingegraben«, das heißt, unsere Tonspannung wurde in eine mechanische Bezugsgröße umgewandelt. Über den Tonabnehmer wird durch mechanische Auslenkung wieder eine Tonspannung erzeugt; sie wird über Verstärker und Lautsprecher hörbar gemacht. Das Umwandeln in eine elektrische Tonspannung können wir mit einem einfachen Experiment umgehen: Wir nehmen eine möglichst steife Postkarte und halten sie mit einer Ecke in die Rille der sich drehenden Schallplatte. Die mit nur zwei Fingern gehaltene Postkarte gerät in Schwingungen und macht uns die Information hörbar.

Zu allem benötigen wir aber einen *Schallwandler*, ein Mikrofon. Zum Experimentieren bauen wir uns ein Kohlestäbchenmikrofon.

Für unser Mikrofon benötigen wir eine alte und eine neue 4,5-V-Flachbatterie, steife Pappe, ein kleines Holzbrett, etwas abgeschirmtes Kabel und einen Diodenstecker. Aus der alten Batterie gewinnen wir vorsichtig die Kohlestifte – möglichst unbeschädigt und mit den Lötkappen. Das kleine Holzbrett wird sauber an allen Kanten gefeilt. Eine Längsseite von ihm sägen wir halbrund; dort wird die Pappe senkrecht angenagelt, die dadurch eine halbrunde Form zur besseren Schallaufnahme und Stabilität erhält.

Wir bearbeiten die Kohlestäbchen: Von zwei Stäbchen werden die oberen Stücke in einer Länge von etwa 15 mm abgesägt, die gesägten Flächen glattgefeilt und danach mit einem spitzen Bohrer, 5 mm Durchmesser, angesenkt. Bohrer nur mit der Hand führen! Diese beiden Stücke sollen später Lager und Lötanschluß sein. Das dritte Stäbchen bearbeiten wir so, daß an beiden Enden kegelige Spitzen entstehen. Am besten geht das in der Bohrmaschine; wir spannen dazu das Stäbchen in das Bohrfutter ein und halten vorsichtig eine feine Feile daran. Danach das Stäbchen umdrehen und die zweite Seite ebenso bearbeiten! Für die Anschlußstückchen feilen wir in gleicher Länge aus 2-mm-Kunststoff, -Holz oder -Pappe Unterlegstreifen an. Sie sind notwendig, weil das schwingende Kohlestäbchen nicht durch eine Berührung mit der Pappe behindert werden darf. Mit kleinen Drahtschlaufen binden wir die Anschlußstückchen mit den Unterlagen auf der Pappe fest. Der Abstand der beiden Anschlußstücke voneinander muß so groß sein, daß das Schwingstäbchen genau dazwischenpaßt, er aber noch verändert werden kann. Dorthin stecken wir jetzt das Schwingstäbchen.

An das untere Anschlußstück löten wir den Innenleiter unseres Kabels an, an das obere die Abschirmung (Bild 6.30). Nach etwa 200 mm trennen wir den Innenleiter auf und schließen unsere neue Batterie dazwischen. Am Diodenstecker löten wir die Abschirmung auf Stift 2 und den Innenleiter auf Stift 1.

Für das erste Experiment stecken wir den Stecker in die Eingangsbuchse unseres Kofferradios und schalten auf Wiedergabe. Die

6.30 Kohlestäbchenmikrofon

Anschlußstückchen unseres Mikrofones werden auf größte Lautstärke justiert.

In weiteren Versuchen schalten wir statt eines Verstärkers einen Spannungsmesser ein und sehen uns den Zeigerausschlag in Abhängigkeit unserer gesprochenen Worte an. Wir können aber auch Kopfhörer oder Lautsprecher direkt anschließen. Hier sei auf die »Elektrotechnik und Elektronik selbst erlebt« verwiesen.

Das Prinzip der Umwandlung von Schallwellen in eine elektrische Tonspannung besteht bei unserem Mikrofon darin, daß in einem einfachen Stromkreis ein von außen veränderbarer Widerstand mit einer Spannungsquelle in Reihe geschaltet ist. Im Rhythmus der Widerstandsänderung ändert sich damit auch die Spannung, die am Verstärkereingang oder am Spannungsmesser wirksam wird. Wenn es bei unserem Experiment hin und wieder »kracht«, soll uns das nicht weiter stören.

Außer in die mechanische und die elektrische Bezugsgröße kann der Schall aber auch in die optische Bezugsgröße umgewandelt werden. Das kann wie in »Elektrotechnik und Elektronik selbst erlebt« mit der Luft als Medium geschehen, oder aber auch, wie in unserem Kapitel »Optik« schon erwähnt, mit dem Lichtleitkabel.

Während die Übertragung durch die Luft auch von Witterungseinflüssen abhängt, ist sie im Lichtleitkabel nahezu störungsfrei und kann auch »um die Ecke« erfolgen. Weltweit erlangt das Lichtleitkabel immer größere Bedeutung, vor allem in der Telefontechnik. Es wird hier anstelle des wesentlich teureren Kupfers als Material für Übertragungsstrekken eingesetzt. Und was wir schon von der Optik wissen: Mit der akustischen Information »auf dem Rücken« durcheilt der Lichtstrahl, von den optischen Gesetzen gelenkt, das Lichtleitkabel.

7

KRISTALLE UND WERKSTOFFE

Edelsteine aus der Retorte?

– »Echt?«

– »Nein. Leider . . .«

So oder ähnlich hat jeder von uns wohl schon gefragt oder geantwortet. Dabei sind die industriell gezüchteten Steine ebenso echt wie die in der Natur vorkommenden. Es handelt sich in beiden Fällen um die gleiche atomare Zusammensetzung, die gleiche *Kristallstruktur* und demzufolge auch um die gleichen Eigenschaften, wie z. B. mechanische Dichte, Härte und Brechzahl. So wie die Natur je nach mineralogischer und geologischer Situation des Entstehungsortes die verschiedensten Farben und Formen des gleichen Grundkristalls – vom tiefroten Rubin bis zum gelben Topas – hervorbringt, ist dies auch bei der künstlichen Zucht durch entsprechende Zusätze möglich. In der Regel enthalten synthetische Edelsteine sogar weniger Verunreinigungen und Wachstumsstörungen als echte – und das weiß meist nur der Fachmann!

Im Gegensatz zum Schmuckgewerbe werden die Steine für wissenschaftlich-technische Zwecke nahezu vollständig künstlich gezüchtet. Selbst wenn die Menge der natürlichen Kristalle ausreichte, um den ständig steigenden Bedarf zu decken, käme man nicht ohne Züchtungen aus. Nur in Ausnahmefällen nämlich genügen die Naturedelsteine wegen ihres unregelmäßigen Kristallbaues den hohen Qualitätsanforderungen in Wissenschaft und Technik. Oft sind sie auch ganz einfach zu klein. Für starke Laserlichtquellen werden beispielsweise stabförmige Rubinkristalle bis zu Längen von 50 cm benötigt. Außerdem hat die Industrie einen großen Bedarf an Kristallen, die in der Natur überhaupt nicht vorkommen.

Begonnen hat die industrielle Fertigung von Kristallen um 1900, aber erst in den 50er Jahren erlebte sie mit der Entwicklung moderner Verfahren ihren Aufschwung. Die Herstellung ist schwierig: Manche Stoffe schmelzen erst oberhalb 2000 °C, andere zersetzen sich beim Schmelzen, und wieder andere erstarren aus der Schmelze als Glas, d. h. in amorpher Form.

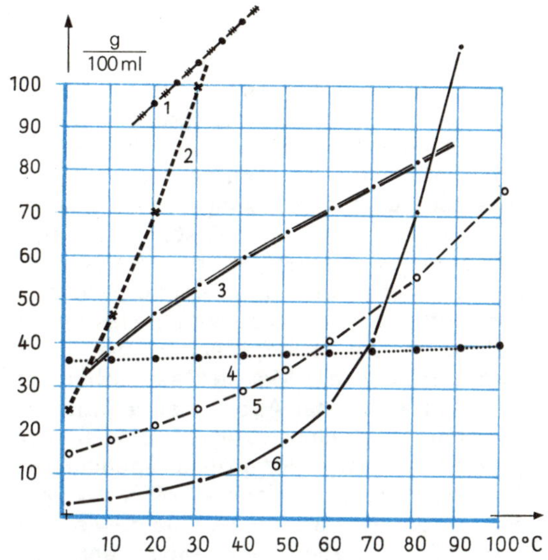

7.1 Löslichkeitskurven verschiedener Salze
1 – Natriumchlorat
2 – Seignettesalz
3 – Blutlaugensalz (rot)
4 – Kochsalz
5 – Kupfersulfat
6 – Alaun

Wir züchten Kristalle

Kristalle aus Salzlösungen

Wir beginnen unsere Versuche zur Kristallzüchtung auf die einfachste Weise, nämlich mit der Zucht aus einer wäßrigen Lösung. Dabei nutzen wir die Tatsache, daß eine vorgegebene Wassermenge temperaturabhängig nur eine bestimmte Salzmasse auflösen kann. Auskunft darüber geben die *Löslichkeitskurven* im Bild 7.1. Aus der Kurve für Alaun können wir z. B. ablesen, daß sich bei 70 °C gerade 40 g Alaun in 100 ml Wasser auflösen lassen, bei 10 °C hingegen ist die Lösung schon gesättigt, wenn sie 4 g Salz enthält. Kühlen wir demzufolge eine bei 70 °C gesättigte Lösung auf 10 °C ab, so gibt sie bei einem Ansatz von 500 ml Salz eine Gesamtmasse von 180 g wieder frei.

Die zweite Möglichkeit, die Lösung zur Abgabe von Salz zu bewegen, besteht darin, daß man ihr, ohne die Temperatur zu ändern, Wasser (etwa durch Verdunstung) entzieht. Für Kochsalz kommt nur das Verdunstungsverfahren in Betracht, da sich die Löslichkeit bei Abkühlung kaum ändert. Wir können die Lösungen jedoch überlisten, indem wir sie sehr langsam abkühlen und dafür sorgen, daß sie nicht durch Erschütterungen gestört werden. Dann bleiben nämlich viel mehr Salzionen in Lösung, als man nach der Abb. 7.1 erwarten sollte, die Lösungen sind *übersättigt.* Stören wir diesen Zustand beispielsweise durch Kratzen an der Gefäßinnenwand, Einbringen von Fremdkörpern oder gar durch Umrühren, beginnt eine rasche Kristallisation, die so lange anhält, bis die Lösung nur noch die Menge Salz enthält, die durch die Kurve der Abb. 7.1 angegeben ist. Damit die in der Flüssigkeit immer wieder zufällig entstehenden Ionenzusammenlagerungen als wachstumsfähige *»Kristallkeime«* wirken können, müssen sie eine gewisse kritische Größe haben. Sind sie kleiner, kann das Lösungsmittel sie sofort wieder aufzehren. Nicht zu stark übersättigte Lösungen können längere Zeit existieren, ohne daß Kristallisation einsetzt. Die gebildeten Keime bleiben unterkritisch. »Impfen« wir eine solche Lösung vorsichtig mit einem kleinen Kristall, ist er konkurrenzlos der einzige überkritische Keim, die Kristallisation findet dann nur daran statt. Sie endet erst, wenn die Sättigungsgrenze erreicht ist.

Wie stark sich eine Lösung übersättigen läßt, hängt empfindlich von der Reinheit der verwendeten Substanzen und dem Vorhandensein sonstiger Verunreinigungen, wie Staub usw., ab. Kristallkeime, normalerweise Zufallsprodukte, bilden sich vorzugsweise an Fremdstoffen in der Lösung oder an den Gefäßwänden. Sie werden, da die Wasseratome nicht von allen Seiten herankommen können, schnell überkritisch und damit Initiatoren einer ungewollten Kristallisation.

Sauberkeit und Geduld ist der halbe Kristall

Unsere Kristallzüchtungsversuche unternehmen wir zunächst mit Salzen, die auf einfache Weise schöne Kristalle hervorbringen. Am günstigsten ist das schon erwähnte farblose Aluminiumalaun (Kaliumaluminiumsulfat $KAl(SO_4)_2 \cdot 12\,H_2O$), das billig in Drogerien erhältlich ist. Sehr gut eignet sich auch das schwieriger zu beschaffende Natriumchlorat $NaClO_3$. Seine Kristalle sind ebenfalls farblos und haben im Gegensatz zu den oktaederförmigen des Alauns normalerweise würfelförmige Gestalt. Ob wir nun die Züchtung nach der Verdunstungs- oder nach der Übersättigungs- bzw. Abkühlungsmethode versuchen, in jedem Falle gehen wir von einer genau gesättigten Lösung aus. Als Gefäße eignen sich Becher- oder Einweckgläser, für größere Ansätze auch Aquarien. Zu empfehlen ist die Verwendung von destilliertem Wasser, da das Trinkwasser Verunreinigungen enthält, die gegen unser Sauberkeitsgebot verstoßen. Destilliertes Wasser bekommt man in Drogerien oder an Tankstellen. Außerdem benötigen wir einen Trichter und Filterpapier. Plastsenfbecher mit durchlöchertem Boden und eingelegten Filterpapierblättchen für Kaffeemaschinen tun den gleichen Dienst. Wir wägen mit Brief- oder Haushaltswaage 200 g Alaun ab und lösen es bei einer Temperatur von 60 bis 70 °C in 1 l Wasser auf. Sind wir auf die Gewinnung von großen Kristallen (bis 5 cm) aus, sollte die Lösungsmenge 2 l betragen. Zur Erwärmung dient ein sauberer Tauchsieder. Benutzen wir den Gas- oder Elektroherd, stellen wir das Glas zweckmäßigerweise in ein Wasserbad (Kochtopf oder große Gurkenbüchse). Die Temperatur messen wir mit einem Einweckthermometer. Da die Konzentration der gesättigten Lösung von der Temperatur abhängt, lassen wir die Lösung dort abkühlen, wo wir die Kristalle züchten wollen. Bei der Auswahl des Standortes müssen wir beachten, daß die Temperatur möglichst konstant bleiben soll (evtl. Kellerraum) und daß der Ansatz nicht erschüttert werden darf. Wandregale sind sehr gut geeignet.

Die mit Pappe oder Glas abgedeckte Lösung sollte möglichst langsam abkühlen. Bei sauberer Versuchsdurchführung beginnt die Kristallisation mit der Bildung vereinzelter kleiner Kristalle. Bevor sie zu einem zusammenhängenden Bodenkörper verwachsen, entnimmt man mit einem Löffel die als *Impfkristalle* geeigneten Exemplare mit gut ausgebildeten Flächen und einer Größe nicht unter 5 mm, da sonst die spätere Handhabung Schwierigkeiten bereitet.

Damit sich der Sättigungszustand einstellt, lassen wir die Lösung etwa vier Tage stehen. Öfteres Umrühren (nach Entnahme der Impfkristalle!) beschleunigt die Einstellung dieses Zustandes. Will man nach erfolg-

7.2 Bodenkörper aus Kupfersulfatkristallen

7.3 Bodenkörper aus Kochsalzkristallen

reichen Anfangsversuchen Züchtungen in größerem Ausmaß ausführen, lohnt es sich, um Zeit zu sparen, ein Rührwerk zu bauen. Als Antrieb eignet sich ein Scheibenwischermotor. Dafür sind 6 V bzw. 12 V Gleichspannung erforderlich. Auf ein Brettchen, das von seiner Größe her als Deckel auf das Zuchtglas paßt und mit einem Loch zur Aufnahme der Achse versehen ist, wird der Motor mit der Welle nach unten montiert. Ein am unteren Ende gebogener Plaststab dient als Rührer. Die Befestigung an der Motorachse kann mit einer Schlauchkupplung erfolgen. Nach der Sättigung filtrieren wir die Lösung ab, und die eigentliche Zucht kann beginnen. Der Bodenkörper wird gut abgetrocknet und für weitere Versuche in einem verschlossenen Gefäß aufbewahrt. Seine Kristalle stehen an Attraktivität natürlichen Kristallstufen, den begehrten Sammelobjekten, nicht nach (Bilder 7.2 und 7.3). Besonderen Reiz haben Bodenkörper aus rotem Blutlaugensalz mit ihren tiefroten, klaren stab- und plattenförmigen Objekten.

Die Verdunstungsmethode

Wir stellen die filtrierte Lösung wieder ins Regal zurück und hängen einen Impfkristall hinein. Die Aufhängung besorgen wir am besten mit einem dünnen Dederonfaden, der in einer Stärke von 0,1 mm in Geschäften für Anglerbedarf auf 100-m-Rollen billig angeboten wird. Noch billiger und auch dünner, dafür aber etwas schwieriger zu handhaben, ist unser menschliches Haar. Es sollte etwa 20 cm lang sein. Das Einbinden des Kristalls ist aus Abb. 7.4 ersichtlich. Zur Herstellung der Öse schlingen wir das Haarende um eine Häkelnadel, halten das Ende fest und drehen die Nadel. Das verdrillte Haarende fixieren wir mit einem kleinen wasserunlöslichen Leimtropfen. Benutzen wir Dederonfaden, können wir knoten. Das obere Ende klemmen wir in eine Holzwäscheklammer und wickeln den Faden ein paarmal um den Klammerkörper. Damit erhalten wir uns die Möglichkeit, während der Verdunstung den Kristall tiefer in die Flüssigkeit senken zu können. Den Haltefaden sollten wir gut mit Wasser abspülen, das mit einem Geschirrspülmittel versetzt ist. Das Einbinden wird mit sauberen, trockenen und fettfreien Händen vorgenommen. Günstig ist die Benutzung sauberer Gummihand-

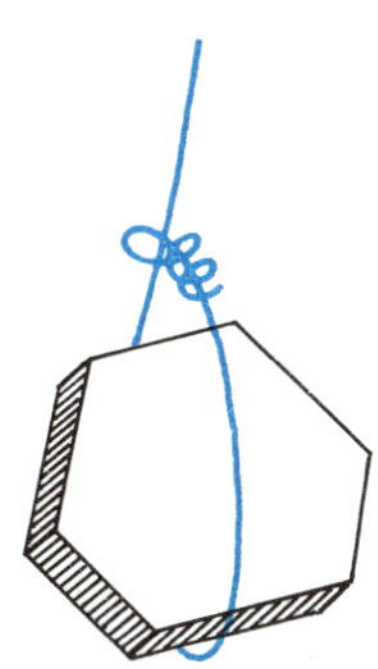

7.4 Befestigung von Impfkristallen

schuhe. Bevor wir den Kristall in die bereitstehende Lösung senken, tauchen wir Kristall und Faden kurzzeitig in klares Wasser. Der Kristall wird dabei leicht angelöst und von Verunreinigungen an seinen Oberflächen befreit. Die Temperatur sollte etwa der der Lösung entsprechen, weil die Kristalle in dem zu warmen Wasser leicht springen. Zwei Querstäbe über der Glasöffnung (Tapetenleistenstücke) tragen die Klammer. Sehr wichtig bei diesem Verfahren ist, daß die Temperatur am Zuchtort vor allem in der ersten Zeit konstant bleibt. Steigt die Temperatur beispielsweise bei einer Ansatzmenge von 500 ml nur von 20 auf 21 °C, kann die Lösung 1 g Salz mehr aufnehmen, der Impfkristall wird angelöst und rutscht aus der Schlinge heraus.

Nach dem Einbringen des Kristalls brauchen wir das Glas nur noch mit einem Tuch zu bedecken, damit kein Staub in die Lösung gelangt, das Wasser jedoch verdunsten kann. Den Rest überlassen wir der Lösung selbst. Geben wir ihr etwa einen Monat Zeit, dann beschenkt sie uns mit einem glasklaren, in der Regel oktaedrisch geformten Kristall, der auch den Leuten, die solchen Experimenten wenig wohlgesonnen sind, Bewunderung abfordert. Außerdem werden meist noch kleinere, auf dem Gefäßboden gewachsene Impfkristalle für spätere Versuche mitgeliefert. Sofort nach der Entnahme müssen wir diese Kristallbabys in Filterpapier gut abtrocknen und in verschlossenen Dosen, Gläschen oder in Haushaltfolie gewickelt aufbewahren. Sehr schöne Impfkristalle entstehen, wenn man eine kleine Menge gesättigter Lösung in einer flachen Schale verdunsten läßt. Dabei muß man das Behältnis zum Schutz vor Staub mit feinmaschigem Dederonstoff abdecken.

Durch Abkühlen geht es schneller

Wesentlich zeitsparender, aber dafür etwas komplizierter als nach der eben beschriebenen Verdunstungsmethode ist die Kristallzüchtung nach dem Abkühlungs- oder Übersättigungsverfahren.

Wir erwärmen die gesättigte Lösung auf 40 °C und geben pro 100 ml 2 g Salz zu. Nach Auflösung gießen wir die warme Flüssigkeit durch das Filter in das Zuchtgefäß und sorgen für eine langsame Abkühlung des bedeckten Glases in einem gleichwarmen Wasserbad oder unter einer Kaffeemütze. Da die Temperatur überwacht werden muß, benötigen wir ein Thermometer. Gut geeignet sind die für Fotoarbeiten in Fachgeschäften angebotenen Typen. Wir klemmen das Thermometer in eine Pappscheibe, die zur Aufnahme des Impfkristalls mit einem Loch in der Mitte versehen werden muß. Ist die Arbeitstemperatur um 10 °C überschritten, bedecken wir mit der vorbereiteten Scheibe die Lösung. Den vorbereiteten Kristall senken wir sehr vorsichtig in die Lösung, wenn sie eine Temperatur angenommen hat, die um 3 °C über der Zuchttemperatur liegt. Die Klammer über dem Loch im Deckel bedeckt man mit einem kleinen Tuch. Die Anordnung ist in Abb. 7.5 dargestellt. Um zu überprüfen, ob der Kristall wirklich wächst, beleuchtet man das Glas von der Seite mit einer Lampe. Sinken Schlieren vom Kristall zu Boden, löst er sich auf. Wir entnehmen ihn sofort der Lösung, trocknen

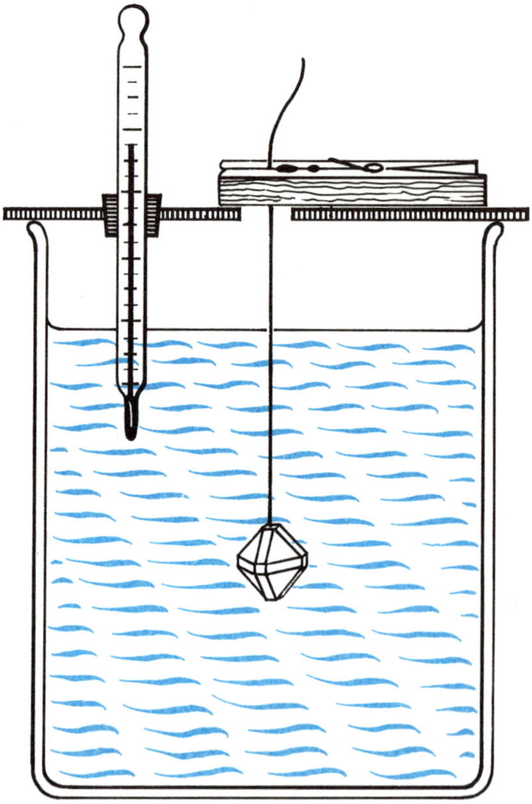

7.5 Anordnung zur Kristallzüchtung

7.6 Züchtungsgefäß mit wachsendem Kaliumaluminiumalaunkristall

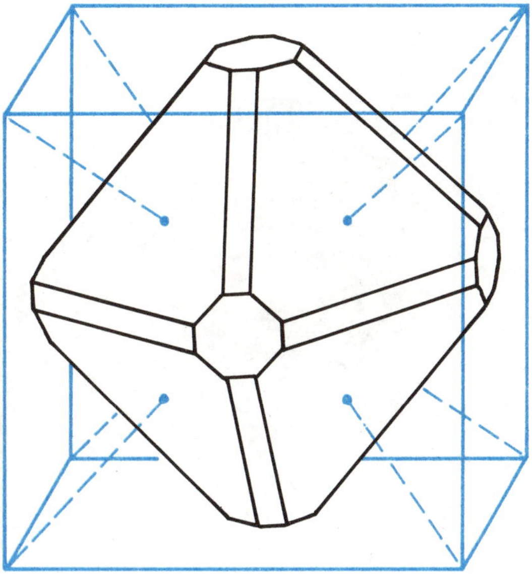

7.7 Unverzerrter Alaunkristall

ihn ab und wiederholen das Experiment mit erneutem Zusatz von Salz. Steigen Schlieren vom Kristall auf, war die Impftemperatur richtig gewählt, und der Kristall wächst.

Aber auch nach dem Impfen muß das Wachstum immer wieder kontrolliert werden. Es kann passieren, daß der Kristall milchig trübe wird oder Schleier an den Flächen erscheinen. Dann wächst er zu schnell. Für erste Versuche soll uns das nicht stören. Nimmt die Konzentration ab, wächst er klar weiter.

Nach vier bis fünf Tagen ist die Sättigungskonzentration erreicht, und der Kristall wächst nicht mehr. Nach der Entnahme ist er mit Filterpapier gut abzutrocknen. Unter genau eingehaltenen Versuchsbedingungen entsteht ein glasklarer Kristall, der bei einem Lösungsansatz von 2 l bis zu 5 cm groß werden kann (Abb. 7.6 und 7.7). Die verbleibende gesättigte Lösung können wir erneut mit Salz anreichern und zur Zucht weiterer Kristalle verwenden (Abb. 7.8 und 7.9).

Die Tabelle 7.1 enthält eine Auswahl von Stoffen, die sich ebenfalls gut zur Züchtung eignen.

Mischkristalle mit Farbton nach Wunsch

Führen wir die beschriebenen Versuche statt mit Kaliumaluminiumalaun mit Kaliumchromalaun $KCr(SO_4)_2 \cdot 12H_2O$ durch, so erhalten wir gleichartige Kristalle, die sich äußerlich nur durch ihre tiefviolette Farbe von den oben hergestellten unterscheiden. Gehen wir von einer Mischung beider Salze aus, können wir, je nach Höhe des Chromalaunanteils, blaßrosa bis tiefweinrote Exemplare züchten. Es handelt sich um Mischkristalle, in denen ein Teil der Plätze, die im reinen Aluminiumalaunkristall von Al-Ionen eingenommen werden, von Cr-Ionen besetzt ist, die übrigens ebenso wie im Rubinkristall die Rotfärbung verursachen. Der Kristallaufbau wird dadurch jedoch nicht verändert.

In Abhängigkeit vom Chromalaunanteil ändern sich außer der Farbe aber auch andere physikalische Eigenschaften, wie Härte, thermische Ausdehnung, elektrische Leitfähigkeit usw. Diese Tatsache wird in der Technik ausgenutzt. Man versucht, durch Herstellung von Mischkristallen bestimmte physikalische Eigenschaften gezielt zu ändern. Sind beispielsweise 0,01 % der Atome eines Siliciumkristalls durch Bor ersetzt, vergrößert sich die elektrische Leitfähigkeit um das Tausendfache. Ein großer Teil der Legierungen stellt Mischkristalle dar.

7.8 Bodenkörper aus Alaunkristallen

gleichartigen Gitter eines zweiten Stoffes bezeichnet man als *Epitaxie*. In der Dünnschichtphysik, speziell in der Halbleitertechnik, wird von dieser Möglichkeit Gebrauch gemacht.

Wachstum unter dem Mikroskop

Wie wir bei unseren Zuchtversuchen gesehen haben, wachsen größere Kristalle für unser Auge unmerklich langsam. Anders die kleinen. Um sie zu beobachten, brauchen wir eine starke Lupe oder besser ein Schülermikroskop. Als Versuchsobjekte lassen sich alle wasserlöslichen Salze verwenden, deren wir habhaft werden können; auch solche, die für die Züchtung größerer Kristalle ungeeignet sind. In kleinen Gefäßen stellen wir gesättigte Lösungen her, bringen mit einem Streichholz einen Tropfen auf eine Glasplatte (Digläschen) oder auf den Objektträger des Mikroskops und ziehen ihn breit. Nun betrachten wir den Tropfen durch die Lupe oder das Mikroskop. Das Wasser verdunstet — wir können mit einem Fön nachhelfen —, die Kristallisation beginnt zuerst in den Randbereichen des Tropfens.

In Alaunlösung bemerken wir zunächst kleine Kriställchen, unförmig wie Sandkörner. Sie werden zusehends größer und wachsen vor unseren Augen zu Plättchen unterschiedlicher geometrischer Form heran. Am häufigsten sind unregelmäßige, seltener re-

7.9
Aus der Lösung gezüchtete Kristalle: hintere Reihe — Kupfersulfat, Natriumchlorat, Kupfersulfat mittlere Reihe — Kaliumchromalaun, rotes Blutlaugensalz vorn — Kaliumaluminiumalaun

Es ist auch möglich, einen Cr-Alaun- oder einen Al-Cr-Alaunmischkristall als Al-Alaunkristall weiterwachsen zu lassen. Dazu züchten wir zunächst einen Mischkristall gewünschter Färbung und hängen ihn dann in eine übersättigte Al-Alaunlösung um. Die entstehenden Exemplare zeigen dann eine sehr effektvolle Farbabstufung (Abb. 7.10).

Durch mehrmaliges Umhängen läßt sich sogar eine farbige Streifung in den Kristallen erreichen. Sie müssen allerdings vorsichtig behandelt werden, da sie infolge innerer Spannungen leicht springen.

Das Weiterwachsen eines Kristalls am

Salz	Ansatz der Stammlösung g Salz/ml H_2O	Zusatzmenge g Salz/100 ml Lösung	Kristalle			Bemerkung
			Farbe	Formen	System	
Kaliumaluminiumsulfat (Kaliumaluminium-alaun) $KAl(SO_4)_2 \cdot 12\,H_2O$	0,2	3	farblos	Oktaeder	kubisch	
Kaliumchromsulfat (Chromalaun) $KCr(SO_4)_2 \cdot 12\,H_2O$	0,6	4	tief violett	Oktaeder	kubisch	
Kaliumnatriumtartrat (Seignettesalz) $KNaC_4H_4O_6 \cdot 4\,H_2O$	1,3	5	farblos	rhombische Säulen	rhombisch	
Natriumchlorat $NaClO_3$	1,1	3	farblos	Würfel	kubisch	Erhöhte Vorsicht (vgl. Anmerkung)
Kaliumhexazyanoferrat III (rotes Blutlaugensalz) $K_3(Fe(CN)_6)$	0,4	—	tiefrot	Säulen, Platten	monoklin	Züchtung ohne Impfung als Bodenkörper
Eisen-II-sulfat-7-Hydrat (Eisenvitriol) $FeSO_4 \cdot 7\,H_2O$	0,6	9	hellgrün	Prismen	monoklin	
Kupfersulfat-5-Hydrat (Kupfervitriol) $CuSO_4 \cdot 5\,H_2O$	0,36	6	tiefblau	klotzig	triklin	
Kaliumnitrat (Kalisalpeter) KNO_3	0,6	5	farblos	Prismen	rhombisch	Mit Salpetersäure angesäuert, rhomboederförmige Kristalle
Natriumnitrat (Natronsalpeter) $NaNO_3$	1,1	1,5	farblos	Rhomboeder	hexagonal	Empfindlich gegen Temperaturschwankungen, sehr feuchtigkeitsempfindlich
Natriumbromat $NaBrO_3$	0,5	1	farblos	Tetraeder	kubisch	Für langsame Abkühlung sorgen, Verdunstungsverfahren günstig
Natriumthiosulfat-5-Hydrat $Na_2S_2O_3 \cdot 5\,H_2O$	0,8	15	farblos	Säulen	monoklin	Kristallisiert gut aus d. Schmelze, Schmelztemperatur 48,5 °C

Tabelle 7.1
Stoffe, die sich zur Züchtung von Kristallen aus der Lösung eignen:

Salz	Ansatz der Stammlösung g Salz/ml H_2O	Zusatzmenge g Salz/100 ml Lösung	Kristalle			Bemerkung
			Farbe	Formen	System	
Nickelsulfat-6 bzw. 7-Hydrat $NiSO_4 \cdot 6\,H_2O$	1,13	18	blaugrün	klotzig	tetragonal	Arbeitstemperatur über 31 °C, als Impfkristall und zur Übersättigung $NiSO_4 \cdot 7\,H_2O$ verwendbar
$NiSO_4 \cdot 7\,H_2O$	1,13	7	grün		rhombisch	Arbeitstemperatur unter 30 °C
Kaliumpermanganat-5,7-Hydrat $KMnO_4 \cdot 5\,H_2O$	0,5	4	rosa		rhombisch	Arbeitstemperatur 15 °C bis 20 °C
$KMnO_4 \cdot 7\,H_2O$	0,5	2	rosa		monoklin	Arbeitstemperatur etwa 6 °C (im Kühlschrank)
Lithiumtrinatriumchromat-6-Hydrat $LiNa_3(CrO_4) \cdot 6\,H_2O$	120 g Salz in heißem Wasser lösen (200 ml), Zugabe von 15 g Lithiumkarbonat, rühren, nach Auflösung Zugabe von 16 g Natriumhydroxyd, auflösen, abfiltrieren, abkühlen lassen und gegebenenfalls impfen. Man erhält schöne gelbe Kristalle.					

Anmerkungen: Die Salze sind z. T. gesundheitsschädlich. Verschüttetes Salz mit feuchtem Lappen sauber aufwischen, Gerätschaften, Filterpapier und Wischlappen mit reichlich Wasser sauberspülen, Hände gründlich waschen.
Die Kristalle sind z. T. feuchtigkeitsempfindlich. Berührung mit feuchten Händen sind deshalb zu vermeiden. Zur Haltbarmachung tauchen wir sie in eine Lösung aus einem Teil Nitrolack und vier Teilen Lösungsmittel und lassen sie abtropfen. Bei Seignettesalz, Natriumchlorat und -nitrat sowie bei Nickelsulfat-7-Hydrat muß eine derartige Behandlung unbedingt durchgeführt werden, es sei denn, man hat eine Möglichkeit, sie luftdicht aufzubewahren.

gelmäßige Sechsecke und Dreiecke mit abgeschnittenen Spitzen. Auffällig ist dabei, daß die Seiten trotz unterschiedlicher Form immer wieder ganz bestimmte Winkel miteinander bilden.

Der dänische Naturforscher Nikolaus Steno hat dies 1669 als erster erkannt, an großen Kristallen nachgemessen und folgendes wichtige Gesetz formuliert: *Bei Kristallen einer Substanz bilden, unabhängig von der speziellen Kristallform, gleichartige Flächen stets die gleichen Kantenwinkel miteinander.*

Nehmen wir Kochsalzlösung »unter die Lupe«, beobachten wir in der Regel nur eine Form, nämlich Quadrate, die sich unter Beibehaltung ihrer Form ständig vergrößern. Es sind die Deckflächen von kleinen Kristallwürfeln, wie wir nach Verdunsten der Flüssigkeit leicht erkennen können. In Seignettesalztropfen bilden sich z. B. kleine Säulen aus, die meist senkrecht auf dem Boden stehen. Die Grundflächen haben Trapezform. Ein dankbares Objekt ist das tiefblaue Kupfersulfat. Da es sehr schnell kristallisiert, finden wir neben parallelogrammförmigen sich schnell vergrößernden Plättchen andere Kriställchen, die vom Tropfenrand her speerspitzenartig in den Tropfen hineinwachsen. Außerdem können wir eigenartig verästelte, oft federartige Formen bemerken. Man spricht von sogenannten *Skelettkristallen*. Derartige Kristalle bildet auch die Natur, und zwar aus Wasser. Es sind die uns wohlbekannten Schneeflocken. Es lohnt sich immer, auf einen Skiausflug eine starke Lupe mitzunehmen. Wir werden überrascht sein, wieviel verschiedene Schneekristallformen es gibt. Am günstigsten sind die Beobachtungsbedingungen, wenn es sehr kalt ist und die fallenden Schneeflocken entsprechend klein

7.10
Kaliumchromalaunkristall (hinten)
Mischkristalle aus Kaliumaluminium- und Kaliumchromalaun mit Farbabstufungen (rechts und links) und Kaliumaluminiumalaunkristall (Mitte und vorn)

sind. Sie verdunsten jedoch unterhalb von 0 °C, vor allem bei sehr trockener Luft, ziemlich schnell.

Bei der Vielzahl der ganz unterschiedlich verästelten Sterne stellen wir eine Gemeinsamkeit fest, immer haben sie sechs Strahlen. Daneben treten verschiedene Formen auf, die sich auf ein Dreieck zurückführen lassen, ja sogar gleichseitige Dreiecke sind auszumachen.

Wir bringen Ordnung in die Vielfalt

Einiges zur Kristallsymmetrie

Neben der Durchsichtigkeit und der Färbung ist es vor allem die regelmäßige Form, die uns an den Kristallen fasziniert. Um eine Möglichkeit zur Beschreibung der verschiedenen Kristallsymmetrien zu finden, betrachten wir zunächst Abb. 7.11. Sie zeigt unterschiedliche Anordnungen einer willkürlich gewählten Figur (Abb. 7.11a). Alle Anordnungen besitzen eine gewisse Symmetrie. Worin diese besteht, wird anhand der gestrichelten Hilfslinien deutlich. Die Figur 7.11b wird durch eine solche Hilfslinie in zwei Hälften geteilt, die sich wie Bild und Spiegelbild verhalten, oder anders ausgedrückt: Eine Spiegelung an dieser Linie läßt die Anordnung ungeändert. Für die Anordnung 7.11c lassen sich zwei Spiegellinien angeben, die senkrecht aufeinanderstehen. Diese Linien bezeichnet man als die Symmetrieelemente der Figuren. Betrachten wir nun die Anordnung 7.11 d. Sie ist zwar nicht spiegelsymmetrisch, dafür läßt sie sich aber mittels einer Drehung um 90° (Pfeilrichtung) in eine Lage überführen, die von der Ausgangslage nicht zu unterscheiden ist. Ein bei 0 angenommener Punkt gelangt dabei in die Stellung 1. Wir können diese Drehoperation in gleicher Weise noch dreimal wiederholen, wobei unser Punkt nacheinander die Lagen 2, 3 und schließlich 0 einnimmt. Nach jeder der vier Teildrehungen befindet sich die Figur wieder in der gleichen Lage. Man bezeichnet deshalb die senkrecht zur Papierebene stehende Achse, um die wir gedreht haben, als eine vierzählige Drehachse. Entsprechend sind es bei Abb. 7.11e-f sechs, drei bzw. zwei Teildrehungen, die die Figuren in sich selbst überführen. Die Symmetrieelemente der Anordnungen sind demzufolge eine sechs-, drei- bzw. zweizählige Drehachse. Die Symmetrie der Figur 7.11h ist gekennzeichnet durch das Vorhandensein einer vierzähligen Drehachse und von vier Spiegelebenen.

Die Beschreibung der Symmetrie von Kristallen erfolgt auf die gleiche Weise durch Angabe der Anzahl, Art und räumliche Anordnung der Symmetrieelemente. In Abb. 7.12 und 7.13 sind die Spiegelebenen und Drehachsen eines würfelförmigen Kristalls eingezeichnet. Wir können durch Überlegen leicht selbst herausfinden, daß im Ver-

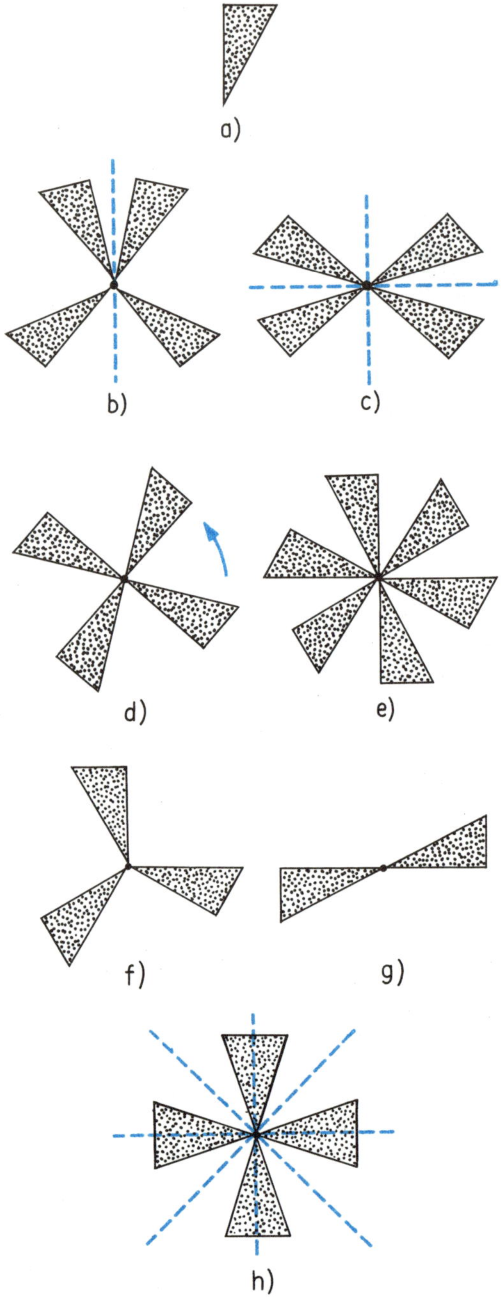

7.11 Figuren unterschiedlicher Symmetrie
a) willkürlich gewählte Figur
b) Anordnung mit 1 Spiegellinie
c) 2 Spiegellinien
d) 1 vierzählige Drehachse
e) 1 sechszählige Drehachse
f) 1 dreizählige Drehachse
g) 1 zweizählige Drehachse
h) 1 vierzählige Drehachse und 4 Spiegellinien

gleich dazu ein Quader nur noch drei Spiegelebenen enthält. Sie entsprechen denen in Abb. 7.12. Die zweizähligen Drehachsen (Abb. 7.13) sind erhalten geblieben, während aus den vierzähligen (Abb. 7.13) zweizählige geworden sind. Dreizählige Achsen fehlen ganz.

Interessant ist in diesem Zusammenhang die Betrachtung eines (unverzerrten) Alaunkristalls. Er besitzt nämlich die gleiche Symmetrie wie ein Würfel. Die Abbildung 7.7 zeigt den Zusammenhang zwischen beiden Körpern. In dieser Darstellung sind die dreizähligen Drehachsen in Richtung der Würfeldiagonalen einfacher zu erkennen als in Abb. 7.13. Die unter dem Mikroskop beobachteten Kupfersulfatkristalle haben die Form eines Parallelepipeds. Sie besitzen keines der beschriebenen Symmetrieelemente. Die Symmetrie der Schneekristalle ist dagegen durch eine sechszählige Drehachse und sechs Spiegelebenen gekennzeichnet.

Blick in den Mikrokosmos

Vor etwa 200 Jahren experimentierte der französische Naturwissenschaftler Rene Just Haüy (1743–1822) mit einem großen Kalkspatkristall. Er fiel ihm herunter und zersprang. Dabei bemerkte Haüy, daß die unterschiedlich großen Bruchstücke alle im Grunde die gleiche Form hatten wie der ursprüngliche Kristall. Diese und weitere Beobachtungen brachten ihn zu der Vorstellung, daß Kristalle aus lauter gleichartigen kleinsten Bausteinen aufgebaut sein müßten, die alle die gleichen Symmetrieelemente enthalten sollten wie der Kristall selbst. Schon um 1670 hatte Robert Hooke wie 50 Jahre vor ihm Johannes Kepler versucht, durch Schichtung von Kugeln Kristallformen nachzubilden. Erst 1912 konnte der deutsche Physiker Max von Laue durch Beugungsversuche mit Röntgenstrahlen die Richtigkeit dieser Vorstellung beweisen. Danach sind die Kugeln identisch mit den Atomen oder Ionen der Substanz. In allen drei Raumrichtungen nach einer bestimmten Vorschrift wohlgeordnet, bilden sie den Kristall. Im Kochsalz z. B. (Abb. 7.14) sind die Ionen so aneinandergereiht, daß jedes Ion von sechs Ionen der jeweils anderen Sorte umgeben ist. Die von Haüy angenommenen kleinsten Bausteine

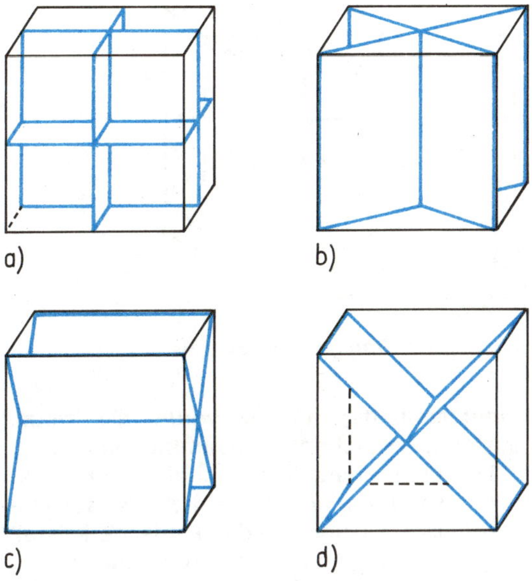

7.12 Spiegelebenen eines Würfels

sind bei NaCl Würfel der in Abb. 7.14 gezeichneten Größe. Markieren wir alle Elementarzellen (gestrichelte Linien), so erhalten wir das für Kochsalz charakteristische kubische Kristallgitter. Die Kantenlängen der Elementarzelle bezeichnet man als Gitterkonstanten.

Um uns eine Vorstellung von Menge und Größe dieser Zellen zu verschaffen, gehen wir von einem würfelförmigen Kochsalzkristall der Kantenlänge 1 cm aus. Wir teilen ihn gedanklich in kleinere Würfel, wie das in Abb. 7.15 angedeutet ist. Nach der ersten Teilung liegen 8 ($=8^1$) Kristalle mit einer Kantenlänge von $\frac{1}{2}$ cm ($=\frac{1}{2^1}$ cm) vor, nach der zweiten 64 ($=8^2$) mit $\frac{1}{4}$ cm ($=\frac{1}{2^2}$ cm) usw. Nach acht derartigen Spaltungen sind die Würfelchen gerade noch mit bloßem Auge zu erkennen. Die entstandene Anzahl ist beträchtlich. Würden wir die gleiche Menge von der Größe des ursprünglichen Kristalls in einer Reihe aneinanderlegen, ergäbe sich eine Strecke von 168 km. Bei 15 Teilungen ist die Auflösungsgrenze der Lichtmikroskope erreicht. Eine Reihe aus der entsprechenden Anzahl Originalkristalle übersteigt weit jedes irdische Maß. Sie würde von der Erde zur Sonne und wieder zurück reichen. Obwohl im Mikroskop kaum noch zu sehen, sind die Kriställchen, verglichen mit den Elementarbausteinen, immer noch riesig groß. Es sind weitere neun Spaltungen – also insgesamt 24 – nötig, um endlich deren Größe zu erreichen. Als Ergebnis erhalten wir dann $8^{24} \approx 5 \cdot 10^{21}$ Elementarzellen mit einer *Gitterkonstante* von $\frac{1}{2^{24}}$ cm $\approx 6 \cdot 10^{-8}$ cm. Um diese ungeheuer große Menge zu verdeutlichen, denken wir uns wiederum eine gleich große Anzahl von 1-cm^3-Würfeln aneinandergelegt. Die entstehende Länge reicht weit über unser Sonnensystem hinaus. Ein an einem Ende erzeugter Lichtblitz, der – wie wir wissen – in jeder Sekunde 300000 km zurücklegt, würde erst nach ziemlich genau 5000 Jahren zum anderen Ende gelangen.

Nach Abb. 7.14 ist zu erwarten, daß die Gitterkonstante gerade gleich der Summe der Ionendurchmesser eines Chlor- und eines Natriumions ist. Mit den Ionenradien für Chlor ($r = 1{,}81 \cdot 10^{-8}$ cm) und für Natrium ($r = 0{,}98 \cdot 10^{-8}$ cm), die man Tabellen entnehmen kann, ergibt sich für die Durchmessersumme ein Wert von $5{,}58 \cdot 10^{-8}$ cm in guter Übereinstimmung mit dem genauen Betrag der Gitterkonstante von $5{,}639 \cdot 10^{-8}$ cm.

Die Kristallsysteme

Wir haben den Kristall als riesigen Stapel von Elementarzellen kennengelernt. Die Forderung, daß diese lückenlos aneinanderpassen

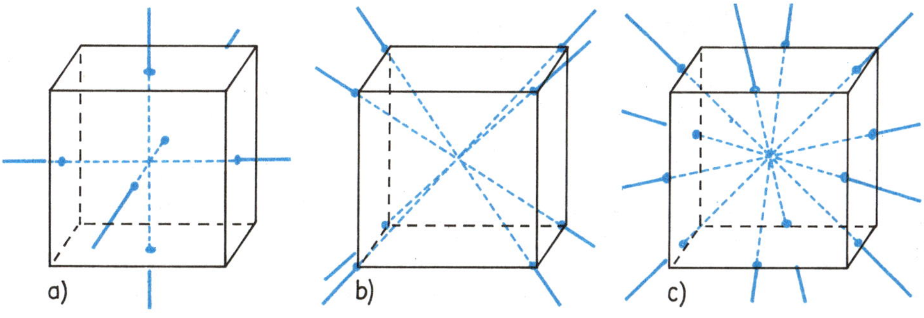

7.13 Drehachsen eines Würfels
a) 3 vierzählige
b) 4 dreizählige
c) 6 zweizählige

müssen, schränkt die möglichen Formen der Zellen stark ein. Um das einzusehen, brauchen wir nur den Versuch zu unternehmen, eine Ebene lückenlos mit Zellen zu belegen. Die Höhe der Bausteine ist dabei uninteressant. Ob der Versuch gelingt, hängt nur von der Form der Grundflächen ab. Durch Probieren mit verschiedenen Flächenformen können wir leicht herausfinden, daß nur regelmäßige Vierecke (Quadrate, Rechtecke, Parallelogramme) und Sechsecke in Frage kommen.

Die Honigbienen stehen beim Bau ihrer Waben praktisch vor dem gleichen Problem. Sie haben als Grundfläche für ihre Zellen das Sechseck »gewählt«, da es von den möglichen Flächenformen ihrem fast kreisförmigen Körperquerschnitt am nächsten kommt. Die Symmetrieelemente der wenigen erlaubten Flächen bestimmen mit ihrer eigenen Symmetrie die der möglichen Elementarzellen und damit die des gesamten Kristalls. Demzufolge können außer Spiegelebenen nur vier-, zwei-, sechs- und dreizählige Drehachsen auftreten, je nachdem, ob die Grundflächen der Zellen Quadrate, Rechtecke oder Sechsecke sind. Fünf-, sieben- und noch höherzählige Achsen kommen bei Kristallen nicht vor. In Tab. 7.2 sind die möglichen Ele-

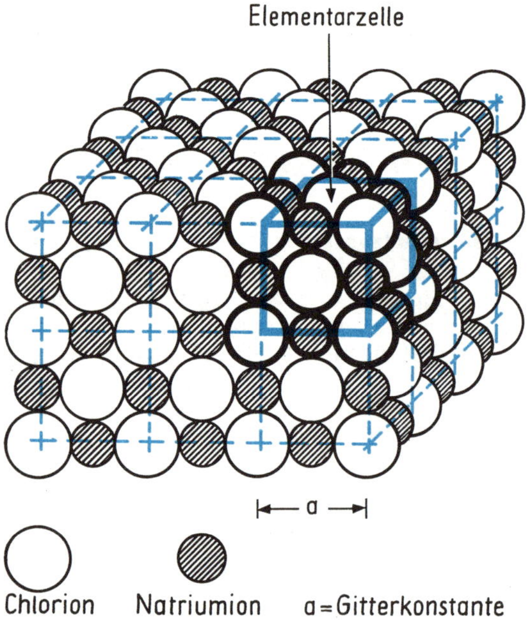

7.14 Anordnung der Chlor- und Natriumionen in einem Kochsalzkristall

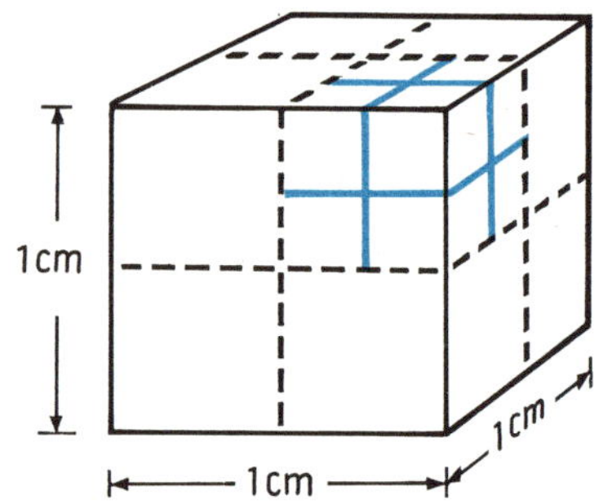

7.15 Würfelförmiges Kochsalzkristall

mentarzellentypen – sie werden als Kristallsysteme bezeichnet – zusammengestellt.

Die Elementarzellen können unterschiedlich mit Atomen besetzt sein. Als Beispiel beschränken wir uns auf das kubische Kristallsystem. Im einfachsten Fall befinden sich die Teilchen nur in den Würfelecken (Abb. 7.16a). Man nennt diese Zellen einfach kubisch. In der Natur findet man derartige Kristalle sehr selten. Sitzt zusätzlich noch ein Teilchen in der Würfelmitte, spricht man von einer *kubisch raumzentrierten Zelle* (Abb. 7.16b). Unter den chemischen Elementen tritt diese Struktur am häufigsten auf. Vertreter sind die Alkalimetalle, Chrom, α-Eisen, Molybdän, Tantal, Wolfram. Elementarzellen, bei denen die Flächenmitten belegt sind (Abb. 7.16c), bilden das *kubisch flächenzentrierte Gitter*. Die Edelmetalle, Kupfer, Silber, Gold, Platin, die Gebrauchsmetalle, Aluminium, γ-Eisen, Nickel, Blei u. a., kristallisieren in dieser Struktur. Bei Kochsalz (vgl. Abb. 7.14) bilden die Chloratome eine kubisch flächenzentrierte Elementarzelle. Das Zentrum und die Kantenmitten sind mit Natriumatomen besetzt. Diamant und die wichtigsten Halbleitersubstanzen Silizium und Germanium sind ebenfalls kubisch.

Kristalle sind anisotrop

Wir besorgen uns ein Stück Glimmer aus einem alten Bügeleisen oder vom feuerfesten Fenster eines ausrangierten Ofens. Stechen wir mit einer Nadel oder einer Rasierklingenecke seitlich in die Kante und bewegen sie dabei hin und her, lassen sich leicht dünne Plättchen abspalten. Dagegen gelingt dies durch Eindruck von oben nicht.

Kristall-system	Achsen, Winkel	Drehachsen (Zähligkeit)	Stoffbeispiele
kubisch	a = b = c $\alpha = \beta = \gamma = 90°$	2, 3, 4	Diamant, Spinell, Granat, Kochsalz, Alaun, Flußspat, Elemente: Gold, Silber, Kupfer, Eisen, Aluminim, Silizium, Germanium u.a.
hexagonal	$a = b \neq c$ $\alpha = \beta = 90°$ $\gamma = 120°$	2, 6	Beryll, Bergkristall, Turmalin, Elemente: Kobalt, Nickel, Titan, Magnesium, Zirkonium, Zink u. a.
rhombisch	$a \neq b \neq c$ $\alpha = \beta = \gamma = 90°$	2	Topas, Schwerspat, Bittersalz, Elemente: Schwefel, Gallium, Uran
tetragonal	$a = b \neq c$ $\alpha = \beta = \gamma = 90°$	2, 4	Zirkon, Rutil, Zinnstein, Elemente: Zinn, Indium
rhomboedrisch	a = b = c $\alpha = \beta = \gamma \neq 90°$	2, 3	Rubin, Korund, Kalkspat, Elemente: Arsen, Wismut, Antimon
monoklin	$a \neq b \neq c$ $\alpha = \beta = 90°$ $\gamma \neq 90°C$	2	Orthoklas, Marienglas (Gips), rotes Blutlaugensalz, Element: Polonium
triklin	$a \neq b \neq c$ $\alpha \neq \beta \neq \gamma \neq 90°$	—	Kupfersulfat, Elemente: keine

Tabelle 7.2 Die sieben Kristallsysteme (s. Abb. 7.17)

Ein Kochsalzkristall läßt sich leicht spalten, wenn wir eine halbierte Rasierklinge auf eine Kante aufsetzen, sie parallel zu einer Würfelfläche ausrichten und leicht mit einem Hämmerchen darauf schlagen. Wiederholen wir den Versuch mit einer Glasplatte, erhalten wir nicht vorhersehbare Sprünge oder Bruchstücke.

Die Kristalle haben offenbar im Gegensatz zu glasartigen Stoffen in verschiedenen Richtungen unterschiedliche Festigkeit. Die Richtungen wiederum stehen in engem Zusammenhang mit der Symmetrie des Kristalls. Durchstoßen wir nämlich das Glimmerstück mit einer Nadelspitze, so entsteht ein Sprungmuster in Gestalt eines sechsstrahligen Sterns (Schlagfigur). Glimmerkristalle gehören demnach wie die Schneekristalle zum hexagonalen Kristallsystem. Drücken wir eine Nadelspitze in einen Kochsalzkristall, bilden die entstehenden Sprünge ein Kreuz. Dies weist auf die vierzählige Symmetrie hin.

Man bezeichnet Stoffe, deren physikalische Eigenschaften in allen Richtungen gleich sind, als *isotrop*. Kristalle zählen, wie wir gesehen haben, nicht dazu. Sie sind *anisotrop*.

Mittels eines Gipskristallstückes (Marienglas) läßt sich sehr einfach zeigen, daß Kristalle auch die Wärme in verschiedene Richtungen unterschiedlich leiten. Dazu überziehen wir eine der Spaltflächen mit einer dünnen Wachsschicht, klemmen eine Stricknadel in eine Wäscheklammer oder Zange, erwärmen sie und setzen die Spitze auf die Mitte der Fläche auf. Es entsteht eine elliptische Schmelzzone. Haben wir Bärlappsamen

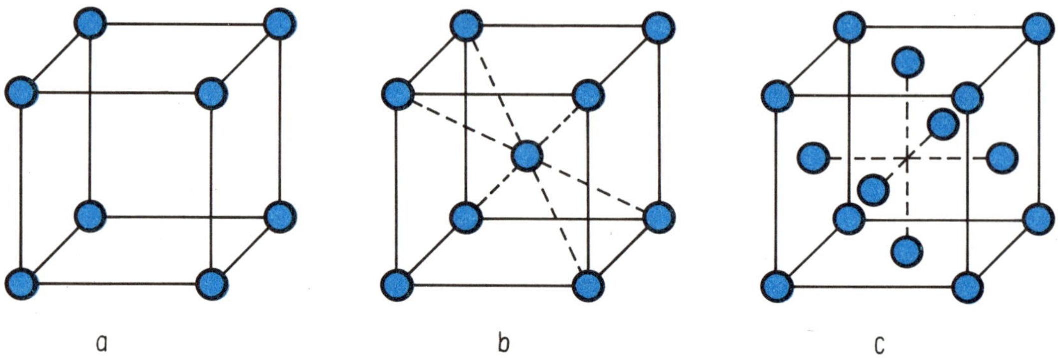

7.16 Beispiele für die unterschiedliche Anordnung der Atome in einer kubischen Elementarzelle
a) einfach kubische Zelle
b) kubisch raumzentrierte Zelle
c) kubisch flächenzentrierte Zelle

(Lykopodium) zur Hand, brauchen wir die Kristallfläche nur anzuhauchen und den dadurch entstandenen Feuchtigkeitsfilm mit den Sporen zu bestreuen. Um den Berührungspunkt der Nadel weicht die Feuchtigkeitsschicht zurück, und die gleichzeitig mit zurückgedrängten Sporen (vgl. Versuch auf Seite 86) markieren sehr gut die elliptisch geformte trockene Zone. Führt man diesen Versuch auf einer der Prismenflächen eines entsprechend großen Quarzkristalls aus, erhält man das gleiche Ergebnis.

Bei den kubischen Alaun- oder Kochsalzkristallen hingegen entstehen, unabhängig von der benutzten Kristallfläche, kreisrunde Gebilde. Auch von anderen Stoffen, die nichts mit Kristallen zu tun haben, wie beispielsweise Holz, kennen wir ausgeprägtes Anisotropieverhalten. Es spaltet längs, also in Richtung der Fasern, viel leichter als quer dazu, eine Erfahrung, die wir beim Holzhakken längst gemacht haben.

Technische Kristalle

Edelsteine tropfenweise

Was Edelsteine gegenüber anderen Kristallen auszeichnet, ist vor allem ihre große Härte. Die damit einhergehenden hohen Schmelzpunkte von Rubin, Spinell, Rutil, Beryll usw. erschweren die Zucht aus der Schmelze sehr stark.

Um 1890 erdachte der Franzose *Verneuil* ein überraschend einfaches Verfahren, um diese aus Metalloxyden bestehenden Edelsteine künstlich zu erzeugen: Die feingemahlene Ausgangssubstanz rieselt in der Art einer Sanduhr durch einen feinausgezogenen Trichter, unter dem eine heiße Knallgasflamme (2700 °C) brennt (Abb. 7.18). Die Pulverteilchen schmelzen beim Passieren der Flamme und fallen als kleine Tröpfchen auf die darunter befindliche Oberfläche eines Keimkristalls. Die zunächst noch frei beweglichen Moleküle der Tropfen werden bei der Erstarrung fest in die Kristalloberfläche eingebaut, wodurch der Kristall wächst. Auf diese Weise kann in wenigen Stunden ein Rohkristall mit einer Masse von 100 g – das sind 500 Karat – gezogen werden (Abb. 7.19).

Halbleitereinkristalle aus der Schmelze

Soll aus einer Schmelze ein einziger Kristall entstehen, muß die Ausgangssubstanz extrem rein sein, um die Bildung »wilder« Keime zu vermeiden. Allen für diese Züchtungsart angewandten Verfahren ist gemeinsam, daß man einen Impfkristall in die Schmelze einbringt und in geeigneter Weise dafür sorgt, daß nur in unmittelbarer Nähe der wachsenden Kristalloberfläche die Erstarrungstemperatur herrscht. An den anderen Orten der Schmelze ist sie höher.

Eines der Standardverfahren zur Züchtung von Halbleiterkristallen ist in Abb. 7.20 angedeutet. Der an einer gekühlten Halterung befestigte Impfkristall ragt in die Schmelze hin-

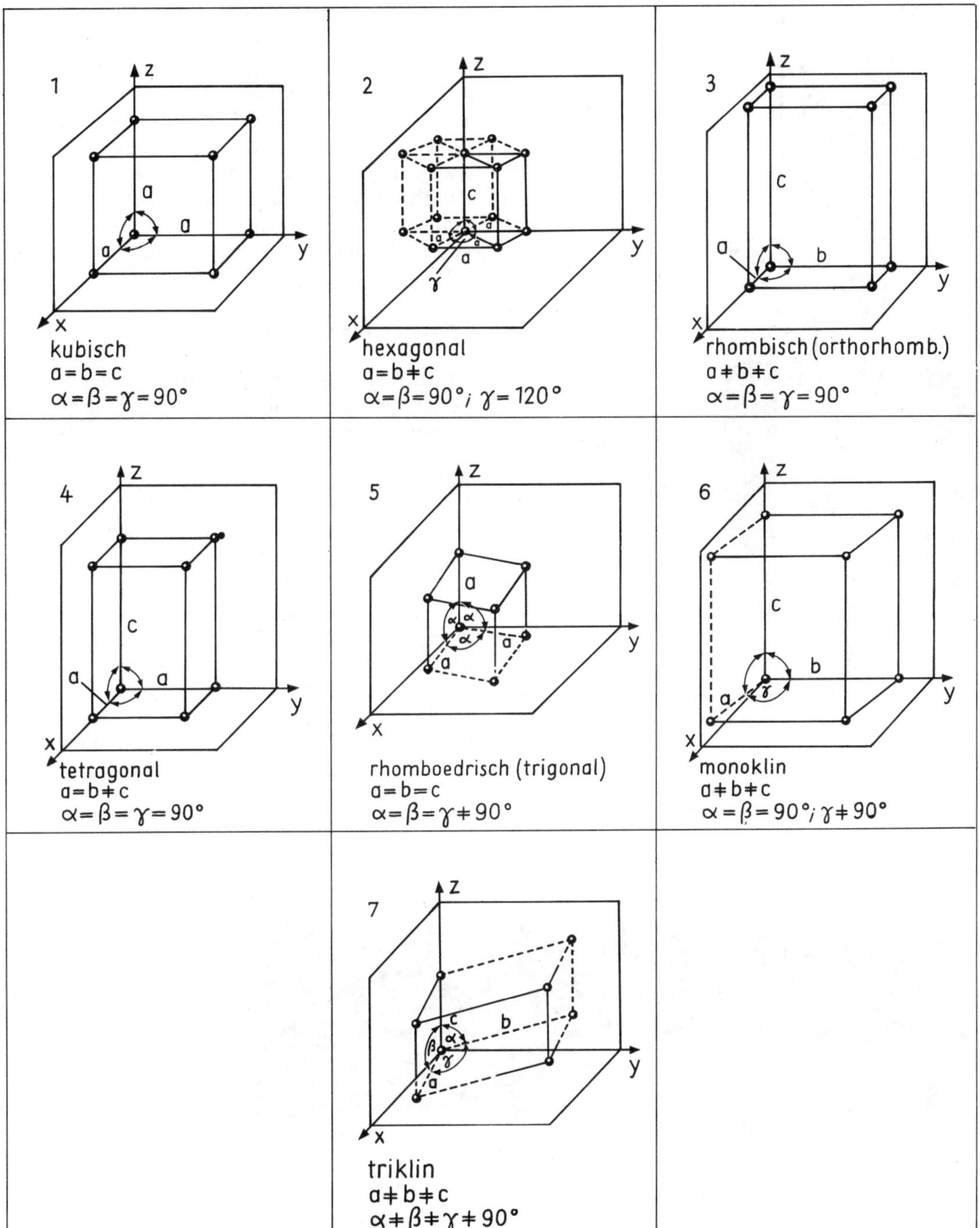

7.17 Die sieben Kristallsysteme (vgl. Tab. 7.2)

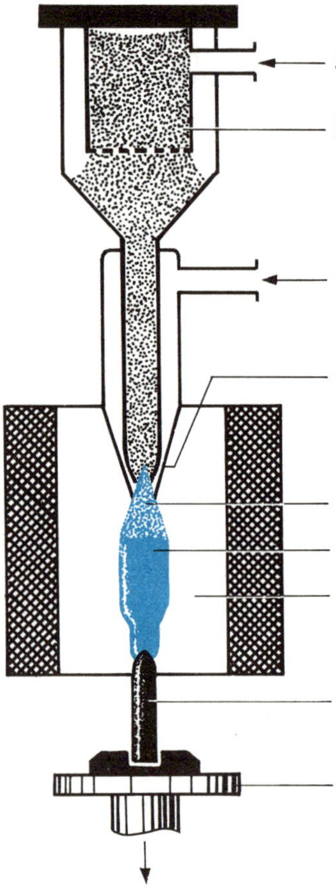

7.18 Schema des Verneuilverfahrens zur Züchtung von Einkristallen

ein. Die Kühlung bewirkt, daß an der Kristalloberfläche die Erstarrungstemperatur unterschritten wird, wobei sich fortwährend Atome an die Fläche anlagern. Der Kristall kann langsam aus der Schmelze herausgezogen werden. Je geringer diese »Ziehgeschwindigkeit« ist, um so größer ist der Durchmesser des zylindrisch geformten Kristalls. Dicken von mehr als 10 cm und Längen von mehr als 1 m können erreicht werden.

Kristalle aus der Gasphase

Wir erhitzen etwas Schwefel in einem Reagenzglas bis zum Sieden. An den kalten Glasstellen beobachten wir die Entstehung von kleinen gelben Kriställchen, der sogenannten Schwefelblüte, ohne daß sich aus dem Dampf zunächst Flüssigkeitströpfchen bilden, wie wir das bei Wasser von den bei Kälte beschlagenen Fensterscheiben oder Brillengläsern kennen. Auch aus Wasserdampf können direkt Kristalle wachsen! Da dies jedoch nur bei Temperaturen unter 0 °C und geringen Drücken stattfindet, entzieht es sich in der Regel unserer Beobachtung. In großer Höhe über der Erdoberfläche sind diese Bedingungen gegeben. Die Produkte sind Schneeflocken.

Technisch wird die Abscheidung von Kristallen oder Kristallschichten aus der Gasphase bei der Herstellung von Halbleiterbauelementen ausgenutzt, besonders bei solchen, die für optische Zwecke gebraucht

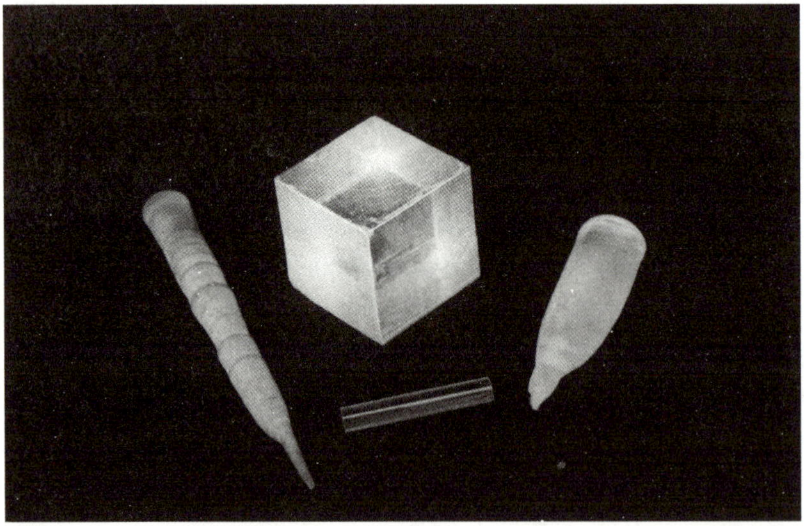

7.19 Industriell gezüchtete Kristalle: Mitte – Kochsalzkristall; rechts – Spinellrohkristall; links – Rubinrohkristall; vorn – stabförmiger Rubinkristall für den Einsatz in Laserlichtquellen.

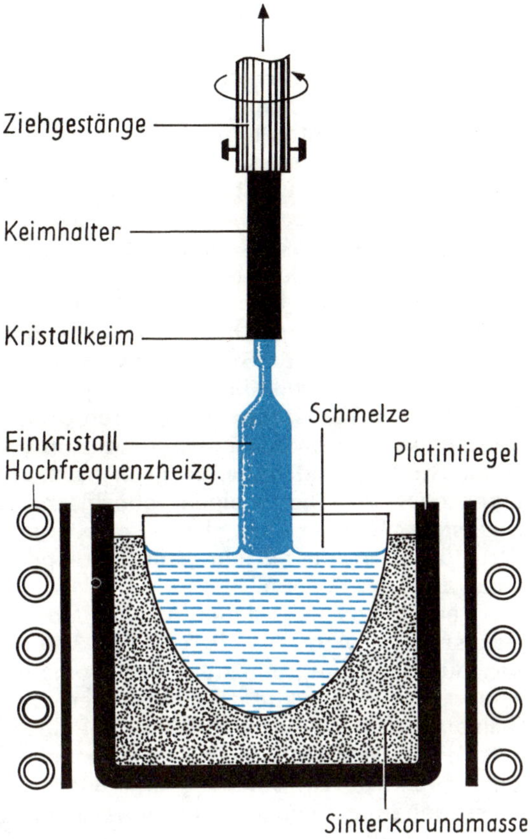

7.20 Prinzip des Czochralskiverfahrens

werden, wie Photodioden, Halbleiterlaser oder Leuchtdioden. Da die Gase oft erst durch chemische Reaktionen freigesetzt werden, hat sich für alle diese Methoden die Abkürzung CVD-Verfahren eingebürgert. Sie kommt aus dem Englischen »chemical vapour deposition« – chemische Gasabscheidung.

Werkstoffe

Aufbau der Werkstoffe

Wir unterkühlen eine Zinkstange in der Tiefkühltruhe. Bei Temperaturen unter –10° C wird das Metall spröde und läßt sich dann leicht brechen. Schon mit bloßem Auge erkennen wir in der insgesamt unregelmäßigen Bruchfläche eine Vielzahl kleiner Bereiche mit glatter Oberfläche; vereinzelt sind sogar sechsseitige Pyramiden darunter. Auch an anderen Gußteilen lassen sich scharfkantige Bereiche erkennen. Es sind sogenannte Kristallite oder Kristallkörner. Sie haben im Unterschied zu den unter dem Mikroskop beobachteten Kriställchen meist unregelmäßige Formen. Fest aneinander haftend und miteinander verzahnt, bilden sie das Kristallgefüge des metallischen Festkörpers. Die Korngrößen schwanken je nach Herstellungs- und Nachbehandlungsbedingungen zwischen einigen Nanometern und einigen Millimetern.

Außer den Metallen zeigen auch die meisten anderen anorganischen Stoffe, Gesteine, Mineralien, Keramik, aber auch z. T. organische Festkörper, eine derartige Kornstruktur.

Wir legen Kornstrukturen frei

Bestreichen wir die Oberfläche von Zinn mit verdünnter Salzsäure und spülen sie nach einigen Minuten mit fließendem Wasser ab, beobachten wir eine netzartige Struktur von Linien mit ganz unregelmäßigen Maschenweiten und -formen. Es sind die Grenzen zwischen den einzelnen Kristalliten. Statt Zinn können wir auch Weißblechstücke (verzinntes Eisenblech) benutzen. Die Korngrenzen von Zink lassen sich auf die gleiche Weise anätzen. Gegenstände aus reinem Zn-Blech oder solche mit feuerverzinkter Oberfläche zeigen oft auch ohne chemische Behandlung eine Kornstruktur in der Form von z. T. einigen Zentimeter großen, je nach Blickwinkel unterschiedlich reflektierenden Flecken. Um die Korngrenzen von Eisen und Kupfer sichtbar zu machen, müssen wir zunächst die Oberflächen blank schmirgeln und dann mit einem Poliermittel glätten. Eisen ätzen wir etwa 10 Minuten mit alkoholischer Salzsäure (Alkohol und 25%ige HCl im Verhältnis 50 : 1) und die Kupferoberfläche mit 25%iger Ammoniaklösung. Es empfiehlt sich, das Kupferblech vorher einige Minuten in der Gasflamme oder mit der Lötlampe auszuglühen.

Wie kommt es nun eigentlich zur Ausbildung eines derartigen Gefüges? In der Schmelze – auch Wasser können wir als eine Eisschmelze ansehen – sind die Teilchen gegeneinander beweglich. Infolge der gegenseitigen Anziehung sind sie zwar dicht aneinandergedrängt, schubsen und stoßen sich aber wegen ihrer hohen Eigenenergie fortwährend gegenseitig umher. Dabei entstehen natürlich auch rein zufällig in kleinsten Bereichen dichte Zusammenlagerungen, wie man sie im Kristall findet. Sofort werden diese »Keime« durch die Stöße von Teilchen aus der nächsten Nachbarschaft wieder durcheinandergebracht. Nimmt die Temperatur ab, wird auch die Heftigkeit der Stöße geringer, und es können größere und damit stabilere Kristallkeime entstehen. Eine wichtige Rolle spielen dabei wiederum Verunreinigungen, an die sich Teilchen der Schmelze bevorzugt anlagern. Bei Temperaturen um den Erstarrungspunkt werden Keime, die etwa 100 Atome enthalten, infolge der verringerten Atombeweglichkeit nicht mehr zerstört. Im Gegenteil, Teilchen in der unmittelbaren Nachbarschaft können der vereinten Anziehungskraft der Atome des Keimes nicht mehr entkommen, sie werden eingefangen und lagern sich an. Das Keimwachstum beginnt.

Überall dort, wo sich zufällig oder um Verunreinigungen hinreichend große Keime gebildet haben, beginnen sich kleine Kristalle zu formieren. Ihre Größe nimmt so lange zu, bis sie sich gegenseitig berühren. Die Schmelze ist nun aufgezehrt und der Stoff fest geworden. Die Körner haben sich zufällig und unabhängig voneinander gebildet und besitzen demzufolge eine ganz willkürliche kristallographische Orientierung, d. h., sie sind unregelmäßig gegeneinander verkippt. Einen derartig aufgebauten Festkörper bezeichnet man als Vielkristall oder Polykristall. Besteht der Körper – wie etwa unsere gezüchteten Alaunkristalle – aus einem einzigen Kristall, so handelt es sich um einen Mono- oder Einkristall.

Eigenarten des Zinns

Zinn kennen wir als weißes, weiches Metall, das sich gut zu Blechen aushämmern läßt. Ein Pulverisieren gelingt nur mittels Feilen.

In einem einfachen Experiment können wir nachweisen, daß sich Sn auch ganz anders verhalten kann. Dazu benötigen wir eine Schale mit getrocknetem Sand, ein Thermometer, das Messungen bis 250 °C zuläßt, und ein Stück Zinn. Die Probe erwärmen wir langsam im Sandbad in Kontakt mit dem Thermometer auf etwa 200 °C. Bei dieser Temperatur läßt sich Sn mit einem Hammer leicht in kleine Stücke zerschlagen. In einem entsprechend vorgewärmten Mörser können wir es sogar zu Pulver zerstoßen.

Ein derartiges Verhalten muß uns unverständlich erscheinen, wenn wir von der Erfahrung ausgehen, daß Metalle sich im erwärmten Zustand leichter plastisch verformen lassen als im kalten. Die unerwartete Versprödung hat ihre Ursache in einer bei 161 °C stattfindenden Strukturumwandlung. Aus den tetragonalen Kristalliten des weißen Zinns (β – Sn) entstehen dabei durch Umlagerungen von Atomen Bereiche mit rhombischer Struktur und anderen mechanischen Eigenschaften. Die kleinen griechischen Buchstaben dienen dazu, die verschiedenen Strukturen, in denen ein Stoff vorliegen kann, zu kennzeichnen.

Unterhalb von 13 °C ändert das Zinn nochmals seine Struktur. Aus dem weißen Metall wird durch die Umgruppierung der Atome in eine kubische Struktur (Diamantgitter) ein Halbleiter. Kühlen wir ein Stück Zinnblech unter diese Temperatur ab, passiert zunächst gar nichts. Die Umwandlung ist normalerweise gehemmt, sonst wären in vergangenen Zeiten wohl nicht so viele Gegenstände aus diesem Metall hergestellt worden. Sind die Geräte aber oft tiefen Temperaturen ausgesetzt, kann es zu dieser Strukturtransformation kommen. Die Folgen sind katastrophal. Das Metall zerfällt im wahrsten Sinne des Wortes zu Staub. Bei Temperaturen um –50 °C geht das am schnellsten. Dieser überraschende Vorgang versetzt uns in Erstaunen, selbst wenn wir die Zusammenhänge kennen. Wie müssen Menschen vergangener Zeiten von diesem Phänomen beeindruckt gewesen sein. Daß sie dabei an das Wirken von geheimnisvollen magischen Kräften glaubten, müssen wir ihnen nachsehen.

Kehren wir zu unseren Experimenten zurück und versuchen eine derartige Umwandlung herbeizuführen. Da wir kaum die Möglichkeit haben, Kältegrade von –50 °C zu erreichen, helfen wir in unserem Experiment der Umwandlung nach, indem wir unsere Zinnblechprobe mit einer Lösung aus Pinksalz $(NH_4)_2SnCl_6$, mit Alkohol versetzt, einreiben und sie in einer Plasttüte in dem Tiefkühlfach des Kühlschrankes aufbewahren. Die Lösung wirkt als Katalysator, der die Strukturänderung in das graue Pulver der sogenannten α-Phase beschleunigt. Ist uns die erforderliche Chemikalie nicht zugänglich, können wir unsere Probe auch zur Umwandlung bewegen, wenn wir sie im Gefrierfach aufbewahren und dann und wann durch Verbiegen plastisch verformen. Bei diesem Versuch ist allerdings Geduld erforderlich. Ob und wann der Vorgang abläuft, hängt sehr von der Reinheit und der »Vorgeschichte« der verwendeten Probe ab. Durch das Verbiegen erzeugen wir in dem Material Spannungen, die den Strukturwechsel begünstigen und ihn schließlich einleiten.

Eine andere Möglichkeit, den Zerfall herbeizuführen, besteht darin, das Blechstück vor der Abkühlung mit Pulverteilchen aus grauem Zinn einzureiben. Die Beobachtung, daß durch den Staub die Umwandlung eingeleitet, d. h. wie eine Krankheit übertragen wird, ist seit langem bekannt und hat zu der Bezeichnung »Zinnpest« geführt. Die beschleunigte Wirkung der »Einreibung« kommt dadurch zustande, daß die Kristallite der Pulverpartikeln gewissermaßen als Keime für die Umkristallisierung wirken.

Zweierlei Eisen

Viel weniger spektakulär als die α-β-Umwandlung bei Zinn, aber dafür technisch um so bedeutsamer, ist die bei 909 °C stattfindende Strukturänderung im Eisen.

Die Versuchsanordnung zum Nachweis gleicht im Prinzip der, die wir zur Demonstration der thermischen Ausdehnung (vgl. Abb. 2.2) benutzt haben. Unsere Probe, ein 30 bis 50 cm langes Stück Eisendraht, wie er z. B. in Gärtnereien zum Wickeln von Kränzen benutzt wird, befestigen wir auf der einen Seite an einer Holzschraube o. ä. und verbinden sie auf der anderen mit einer Schnur (Abb. 7.21). Diese ist mehrmals um eine drehbar angeordnete Stricknadel geschlungen und mit einem 0,5-kg-Gewicht belastet. Zur Halterung der Nadel dienen z. B. zwei mit entsprechenden Bohrungen versehene Blechstücke oder Ösen. Die Stricknadeldrehung beobachten wir entweder mit der Lichtzeigeranordnung der Abb. 2.2 oder mittels eines 10 bis 15 cm langen Zeigers aus Pappe. Je nach vorhandenen Möglichkeiten läßt sich die Erwärmung des Drahtes auf zweierlei Weise erreichen: Steht ein Stelltransformator zur Verfügung, können wir den Draht elektrisch aufheizen. Dazu schließen wir die Stromquelle über Krokodilklemmen an die Drahtenden an und regeln den Transformator langsam hoch, da der Widerstand des Probedrahtes im kalten Zustand zunächst sehr gering ist und sich erst mit zunehmender Erwärmung vergrößert (vgl. S. 162). Bei einer Drahtlänge von 50 cm und einer Stärke von 0,6 mm erreichen wir 1000 °C bei einer Spannung von etwa 15 V. Die Stromstärke bleibt dabei unter 10 A.

Die geforderte Temperatur läßt sich aber auch mit einer Gasflamme (Bunsenbrenner, Lötlampe) erreichen. Bei dieser Heizungsart

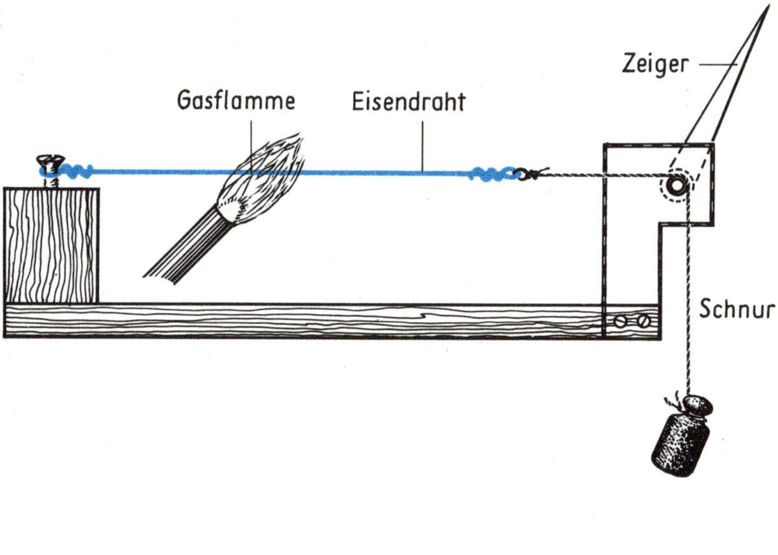

7.21 Versuchsaufbau zum Nachweis der α-γ-Umwandlung von Eisen

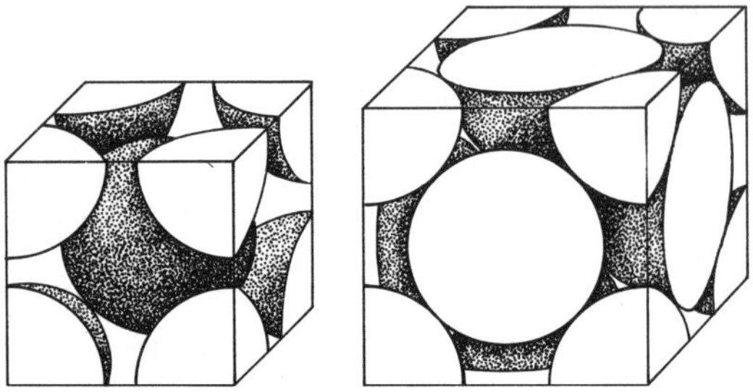

a) b)

7.22 Elementarzellen des Eisens
a) Kubisch raumzentrierte Elementarzelle des α-Eisens
In der Zelle der Kantenlänge a berühren sich die Atome (Radius r) in der Richtung der Raumdiagonale
$d_r = \sqrt{3}\,a$, d. h., es gilt

$$4\,r = d_r = \sqrt{3}\,a \text{ oder } r = \frac{\sqrt{3}\,a}{4}.$$

Der mit Atomen ausgefüllte Raumanteil ist

$$\frac{\text{Volumen der Atome}}{\text{Elementarvolumen}}$$

$$= \frac{2 \cdot 4/3 \cdot \pi \cdot r^3}{a^3}$$

$$= \frac{2 \cdot 4/3\,(\sqrt{3}/4 \cdot a)^3}{a^3}$$

$$= \frac{2\pi\,\sqrt{3}}{16} = 0{,}68.$$

b) Kubisch flächenzentrierte Elementarzelle des γ-Eisens
In der Zelle der Kantenlänge a berühren sich die Atome (Radius r) in Richtung der Flächendiagonale
$d_f = \sqrt{2}\,a$, d. h., es gilt

$$4r = d_f = \sqrt{2}\,a \text{ oder } r = \frac{\sqrt{2}\,a}{4}.$$

Der mit Atomen ausgefüllte Raumanteil ist

$$\frac{4 \cdot 4/3 \cdot \pi \cdot r^3}{a^3} = \frac{4 \cdot 4/3\,\pi\,(\sqrt{2}/4 \cdot a)^3}{a^3} =$$

$$\frac{\pi \cdot \sqrt{2}}{12} = 0{,}74.$$

Diese Atomanordnung ist die dichteste Packung, die man mit einer Stapelung von Kugeln überhaupt erreichen kann.

müssen wir nur darauf achten, daß der Draht mindestens über eine Länge von 5 cm erwärmt wird.

Wir beginnen den Versuch damit, den Draht langsam und gleichmäßig zu erwärmen. Infolge der damit verbundenen thermischen Ausdehnung des Eisens setzt sich der Zeiger in Bewegung, genau so, wie wir es schon auf S. 106 gesehen haben. Ist die Umwandlungstemperatur erreicht – der Draht glüht gelbrot –, benimmt sich der Zeiger recht eigenartig. Er hält an, läuft kurzzeitig in Gegenrichtung, kehrt wieder um und setzt dann seine Wanderung in die ursprüngliche Richtung fort. Bei ungleichmäßiger oder zu rascher Aufheizung kann sich dieser Effekt unserer Beobachtung entziehen. Mit Sicherheit ist er aber nach Wegnahme der Flamme oder Abschalten des Stromes während der dann einsetzenden Abkühlung nachweisbar. Die Zeigerbewegung ist nun rückläufig, und im Bereich der Umwandlungstemperatur schlägt er jetzt kurzzeitig in Ausdehnungsrichtung aus.

Dieses Verhalten ist folgendermaßen zu deuten: Bei Zimmertemperatur liegt Eisen in der α-Phase vor (Abb. 7.22). Die Atome sind in einem kubisch raumzentrierten Gitter angeordnet (vgl. S. 280). Mit der Erwärmung vergrößern sich die Abstände zwischen den Teilchen im Gitter zunehmend. Bei 909 °C wird es instabil. Die Atome formieren sich zu einer kubisch flächenzentrierten Ordnung, der γ-Phase, um. Aus der Abb. 7.22 können wir entnehmen, daß die Modifikation eine größere Dichte haben muß. Da sich die Eckatome ja nur zu einem Achtel, die in den Flächenmitten nur zur Hälfte innerhalb der Elementarzelle befinden (die anderen Bruchteile ragen in die Nachbarzellen hinein), sind sie entsprechend zerschnitten gezeichnet.

Die α-Phase enthält demnach $8 \cdot \frac{1}{8} + 1 = 2$ Atome pro Elementarzelle, bei der γ-Phase sind es $8 \cdot \frac{1}{8} + 6 \cdot \frac{1}{2} = 4$ Atome. Dabei vergrößert sich die Anzahl der Nachbaratome eines Teilchens von 8 auf 12. Die entsprechende Verringerung des Volumens beim Übergang $\alpha \rightarrow \gamma$ bzw. die Vergrößerung bei der Umwandlung $\gamma \rightarrow \alpha$ wird durch die jeweils rückläufige Zeigerbewegung sichtbar gemacht.

Phasenübergänge treten bei einer ganzen Reihe von Stoffen auf. Das umwandlungsfreudigste Element ist das für die Kerntechnik wichtige Plutonium. Bei Erwärmung von Zimmertemperatur bis zum Schmelzpunkt bei 640 °C ändert es fünfmal seine Struktur.

Härten und Anlassen

Alles, was wir zum Härten und Anlassen brauchen, sind eine Gasflamme, einige gleichartige Stahlgegenstände (Stricknadeln, Rasierklingen o. ä.), eine Feile, Schmirgelpapier und ein Gefäß mit kaltem Wasser.

Wir erwärmen eine Stricknadel in der Flamme, bis sie uns gelbrot erscheint, und tauchen sie dann schnell in das kalte Wasser. Mit vier weiteren Nadeln verfahren wir auf die gleiche Weise. Während sich unbehandelte Exemplare gut verbiegen und anfeilen lassen, zerbricht die behandelte Nadel beim gleichen Biegeversuch. Die Feile greift kaum noch. Durch die Schockbehandlung sind die Gegenstände härter und spröder geworden. Nun schmirgeln wir drei der verbliebenen vier Nadeln, bis sie blank sind. Oberhalb der Flammenleuchtzone wird die erste der drei langsam erwärmt, bis die Metalloberfläche gelb anläuft, die zweite, bis Braunfärbung eintritt, und die dritte entnehmen wir der Flamme erst, wenn die Nadel tiefblau erscheint. Wir haben uns dabei die Tatsache zunutze gemacht, daß sich auf erwärmten Eisenoberflächen eine dünne Oxidhaut von Fe_3O_4 bildet, die mit zunehmender Temperatur dicker wird und demzufolge in einer anderen Farbe erscheint. Es ist der gleiche Effekt, den wir an Auspuffrohren von Mopeds oder Motorrädern beobachten können. Dabei entspricht der Anlauffarbe Gelb eine Temperatur von etwa 230 °C, Rotbraun 260 °C, Violett 285 °C, Dunkelblau 295 °C und Grau oberhalb 325 °C. Die Kenntnis der Zuordnung erspart in manchen Fällen eine aufwendigere Temperaturmessung.

Um zu erfahren, wie sich die unterschiedliche Wärmebehandlung auf die Eigenschaften ausgewirkt hat, unterwerfen wir die drei wieder erwärmten – man spricht von angelassenen – Proben und die nur gehärtete einem einfachen Biegeversuch. Wir benutzen die in Abb. 7.23 skizzierte Anordnung und belasten alle Nadeln mit der gleichen Gewichtskraft (3 N). Als Ergebnis finden wir eine Zunahme der am Meßstab abzulesenden Durchbiegung mit steigender Anlaßtemperatur. Das Material wird damit zwar zunehmend weicher, aber dafür auch geschmeidiger. Abgesehen von den verschiedenen Abschreckmethoden (in Eis, Wasser, Öl, im Luftstrom oder in flüssigem Stickstoff), kann man demnach durch geeignete Anlaßbehandlung die Eigenschaften der Stähle im Hinblick auf den vorgesehenen Verwendungszweck beeinflussen. Beispielsweise werden Meißel nach dem Härten am stumpfen Ende bis zur dunklen Rotglut angelassen, damit beim Schlagen mit dem Hammer keine Stücke wegbrechen. In gleicher Weise erfolgt die Wärmebehandlung von Bohrerschäften, während der Schneidenbereich hart bleiben muß. Schraubenschlüssel hingegen werden gleichmäßig angelassen.

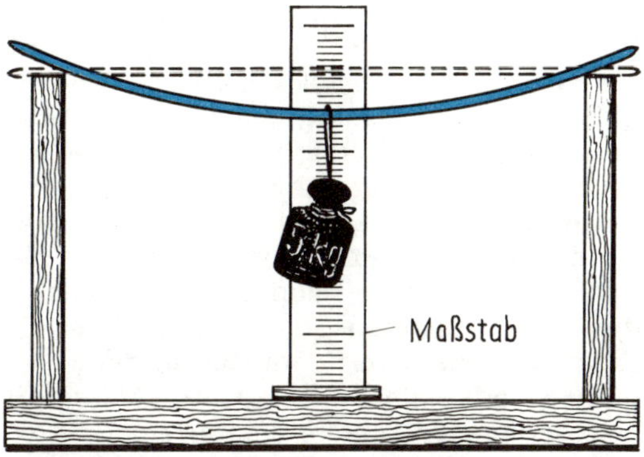

7.23 Einfacher Biegeversuch zur Prüfung von Stricknadeln, die einer unterschiedlichen Wärmebehandlung unterworfen wurden

Für unsere Versuche hatten wir Stahlnadeln benutzt. Man spricht von Stahl, wenn dem Eisen eine geringe Menge (bis zu 2 %) Kohlenstoff zugemischt ist. Dabei werden nicht wie bei unseren gezüchteten Alaunmischkristallen Atome der einen Sorte durch solche der anderen auf den Gitterplätzen ersetzt, sondern die Kohlenstoffatome besetzen Zwischengitterplätze, d. h. Lücken, die zwangsläufig zwischen den Eisenatomen bei einer Zusammenlagerung zu einem Kristall entstehen. Die bei Temperaturen oberhalb von 909 °C stabile γ-Phase des Eisens vermag, verglichen mit der α-Phase, mehr Kohlenstoffatome aufzunehmen. Beim Übergang $\gamma \rightarrow \alpha$ stehen weniger Plätze für diese

Fremdlinge zur Verfügung. Verläuft die Abkühlung sehr schnell, reicht die Zeit nicht aus, sie aus den Kristalliten zu verdrängen. Im Gitter eingeklemmt, bewirken sie eine Verspannung und Verzerrung der Elementarzellen. Dies bedeutet makroskopisch eine Härtezunahme. Bei erneuter Erwärmung (Anlassen) dehnt sich das Gitter aus, und die Kohlenstoffteilchen können, begünstigt durch die heftigeren Schwingungen der Eisenatome, aus dem Kristalliten in die Korngrenzen diffundieren. Die Gitterverzerrung wird geringer und mit ihr die Härte und Sprödigkeit des Materials. Nach diesen Vorstellungen verwundert es uns nicht, daß Abschreckversuche mit Stäben aus hochreinem Eisen keine Härtezunahme ergeben.

gesetzt. Durch diese Behandlung jeglicher Orientierung beraubt, zeigt sie, wohin wir wollen. Der Magnetismus ist verlorengegangen. Genaueren Experimenten zufolge wird der Magnetismus mit zunehmender Erwärmung langsam schwächer und verschwindet bei t = 770 °C, dem sogenannten *Curiepunkt,* ganz. Das ist aber gerade die Temperatur, bei der man früher eine Phasenumwandlung vermutete.

Anstatt unsere unbrauchbar gewordene Magnetnadel wegzuwerfen, machen wir damit lieber ein Experiment. Wir folgen einem schon 380 Jahre alten Rezept des englischen Arztes *W. Gilbert* und stellen den Magnetismus wieder her. Das geht auf die denkbar einfachste Weise. Die auf dem Tisch mit

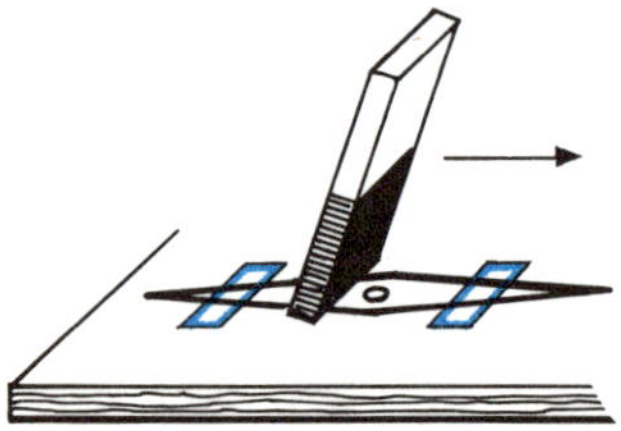

7.24 Einfache Magnetisierung

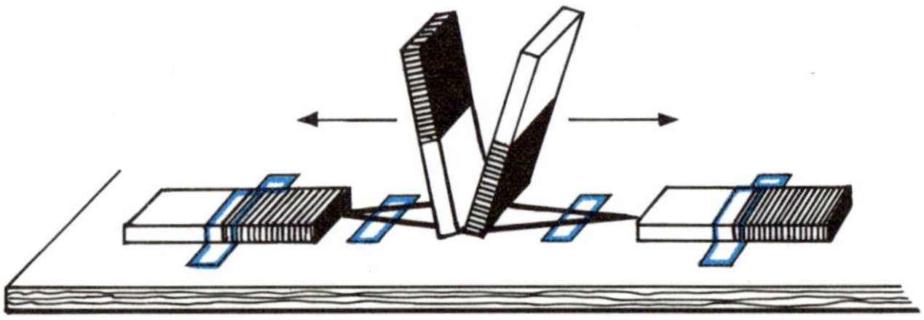

7.25 Magnetisierung mittels „geteiltem Strich"

Das Geheimnis der Kompaßnadel

Das Fehlen einer β-Phase des Eisens ist ein schönes Beispiel dafür, daß sich Naturwissenschaftler sehr wohl irren können. Führt man nämlich das Experiment des vorletzten Abschnitts unter verfeinerten Bedingungen mit größerer Genauigkeit durch und mißt neben der Verlängerung auch die zugehörige Drahttemperatur, beobachtet man je nach verwendeter Stahlsorte schon bei 670 bis 770 °C ein anormales Verhalten der Dehnungsanzeige. Im Glauben an eine Strukturänderung bei dieser Temperatur gab man der vermeintlich neuen Phase die Bezeichnung β. Erst spätere Untersuchungen ergaben, daß es sich zwischen 770 °C und 909 °C immer noch um α-Eisen handelte. Die registrierte Erscheinung ist deshalb nicht weniger wichtig, wie wir in einem einfachen Versuch zeigen können: In der Flamme des Gasherdes wird eine Magnetnadel zu heller Rotglut (etwa 800 °C) erhitzt und nach Abkühlung wieder auf die ursprüngliche Halterung auf-

Klebstreifen festgehaltene Nadel ist mit einem starken Stabmagneten (oder Ferritklötzchen) immer wieder in gleicher Richtung zu bestreichen (Abb. 7.24). Wir müssen lediglich darauf achten, daß dabei der Nadel der gleiche Pol zugewandt bleibt. Eine bessere Magnetisierung läßt sich nach der »Methode des geteilten Striches« erreichen. Die Nadel wird zwischen zwei festgeklebten Magneten angebracht und auf die in Abb. 7.25 angegebene Weise bestrichen. Auf diese Art lassen sich beliebige Eisengegenstände in Magnete verwandeln.

Was tun wir nun eigentlich wirklich mit unseren an magische Tricks erinnernden Manipulationen? Es gibt zwar viele Atomarten, die selbst kleine Magnete darstellen, aber unter den gebräuchlichen Elementen existieren nur drei, die sich magnetisieren lassen, nämlich Nickel, Kobalt und Eisen. Während die anderen Atommagnete im Gitter der entsprechenden festen Körper regellos über alle möglichen Richtungen verteilte Orientierungen einnehmen (diese Stoffe nennt man Paramagnete), sind sie bei den drei ferromagnetischen Stoffen innerhalb kleiner Bereiche, den sogenannten *Weissschen Bezirken,* (benannt nach dem französischen Physiker *Pierre-Ernest Weiss,* 1865–1940), alle parallel ausgerichtet. Diese wiederum haben normalerweise gegeneinander willkürliche Orientierung, so daß man von außen gar nichts von ihrer Existenz merkt. Bestreichen wir die Stoffe mit einem Magneten oder bringen sie in das Magnetfeld einer von Gleichstrom durchflossenen Spule, versuchen sie sich wie die Magnetnadel im Erdfeld auszurichten. Sie wirken dann wie sehr viele kleine dicht beieinanderliegende Magnete, die zusammengenommen einen großen Magneten darstellen (Abb. 7.26). Mit dieser Vorstellung ist es auch offensichtlich, daß wir durch Zersägen eines Stabmagneten Nord- und Südpol nicht zu trennen vermögen. Es entstehen zwei kleinere Exemplare mit zwei Polen.

Erwärmt man einen ferromagnetischen Stoff, geraten die Teilchen heftiger in Schwingungen. Darunter leidet die Parallelausrichtung der atomaren Magnete zunehmend. Immer mehr von ihnen »tanzen aus der Reihe«, bis schließlich bei Erreichen der Curietemperatur die Parallelausrichtung in den Weissschen Bezirken zusammenbricht. Der Stoff wird paramagnetisch. Glücklicherweise formieren sich die Bereiche wieder bei Abkühlung. Sonst wäre eine erneute Magnetisierung der Magnetnadel nicht möglich.

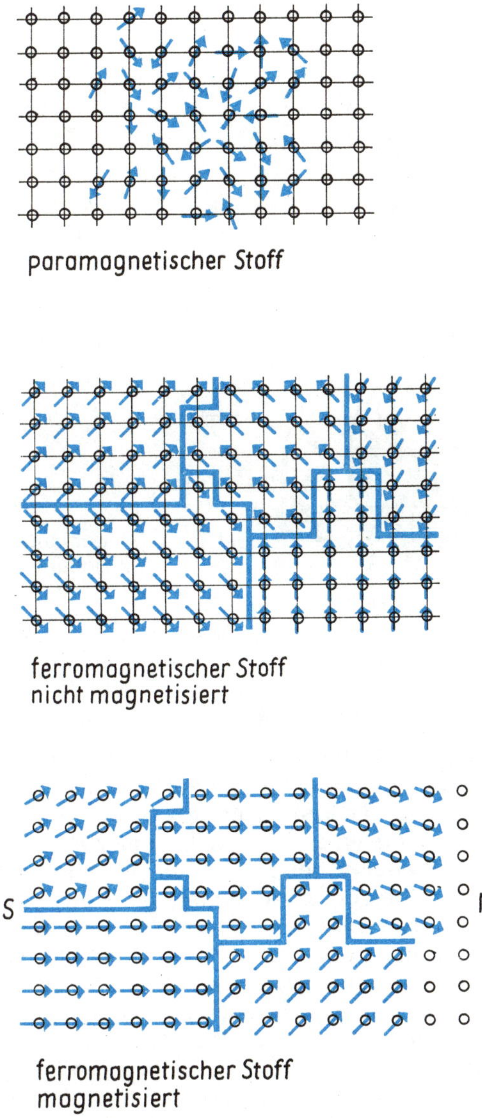

7.26 Anordnung der Elementarmagnete in para- und ferromagnetischen Stoffen

Wir legieren

Schon im Altertum war bekannt, daß Mischungen mehrerer Metalle oder von Metallen mit Nichtmetallen im Vergleich zu den Ausgangsstoffen ganz neuartige Eigenschaften haben können. Das unterschiedliche Schmelzverhalten derartiger Legierungen demonstrieren wir mit den Metallen Blei und Zinn, deren Schmelzpunkte bei 327 °C bzw. 232 °C liegen. Für unsere Versuche benötigen wir 80 g Blei, 200 g Zinn, ein Thermometer 0. . .400 °C, Keramiktiegel oder kleine Aluminiumgefäße, z. B. Filmbüchsen, zur Aufnahme des Schmelzgutes, eine Eisenblechbüchse mit getrocknetem Sand, in der wir aus Sicherheitsgründen das Gefäß erwärmen, sowie Uhr und Schreibzeug. Abb. 7.27 gibt die Anordnung wieder.

Wir erwärmen zunächst das Blei auf einer Glasflamme bis auf 380 °C und lesen während des Abkühlens jede halbe Minute die Temperatur ab. Die so ermittelte Abkühlungskurve ist in Abb. 7.28 dargestellt. Dann wiederholen wir den Versuch, indem wir zum erneut geschmolzenen Blei 20 g Zinn zugeben, mit einem Eisendraht gut umrühren, die Oxidreste entfernen und wiederum die Abkühlungskurve ermitteln. Sie zeigt einen anderen Verlauf als die des reinen Metalls (vgl.

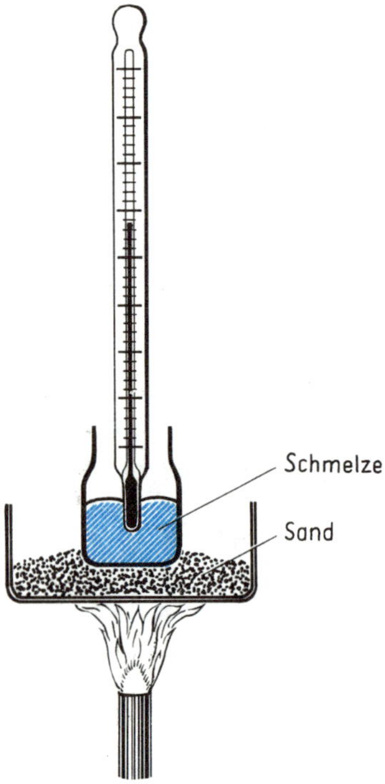

7.27 Experimentelle Anordnung zum Schmelzen einer Pb-Sn-Legierung

Abb. 7.28, Kurven b und c). Statt eines Haltepunktes (waagerechtes Kurvenstück) als Anzeichen für die Erstarrung tritt bei niedrigerer Temperatur eine Knickstelle und zusätzlich ein Haltepunkt bei 183 °C auf. Erhöhen wir bei den folgenden Versuchen den Zinngehalt weiter, sinkt die Temperatur der Knickstelle immer tiefer, während der Haltepunkt bei 183 °C eigenartigerweise erhalten bleibt. Sind wir bei etwa 62% (130,5 g Sn bei 80 g Pb) Zinn angelangt, ergibt die Abkühlungskurve einen einzigen Haltepunkt, nämlich den bei 183 °C. Die Legierung dieser Zusammensetzung schmilzt, wie wir es von reinen Metallen gewöhnt sind. Bei weiterer Zinnzugabe tritt außer dem Haltepunkt bei 183 °C wieder ein Temperaturknick auf. Wenn wir die beiden Temperaturen über der Zinnkonzentration auftragen, so erhalten wir das für die Werkstoffwissenschaften so wichtige Zustandsdiagramm der Legierung (Abb. 7.29).

Drähte können fließen

Zur Demonstration dieses Effekts dient ein mindestens 2 m langer und 0,2 bis 0,3 mm starker Kupferdraht, an dessen Enden kleine Haken angelötet werden müssen. Wir hängen ihn an der Zimmerdecke (Dachbalken, Garderobenhaken) auf und befestigen am unteren Ende eine Blechbüchse oder ein Becherglas (Abb. 7.30). Eine weiche Unterlage soll den Fall des Gefäßes bei Abreißen des Drahtes dämpfen. Der ebenfalls am unteren Ende angeklebte Pappzeiger gestattet in Verbindung mit einem Maßstab aus Millimeterpapier die Messung der Drahtdehnung. Zu Beginn des Versuchs lesen wir die Zeigerstellung ab und steigern die Belastung des Drahtes dadurch, daß wir mit einem kleinen Meßzylinder oder einem beliebigen anderen Gefäß geringe Mengen – anfangs 50 cm^3 – Wasser vorsichtig in die Büchse gießen. Nach jeder Zugabe notieren wir Wassermenge und Zeigerstellung. Zunächst dehnt sich der Draht bei jeder Belastungssteigerung um die gleiche Länge und befolgt damit das auf Seite 106 dargestellte Hookesche Gesetz. Übersteigt das Wasservolumen 400 cm^3, wird die Dehnung größer. Es empfiehlt sich, die Belastungen auf 10 bis 20 cm^3 zu verringern. Bei Fortsetzung des Versuchs beobachten wir ein eigenartiges Verhalten des Drahtes: Nach Wasserzugabe stellt sich die neue Länge nicht sofort ein. Der Zeiger wandert – mit bloßem Auge gut sichtbar – langsam abwärts. Der Draht scheint auseinanderzufließen und erreicht erst nach einiger Zeit seine endgültige Länge. Dies wiederholt sich bei erneuter Vergrößerung der Belastung. Die Dehnungen sind jetzt zehnmal größer als ursprünglich. Bevor der Draht schließlich reißt, ändert er nochmals sein Verhalten. Infolge der Streckverformung verfestigt sich das Material, was sich dadurch äußert, daß die Dehnungen wieder geringer werden.

Die Zugkraft am Draht ist gegeben durch das Gewicht des Wassers im Gefäß (1 cm^3 wiegt rund 0,01 N). Rechnen wir das Gewicht der notierten Wassermengen aus und tragen die Zugkraft über der Längenänderung auf, so erhalten wir das technisch bedeutsame Dehnungsdiagramm (Abb. 7.31, ausgezogene Kurve). Bei Zugkräften $\leq$ 4,5 N nimmt der Draht nach Wegnahme der Belastung wieder seine ursprüngliche Länge an, wie man durch einen gesonderten Versuch schnell nachprüfen kann. Das linear und sehr steil ansteigende Kurvenstück nennt man deshalb den elastischen Bereich (Teil I). Für ihn gilt das

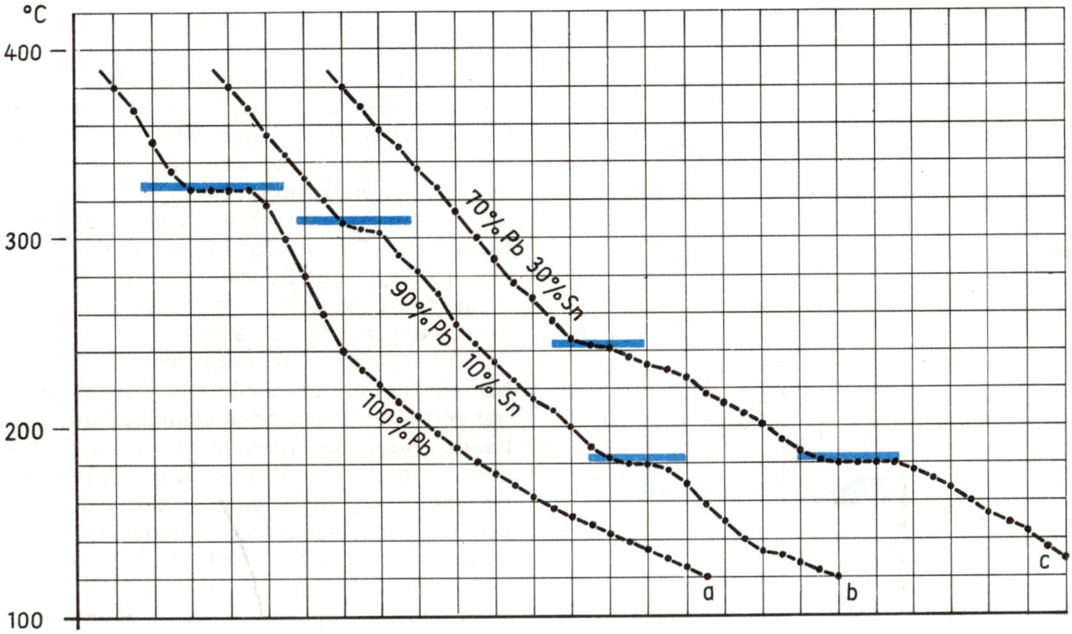

7.28 Abkühlungskurven von Blei und Pb-Sn-Legierungen

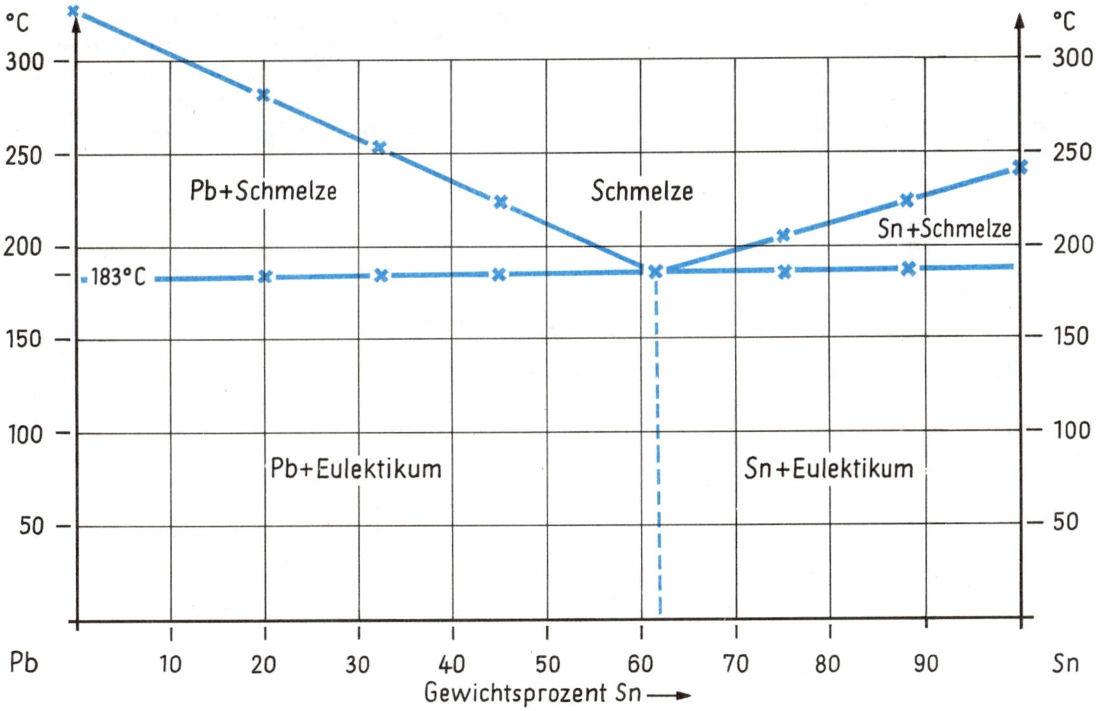

7.29 Zustandsdiagramm Blei – Zinn

Hookesche Gesetz. Den anschließenden Teil II bezeichnet man als Fließbereich. Die gestrichelte Kurve gibt das Ergebnis eines Versuchs wieder, der bei 5,25 N unterbrochen wurde. Die Dehnung bleibt zum größten Teil erhalten und verringert sich nur um

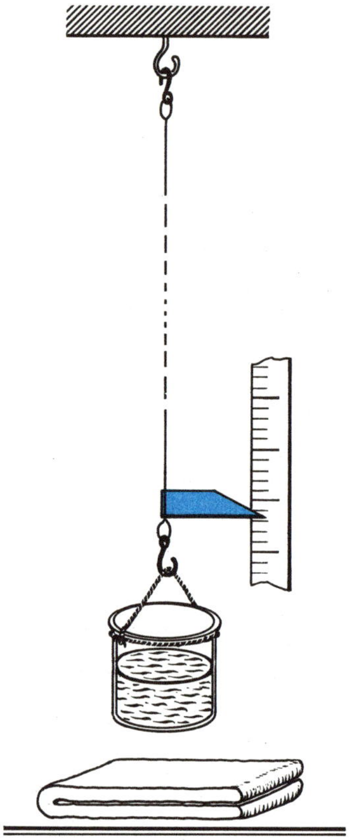

7.30 Dehnungsversuch

den von der elastischen Verformung herrührenden Anteil. Der Draht ist plastisch verformt worden. Teil III ist der sogenannte Verfestigungsbereich. Alle technischen Umformprozesse, wie Biegen, Walzen, Drahtziehen, Schmieden und Pressen, erfolgen in den Bereichen II und III. Beim Schmieden ist der Verfestigungsbereich von besonderer Bedeutung. Trennverfahren (Schneiden, Fräsen, Drehen oder Bohren) müssen entsprechend mit Belastungen oberhalb der Zerreißgrenze durchgeführt werden.

Mit unseren Vorstellungen vom Kristallaufbau der Metalle läßt sich deren Verhalten folgendermaßen verstehen. Die äußere Kraft beansprucht die Bindungskräfte zwischen den Atomen. Das Gitter wird in Zugrichtung gedehnt. Bei Verschwinden der Belastung »schnappen« die Teilchen wieder in ihre ursprünglichen Lagen zurück, die Kristallite erhalten ihre Ausgangsform und der Draht seine alte Länge. Wird die Belastung zu stark, »reißen« die Bindungen auf, und ganze Gitterebenen beginnen gegeneinander zu verrutschen. Unregelmäßigkeiten im Kristallaufbau begünstigen diese Gleitvorgänge. Die Form der Kristallite und damit die des Probekörpers erfahren eine bleibende Veränderung. Das Gleitvermögen ist jedoch nicht un-

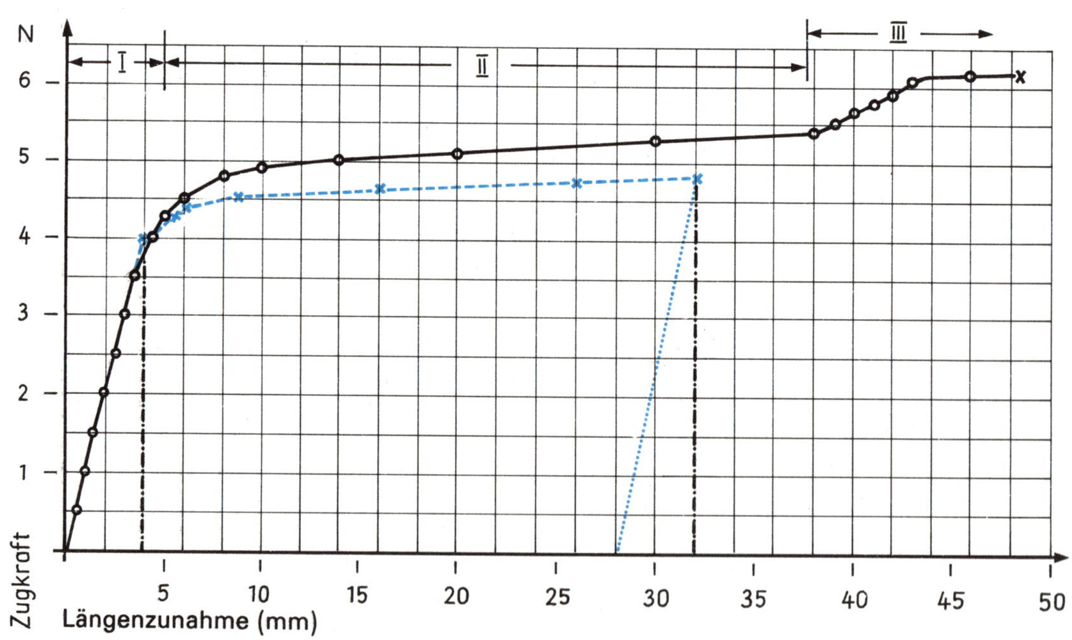

7.31 Dehnungsdiagramm eines Kupferdrahtes

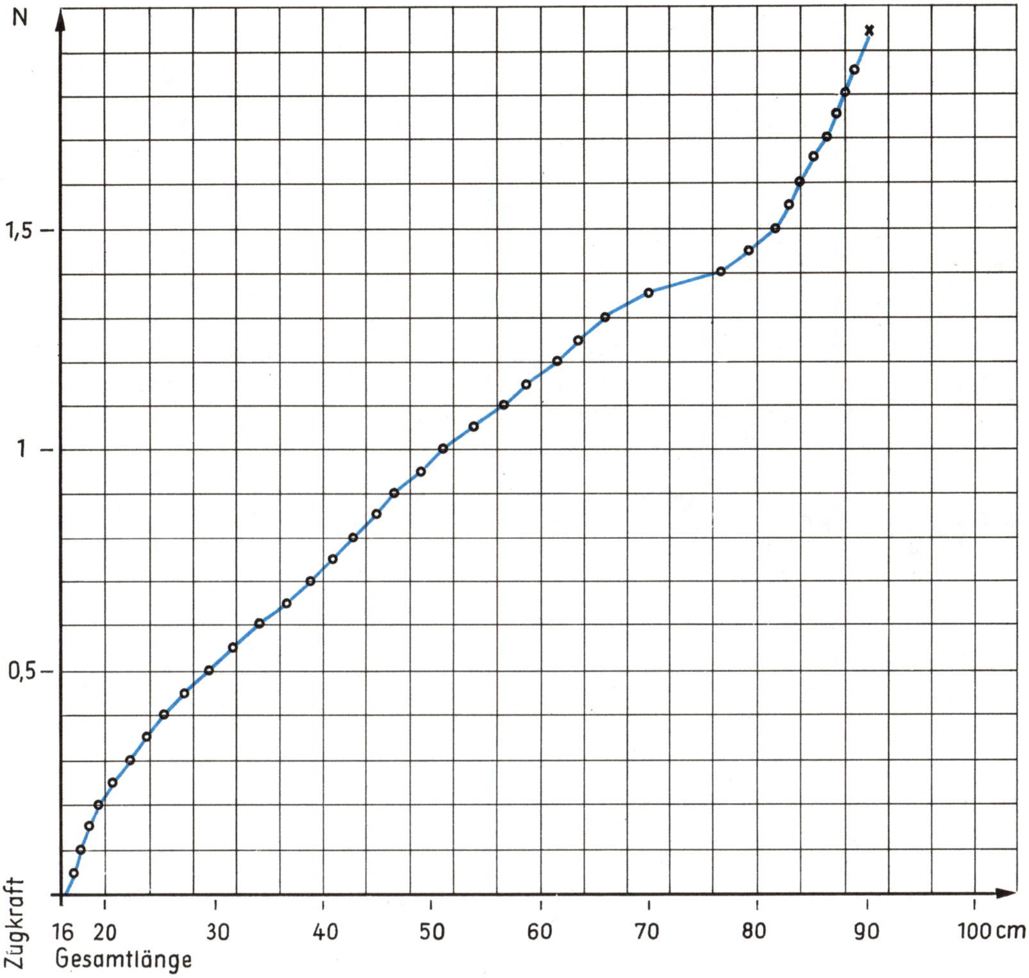

7.32 Dehnungsdiagramm eines Gummibandes

begrenzt. Bei großen Dehnungen behindern sich gegeneinander abgleitende Kristallbereiche gegenseitig und geraten ins Stocken. Der Stoff wird wieder fester. Es entstehen bei der Gestaltänderung der Kristallite aber auch mikroskopisch kleine Risse in den Korngrenzen, die größer werden, sich schließlich zu einer makroskopischen Rißfläche vereinigen und zur Materialtrennung führen.

Wir führen einen Dehnungsversuch mit einem 15 bis 20 cm langen und 1 bis 2 mm starken Gummiband durch. Die Belastungsstufen sollten 0,1 N (10 cm^3 Wasser) betragen. Die erhaltenen Dehnungskurven steigen bis zum Durchriß an (Abb. 7.32). Es existiert kein ausgeprägter Fließbereich, und die erreichbaren Dehnungen übersteigen das Fünffache der ursprünglichen Länge. Dabei sind die Proben nach derartigen Verformungen nur wenig länger als vorher. Die Ursache für ein derartiges Verhalten ist im inneren Aufbau des Stoffes zu suchen. Die Atome sind nicht wie in Metallen in einem regelmäßigen Gitter angeordnet, sondern sie bilden lange Molekülketten aus, die in einem wilden Durcheinander verknäult und an vielen Stellen durch Kettenstücken locker miteinander »verknotet« sind. Wird nun ein solcher Stoff durch Dehnung belastet, kann sich eine derartige Kettenanordnung etwa so wie ein lockeres Garngewirr stark strecken, wobei die lockeren Querverbindungen zwischen den Molekülfäden dafür sorgen, daß nach Wegnahme der Belastung die Moleküle wieder in ihre ursprünglichen Lagen zurückgezogen werden.

ANHANG

Lösungen der Fragen im Text

Seite 29: *Die Kerzenflamme*
wird zunächst platter; durch den scheinbaren Gewichtsverlust wirken sich die verschiedenen Dichten zwischen kalter und heißer Luft nicht mehr aus, und die Flamme wird nicht mehr »hochgesaugt«. Dadurch erhält sie den nötigen Sauerstoff nicht mehr und erlischt.

Der Wasserstrahl
versiegt, weil das Wasser während des freien Falles scheinbar sein Gewicht verloren hat.

Der geradlinige Tunnel,
den wir durch die Erde gebohrt haben, kann nicht mit dem Paddelboot durchfahren werden; nach kurzer Strecke, die wir scheinbar bergauf fahren, stoßen wir oben an die Decke. Das Wasser hat überall den gleichen Abstand vom Erdmittelpunkt; bei einem 100 km langen Tunnel (in Form einer Sehne) ist die Mitte des Tunnels dem Erdmittelpunkt 200 m näher als die Ausgänge. Wenn wir durch einen solchen trockenen Tunnel gingen, dann hätten wir das Gefühl, die erste Hälfte des Weges bergab und die zweite Hälfte bergauf zu gehen. Scheinbar waagerechte Tunnel sind stets ein Teil eines Kreises um den Erdmittelpunkt.
Ein *Eisenbahnwagen* würde bis zur Mitte des geradlinigen Tunnels »abwärts« sausen (ohne einen anderen Antrieb als die Erdanziehung) und dann durch die Trägheit wieder »aufwärts« fahren – infolge der Reibung nicht ganz bis an den anderen Ausgang. Das Tropfwasser würde sich in der Tunnelmitte sammeln. Damit es abläuft, baut man einen großen Tunnel meist so, daß sein Mittelpunkt vom Erdmittelpunkt weiter entfernt ist als die Ausgänge.

Seite 30: *Der Radfahrer*
auf dem geradlinigen Brett fährt ebenfalls bis zur Mitte scheinbar bergab und dann bergauf.

Die Täuschung
der Parallelen wird in der Abbildung 8.1 mathematisch als gleichschenkliges Dreieck ABC wiedergegeben (Parallele des linken Turmes in den rechten gelegt). Aus dem Dreieck ADC (Höhe steht senkrecht auf BC und halbiert diese Strecke und den Winkel bei A) berechnen wir mit Hilfe der trigonometrischen Sinusfunktion den gesuchten Abstand x der Turmspitzen:

$$\sin 1{,}5^\circ = \frac{x}{2} : (100\ \text{m})$$

$$x = 200 \cdot \sin 1{,}5^\circ\ \text{m} = 200\,\text{m} \cdot 0{,}0262 = 5{,}3\,\text{m}$$

Wenn die Erdanziehung
mit einem Schlage verdoppelt wäre, dann gingen die Pendeluhren schneller, Armbanduhren (mit Unruhe) dagegen richtig. Wir wögen alle das Doppelte – unangenehmer Gedanke. Wasserkraftanlagen würden mehr leisten; das Wasser wäre doppelt so schwer und die Energie eines um 1 m gehobenen Kubikmeters entsprechend größer. Da das Gewicht der Luft ebenfalls zunähme, würde sich auch die Leistung der Windmotoren vergrößern. Die Federwaage gäbe das doppelte Gewicht von dem an, was eine Hebelwaage mit den alten Gewichtstücken anzeigt. Die Antriebe von Wasserpumpen müßten erheblich, die von Luftpumpen nur wenig verstärkt werden.

Der Mond
ist von der Sonne 400mal so weit entfernt wie von der Erde; diese zöge den Mond daher $400^2 = 160\,000$mal stärker an – wenn nicht die Masse der Sonne mehr als 320 000mal größer als die der Erde wäre. Sieger ist also, mit mehr als doppelt so starker Anziehungskraft, die Sonne.

Seite 31: *Tausend Stahlkugeln*
von je 1 mm Durchmesser wiegen nicht 100 N, nicht 10 N – nein, nur ganze 40 mN. Sie bilden ja zusammen nur einen Würfel von 1 cm Kantenlänge. Ein solcher Kubikzentimeter ganz aus Stahl wöge 75 mN; die Zwischenräume ergeben die Differenz von 35 mN.

Zwei Kugeln
aus dem gleichen Werkstoff, deren Durchmesser sich wie 1 : 2 verhalten, haben ein Volumenverhältnis 1 : 8; also verhalten sich auch die Gewichte wie 1 : 8.

Eine Masse von 1 kg wiegt am Pol 50 mN mehr als am Äquator – stets mit der Federwaage gemessen. Ein Kaufmann könnte also am Pol einiges gewinnen, wenn er am Äquator einkauft, wenn die sonstigen Voraussetzungen nicht so schlecht wären.

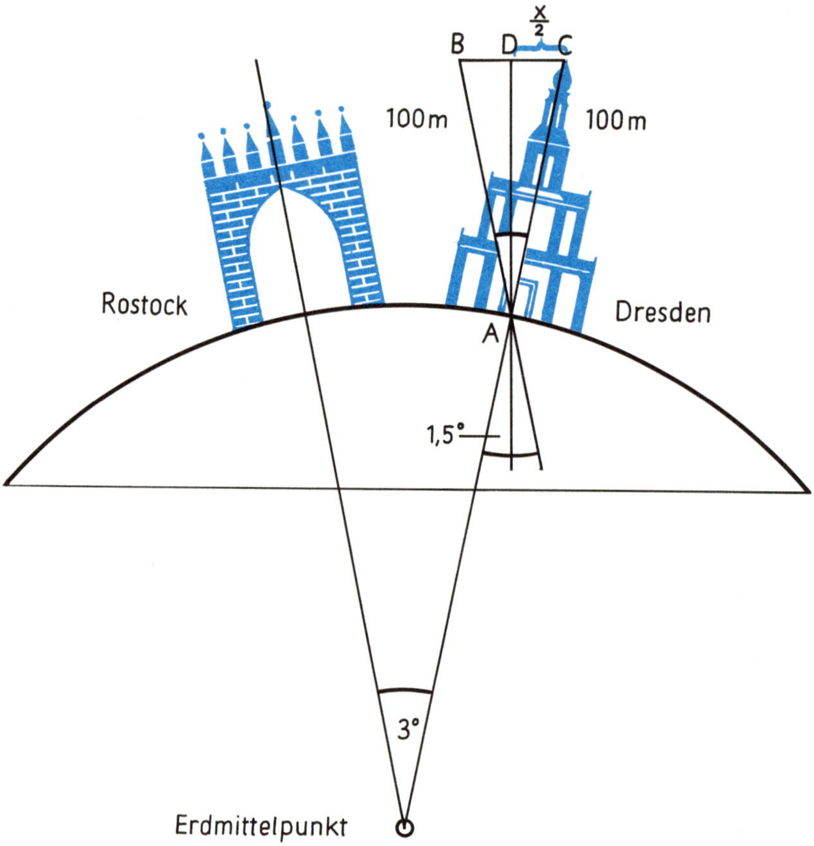

8.1 Die Täuschung

Die kluge Hausfrau
wischt im Wohnzimmer besser morgens Staub, weil sich die leichten Staubteilchen, die tagsüber in der Luft umhergewirbelt werden, über Nacht absetzen. Bei unruhigen Schläfern müßte sie im Schlafzimmer dann abends Staub wischen.

Seite 37: *Das mittelgroße Haus*
drückt mit etwa 25 N auf 1 cm^2 des Untergrundes, ein großer Absatz (50 cm^2 bei 750 N schwerem Menschen) mit 150 kPa, ein dünner Damenschuhabsatz (0,25 cm^2, bei 600 N schwerer Trägerin) mit fast 50 Zentner pro cm^2! Das hält kein Teppich und kein Parkett aus. Aber die Mode hat sich noch nie in besonderem Maße um Naturgesetze gekümmert.

Pappe und Blei
– das Gewicht der Pappe verteilt sich auf eine größere Fläche; daher kommt der Eindruck (wortwörtlich!), sie sei leichter. Hängen beide Teile an gleichen Fäden, ist der Druck (und damit der Eindruck) auch gleich groß.

Der Fakir
hat nicht viel auszuhalten, nämlich mit 750 N Körpergewicht bei 250 Nägeln je Fußsohle nur 1,5 N auf eine Nagelspitze. R. H. Schulz hat es mit Schülern ausprobiert; er legte sich auf ein Brett, das in Abständen von je 1 cm mit 4 cm langen Nägeln besetzt war; dem Experimentator ist nichts geschehen.

Die Nadelspitze
hat einen Druck von 500 MPa ausgeübt.

Reißnägel
haben breite Köpfe, damit der große Nadeldruck auf eine möglichst große Fläche des Fingers übertragen wird. Da *Ziernägel* überhaupt keinen Kopf haben, würden wir uns beim Eindrücken mit der Hand verletzen; der Druck wäre zu groß.

Der Reckturner
würde aus dem gleichen Grunde die Haut an seinen Händen zerreißen – vor allem, wenn bei seinen Übungen die Fliehkraft hinzukommt.

Seite 38: *Das Kind*
kann man durch Aufblasen von vier Luftballons hochheben (Ballons durch Klötze seitlich gegen Abrutschen sichern, Brett drauflegen, gleichzeitig alle vier aufblasen).

Der Langholzwagen
durfte über die Brücke fahren, weil sich seine Last infolge des größeren Achsenabstandes auf eine größere Fläche der Brücke als beim Lastkraftwagen verteilte.

Die Traktoren
haben so große und breite Räder, weil die größere Fläche ein tieferes Einsinken in den weichen Ackerboden verhindert; außerdem wird die erwünschte Reibung vergrößert.

Seite 40: *Je größer*
die Hände beim trägen Bleistift sind, um so besser, denn dadurch (mit der Masse) wird auch die Trägheitskraft größer. Sie tritt in allen drei Händen und im Bleistift auf.

Seite 44: *Wenn der Aufzug*
mit Erdbeschleunigung nach oben saust, dann müssen wir diese zweimal erdulden; unser Gewicht wird verdoppelt.

Seite 46: *Ein Gefühl für Geschwindigkeit*
wäre doch wohl peinlich. Wir brauchen nur daran zu denken, wie schnell wir uns mit der Erde um ihre Achse drehen und dazu noch durch den Weltraum sausen.

Seite 47: *Beim normalen Halten*
des Wagens an einer Haltestelle fallen wir nach hinten. Während des Bremsweges haben wir uns nämlich zurückgebeugt; hört die negative Beschleunigung (Verzögerung durch Bremsen) plötzlich auf, so bleibt unsere erste Gegenbewegung bestehen (wenn wir nicht aufpassen), und wir kippen, wie gesagt, nach hinten um.

Seite 53: *Die Fliehkraft*
wird mit wachsendem Radius größer; daher auch die Erdabplattung an den Polen.

Seite 57: *Eine Kugel*
hat unendlich viele freie Achsen, wenn sie homogen (in ihrer stofflichen Zusammensetzung einheitlich) ist.

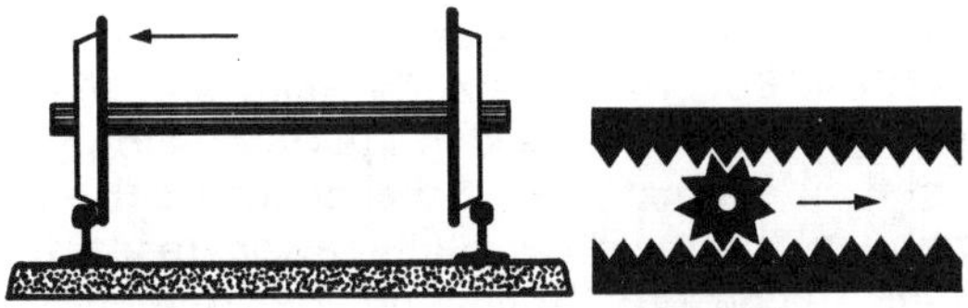

8.2 Schräge Laufflächen und Differentialgetriebe

Seite 70: *Das Quietschen*
entsteht durch Reibung zwischen Schiene und Rad. In einer Kurve hat das äußere Rad einen größeren Weg zurückzulegen als das an der Innenseite der Kurve (wie der äußere Flügelmann bei einer Schwenkung). Versuchen Sie einmal, lieber Leser, mit einer fest auf den Tisch gedrückten Garnrolle eine Kurve zu fahren! Es geht nicht. Sind – wie bei allen Schienenfahrzeugen – beide Räder fest mit der Achse verbunden, so wird entweder das Außenrad festgehalten oder das Innenrad zu schnell gedreht; eines rutscht immer und quietscht dann und regt die Schiene mit zum Konzert an. Die Eisenbahn hat durch schräge Laufflächen einen sehr guten Ausweg gefunden; in der Kurve läuft das Außenrad dadurch mit einem größeren Umfang als das Innenrad. Durch notwendige flache Profilierung der im Pflaster verlegten Schienen ist diese Lösung für Straßenbahnen leider nicht anwendbar.
Triebe man nur ein Rad über die Achse an und ließe das andere frei auf der Achse laufen, so wäre das Problem auch gelöst – aber man braucht beide Räder, um die Antriebskraft mit genügender Reibung zwischen Rad und Schiene zu übertragen. Karl Benz hat deshalb für seinen Kraftwagen das Differentialgetriebe erfunden. Die Abbildung 8.2 zeigt die Wirkungsweise.
Die beiden Zahnstangen deuten die Antriebsräder an, die im Differentialgetriebe mit zwei Kegelrändern fest verbunden sind. Das Zahnrad in der Mitte überträgt die Antriebskraft vom Motor. Wird eine Zahnstange gebremst, so bewegt sich die andere um so schneller; das ist eine großartige technische Lösung auf der Grundlage der physikalischen Kraftübertragung nach dem Hebelgesetz mit Drehmomenten.

Die physikalische Voraussetzung
dafür, daß man ein Saiteninstrument spielen kann, ist der Unterschied in den Reibungs-

zahlen der Saite und des Bogens. Zunächst faßt der Bogen die ruhende Saite und zieht sie – durch das etwas klebrige Harz Kolophonium unterstützt – ein Stückchen mit (Haftreibung), bis die in der Saite geweckte elastische Gegenkraft (Spannung) die Reibungskraft überwindet. In diesem Augenblick löst sich die Saite vom Bogen und schwingt unter dem nunmehr gleitenden Bogen (bei der kleineren Bewegungsreibung) frei aus, bis sie wieder vom Bogen mitgenommen wird und das Saitenspiel von neuem beginnt. (Man kann es voll genießen, auch wenn man die physikalischen Gesetze dazu kennt!)

Beim Tischtuch
oder der Kette auf dem Tisch ist die Reibungszahl gleich dem Quotienten *a/b*, wobei *a* die Länge des herabhängenden und *b* die des auf dem Tisch liegenden Teiles ist.

Gleitet
ein Körper eine geneigte Ebene hinab, so wird er (scheinbar) leichter. Dadurch wird gleichzeitig die Reibung kleiner, so daß sich der Körper bald ziemlich schnell abwärts bewegt.

Seite 70: *Der Poller*
hält das Schiff – besser: die Reibung zwischen Poller und Leine. Der Mann am Poller braucht nur am Ende der um den (möglichst rauhen) Poller gelegten Leine zu ziehen, um die Reibung möglichst groß zu halten. Sein Kraftaufwand ist dabei gering. 100 bis 200 N, etwa, manchmal noch weniger.

Seite 87: *Die Kampferturbine*
wird in erster Linie nicht vom Rückstoß bewegt, sondern durch die veränderte Oberflächenspannung; die Oberfläche zieht die Turbinenflügel.

Seite 89: *Es ist gut,*
daß sich die Lufthülle mit der Erde dreht; andernfalls müßten wir dauernd einen Sturm aushalten, der mit 1665 km je Stunde um unsere Ohren brauste. Was das bedeutet, wird klar, wenn wir damit die Luftgeschwindigkeit bei einem alles verwüstenden Orkan, Windstärke 12, vergleichen: über 104 km je Stunde. Fünfzehnfache Orkanstärke! Da wäre kein Leben mehr möglich.

Seite 93: *Ein Kochkolben*
mit flachem Boden (Stehkolben) ist für Unterdruckversuche ungeeignet, weil der ebene Boden dem Überdruck der Luft nicht widerstehen kann, sondern nach innen zerdrückt wird, »implodiert«. Nur gewölbte Flächen entsprechender Dicke können erheblichen Außendrücken standhalten.

Dieser »Trichter-Springbrunnen«
gehört eigentlich nicht hierher, sondern zum Abschnitt Trägheit. Der Trichter drückt eine zylindrische Wassermenge in sich hinein, die infolge ihrer Trägheit und der des darunterliegenden Wassers nicht nach unten ausweicht. Es ist für sie leichter, den Weg nach oben durch das enge Rohr des Trichters zu nehmen. Je schneller wir den Trichter in das Wasser drücken, um so besser. Machen wir es langsam, so wird die Trägheitskraft nicht geweckt, und das Wasser gleicht sich unterhalb des Trichterrandes aus.

Seite 94: *Die Kerzenflamme*
verbraucht im umgestülpten Glas Sauerstoff und erzeugt dadurch Unterdruck. Der Luftdruck drückt von außen nach – und dabei das Wasser aus dem Teller in das Glas; die Münze liegt im Trockenen. Wir haben den Eindruck, das Glas saugte die Luft ein. Wenn wir ein Glas heiß ausgespült und dann (noch naß) mit der Öffnung nach unten auf eine glatte Fläche gestellt haben, beobachten wir das gleiche; mit einigem Geräusch drängt die Luft durch das ablaufende Wasser in das Glas, in dem durch Abkühlung der Luft ein kleiner Unterdruck entstanden ist. Auch Gase ziehen sich beim Abkühlen zusammen.

Seite 135: *Berühren wir*
die linke Metallkugel während der Influenz (Ladung), leiten wir die dortige positive Ladung ab; übrig bleibt die negative (rechts). Wir nehmen erst den Finger und dann den Hartgummistab fort; nun verteilt sich die negative Ladung auf das ganze Metall; beide Kugelpaare sind (schwächer als vorher) gespreizt.

Seite 136: *Beim folgsamen Stock*
ist das Gewicht durch die Unterlage (Stuhllehne) aufgehoben; die Unterlage bringt die Gegenkraft auf. Deshalb bewegt sich der Stock sehr leicht – wenn nicht gerade die Reibung stört.

Seite 142: *Das elektrostatische Windrad*
aus der Rasierklinge bewegt sich, weil die Ladung nicht aus den isolierten Teilen, sondern

nur aus den gegenüberliegenden freien Teilen der Klinge ausströmen kann. Dadurch kommt der Rückstoß zustande.

Seite 187: *Die Teilspannungen*

1. Berechnung des Gesamtwiderstandes:
$R_{ges} = R_1 + R_2 + R_3 = 10\,\Omega + 47\,\Omega + 150\,\Omega = 207\,\Omega.$
2. Berechnung des Stromes:
$$I = \frac{U}{R_{ges}} = \frac{220\,V}{207\,\Omega} = 1{,}06\,A.$$
3. Berechnung der Teilspannungen:
$U_1 = U_{AB} = I \cdot R_1 = 1{,}06\,A \cdot 10\,\Omega = 10{,}6\,V$
$U_2 = U_{CD} = I \cdot R_2 = 1{,}06\,A \cdot 47\,\Omega = 49{,}8\,V$
$U_3 = U_{EF} = I \cdot R_3 = 1{,}06\,A \cdot 150\,\Omega = 159\,V$
4. Kontrolle der Spannungsberechnung:
$U_1 + U_2 + U_3 = 10{,}6\,V + 49{,}8\,V + 159\,V = 219{,}4\,V.$

Seite 212: *Ein Spiegelbild*
läßt sich immer durch »Zusammenklappen« um eine Symmetrieachse mit dem Gegenstand zur Deckung bringen. Wir schneiden aus einem einmal gefalteten Blatt Papier ein F heraus; wir erhalten zwei übereinanderliegende F. Die können wir immer nur um *eine* Kante zur selben Zeit umklappen, entweder um eine der beiden waagerechten (oben und unten vertauscht) oder um eine der senkrechten (links und rechts vertauscht – wie beim Spiegel). Beides zugleich ist nicht möglich.

Handsetzer und Metteure
gewöhnen sich zwangsläufig daran, denn alle Drucktypen (Lettern) sind in Spiegelschrift gegossen, damit sie im Druck wieder richtig erscheinen.

Seite 222: *Alle Katzen*
sind bei Nacht grau, denn die »Zapfen« in der Augen-Netzhaut, die die Farben aufnehmen, sind weniger empfindlich und stellen ihre Tätigkeit früher ein als die Hell-Dunkel-»Stäbchen«, die auch bei sehr geringem Licht (etwa Sternenlicht) noch Grauschattierungen vermitteln.

Seite 227: *Die Hohe Eiche*
steht auch kopf; man merkt es nur nicht gleich, weil diese Buchstaben alle zur waagerechten Mittelachse symmetrisch sind.

Seite 231: *Das halbverdeckte Objektiv*
läßt das ganze Bild hindurch; nur die Helligkeit läßt entsprechend nach. Jeder Teil der Linse liefert das ganze Bild; deshalb stören kleine Schäden am Glas nicht (wenn sie nicht unerwünscht reflektieren und daher abgedeckt werden müssen).

Sachwörterverzeichnis